The Human Mitochondrial Genome

From Basic Biology to Disease

人类线粒体基因组

从基础生物学到临床

原著　[意] Giuseppe Gasparre

　　　[意] Anna Maria Porcelli

主审　管敏鑫　宋质银

主译　曹云霞　纪冬梅

中国科学技术出版社

·北京·

图书在版编目（CIP）数据

人类线粒体基因组：从基础生物学到临床 /（意）朱塞佩·加斯帕尔 (Giuseppe Gasparre)，（意）安娜·玛利亚·波切利 (Anna Maria Porcelli) 原著；曹云霞，纪冬梅主译 . — 北京：中国科学技术出版社，2024.6

书名原文：The Human Mitochondrial Genome：From Basic Biology to Disease

ISBN 978-7-5236-0613-1

Ⅰ . ①人… Ⅱ . ①朱… ②安… ③曹… ④纪… Ⅲ . ①人类—线粒体—基因组—研究 Ⅳ . ① Q987

中国国家版本馆 CIP 数据核字（2024）第 072073 号

著作权合同登记号：01-2023-4256

策划编辑	延　锦　孙　超
责任编辑	延　锦
文字编辑	韩　放
装帧设计	佳木水轩
责任印制	徐　飞

出　　版	中国科学技术出版社
发　　行	中国科学技术出版社有限公司销售中心
地　　址	北京市海淀区中关村南大街 16 号
邮　　编	100081
发行电话	010-62173865
传　　真	010-62179148
网　　址	http://www.cspbooks.com.cn

开　　本	889mm×1194mm 1/16
字　　数	587 千字
印　　张	22
版　　次	2024 年 6 月第 1 版
印　　次	2024 年 6 月第 1 次印刷
印　　刷	北京盛通印刷股份有限公司
书　　号	ISBN 978-7-5236-0613-1/Q·270
定　　价	398.00 元

版权声明

注　意

本书涉及领域的知识和实践标准在不断变化。新的研究和经验拓展我们的理解，因此须对研究方法、专业实践或医疗方法作出调整。从业者和研究人员必须始终依靠自身经验和知识来评估和使用本书中提到的所有信息、方法、化合物或本书中描述的实验。在使用这些信息或方法时，他们应注意自身和他人的安全，包括注意他们负有专业责任的当事人的安全。在法律允许的最大范围内，爱思唯尔、译文的原文作者、原文编辑及原文内容提供者均不对因产品责任、疏忽或其他人身或财产伤害及/或损失承担责任，亦不对由于使用或操作文中提到的方法、产品、说明或思想而导致的人身或财产伤害及/或损失承担责任。

译者名单

主　审　管敏鑫　宋质银
主　译　曹云霞　纪冬梅
副主译　刘雅静　苏天红　杜忆南　邹薇薇　梁　丹　梁春梅
译　者　（以姓氏笔画为序）

丁思敏　王　鑫　王晓蕾　王梦瑶　尹　涛　刘雅静

纪冬梅　苏　荀　苏天红　杜忆南　李丹阳　杨亚男

时灵鸽　何士涛　邹薇薇　沈凌超　张　宁　张　华

张　颖　张　静　张智康　宗　凯　胡　超　殷　玥

曹云霞　梁　丹　梁春梅　彭　洁　濮治馨

学术秘书　张　宁　张智康

内容提要

本书引进自 ELSEVIER 出版集团，是一部以基础生物学和线粒体相关疾病为视角，系统介绍人类线粒体基因组基础理论与研究进展的著作。全书共分四篇，回顾了线粒体 DNA 的复制、转录、翻译、维持、拟核组成、表观遗传特征和遗传与分离机制，并介绍了线粒体 DNA 的进化史、人类核内线粒体序列与线粒体 DNA 在法医学中的应用，同时概述了人类线粒体 DNA 的修复、突变发生与累积机制，突变与衰老的关系，识别线粒体变异的方法，人类线粒体 DNA 的生物信息学资源、数据库和工具，以及线粒体 DNA 突变功能研究的方法和模型，最后讨论了线粒体 DNA 大片段缺失和点突变相关疾病、线粒体 DNA 基因表达的核遗传障碍、线粒体 DNA 的维持、癌症中的线粒体 DNA 突变、用于线粒体 DNA 编辑的 MitoTALEN、靶向线粒体的锌指核酸酶和哺乳动物细胞间线粒体运动等。本书内容丰富，图文并茂，汇集了目前人类线粒体基因组与线粒体疾病相关领域的最新研究成果，对从事线粒体基因组研究的临床医生及研究人员有很大参考价值。

主译简介

曹云霞

医学博士，主任医师，二级教授，博士研究生导师，享受国务院政府特殊津贴。安徽医科大学妇产科学系主任，国家卫生健康委配子及生殖道异常研究重点实验室主任，生命资源保存与人工器官教育部工程研究中心主任，国家妇产疾病临床研究中心分中心主任，安徽省生育力保存与人工器官工程技术研究中心主任，生殖健康与遗传安徽省重点实验室主任，安徽省"115"产业创新团队"辅助生殖关键技术应用与推广创新团队"负责人，安徽省学术和技术带头人，妇幼健康研究会生殖内分泌专业委员会主任委员，中国医师协会生殖内分泌专委会副主任委员、遗传学分会副会长，安徽省医学会副会长，安徽省科学技术协会副主席（兼），卫生部（现国家卫生健康委员会）有突出贡献中青年专家，全国优秀科技工作者。

纪冬梅

医学博士，安徽医科大学第一附属医院妇产科副主任医师、副教授，硕士研究生导师，博士后合作导师。安徽省"特支计划"创新领军人才，国家卫生健康委配子及生殖道异常研究重点实验室学术带头人，出生人口健康教育部重点实验室学术带头人，美国俄勒冈健康与科学大学访问学者，中国妇幼保健协会生育保健分会委员，中国性学会女性生殖医学分会常务委员，安徽省医学会生殖医学分会青年副主任委员。

原著者简介

Giuseppe Gasparre（1979 年—），意大利博洛尼亚大学医学遗传学教授和 S. Orsola 医院应用生物医学研究中心主任。他在意大利博洛尼亚大学获得制药生物技术硕士学位，在都灵大学获得人类遗传学博士学位，并在都灵大学任职于博士项目的导师学院至 2018 年。Gasparre 教授的研究重点是线粒体遗传学，特别是实体肿瘤中的线粒体代谢，他提出了双向致癌基因的新定义，根据突变类型和负载，这些线粒体编码的基因在肿瘤进展中的作用可能是两面的。长期以来，他一直致力于人类线粒体数据库（Human Mitochondrial Database，HmtDB）的管理，以及目前线粒体 DNA（mitochondrial DNA，mtDNA）突变致病性的确定工作流程；从事研究人类 NUMTS 编目，以及 mtDNA 假基因作为系统发育标记的使用。Gasparre 教授一直是欧洲项目 MEET– 线粒体欧洲教育培训（FP7 ITN-Marie Curie）的协调员和地平线 2020 玛丽·居里项目 TRANSMIT– 翻译线粒体在肿瘤发生中的作用的协调员和 WP 负责人。他在博洛尼亚大学的医学项目，以及意大利的硕士项目中教授癌症代谢课程。在 ISI 期刊上合著了 90 篇科学论文，并与几个欧洲和美国研究小组合作。他的研究得到了意大利癌症研究协会（Italian Association for Cancer Research，AIRC）、Veronesi 基金会、意大利卫生部、意大利大学部、世界癌症研究及欧盟的资助。

Anna Maria Porcelli（1972 年—），意大利博洛尼亚大学生物化学教授。在意大利博洛尼亚大学获得生物科学硕士学位和细胞生物学与生理学博士学位，并在博士项目导师学院任职。她的研究重点是生物能学和线粒体生物学，特别关注这些细胞器在实体肿瘤代谢和缺氧适应调节中的作用。2010 年至今，她是艾米利亚——罗马涅工业研究跨部门中心的成员。Porcelli 教授一直是欧洲项目 MEET– 线粒体欧洲教育培训的 WP 负责人，也是地平线 2020 玛丽·居里项目 TRANSMIT– 翻译线粒体在肿瘤发生中的作用的协调员。Porcelli 教授在博洛尼亚大学的几个生物技术硕士课程中，以及意大利的硕士课程中教授细胞生物化学和分子信号转导课程。在 ISI 期刊上合著了 70 篇科学论文，并与几个欧洲和美国研究小组合作。Porcelli 教授被授予著名的 L'Oreal 科学奖，她的研究得到了 AIRC、Veronesi 基金会、意大利大学部和欧盟的资助。

原书编著者

原著者

Giuseppe Gasparre
Department of Medical and Surgical Sciences
(DIMEC), Unit of Medical Genetics, University of Bologna, Bologna, Italy
Center for Applied Biomedical Research (CRBA),
University of Bologna, Bologna, Italy

Anna Maria Porcelli
Department of Pharmacy and Biotechnology (FABIT),
University of Bologna, Bologna, Italy
Interdepartmental Center for Industrial Research Life Sciences and
Technologies for Health, University of Bologna, Bologna, Italy

参编者

Alessandro Achilli
Department of Biology and Biotechnology "Lazzaro
Spallanzani", University of Pavia, Pavia, Italy

Marcella Attimonelli
Department of Biosciences, Biotechnology and
Biopharmaceutics, University "Aldo Moro",
Bari, Italy

Sandra R. Bacman
Department of Neurology, University of Miami
Miller School of Medicine, Miami, FL, United
States

Antoni Barrientos
Department of Biochemistry and Molecular
Biology, University of Miami, Miller School
of Medicine, Miami, FL, United States;
Department of Neurology, University of
Miami, Miller School of Medicine, Miami, FL,
United States

Michael V. Berridge
Malaghan Institute of Medical Research, Wellington,
New Zealand

Stephen P. Burr
Department of Clinical Neurosciences and MRC
Mitochondrial Biology Unit, University of
Cambridge, Cambridge, United Kingdom

Claudia Calabrese
Department of Clinical Neurosciences, University
of Cambridge, Cambridge Biomedical
Campus, Cambridge, United Kingdom; MRC
Mitochondrial Biology Unit, University of
Cambridge, Cambridge, United Kingdom

Francesco Maria Calabrese
Department of Biosciences, Biotechnology and
Biopharmaceutics, University "Aldo Moro",
Bari, Italy; Department of Soil, Plant and Food
Science, University of Bari Aldo Moro, Bari,
Italy

Patrick F. Chinnery
Department of Clinical Neurosciences and MRC
Mitochondrial Biology Unit, University of
Cambridge, Cambridge, United Kingdom

Monica De Luise
Unit of Medical Genetics, Department of Medical
and Surgical Sciences (DIMEC), University of
Bologna, Bologna, Italy; Center for Applied
Biomedical Research (CRBA), University of
Bologna, Bologna, Italy

Francisca Diaz
Department of Neurology, University of Miami,
Miller School of Medicine, Miami, FL, United
States

Mara Doimo
Department of Medical Biochemistry and
Biophysics, Umeå University, Umeå, Sweden

Flavia Fontanesi
Department of Biochemistry and Molecular
Biology, University of Miami, Miller School of
Medicine, Miami, FL, United States

Yi Fu
Skirball Institute of Biomolecular Medicine,
Department of Cell Biology, NYU School of
Medicine, New York, NY, United States

Payam A. Gammage
CRUK Beatson Institute, Glasgow, United Kingdom;
Institute of Cancer Sciences, University of
Glasgow, Glasgow, United Kingdom

Caterina Garone
Department of Medical and Surgical Sciences,
Medical Genetics Unit, University of Bologna,
Bologna, Italy; Center for Applied Biomedical
Research, University of Bologna, Bologna,
Italy

Giuseppe Gasparre
Unit of Medical Genetics, Department of Medical
and Surgical Sciences (DIMEC), University of
Bologna, Bologna, Italy; Center for Applied
Biomedical Research (CRBA), University of
Bologna, Bologna, Italy

Anna Ghelli
Department of Pharmacy and Biotechnology,
University of Bologna, Bologna, Italy

Giulia Girolimetti
Unit of Medical Genetics, Department of Medical
and Surgical Sciences (DIMEC), University of
Bologna, Bologna, Italy; Center for Applied
Biomedical Research (CRBA), University of
Bologna, Bologna, Italy

Ruth I.C. Glasgow
Wellcome Centre for Mitochondrial Research,
Newcastle University, Newcastle upon Tyne,
United Kingdom; Newcastle University
Translational and Clinical Research Institute,
Newcastle University, Newcastle upon Tyne,
United Kingdom

Aurora Gomez-Duran
Department of Clinical Neurosciences, University
of Cambridge, Cambridge Biomedical
Campus, Cambridge, United Kingdom; MRC
Mitochondrial Biology Unit, University of
Cambridge, Cambridge, United Kingdom

Carole Grasso
Malaghan Institute of Medical Research, Wellington,
New Zealand

Patries M. Herst
Malaghan Institute of Medical Research, Wellington,
New Zealand; Department of Radiation
Therapy, University of Otago, Wellington, New
Zealand

Ian James Holt
Biodonostia Health Research Institute, San
Sebastián, Spain; IKERBASQUE, Basque
Foundation for Science, Bilbao, Spain;
CIBERNED (Center for Networked Biomedical
Research on Neurodegenerative Diseases,
Ministry of Economy and Competitiveness,
Institute Carlos III), Madrid, Spain; Department
of Clinical and Movement Neurosciences, UCL
Queen Square Institute of Neurology, London,
United Kingdom

Luisa Iommarini
Department of Pharmacy and Biotechnology,
University of Bologna, Bologna, Italy

Dongchon Kang
Department of Clinical Chemistry and Laboratory Medicine, Graduate School of Medical Sciences, Kyushu University, Fukuoka, Japan

Ivana Kurelac
Unit of Medical Genetics, Department of Medical and Surgical Sciences (DIMEC), University of Bologna, Bologna, Italy; Center for Applied Biomedical Research (CRBA), University of Bologna, Bologna, Italy

Albert Z. Lim
Wellcome Centre for Mitochondrial Research, Newcastle University, Newcastle upon Tyne, United Kingdom; Newcastle University Translational and Clinical Research Institute, Newcastle University, Newcastle upon Tyne, United Kingdom

Marie T. Lott
Center for Mitochondrial and Epigenomic Medicine, Children's Hospital of Philadelphia, Philadelphia, PA, United States

Shigeru Matsuda
Department of Clinical Chemistry and Laboratory Medicine, Graduate School of Medical Sciences, Kyushu University, Fukuoka, Japan

Robert McFarland
Wellcome Centre for Mitochondrial Research, Newcastle University, Newcastle upon Tyne, United Kingdom; Newcastle University Translational and Clinical Research Institute, Newcastle University, Newcastle upon Tyne, United Kingdom

Michal Minczuk
MRC Mitochondrial Biology Unit, University of Cambridge, Cambridge, United Kingdom

Carlos T. Moraes
Department of Neurology, University of Miami Miller School of Medicine, Miami, FL, United States

Thomas J. Nicholls
Wellcome Centre for Mitochondrial Research, Newcastle University, Newcastle upon Tyne, United Kingdom; Newcastle University Biosciences Institute, Newcastle University, Newcastle upon Tyne, United Kingdom

Monika Oláhová
Wellcome Centre for Mitochondrial Research, Newcastle University, Newcastle upon Tyne, United Kingdom; Newcastle University Biosciences Institute, Newcastle University, Newcastle upon Tyne, United Kingdom

Anna Olivieri
Department of Biology and Biotechnology "Lazzaro Spallanzani", University of Pavia, Pavia, Italy

Annika Pfeiffer
Department of Medical Biochemistry and Biophysics, Umeå University, Umeå, Sweden

Pedro Pinheiro
MRC Mitochondrial Biology Unit, University of Cambridge, Cambridge, United Kingdom

Robert D.S. Pitceathly
Department of Neuromuscular Diseases, UCL Queen Square Institute of Neurology and The National Hospital for Neurology and Neurosurgery, London, United Kingdom

Anna Maria Porcelli
Department of Pharmacy and Biotechnology (FABIT), University of Bologna, Bologna, Italy; Interdepartmental Center for Industrial Research Life Sciences and Technologies for Health, University of Bologna, Ozzano dell'Emilia, Italy

Roberto Preste
Department of Biosciences, Biotechnology and Biopharmaceutics, University "Aldo Moro", Bari, Italy

Vincent Procaccio
Biochemistry and Genetics Department, MitoVasc Institute, UMR CNRS 6015—INSERM U1083, CHU Angers, Angers, France

Corinne Quadalti
Department of Medical and Surgical Sciences, Medical Genetics Unit, University of Bologna, Bologna, Italy; Center for Applied Biomedical Research, University of Bologna, Bologna, Italy

Shamima Rahman
UCL Great Ormond Street Institute of Child Health, London, United Kingdom

Aurelio Reyes
MRC Mitochondrial Biology Unit, University of Cambridge, Cambridge, United Kingdom

Ornella Semino
Department of Biology and Biotechnology "Lazzaro Spallanzani", University of Pavia, Pavia, Italy

Agnel Sfeir
Skirball Institute of Biomolecular Medicine, Department of Cell Biology, NYU School of Medicine, New York, NY, United States

Zhang Shiping
Center for Mitochondrial and Epigenomic Medicine, Children's Hospital of Philadelphia, Philadelphia, PA, United States

Elaine Ayres Sia
Department of Biology, University of Rochester, Rochester, NY, United States

Antonella Spinazzola
Department of Clinical and Movement Neurosciences, UCL Queen Square Institute of Neurology, London, United Kingdom; Queen Square Centre for Neuromuscular Diseases, UCL Queen Square Institute of Neurology and National Hospital for Neurology and Neurosurgery, London, United Kingdom

Alexis Stein
Department of Biology, University of Rochester, Rochester, NY, United States

Karolina Szczepanowska
Cologne Excellence Cluster on Cellular Stress Responses in AgeingAssociated Diseases (CECAD) and Center for Molecular Medicine (CMMC), University of Cologne, Cologne, Germany; Institute for Mitochondrial Diseases and Ageing, Medical Faculty, University of Cologne, Cologne, Germany

Adriano Tagliabracci
Section of Legal Medicine, Department of Excellence of Biomedical Sciences and Public Health, Polytechnic University of Marche, Ancona, Italy

Robert W. Taylor
Wellcome Centre for Mitochondrial Research, Newcastle University, Newcastle upon Tyne, United Kingdom; Newcastle University Translational and Clinical Research Institute, Newcastle University, Newcastle upon Tyne, United Kingdom

Marco Tigano
Skirball Institute of Biomolecular Medicine, Department of Cell Biology, NYU School of Medicine, New York, NY, United States

Antonio Torroni
Department of Biology and Biotechnology "Lazzaro Spallanzani", University of Pavia, Pavia, Italy

Aleksandra Trifunovic
Cologne Excellence Cluster on Cellular Stress Responses in AgeingAssociated Diseases (CECAD) and Center for Molecular Medicine (CMMC), University of Cologne, Cologne, Germany; Institute for Mitochondrial Diseases and Ageing, Medical Faculty, University of Cologne, Cologne, Germany

Chiara Turchi
Section of Legal Medicine, Department of Excellence of Biomedical Sciences and Public Health, Polytechnic University of Marche, Ancona, Italy

Ornella Vitale
Department of Biosciences, Biotechnology and Biopharmaceutics, University "Aldo Moro", Bari, Italy

Douglas C. Wallace
Center for Mitochondrial and Epigenomic Medicine, Children's Hospital of Philadelphia, Philadelphia, PA, United States; Perelman School of Medicine, University of Pennsylvania, Philadelphia, PA, United States

Paulina H. Wanrooij
Department of Medical Biochemistry and Biophysics, Umeå University, Umeå, Sweden

Sjoerd Wanrooij
Department of Medical Biochemistry and Biophysics, Umeå University, Umeå, Sweden

Takehiro Yasukawa
Department of Clinical Chemistry and Laboratory Medicine, Graduate School of Medical Sciences, Kyushu University, Fukuoka, Japan

译者前言

　　线粒体是人体内的重要细胞器，在细胞代谢、能量产生和人类健康中发挥着重要作用。几十年来，有关人类基因组的研究如火如荼，然而位于线粒体中更小的环状 DNA（线粒体 DNA）却常常被忽视。目前，除众所周知的线粒体疾病外，人们对线粒体 DNA 在人类疾病中的作用知之甚少，线粒体 DNA 研究在人类基础生物学、病理学与临床医学中仍是一个小众领域。揭示线粒体基因组的基础特征与临床价值对开展线粒体研究至关重要。恰逢此时，笔者认真翻阅了 Giuseppe Gasparre 和 Anna Maria Porcelli 教授的这部著作，深感该书专业性强、指导意义深远，遂决定邀请国内线粒体基因组领域的知名专家及团队优秀青年骨干，一起完成此书的翻译工作。

　　本书回顾了人类线粒体 DNA 生物学、线粒体 DNA 的进化和利用、线粒体 DNA 的突变及其相关疾病等领域的基础知识与前沿进展，对线粒体基因组的基本特征、遗传与分离机制、线粒体 DNA 修复、突变与累积机制，以及基因编辑技术、哺乳动物细胞间线粒体运动等做了详细阐述，为从事线粒体基因组研究的临床医生及研究人员提供了系统总结与回顾，并描绘了线粒体基因组领域未来的发展方向。正如原著者所言，本书提供了一个从基础生物学、生理学到临床医学等不同角度看待线粒体 DNA 的机会，触及线粒体基因组进化和前沿研究，我们希望线粒体基因组研究领域的同道们能从本书中受益。

　　在此，我们要感谢参与本书翻译工作的每一位译者。本书译者团队包括妇产科学、内科学、遗传学、细胞生物学等专业致力于线粒体研究的实践者和探索者，译者团队不仅基础扎实、业务过硬，而且热衷思考。从开始邀约诸位专家和青年学者参与翻译，到随后反复审校修改，正是因为各位译者严谨务实的态度、高度负责的精神和对医学执着的使命感，才使本书得以顺利出版。

　　在翻译过程中，虽然我们力求准确表达原著所传递的线粒体基因组领域的知识和理念，以便相关研究人员和临床医生阅读和理解，但由于中外语言表述习惯及专业术语规范不尽相同，书中可能遗有不足之处，敬请读者批评指正！

　　最后，衷心希望本书能够进一步加深研究人员与临床医生对线粒体基因组这一领域的认识及了解，促进线粒体基础生物学与线粒体医学的发展，最终真正服务于线粒体疾病患者以提高其生命健康质量！

原书前言

最近有两个形容词用于描述人类线粒体基因组（mtDNA），即被忽略的[1]和被忽视的[2]。2001年至今，为了寻找变异和病理的决定因素，人们对人类核基因组进行了测序，但往往忽视了隐藏在线粒体内较小的环状DNA。事实上，在2012年，线粒体DNA还被排除在大多数深度测序实践之外，即使在20世纪30年代初期，这种分子在人类生理病理中的作用还远远没有被理解。

研究人员在1988年发现线粒体DNA突变导致Leber遗传性视神经病变[3]，第一次发现缺失导致了一种肌病[4]。临床医生开始考虑人类疾病的病因在于线粒体，而不在于核基因组。如今线粒体医学已然成为一个成熟的医学分支，不断尝试挑战开展高效创新的疗法。然而，这在人类病理学中仍然是一个新兴领域，所以直到最近，国际同道才开始共同努力，深入研究线粒体DNA领域的大量知识[5]。除典型线粒体疾病之外，线粒体DNA在人类疾病中的作用鲜为人知，正如肿瘤学领域所假设的那样，在典型线粒体疾病中，线粒体编码基因的变异和（或）突变可能起到修饰甚至致病作用。

随着研究人员越来越多，我们认为，从复制、维持和遗传的基本过程开始，到线粒体DNA如何进化和突变导致人类产生相应的变异、适应特征和相关疾病，来揭示线粒体基因组仍然神秘的特征正变得至关重要。这种需求源于我们作为遗传学和生物化学教师的个人经验：当涉及理解线粒体DNA在地球上生命的出现和进化中的意义时，医学和生物学/生物技术的学生就需要了解大量的相关领域知识，他们中有太多的人没有意识到线粒体的作用有多么重要，线粒体有自己特殊的DNA，能够利用环境中的分子氧，只有它们才能把分子氧转化为惰性产物（如水），同时产生能量。当年轻学者和学生们了解到线粒体DNA的多个拷贝嵌入在核染色体中，其中一些是细胞之间仍在进行的DNA转移的原始残留物时，他们十分震惊地了解到，已经有相关科研人员尝试利用由3位父母遗传物质共同组成的受精卵受孕（其中一人捐献线粒体DNA），目的是纠正遗传缺陷。他们发现线粒体DNA不遵循通用的遗传密码，这使得线粒体编码的基因不可能在细胞质中被翻译。线粒体DNA和整个线粒体以复杂而迷人的管状结构或囊泡在细胞之间移动，并可能在到达的部位重新发挥作用，这一证据令他们感到惊讶。

我们把这本书献给学生和年轻学者，抱着一种期待的想法认为他们能够爱上这个"指环王"❶，因为它在如此紧凑的结构中包含了大量信息，而我们对其蕴含的许多含义还有待了解。为了实现这一目标，每章末尾的"研究展望"部分总结了需要填补的空白，希望未来几代科学家能够填补这些空白。

---

❶ 译者注：《指环王》，英文名为 *The Lord of the rings*，由约翰·罗纳德·瑞尔·托尔金创作的风靡世界的长篇奇幻小说，在这里用来代指线粒体环状的DNA。

作为资深研究人员，我们希望同道能从这本书中受益，就像我们喜欢阅读该领域最权威专家的所有宝贵贡献一样，我们相信这将是一个从不同角度看待线粒体 DNA 的机会，视角涵盖了从基础生物学、生理学到临床医学，并涉及进化和前沿研究领域。

Giuseppe Gasparre

Department of Medical and Surgical Sciences, Unit of Medical Genetics, and

Center for Applied Biomedical Research (CRBA), University of Bologna, Bologna, Italy

Anna Maria Porcelli

Department of Pharmacy and Biotechnology, Unit of Cell Biochemistry,

University of Bologna, Bologna, Italy

参考文献

[1] Pesole G, et al. The neglected genome. EMBO Rep 2012;13(6):473-4.

[2] Frezza C, Gammage P. Mitochondrial DNA: the overlooked oncogenome? BMC Biol 2019;17(1):53.

[3] Wallace D, et al. Mitochondrial DNA mutation associated with Leber's hereditary optic neuropathy. Science 1988;242(4884):1427-30.

[4] Holt IJ, et al. Deletions of muscle mitochondrial DNA in patients with mitochondrial myopathies. Nature 1988;331:717-19.

[5] Falk M, et al. Mitochondrial Disease Sequence Data Resource (MSeqDR): a global grass-roots consortium to facilitate deposition, curation, annotation, and integrated analysis of genomic data for the mitochondrial disease clinical and research communities. Mol Genet Metab 2015;114(3):388-96.

献 词

　　感谢我的朋友兼共同主编 Anna Maria Porcelli，感谢她多次与我合作，也期待以后与她有更多的合作。

　　我想把这项工作献给我的两位科学导师和人生导师，Marcella Attimonelli 和 Giovanni Romeo，是他们让我认识了 DNA 分子，并就此确定了我的研究方向。感谢他们一步一步引导我成为如今的专业人士，我将永远尊敬他们、深爱他们。

Giuseppe Gasparre

　　我想将本书献给我的家人，尤其是我的父亲和我的丈夫。

　　感谢我的朋友兼同事 Giuseppe Gasparre 与我共享过去 15 年研究线粒体的时光，我相信这将是一个新的起点。

Anna Maria Porcelli

致 谢

　　感谢富有创造力的博士后研究员 Monica De Luise、Stefano Miglietta 和 Manuela Sollazzo，感谢他们为本书的封面设计出谋划策。

　　非常感谢所有编者和出版商，正是他们积极的态度与出色的表现，使本书得以顺利出版。

目　录

第四篇　线粒体 DNA 决定的疾病和治疗

第一篇
人类线粒体 DNA 的生物学
Biology of human mtDNA

第 1 章

线粒体 DNA 的复制、维持与拟核的组成
mtDNA replication, maintenance, and nucleoid organization

Mara Doimo　Annika Pfeiffer　Paulina H. Wanrooij　Sjoerd Wanrooij　**著**

曹云霞　胡　超　**译**

一、人类线粒体 DNA

（一）线粒体 DNA 的特征

人们首次观察到线粒体脱氧核糖核酸（mitochondrial deoxyribonucleic acid，mtDNA）可以追溯到 20 世纪 60 年代初，当时在鸡胚线粒体基质中首次观察到具有 DNA 特征的纤维[1, 2]。人类线粒体基因组是一个封闭的环状双链 DNA 分子，长约 5μm[3, 4]。mtDNA 大多以单体形式存在，但通常也能以二聚体形式的链状圆环存在[4-6]。由于其体积小，mtDNA 只占动物细胞总 DNA 的不到 1/100[7]。早期的统计表明，单个动物的线粒体含有 2～10 个 mtDNA 基因组[8]。并且由于每个细胞都有多个线粒体，因此人类细胞中的 mtDNA 分子根据细胞类型的不同，数目一般从数百到数万个[9-12]。然而，并不是所有细胞的 mtDNA 拷贝数均在这个范围内，如人类卵母细胞中包含数十万个 mtDNA 拷贝[13-15]。

人类 mtDNA 具有母系遗传特征[16]。mtDNA 的多拷贝性质决定其具备一个关键特征，即细胞可以包含 1 个及以上的 mtDNA 基因组，这种特征被称为异质性[17]。异质性比例的水平，也就是突变 mtDNA 分子群体的比例，可以决定 mtDNA 突变引起的线粒体疾病症状的严重程度[18]。mtDNA 基因组不同于核基因组的另一个特征是 mtDNA 偶尔会少量嵌入核糖核酸（ribonucleic acid，RNA）的组成单位——核糖核苷酸[19, 20]。

（二）人类线粒体基因组的组成

人类线粒体基因组是首个被完全测序的线粒体基因组[21]。它的长度为 16.5 千碱基对（kilo base pairs，kbp），编码 2 个核糖体 RNA（rRNA）、22 个转移 RNA（tRNA）和 13 个蛋白质，相邻基因之间不含或含有很少非编码序列（图 1-1A）[21]。这 13 个蛋白编码基因编码 ATP 产生体系 - 氧化磷酸化（oxidative phosphorylation system，OXPHOS）的重要亚基[21-26]。核苷酸序列中 GT/CA 比例的差异，导致 mtDNA 两条链在碱性氯化铯中浮力密度不同，由此将 mtDNA 双链分别称为重链（也称 H 链，H-strand）和轻链（也称 L 链，L-strand）[27]。在所有的编码蛋白中，12 个蛋白质编码基因、12S rRBA 和 16S rRNA，以及 14 个 tRNA 基因均位于 H 链，而 L 链只包含 1 个蛋白质编码基因和 8 个 tRNA 基因[21]。H 链富含 G 碱基，因此其链上含有多个序列模块，有可能形成二级 DNA 结构，称为 G- 四链体（G-quadruplexe，G4）[28, 29]。这些模块通常与 mtDNA 缺失断点重合[29]，可能会阻碍 mtDNA 的复制过程。

一个大约 1100bp 长的非编码区（noncoding region，NCR），也称为控制区，位于 tRNA^{Pro} 和 tRNA^{Phe} 基因之间[21]。NCR 包含 H 链合成的复制起点（O$_H$）[21, 30]，以及用于转录每条 mtDNA 链的 H 链启动子（HSP）和 L 链启动子（LSP）[31]。虽然传统意义上认为 O$_H$ 位于第 191 位核苷酸[21]，

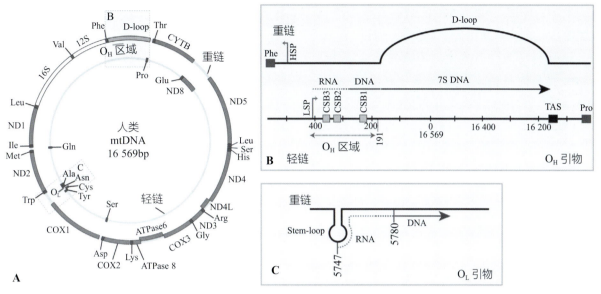

▲ 图 1-1　人类线粒体基因组

A. 人类的线粒体基因组包含 16 568 个 bp，两条链分别称为重链（H-strand）与轻链（L-strand）。tRNA[Pro] 与 tRNA[Phe] 之间的非编码区称为 D-loop 区。图中同时显示了编码复合物 Ⅰ [NADH 脱氢酶（NADH dehydrogenase，ND）]、复合物 Ⅲ [细胞色素 b（cytochrome b，CYTB）]、复合物 Ⅳ [细胞色素 c 氧化酶（cytochrome c oxidase，COX）]，以及复合物 Ⅴ [ATP 合酶（ATP synthase，ATPase）] 亚基的基因位置。灰色方框标注了 mtDNA 复制的起点位于 O$_H$ 区（B）与 O$_L$ 区（C）。B. 非编码区的特征是启动子 HSP 和 LSP、高保守序列模块（conserved sequence blocks 1~3，CSB1~3）、单向终止序列（single-termination sequence，TAS），以及延伸 DNA（7S DNA）共同形成了 D-loop 区。RNA 引物引导 O$_H$ 区的启动，而 RNA 到 DNA 的转换位点位于 CSB 区域。C. O$_L$ 启动涉及 DNA 茎环结构的形成与 POLRMT 介导的短 RNA 引物的合成。RNA 到 DNA 的转换位点定位在 O$_L$ 区的下游

但事实上 H 链复制起始于 LSP，即在 O$_H$ 上游约 200 个核苷酸的位置[32]。因此我们将使用术语 "O$_H$ 区域" 来指同时包含 LSP 和 O$_H$ 的区域[33]。NCR 还包含 3 个高保守序列区块（conserved sequence block，CSB 1~3），这些区块被认为具有调节复制的功能[34]，并且在 3 个 CSB 下游区域有一个单终止相关序列（termination-associated sequence，TAS）[35]。在小鼠[36-38] 与之后人类细胞[39] 的研究中，mtDNA 的早期特征显示其含有一个很短的三链 DNA 区域，即围绕 O$_H$ 区域的 D-loop 区（displacement loop）。D-loop 区是由一个约含 600nt 的长 DNA 延伸片段（即 7S DNA）合成。7S DNA 与 L 链互补，其合成是在 O$_H$ 区启动复制、在 TAS 区域提前终止[35, 40, 41]。作为 mtDNA 的第二个复制起点，O$_L$ 指导 L 链的合成。O$_L$ 位于 NCR 之外、距离 O$_H$ 约 2/3 基因组处的 5 个 tRNA 基因簇中[42]。

二、线粒体 DNA 的复制

（一）复制机制

与核 DNA 的复制过程相比，人类线粒体复制的机制和所涉及的蛋白质不同。线粒体复制叉蛋白通过非对称的机制复制线粒体的 DNA，这两条链在线粒体中都是不断合成的[43]。这种被称为 mtDNA 复制链置换模型基于早期的脉冲和脉冲追踪标记实验、电子显微镜和 5′ 末端实验[7, 44]，以及最近使用重组蛋白在体外对 mtDNA 复制进行的生化重建[45, 46]。这种 DNA 的复制方式与哺乳动物细胞核 DNA 有明显不同，但在生物学上并不独特，因为它与 ColE1 质粒 DNA 的复制相似[47]。

mtDNA 的复制起始于 O$_H$ 区的 H 链（主链）。当 mtDNA 复制机器合成新生的 H 链时，亲代 H 链被置换，形成了三链 D-loop 结构（图 1-2）。

由于未知的原因，mtDNA 的复制通常在 TAS 区域终止，只有少数新生的 H 链延伸过这一区域。在 H 链复制延伸过 TAS 区域的情况下，它继续单向延伸亲代 H 链，直到 O_L 区。在 O_L 区解开 DNA 双链，形成一个发夹特征的结构，引导这一区域的激活[48]。L 链（滞后链）复制从 O_L 起始延与 H 链合成相反方向进行，直到新合成的两条链形成完整环形。

基于二维琼脂糖凝胶电泳实验，复制的链置换模式的另一种解释被提出。然而，这两个模式非常相似，主要区别在于这种所谓的 bootlace/RITOLS 模式中，置换的 H 链被预先形成的 RNA 所包被[49, 50]，这与链置换模式中认为的线粒体单链 DNA 结合蛋白（mitochondrial single-stranded DNA-binding protein，mtSSB）不同[51, 52]。两种模式都认为 mtDNA 复制导致大量的 ssDNA 复制中间体，这确实是在分裂细胞中观察到的主要复制中间体[53]。然而，在非分裂细胞中，大多数 mtDNA 复制中间体在自然状态下是双链的[53]。这可能是由于 L 链复制的过度的、与 O_L 无关的启动导致的结果[54]，或者正如他人所提出的[55]，这是由一组尚未识别的蛋白质进行的双向置换复

制模式的结果。

（二）起始

DNA 复制的第一步是合成 RNA 引物，该引物随后可以被 mtDNA 聚合酶 γ（polymerase γ，POLγ）延长。早在 1985 年，研究者就从人类线粒体中分离出一种线粒体引物活性酶[56, 57]，但当时并未阐明该蛋白的身份。随后的研究表明，在两个复制起点上的引物，实际上是由线粒体 RNA 聚合酶（POLRMT）合成的，该酶与 T 奇数（T-odd）噬菌体 RNA 聚合酶有关[58]。

前导链复制的引物在 LSP 处有一个 5′ 末端，而该位点同样是 L 链转录起始点[32]。因此，通过 POLRMT 从 LSP 处进行的转录不仅产生了接近基因组长度的转录物，这些转录物被加工后用于释放 tRNA 和 mRNA[59]，而且还产生了用于前导链合成更短的引物（图 1–1B）。在 CSB2 处形成的 G4 结构导致转录在 LSP 下游约 120nt 处提前终止[60, 61]。这种过早终止的转录物仍然稳定地与 DNA 模板杂交形成 RNA-DNA 杂合体，被称为 R-loop[62, 63]，并被推测为 H 链复制引物。为了支持这种 H 链启动模型，RNA 到 DNA 的转换位点已被映射到 CSB 区域[32, 60, 64, 65]。在一项基

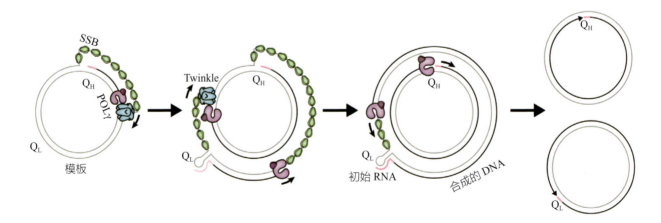

▲ 图 1–2　线粒体 DNA 复制模型

mtDNA 的复制由一种独特的酶复制机器调控，其中包括异质三聚体 DNA 聚合酶 POLγ（粉色）、线粒体单链 DNA 结合蛋白 mtSSB（绿色）和 DNA 解旋酶 Twinkle（蓝色）。①在前导链起始点区域（O_H）启动后，由 POLγ 和 Twinkle 组成的复制机器继续单向复制一条新链。被置换的第二链被 mtSSB 结合并稳定（绿色）。②当复制越过第二条链区域（O_L，滞后链）后，茎环结构形成。在茎环处合成一个短引物，用于启动第二条链（滞后链）的 DNA 合成。③前导链和滞后链的复制机器都围绕 mtDNA 分子进行完整的复制循环。④mtDNA 链合成完成后，复制在 O_H 或 O_L 处终止，这取决于 DNA 合成开始的位置

于纯化重组蛋白的体外转录实验中，过早转录终止的水平，以及从转录到复制的转换——是由线粒体转录延伸因子（mitochondrial transcription，TEFM）调控的。TEFM 帮助 POLRMT 绕过 DNA 二级结构和氧化损伤等障碍[66, 67]。TEFM 在转录延伸中扮演着至关重要的角色，对小鼠而言不可或缺。TEFM 心脏特异性敲除小鼠的远端启动子转录物急剧减少[68]，这是由于 TEFM 缺失造成大多数 LSP 启动的转录未能被延伸到 CSB2 区域，因此导致从头开始的 mtDNA 复制明显减少[68]。

如前所述，POLRMT 使用双链 mtDNA 作为模板合成 H 链引物。L 链的复制与此形成鲜明对比，需当 H 链合成达到基因组长度 2/3 的区域，并以单链形式暴露 O_L 区时，L 链的复制开始（图 1-2）。一旦单链结构形成，O_L 采用发夹结构指导 POLRMT 在 loop 环内的六个 Ts 碱基处（核苷酸位置 5747—5751）启动引物合成（图 1-1C[48]）。在这个 ssDNA 模板上，POLRMT 是非进行性的，它只产生可以被 POLγ 延长的短 RNA[46, 48]。依据这种模式，体内 RNA 到 DNA 的转换位点已被定位到 O_L 发夹的下游[48]。

与 L 链复制引物相比，在 O_H 区域产生的 RNA 引物不能被 POLγ 直接延伸。并且，体外研究表明，H 链引物可能需要经 RNase H1 加工，然后才能通过 POLγ 延伸[65]。如下文所述，RNase H1 在清除两个线粒体来源的 RNA 引物方面也发挥了明确的作用[69]。因此，降低 RNase H1 活性的突变会导致 mtDNA 耗尽和缺失，表现为慢性进行性眼外肌麻痹（chronic progressive external ophthalmoplegia，CPEO）[70]。

（三）线粒体 DNA 复制的延伸

在启动 mtDNA 合成后，复制引物的延伸由核编码的 POLγ 催化，这是第一个从人类 HeLa 细胞线粒体中分离的聚合酶[71]。在人类细胞 mtDNA 复制过程中，POLγ 需要 mtDNA 解旋酶 Twinkle 和 mtSSB 的帮助。POLγ、Twinkle 和 mtSSB 共同构成了最小的 mtDNA 复制体（图 1-3），并且这

对于体外重建线粒体复制至关重要[72]。

1. 线粒体 DNA 聚合酶 POLγ　POLγ 最初被描述为一种依赖于 RNA 的 DNA 聚合酶[73]。该酶由一个 140kDa POLγA 催化亚基和两个 55kDa POLγB 辅助亚基组成[74-76]。催化亚基除了具有 5′ 端脱氧核糖磷酸裂解酶活性外，还具有 3′-5′ 端的核酸外切酶活性和 DNA 聚合酶活性[77, 78]。一般来说，POLγ 的内在核酸外切酶活性在复制过程中起到校对作用，高核苷酸选择性和较低概率的错配延伸确保聚合酶的保真度[79]。POLγ 可以在聚合酶和核酸外切酶活性之间切换而不会从 DNA 模板上解离下来，因为它可以通过分子内链转移机制将新生 DNA 从聚合酶位点转移到核酸外切酶位点，然后再转移回来[80]。每个核苷酸的错误率小于 1×10^{-6}，POLγ 是最准确的聚合酶之一[79]。

辅助亚基 POLγB 也被称为持续合成因子，因为它通过增加其 DNA 结合力来增加 POLγA 的加工能力。此外，POLγB 可以刺激核酸外切酶和聚合酶的活性，还可以提高核苷酸的结合和协同能力，从而提高全酶的聚合速率[81, 82]。在体外溶液中，POLγB 二聚体和 POLγA 单体紧密结合形成异三聚体[75]。全酶中的每个 POLγB 单体都具有特定功能：全酶中靠近 POLγA 的单体增加

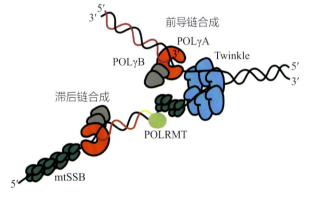

▲ **图 1-3　线粒体 DNA 核心复制叉蛋白**
Twinkle 解旋酶（蓝色）按照 5′ → 3′ 方向解旋双链 DNA，mtSSB 蛋白（深绿色）稳定 DNA 的单链构象并通过 polγ 刺激 DNA 合成 [红色（A）和灰色（B）]。POLRMT（浅绿色）合成滞后链 DNA 合成所需的 RNA 引物（黄线）

了与 DNA 的相互作用，而远端 POLγB 单体则提高了反应速率[83]。POLγ 与 DNA 结合的模式表明，POLγA 与模板 DNA 结合长度约 10bp，并与 POLγB 相互作用，使 POLγA 在 DNA 上的覆盖增加到 25bp。尽管 POLγB 具有双链 DNA 结合能力[84]，但它不与引物模板 DNA 相互作用[85]。虽然 POLγB 不是刺激 POLγA 所必需的，但 POLγB 与 Twinkle 相互协调在 mtDNA 复制体的双链 DNA 模板上发挥作用扮演了至关重要的角色[86]。

2. 线粒体 DNA 解旋酶 Twinkle Twinkle（T7 gp4 样蛋白，线粒体内拟核定位）是核基因编码的线粒体复制解旋酶。它与噬菌体 T7 引物酶／解旋酶具有结构相似性，并在核蛋白复合物中与 mtDNA 共定位[87]。Twinkle 位于只能依赖单链 DNA 作为模板的 POLγ 前方，可以发挥解旋双链 DNA 的作用[72]。Twinkle 是一种依赖于 NTP 的 DNA 解旋酶，以 5′-3′ 的方向解开 DNA，并且需要一个具有单链 5′ DNA 载入位点和 3′ 端短尾的叉状结构来启动解旋。在 mtSSB 的作用下，Twinkle 的解旋酶活性激活[88]，但只有在 POLγ 的存在下，Twinkle 才能解开更长的双链 DNA 片段[72]。早期的报道表明，Twinkle 是六聚体[87, 89]，而最近的电子显微镜分析发现了 Twinkle 以六聚体和七聚体形式存在的证据[90, 91]。

3. 线粒体单链 DNA 结合蛋白 人类 mtSSB 蛋白约 15kDa，它与大肠埃希菌单链 DNA 结合蛋白具有序列相似性[92]，并可以形成一个四聚体以结合 59nt 的单链 DNA[93]。单链 DNA 缠绕 mtSSB 四聚体一圈[94, 95]。mtSSB 刺激 POLγ 聚合酶活性及 Twinkle 解旋酶活性[88, 96, 97]。mtSSB 对 POLγ 聚合酶活性的刺激作用是在没有任何蛋白质直接相互作用的情况下，通过 mtSSB 结合双链 DNA 模板并去除所有 DNA 二级结构而产生的[98]。对果蝇 mtSSB 的研究表明，mtSSB 主要通过增加引物识别和结合能力来促进果蝇 POLγ 的合成，从而提高 DNA 合成起始速率[99, 100]。果蝇 mtSSB 除能刺激 POLγ 聚合酶活性外，还能刺激 POLγ 的核酸外切酶活性[101]。

4. 线粒体 DNA 复制体 采用生化分析发现，POLγ 无法单独利用双链 DNA 作为模板，但 Twinkle 的参与显著提高了 POLγ 在引物微环模板上的聚合能力，并能够以滚环复制的方式合成大量 DNA[72]。尽管这些蛋白质之间似乎没有形成一个稳定的复合物[72]，但 Twinkle-POLγ 间的相互作用也使 Twinkle 解旋更长的双链 DNA。mtSSB 的加入进一步促进 DNA 合成，允许合成几乎与基因组长度相同的 DNA 产物[72]。综上所述，mtDNA 聚合酶 POLγ 与 Twinkle、mtSSB 共同构成人类细胞中 mtDNA 复制的核心机制。mtDNA 复制体中这些核心蛋白的缺陷会导致 mtDNA 不稳定和线粒体疾病，这一事实突出了这些蛋白质对体内 mtDNA 维持的重要性[87, 102-106]。

（四）mtDNA 复制终止

一旦复制体合成完整的 mtDNA 链，为了产生两个子 mtDNA 分子，需要 3 个连续步骤：引物去除、连接、新合成 DNA 链分离。

1. 引物去除 如前所述，mtDNA 在两个复制起点的复制过程都始于 POLRMT 合成 RNA 引物。长链核糖核苷酸被认为会损害 mtDNA 的稳定性[107]，并干扰复制体的功能[108]。因此，这些 RNA 引物需要在复制过程结束前被移除。在 O_H 和 O_L 位点的引物去除过程中涉及的主要酶是 RNase H1，这一发现表明该酶的缺失会导致 RNA 引物在两个位点保留[69]。在体外，RNase H1 不表现出任何序列特异性能够处理 RNA-DNA 混合底物中的 RNA 链，但它需要切割位点两侧有 4 个连续的核糖核苷酸[109]。RNase H1 的切割会在新生 DNA 链的 5′ 端留下 2 个核糖核苷酸[109]。因此，需要第二种核酸酶来去除这些残留的核糖核苷酸。

O_L 处引物的去除已在体外重建[110]。根据这个模型，RNase H1 处理 O_L 处的引物，在新合成 DNA 的 5′ 端留下 1～3 个核糖核苷酸，这些核糖核苷酸随后被瓣状核酸内切酶 1（flap-structure specific endonuclease 1，FEN1）去除。FEN1 是一种具有线粒体和细胞核双定位的 5′-3′ 特异性核酸内切酶[111]。FEN1 优先切断双链 DNA 两侧的短 RNA 或 DNA 5′ 端侧翼。除此之外，FEN1 与细胞核内后随链复制过程中形成的核酸中间体的加工有关[112]。然而，由于其导入线粒体基质的蛋白质剪切体被截短，且该酶在体外无法切割 5′ 单链 DNA 片段，FEN1 在线粒体内的功能仍存在争议[113]。因此，另一种具有 FEN1 样活性的核酸酶可能参与了体内 O_L 处引物的去除。

在 O_H 处去除引物的过程仍然知之甚少。最初，人们提出线粒体基因组维护外切酶 1 （mitochondrial genome maintenance exonuclease 1，MGME1）参与其中[114]。这种单链 DNA 特异性外切酶，仅定位于线粒体，可以处理 DNA 末端底物[115]。在体外，MGME1 与 POLγ 联合作用，去除由 POLγ 链置换活性产生的 DNA 末端片段[116]。然而，MGME1 不能处理短 RNA 末端[116]，这表明必须募集一个额外的核酸酶来去除 RNase H1 留下的核糖核苷酸。MGME1 基因突变与以 mtDNA 缺失和多个 mtDNA 缺失积累为特征的多系统线粒体疾病相关，这一事实证明了 MGME1 参与 mtDNA 维持[115]。

最近，也有人提出核酸内切酶 / 外切酶 G （endonuclease/exonuclease G，EXOG）在去除 RNase H1 留下的核糖核苷酸中发挥作用[117]。EXOG 定位于线粒体[118]，并能在体外处理 RNA-DNA 杂合链[117]。尽管如此，EXOG 在体内对引物去除的作用目前还不清楚。

2. 连接 去除引物后，新生 mtDNA 链由 DNA 连接酶 3（ligase 3，LIG3）连接。由于编码序列中存在两个框内启动子 ATG，*LIG3* 基因同时编码该酶定位于细胞核和线粒体的变体[119]。人类细胞中该蛋白质的缺失导致 mtDNA 含量的减少和有缺口 mtDNA 的积累[120]，表明 LIG3 对 mtDNA 的维持至关重要。

3. 分离 在复制过程结束时，两个相互连接子 mtDNA 需要分离。最近发现拓扑异构酶 3α（Topoisomerase 3α，TOP3α）是参与这一过程的一种主要酶[121]。TOP3α 是 1A 型拓扑异构

酶，定位于细胞核和线粒体[122]。属于这类拓扑异构酶的酶通过剪切两条 DNA 链中的一条而不切割另一条，从而分离两个连接的子 DNA 分子[123]。在复制结束时，新合成的 mtDNA 分子在靠近 O_H 的区域保持相互连接[121]。TOP3α 是分离这些 mtDNA 分子所必需的，它的缺失会导致连环 mtDNA 结构的积累。在 *TOP3α* 基因双等位基因突变引起的 CPEO 患者骨骼肌中也检测到相同的异常 mtDNA 拓扑结构[121]。

（五）其他参与 mtDNA 复制的蛋白质

除上述蛋白质外，在 mtDNA 维持过程中参与的其他蛋白质的确切作用尚不清楚。TOP1MT 是一种线粒体特异性拓扑异构酶[124]，在正常情况下，它对 mtDNA 复制不是必需的。然而，TOP1MT 与 mtDNA 的 NCR 区结合[125]，是小鼠特定应激条件下 mtDNA 正确复制所必需的[126]。此外，另一种拓扑异构酶 TOP2β 可以在化学抑制后减少人类细胞中 mtDNA 复制的启动[127]。虽然造成这种缺陷的确切机制尚不明确，但是提示了 TOP2β 在 mtDNA 复制中起重要作用。

在人类线粒体内发现核酸酶 / 解旋酶 DNA2 在诱导 mtDNA 复制停止后特异性定位于拟核中[128]。*DNA2* 基因突变导致线粒体肌病患者 mtDNA 不稳定，这一现象说明了 DNA2 在 mtDNA 维持中的作用[129, 130]。尽管纯化的人类 DNA2 蛋白具有重要的生化特性[131]，但如何精确将 DNA2 导入线粒体并发挥功能的问题尚未得到解决。第二种解旋酶 PIF1（petite frequency integration 1）存在于人类细胞的细胞核和线粒体中，并在 DNA 代谢中发挥诸多功能[132]。*PIF1* 基因上另一个 ATG 起始的翻译过程，会产生一个严格的线粒体亚型[133]。PIF1 敲除小鼠出现 mtDNA 突变累积并诱发线粒体肌病[134]，然而，哺乳动物中 PIF1 在维持 mtDNA 稳定性中的确切作用仍有待研究。

DNA 聚合酶 / 引物酶 PrimPol 在核基因组和 mtDNA 维护中都发挥作用[135]。PrimPol 在功能上与 mtSSB 和 Twinkle 相互作用，但其靶向线粒体

的机制尚不清楚[136, 137]。PrimPol 被证实能够通过启动非常规复制起始点[54]上的 mtDNA 复制，重新启动停滞的 mtDNA 复制。然而，这一 mtDNA 复制再启动的许多调控和机制细节仍有待进一步研究。

三、线粒体脱氧核糖核苷三磷酸供应

mtDNA 的准确维持不仅需要一个功能完整的复制机制，而且还需要有充足和平衡的线粒体脱氧核糖核苷三磷酸（deoxyribonucleoside triphosphate，dNTP）供应，dNTP 是 DNA 的组成部分。线粒体核苷酸代谢缺陷会导致线粒体疾病（如进行性眼外肌麻痹和 mtDNA 缺失综合征），因而突出了适当的 dNTP 供应的重要性[138-142]。dNTP 的合成主要有两种方法：一种是通过从头合成途径，从二磷酸核糖核苷（ribonucleoside diphosphate，NDP）生成 dNTP，另一种方式是通过补救途径磷酸化现有的脱氧核糖核苷（deoxyribonucleoside，dN）。两种途径都有助于维持线粒体 dNTP 总量的稳定（图 1-4）。

从头合成 dNTP 的主要调控步骤是由核糖核苷酸还原酶（ribonucleotide reductase，RNR）催化的，RNR 是一种异四聚体酶，由两个较大的 RRM1 催化亚基和两个较小的 RRM2 辅助亚基组成[143]。RNR 在细胞质中将 NDP 还原为 dNDP；dNDP 可以被细胞质和线粒体中的核苷二磷酸激酶（nucleoside diphosphate kinase，NDPK）磷酸化为 dNTP[144-146]。dNTP 的合成需要额外的酶参与。从头合成途径的活性遵循细胞周期，在 S 期达到峰值，此时由于核 DNA 复制，导致对 dNTP 的需求很高。这种细胞周期——循环依赖的调节方式，主要是通过调节 RNR 的小 RRM2 亚基的水平来实现的，而 RRM1 亚基的水平则保持稳定[143]。在非分裂细胞中无法检测到 RRM2[147]，而 RNR 的活性依赖于另一个小亚基 RRM2B，来为 DNA 修复和 mtDNA 复制提供所需的 dNTP[148-151]。然而，非分裂细胞中 RRM1/RRM2B 复合物的水平明显低于 S 期，导致非分裂细胞中 dNTP 水平

降低了约 18 倍[152]。尽管在非分裂细胞中，从头合成 dNTP 的活性较低，但其对维持 mtDNA 的稳定作用仍然至关重要，RRM2B 缺陷患者中观察到的严重 mtDNA 缺失证明了这一点[141]。

与 dNTP 从头合成途径不同，线粒体 dNTP 补救机制在整个细胞周期中虽然产量低但对维持线粒体 dNTP 水平非常重要[153]。线粒体补救的限速步骤是将 dN 磷酸化为脱氧核糖核苷单磷酸（deoxyribonucleoside monophosphate，dNMP），该步骤由胸苷激酶 2（thymidine kinase 2，TK2；磷酸化 dT、dU 和 dC）和脱氧鸟苷激酶（deoxyguanosine kinase，dGK；磷酸化 dG 和 dA）激活[153]。因此，这两种核苷激酶的缺陷均表现为 mtDNA 缺失[138, 139]，而 TK2 突变也可导致多种 mtDNA 缺失[142]。TK2 和 dGK 产生的 dNMP 被线粒体核苷单磷酸激酶（nucleoside monophosphate kinase，NMPK）磷酸化为 dNDP，并进一步被 NDPK 磷酸化为 dNTP（图 1-4）。

上述两种线粒体 dNTP 合成途径都涉及将 dN 或脱氧核糖核苷酸（dNMP、dNDP 或 dNTP）导入线粒体。事实上，由于线粒体内膜上存在载体蛋白，线粒体内的 dN 和脱氧核糖核苷酸被认为能与细胞质进行物质交换[154-156]。dN 构成线粒体补救底物，它来源于现有线粒体脱氧核糖核苷酸的降解，也可通过平衡核苷转运体（equilibrative nucleoside transporter，ENT）从细胞质导入[157, 158]。相反，细胞质中从头合成 dNTP 的产物以 dNMP、dNDP 和（或）dNTP 的形式导入线粒体。到目前为止，对线粒体核苷酸载体及其在维持线粒体内脱氧核糖核苷酸总量中的作用仍不明确。然而，已经发现两种溶质载体 25 家族蛋白 SLC25A33 和 SLC25A36 可能负责线粒体和胞质嘧啶核苷酸（U、T、C）的交换[159-161]。

细胞 dNTP 总量的多少不仅取决于 dNTP 的合成途径，还取决于分解代谢酶的活性。这些酶包括在细胞质和线粒体中将 dNMP 去磷酸化为 dN 的 5′- 脱氧核苷酸酶（5′-deoxynucleotidases，5′-dN），以及降解细胞质中 dN 的核苷磷酸化酶[162]。

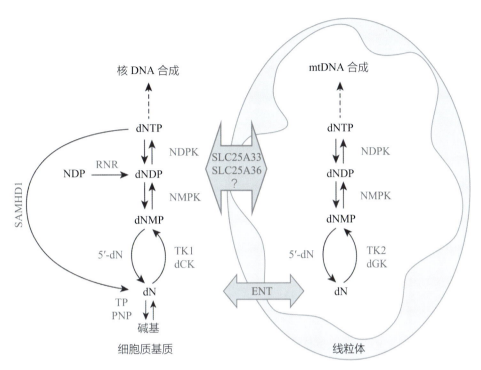

▲ **图 1-4 产生线粒体 dNTP 的核苷酸合成途径**

酶的名称用灰色字体表示。dNTP 的合成可以通过从头合成途径或补救途径进行。在从头合成途径中，胞质酶核糖核酸还原酶（RNR）催化 NDP 还原为 dNDP，随后被存于胞质（左侧）和线粒体（右侧）中的核苷二磷酸激酶（NDPK）磷酸化为 dNTP。另外，dNTP 也可以通过补救途径产生，这种途径"回收"从细胞外摄取的或者来源于内源性核苷或核酸降解的碱基或核苷（dN）。线粒体补救途径效率的限速步骤是将 dN 磷酸化为脱氧核糖核苷单磷酸（dNMP）这一步。这一步是由胞质中的胸苷激酶 1（TK1）和脱氧胞苷激酶（dCK），以及线粒体中的胸苷激酶 2（TK2）和脱氧鸟苷激酶（dGK）完成的。由此产生的 dNMP 可进一步磷酸化为脱氧核糖核苷二磷酸（dNDP），然后通过核苷单磷酸激酶（NMPK）和 NDPK 的顺序作用转化为 dNTP。dNTP 的合成受到分解代谢酶的抑制，如 5′- 脱氧核苷酸酶（5′-dN）可以将胞质和线粒体中的 dNMP 去磷酸化为 dN，以及核苷磷酸化酶 [胸苷磷酸化酶（TP）和嘌呤核苷磷酸化酶（PNP）] 可以将胞质中 dN 降解为碱基。此外，dNTP 磷酸水解酶 SAMHD1 限制细胞中除 S 期以外的 dNTP 水平。由于 SLC25A33、SLC25A36 和其他尚未发现的核苷酸载体的存在，胞质和线粒体中脱氧核苷酸总量 [dNMP、dNDP 和（或）dNTP] 可以快速交换。类似地，平衡核苷转运体（ENT）确保了两个细胞组分之间 dN 的交换

其中一种磷酸化酶——胸苷磷酸化酶（thymidine phosphorylase，TP）的缺陷会使得细胞 dNTP 总量失衡，导致 mtDNA 缺失和随之而来的线粒体疾病[140, 163]。此外，SAMHD1（含 SAM 结构域和 HD 结构域蛋白 1）dNTP 磷酸水解酶将细胞质中的 dNTP 转化为 dN，从而限制细胞内 dNTP 水平[164-166]。由于细胞质和线粒体内 dNTP 的交换，SAMHD1 的活性也降低了线粒体 dNTP 总量[167]。

mtDNA 的一个独特特征是它包含多个核糖核苷酸，核糖核苷酸本应是 RNA 的组成成分[19, 20, 168]。出现这种现象是因为细胞中游离的

NTP 远远超过 dNTP[169]，在细胞核和线粒体基因组的复制和修复过程中，NTP 偶尔会插入 dNTP 的位置[108, 170-173]。然而，核 DNA 中插入的核糖核苷酸可以被特异的修复机制所去除[174-176]，但 mtDNA 中的核糖核苷酸却不能被有效修复而保留[177, 178]。也正是由于缺乏修复机制，决定 mtDNA 核糖核苷酸出现频率和特性的主要因素是细胞中 NTP 与 dNTP 的比例[177, 179, 180]。目前尚不清楚 mtDNA 中的核糖核苷酸是具有特定的作用，还是仅仅因为无法去除而存在。无论如何，它们对 mtDNA 的维持既不是必需的，也不是明显有害的，因为核糖核苷酸含量的急剧减少对小

鼠一生中 mtDNA 的稳定性没有显著影响[180]。

四、线粒体拟核

mtDNA 定位于线粒体基质的特定区域，并在称为线粒体拟核的核蛋白复合体中组装。线粒体拟核的概念可以追溯到 20 世纪 60 年代，当时该术语与细菌拟核类似，用来表示线粒体基质中特定、电子透明、含 DNA 的小棒状结构[181]。在接下来的 30 年里，从黏菌绒泡菌[182]、HeLa 细胞[183]、Xenopus laevis 卵母细胞[184, 185]、酵母细胞[186, 187] 和大鼠肝脏[188] 中分离出了 mtDNA- 蛋白复合物。近年来，通过使用荧光核酸结合染料如 4′, 6- 二脒基 –2– 苯基吲哚（4′, 6-diamidino-2-phenylindole，DAPI）[12, 189] 和 PicoGreen[190, 191] 或针对核相关蛋白的抗体[87, 192]，开发出了直接观察细胞中拟核的方法。

线粒体拟核的确切蛋白质组成尚不清楚，但这其中包括包装因子线粒体转录因子 A（mitochondrial transcription factor A，TFAM）、mtSSB 和其他参与 DNA 复制、转录和线粒体代谢的蛋白质。然而，最近的发现指出，除 TFAM 外，拟核蛋白的组成并不统一，不同的拟核亚群在人类细胞内共存[193]，这突出了拟核结构的极度动态性质。

mtDNA 组织成拟核可能具有双重功能：一方面，与蛋白质的结合能够保护 DNA，使其更能抵抗呼吸链复合物产生的活性氧等有害物质[194]。另一方面，它为包括 mtDNA 复制、转录和修复在内的不同 DNA 的生理活动提供了适当的微环境[195]。因此，mtDNA 拟核对 mtDNA 的维持至关重要（框 1-1）。

（一）拟核的组成

1. 线粒体 DNA 在松弛状态下，基因长度 16kbp 的人类 mtDNA 分子的长度约为 5μm[200]。在拟核中，mtDNA 被高度压缩成直径仅为 100nm 的压缩形式[197]。数个研究团队定量了细胞中拟核和 mtDNA 拷贝的数量，并发现在快速分裂的细胞中，每个拟核包含 2～10 个 mtDNA

框 1-1　细胞和组织中拟核的研究方法

- 拟核可以通过荧光染料（如 DAPI[12] 结合基因组中的 AT- 富集区和 PicoGreen 选择性结合双链 DNA[191]）对核酸成分进行染色得到检测。与 DAPI 相反，PicoGreen 对细胞膜具有渗透性，可用于显示活细胞中的拟核[190]。

- 另外，也可以通过使用借助特异性抗体的免疫细胞和组织化学技术检测蛋白质成分来观察拟核[87, 192]。

- 最后，可以通过针对 mtDNA 复制体蛋白的抗体（POLγ、Twinkle 或 mtSSB）[196]，或用胸腺嘧啶类似物 BrdU（5-bromo-2′-deoxyuridine）或 EdU（5-Ethynyl-2′-deoxyuridine）处理细胞来观察具有复制活性的拟核亚群。这些类似物在复制过程中被加入，并可以用特异性抗体进行检测[106, 192]。

- 由于传统的荧光显微镜可以达到 200～350nm 的分辨率，而拟核的大小约为 100nm，因此必须使用高分辨率显微技术来观察单个拟核。其中包括受激发射损耗（STED）显微镜[197] 和光敏定位（PALM）显微镜[198]。虽然它们基于不同的物理原理，但是两种方法都克服了衍射极限，能够分辨小于 50nm 的结构[199]。

分子[201]。然而，这些观察使用的是传统的荧光显微镜，其分辨率不足以分辨 < 200nm 的结构。最近，超分辨率显微镜技术发现每个拟核平均有 1.1 个 mtDNA 分子[202]。值得注意的是，20 年前，Satoh 和 Kuroiwa 通过计算拟核中溴化乙啶信号的荧光强度得出了相同的结论[12]。mtDNA 拷贝数的增加导致拟核数量增加，而不是其形态的改变，进一步证实了 mtDNA 与拟核比例接近 1 : 1[202]。然而，这一比例可能并不适用于所有细胞类型和组织，因为 mtDNA 并不总是以单体分子形式存在，也可以以包含多个完整基因组的连锁分子形式存在[203, 204]。

2. 拟核相关蛋白质 第一种被鉴定出的拟核相关蛋白质是酿酒酵母 ARS 结合因子 2 蛋白质（ARS-binding factor 2 protein，Abf2P），最初命名为 HM[205, 206]。这个 20kDa 蛋白质包含两个高机动基团（high mobility group，HMG）结构域，与位于核染色质的 DNA 结合 HMG 蛋白质同源[207]。该蛋白质在酵母中含量丰富，并以每 15bp 一个分子的比例包裹整个 mtDNA[206]。Abf2p 蛋白质的缺失会导致在可发酵碳源培养基（如葡萄糖）上生长的菌株 mtDNA 的丢失，这表明该蛋白质对 mtDNA 维持十分重要。然而，当 *abf2⁻* 细胞生长在线粒体基因组不可缺少的非发酵碳源培养基上时，它们可以维持正常的 mtDNA 水平[206]，这表明还有其他因素参与维持酵母 mtDNA。尽管如此，在这些条件下生长的 *abf2⁻* 细胞对损伤诱导剂更敏感[208]，并因此改变了拟核形态和分离[209]。通过表达 25kDa 的人类 TFAM 可以挽救 Abf2p 缺失导致的 mtDNA 不稳定性[210]。在小鼠中，*TFAM* 是一种重要基因，因为它的缺失会导致胚胎死亡和 mtDNA 缺失[211]。与酵母中的蛋白质一样，它也包含两个 HMG 结构域，其含量足以完全覆盖 mtDNA[212]。在体外，该蛋白质协调 DNA 的包装[213]，在体内与 mtDNA 共定位[192]。该蛋白质与 mtDNA LSP 区复合体的晶体结构显示，TFAM 通过其 HMG 结构域使 DNA 发生 180° 弯曲，从而使 DNA 发生 U 型转角[214]。当 TFAM 与非特异性 DNA 序列结合时，DNA 扭曲也会产生 U 型转角[215]。Abf2p 也检测到了类似的 DNA 弯曲模式，这表明它代表了 HMG 蛋白质压缩 mtDNA 的一种常见机制[216]。然而，与 Abf2p 不同的是，TFAM 在线粒体转录启动过程中还发挥其他作用[217]。而这两种功能归因于蛋白质的两个不同结构域。除了 HMG-box 结构域外，TFAM 还包含一个额外的 C 端末尾，该尾部与 LSP 启动子的特异性结合，以及 TFAM 在转录启动过程中的作用有关[218]。因此，与 TFAM C 端尾部融合的嵌合 Abf2p 蛋白质可以激活 LSP 启动子的转录[219]。TFAM 协调 DNA 包装和转录启动的机制尚不清楚[220]；然而，蛋白质的数量似乎与这两种功能之间的转换有关，因为在体外，高 TFAM 浓度导致基因组压缩程度增加，mtDNA 转录和复制减少（图 1–5B）[221]。

最近，有人提出 TFAM 可以单独包裹整个 mtDNA 分子并形成一个拟核单元[202]。这一发现进一步证实了如 Twinkle 和 mtSSB 等 mtDNA 复制体的组成部分，仅与拟核中的一类蛋白质在线粒体中原位定位，同时这种联系是短暂的，拟核并没有固定的组成[193]。除了 mtDNA 复制因子外，多年来还发现了其他几种与拟核相关的蛋白质。这些因子是通过与 mtDNA 原位共定位实验，或通过用抗 DNA 的抗体纯化或免疫沉淀，然后进行质谱分析来发现的[222]。最近，邻近标记技术也被用于寻找 mtDNA 相关蛋白质[223]。通过这些方法已经确定了几个作为 mtDNA 复制和转录体成分的拟核蛋白质，以及包括参与 RNA 加工和翻译的蛋白质和其他因子，如 Lon 蛋白酶和 ATPase 家族包含 AAA 结构域的 3A 蛋白质（ATPase family AAA-domain-containing 3A protein，ATAD3A）[224]。Lon 蛋白酶是一种 ATP 依赖性蛋白酶，可与活细胞中的 mtDNA 结合[225]，并通过降解作用调节细胞中的 TFAM 水平[226, 227]。ATAD3A 是一种线粒体内膜（mitochondrial inner membrane，MIM）蛋白质[228]，参与 mtDNA 维持[229, 230]。ATAD3A 下调导致拟核分布改变，该蛋白质被认为是连接拟核与 MIM 的蛋白质的一部分，如下文所述[231]。

（二）拟核拓扑结构

在人类细胞中，线粒体拟核呈直径约为 100nm 的椭球结构[197, 202]。用荧光染料观察时，拟核看起来像线粒体网络中的点状图案（图 1–5A）。据报道，在人类和小鼠的几种类型细胞中，每个细胞的拟核总数从 500 到几千[232]。

如前所述，核蛋白复合物的组成在很大程度上是未知的，对于拟核单位的定义和蛋白质组成没有共识。这种不确定性可能部分归因于许多 mtDNA 相关因子与 mtDNA 相互作用短暂[193]，部分归因于不同研究团队在实验条件下使用的拟核纯化方法不同，从而得出不同的结果[222]。2008 年，Bogenhagen 和共同作者们[233] 比较了两种不同的方法：一种严格的纯化方法，其在拟核纯化前使用甲醛将蛋白质与 mtDNA 交联；另外

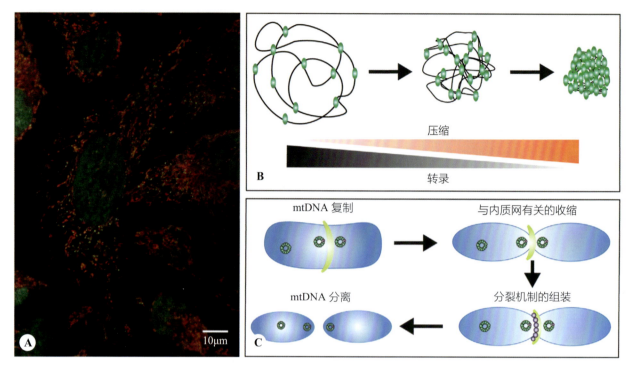

▲ 图 1-5　mtDNA 拟核

A. 使用依赖膜电位在线粒体聚集的荧光染料 MitoTracker Red CMXRos（红色）和特异性染色核酸的染料 PicoGreen（绿色）对 HeLa 细胞进行体内成像。在活细胞中，拟核在线粒体网络中呈点状。细胞成像采用配备 HC PL APO 63×/1.20 水物镜的徕卡 SP8 FALCON 共聚焦显微镜。B. TFAM（绿点）在 mtDNA 代谢中的双重功能示意图。TFAM 参与 mtDNA 转录启动和 mtDNA 压缩。在体外，较低的 TFAM 浓度能够提高 mtDNA 的转录水平，而较高的 TFAM 浓度诱导线粒体基因组的压缩。C. 线粒体网络内拟核分离的示意图。例如，包含 POLγ（紫色）的活跃复制的拟核（绿圆圈）位于靠近内质网 - 线粒体接触位点（酸性绿）。当复制和生成两个新的 mtDNA 分子时，线粒体膜在这些位点发生收缩，触发分裂机制的组装（紫点）。这导致了线粒体网络中两个 mtDNA 分子的分离

一种"自然"纯化方法，在这种纯化方法中，用非离子去垢剂裂解线粒体后，使用针对 TFAM 或 mtSSB 的抗体对拟核进行免疫沉淀。通过比较两种方法检测到的不同蛋白质群，提出了 mtDNA 结构的分层模型。根据这个模型，复制和转录复合体蛋白是拟核核心组分的一部分，并且位于 mtDNA 附近。而翻译机器的组分，以及 RNA 加工和呼吸链复合物位于拟核的周边区域。

这一模型进一步被以下发现证实，即在线粒体中，新生的 mRNA 聚集在线粒体 RNA 颗粒（mitochondrial RNA granule，MRG）中，这些颗粒与线粒体拟核相邻[234, 235]。早在 2004 年，在距离拟核不远的地方就已经发现了新合成的 RNA[201]。10 年后，这种新的线粒体亚组分得到

定义，该亚组分包含确保 mtRNA 正确加工[234, 235] 和降解[236, 237] 的因子。最近的研究表明，MRG 中还含有与 mtDNA 复制相关蛋白 mtSSB 和 Twinkle，表明这些结构与 mtDNA 复制过程之间存在相互作用[238]。

（三）拟核定位

拟核并非随机分布在线粒体基质中，但至少有一部分与 MIM 相互作用[193]。这种相互作用的第一个证据可以追溯到 20 世纪 60 年代，当时利用电子显微镜技术发现了大量 mtDNA 分子与线粒体膜结合的现象[200]。这让人想起细菌染色体的组成形式[239]。在 HeLa 细胞中，这种结合在靠近 O_H 的区域发生[183]。最近，超分辨率成像技术的进步，让线粒体基质内拟核的精确定位再次受

到关注，超分辨率显微镜能够成像靠近 MIM 的拟核，并发现拟核通常靠近线粒体嵴或包裹在嵴状结构周围[198]。

拟核中只有一小部分含有 mtDNA 复制因子 mtSSB 和 Twinkle，这类 mtDNA 被认为是复制活跃的。此外，即使在没有 mtDNA 的细胞（ρ^0 细胞）中，Twinkle 也会局部聚集并定位于 MIM。总之，这些发现表明活跃复制的拟核与线粒体膜有关[193]。有趣的是，Twinkle 也出现在内质网（endoplasmic reticulum，ER）- 线粒体连接相关线粒体内膜中的胆固醇富集区[231]。同样，酿酒酵母中活跃复制的拟核通过酵母特有的内质网 - 线粒体连接结构（ER-mitochondria encounter structure，ERMES）复合物与内质网连接[240, 241]。胆固醇在 MIM，以及膜结合拟核中的分布受 ATAD3 调控，表明该蛋白在拟核组成中的作用[231]。最后，拟核组成可能与嵴结构的组成有关，因为线粒体接触位点和嵴组织系统（mitochondrial contact site and cristae organizing system，MICOS）复合物的破坏导致了拟核分布和聚集能力的改变，同时也减少了 mtDNA 转录[242]。

（四）拟核分离

线粒体是不断融合和分裂的动态细胞器。这些过程由融合蛋白和分裂蛋白协调与调控，它们与其他细胞器协同工作，以保证线粒体功能和细胞充分的能量供应[243]。这些蛋白质也在线粒体网络内拟核分布中发挥作用。患者和小鼠模型中，促融合蛋白视神经萎缩 1 型（optic atrophy 1，OPA1），以及 mitofusins 蛋白 MFN1（mitofusins 1）和 MFN2（mitofusins 2）缺陷，与 mtDNA 拷贝数降低相关[244-246]。相反，促分裂动力相关蛋白质（dynamin related protein，DRP1）的缺失并不会影响 mtDNA 总量，但会改变拟核形态。在 DRP1 敲除细胞中，拟核在嵴丰富的线粒体中增大并聚集，表明该蛋白质在线粒体网络及拟核分布中发挥作用[247]。

近期的研究表明，活跃复制的拟核（如含 POLγ）靠近参与线粒体分裂的内质网 - 线粒体接触位点附近[196]。当 mtDNA 分子复制和分裂时，分裂蛋白在这些特定的接触位点上组装，导致线粒体分裂成两个细胞器，每个细胞器都含有一个拟核（图 1-5C）。

研究展望

自 60 年前首次发现 mtDNA 以来，我们对它的组成和维护有了众多了解。然而，有几个关键问题仍亟待解决。人们对 mtDNA 复制机制如何适应不同的细胞和组织特异性条件知之甚少。这种适应可能涉及 mtDNA 替代的复制模式，但也可能仅是通过调整单一的复制模式来实现。进一步阐明 mtDNA 维持过程中尚未明确功能的蛋白质作用机制（如 PrimPol、Pif1 和 DNA2），可能有助于揭示 mtDNA 在各种细胞环境下的复制方式。未来的研究还应关注 mtDNA 中单个 rNMP 的生物学意义和线粒体核苷酸水平的调控。此外，检测低丰度蛋白质的新方法可能提供关于线粒体拟核蛋白的确切蛋白质组成和分布。最后，最近的研究表明 mtDNA 复制和拟核分离的过程与线粒体网络的动力学密切相关。因此，在了解 mtDNA 复制和拟核分离的过程与线粒体和细胞功能的关系上，我们需要更多的关注。

声明

我们要感谢 Dr. Paolo Lorenzon 协助准备图片。

参考文献

[1] Nass MM, Nass S. Intramitochondrial fibers with DNA characteristics. I. Fixation and electron staining reactions. J Cell Biol 1963;19:593-611.

[2] Nass S, Nass MM. Intramitochondrial fibers with DNA characteristics. II. Enzymatic and other hydrolytic treatments. J Cell Biol 1963;19:613-29.

[3] Radloff R, Bauer W, Vinograd J. A dye-buoyant-density method for the detection and isolation of closed circular duplex DNA: the closed circular DNA in HeLa cells. Proc Natl Acad Sci U S A 1967;57 (5):1514-21.

[4] Hudson B, Vinograd J. Catenated circular DNA molecules in HeLa cell mitochondria. Nature. 1967;216 (5116):647-52.

[5] Clayton DA, Vinograd J. Circular dimer and catenate forms of mitochondrial DNA in human leukaemic leucocytes. Nature. 1967; 216(5116):652-7.

[6] Clayton DA, Smith CA, Jordan JM, Teplitz M, Vinograd J. Occurrence of complex mitochondrial DNA in normal tissues. Nature 1968;220(5171):976-9.

[7] Clayton DA. Replication of animal mitochondrial DNA. Cell 1982;28(4):693-705.

[8] Borst P, Kroon AM. Mitochondrial DNA: physicochemical properties, replication, and genetic function. Int Rev Cytol 1969; 26: 107-90.

[9] Bogenhagen D, Clayton DA. The number of mitochondrial deoxyribonucleic acid genomes in mouse L and human HeLa cells. Quantitative isolation of mitochondrial deoxyribonucleic acid. J Biol Chem 1974;249(24):7991-5.

[10] King MP, Attardi G. Human cells lacking mtDNA: repopulation with exogenous mitochondria by complementation. Science. 1989; 246(4929):500-3.

[11] D'Erchia AM, Atlante A, Gadaleta G, et al. Tissue-specific mtDNA abundance from exome data and its correlation with mitochondrial transcription, mass and respiratory activity. Mitochondrion. 2015;20:13-21.

[12] Satoh M, Kuroiwa T. Organization of multiple nucleoids and DNA molecules in mitochondria of a human cell. Exp Cell Res 1991;196(1):137-40.

[13] Chen X, Prosser R, Simonetti S, Sadlock J, Jagiello G, Schon EA. Rearranged mitochondrial genomes are present in human oocytes. Am J Hum Genet 1995;57(2):239-47.

[14] Reynier P, May-Panloup P, Chretien MF, et al. Mitochondrial DNA content affects the fertilizability of human oocytes. Mol Hum Reprod 2001;7(5):425-9.

[15] Steuerwald N, Barritt JA, Adler R, et al. Quantification of mtDNA in single oocytes, polar bodies and subcellular components by real-time rapid cycle fluorescence monitored PCR. Zygote. 2000;8(3):209-15.

[16] Giles RE, Blanc H, Cann HM, Wallace DC. Maternal inheritance of human mitochondrial DNA. Proc Natl Acad Sci U S A 1980;77(11):6715-19.

[17] Holt IJ, Harding AE, Morgan-Hughes JA. Deletions of muscle mitochondrial DNA in patients with mitochondrial myopathies. Nature. 1988;331(6158):717-19.

[18] Russell O, Turnbull D. Mitochondrial DNA disease-molecular insights and potential routes to a cure. Exp Cell Res 2014;325(1):38-43.

[19] Wong-Staal F, Mendelsohn J, Goulian M. Ribonucleotides in closed circular mitochondrial DNA from HeLa cells. Biochem Biophys Res Commun 1973;53(1):140-8.

[20] Grossman LI, Watson R, Vinograd J. The presence of ribonucleotides in mature closed-circular mitochondrial DNA. Proc Natl Acad Sci U S A 1973;70(12):3339-43.

[21] Anderson S, Bankier AT, Barrell BG, et al. Sequence and organization of the human mitochondrial genome. Nature. 1981; 290(5806):457-65.

[22] Chomyn A, Cleeter MW, Ragan CI, Riley M, Doolittle RF, Attardi G. URF6, last unidentified reading frame of human mtDNA, codes for an NADH dehydrogenase subunit. Science. 1986;234 (4776):614-18.

[23] Chomyn A, Mariottini P, Cleeter MW, et al. Six unidentified reading frames of human mitochondrial DNA encode components of the respiratory-chain NADH dehydrogenase. Nature. 1985;314(6012):592-7.

[24] Chomyn A, Mariottini P, Gonzalez-Cadavid N, et al. Identification of the polypeptides encoded in the ATPase 6 gene and in the unassigned reading frames 1 and 3 of human mtDNA. Proc Natl Acad Sci U S A 1983;80(18):5535-9.

[25] Mariottini P, Chomyn A, Attardi G, Trovato D, Strong DD, Doolittle RF. Antibodies against synthetic peptides reveal that the unidentified reading frame A6L, overlapping the ATPase 6 gene, is expressed in human mitochondria. Cell. 1983;32(4):1269-77.

[26] Mariottini P, Chomyn A, Riley M, Cottrell B, Doolittle RF, Attardi G. Identification of the polypeptides encoded in the unassigned reading frames 2, 4, 4L, and 5 of human mitochondrial DNA. Proc Natl Acad Sci U S A 1986; 83(6): 1563-7.

[27] Corneo G, Zardi L, Polli E. Human mitochondrial DNA. J Mol Biol 1968;36(3):419-23.

[28] Bharti SK, Sommers JA, Zhou J, et al. DNA sequences proximal to human mitochondrial DNA deletion breakpoints prevalent in human disease form G-quadruplexes, a class of DNA structures inefficiently unwound by the mitochondrial replicative Twinkle helicase. J Biol Chem 2014; 289(43): 29975-93.

[29] Dong DW, Pereira F, Barrett SP, et al. Association of G-quadruplex forming sequences with human mtDNA deletion breakpoints. BMC Genomics. 2014;15:677.

[30] Crews S, Ojala D, Posakony J, Nishiguchi J, Attardi G. Nucleotide sequence of a region of human mitochondrial DNA containing the precisely identified origin of replication. Nature. 1979;277(5693):192-8.

[31] Chang DD, Clayton DA. Precise identification of individual promoters for transcription of each strand of human mitochondrial DNA. Cell. 1984;36(3):635-43.

[32] Chang DD, Clayton DA. Priming of human mitochondrial DNA replication occurs at the light-strand promoter. Proc Natl Acad Sci U S A 1985;82(2):351-5.

[33] Gustafsson CM, Falkenberg M, Larsson NG. Maintenance and expression of mammalian mitochondrial DNA. Annu Rev Biochem 2016;85:133-60.

[34] Walberg MW, Clayton DA. Sequence and properties of the human KB cell and mouse L cell D-loop regions of mitochondrial DNA. Nucleic Acids Res 1981;9(20):5411-21.

[35] Doda JN, Wright CT, Clayton DA. Elongation of displacement-loop strands in human and mouse mitochondrial DNA is arrested near specific template sequences. Proc Natl Acad Sci U S A 1981;78 (10):6116-20.

[36] Kasamatsu H, Robberson DL, Vinograd J. A novel closed-

circular mitochondrial DNA with properties of a replicating intermediate. Proc Natl Acad Sci U S A 1971;68(9):2252-7.

[37] Robberson DL, Kasamatsu H, Vinograd J. Replication of mitochondrial DNA. Circular replicative intermediates in mouse L cells. Proc Natl Acad Sci U S A 1972;69(3):737-41.

[38] Robberson DL, Clayton DA, Morrow JF. Cleavage of replicating forms of mitochondrial DNA by EcoRI endonuclease. Proc Natl Acad Sci U S A 1974;71(11):4447-51.

[39] Brown WM, Vinograd J. Restriction endonuclease cleavage maps of animal mitochondrial DNAs. Proc Natl Acad Sci U S A 1974;71(11):4617-21.

[40] Brown WM, Shine J, Goodman HM. Human mitochondrial DNA: analysis of 7S DNA from the origin of replication. Proc Natl Acad Sci U S A 1978;75(2):735-9.

[41] Gillum AM, Clayton DA. Displacement-loop replication initiation sequence in animal mitochondrial DNA exists as a family of discrete lengths. Proc Natl Acad Sci U S A 1978; 75(2): 677-81.

[42] Tapper DP, Clayton DA. Mechanism of replication of human mitochondrial DNA. Localization of the 5′ ends of nascent daughter strands. J Biol Chem 1981;256(10):5109-15.

[43] Robberson DL, Davidson N. Covalent coupling of ribonucleic acid to agarose. Biochemistry. 1972;11 (4):533-7.

[44] Brown TA, Cecconi C, Tkachuk AN, Bustamante C, Clayton DA. Replication of mitochondrial DNA occurs by strand displacement with alternative light-strand origins, not via a strand-coupled mechanism. Genes Dev 2005;19(20):2466-76.

[45] Wanrooij S, Falkenberg M. The human mitochondrial replication fork in health and disease. Biochim Biophys Acta 2010;1797(8):1378-88.

[46] Wanrooij S, Fuste JM, Farge G, Shi Y, Gustafsson CM, Falkenberg M. Human mitochondrial RNA polymerase primes lagging-strand DNA synthesis in vitro. Proc Natl Acad Sci U S A 2008;105(32):11122-7.

[47] Masukata H, Tomizawa J. A mechanism of formation of a persistent hybrid between elongating RNA and template DNA. Cell. 1990;62(2):331-8.

[48] Fuste JM, Wanrooij S, Jemt E, et al. Mitochondrial RNA polymerase is needed for activation of the origin of light-strand DNA replication. Mol Cell. 2010;37(1):67-78.

[49] Yasukawa T, Reyes A, Cluett TJ, et al. Replication of vertebrate mitochondrial DNA entails transient ribonucleotide incorporation throughout the lagging strand. EMBO J. 2006;25(22):5358-71.

[50] Yasukawa T, Kang D. An overview of mammalian mitochondrial DNA replication mechanisms. J Biochem 2018;164(3):183-93.

[51] Wanrooij S, Miralles Fuste J, Stewart JB, et al. In vivo mutagenesis reveals that OriL is essential for mitochondrial DNA replication. EMBO Rep. 2012;13(12):1130-7.

[52] Pohjoismaki JLO, Forslund JME, Goffart S, Torregrosa-Munumer R, Wanrooij S. Known unknowns of mammalian mitochondrial DNA maintenance. Bioessays. 2018; 40(9): e1800102.

[53] Pohjoismaki JL, Goffart S. Of circles, forks and humanity: topological organisation and replication of mammalian mitochondrial DNA. Bioessays. 2011;33(4):290-9.

[54] Torregrosa-Munumer R, Forslund JME, Goffart S, et al. PrimPol is required for replication reinitiation after mtDNA damage. Proc Natl Acad Sci U S A 2017;114(43):11398-403.

[55] Holt IJ, Lorimer HE, Jacobs HT. Coupled leading- and lagging-strand synthesis of mammalian mitochondrial DNA. Cell. 2000;100(5):515-24.

[56] Wong TW, Clayton DA. In vitro replication of human mitochondrial DNA: accurate initiation at the origin of light-strand synthesis. Cell. 1985;42(3):951-8.

[57] Wong TW, Clayton DA. Isolation and characterization of a DNA primase from human mitochondria. J Biol Chem 1985; 260(21): 11530-5.

[58] Tiranti V, Savoia A, Forti F, et al. Identification of the gene encoding the human mitochondrial RNA polymerase (h-mtRPOL) by cyberscreening of the Expressed Sequence Tags database. Hum Mol Genet 1997;6(4):615-25.

[59] D'Souza AR, Minczuk M. Mitochondrial transcription and translation: overview. Essays Biochem 2018;62(3):309-20.

[60] Pham XH, Farge G, Shi Y, Gaspari M, Gustafsson CM, Falkenberg M. Conserved sequence box II directs transcription termination and primer formation in mitochondria. J Biol Chem 2006;281(34):24647-52.

[61] Wanrooij PH, Uhler JP, Simonsson T, Falkenberg M, Gustafsson CM. G-quadruplex structures in RNA stimulate mitochondrial transcription termination and primer formation. Proc Natl Acad Sci U S A 2010;107(37):16072-7.

[62] Xu B, Clayton DA. RNA DNA hybrid formation at the human mitochondrial heavy-strand origin ceases at replication start sites: an implication for RNA DNA hybrids serving as primers. EMBO J. 1996;15 (12):3135-43.

[63] Wanrooij PH, Uhler JP, Shi Y, Westerlund F, Falkenberg M, Gustafsson CM. A hybrid G-quadruplex structure formed between RNA and DNA explains the extraordinary stability of the mitochondrial R-loop. Nucleic Acids Res 2012; 40(20): 10334-44.

[64] Kang D, Miyako K, Kai Y, Irie T, Takeshige K. In vivo determination of replication origins of human mitochondrial DNA by ligation-mediated polymerase chain reaction. J Biol Chem 1997;272(24):15275-9.

[65] Posse V, Al-Behadili A, Uhler JP, et al. RNase H1 directs origin-specific initiation of DNA replication in human mitochondria. PLoS Genet. 2019;15(1):e1007781.

[66] Posse V, Shahzad S, Falkenberg M, Hallberg BM, Gustafsson CM. TEFM is a potent stimulator of mitochondrial transcription elongation in vitro. Nucleic Acids Res 2015;43(5):2615-24.

[67] Agaronyan K, Morozov YI, Anikin M, Temiakov D. Mitochondrial biology. Replication-transcription switch in human mitochondria. Science 2015;347(6221):548-51.

[68] Jiang S, Koolmeister C, Misic J, et al. TEFM regulates both transcription elongation and RNA processing in mitochondria. EMBO Rep. 2019;20(6).

[69] Holmes JB, Akman G, Wood SR, et al. Primer retention owing to the absence of RNase H1 is catastrophic for mitochondrial DNA replication. Proc Natl Acad Sci U S A 2015; 112(30):9334-9.

[70] Reyes A, Melchionda L, Nasca A, et al. RNASEH1 mutations impair mtDNA replication and cause adultonset mitochondrial encephalomyopathy. Am J Hum Genet 2015; 97(1):186-93.

[71] Bolden A, Noy GP, Weissbach A. DNA polymerase of mitochondria is a gamma-polymerase. J Biol Chem 1977; 252(10): 3351-6.

[72] Korhonen JA, Pham XH, Pellegrini M, Falkenberg M. Reconstitution of a minimal mtDNA replisome in vitro. EMBO J 2004;23(12):2423-9.

[73] Fridlender B, Fry M, Bolden A, Weissbach A. A new synthetic RNA-dependent DNA polymerase from human tissue culture cells (HeLa-fibroblast-synthetic oligonucleotides-template-purified enzymes). Proc Natl Acad Sci U S A 1972;69(2):452-5.

[74] Gray H, Wong TW. Purification and identification of subunit structure of the human mitochondrial DNA polymerase. J Biol

Chem 1992;267(9):5835-41.

[75] Yakubovskaya E, Chen Z, Carrodeguas JA, Kisker C, Bogenhagen DF. Functional human mitochondrial DNA polymerase gamma forms a heterotrimer. J Biol Chem 2006; 281(1): 374-82.

[76] Carrodeguas JA, Theis K, Bogenhagen DF, Kisker C. Crystal structure and deletion analysis show that the accessory subunit of mammalian DNA polymerase gamma, Pol gamma B, functions as a homodimer. Mol Cell. 2001;7(1):43-54.

[77] Longley MJ, Prasad R, Srivastava DK, Wilson SH, Copeland WC. Identification of 5′ -deoxyribose phosphate lyase activity in human DNA polymerase gamma and its role in mitochondrial base excision repair in vitro. Proc Natl Acad Sci U S A 1998;95(21):12244-8.

[78] Longley MJ, Ropp PA, Lim SE, Copeland WC. Characterization of the native and recombinant catalytic subunit of human DNA polymerase gamma: identification of residues critical for exonuclease activity and dideoxynucleotide sensitivity. Biochemistry. 1998;37(29):10529-39.

[79] Longley MJ, Nguyen D, Kunkel TA, Copeland WC. The fidelity of human DNA polymerase gamma with and without exonucleolytic proofreading and the p55 accessory subunit. J Biol Chem 2001;276 (42):38555-62.

[80] Johnson AA, Johnson KA. Exonuclease proofreading by human mitochondrial DNA polymerase. J Biol Chem 2001; 276(41): 38097-107.

[81] Lim SE, Longley MJ, Copeland WC. The mitochondrial p55 accessory subunit of human DNA polymerase gamma enhances DNA binding, promotes processive DNA synthesis, and confers N-ethylmaleimide resistance. J Biol Chem 1999;274(53):38197-203.

[82] Johnson AA, Tsai Y, Graves SW, Johnson KA. Human mitochondrial DNA polymerase holoenzyme: reconstitution and characterization. Biochemistry. 2000;39(7):1702-8.

[83] Lee YS, Lee S, Demeler B, Molineux IJ, Johnson KA, Yin YW. Each monomer of the dimeric accessory protein for human mitochondrial DNA polymerase has a distinct role in conferring processivity. J Biol Chem 2010;285(2):1490-9.

[84] Carrodeguas JA, Pinz KG, Bogenhagen DF. DNA binding properties of human pol gammaB. J Biol Chem 2002; 277(51): 50008-14.

[85] Lee YS, Kennedy WD, Yin YW. Structural insight into processive human mitochondrial DNA synthesis and disease-related polymerase mutations. Cell. 2009;139(2):312-24.

[86] Farge G, Pham XH, Holmlund T, Khorostov I, Falkenberg M. The accessory subunit B of DNA polymerase gamma is required for mitochondrial replisome function. Nucleic Acids Res 2007;35(3):902-11.

[87] Spelbrink JN, Li FY, Tiranti V, et al. Human mitochondrial DNA deletions associated with mutations in the gene encoding Twinkle, a phage T7 gene 4-like protein localized in mitochondria. Nat Genet. 2001;28(3):223-31.

[88] Korhonen JA, Gaspari M, Falkenberg M. TWINKLE Has 5′ -> 3′ DNA helicase activity and is specifically stimulated by mitochondrial single-stranded DNA-binding protein. J Biol Chem 2003;278 (49):48627-32.

[89] Farge G, Holmlund T, Khvorostova J, Rofougaran R, Hofer A, Falkenberg M. The N-terminal domain of TWINKLE contributes to single-stranded DNA binding and DNA helicase activities. Nucleic Acids Res 2008;36(2):393-403.

[90] Ziebarth TD, Gonzalez-Soltero R, Makowska-Grzyska MM, Nunez-Ramirez R, Carazo JM, Kaguni LS. Dynamic effects of cofactors and DNA on the oligomeric state of

human mitochondrial DNA helicase. J Biol Chem 2010; 285(19):14639-47.

[91] Fernandez-Millan P, Lazaro M, Cansiz-Arda S, et al. The hexameric structure of the human mitochondrial replicative helicase Twinkle. Nucleic Acids Res 2015;43(8):4284-95.

[92] Tiranti V, Rocchi M, DiDonato S, Zeviani M. Cloning of human and rat cDNAs encoding the mitochondrial single-stranded DNA-binding protein (SSB). Gene. 1993; 126(2): 219-25.

[93] Curth U, Urbanke C, Greipel J, Gerberding H, Tiranti V, Zeviani M. Single-stranded-DNA-binding proteins from human mitochondria and Escherichia coli have analogous physicochemical properties. Eur J Biochem 1994; 221(1): 435-43.

[94] Yang C, Curth U, Urbanke C, Kang C. Crystal structure of human mitochondrial single-stranded DNA binding protein at 2.4 A resolution. Nat Struct Biol 1997;4(2):153-7.

[95] Kaur P, Longley MJ, Pan H, Wang H, Copeland WC. Single-molecule DREEM imaging reveals DNA wrapping around human mitochondrial single-stranded DNA binding protein. Nucleic Acids Res 2018;46 (21):11287-302.

[96] Oliveira MT, Kaguni LS. Functional roles of the N- and C-terminal regions of the human mitochondrial single-stranded DNA-binding protein. PLoS One. 2010; 5(10): e15379.

[97] Oliveira MT, Kaguni LS. Reduced stimulation of recombinant DNA polymerase gamma and mitochondrial DNA (mtDNA) helicase by variants of mitochondrial single-stranded DNA-binding protein (mtSSB) correlates with defects in mtDNA replication in animal cells. J Biol Chem 2011;286 (47):40649-58.

[98] Ciesielski GL, Bermek O, Rosado-Ruiz FA, et al. Mitochondrial single-stranded DNA-binding proteins stimulate the activity of DNA polymerase gamma by organization of the template DNA. J Biol Chem 2015; 290(48): 28697-707.

[99] Williams AJ, Kaguni LS. Stimulation of Drosophila mitochondrial DNA polymerase by single-stranded DNA-binding protein. J Biol Chem 1995;270(2):860-5.

[100] Thommes P, Farr CL, Marton RF, Kaguni LS, Cotterill S. Mitochondrial single-stranded DNA-binding protein from Drosophila embryos. Physical and biochemical characterization. J Biol Chem 1995;270 (36):21137-43.

[101] Farr CL, Wang Y, Kaguni LS. Functional interactions of mitochondrial DNA polymerase and singlestranded DNA-binding protein. Template-primer DNA binding and initiation and elongation of DNA strand synthesis. J Biol Chem 1999;274(21):14779-85.

[102] Van Goethem G, Dermaut B, Lofgren A, Martin JJ, Van Broeckhoven C. Mutation of POLG is associated with progressive external ophthalmoplegia characterized by mtDNA deletions. Nat Genet. 2001;28 (3):211-12.

[103] Longley MJ, Clark S, Yu Wai Man C, et al. Mutant POLG2 disrupts DNA polymerase gamma subunits and causes progressive external ophthalmoplegia. Am J Hum Genet 2006; 78(6):1026-34.

[104] Young MJ, Copeland WC. Human mitochondrial DNA replication machinery and disease. Curr Opin Genet Dev 2016; 38:52-62.

[105] Del Dotto V, Ullah F, Di Meo I, et al. SSBP1 mutations cause mtDNA depletion underlying a complex optic atrophy disorder. J Clin Invest 2019.

[106] Piro-Megy C, Sarzi E, Tarres-Sole A, et al. Dominant mutations in mtDNA maintenance gene SSBP1 cause optic atrophy and foveopathy. J Clin Invest 2019.

[107] Wanrooij PH, Chabes A. Ribonucleotides in mitochondrial

DNA. FEBS Lett. 2019.

[108] Kasiviswanathan R, Copeland WC. Ribonucleotide discrimination and reverse transcription by the human mitochondrial DNA polymerase. J Biol Chem 2011; 286(36): 31490-500.

[109] Lima WF, Rose JB, Nichols JG, et al. Human RNase H1 discriminates between subtle variations in the structure of the heteroduplex substrate. Mol Pharmacol. 2007;71(1):83-91.

[110] Al-Behadili A, Uhler JP, Berglund AK, et al. A two-nuclease pathway involving RNase H1 is required for primer removal at human mitochondrial OriL. Nucleic Acids Res 2018;46(18):9471-83.

[111] Liu P, Qian L, Sung JS, et al. Removal of oxidative DNA damage via FEN1-dependent long-patch base excision repair in human cell mitochondria. Mol Cell Biol 2008;28(16):4975-87.

[112] Stodola JL, Burgers PM. Mechanism of lagging-strand DNA replication in eukaryotes. Adv Exp Med Biol 2017; 1042: 117-33.

[113] Kazak L, Reyes A, He J, et al. A cryptic targeting signal creates a mitochondrial FEN1 isoform with tailed R-Loop binding properties. PLoS One. 2013;8(5):e62340.

[114] Uhler JP, Falkenberg M. Primer removal during mammalian mitochondrial DNA replication. DNA Repair (Amst) 2015;34:28-38.

[115] Kornblum C, Nicholls TJ, Haack TB, et al. Loss-of-function mutations in MGME1 impair mtDNA replication and cause multisystemic mitochondrial disease. Nat Genet. 2013;45(2):214-19.

[116] Uhler JP, Thorn C, Nicholls TJ, et al. MGME1 processes flaps into ligatable nicks in concert with DNA polymerase gamma during mtDNA replication. Nucleic Acids Res 2016; 44(12):5861-71.

[117] Wu CC, Lin JLJ, Yang-Yen HF, Yuan HS. A unique exonuclease ExoG cleaves between RNA and DNA in mitochondrial DNA replication. Nucleic Acids Res 2019; 47(10): 5405-19.

[118] Cymerman IA, Chung I, Beckmann BM, Bujnicki JM, Meiss G. EXOG, a novel paralog of Endonuclease G in higher eukaryotes. Nucleic Acids Res 2008;36(4):1369-79.

[119] Lakshmipathy U, Campbell C. The human DNA ligase III gene encodes nuclear and mitochondrial proteins. Mol Cell Biol 1999; 19(5):3869-76.

[120] Lakshmipathy U, Campbell C. Antisense-mediated decrease in DNA ligase III expression results in reduced mitochondrial DNA integrity. Nucleic Acids Res 2001; 29(3): 668-76.

[121] Nicholls TJ, Nadalutti CA, Motori E, et al. Topoisomerase 3alpha is required for decatenation and segregation of human mtDNA. Mol Cell. 2018;69(1):9 23-e26.

[122] Wang Y, Lyu YL, Wang JC. Dual localization of human DNA topoisomerase IIIalpha to mitochondria and nucleus. Proc Natl Acad Sci U S A 2002;99(19):12114-19.

[123] Pommier Y, Sun Y, Huang SN, Nitiss JL. Roles of eukaryotic topoisomerases in transcription, replication and genomic stability. Nat Rev Mol Cell Biol 2016;17(11):703-21.

[124] Zhang H, Barcelo JM, Lee B, et al. Human mitochondrial topoisomerase I. Proc Natl Acad Sci U S A 2001; 98(19): 10608-13.

[125] Dalla Rosa I, Huang SY, Agama K, Khiati S, Zhang H, Pommier Y. Mapping topoisomerase sites in mitochondrial DNA with a poisonous mitochondrial topoisomerase I (Top1mt). J Biol Chem 2014;289 (26):18595-602.

[126] Khiati S, Baechler SA, Factor VM, et al. Lack of mitochondrial topoisomerase I (TOP1mt) impairs liver regeneration. Proc Natl Acad Sci U S A 2015; 112(36): 11282-7.

[127] Hangas A, Aasumets K, Kekalainen NJ, et al. Ciprofloxacin impairs mitochondrial DNA replication initiation through inhibition of Topoisomerase 2. Nucleic Acids Res 2018;46(18):9625-36.

[128] Duxin JP, Dao B, Martinsson P, et al. Human DNA2 is a nuclear and mitochondrial DNA maintenance protein. Mol Cell Biol 2009;29(15):4274-82.

[129] Ronchi D, Di Fonzo A, Lin W, et al. Mutations in DNA2 link progressive myopathy to mitochondrial DNA instability. Am J Hum Genet 2013;92(2):293-300.

[130] Phowthongkum P, Sun A. Novel truncating variant in DNA2-related congenital onset myopathy and ptosis suggests genotype-phenotype correlation. Neuromuscul Disord. 2017;27(7):616-18.

[131] Pinto C, Kasaciunaite K, Seidel R, Cejka P. Human DNA2 possesses a cryptic DNA unwinding activity that functionally integrates with BLM or WRN helicases. Elife 2016;5.

[132] Sabouri N. The functions of the multi-tasking Pfh1(Pif1) helicase. Curr Genet. 2017;63(4):621-6.

[133] Kazak L, Reyes A, Duncan AL, et al. Alternative translation initiation augments the human mitochondrial proteome. Nucleic Acids Res 2013;41(4):2354-69.

[134] Bannwarth S, Berg-Alonso L, Auge G, et al. Inactivation of Pif1 helicase causes a mitochondrial myopathy in mice. Mitochondrion 2016.

[135] Garcia-Gomez S, Reyes A, Martinez-Jimenez MI, et al. PrimPol, an archaic primase/polymerase operating in human cells. Mol Cell. 2013;52(4):541-53.

[136] Guilliam TA, Jozwiakowski SK, Ehlinger A, et al. Human PrimPol is a highly error-prone polymerase regulated by single-stranded DNA binding proteins. Nucleic Acids Res 2015;43(2):1056-68.

[137] Stojkovic G, Makarova AV, Wanrooij PH, Forslund J, Burgers PM, Wanrooij S. Oxidative DNA damage stalls the human mitochondrial replisome. Sci Rep. 2016;6:28942.

[138] Saada A, Shaag A, Mandel H, Nevo Y, Eriksson S, Elpeleg O. Mutant mitochondrial thymidine kinase in mitochondrial DNA depletion myopathy. Nat Genet. 2001;29(3):342-4.

[139] Mandel H, Szargel R, Labay V, et al. The deoxyguanosine kinase gene is mutated in individuals with depleted hepatocerebral mitochondrial DNA. Nat Genet. 2001; 29(3): 337-41.

[140] Nishino I, Spinazzola A, Hirano M. Thymidine phosphorylase gene mutations in MNGIE, a human mitochondrial disorder. Science. 1999;283(5402):689-92.

[141] Bourdon A, Minai L, Serre V, et al. Mutation of RRM2B, encoding p53-controlled ribonucleotide reductase (p53R2), causes severe mitochondrial DNA depletion. Nat Genet. 2007; 39(6):776-80.

[142] Tyynismaa H, Sun R, Ahola-Erkkila S, et al. Thymidine kinase 2 mutations in autosomal recessive progressive external ophthalmoplegia with multiple mitochondrial DNA deletions. Hum Mol Genet 2012;21 (1):66-75.

[143] Nordlund P, Reichard P. Ribonucleotide reductases. Annu Rev Biochem 2006;75:681-706.

[144] Milon L, Meyer P, Chiadmi M, et al. The human nm23-H4 gene product is a mitochondrial nucleoside diphosphate kinase. J Biol Chem 2000;275(19):14264-72.

[145] Tsuiki H, Nitta M, Furuya A, et al. A novel human nucleoside diphosphate (NDP) kinase, Nm23-H6, localizes in mitochondria and affects cytokinesis. J Cell Biochem 1999;

76(2):254-69.

[146] Chen CW, Wang HL, Huang CW, et al. Two separate functions of NME3 critical for cell survival underlie a neurodegenerative disorder. Proc Natl Acad Sci U S A 2019; 116(2):566-74.

[147] Chabes A, Thelander L. Controlled protein degradation regulates ribonucleotide reductase activity in proliferating mammalian cells during the normal cell cycle and in response to DNA damage and replication blocks. J Biol Chem 2000;275(23):17747-53.

[148] Tanaka H, Arakawa H, Yamaguchi T, et al. A ribonucleotide reductase gene involved in a p53-dependent cell-cycle checkpoint for DNA damage. Nature. 2000;404(6773):42-9.

[149] Nakano K, Balint E, Ashcroft M, Vousden KH. A ribonucleotide reductase gene is a transcriptional target of p53 and p73. Oncogene. 2000;19(37):4283-9.

[150] Guittet O, Hakansson P, Voevodskaya N, et al. Mammalian p53R2 protein forms an active ribonucleotide reductase in vitro with the R1 protein, which is expressed both in resting cells in response to DNA damage and in proliferating cells. J Biol Chem 2001;276(44):40647-51.

[151] Pontarin G, Ferraro P, Hakansson P, Thelander L, Reichard P, Bianchi V. p53R2-dependent ribonucleotide reduction provides deoxyribonucleotides in quiescent human fibroblasts in the absence of induced DNA damage. J Biol Chem 2007;282(23):16820-8.

[152] Hakansson P, Hofer A, Thelander L. Regulation of mammalian ribonucleotide reduction and dNTP pools after DNA damage and in resting cells. J Biol Chem 2006; 281(12): 7834-41.

[153] Arner ES, Eriksson S. Mammalian deoxyribonucleoside kinases. Pharmacol Ther. 1995;67(2):155-86.

[154] Pontarin G, Gallinaro L, Ferraro P, Reichard P, Bianchi V. Origins of mitochondrial thymidine triphosphate: dynamic relations to cytosolic pools. Proc Natl Acad Sci U S A 2003; 100(21):12159-64.

[155] Ferraro P, Nicolosi L, Bernardi P, Reichard P, Bianchi V. Mitochondrial deoxynucleotide pool sizes in mouse liver and evidence for a transport mechanism for thymidine monophosphate. Proc Natl Acad Sci U S A 2006; 103(49): 18586-91.

[156] Leanza L, Ferraro P, Reichard P, Bianchi V. Metabolic interrelations within guanine deoxynucleotide pools for mitochondrial and nuclear DNA maintenance. J Biol Chem 2008;283(24):16437-45.

[157] Lai Y, Tse CM, Unadkat JD. Mitochondrial expression of the human equilibrative nucleoside transporter 1 (hENT1) results in enhanced mitochondrial toxicity of antiviral drugs. J Biol Chem 2004;279(6):4490-7.

[158] Govindarajan R, Leung GP, Zhou M, Tse CM, Wang J, Unadkat JD. Facilitated mitochondrial import of antiviral and anticancer nucleoside drugs by human equilibrative nucleoside transporter-3. Am J Physiol Gastrointest Liver Physiol 2009;296(4):G910-922.

[159] Di Noia MA, Todisco S, Cirigliano A, et al. The human SLC25A33 and SLC25A36 genes of solute carrier family 25 encode two mitochondrial pyrimidine nucleotide transporters. J Biol Chem 2014;289 (48):33137-48.

[160] Floyd S, Favre C, Lasorsa FM, et al. The insulin-like growth factor-I-mTOR signaling pathway induces the mitochondrial pyrimidine nucleotide carrier to promote cell growth. Mol Biol Cell 2007;18 (9):3545-55.

[161] Franzolin E, Miazzi C, Frangini M, Palumbo E, Rampazzo C, Bianchi V. The pyrimidine nucleotide carrier PNC1 and mitochondrial trafficking of thymidine phosphates in cultured human cells. Exp Cell Res 2012;318(17):2226-36.

[162] Rampazzo C, Miazzi C, Franzolin E, et al. Regulation by degradation, a cellular defense against deoxyribonucleotide pool imbalances. Mutat Res. 2010;703(1):2-10.

[163] Song S, Wheeler LJ, Mathews CK. Deoxyribonucleotide pool imbalance stimulates deletions in HeLa cell mitochondrial DNA. J Biol Chem 2003;278(45):43893-6.

[164] Goldstone DC, Ennis-Adeniran V, Hedden JJ, et al. HIV-1 restriction factor SAMHD1 is a deoxynucleoside triphosphate triphosphohydrolase. Nature. 2011; 480 (7377): 379-82.

[165] Powell RD, Holland PJ, Hollis T, Perrino FW. Aicardi-Goutieres syndrome gene and HIV-1 restriction factor SAMHD1 is a dGTP-regulated deoxynucleotide triphosphohydrolase. J Biol Chem 2011;286 (51):43596-600.

[166] Franzolin E, Pontarin G, Rampazzo C, et al. The deoxynucleotide triphosphohydrolase SAMHD1 is a major regulator of DNA precursor pools in mammalian cells. Proc Natl Acad Sci U S A 2013;110 (35):14272-7.

[167] Franzolin E, Salata C, Bianchi V, Rampazzo C. The deoxynucleoside triphosphate triphosphohydrolase activity of SAMHD1 protein contributes to the mitochondrial DNA depletion associated with genetic deficiency of deoxyguanosine kinase. J Biol Chem 2015;290(43):25986-96.

[168] Miyaki M, Koide K, Ono T. RNase and alkali sensitivity of closed circular mitochondrial DNA of rat ascites hepatoma cells. Biochem Biophys Res Commun 1973;50(2):252-8.

[169] Kong Z, Jia S, Chabes AL, et al. Simultaneous determination of ribonucleoside and deoxyribonucleoside triphosphates in biological samples by hydrophilic interaction liquid chromatography coupled with tandem mass spectrometry. Nucleic Acids Res 2018;46(11):e66.

[170] Nick McElhinny SA, Watts BE, Kumar D, et al. Abundant ribonucleotide incorporation into DNA by yeast replicative polymerases. Proc Natl Acad Sci U S A 2010; 107(11): 4949-54.

[171] Clausen AR, Zhang S, Burgers PM, Lee MY, Kunkel TA. Ribonucleotide incorporation, proofreading and bypass by human DNA polymerase delta. DNA Repair (Amst) 2013; 12(2):121-7.

[172] Goksenin AY, Zahurancik W, LeCompte KG, Taggart DJ, Suo Z, Pursell ZF. Human DNA polymerase epsilon is able to efficiently extend from multiple consecutive ribonucleotides. J Biol Chem 2012;287 (51):42675-84.

[173] Forslund JME, Pfeiffer A, Stojkovic G, Wanrooij PH, Wanrooij S. The presence of rNTPs decreases the speed of mitochondrial DNA replication. PLoS Genet. 2018; 14(3): e1007315.

[174] Sparks JL, Chon H, Cerritelli SM, et al. RNase H2-initiated ribonucleotide excision repair. Mol Cell. 2012;47(6):980-6.

[175] Reijns MA, Rabe B, Rigby RE, et al. Enzymatic removal of ribonucleotides from DNA is essential for mammalian genome integrity and development. Cell. 2012; 149(5): 1008-22.

[176] Hiller B, Achleitner M, Glage S, Naumann R, Behrendt R, Roers A. Mammalian RNase H2 removes ribonucleotides from DNA to maintain genome integrity. J Exp Med 2012; 209(8): 1419-26.

[177] Berglund AK, Navarrete C, Engqvist MK, et al. Nucleotide pools dictate the identity and frequency of ribonucleotide incorporation in mitochondrial DNA. PLoS Genet. 2017;13(2):e1006628.

[178] Wanrooij PH, Engqvist MKM, Forslund JME, et al. Ribonucleotides incorporated by the yeast mitochondrial DNA polymerase are not repaired. Proc Natl Acad Sci U S A 2017;114 (47):12466-71.

[179] Moss CF, Dalla Rosa I, Hunt LE, et al. Aberrant ribonucleotide incorporation and multiple deletions in mitochondrial DNA of the murine MPV17 disease model. Nucleic Acids Res 2017;45 (22):12808-15.

[180] Wanrooij PH, Tran P, Thompson LJ, et al. Age-dependent loss of mitochondrial DNA integrity in mammalian muscle. bioRxiv 2019;746719.

[181] Nass MM. Mitochondrial DNA: advances, problems, and goals. Science. 1969;165(3888):25-35.

[182] Kuroiwa T, Kawano S, Hizume M. A method of isolation of mitochondrial nucleoid of Physarum polycephalum and evidence for the presence of a basic protein. Exp Cell Res 1976; 97(2):435-40.

[183] Albring M, Griffith J, Attardi G. Association of a protein structure of probable membrane derivation with HeLa cell mitochondrial DNA near its origin of replication. Proc Natl Acad Sci U S A 1977;74 (4):1348-52.

[184] Barat M, Rickwood D, Dufresne C, Mounolou JC. Characterization of DNA-protein complexes from the mitochondria of Xenopus laevis oocytes. Exp Cell Res 1985; 157(1):207-17.

[185] Pinon H, Barat M, Tourte M, Dufresne C, Mounolou JC. Evidence for a mitochondrial chromosome in Xenopus laevis oocytes. Chromosoma. 1978;65(4):383-9.

[186] Miyakawa I, Sando N, Kawano S, Nakamura S, Kuroiwa T. Isolation of morphologically intact mitochondrial nucleoids from the yeast, Saccharomyces cerevisiae. J Cell Sci 1987; 88(Pt 4):431-9.

[187] Rickwood D, Chambers JA, Barat M. Isolation and preliminary characterisation of DNA-protein complexes from the mitochondria of Saccharomyces cerevisiae. Exp Cell Res 1981;133(1):1-13.

[188] Van Tuyle GC, McPherson ML. A compact form of rat liver mitochondrial DNA stabilized by bound proteins. J Biol Chem 1979;254(13):6044-53.

[189] Sando N, Miyakawa I, Nishibayashi S, Kuroiwa T. Arrangement of mitochondrial nucleoids during life-cycle of Saccharomyces cerevisiae. J Gen Appl Microbiol 1981; 27(6): 511-16.

[190] Ashley N, Harris D, Poulton J. Detection of mitochondrial DNA depletion in living human cells using PicoGreen staining. Exp Cell Res 2005;303(2):432-46.

[191] Bereiter-Hahn J, Vöth M. Distribution and dynamics of mitochondrial nucleoids in animal cells in culture. EBO — Experimental biology online annual, vol. 1996/1997. Berlin, Heidelberg: Springer; 1998.

[192] Garrido N, Griparic L, Jokitalo E, Wartiovaara J, van der Bliek AM, Spelbrink JN. Composition and dynamics of human mitochondrial nucleoids. Mol Biol Cell 2003; 14(4): 1583-96.

[193] Rajala N, Gerhold JM, Martinsson P, Klymov A, Spelbrink JN. Replication factors transiently associate with mtDNA at the mitochondrial inner membrane to facilitate replication. Nucleic Acids Res 2014;42 (2):952-67.

[194] Miyakawa I. Organization and dynamics of yeast mitochondrial nucleoids. Proc Jpn Acad Ser B Phys Biol Sci 2017;93(5):339-59.

[195] Spelbrink JN. Functional organization of mammalian mitochondrial DNA in nucleoids: history, recent developments, and future challenges. IUBMB Life. 2010; 62(1): 19-32.

[196] Lewis SC, Uchiyama LF, Nunnari J. ER-mitochondria contacts couple mtDNA synthesis with mitochondrial division in human cells. Science. 2016;353(6296):aaf5549.

[197] Kukat C, Wurm CA, Spahr H, Falkenberg M, Larsson NG, Jakobs S. Super-resolution microscopy reveals that mammalian mitochondrial nucleoids have a uniform size and frequently contain a single copy of mtDNA. Proc Natl Acad Sci U S A 2011;108(33):13534-9.

[198] Brown TA, Tkachuk AN, Shtengel G, et al. Superresolution fluorescence imaging of mitochondrial nucleoids reveals their spatial range, limits, and membrane interaction. Mol Cell Biol 2011;31 (24):4994 5010.

[199] Jakobs S, Wurm CA. Super-resolution microscopy of mitochondria. Curr Opin Chem Biol 2014;20:9-15.

[200] Nass MM. Mitochondrial DNA. I. Intramitochondrial distribution and structural relations of single- and double-length circular DNA. J Mol Biol 1969;42(3):521-8.

[201] Iborra FJ, Kimura H, Cook PR. The functional organization of mitochondrial genomes in human cells. BMC Biol. 2004; 2:9.

[202] Kukat C, Davies KM, Wurm CA, et al. Cross-strand binding of TFAM to a single mtDNA molecule forms the mitochondrial nucleoid. Proc Natl Acad Sci U S A 2015; 112(36): 11288-93.

[203] Piko L, Matsumoto L. Complex forms and replicative intermediates of mitochondrial DNA in tissues from adult and senescent mice. Nucleic Acids Res 1977;4(5):1301-14.

[204] Pohjoismaki JL, Goffart S, Tyynismaa H, et al. Human heart mitochondrial DNA is organized in complex catenated networks containing abundant four-way junctions and replication forks. J Biol Chem 2009;284(32):21446-57.

[205] Caron F, Jacq C, Rouviere-Yaniv J. Characterization of a histone-like protein extracted from yeast mitochondria. Proc Natl Acad Sci U S A 1979;76(9):4265-9.

[206] Diffley JF, Stillman B. A close relative of the nuclear, chromosomal high-mobility group protein HMG1 in yeast mitochondria. Proc Natl Acad Sci U S A 1991;88(17):7864-8.

[207] Landsman D, Bustin M. A signature for the HMG-1 box DNA-binding proteins. Bioessays. 1993;15 (8):539-46.

[208] Chen XJ, Wang X, Kaufman BA, Butow RA. Aconitase couples metabolic regulation to mitochondrial DNA maintenance. Science. 2005;307(5710):714-17.

[209] Miyakawa I, Kanayama M, Fujita Y, Sato H. Morphology and protein composition of the mitochondrial nucleoids in yeast cells lacking Abf2p, a high mobility group protein. J Gen Appl Microbiol 2010;56 (6):455-64.

[210] Parisi MA, Xu B, Clayton DA. A human mitochondrial transcriptional activator can functionally replace a yeast mitochondrial HMG-box protein both in vivo and in vitro. Mol Cell Biol 1993;13(3):1951-61.

[211] Larsson NG, Wang J, Wilhelmsson H, et al. Mitochondrial transcription factor A is necessary for mtDNA maintenance and embryogenesis in mice. Nat Genet. 1998;18(3):231-6.

[212] Alam TI, Kanki T, Muta T, et al. Human mitochondrial DNA is packaged with TFAM. Nucleic Acids Res 2003;31(6):1640-5.

[213] Kaufman BA, Durisic N, Mativetsky JM, et al. The mitochondrial transcription factor TFAM coordinates the assembly of multiple DNA molecules into nucleoid-like structures. Mol Biol Cell 2007;18 (9):3225-36.

[214] Rubio-Cosials A, Sidow JF, Jimenez-Menendez N, et al. Human mitochondrial transcription factor A induces a U-turn structure in the light strand promoter. Nat Struct Mol Biol 2011;18(11):1281-9.

[215] Ngo HB, Lovely GA, Phillips R, Chan DC. Distinct structural features of TFAM drive mitochondrial DNA packaging versus transcriptional activation. Nat Commun. 2014;5:3077.

[216] Chakraborty A, Lyonnais S, Battistini F, et al. DNA structure directs positioning of the mitochondrial genome packaging protein Abf2p. Nucleic Acids Res 2017; 45(2): 951-67.

[217] Shi Y, Dierckx A, Wanrooij PH, et al. Mammalian transcription factor A is a core component of the mitochondrial transcription machinery. Proc Natl Acad Sci U S A 2012;109(41):16510-15.

[218] Malarkey CS, Bestwick M, Kuhlwilm JE, Shadel GS, Churchill ME. Transcriptional activation by mitochondrial transcription factor A involves preferential distortion of promoter DNA. Nucleic Acids Res 2012;40(2):614-24.

[219] Dairaghi DJ, Shadel GS, Clayton DA. Addition of a 29 residue carboxyl-terminal tail converts a simple HMG box-containing protein into a transcriptional activator. J Mol Biol 1995;249(1):11-28.

[220] Farge G, Falkenberg M. Organization of DNA in mammalian mitochondria. Int J Mol Sci 2019;20.

[221] Farge G, Mehmedovic M, Baclayon M, et al. In vitro-reconstituted nucleoids can block mitochondrial DNA replication and transcription. Cell Rep. 2014;8(1):66-74.

[222] Hensen F, Cansiz S, Gerhold JM, Spelbrink JN. To be or not to be a nucleoid protein: a comparison of mass-spectrometry based approaches in the identification of potential mtDNA-nucleoid associated proteins. Biochimie. 2014; 100:219-26.

[223] Han S, Udeshi ND, Deerinck TJ, et al. Proximity biotinylation as a method for mapping proteins associated with mtDNA in living cells. Cell Chem Biol 2017; 24(3): 404-14.

[224] Gilkerson R, Bravo L, Garcia I, et al. The mitochondrial nucleoid: integrating mitochondrial DNA into cellular homeostasis. Cold Spring Harb Perspect Biol 2013; 5(5): a011080.

[225] Lu B, Yadav S, Shah PG, et al. Roles for the human ATP-dependent Lon protease in mitochondrial DNA maintenance. J Biol Chem 2007;282(24):17363-74.

[226] Lu B, Lee J, Nie X, et al. Phosphorylation of human TFAM in mitochondria impairs DNA binding and promotes degradation by the AAA + Lon protease. Mol Cell. 2013; 49(1): 121-32.

[227] Matsushima Y, Goto Y, Kaguni LS. Mitochondrial Lon protease regulates mitochondrial DNA copy number and transcription by selective degradation of mitochondrial transcription factor A (TFAM). Proc Natl Acad Sci U S A 2010; 107(43):18410-15.

[228] Hubstenberger A, Merle N, Charton R, Brandolin G, Rousseau D. Topological analysis of ATAD3A insertion in purified human mitochondria. J Bioenerg Biomembr 2010; 42(2): 143-50.

[229] Cooper HM, Yang Y, Ylikallio E, et al. ATPase-deficient mitochondrial inner membrane protein ATAD3A disturbs mitochondrial dynamics in dominant hereditary spastic paraplegia. Hum Mol Genet 2017;26(8):1432-43.

[230] Desai R, Frazier AE, Durigon R, et al. ATAD3 gene cluster deletions cause cerebellar dysfunction associated with altered mitochondrial DNA and cholesterol metabolism. Brain. 2017;140(6):1595-610.

[231] Gerhold JM, Cansiz-Arda S, Lohmus M, et al. Human mitochondrial DNA-protein complexes attach to a cholesterol-rich membrane structure. Sci Rep. 2015; 5: 15292.

[232] Bogenhagen DF. Mitochondrial DNA nucleoid structure. Biochim Biophys Acta 2012;1819 (9-10):914-20.

[233] Bogenhagen DF, Rousseau D, Burke S. The layered structure of human mitochondrial DNA nucleoids. J Biol Chem 2008;283(6):3665-75.

[234] Jourdain AA, Koppen M, Wydro M, et al. GRSF1 regulates RNA processing in mitochondrial RNA granules. Cell Metab. 2013;17(3):399-410.

[235] Antonicka H, Sasarman F, Nishimura T, Paupe V, Shoubridge EA. The mitochondrial RNA-binding protein GRSF1 localizes to RNA granules and is required for posttranscriptional mitochondrial gene expression. Cell Metab. 2013;17(3):386-98.

[236] Borowski LS, Dziembowski A, Hejnowicz MS, Stepien PP, Szczesny RJ. Human mitochondrial RNA decay mediated by PNPase-hSuv3 complex takes place in distinct foci. Nucleic Acids Res 2013;41 (2):1223-40.

[237] Pietras Z, Wojcik MA, Borowski LS, et al. Dedicated surveillance mechanism controls G-quadruplex forming non-coding RNAs in human mitochondria. Nat Commun. 2018; 9(1):2558.

[238] Hensen F, Potter A, van Esveld SL, et al. Mitochondrial RNA granules are critically dependent on mtDNA replication factors Twinkle and mtSSB. Nucleic Acids Res 2019; 47(7):3680-98.

[239] Leibowitz PJ, Schaechter M. The attachment of the bacterial chromosome to the cell membrane. Int Rev Cytol 1975; 41:1-28.

[240] Hobbs AE, Srinivasan M, McCaffery JM, Jensen RE. Mmm1p, a mitochondrial outer membrane protein, is connected to mitochondrial DNA (mtDNA) nucleoids and required for mtDNA stability. J Cell Biol 2001;152(2):401-10.

[241] Meeusen S, Nunnari J. Evidence for a two membrane-spanning autonomous mitochondrial DNA replisome. J Cell Biol 2003;163(3):503-10.

[242] Li H, Ruan Y, Zhang K, et al. Mic60/Mitofilin determines MICOS assembly essential for mitochondrial dynamics and mtDNA nucleoid organization. Cell Death Differ 2016;23(3):380-92.

[243] Westermann B. Molecular machinery of mitochondrial fusion and fission. J Biol Chem 2008;283 (20):13501-5.

[244] Amati-Bonneau P, Valentino ML, Reynier P, et al. OPA1 mutations induce mitochondrial DNA instability and optic atrophy 'plus' phenotypes. Brain. 2008;131(Pt 2):338-51.

[245] Chen H, Vermulst M, Wang YE, et al. Mitochondrial fusion is required for mtDNA stability in skeletal muscle and tolerance of mtDNA mutations. Cell. 2010;141(2):280-9.

[246] Silva Ramos E, Motori E, Bruser C, et al. Mitochondrial fusion is required for regulation of mitochondrial DNA replication. PLoS Genet 2019;15(6):e1008085.

[247] Ban-Ishihara R, Ishihara T, Sasaki N, Mihara K, Ishihara N. Dynamics of nucleoid structure regulated by mitochondrial fission contributes to cristae reformation and release of cytochrome c. Proc Natl Acad Sci U S A 2013;110(29):11863-8.

人类线粒体的转录和翻译
Human mitochondrial transcription and translation

Flavia Fontanesi　Marco Tigano　Yi Fu　Agnel Sfeir　Antoni Barrientos　著

杜忆南　校

线粒体是起源于内共生细菌的半自主性真核细胞器，并将祖先基因组的遗迹以 mtDNA 的形式保留下来。随着进化，维持 mtDNA 转录，以及翻译所需的大部分基因已经转移到细胞核中。因此，线粒体基因的正常表达同时需要两个物理空间上分离的基因组的协调配合。

人类 mtDNA 是一个 16.6kbp 的环状 DNA，在每个细胞中存在 100～1000 个拷贝，对细胞正常行使功能至关重要。用高蔗糖密度梯度纯化 mtDNA，可以发现轻（L）、重（H）两条链，这是由于两条链中嘌呤和嘧啶的组成比例不同使其具有不同的沉降特性。人类 mtDNA 共编码 37 个基因（13 个蛋白质、22 个 tRNA 和 2 个 rRNA），并由两个主要的启动子转录，即重链启动子（HSP）和轻链启动子（LSP）。转录将产生很大的多顺反子 RNA 前体[1, 2]，随后被特定的酶加工成离散的转录物[3]。HSP 和 LSP 位于非编码区，该非编码区还包含一个 D-loop，其对 mtDNA 复制至关重要，并可协调复制和转录之间的切换。mtDNA 表达的 13 个蛋白质都是氧化磷酸化（OXPHOS）系统酶的基本组成部分。这些蛋白质是在线粒体核糖体中合成的，这些线粒体核糖体不同于在细菌和细胞质中的对应物，它们专门适用于合成疏水蛋白。线粒体核糖体固定在线粒体内膜朝向基质的那一面，以促进新合成多肽的共翻译膜插入，并将其与核编码的相关蛋白协调组装，形成 OXPHOS 酶促复合物（详见参考文献[4, 5]）。线粒体的蛋白质组约有 1500 个因子，其主要由细胞核编码，线粒体基因的正确表达和正常功能在很大程度上依赖于核基因组。

本章将描述和讨论线粒体基因表达的基本过程：转录和翻译。

一、线粒体 DNA 复制与转录的协调

（一）线粒体 DNA 复制概述

人类 mtDNA 通过 DNA 聚合酶 γ（POLγ）与复制机制的其他组分协同完成复制功能，这在第 1 章里多次讨论。简而言之，最小的线粒体复制体已在体外重建。它由 POLγ 亚基 A（POLγA，由基因 POLG 编码）与二聚体 POLγ 亚基 B（POLγB，由基因 POLG2 编码）、六聚体解旋酶 Twinkle（由基因 TWNK 或 PEO1 编码）和 mtSSB（由基因 SSBP1 编码）共同组成。除了最小的复制体组分，还有一些蛋白质在体内 mtDNA 复制和维持中发挥重要作用。其中包括线粒体转录因子 A（TFAM）、线粒体基因组维持外切酶 1（MGME1）、DNA 连接酶 3（LIG3）、核糖核酸酶 H1（RNASEH1）、两种拓扑异构酶（TOP1mt 和 TOP3A）及线粒体 RNA 聚合酶（POLRMT）。POLRMT 是一种单亚基 DNA 定向 RNA 聚合酶。它在线粒体转录（见本章"线粒

体转录和线粒体 RNA 的处理"）和 mtDNA 复制中起着核心作用。在复制过程中，POLRMT 在两条链上作为 mtDNA 复制的引物酶。POLRMT 在 O_H 上游约 200nt 处启动 H 链转录，其转录产物被 POLγ 作为引物合成 H 链[6]。当前导链复制超过 O_L 时，L 链复制将会启动。体外实验明确了 O_L 中的茎环结构，该结构允许 POLRMT 结合来合成后随链复制所使用的引物[7, 8]。

鉴于其在转录和复制中的双重功能，对 POLRMT 的调控是这两个过程协调的关键。近期一项对转录和复制之间转换的深入研究表明，该过程是由转录延伸因子（TEFM）介导的[9]。在缺失 TEFM 的情况下，POLRMT 通过先为 H 链生成引物、再启动 L 链的复制推动复制过程。反之，与 TEFM 的交互作用增强了 POLRMT 从 HSP 和 LSP 生成完整的转录本的能力。

（二）线粒体 DNA 控制区

mtDNA 的非编码区（NCR）是一段跨越 $tRNA^{Phe}$ 到 $tRNA^{Pro}$ 的 1.1kbp 的区域。作为 mtDNA 唯一的非编码部分，无论是物种间还是物种内，其碱基替换的累积数量都是最高的[10, 11]。尽管 NCR 倾向于发生突变，但它含有对 mtDNA 复制和转录非常重要的限制性序列，包括 LSP 和 HSP 及 H 链的复制起点——O_H。在不同的物种中 NCR 扩展序列分析鉴定出了位于 LSP 和 O_H 之间的 3 个保守区块——CSB1～CSB3[12]。CSB1（25bp）存在于所有生物中，CSB2（17bp）部分保守，CSB3（18bp）在某些进化分支中缺失[13]。NCR 通常以 D-loop 构型存在，由于这个原因，一个长度为 650nt 的 DNA 片段（被称为 7S DNA）取代了 L 链和 H 链[14]。这种结构的 mtDNA 分子根据细胞类型和物种的不同可占比 10%～90%（详见参考文献[10]）。

线粒体转录和复制是分开进行的，这是避免复制叉因与转录体系碰撞而中断所必需的一步。但是，这两个过程的初始步骤高度重叠，并且共享一个可以同时启动转录或复制的 RNA 引物。因此，mtDNA 的 NCR 是决定 DNA 转录或复制的关键调控因素。

1. 线粒体置换环　7S DNA 的形成是由 POLRMT 在 LSP 生成 RNA 引物所启动的失败的复制事件[7, 15]。这个 RNA 引物长约 200nt[16]，尽管其向 DNA 的转变并不能在单个核苷酸水平完全匹配，但它可以发生在 CSB1～CSB2 和 O_H 之间[6]。这说明 RNA 引物在参与复制前受到 RNAseH1 或 MGME1 的处理。7S DNA 的总体水平由 POLγ 和其他复制体蛋白质控制，包括 POLγB 和 mtSSB，以及线粒体转录因子，如 TFAM[17, 18]。据估计，RNA 引物引发的 95% 复制事件被用于生成 7S DNA 而不是全尺寸的 mtDNA，这强调了该结构在 mtDNA 代谢中的关键作用。

7S DNA 延伸到一个被称为 TAS 的终止区，该终止区靠近 $tRNA^{Pro}$[19]。在 TAS 上的复制终止过程尚未完全明确[20]，但可能受到 POLγ 和 Twinkle 水平的影响。具体来说，在生理条件下，TAS 区域内 POLγ 占用率高，而 Twinkle 结合低，导致复制叉的暂停或终止。然而，当 mtDNA 拷贝数减少而需要合成时，在 TAS 上的 Twinkle 占用率增加，这促进了 mtDNA 复制重新开始并允许复制体绕过 7S DNA[21]。因此，mtDNA 复制的调控似乎是由预终止而不是复制启动决定的，这与控制核基因组复制起始的机制形成了鲜明对比。

转录调节因子也可以影响复制。例如，MTERF1，一种线粒体转录终止因子，被认为可以影响线粒体基因组不同位点的复制暂停[22]。目前尚不清楚究竟是 MTERF1 还是其他未知因素调控了在 TAS 上的暂停。值得注意的是，牛的 TAS 的足迹分析显示了一个与 48kDa 的未知蛋白质兼容的保护区域[23]。最后，一个新的想法随着研究显现，暗示 mtDNA 复制的调控也可能是由线粒体和内质网在空间上的接触位点所控制的[24]。

2. 复制与转录的切换　如上所述，mtDNA 的复制和转录过程是相互排斥的，这两个过程之间的切换受 CSB 区 NCR 序列的影响（图 2-1）。

在 LSP 和 HSP 的转录起始都是两个过程所共有的，且需要 TFAM [25]。TFAM 结合启动子序列的上游，促使 DNA 弯曲成经典的 U 型，然后能够招募 POLRMT [26]。预起始复合物短暂地招募 TFB2M 以协助启动子解链。与 T7 RNA 聚合酶相比，POLRMT 不与下游 DNA 接触，因此聚合作用非常缓慢，经常导致停顿 [27, 28]。延伸因子 TEFM 的加入可以刺激 POLRMT 的聚合能力 [9, 29]。启动后，转录起始于 LSP 和 HSP 并生成在 RNA 颗粒中加工的基因组大小的多顺反子 RNA（见下文）。对于 LSP 来说，CSB2 的序列组成导致 POLRMT 停止。具体来说，聚合酶在 16nt 的富含 G 的区段内停滞，该区段倾向于产生一个可以终止转录的大型的二级 G- 四链体（G_4）结构 [30]。TEFM 的存在破坏了 G- 四链体的稳定，从而起到防止转录终止的作用，使 POLRMT 越过 CSB2 来转录整条链。相反，当 TEFM 未作用时，POLRMT 的转录在 CSB2 终止，产生供 POLγ 复制用的引物 [9, 31, 32]。

复制或转录可以看作是一个多步骤的过程，受到几个因素的严格调控，包括 TFAM、POLRMT 和 TEFM。此外，转换还受控制区域序列的影响（图 2-1）。尚需更多的体内试验和体外实验来更好地明晰调节这一关键 mtDNA 代谢选择的分子步骤。然而，调控转录和复制之间平衡的严格机制可能需要 D-loop 区域的高度保守作为基础。

二、线粒体转录和线粒体 RNA 的处理

（一）线粒体 DNA 转录

线粒体转录从位于 D-loop 的链特异性启动子开始，由单亚基 POLRMT 进行。无论是在序列同源性还是在结构上，POLRMT 与 T7 噬菌体的 RNA 聚合酶相似。人类 POLRMT 的 X 线结构表明，其 C 端催化结构域和 N 端启动子结合结构域与 T7 RNA 聚合酶的同源性尤为明显 [33]。POLRMT 催化域类似于由手掌、手指和拇指结

构域组成的手形 [33]。酶的活性位点在掌状结构域内，该酶通过典型的双金属依赖反应催化核酸合成。启动子的识别和结合是由位于 N 端结构域富含 AT 的环介导的。插层发夹结构域是 N 端结构域的第二个组成要素，它和 C 端结构域的特异性环共同参与启动子位点转录泡的形成 [33]。然而，尽管 POLRMT 能够以序列特异性的方式结合到启动子区域，但它不能自行启动转录。这些独特的结构域的存在，包括灵活可变的 N 端延伸和五肽重复结构域（pentatricopeptide repeat domain，PPR），可能解释了转录起始阶段对转录因子的需求。

线粒体转录由 3 个步骤组成：起始、延伸和终止。相比于 mtDNA 的复制，线粒体转录完全依赖于核编码的转录因子。在过去的 10 年中，大量的结构和生化研究揭示了这一过程，但仍有一些不确定的方面，主要集中在转录因子的作用存在争议 [34]。根据现有的模型（图 2-2），TFAM 与转录起始位点上游的启动子结合并招募 POLRMT。TFB2M 与起始复合体的附加结合有利于启动子解链和 RNA 合成的启动。转录因子的交换导致 TEFM 的加入，从而允许 POLRMT 合成完整的转录物。转录终止是由 MTERF1 介导的，然而很可能还有尚未明确的其他因子参与。

L 链的转录开始于 D-loop 中的 LSP，并产生一条包含 8 个 tRNA 和 MTND6 mRNA 的大型多顺反子转录物。此外，LSP 的转录作用负责 H 链复制引物的合成。与明确定义的 LSP 相反，H 链的转录被认为涉及两个 H 链启动子，HSP1 和 HSP2，它们分别位于 tRNA^{Phe} 基因上游 19bp 处和 12S-rRNA 基因上游 2bp 处 [1]。HSP1 驱动包含 rRNA、tRNA^{Phe} 和 tRNA^{Val} 的初级转录物的合成，HSP2 的转录产生基因组大小的多顺反子转录物。最初提出两个 H 链启动子是为了解释 rRNA 的更高的丰度，以及如何实现 mRNA 和 rRNA 表达的差异调控 [35]。然而，HSP2 的功能最近受到质疑，因为在 MTERF1 敲除小鼠中没有观察到 RNA 相对丰度的变化 [36]，而这一点可以被预测：在体外

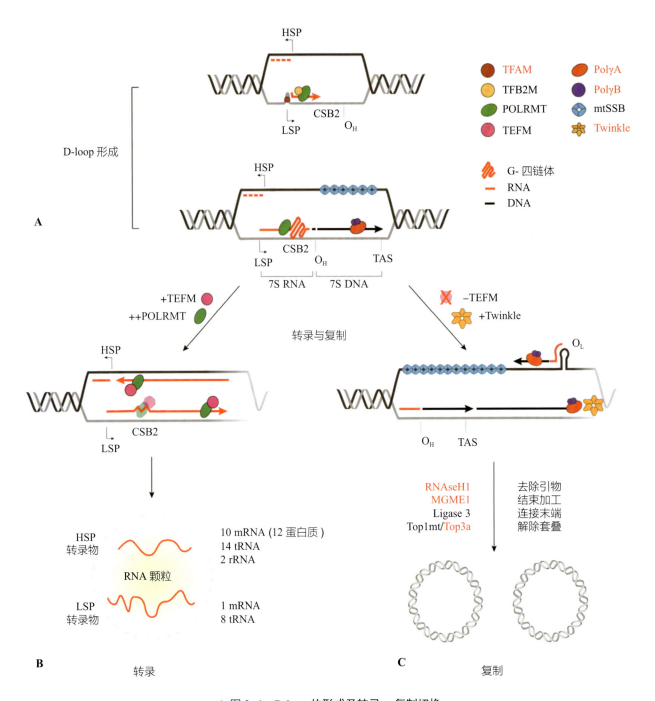

▲ 图 2-1　D-loop 的形成及转录－复制切换

A. D-loop 是由 TFAM 在轻链启动子 LSP 处引起的转录事件所生成的。POLRMT 和 TFB2M 被招募到 LSP 中，转录一个 200nt 的 RNA 分子，直到 G- 四链体阻断这一过程。该引物可以被 POLγ 用来生成 7S DNA，取代重链和轻链之间的杂交，而 mtSSB 可以稳定单链 DNA；B. 较高水平的 POLRMT 和 TEFM 的招募允许越过 G– 四链体的阻断，并从 LSP 和 HSP 生成基因组大小的转录产物。这两个大的多顺反子 RNA 分子在 RNA 颗粒中进一步加工；C. 在 TAS 上 TEFM 的缺失和 Twinkle 的富集使得一个有完整功能的复制体被组装，并根据链置换模型复制 mtDNA。其他因子将通过去除 RNA 引物、加工和连接末端，并解除两个新合成的 mtDNA 分子的套叠来完成这一过程。红色标记的蛋白质突变与人类线粒体的病理相关

实验中，MTERF1 通过在启动子和 *tRNA^Leu* LSP/HSP1 共同终止位点之间的 DNA 环刺激 HSP1 的转录[37]。

框 2-1 中列出了一些研究线粒体转录常用的实验方法。

1. 转录起始　TFAM 属于高迁移率组（high mobility group，HMG）–box 结构域蛋白家族，可以在没有序列特异性的情况下结合、解离和弯曲 mtDNA。基于这些性质，TFAM 在 mtDNA 的维护和拟核组织中起着至关重要的作用[38-40]（见第 1 章）。此外，TFAM 对于线粒体转录起始是必要的[41]，这一活性需要其 C 端尾部[42]，并以高亲和力和序列特异性的方式结合到转录起始位点上游 10～35nt 的 D-loop 区域。TFAM 与启动子结合诱导稳定的 DNA U 型弯曲，它召集 POLRMT 形成预起始或闭合起始复合物[26, 27, 32, 43, 44]，该复合物在 L 链和 H 链启动子上都具有相同的拓扑结构[25]。POLRMT N 端扩展域介导其与 TFAM 的相互作用，并将酶活性位点定位在靠近转录起始点的位置。特别地，POLRMT 插层发夹位于起始位点上游 4nt，在那里它分离

框 2–1　基于 RNA 测序的线粒体转录组研究方法

- 在 RNA 测序或 RNA 深度测序分析中，转录物从生物样本（培养细胞或组织）中分离，并通过反转录转化为 cDNA。然后，cDNA 被切割成小片段，这些片段被连接到二代测序（next-generation sequencing，NGS）的测序接头上。NGS 生成一个测序库，该测序库由大量的读长（read）组成。这些读长与基因组对齐，以识别新的转录物和定量确定差异基因表达。这种方法的改进，如 RNA 末端平行分析（parallel analysis of RNA end，PARE），已经发展到对 3′ 和 5′ 转录物末端进行测序，并绘制 RNA 加工位点。此外，增加的测序误差可以作为核苷酸修饰的标志。基于 RNA 序列的方法也被用于研究 RNA– 蛋白质的相互作用。在 RNA 足迹法中，所有未被核糖核酸酶消化的转录物区域可被检测，尽管这种方法不能鉴定出结合的多肽。蛋白质特异性结合位点可以通过蛋白质 –RNA 的紫外线交联和免疫沉淀（UV cross-linking and immunoprecipitation，CLIP）来表征。

DNA 链[45]。TFB2M 被招募到 POLRMT，使这种具有熔解能力的构象稳定下来，形成开放起始复合物[46]。TFB2M 及其类似物 TFB1M 最早是通过与酵母线粒体转录激活因子 Mtfl 的序列同源性被鉴定出的。这三种蛋白质与 rRNA 甲基转移酶结构域有相似之处[47]。然而，相比于 TFB1M 保留了 rRNA 甲基转移酶的功能，TFB2M 是一个真正的转录激活因子，用以促进启动子解链，也是形成第一个 RNA 磷酸二酯键所必需的[48]。最近的体外和体内研究表明，在某些有利于 DNA 链自发分离的条件下，POLRMT 和 TFB2M 可以在 TFAM 缺失的情况下启动转录[49, 50]。然而，这些观察结果的生物学相关性仍有待充分阐明。

当然，TFAM 在线粒体生物发生中发挥着复杂而多样的作用，包括通过 TFAM 水平调控线粒体基因表达（相关内容可见"复制"部分）。线粒体内高浓度的 TFAM 将抑制线粒体转录和复制，从而有利于拟核包装。相反，低浓度的该因子对不同启动子的转录刺激不同，其中以 HSP2 最为活跃[51]。因此，在 TFAM 量较低的情况下，OXPHOS 亚基的表达占优势，在中等浓度的情况下，rRNA 和 mtDNA 复制引物的转录更占优势。

迄今为止，在参与线粒体转录的几个基因中，只有 *TFAM* 基因与人类疾病相关。TFAM 致病性突变已在伴有 mtDNA 缺失的进行性、致命性肝衰竭患者中被报道[52]（见第 14 章）。在一些神经退行性疾病中也报道了 TFAM 稳态水平和 mtDNA 含量的变化[53]。

2. 转录延伸　从起始到延伸的转变涉及与 POLRMT 相互作用的转录因子的转换。在 POLRMT 离开启动子后，起始因子 TFAM 和 TFB2M 被释放，延伸因子 TEFM 被招募来形成延伸或抗终止复合物[54]。TEFM 通过其 C 端结构域相互作用形成同源二聚体，并占有一个与 TFB2M 重叠的 POLRMT 结合位点，这一点解释了为何 TFB2M 必须从起始复合物中释放出来才能使 TEFM 结合。该蛋白质的 N 端部分包含一个类解离结构域，与细菌的霍利迪连接

体（Holliday-junction）解离酶同源，它被重新用于线粒体转录[32]。最近的结构分析表明，TEFM稳定了 POLRMT 的插层发夹结构域，将新生的 RNA 链从模板 DNA 中分离出来，这有助于形成一个狭窄的 RNA 出口通道[32]。通过这种方式，TEFM 有效地增强了 POLRMT 的加工能力，并通过阻止新生 RNA 中二级结构的形成，使得接近基因组长度的转录物被合成[29, 32]。最终，TEFM 帮助 POLRMT 越过容易形成复杂的二级结构和氧化损伤的 RNA 区域，如 8- 氧化鸟苷，从而避免过早的转录终止[29]。在 TEFM 缺失的情况下，LSP 的转录往往在强 G- 四链体形成区 CSB2 周围终止，如前文所述，这被认为有利于 mtDNA 的复制[9, 30, 55]。

3. 转录终止 在每个转录周期结束时，POLRMT 从 mtDNA 中分离出来。由 LSP 起始的转录终止位点是一个位于 $tRNA^{Leu}$ 基因内的 22 个核苷酸序列，并被终止因子 MTERF1 识别[56]。事实上，L 链在这一位点之外不编码任何基因。MTERF1 的晶体结构显示出重复的 2-α- 螺旋基序组成的结构域，这与其他很多核酸结合蛋白相似[57, 58]。螺旋基序允许 MTERF1 与底物 DNA 双链的大沟有广泛的表面相互作用。MTERF1 的结合会引起 DNA 的 25° 弯曲、双链解离，以及三个核苷酸的翻转[57, 58]。碱基翻转是确保结合稳定性和转录终止所必需的。有研究提出，MTERF1 可通过空间位阻来干扰转录延伸复合体[57, 58]，这意味着 MTERF1 可以抑制双向转录[59]，就像体外实验中以接近 1：1 的蛋白质 –DNA 摩尔比时所呈现的那样[60]。然而，MTERF1 在体内的作用显示其具有明显的极性，即 MTERF1 确是 L 链的转录终止所必需的，但它只部分终止 H 链的转录[36, 60]。与 L 链的转录终止过程相比，目前对 H 链转录终止机制的认识还很有限。

从生理视角来看，关于 MTERF1 在 HSP1 启动的转录终止中的作用被提出，是为了解释该链 rRNA 相对于 mRNA 的更高的稳态水平。另外，MTERF1 可能对 rRNA 水平产生间接影响，因为

$tRNA^{Leu}$ 位点的 LSP 转录终止可能会阻止反义链上 rRNA 转录物的合成，而这可能会干扰线粒体核糖体的生物发生[36, 61]。有趣的是，有几种线粒体疾病相关的 $tRNA^{Leu}$ 基因突变就发生在 MTERF1 结合位点。其中，最常见的 mtDNA 突变为 A3243G 突变，约占线粒体脑肌病伴高乳酸血症和卒中样发作（mitochondrialencephalomyopathy with lactic acidosis and stroke-like episodes，MELAS）病例的 80%[62]，并已被证明在体外影响转录[63]。虽然 tRNA 突变的致病作用通常归因于线粒体翻译缺陷，但不能排除转录终止的改变导致疾病表型的可能性。

最后，目前已经鉴定出了三种人类 MTERF1 旁系同源基因，即 MTERF2～4[64]。它们的结构与 MTERF1 相似，表明它们可能在核酸结合中发挥作用[58, 65-67]。然而，这其中似乎没有任何一个蛋白在转录终止中发挥作用。最近在小鼠模型中的研究表明，MTERF3 和 MTERF4 在线粒体核糖体的生物发生中发挥作用[68, 69]，尽管它们的功能仍有待进一步解析。

（二）线粒体转录组

虽然人类线粒体进化出了一个小而紧凑的基因组，但其对应的转录组却非常复杂。事实上，尽管它们有共同的多顺反子起源，文献记载的成熟线粒体转录物丰度的巨大差异表明存在广泛的转录后调控过程[70]。据估计，HeLa 细胞中线粒体 mRNA 的合成速度比 rRNA 转录速度低 50～100 倍，导致其稳态水平差异为 50～300 倍[71]。然而，最近基于 RNA 深度测序方法的研究（框 2-1）在 143B 细胞中报道了 rRNA 与 mRNA 的丰度比例为 10：1，且个体 mRNA 丰度存在显著差异，MTND6 mRNA 水平较低[70]。观察到的差异可能归因于分析所用的技术。然而，细胞系或组织特异性也可能导致这种明显的差异。

线粒体转录产生 3 个主要的转录物，这些转录物被加工成成熟的编码 RNA 和非编码 RNA，构成线粒体转录组。线粒体 mRNA 缺少传统的 5′– 非翻译区域和 3′– 非翻译区域和内含子。例外的是 MTCO1、MTND1 和 MTATP8 mRNA，它

们在起始密码子之前分别有 3nt、2nt 和 1nt 的额外碱基，以及双顺反子转录物 *MTATP8/ATP6* 和 *MTND4L/ND4*，其中第二位的 ORF 区具有显著的 5′– 前导序列。线粒体非编码 RNA 包括核糖体 12S 和 16S-rRNA 及一整套的 22 种 tRNA。最近也发现了长链和短链非编码 RNA（lncRNA 和 sRNA）[70]。在哺乳动物线粒体中通过多种途径检测到了 3 种 lncRNA（*lncND5*、*lncND6* 和 *lncCYTB*）[70, 72]。在培养的细胞中，它们的丰度被报道与其互补的 mRNA 相当。然而，在人体组织中，lncRNA/mRNA 的比值不同，说明互补编码 RNA 和非编码 RNA 的表达可以被独立调控。此外，lncRNA 对单链特异性核糖内切酶的切割具有抗性，这表明它们可能与互补 mRNA 形成双链，并在哺乳动物线粒体基因表达中发挥调节功能[73]。关于线粒体的 sRNA，虽然已经分别鉴定出主要来源于 tRNA 基因的 21nt 和 26nt 两大类，但它们的生理作用尚不清楚[70]。

（三）线粒体 RNA 结合蛋白与 RNA 生物学

线粒体基因表达的转录后调控是由一系列 RNA 结合蛋白（RNA-binding protein，RBP）介导的，这些 RBP 涉及 RNA 生物学的各个方面，包括转录过程、成熟、稳定性和降解。研究人员已通过紫外线（UV）交联和免疫沉淀法（UV-cross-linking and immunoprecipitation，CLIP）绘制了线粒体全局的 RNA– 蛋白相互作用图谱。一组尚未识别、大小为 15～120kDa 的多肽被检测到[74]。最近基于 RNase 足迹的研究发现了 88 个不同的蛋白质结合位点，其中 33 个在 mRNA 中，8 个在 rRNA 中，7 个在 tRNA 中，40 个在转录调控位点和非编码转录物中[75]。此外，RNA 相互作用组在不同的生理条件下具有高度的动态性和变化性。例如，用氯霉素抑制线粒体翻译揭示了不受核酸内切酶降解的 270 个 RNA 位点[75]。在这些研究中，有 124 个蛋白质足迹位于线粒体 mRNA 内，其中只有 22 个被确认为线粒体核糖体停止位点[75]。

已知的线粒体 RBP 是一群分属于不同家族的蛋白质，其中包括 PPR 和 Fas 活化的丝氨酸 / 苏氨酸激酶（Fas-activated serine/threonine kinase，FASTK）家族和其他独特的 RBP 成员。PPR 蛋白最早在植物中被发现，它们作为一个很大的序列特异性 RBP 家族，参与各类细胞器基因表达的各个方面[76]。它们以包含退化的 35 个氨基酸序列（PPR 基序）为特征，该基序串联重复 2～30 次[77, 78]。每个 PPR 基序由两个反向平行的 α– 螺旋折叠后接触一个 RNA 碱基。多个串联的 PPR 基序形成一个螺线管状结构，其中心沟参与 RNA 的结合[33, 79]。到目前为止，在哺乳动物线粒体中已鉴定出 7 种 PPR 蛋白：POLRMT、富含亮氨酸的 PPR 盒（leucine-rich PPR cassette，LRPPRC）、PPR 结构域蛋白 1 和 2（PPR domain-containing proteins 1 and 2，PTCD1 和 2）、线粒体核糖体 SSU 蛋白 mS27 和 mS39 及线粒体 RNaseP 蛋白 3（mitochondrial RNase P protein 3，MRPP3）[80]。此外，线粒体 FASTK 家族包括 6 个成员，FASTK 及其同源物 FASTKD1～5[81]。该家族的所有成员都包含 3 个保守的 C 端结构域，即 FAST1、FAST2 和 RAP。虽然 RAP 被认为能结合 RNA[82]，但 FAST 结构域的精确功能仍不清楚。然而，关键酶残基保守性的缺失已经对最初提出的 FASTK 激酶活性提出了质疑[83]。有趣的是，结构模型的比较分析表明 FASTK 蛋白与 PPR 蛋白共享一个重复的 α– 螺旋基序结构[81]。

线粒体 RBP 在线粒体基因表达的调控中发挥着重要作用，可发生在转录和转录后水平，包括翻译和翻译后调控，其调控机制的相对贡献尚待充分阐明。

1. 线粒体 RNA 加工　H 链和 L 链的转录产生长多顺反子转录物，需要大量加工才能产生成熟的 RNA。加工过程包括初级转录产物的裂解、聚腺苷酸化和碱基修饰（图 2–2）。

在线粒体基因组中，rRNA 和大多数编码序列被 tRNA 分隔开。根据 tRNA 间断模型，在切除获得 tRNA 时可释放 rRNA 和 mRNA[84]。原始转录物的 tRNA 加工分别由 RNaseP 和 RNaseZ 酶

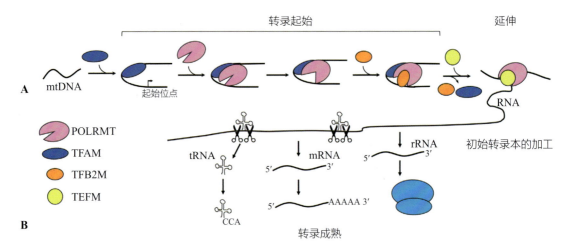

▲ 图 2-2　线粒体转录和转录物成熟

A. 线粒体转录开始于 TFAM 与转录起始位点上游的启动子区结合。POLRMT 被 TFAM 招募到启动子，在那里它结合到一个特定的 DNA 序列。POLRMT 伴随着 TFB2M 的结合而发生构象变化，形成起始复合物。起始因子 TFAM 和 TFB2M 与延伸因子 TEFM 的交换促进了从转录起始到延伸的转变；B. 线粒体转录产生长的多顺反子转录物，其中 mRNA 和 rRNA 序列被 tRNA 间插。在 tRNA 位点处理初级转录物释放 mRNA 和 rRNA，并进一步修饰生成成熟 RNA

ELAC2 分别在 5′ 端和 3′ 端完成。线粒体 RNaseP 是一个标准的蛋白质内切酶，由 3 个亚单位 MRPP1～3 组成。它缺乏类似细菌 RNaseP 酶的典型催化性 RNA 组件。MRPP3 是复合物的催化亚基，包含 3 个 PPR 基序和一个假定的金属核酸酶域。MRPP1 和 MRPP2 形成了一个亚复合体，在 MRPP3 介导加工后仍与 RNA 结合，并可能通过 ELAC2 和（或）tRNA 的稳定性促进 3′- 末端成熟。这与最近的研究结果一致，即初级转录物的加工遵循一个层次顺序，即 tRNA 的 5′ 端裂解先于 3′ 端裂解[85-87]。加工顺序的存在也表明，进化保守的 ELAC2 酶只能作用于较小的 RNA 底物，初级转录物复杂的二级结构已被线粒体特异性 RNaseP 复合物先行解离[88]。最后，ELAC2 与 PPR 蛋白 PTDC1 相互作用，PTDC1 也参与 tRNA 加工，可特异性作为 tRNA^Leu 基因的负调控因子，但其作用机制尚不清楚[3]。

tRNA 间断模型并不能解释所有的初级转录片段切割事件，因为存在 4 个位点，在这些位点处 mRNA 不被 tRNA 包围。它们是 MTND6 mRNA 的 3′ 端，MTCO1 和 MTCYB mRNA 的 5′ 端，以及 MTATP6 和 MTCO3 mRNA 的接合

点。RNaseP 切割 MTCO1 mRNA 5′ 端[3, 89]。然而，RNaseP 和 ELAC2 都不参与其余 3 个非 tRNA 间断型的处理。PPR 蛋白 PTCD2 和 FASTK 蛋白 D4 和 D5 被认为在 MTCYB-ND5 前体 mRNA 的裂解中起作用[90-92]。此外，一些 FASTK 蛋白，包括 FASTK 和 FASTKD1～5，在非典型位点参与 RNA 加工并影响 mRNA 稳态水平，但它们的确切作用机制仍有待进一步解析[81]。

由 MRPP1、MRPP2、ELAC2 和 FASTKD2 突变导致的线粒体初级转录物处理缺陷，已在婴儿多系统线粒体疾病的患者中被鉴别[93]（见第 14 章）。

2. 线粒体 RNA 成熟　在初级转录物处理后，除 MTND6 外，所有 mRNA 均被 poly（A）聚合酶 MTPAP 聚腺苷化，在转录物 3′ 端平均添加 45nt[94]。7 个线粒体 mRNA 不包含终止密码子，而完成正确的编码序列需要聚腺苷酸化。对于这些 mRNA，多聚腺苷酸化已被证明可以增加它们的稳定性[95]。然而，多聚腺苷酸化作用减弱会使得其他一些 mRNA 也出现相反的效果。虽然这表明聚腺苷酸的作用是依赖于 mRNA 的，但在线粒体中仍存在不同类型的腺苷酸化和非腺苷酸

化转录物库[96, 97]。MTPAP 可形成与 ATP 和 UTP 有高亲和力的同源二聚体[98, 99]。然而，它缺乏典型的 RNA 结合域，也不需要 RNA 结合辅因子。因此，MTPAP 如何识别其底物尚不清楚。据报道，在 rRNA 和成熟 tRNA 上存在假性 MTPAP 聚腺苷酸化活性，并被认为可被外切酶 PDE12 抑制[100]。多聚腺苷酸化对线粒体基因表达至关重要，MTPAP 的突变与进行性痉挛性共济失调和视神经萎缩有关[101]（见第 14 章）。

与 mRNA 的成熟不同，线粒体非编码 RNA 经受化学核苷酸修饰。12S-RNA 和 16S-rRNA 的碱基修饰包括 2′–O– 核糖甲基化和假尿嘧啶化。一个单一的假尿嘧啶化位点已被确定位于人类 16S-rRNA 的 1397 位。这种修饰很可能由 RPUSD4Ψ 合酶催化，这对线粒体核糖体的组装和稳定性至关重要[102, 103]。更多的已知修饰包括 rRNA 甲基化位点。12S-rRNA 中的两个腺嘌呤（人 A936 和 A937）被转录因子 TFB2M 的旁系同源蛋白 TFB1M 甲基化，TFB1M 在进化中保留了其甲基转移酶活性[104, 105]。此外，NSUN4 酶还能催化 12S-rRNA C841 的甲基化[69]。对于 16S-rRNA，位于肽基转移酶活性中心（peptidyl transferase center，PTC）的 3 个核苷酸被一组密切相关的甲基转移酶 MRM1～3 甲基化[106, 107]。最后，近期报道的 16S-rRNA A947 的甲基化是由 tRNA 甲基转移酶 TRMT61B 催化的[108]。尽管 rRNA 甲基化在线粒体核糖体组装、稳定性或功能中的确切作用尚未被证实，但 rRNA 碱基修饰对于高效和准确的线粒体翻译是必要的。

在 tRNA 成熟过程中会发生更广泛的修饰。线粒体 tRNA 成熟的第一步是在其 3′ 端添加一段 CCA 序列，该序列并不由 mtDNA 直接编码，而是由 tRNA 核苷酸转移酶 1——TRNT1 在转录后合成[109]。对于氨基酰 –tRNA 合成酶的结合和氨基酸的负载，以及 tRNA 与翻译延伸因子 Tu 的相互作用，都需要添加 CCA[110]。随着 CCA 的加入，tRNA 碱基在许多特定的位置进行修饰，这也是 tRNA 精确折叠和行使功能所必需的[111]。几

种负责线粒体特异性 tRNA 修饰的酶已在人类中被确认，并显示它们经常与严重的婴儿线粒体疾病相关[93, 111]。最常见的碱基修饰是假尿嘧啶化，它为 tRNA 分子提供了结构刚性[112]。和该类修饰具有特别的功能相关性的是 tRNA 反密码子的第一个位置的修饰，它产生了不寻常的碱基，也被称为摆动碱基，以促进非沃森 – 克里克碱基配对，可使相同的 tRNA 识别多个不同密码子[113]。这种反密码子配对能力的泛化加强在线粒体蛋白质合成中起着关键作用，该合成过程凭借最小数量的 tRNA 来完成（由 mtDNA 编码的 22 个 tRNA）。

3. 线粒体 RNA 伴侣与 mRNA 稳定性　由 H 链转录产生的线粒体 mRNA 的稳定性是由 LRPPRC 调控。LRPPRC 是一种富含亮氨酸的 PPR 蛋白，其与 RNA 结合蛋白 SLIRP 相互作用形成一个复合体[114]，在整个转录组层面广泛结合 mRNA。LRPPRC-SLIRP 复合体作为一种 RNA 伴侣，在整个转录层面广泛结合 mRNA[115]。通过解开 mRNA 的二级结构，LRPPRC-SLIRP 可促进转录物的聚腺苷化和翻译[116]。事实上，线粒体中 LRPPRC 的量与 mRNA 聚腺苷化和稳定状态水平相关[117, 118]。此外，在小鼠中敲除 LRPPRC 会导致严重的线粒体翻译缺陷[116]。

LPPRC 的 mRNA 稳定功能与聚腺苷酸化有关，而 FASTK 蛋白介导了唯一的非聚腺苷酸化转录物 MTND6 mRNA 的加工和稳定性[91]。LPPRC 和 FASTK 的功能都与 RNA 降解体密切相关，该降解体介导线粒体中的 RNA 衰减。人 RNA 降解体是由 3′–5′ 核酸外切酶 PNPase 和依赖 NTP 的解旋酶 SUV3 形成的异二聚体[119]。两者中任一降解体复合物组分的缺失将导致 RNA 降解中间产物和异常的多聚腺苷化 RNA 的积累[119, 120]。此外，在人类线粒体中，二核苷酸酶 REXO2 已被证明能够降解短寡核苷酸，并偏好 RNA 底物[121, 122]。值得注意的是，REXO2 突变小鼠中二核苷酸的积累容易造成非典型位点的异常翻译起始[122]。

LRPPRC 基因的纯合突变在魁北克克地区被发

现，且是最早一批被确定为与线粒体疾病相关的核基因突变之一。LRPPRC 突变导致与呼吸链复合物 Ⅳ（或细胞色素 c 氧化酶）缺乏相关的 French-Canadian 型 Leigh 综合征[123]（见第 14 章）。

4. 线粒体 RNA 翻译激活因子 线粒体 mRNA 的特征影响到线粒体核糖体在翻译起始时对它们的识别，而这一过程仍然不清楚（见本章"线粒体翻译"）。人类线粒体 mRNA 缺乏 Shine/Dalgarno 序列、典型的 5′- 非翻译区（5′–untranslated region，5′-UTR）和 5′- 甲基鸟苷帽[80]。因此，哺乳动物线粒体核糖体不像原核生物那样，通过 mRNA 和 16S-rRNA 之间对 Shine/Dalgarno 相互作用来识别起始密码子。此外，该系统也不像真核细胞的细胞质那样使用帽结合和扫描机制。在酵母中，mRNA 也不包含 Shine-Dalgarno 序列，但它们有很长的 5′-UTR，其 mRNA 特异性翻译激活子结合在这个区域中以促进翻译起始[124]。人类线粒体中是否存在翻译因子一直是争论的焦点[125]。到目前为止，已确定 TACO1 是一种单一的翻译激活因子。TACO1 有一个 N 端带正电荷的结构域，可特异性结合 MTCO1 mRNA，促进其与线粒体小核糖体亚基的结合及随后的翻译[125, 126]。在人类中，TACO1 基因的突变与复合物 Ⅳ 缺陷和迟发性 Leigh 综合征有关[125, 127]（见第 14 章）。对 TACO1 的鉴定表明，线粒体 RBP 可以作用于特定的 mRNA，选择性地调节其翻译。在这个过程中，在不影响 mRNA 稳态水平的情况下，FASTK3 也是 MTCO1 mRNA 高效翻译所必需的[128]。除了上述因素外，线粒体核糖体特异性蛋白 mS39 在 mRNA 识别中具有普遍的作用，该蛋白可定位于靠近 mtSSU 的 mRNA 入口通道的位置，并包含 9 个 PPR 域[129]。在最近的一项通过冷冻电子显微镜（cryoelectron microscopy，cryo-EM）对翻译中的线粒体核糖体的结构分析中，mS39 已被证明与 MTCO3 mRNA 直接相互作用，并被认为介导 mRNA 与线粒体核糖体起始复合体之间的初始相互作用[130]。

三、线粒体翻译

蛋白质合成普遍由核糖体催化。在线粒体内，核糖体合成由 mtDNA 编码的一小组蛋白质。线粒体翻译机制的构建和功能行使，需要细胞核和线粒体遗传系统的共同参与。线粒体核糖体 RNA（12S-rRNA 和 16S-rRNA）和全套 22 个线粒体 tRNA 均由 mtDNA 转录而来，所有的线粒体核糖体蛋白（mitochondrial ribosomal protein，MRP）、线粒体核糖体组装因子、氨基酰 –tRNA 合成酶和翻译因子均在胞质中合成并导入线粒体。

线粒体翻译系统是由线粒体的细菌祖先进化而来的。因此，线粒体和细菌核糖体的催化性能是相似的。这也体现在线粒体和细菌中用于解码和肽键形成的蛋白质和 RNA 域具有高度的相似性。而且，线粒体核糖体对胞质核糖体的某些抑制剂（如放线酮）不敏感，但对抗生素（如氯霉素）敏感。翻译因子是保守的，几种线粒体因子可以在细菌中从功能上替代其相应同源物[131]。然而，线粒体系统的进化导致：①密码子存在偏差[132, 133]；②实际翻译过程存在显著差异[134]；③线粒体核糖体的形成在与其进化来源相关的细菌和很多其他物种中，在结构和组成上都存在显著差异[135, 136]。最近一项基于系统发生树的研究通过结合三维结构信息、rRNA 二级结构和已发表的蛋白质组学数据的比较分析，研究了线粒体核糖体的组成和进化历史。这使得我们能够生成一幅结构变异获取的地图，并重建了至少影响 mtLSU 演化和导致这种多样性的阶段，让作者得出结论：结构性修补促进了线粒体核糖体的分化[136]。

线粒体翻译机制与生物医学高度相关，因为线粒体核糖体与常见的感染细菌有相似的抗生素敏感性。并且，它们也正在成为癌症靶向治疗的新靶点[137]。此外，线粒体核糖体蛋白、rRNA 和翻译因子的突变可导致一组异质性的人类多系统 OXPHOS 疾病，经常涉及感音神经性听力损失、脑肌病和肥厚性心肌病[5]。

本段将简要总结线粒体翻译机制的元素和功

能。框 2-2 中列出了一些常用的研究线粒体翻译的实验方法。

（一）线粒体翻译机制

1. 线粒体核糖体结构 哺乳动物线粒体核糖体最早于 20 世纪 60 年代末 /70 年代初被分离出来[138-140]。它们与细菌核糖体（70S）和细胞质核糖体（80S）的不同之处在于其较低的 RNA 与蛋白比例，其中大量的 RNA 已被线粒体特异性蛋白取代。哺乳动物线粒体核糖体是一个 55S RNA- 蛋白复合物，由 52 个线粒体核糖体蛋白组成的 39S 大亚基（mtLSU）、一个 16S-rRNA 和一个结构 tRNA（人类细胞中的 Val），以及一个由 30 个 MRP 和一个 12S-rRNA 组成的 28S 小亚基（mtSSU）共同构成[141, 142]。大约一半的线粒体核糖体蛋白具有细菌同源物，尽管它们经常包含功能不清的 N 端或 C 端延伸[135]。然而，牛线粒体核糖体的冷冻电子显微镜分析表明，两个亚基表面上的催化区域很大程度上是保守的[141, 142]。线粒体特异性亚单位在物理上补偿了结构 RNA 的损失，这在人类和猪线粒体核糖体中是显而易见的[143-147]。这些线粒体特异性蛋白主要分布在溶剂可及的表面上，在中心突起、L7/L12 柄和多肽出口位点附近形成簇。与蛋白质延伸类似，这些线粒体特异性蛋白质适应新的位置，而不是弥补缺失的 rRNA，并可能被招募来稳定核糖体的一般结构[148]。此外，一些线粒体特异蛋白似乎对亚基间桥的建立很重要[149]，这与通常含有 RNA-RNA 亚基间连接的细胞质核糖体不同。线粒体核糖体的一个特征是缺乏 5S-rRNA，这是长期以来的推测结果，但存在于 mtLSU 中心突起的 tRNA^Val 能起到整合结构的作用。在 mtDNA 中，tRNA^Val 基因位于编码 12S-RNA 基因和 16S-rRNA 基因的中间。这 3 个 RNA 被转录为一个多顺反子产物，类似于细菌的 rRNA 操纵子。

最近高分辨率的冷冻电子显微镜（框 2-2）重建的 55S 人类线粒体核糖体[141, 150, 151]和猪线粒体核糖体[142, 152, 153]结果，可以区分哺乳动物 mtSSU 的重要特征。与 mtLSU 类似，细菌中存

框 2-2 线粒体翻译研究的实验方法

尽管有很多研究尝试开发无细胞途径来分析线粒体蛋白合成，一个真正的体外线粒体翻译系统仍有待建立。目前研究分离线粒体（在细胞器层面）和全培养细胞线粒体翻译的方法如下。

- **代谢标记**：这种方法利用细胞质核糖体和线粒体核糖体对抗生素的不同敏感性，半定量地研究被分离的线粒体（通常总是有细胞质核糖体与外膜结合）或整个细胞的翻译率。在用放线酮或依米汀抑制细胞质蛋白合成后，加入一种放射性标记的前体，通常是 ³⁵S-甲硫氨酸，并以时间依赖的方式评估其与新合成的线粒体蛋白的结合情况。

- **核糖体印记**：核糖体印记最初是在细胞质蛋白质合成的分析中发展起来的，最近已被用于线粒体翻译的研究。该方法基于 mRNA 片段的深度测序，mRNA 片段在翻译过程中被线粒体核糖体保护，从而不被核酸酶消化。它提供了在一个特定的时间点所有转录物在线粒体中正在被翻译的快照。此外，它可被用于识别转录组内的核糖体暂停位点。

- **冷冻电子显微镜**：在冷冻电子显微镜分析中，感兴趣分子的水溶液被添加到网格上快速冻结，并由电子显微镜成像。电镜技术和算法的最新进展，使得电镜单分子成像的分析可被用于在近原子分辨率的精度上确定线粒体核糖体的结构。这些研究提供了有关线粒体核糖体组分及其空间分布的信息，并对深入了解线粒体翻译的分子机制有帮助。

- **细胞培养中氨基酸稳定同位素标记（stable isotope labeling with amino acids in cell culture, SILAC）**：SILAC 是一种代谢标记方法，通过将"重"¹³C 或 ¹⁵N 标记的氨基酸在体内代谢掺入蛋白质中，然后通过质谱分析对蛋白质进行全面的鉴定、表征和定量。SILAC 方法已被用于研究线粒体核糖体的生物发生。为达成此目的，首先将细胞在"轻的"（常规的）含 ¹²C 或 ¹⁴N 氨基酸的培养基中培养，然后在含有"重的"氨基酸的培养基中不断增加培育周期。定量同位素掺入多肽通过质谱检测，可提供关于蛋白质组装成多聚体大分子复合物（如线粒体核糖体）的时间过程。

在的几个外围 rRNA 螺旋在 12S-rRNA 中被截断或缺失，但 12S-rRNA 核心的三级结构和具有细菌同源物的 MRP 的整体位置在结构中被保留下来。与细菌 SSU 相比，mtSSU 的 mRNA 入口发生了显著的结构重塑。这种重构可以适应哺乳动物线粒体 mRNA，正如前面所提到的，这些 mRNA 的 5'-UTR 要么没有，要么非常短[154]。

在 A（氨酰基）和 P（肽酰基）tRNA 结合位点可观察到另一种主要重构，对应于细菌核糖体中的一些亚基（如 P 位点的 uL5、bL25 和 A 位点）已经丢失，以适应在 tRNA 拐角处包含高度可变的环的人类 tRNA。然而，哺乳动物核糖体所特有的 P 位点指（P-site finger）弥补了这些缺失的相互作用。线粒体核糖体的一个独特特性是通过 GTP 结合蛋白（28S mtSSU 亚基的 mS29）获得固有的 GTPase 活性[141, 142, 155]。GTPase 活性可能与亚基结合有关，因为 mS29 位于亚基表面，并参与协调两个线粒体特异性桥接。

多肽出口通道适应于疏水新生肽的转运[151, 153]。通道出口位点由细菌保守蛋白 bL23、bL29、bL22、bL24 和 bL17 组成，它们在出口位点周围形成环状。此外，这个保守的核心被第二层蛋白质所包围，它们由 bL33 和 mL45 组成，这促进了 mtLSU 在线粒体内膜上的锚定[151, 153]。含有新生多肽的人类线粒体核糖体的结构显示其与通道壁特定的疏水残基间有广泛的相互作用[141]。膜锚定将多肽出口位点与 OXA1L 转位子对齐，以促进新合成蛋白质的共翻译膜插入。整个通道路径类似于细菌和细胞质核糖体，但不同于酵母线粒体核糖体。

线粒体核糖体与内膜结合，可能是由于它们在合成疏水膜蛋白时可专门化地将疏水膜蛋白协同翻译插入内膜[146, 156]。一些内膜蛋白介导核糖体的膜结合，如 OXA1L 机制，以促进新生多肽插入到内膜[157-163]。

2. 线粒体核糖体的生物发生 线粒体核糖体组装的过程需要很多非核糖体蛋白的协助。这些蛋白质包括 RNA 修饰酶、鸟苷三磷酸酶（GTPases）、DEAD-box RNA 解旋酶和激酶[164, 165]。它们作为组装因子，在单个亚基组装和单体形成过程中，引导线粒体核糖体组分的加工和修饰，以及在时间上的关联，以形成前核糖体颗粒。线粒体核糖体的生物发生遵循一个刚刚开始出现的成熟途径，包括蛋白质组的协同组装，形成结构簇和预先组装的模

块[166, 167]。基于 SILAC（细胞培养中氨基酸稳定同位素标记）的代谢标记和蛋白质组学研究（框 2-2）表明，对于每个亚基，蛋白质组分被过量地合成并导入线粒体，它们在化学计量上的积累受到线粒体中对非组装的自由蛋白质组分的降解调节[167]。两个线粒体核糖体亚基的生物发生是协调的。它们以共转录的方式开始。mtLSU 蛋白与包含 16S-rRNA 的未加工 RNA 形成亚复合体，其形成是前体 RNA 加工和 12S-rRNA 释放所必需的，这是 mtSSU 蛋白掺入的条件[85]。最近的研究揭示了质量控制机制，以确保只有成熟的 mtSSU 和 mtLSU 可组装成功能单体[69, 165, 168, 169]。虽然已确定的线粒体核糖体组装因子的数量正在稳步增加，但在大多数情况下，线粒体核糖体生物发生的具体功能和分子细节仍有待充分了解。最近的一项研究报道了从人类细胞系中分离出来的两种人类 mtLSU 的后期组装中间体的结构，并利用冷冻电子显微镜进行了解析。通过对结构的比较，可以识别新的组装因子，并揭示 mtLSU 成熟最后阶段 rRNA 折叠和蛋白掺入的时间[150]。

（二）线粒体蛋白合成

1. 线粒体翻译起始 哺乳动物线粒体核糖体中蛋白质合成的总体步骤与细菌中的相似。然而，线粒体翻译在本质上不同于细菌或细胞质翻译系统，特别是在起始阶段。关键的差异可见于线粒体核糖体与 mRNA、tRNA 和线粒体翻译因子的相互作用。一个重要的区别在于，大多数线粒体 mRNA 缺乏 5′ 前导序列，需要通过翻译激活子的作用促进它们与核糖体的结合，这在酵母线粒体中已经得到了证实[170]。此外，线粒体中只有一种单独的 $tRNA^{Met}$，其同时实现了启动型 $tRNA^{Met}$ 和延长型 $tRNA^{Met}$ 的双重作用。部分 met-$tRNA^{Met}$ 被线粒体甲硫氨酰基 -tRNA 甲酰基转移酶（methionyl-tRNA formyltransferase，MTFMT）甲酰化，生成 N- 甲酰甲硫氨酰基 -$tRNA^{Met}$（N-formylmethionine-$tRNA^{Met}$，fMet-$tRNA^{Met}$），用于翻译起始[171, 172]。其他的不同之处包括线粒体翻译起始阶段缺少起始因子 1，而起始因子 1 在

其他所有翻译系统中都是必不可少的[173]。细菌中的翻译起始涉及 3 个重要的典型起始因子——IF1、IF2 和 IF3，而哺乳动物线粒体具有后两者的同源物 mtIF2 和 mtIF3[174, 175]。

线粒体翻译开始于被 mtIF3 结合的 mtSSU 招募 mt-mRNA（图 2–3）。哺乳动物的 mtIF3 与细菌的 IF3 相比，仅保留了约 25% 的序列同源性[175]，尽管其基本结构域的构成与细菌的 IF3 相似，包括通过柔性连接肽连接的 N 端和 C 端结构域。然而，mtIF3 约有 30 个氨基酸长度的 N 端延伸（N-terminal extension，NTE）和 C 端延伸（C-terminal extension，CTE），CTE 对于使得错误的起始复合物的失稳解离，以及 NTE 对于控制 mtIF3 对 39S 亚基的亲和力很重要[175-178]。对 mtSSU-mtIF3 复合体的冷冻电镜结构表征表明，mtIF3 的 N 端结构域相比于其细菌的对应物，能与更多的 mtSSU 组分相互作用，从而增强了其对 mtSSU 的亲和力[178]。mtIF3 的 C 端结构域位于 mtSSU 的 P 位点附近，并与几个 12S-rRNA 螺旋相互作用。其位置被认为可以通过直接干扰保守的 39S 亚基与 28S 亚基间桥梁的形成来防止它们的连接[178]。有研究提出，mtIF3 通过这种方式阻止 mtLSU 的过早连接，直到由 mtIF2、mRNA 和起始 tRNA 组成的起始前复合物形成[178]，这一机制在细菌系统中是保守的。mtIF3 是如何检测结合 mRNA 的存在并在没有 mRNA 的情况下阻止起始 tRNA 的调节机制仍有待进一步解析。不过，mtSSU-mtIF3 结构与 55S-fMet-tRNA^Met^-mtIF2 复合体结构的叠加，可以解释 C 端结构域的作用及其线粒体特异性的 CTE 在 mRNA 缺失的情况下失稳解离起始 tRNA 的能力[130]，并突出 mtIF3 的 C 端结构域上几个赖氨酸残基的潜在作用[178]。

随着 mt-mRNA 被招募到 mtIF3 结合的 mtSSU 上，GTP 结合的 mtIF2 刺激 fMet-tRNA^Met^ 结合到 mtSSU 上[174]。虽然带电的 tRNA^Met^ 和 mtIF2 可以在 mt-mRNA 缺失的情况下结合 mtSSU，但这种结合是微弱的[172]。当密码子与反密码子相互作用时，一个稳定的复合物形成并

触发 mtLSU 的招募。最近通过冷冻电子显微镜对完整的翻译起始复合物的结构测定，揭示了哺乳动物线粒体翻译起始的关键特征[130]。该研究鉴定了 mtIF2 的独有特征，这些特征是特异性识别 fMet-tRNA^Met^ 和调控其 GTPase 活性所必需的。mtIF2 包含一个线粒体特异性的 37 个氨基酸长度的结构域插入，该插入被认为是通过空间位阻来阻断起始 tRNA 与核糖体 A 位点的结合来模仿 IF1 在细菌中的功能[130]。虽然 mtIF2 不与 mRNA 形成特异性的相互作用，但通过关闭解码中心，它可能有助于稳定不含 5′-UTR 的 mt-mRNA 的结合。冷冻电镜结果显示 MTCO3 mRNA 与 PPR 蛋白 mS39 结合于 mt-mRNA 通道入口处。如前所述，这种相互作用可能会促进随后 mRNA 进入 mRNA 通道，开始密码子 - 反密码子相互作用。mRNA-mS39 的作用并不具有序列特异性或结构特异性，但研究人员注意到，从密码子 #7 开始，mt-mRNA 经常包含富含 U 的序列，这可能是与 PPR 相互关联的决定因素，并可能促进 mt-mRNA 与起始复合物的初始结合[130]。mRNA 的通道由 uS5m 的一段带正电的线粒体特异延伸所排列，它定位在入口与 A 位点之间，并被认为可以引导 mRNA 向 P 位点移动，在那里密码子 - 反密码子相互作用可固定起始密码子并稳定 mRNA 与整个框架的结合[130]。

mtLSU 的招募触发了与 mtIF2 结合的 GTP 水解为 GDP，同时 mtSSU 释放 mtIF2 和 mtIF3。如果 fMet-tRNA^Met^ 不可用，或者起始密码子不存在于 P 位点，则起始因子的检查失败，单体不形成，mRNA 被释放。

2. 线粒体翻译的延伸　一旦单体形成，新生链的延伸通过氨酰基 –tRNA 结合、肽键形成和脱酰基 tRNA 释放的循环不断进行（图 2–3）。参与这一步骤的主要因子是线粒体延伸因子 Tu（mitochondrial elongation factor Tu，mtEF-Tu），这是一种高度保守的 GTPase，它以 GTP 结合的激活态，通过形成三元复合物将氨酰基 –tRNA 转移到线粒体核糖体 A 位点。这一过程利用 GTP

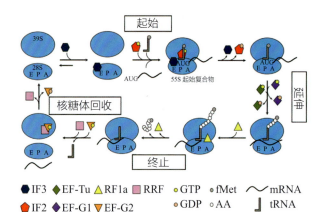

▲ 图 2-3　线粒体核糖体执行翻译

蛋白质合成的四个阶段和涉及的基本翻译因子的示意图。翻译起始涉及 mtIF2 和 mtIF3；延伸由 mtEF-Tu、mtEF-Ts 和 mtEF-G1 催化；释放因子 mtRF1a 促使终止，核糖体回收需要 mtRRF 和 mtEF-G2。详细解释见正文

水解释放的能量，并产生无活性的与 GDP 结合的 mtEF-Tu，然后从核糖体释放，并由 mtEF-Ts 再生。mtEF-Ts 是一种核苷酸交换因子，可促进 GDP 与 GTP 的交换[179]。

mtEF-Tu 的释放导致肽键的形成，其在 mtLSU 的 PTC 催化。一旦肽键形成，线粒体核糖体的 P 位点被去酰化的 mt-tRNA 占据，二肽基 tRNA 在 A 位点。线粒体具有两个延伸因子 G，其中一个是 mtEF-G1，在延伸过程中通过催化二肽基 tRNA 从 A 位点转移到 P 位点及 mRNA 移动，并在 A 位点展示下一个密码子来发挥作用。在转移过程中，tRNA-mRNA 运动的限速步骤是核糖体的（也被称为解锁）重排，这是由 GTP 结合的 mtEF-G1 与线粒体核糖体的结合诱导的，并被 GTP 水解和随后从线粒体核糖体释放 GDP 结合的 mtEF-G1 来加速的[180]。最近人类和猪线粒体核糖体的冷冻电镜结构证实了 E 位点的存在[141, 142]，尽管它与细菌的结构不同，去乙酰化的 mt-tRNA 在离开线粒体核糖体之前会移动到 E 位点。翻译延伸过程被多次循环重复，直到终止密码子被定位在 A 位点。

3. 线粒体翻译终止与线粒体核糖体循环　当翻译机制遇到终止密码子时，蛋白质合成完成，终止密码子被核糖体释放因子（mtRF1a）识别，

在 GTP 的存在下，该因子通过一个保守机制诱导 mtLSU 释放新形成的多肽[181, 182]（图 2-3）。虽然 mtRF1a 被认为足以终止所有 13 个 ORF，但这个因子是 I 类释放因子，它专门识别密码子 UAA 和 UAG。在人类线粒体中，UAA 和 UAG 被用作终止密码子，分别终止 9 个单顺反子的和 2 个双顺反子的 ORF。然而，尽管 *MTCO1* 和 *MTND6* 的 ORF 编码序列之后的三联密码子分别为 AGA 和 AGG，但在细胞中，位于人类线粒体核糖体 A 位点的转录物终止密码子被发现以经典的 UAG 密码子终止。该机制涉及 −1 移码，可能由转录物中终止密码子下游的结构化 RNA 驱动[154, 183]。这一机制对人类来说是合理的，但并不适用于所有的脊椎动物，这表明在其他哺乳动物中可能有其他释放因子参与终止这两种 mt-mRNA 的翻译[184, 185]。

在释放因子作用后，两个核糖体循环因子 mtRRF1[186]，和线粒体延伸因子 G 家族的第二个成员 mtEF-G2[187]，通过解离核糖体亚基和释放 mt-mRNA 及脱酰 mt-tRNA，来促进翻译终止后线粒体核糖体复合物的解体（图 2-3）。结合了 GTP 的 mtEF-G2，可与结合了 mtRRF1 的翻译终止后的线粒体核糖体复合物相结合，使核糖体分解为两个亚基，其中至少 mtLSU 释放 mtEF-G2 需要 GTP 水解[187]。最近一项人类 55S 线粒体核糖体 –mtRRF1 复合物的冷冻电镜结构显示，循环因子的线粒体特异性 N 端延伸与线粒体核糖体的功能关键区域产生多种线粒体特异性相互作用，包括组成 PTC 的 rRNA 片段，以及连接 PTC 与 mtLSU GTPase 关联中心的 rRNA 片段[188]。mtRRF1 与线粒体核糖体的相互作用，被认为可以确保 tRNA 和其他配体完全不能接近 PTC 和进入线粒体核糖体多肽出口通道的入口[188]。

一旦 mtRRF1 和 mtEF-G2 最终从 mtLSU 中释放出来，翻译周期就可以重新启动。

4. 新合成多肽的共翻译膜插入　线粒体核糖体与内膜结合，可能是由于它们在合成疏水膜蛋白上的专门化作用，即疏水膜蛋白被协同翻译插

入内膜。通过原位的冷冻电子断层成像技术获得的人类线粒体核糖体可视化显示，mtLSU 与线粒体内膜有一个单一的主要接触位点，由线粒体特异性蛋白 mL45 介导[189]。进一步的冷冻电镜研究表明，mL45 位于线粒体核糖体和线粒体内膜交界处的多肽出口通道[130, 151, 153]。mL45 的中心结构域与 TIM44 的 C 端结构域（膜结合段）具有同源性，TIM44 是蛋白质导入所必需的内膜转位酶的一个亚基[190]。因为 TIM44 已知与心磷脂（线粒体内膜的标志性磷脂）建立相互作用，mL45 也可能介导由心磷脂介导的线粒体核糖体与内膜的连接，该连接具有的方向可使新合成的多肽离开通道时促进其共翻译膜插入。虽然具体的机制尚不清楚，但冷冻电镜分析表明，mL45 的 N 端尾部（氨基酸 K38-N64）在翻译起始阶段插入出口通道并将其封闭[130]。考虑到 mL45 的 N 端延伸在翻译延伸过程中必然会被移出通道，研究人员假设 mL45 的 N 端尾部可以通过引入 OXA1L 转位机制来促进新生肽的膜插入。

四、基因表达的区隔化

线粒体基因表达的一个重要性质与相关过程的区隔化有关。在人类细胞的线粒体基质中，至少有 3 种不同类型的区位要素与 mtDNA 表达有关。这些是线粒体拟核、RNA 颗粒和 RNA 降解体[119]。

（一）线粒体 DNA 拟核

正如第 1 章 mtDNA 复制、维护和拟核组织中所解释的那样，真核细胞通常包含数百到数千个 mtDNA 基因组，这些基因组被组装成数百个密集的蛋白质结构，称为拟核[191, 192]。这种拟核组织提供了线粒体基因组稳定性，并对它们的遗传和分离过程至关重要[193]。

早期对培养的哺乳动物细胞中拟核的大小和 mtDNA 含量的定量分析表明，一个平均大小的拟核可以包含 5~7 个 mtDNA 基因组，它们被包裹在一个直径仅为 70nm 的空间中[194]。然而，最近的超分辨率显微成像数据显示，哺乳动物线粒体拟核的大小约为 100nm，且仅包含 1~2

个 mtDNA 拷贝[195]。哺乳动物 mtDNA 在拟核中的包装是在 DNA 结合蛋白的帮助下完成的，其包括两个对 mtDNA 复制至关重要且特别丰富的蛋白质：TFAM 和 mtSSB[38, 192]。对非洲爪蟾卵母细胞的研究表明，TFAM/mtDNA 的比例是受发育调节的，并与参与复制或转录的 mtDNA 分子数量呈负相关[196]。通过拟核纯化和质谱分析其蛋白质组成，研究人员发现了涉及线粒体基因表达各个方面的大量的蛋白质[192, 197, 198]。使用甲醛交联可以确定与 mtDNA 密切接触的拟核蛋白，并以此提出了 mtDNA 拟核的分层结构模型。在该模型中，复制和转录发生在核心区域，而 RNA 加工、翻译和 OXPHOS 复合体组装可能发生在外周区域[192]，即过渡到一个称为 RNA 颗粒的不同区域。

（二）线粒体 RNA 颗粒

作为 mtDNA 表达领域区隔化研究的一个突破，在培养细胞中使用溴脲苷（bromouridine，BrU）标记人类线粒体新转录的 RNA 并进行分析，发现在靠近拟核处有明显的 BrU 阳性 RNA 位点[194]。这些位点被称为 RNA 颗粒，包含蛋白质 GRSF1（富含 G 的序列结合因子 1）和 RNase P，并积累 mt-RNA，以调节其加工、存储、分类或翻译[199, 200]。这些颗粒点还含有核糖体蛋白[200] 和核糖体 RNA 修饰酶[201]。此外，GRSF1 缺失导致线粒体核糖体 SSU 的组装缺陷和线粒体蛋白合成的显著衰减[199, 200]。

这些现象揭示核糖体生物发生位于 RNA 颗粒附近或内部的可能性。亲和纯化 GRSF1 鉴定出核糖体蛋白[200] 与 16S-rRNA 甲基转移酶 MRM1、MRM2 和 MRM3/RMTL1[201]。亲和纯化 MRM3 鉴定出核糖体蛋白和共定位于 RNA 颗粒的核糖体组装因子，如 GRSF1 和 DEAD-box 解旋酶 DDX28[201, 202]。最近两个独立研究团队对 GRSF1 和 DDX28 的全面亲和纯化后质谱分析都得到了类似的结果[92, 203]。在我们团队的研究中，分析了在盐浓度增加的情况下制备的提取物中 DDX28 的相互作用蛋白组，以评估相互作用的强度。DDX28 被发现与五大类蛋白组相关[165, 203]：

①线粒体核糖体蛋白质；②线粒体核糖体组装因子；③线粒体翻译因子；④ RNA 代谢因子，包括转录因子、RNA 加工和修饰酶、RNA 稳定性和降解体蛋白；⑤先前被鉴定为 mtDNA 拟核组分的蛋白，如解旋酶 DHX30，它起着转录调节作用。

与线粒体拟核或 RNA 颗粒都相关的重叠蛋白池反映了它们的空间邻近性和这些区隔的封闭式膜边界的缺失[119]。在大多数研究中，通过荧光显微镜观察到，10%～15% 的拟核和 RNA 颗粒实际上是重叠的，这可能反映了转录活跃的位点[119, 194, 199, 200]。对这些动态的定量评估表明，在最初 20min 的短脉冲后，大多数 BrU 阳性 RNA 位点共定位在 mtDNA 的 200nm 范围内，但在更长的时间后，BrU 阳性 RNA 位点变得随机分布[200]。因此，线粒体核糖体组装可以在颗粒 – 拟核重合点中启动[167, 204]，可能类似细菌中发生的协同转录方式[205]，之后在颗粒环境中结束[92, 165, 203, 206]，甚至按照最近的研究所提出的在颗粒外部结束[207]。

mtDNA 拟核和 RNA 颗粒之间的另一种联系是，已有研究发现两种 mtDNA 复制因子 Twinkle 和 mtSSB 通过与 GRSF1 相互作用，参与颗粒形成和 mt-RNA 加工或降解[207]，这凸显了至少这些蛋白在 mtDNA 基因表达的多个方面的作用。

（三）线粒体 RNA 降解体

RNA 颗粒偶尔与被称为 RNA 降解体的 RNA 分解复合物（PNPase-SUV3 解旋酶复合物）共定位，这种复合物仅在特定的位点（D 点）形成[119]。

RNA 颗粒与 D 点在结构和功能上都有着密切的联系。例如，FASTK 的一个变体与线粒体 RNA 颗粒共定位，被用于特异性地调节 MTND6 mRNA 的表达，这是位于 L 链转录物上的唯一蛋白质编码序列。在机制上，FASTK 结合 L 链前体 RNA 上 MTND6 编码序列内部和下游的多个位点，并与降解体一起，参与 MTND6 mRNA 的成熟[91]。在另一个例子中，GRSF1 被证明与线粒体降解体协同降解含有 G– 四链体的线粒体 lncRNA。GRSF1 通过促进 G– 四链体的熔解以促成降解体介导的 RNA 衰减[208]。此外，虽然 lncRNA 主要来源于 L 链上 MTND6 基因周边区域，但已有研究表明，mtSSB/GRSF1 双敲降的 mt-RNA 表达模式类似于降解体缺陷的线粒体中的那样[207]。这些观察结果提出了 mtSSB 在 GRSF1 作用后，结合并参与已展开的 G– 四链体的 RNA 降解，并阻止它们重组成 G– 四链体结构的假设[207]。

研究展望

在过去 50 年里，人类对线粒体复制、转录和翻译系统，以及其中每个过程中涉及的机制和作用因子方面的认识和理解取得了巨大的进展。高分辨率冷冻电镜技术的最新进展，结合新的蛋白质组学和经典的遗传和生化方法，以及小鼠和人类细胞的基因编辑技术，大大加快了我们在分子、细胞和生物体水平上对线粒体基因表达的理解。

几个尚未解决的基本问题预计将成为今后数年的研究重点。分散在本章中的潜在未解决问题和未来目标包括：①揭示不同细胞类型中 mtDNA 拷贝数控制的决定因素；②发明 mtDNA 编辑方法；③充分理解复制和转录之间的转换；④解析转录终止的机制；⑤揭示多顺反子转录物中所有非 tRNA 连接是如何被处理的；⑥建立体外的线粒体翻译系统；⑦通过线粒体核糖体结构研究来捕获 mRNA 和两个翻译起始因子的共时存在，来更好地理解线粒体翻译起始的机制，或者捕获这两种因子参与循环来揭示它们在重置翻译机制中的相互作用；⑧鉴定所有线粒体核糖体组装因子及其特定作用；⑨更好地表征拟核、RNA 颗粒和降解体组分之间的功能重叠。

参考文献

[1] Montoya J, et al. Identification of initiation sites for heavy-strand and light-strand transcription in human mitochondrial DNA. Proc Natl Acad Sci USA 1982;79(23):7195-9.

[2] Chang DD, Clayton DA. Precise identification of individual promoters for transcription of each strand of human mitochondrial DNA. Cell 1984;36(3):635-43.

[3] Sanchez MI, et al. RNA processing in human mitochondria. Cell Cycle 2011;10(17):2904-16.

[4] Mick DU, Fox TD, Rehling P. Inventory control: cytochrome c oxidase assembly regulates mitochondrial translation. Nat Rev Mol Cell Biol 2011;12(1):14-20.

[5] De Silva D, et al. Mitochondrial ribosome assembly in health and disease. Cell Cycle 2015;14 (14):2226-50.

[6] Pham XH, et al. Conserved sequence box II directs transcription termination and primer formation in mitochondria. J Biol Chem 2006;281(34):24647-52.

[7] Fuste JM, et al. Mitochondrial RNA polymerase is needed for activation of the origin of light-strand DNA replication. Mol Cell 2010;37(1):67-78.

[8] Wanrooij S, et al. Human mitochondrial RNA polymerase primes lagging-strand DNA synthesis in vitro. Proc Natl Acad Sci U S A 2008;105(32):11122-7.

[9] Agaronyan K, et al. Mitochondrial biology. Replication-transcription switch in human mitochondria. Science 2015;347(6221):548-51.

[10] Nicholls TJ, Minczuk M. In D-loop: 40 years of mitochondrial 7S DNA. Exp Gerontol 2014;56:175-81.

[11] Wei W, et al. Frequency and signature of somatic variants in 1461 human brain exomes. Genet Med 2019; 21(4): 904-12.

[12] Bibb MJ, et al. Sequence and gene organization of mouse mitochondrial DNA. Cell 1981;26(2 Pt 2):167-80.

[13] Sbisa E, et al. Mammalian mitochondrial D-loop region structural analysis: identification of new conserved sequences and their functional and evolutionary implications. Gene 1997;205(1-2):125-40.

[14] Doda JN, Wright CT, Clayton DA. Elongation of displacement-loop strands in human and mouse mitochondrial DNA is arrested near specific template sequences. Proc Natl Acad Sci U S A 1981;78 (10):6116-20.

[15] Kuhl I, et al. POLRMT regulates the switch between replication primer formation and gene expression of mammalian mtDNA. Sci Adv 2016;2(8):e1600963.

[16] Ojala D, et al. A small polyadenylated RNA (7S RNA), containing a putative ribosome attachment site, maps near the origin of human mitochondrial DNA replication. J Mol Biol 1981;150(2):303-14.

[17] Ruhanen H, et al. Mitochondrial single-stranded DNA binding protein is required for maintenance of mitochondrial DNA and 7S DNA but is not required for mitochondrial nucleoid organisation. Biochim Biophys Acta 2010; 1803(8): 931-9.

[18] Milenkovic D, et al. TWINKLE is an essential mitochondrial helicase required for synthesis of nascent D-loop strands and complete mtDNA replication. Hum Mol Genet 2013; 22(10):1983-93.

[19] Fish J, Raule N, Attardi G. Discovery of a major D-loop replication origin reveals two modes of human mtDNA synthesis. Science 2004;306(5704):2098-101.

[20] Pereira F, et al. Evidence for variable selective pressures at a large secondary structure of the human mitochondrial DNA control region. Mol Biol Evol 2008;25(12):2759-70.

[21] Jemt E, et al. Regulation of DNA replication at the end of the mitochondrial D-loop involves the helicase TWINKLE and a conserved sequence element. Nucleic Acids Res 2015; 43(19):9262-75.

[22] Hyvarinen AK, et al. The mitochondrial transcription termination factor mTERF modulates replication pausing in human mitochondrial DNA. Nucleic Acids Res 2007; 35(19): 6458-74.

[23] Ghivizzani SC, et al. In organello footprint analysis of human mitochondrial DNA: human mitochondrial transcription factor A interactions at the origin of replication. Mol Cell Biol 1994;14(12):7717-30.

[24] Lewis SC, Uchiyama LF, Nunnari J. ER-mitochondria contacts couple mtDNA synthesis with mitochondrial division in human cells. Science 2016;353(6296):aaf5549.

[25] Morozov YI, Temiakov D. Human mitochondrial transcription initiation complexes have similar topology on the light and heavy strand promoters. J Biol Chem 2016;291(26):13432-5.

[26] Ngo HB, Kaiser JT, Chan DC. The mitochondrial transcription and packaging factor Tfam imposes a Uturn on mitochondrial DNA. Nat Struct Mol Biol 2011;18(11):1290-6.

[27] Yakubovskaya E, et al. Organization of the human mitochondrial transcription initiation complex. Nucleic Acids Res 2014;42(6):4100-12.

[28] Gaspari M, et al. The mitochondrial RNA polymerase contributes critically to promoter specificity in mammalian cells. EMBO J 2004;23(23):4606-14.

[29] Posse V, et al. TEFM is a potent stimulator of mitochondrial transcription elongation in vitro. Nucleic Acids Res 2015; 43(5): 2615-24.

[30] Wanrooij PH, et al. G-quadruplex structures in RNA stimulate mitochondrial transcription termination and primer formation. Proc Natl Acad Sci USA 2010;107(37):16072-7.

[31] Hillen HS, et al. Mechanism of transcription anti-termination in human mitochondria. Cell 2017;171 (5):1082-1093.e13.

[32] Hillen HS, et al. Structural basis of mitochondrial transcription initiation. Cell 2017;171(5):1072-1081. e10.

[33] Ringel R, et al. Structure of human mitochondrial RNA polymerase. Nature 2011;478(7368):269-73.

[34] Shokolenko IN, Alexeyev MF. Mitochondrial transcription in mammalian cells. Front Biosci (Landmark Ed) 2017; 22:835-53.

[35] Montoya J, Gaines GL, Attardi G. The pattern of transcription of the human mitochondrial rRNA genes reveals two overlapping transcription units. Cell 1983; 34(1): 151-9.

[36] Terzioglu M, et al. MTERF1 binds mtDNA to prevent transcriptional interference at the light-strand promoter but is dispensable for rRNA gene transcription regulation. Cell Metab 2013;17(4):618-26.

[37] Martin M, et al. Termination factor-mediated DNA loop between termination and initiation sites drives mitochondrial rRNA synthesis. Cell 2005;123(7):1227-40.

[38] Kaufman BA, et al. The mitochondrial transcription factor TFAM coordinates the assembly of multiple DNA molecules into nucleoid-like structures. Mol Biol Cell 2007; 18(9): 3225-36.

[39] Kanki T, et al. Architectural role of mitochondrial transcription factor A in maintenance of human mitochondrial DNA. Mol Cell Biol 2004; 24(22):9823-34.

[40] Alam TI, et al. Human mitochondrial DNA is packaged with TFAM. Nucleic Acids Res 2003;31 (6):1640-5.

[41] Fisher RP, Clayton DA. A transcription factor required

for promoter recognition by human mitochondrial RNA polymerase. Accurate initiation at the heavy- and light-strand promoters dissected and reconstituted in vitro. J Biol Chem 1985;260(20):11330-8.

[42] Dairaghi DJ, Shadel GS, Clayton DA. Addition of a 29 residue carboxyl-terminal tail converts a simple HMG box-containing protein into a transcriptional activator. J Mol Biol 1995; 249(1): 11-28.

[43] Morozov YI, et al. A novel intermediate in transcription initiation by human mitochondrial RNA polymerase. Nucleic Acids Res 2014;42(6):3884-93.

[44] Rubio-Cosials A, et al. Human mitochondrial transcription factor A induces a U-turn structure in the light strand promoter. Nat Struct Mol Biol 2011;18(11):1281-9.

[45] Morozov YI, et al. A model for transcription initiation in human mitochondria. Nucleic Acids Res 2015;43(7):3726-35.

[46] Posse V, Gustafsson CM. Human mitochondrial transcription factor B2 is required for promoter melting during initiation of transcription. J Biol Chem 2017; 292(7): 2637-45.

[47] Schubot FD, et al. Crystal structure of the transcription factor sc-mtTFB offers insights into mitochondrial transcription. Protein Sci 2001;10(10):1980-8.

[48] Lodeiro MF, et al. Identification of multiple rate-limiting steps during the human mitochondrial transcription cycle in vitro. J Biol Chem 2010;285(21):16387-402.

[49] Shutt TE, et al. Core human mitochondrial transcription apparatus is a regulated two-component system in vitro. Proc Natl Acad Sci USA 2010;107(27):12133-8.

[50] Wang J, et al. Dilated cardiomyopathy and atrioventricular conduction blocks induced by heart-specific inactivation of mitochondrial DNA gene expression. Nat Genet 1999; 21(1): 133-7.

[51] Lodeiro MF, et al. Transcription from the second heavy-strand promoter of human mtDNA is repressed by transcription factor A in vitro. Proc Natl Acad Sci USA 2012; 109(17): 6513-18.

[52] Stiles AR, et al. Mutations in TFAM, encoding mitochondrial transcription factor A, cause neonatal liver failure associated with mtDNA depletion. Mol Genet Metab 2016; 119(1-2):91-9.

[53] Kang I, Chu CT, Kaufman BA. The mitochondrial transcription factor TFAM in neurodegeneration: emerging evidence and mechanisms. FEBS Lett 2018;592(5):793-811.

[54] Minczuk M, et al. TEFM (c17orf42) is necessary for transcription of human mtDNA. Nucleic Acids Res 2011; 39(10): 4284-99.

[55] Yu H, et al. TEFM enhances transcription elongation by modifying mtRNAP pausing dynamics. Biophys J 2018; 115(12): 2295-300.

[56] Kruse B, Narasimhan N, Attardi G. Termination of transcription in human mitochondria: identification and purification of a DNA binding protein factor that promotes termination. Cell 1989;58(2):391-7.

[57] Yakubovskaya E, et al. Helix unwinding and base flipping enable human MTERF1 to terminate mitochondrial transcription. Cell 2010;141(6):982-93.

[58] Jimenez-Menendez N, et al. Human mitochondrial mTERF wraps around DNA through a left-handed superhelical tandem repeat. Nat Struct Mol Biol 2010; 17(7): 891-3.

[59] Shang J, Clayton DA. Human mitochondrial transcription termination exhibits RNA polymerase independence and biased bipolarity in vitro. J Biol Chem 1994; 269(46): 29112-20.

[60] Asin-Cayuela J, et al. The human mitochondrial transcription termination factor (mTERF) is fully active in vitro in the non-phosphorylated form. J Biol Chem 2005; 280(27): 25499-505.

[61] Hyvarinen AK, et al. Effects on mitochondrial transcription of manipulating mTERF protein levels in cultured human HEK293 cells. BMC Mol Biol 2010;11:72.

[62] Manwaring N, et al. Population prevalence of the MELAS A3243G mutation. Mitochondrion 2007;7 (3):230-3.

[63] Hess JF, et al. Impairment of mitochondrial transcription termination by a point mutation associated with the MELAS subgroup of mitochondrial encephalomyopathies. Nature 1991; 351(6323): 236-9.

[64] Linder T, et al. A family of putative transcription termination factors shared amongst metazoans and plants. Curr Genet 2005;48(4):265-9.

[65] Spahr H, et al. Structure of mitochondrial transcription termination factor 3 reveals a novel nucleic acidbinding domain. Biochem Biophys Res Commun 2010; 397(3):386-90.

[66] Spahr H, et al. Structure of the human MTERF4-NSUN4 protein complex that regulates mitochondrial ribosome biogenesis. Proc Natl Acad Sci USA 2012; 109(38): 15253-8.

[67] Yakubovskaya E, et al. Structure of the essential MTERF4:NSUN4 protein complex reveals how an MTERF protein collaborates to facilitate rRNA modification. Structure 2012;20(11):1940-7. Available from: https://doi.org/10.1016/j.str.2012.08.027 Epub 2012 Sep 27.

[68] Wredenberg A, et al. MTERF3 regulates mitochondrial ribosome biogenesis in invertebrates and mammals. PLoS Genet 2013;9(1):e1003178.

[69] Metodiev MD, et al. NSUN4 is a dual function mitochondrial protein required for both methylation of 12S rRNA and coordination of mitoribosomal assembly. PLoS Genet 2014;10(2):e1004110.

[70] Mercer TR, et al. The human mitochondrial transcriptome. Cell 2011;146(4):645-58. Available from: https://doi.org/10.1016/j.cell.2011.06.051.

[71] Gelfand R, Attardi G. Synthesis and turnover of mitochondrial ribonucleic acid in HeLa cells: the mature ribosomal and messenger ribonucleic acid species are metabolically unstable. Mol Cell Biol 1981;1 (6):497 511.

[72] Lung B, et al. Identification of small non-coding RNAs from mitochondria and chloroplasts. Nucleic Acids Res 2006; 34(14): 3842-52.

[73] Rackham O, et al. Long noncoding RNAs are generated from the mitochondrial genome and regulated by nuclear-encoded proteins. RNA 2011;17(12):2085-93.

[74] Koc EC, Spremulli LL. RNA-binding proteins of mammalian mitochondria. Mitochondrion 2003;2 (4):277-91.

[75] Liu G, et al. Mapping of mitochondrial RNA-protein interactions by digital RNase footprinting. Cell Rep 2013; 5(3): 839-48.

[76] Nakamura T, Yagi Y, Kobayashi K. Mechanistic insight into pentatricopeptide repeat proteins as sequence-specific RNA-binding proteins for organellar RNAs in plants. Plant Cell Physiol 2012;53 (7):1171-9.

[77] Lurin C, et al. Genome-wide analysis of Arabidopsis pentatricopeptide repeat proteins reveals their essential role in organelle biogenesis. Plant Cell 2004; 16(8):2089-103.

[78] Small ID, Peeters N. The PPR motif—a TPR-related motif prevalent in plant organellar proteins. Trends Biochem Sci 2000; 25(2):46-7.

[79] Williams-Carrier R, Kroeger T, Barkan A. Sequence-specific binding of a chloroplast pentatricopeptide repeat protein to its native group II intron ligand. RNA 2008; 14(9): 1930-41.

[80] Rackham O, Mercer TR, Filipovska A. The human mitochondrial transcriptome and the RNA-binding proteins that regulate its expression. Wiley Interdiscip Rev RNA 2012;3(5):675-95.

[81] Jourdain AA, et al. The FASTK family of proteins: emerging regulators of mitochondrial RNA biology. Nucleic Acids Res 2017;45(19):10941-7.

[82] Lee I, Hong W. RAP—a putative RNA-binding domain. Trends Biochem Sci 2004;29(11):567-70.

[83] Simarro M, et al. Fast kinase domain-containing protein 3 is a mitochondrial protein essential for cellular respiration. Biochem Biophys Res Commun 2010;401(3):440-6.

[84] Ojala D, Montoya J, Attardi G. tRNA punctuation model of RNA processing in human mitochondria. Nature 1981; 290(5806):470-4.

[85] Rackham O, et al. Hierarchical RNA processing is required for mitochondrial ribosome assembly. Cell Rep 2016; 16(7): 1874-90.

[86] Manam S, Van Tuyle GC. Separation and characterization of 5′- and 3′-tRNA processing nucleases from rat liver mitochondria. J Biol Chem 1987; 262(21): 10272-9.

[87] Kuznetsova I, et al. Simultaneous processing and degradation of mitochondrial RNAs revealed by circularized RNA sequencing. Nucleic Acids Res 2017;45(9):5487-500.

[88] Lee RG, et al. Is mitochondrial gene expression coordinated or stochastic? Biochem Soc Trans 2018;46 (5):1239-46.

[89] Brzezniak LK, et al. Involvement of human ELAC2 gene product in 3′ end processing of mitochondrial tRNAs. RNA Biol 2011;8(4):616-26.

[90] Xu F, et al. Disruption of a mitochondrial RNA-binding protein gene results in decreased cytochrome b expression and a marked reduction in ubiquinol-cytochrome c reductase activity in mouse heart mitochondria. Biochem J 2008; 416(1):15-26.

[91] Jourdain AA, et al. A mitochondria-specific isoform of FASTK is present in mitochondrial RNA granules and regulates gene expression and function. Cell Rep 2015; 10(7): 1110-21.

[92] Antonicka H, Shoubridge EA. Mitochondrial RNA granules are centers for posttranscriptional RNA processing and ribosome biogenesis. Cell Rep 2015;10(6):920-32.

[93] Boczonadi V, Ricci G, Horvath R. Mitochondrial DNA transcription and translation: clinical syndromes. Essays Biochem 2018;62(3):321-40.

[94] Tomecki R, et al. Identification of a novel human nuclear-encoded mitochondrial poly(A) polymerase. Nucleic Acids Res 2004;32(20):6001-14.

[95] Nagaike T, et al. Human mitochondrial mRNAs are stabilized with polyadenylation regulated by mitochondria-specific poly(A) polymerase and polynucleotide phosphorylase. J Biol Chem 2005;280 (20):19721-7.

[96] Slomovic S, et al. Polyadenylation and degradation of human mitochondrial RNA: the prokaryotic past leaves its mark. Mol Cell Biol 2005;25(15):6427-35.

[97] Wydro M, et al. Targeting of the cytosolic poly(A) binding protein PABPC1 to mitochondria causes mitochondrial translation inhibition. Nucleic Acids Res 2010; 38(11): 3732-42.

[98] Bai Y, et al. Structural basis for dimerization and activity of human PAPD1, a noncanonical poly(A) polymerase. Mol Cell 2011; 41(3):311-20.

[99] Lapkouski M, Hallberg BM. Structure of mitochondrial poly(A) RNA polymerase reveals the structural basis for dimerization, ATP selectivity and the SPAX4 disease phenotype. Nucleic Acids Res 2015;43 (18):9065-75.

[100] Pearce SF, et al. Maturation of selected human mitochondrial tRNAs requires deadenylation. Elife 2017;6.

[101] Crosby AH, et al. Defective mitochondrial mRNA maturation is associated with spastic ataxia. Am J Hum Genet 2010; 87(5): 655-60.

[102] Antonicka H, et al. A pseudouridine synthase module is essential for mitochondrial protein synthesis and cell viability. EMBO Rep 2017;18(1):28-38.

[103] Zaganelli S, et al. The pseudouridine synthase RPUSD4 is an essential component of mitochondrial RNA granules. J Biol Chem 2017;292(11):4519-32.

[104] Metodiev MD, et al. Methylation of 12S rRNA is necessary for in vivo stability of the small subunit of the mammalian mitochondrial ribosome. Cell Metab 2009; 9(4): 386-97.

[105] Seidel-Rogol BL, McCulloch V, Shadel GS. Human mitochondrial transcription factor B1 methylates ribosomal RNA at a conserved stem-loop. Nat Genet 2003;33(1):23-4.

[106] Lee KW, Bogenhagen DF. Assignment of 2′-O-methyltransferases to modification sites on the mammalian mitochondrial large subunit 16S rRNA. J Biol Chem 2014; 289(36):24936-42.

[107] Rorbach J, et al. MRM2 and MRM3 are involved in biogenesis of the large subunit of the mitochondrial ribosome. Mol Biol Cell 2014;25(17):2542-55.

[108] Bar-Yaacov D, et al. Mitochondrial 16S rRNA is methylated by tRNA methyltransferase TRMT61B in all vertebrates. PLoS Biol 2016;14(9):e1002557.

[109] Nagaike T, et al. Identification and characterization of mammalian mitochondrial tRNA nucleotidyltransferases. J Biol Chem 2001;276(43):40041-9.

[110] Levinger L, Morl M, Florentz C. Mitochondrial tRNA 3′ end metabolism and human disease. Nucleic Acids Res 2004; 32(18):5430-41.

[111] D'Souza AR, Minczuk M. Mitochondrial transcription and translation: overview. Essays Biochem 2018; 62(3): 309-20.

[112] Patton JR, et al. Mitochondrial myopathy and sideroblastic anemia (MLASA): missense mutation in the pseudouridine synthase 1 (PUS1) gene is associated with the loss of tRNA pseudouridylation. J Biol Chem 2005; 280(20): 19823-8.

[113] Agris PF, Vendeix FA, Graham WD. tRNA's wobble decoding of the genome: 40 years of modification. J Mol Biol 2007; 366(1):1-13.

[114] Sasarman F, et al. LRPPRC and SLIRP interact in a ribonucleoprotein complex that regulates posttranscriptional gene expression in mitochondria. Mol Biol Cell 2010; 21(8):1315-23.

[115] Siira SJ, et al. LRPPRC-mediated folding of the mitochondrial transcriptome. Nat Commun 2017;8 (1): 1532.

[116] Ruzzenente B, et al. LRPPRC is necessary for polyadenylation and coordination of translation of mitochondrial mRNAs. EMBO J 2012;31(2):443-56.

[117] Wilson DN. Ribosome-targeting antibiotics and mechanisms of bacterial resistance. Nat Rev Microbiol 2014; 12(1): 35-48.

[118] Chujo T, et al. LRPPRC/SLIRP suppresses PNPase-mediated mRNA decay and promotes polyadenylation in human mitochondria. Nucleic Acids Res 2012; 40(16): 8033-47.

[119] Borowski LS, et al. Human mitochondrial RNA decay mediated by PNPase-hSuv3 complex takes place in distinct foci. Nucleic Acids Res 2013;41(2):1223-40.

[120] Szczesny RJ, et al. Human mitochondrial RNA turnover caught in flagranti: involvement of hSuv3p helicase in RNA surveillance. Nucleic Acids Res 2010; 38(1): 279-98.

[121] Bruni F, et al. REXO2 is an oligoribonuclease active in human mitochondria. PLoS One 2013;8(5): e64670.

[122] Nicholls TJ, et al. Dinucleotide degradation by REXO2 maintains promoter specificity in mammalian mitochondria. Mol Cell 2019;76(5):784-796.e6.

[123] Mootha VK, et al. Identification of a gene causing human cytochrome c oxidase deficiency by integrative genomics. Proc Natl Acad Sci U S A 2003;100(2):605-10.

[124] Fontanesi F. Mechanisms of mitochondrial translational regulation. IUBMB Life 2013;65 (5):397-408.

[125] Weraarpachai W, et al. Mutation in TACO1, encoding a translational activator of COX I, results in cytochrome c oxidase deficiency and late-onset Leigh syndrome. Nat Genet 2009;41(7):833-7.

[126] Richman TR, et al. Loss of the RNA-binding protein TACO1 causes late-onset mitochondrial dysfunction in mice. Nat Commun 2016;7:11884.

[127] Seeger J, et al. Clinical and neuropathological findings in patients with TACO1 mutations. Neuromuscul Disord 2010;20(11):720-4.

[128] Boehm E, et al. Role of FAST kinase domains 3 (FASTKD3) in post-transcriptional regulation of mitochondrial gene expression. J Biol Chem 2016; 291 (50): 25877-87.

[129] Davies SM, et al. Pentatricopeptide repeat domain protein 3 associates with the mitochondrial small ribosomal subunit and regulates translation. FEBS Lett 2009;583(12):1853-8.

[130] Kummer E, et al. Unique features of mammalian mitochondrial translation initiation revealed by cryoEM. Nature 2018;560(7717):263-7.

[131] Spremulli LL, et al. Initiation and elongation factors in mammalian mitochondrial protein biosynthesis. Prog Nucleic Acid Res Mol Biol 2004;77:211-61.

[132] Osawa S, et al. Evolution of the mitochondrial genetic code. II. Reassignment of codon AUA from isoleucine to methionine. J Mol Evol 1989;29(5):373-80.

[133] Jukes TH, Osawa S. The genetic code in mitochondria and chloroplasts. Experientia 1990;46 (11-12):1117-26.

[134] Mai N, Chrzanowska-Lightowlers ZM, Lightowlers RN. The process of mammalian mitochondrial protein synthesis. Cell Tissue Res 2017;367(1):5-20.

[135] Smits P, et al. Reconstructing the evolution of the mitochondrial ribosomal proteome. Nucleic Acids Res 2007; 35(14): 4686-703.

[136] Petrov AS, et al. Structural patching fosters divergence of mitochondrial ribosomes. Mol Biol Evol 2019; 36(2): 207-19.

[137] Kim HJ, Maiti P, Barrientos A. Mitochondrial ribosomes in cancer. Semin Cancer Biol 2017;47:67-81.

[138] O'Brien TW. The general occurrence of 55S ribosomes in mammalian liver mitochondria. J Biol Chem 1971; 246(10): 3409-17.

[139] O'Brien TW, Kalf GF. Ribosomes from rat liver mitochondria. I. Isolation procedure and contamination studies. J Biol Chem 1967;242(9):2172-9.

[140] Grivell LA, Reijnders L, Borst P. Isolation of yeast mitochondrial ribosomes highly active in protein synthesis. Biochim Biophys Acta 1971;247(1):91-103.

[141] Amunts A, et al. The structure of the human mitochondrial ribosome. Science 2015;348(6230):95-8.

[142] Greber BJ, et al. Ribosome. The complete structure of the 55S mammalian mitochondrial ribosome. Science 2015; 348(6232): 303-8.

[143] Koc EC, et al. Identification and characterization of CHCHD1, AURKAIP1, and CRIF1 as new members of the mammalian mitochondrial ribosome. Front Physiol 2013; 4: 183.

[144] Suzuki T, et al. Proteomic analysis of the mammalian mitochondrial ribosome. Identification of protein components in the 28S small subunit. J Biol Chem 2001; 276(35): 33181-95.

[145] Koc EC, et al. The large subunit of the mammalian mitochondrial ribosome. Analysis of the complement of ribosomal proteins present. J Biol Chem 2001; 276(47): 43958-69.

[146] Greber BJ, et al. Architecture of the large subunit of the mammalian mitochondrial ribosome. Nature 2014; 505(7484):

515-19.

[147] Kaushal PS, et al. Cryo-EM structure of the small subunit of the mammalian mitochondrial ribosome. Proc Natl Acad Sci USA 2014;111(20):7284-9.

[148] Mears JA, et al. A structural model for the large subunit of the mammalian mitochondrial ribosome. J Mol Biol 2006;358(1):193-212.

[149] Sharma MR, et al. Structure of the mammalian mitochondrial ribosome reveals an expanded functional role for its component proteins. Cell 2003;115(1):97-108.

[150] Brown A, et al. Structures of the human mitochondrial ribosome in native states of assembly. Nat Struct Mol Biol 2017; 24(10):866-9.

[151] Brown A, et al. Structure of the large ribosomal subunit from human mitochondria. Science 2014;46 (6210): 718-22.

[152] Greber BJ, Ban N. Structure and function of the mitochondrial ribosome. Annu Rev Biochem 2016;85:103-32.

[153] Greber BJ, et al. The complete structure of the large subunit of the mammalian mitochondrial ribosome. Nature 2014; 515(7526):283-6.

[154] Temperley RJ, et al. Human mitochondrial mRNAs—like members of all families, similar but different. Biochim Biophys Acta 2010;1797(6-7):1081-5.

[155] Denslow ND, Anders JC, O'Brien TW. Bovine mitochondrial ribosomes possess a high affinity binding site for guanine nucleotides. J Biol Chem 1991;266(15):9586-90.

[156] Amunts A, et al. Structure of the yeast mitochondrial large ribosomal subunit. Science 2014;343:1485-9.

[157] Jia L, et al. Yeast Oxa1 interacts with mitochondrial ribosomes: the importance of the C-terminal region of Oxa1. EMBO J 2003;22(24):6438-47.

[158] Jia L, Kaur J, Stuart RA. Mapping of the Saccharomyces cerevisiae Oxa1-mitochondrial ribosome interface and identification of MrpL40, a ribosomal protein in close proximity to Oxa1 and critical for oxidative phosphorylation complex assembly. Eukaryot Cell 2009; 8(11): 1792-802.

[159] Szyrach G, et al. Ribosome binding to the Oxa1 complex facilitates co-translational protein insertion in mitochondria. EMBO J 2003;22(24):6448-57.

[160] Kohler R, et al. YidC and Oxa1 form dimeric insertion pores on the translating ribosome. Mol Cell 2009; 34(3):344-53.

[161] Bauerschmitt H, et al. Ribosome-binding proteins Mdm38 and Mba1 display overlapping functions for regulation of mitochondrial translation. Mol Biol Cell 2010;21(12):1937-44.

[162] Gruschke S, et al. Proteins at the polypeptide tunnel exit of the yeast mitochondrial ribosome. J Biol Chem 2010; 285(25):19022-8.

[163] Ott M, et al. Mba1, a membrane-associated ribosome receptor in mitochondria. EMBO J 2006;25 (8):1603 10.

[164] De Silva D, Fontanesi F, Barrientos A. The DEAD-Box protein Mrh4 functions in the assembly of the mitochondrial large ribosomal subunit. Cell Metab 2013; 18: 712-25.

[165] Maiti P, et al. Human GTPBP10 is required for mitoribosome maturation. Nucleic Acids Res 2018;13.

[166] Zeng R, Smith E, Barrientos A. Yeast mitoribosome large subunit assembly proceeds by hierarchical incorporation of protein clusters and modules on the inner membrane. Cell Metab 2018;27(3):645-56.

[167] Bogenhagen DF, et al. Kinetics and mechanism of mammalian mitochondrial ribosome assembly. Cell Rep 2018; 22(7):1935-44.

[168] Kim H-J, Barrientos A. MTG1 couples mitoribosome large subunit assembly and intersubunit bridge formation. Nucleic Acid Res 2018;.

[169] Lavdovskaia E, et al. The human Obg protein GTPBP10 is

involved in mitoribosomal biogenesis. Nucleic Acids Res 2018; 2(5063820).

[170] Poutre CG, Fox TD. PET111, a Saccharomyces cerevisiae nuclear gene required for translation of the mitochondrial mRNA encoding cytochrome c oxidase subunit II. Genetics 1987;115(4):637-47.

[171] Kuzmenko A, et al. Mitochondrial translation initiation machinery: conservation and diversification. Biochimie 2014; 100: 132-40.

[172] Tucker EJ, et al. Mutations in MTFMT underlie a human disorder of formylation causing impaired mitochondrial translation. Cell Metab 2011;14(3):428-34.

[173] Atkinson GC, et al. Evolutionary and genetic analyses of mitochondrial translation initiation factors identify the missing mitochondrial IF3 in S. cerevisiae. Nucleic Acids Res 2012;40(13):6122-34.

[174] Spencer AC, Spremulli LL. The interaction of mitochondrial translational initiation factor 2 with the small ribosomal subunit. Biochim Biophys Acta 2005;1750(1): 69-81.

[175] Koc EC, Spremulli LL. Identification of mammalian mitochondrial translational initiation factor 3 and examination of its role in initiation complex formation with natural mRNAs. J Biol Chem 2002;277 (38):35541-9.

[176] Bhargava K, Spremulli LL. Role of the N- and C-terminal extensions on the activity of mammalian mitochondrial translational initiation factor 3. Nucleic Acids Res 2005;33(22):7011-18.

[177] Haque ME, et al. Contacts between mammalian mitochondrial translational initiation factor 3 and ribosomal proteins in the small subunit. Biochim Biophys Acta 2011;1814(12):1779-84.

[178] Koripella RK, et al. Structure of human mitochondrial translation initiation factor 3 bound to the small ribosomal subunit. iScience 2019;12:76-86.

[179] Cai YC, et al. Interaction of mammalian mitochondrial elongation factor EF-Tu with guanine nucleotides. Protein Sci 2000;9(9):1791-800.

[180] Bhargava K, Templeton P, Spremulli LL. Expression and characterization of isoform 1 of human mitochondrial elongation factor G. Protein Expr Purif 2004;37(2):368-76.

[181] Soleimanpour-Lichaei HR, et al. mtRF1a is a human mitochondrial translation release factor decoding the major termination codons UAA and UAG. Mol Cell 2007; 27(5): 745-57.

[182] Schmeing TM, et al. An induced-fit mechanism to promote peptide bond formation and exclude hydrolysis of peptidyl-tRNA. Nature 2005;438(7067):520-4.

[183] Temperley R, et al. Hungry codons promote frameshifting in human mitochondrial ribosomes. Science 2010; 327(5963): 301.

[184] Chrzanowska-Lightowlers ZM, Pajak A, Lightowlers RN. Termination of protein synthesis in mammalian mitochondria. J Biol Chem 2011;286(40):34479-85.

[185] Young DJ, et al. Bioinformatic, structural, and functional analyses support release factor-like MTRF1 as a protein able to decode nonstandard stop codons beginning with adenine in vertebrate mitochondria. RNA 2010; 16(6): 1146-55.

[186] Rorbach J, et al. The human mitochondrial ribosome recycling factor is essential for cell viability. Nucleic Acids Res 2008;36(18):5787-99.

[187] Tsuboi M, et al. EF-G2mt is an exclusive recycling factor in mammalian mitochondrial protein synthesis. Mol Cell 2009;35(4):502-10.

[188] Koripella RK, et al. Structural insights into unique features of the human mitochondrial ribosome recycling. Proc Natl Acad Sci USA 2019;116(17):8283-8.

[189] Englmeier R, Pfeffer S, Forster F. Structure of the human mitochondrial ribosome studied in situ by cryoelectron tomography. Structure 2017;25(10):1574-81.

[190] Schneider HC, et al. Mitochondrial Hsp70/MIM44 complex facilitates protein import. Nature 1994;371 (6500):768-74.

[191] Kucej M, Butow RA. Evolutionary tinkering with mitochondrial nucleoids. Trends Cell Biol 2007;17 (12):586-92.

[192] Bogenhagen DF, Rousseau D, Burke S. The layered structure of human mitochondrial DNA nucleoids. J Biol Chem 2008;283(6):3665-75. Available from: https://doi.org/10.1074/jbc.M708444200 Epub 2007 Dec 6.

[193] Cao L, et al. The mitochondrial bottleneck occurs without reduction of mtDNA content in female mouse germ cells. Nat Genet 2007;39(3):386-90.

[194] Iborra FJ, Kimura H, Cook PR. The functional organization of mitochondrial genomes in human cells. BMC Biol 2004; 2:9.

[195] Kukat C, et al. Super-resolution microscopy reveals that mammalian mitochondrial nucleoids have a uniform size and frequently contain a single copy of mtDNA. Proc Natl Acad Sci USA 2011;108 (33):13534-9.

[196] Shen EL, Bogenhagen DF. Developmentally-regulated packaging of mitochondrial DNA by the HMGbox protein mtTFA during Xenopus oogenesis. Nucleic Acids Res 2001;29(13):2822-8.

[197] Wang Y, Bogenhagen DF. Human mitochondrial DNA nucleoids are linked to protein folding machinery and metabolic enzymes at the mitochondrial inner membrane. J Biol Chem 2006;281(35):25791-802.

[198] He J, et al. Human C4orf14 interacts with the mitochondrial nucleoid and is involved in the biogenesis of the small mitochondrial ribosomal subunit. Nucleic Acids Res 2012; 40: 6097-108.

[199] Antonicka H, et al. The mitochondrial RNA-binding protein GRSF1 Localizes to RNA granules and Is required for posttranscriptional mitochondrial gene expression. Cell Metab 2013;17(3):386-98.

[200] Jourdain AA, et al. GRSF1 regulates RNA processing in mitochondrial RNA granules. Cell Metab 2013; 17(3): 399-410.

[201] Lee KW, et al. Mitochondrial rRNA methyltransferase family members are positioned to modify nascent rRNA in foci near the mtDNA nucleoid. J Biol Chem 2013;288(43):31386-99.

[202] Hess KC, et al. A mitochondrial CO_2-adenylyl cyclase-cAMP signalosome controls yeast normoxic cytochrome c oxidase activity. FASEB J 2014;28(10):4369-80.

[203] Tu YT, Barrientos A. The human mitochondrial DEAD-box protein DDX28 resides in RNA granules and functions in mitoribosome assembly. Cell Rep 2015; 10(6): 854-64.

[204] Bogenhagen DF, Martin DW, Koller A. Initial steps in RNA processing and ribosome assembly occur at mitochondrial DNA nucleoids. Cell Metab 2014;19(4):618-29. Available from: https://doi.org/10.1016/j. cmet. 2014. 03. 013.

[205] Shajani Z, Sykes MT, Williamson JR. Assembly of bacterial ribosomes. Annu Rev Biochem 2011;80:501-26.

[206] Barrientos A. Mitochondriolus: assembling mitoribosomes. Oncotarget 2015;6(19):16800-1.

[207] Hensen F, et al. Mitochondrial RNA granules are critically dependent on mtDNA replication factors Twinkle and mtSSB. Nucleic Acids Res 2019;47(7):3680-98.

[208] Pietras Z, et al. Dedicated surveillance mechanism controls G-quadruplex forming non-coding RNAs in human mitochondria. Nat Commun 2018;9(1):2558.

线粒体 DNA 的表观遗传特征
Epigenetic features of mitochondrial DNA

Takehiro Yasukawa　Shigeru Matsuda　Dongchon Kang　著

苏天红　苏　荀　译

一、线粒体 DNA 概述

mtDNA 的维持是氧化磷酸化（OXPHOS）产生 ATP 的基础，因此也是生命活动的基础。哺乳动物 mtDNA 是一个长约 16kbp 双链闭合环状分子[1, 2]，外环含 G 较多，称为重（H）链，内环含 C 较多，称为轻（L）链。虽然基因组很小，但从 mtDNA 转录的 mRNA 在人类细胞 mRNA 总量中占很高的比例，在心脏中占了近 30%，在其他组织中占 5%~25%[3]。与核 DNA 不同，mtDNA 是母系遗传的[4]，其不仅在增殖细胞中复制，也在分化细胞（如神经细胞、心脏细胞）中复制[5, 6]。mtDNA 突变、缺失和拷贝数减少与多种人类疾病有关，包括神经和肌肉疾病，如 MELAS、mtDNA 耗竭综合征和 Leigh 综合征[7-9]。此外，mtDNA 拷贝数的适当控制对早期发育和诱导多能干细胞（induced pluripotent stem cell, iPSC）的重编程过程具有重要意义[10]。

事实表明，mtDNA 的正常维持和表达十分重要，其关键过程包括：mtDNA 复制（见"第1章　线粒体 DNA 的复制、维持与拟核的组成"）[11]、mtDNA 转录（见"第2章　人类线粒体的转录和翻译"）、mtDNA 修复（见"第8章　人类线粒体 DNA 修复"）和 mtDNA 分离（见"第4章　线粒体 DNA 的遗传与分离"）。如果线粒体具有 DNA 甲基化系统，那么也可算作 mtDNA 关键表达过程之一。考虑到 mtDNA 母系遗传特点不需要基因组印记。此外，由于 mtDNA 编码必需的 OXPHOS 亚单位和功能 RNA 是多顺反式转录的（见"第2章　人类线粒体的转录和翻译"），因此人类线粒体不太可能以组织特异性方式抑制一个或两个特定基因的表达。因此，如果 mtDNA 存在甲基化修饰，它必须发挥不同于细胞核的作用，以一种独特的方式调节 mtDNA。

二、线粒体 DNA 中是否发生胞嘧啶甲基化

在哺乳动物核 DNA 中，甲基化主要以回文方式在二核苷酸序列 CG 中存在（图 3-1）。它发生于胞嘧啶环碳 C5，是一种重要的表观遗传过程，有助于调控基因表达、基因组印迹、X 染色体失活、反转录病毒沉默和细胞重编程[12, 13]。在人类体细胞中，5- 甲基胞嘧啶（5-methylcytosine, 5mC）被称为人类基因组的"第五个碱基"，占胞嘧啶总数的 4%~5%，约存在于 80% 的 CG 序列中[14, 15]。核 DNA 甲基化异常与癌症[16]、印记障碍（imprinting disorder）[17]和神经退行性变[18, 19]等疾病相关。哺乳动物 DNA 的 5mC 修饰由 3 种活性 DNA（胞嘧啶 -5）- 甲基转移酶（DNMT）催化：DNMT1、DNMT3A 和 DNMT3B。传统认为 DNMT3A 和 DNMT3B 是从头甲基化，而 DNMT1 在 DNA 复制时复制现有的甲基化模式来维持甲基化。然而，随着越来越多的证据表

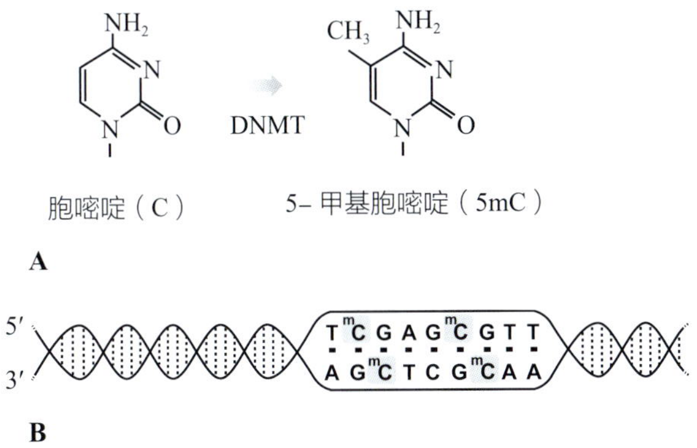

▲ 图 3-1　甲基化示意图

A. 胞嘧啶（C）在 DNA（Cytosine-5）- 甲基转移酶（DNMT）催化下修饰为 5- 甲基胞嘧啶（5mC）。DNMT 利用 s- 腺苷蛋氨酸（图中未显示）作为甲基供体转移至 DNA 胞嘧啶残基碳的第 5 位。B. 核 DNA 甲基化示意图。大多数 5mC 以回文结构方式存在于 CG 二核苷酸序列中的胞嘧啶位置

明 DNMT1 与 DNMT3 共同参与从头甲基化，DNMT3A 和 DNMT3B 在维持甲基化过程中发挥作用，DNMT 更复杂的作用现在已被认识[20]。

由于细胞核 DNA 甲基化修饰具有重要作用和临床意义，自 2011 年 3 篇关于 mtDNA 发生甲基化的论文发表后，近年来 mtDNA 是否发生甲基化备受关注。本章并非逐一回顾研究 mtDNA 甲基化的论文，而是主要介绍几篇我们认为引发了最近一波 mtDNA 甲基化研究热潮的论文。若想概览阅读包含本领域开拓性工作的文章综合列表[21-26]，请参阅其他文章，如参考文献[27-29]。2011 年，Infantino 等[30] 对唐氏综合征和对照组的 Epstein-Barr（EB）病毒转染的永生化淋巴母细胞 mtDNA 进行了核苷质谱分析，发现在对照组和患者来源的细胞中，分别有 25% 和 13% 的胞嘧啶被修饰为 5mC。Shock 等[31] 发现，在人类和其他哺乳动物的 DNMT1 基因 5′ 端含有一个推测的线粒体靶向信号（mitochondrial targeting signal, MTS）序列。在培养细胞中，与预测的 MTS 多肽融合的绿色荧光蛋白（green fluorescent protein，GFP）似乎定位于线粒体，支持天然 DNMT1 蛋白被导入线粒体基质的可能性。此外，通过使用甲基化 DNA 免疫沉淀（methylated DNA immunoprecipitation，

meDIP）和对免疫沉淀物定量聚合酶链式反应（polymerase chain reaction，PCR）扩增的方法，分析人结肠癌 HCT116 细胞的 5 个目标区域（12S rRNA、16S rRNA、COXⅡ、ATP6）基因和主要的非编码区（NCR），发现其 mtDNA 中存在 5mC 和 5- 羟甲基胞嘧啶（5-hydroxymethylcytosine，5hmC）[15, 31]。Chestnut 等[32] 在人类运动皮质匀浆的线粒体中发现了 DNMT3A 的 western-blotting 条带，并认为该蛋白的线粒体定位具有组织特异性。在这一研究中，用抗 5mC 抗体进行免疫染色，证实小鼠运动神经元的线粒体中存在 5mC。

随着这些论文的发表，许多研究都涉及 mtDNA 甲基化，通常使用是亚硫酸氢盐测序[33, 34]，这是一种常用的检测 DNA 甲基化的金标准。亚硫酸氢盐测序技术既可以通过传统的循环测序对有限区域进行测序，也可以通过基于碱基分辨率的新一代测序对整个基因组进行测序（next generation sequencing）。它包括亚硫酸氢盐转化和 DNA 测序两个过程，其中亚硫酸氢盐转化是检测 5mC 的关键步骤（图 3-2）。亚硫酸氢盐转化将未经修饰的胞嘧啶（C）转化为尿嘧啶（U），5mC 不变。在转换步骤之后，引物延伸和（或）DNA 扩增步骤将胸腺嘧啶（T）引入尿嘧啶（U）位置，将胞嘧啶（C）引入 5mC 位置。对新产生的 DNA 进行测序可提供每个胞嘧啶位置甲基化程度的信息。在采用循环测序进行靶向分析时，在亚硫酸氢盐处理后，通过 PCR 扩增感兴趣的区域并克隆到载体中，然后将产生的质粒转化到大肠杆菌（E.coli）感受态细胞中，并对克隆进行测序。在进行深度测序时，从用亚硫酸氢盐处理过的样本构建的 DNA 文库中获得数百万条读长（read），并将读长映射到参考序列。这两种方法都提供了胞嘧啶（C）和胸腺嘧啶（T）在每个胞嘧啶位置出现的频率，由此可以计算甲基化的程度。Bellizzi 等[35] 利用亚硫酸氢盐测序研究了人类和小鼠的血液和培养细胞中 mtDNA 的非编码区。他们提出许多胞嘧啶是完

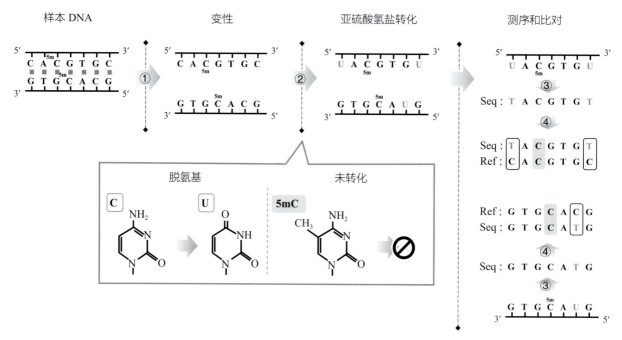

▲ 图 3-2　亚硫酸氢盐测序原理

在亚硫酸氢盐转化之前，样品 DNA 必须变性（①）。然后进行亚硫酸氢盐转化，使未修饰的胞嘧啶（C）转化为尿嘧啶（U）（脱氨基），而对治疗由耐药性的 5- 甲基胞嘧啶（5mC）保持不变（②）。处理后的 DNA 样品进行测序，测序过程中 5mC 和 U 分别变为 C 和 T，得到的 DNA 链进行循环测序或深度测序（③）。获得的序列（Seq）与参考序列（Ref）比对。在参考序列中胞嘧啶位点上有一个含 C 的测序 DNA 中位点，判定其在原始样本 DNA 中含有为 5mC。另外，如果测序的 DNA 在参考序列的胞嘧啶位点上含有 T，则判定其为样本 DNA 中未修饰的 C。在样本 DNA 中，通过组合多个读长（每个读长的甲基化或非甲基化）的胞嘧啶状态信息来估计指定位点的甲基化程度

全甲基化的，并且这种甲基化只发生在 CG 和非 CG 位点的 L 链。他们的结果很有趣，特别是因为 NCR 包含转录和复制起始位点[11]。然而，需要指出的是，CG 和非 CG 位点的甲基化频率相当，并且人类 mtDNA 的非编码区中 5mC 累积位点的模式似乎不同于小鼠（参见参考文献 [35] 中的图 1 和图 2）。另外，Bianchessi 等使用亚硫酸氢盐测序技术，但报告了人内皮细胞非编码区中独特的甲基化特征[36]。他们还提出，在 CG 和非 CG 位点，以及 H 链和 L 链中都有大量的甲基化发生。mtDNA 甲基化是发生在两条链中还是仅发生在 L 链中这是一个根本性的区别，不同研究中使用的细胞类型的差异不太可能调和这一差异。与 Bellizzi 等同一年，Hong 等提出了一个更有争议的提议：mtDNA 甲基化的缺失[37]。通过亚硫酸氢盐测序，他们检测了由 Shock 等提出的包含

5mC 和 5hmC 的 4 个 HCT116 mtDNA 区域，并有效地检测到这些区域没有甲基化的胞嘧啶[31]。尽管亚硫酸氢盐测序不能区分 5mC 和 5hmC，但可以同时检测这两种碱基[38]。为解决两篇报道的差异，Hong 等仔细研究了 Shock 等的工作，并提出当 DNA 片段中 5mC 的数量较低时，Shock 等使用的 meDIP 方法并不可靠。此外，Hong 等对 HCT116 细胞进行了新一代亚硫酸氢盐测序，并分析了已发表的几项全基因组亚硫酸氢盐测序数据，并由此得出结论：mtDNA 实际上缺乏胞嘧啶甲基化[37]。

随着上述文章的发表，许多研究人员都对 mtDNA 甲基化产生怀疑，自 2011 年发表了大量论文[39-48]和综述的参考文献[27-29]表明对这一主题的高度重视。但是，似乎没有明确地通过对整个 mtDNA 的研究，来证明 CG 序列或其他序

列的甲基化发生有一个合理的规律。此外，如果 mtDNA 发生甲基化，那么在线粒体基质中一定有一个或多个活性的 DNMT。一些出版物已经讨论了这一关键问题，如上所述，Shock 等[31]通过荧光显微镜观察到 DNMT1-MTS-GFP 融合蛋白定位到线粒体，并利用 western blotting 观察到 HCT116 细胞和小鼠胚胎成纤维细胞制备的线粒体中存在天然 DNMT1，但并未观察到 DNMT3A 和 DNMT3B。Bellizzi 等[35]还用 HeLa 和 3T3-L1 细胞分离线粒体，并提示线粒体中存在 DNMT1 和 DNMT3B，而不存在 DNMT3A。另外，Chestnut 等[32]报道在人类运动皮质匀浆的线粒体组分中明确检测到 DNMT3A。接下来他们扩大了研究范围，使用 nycodenz 梯度离心法制备线粒体，并得出结论：DNMT3A 存在于小鼠骨骼肌、脑、脊髓、心脏和睾丸的线粒体中，而在肝、脾、肾和肺线粒体中水平非常低或检测不到[40]。然而，在同一项研究中，对来自大脑、睾丸和肝脏的 mtDNA 中的 CG 序列胞嘧啶进行分析表明，5mC 的水平相当，这似乎与 DNMT3A 的线粒体定位的组织特异性不符。此外，他们还报道了在骨骼肌、脑和脊髓中的线粒体 DNMT1 的缺失及骨骼肌线粒体中 DNMT3B 的缺失[40]。

上述关于 DNMT 酶的线粒体定位、mtDNA 甲基化模式甚至甲基化的发生结论并不一致，使得无法清楚地描绘 mtDNA 的表观遗传学特征。因此，我们使用 3 种不同的方法来检测 DNA 中的 5mC：亚硫酸氢盐测序、McrBC 甲基胞嘧啶敏感核酸内切酶试验与核苷液相色谱 / 质谱分析，对 mtDNA 甲基化进行了深入的研究。经过谨慎的数据解释，我们得出结论，如果 mtDNA 经历了 5mC 修饰，其频率非常低，并且没有组织特异性，因此 5mC 不太可能在 mtDNA 基因表达和代谢中发挥普遍作用[49]。下文将讨论我们是如何得出这一结论的，并同时考虑为什么不同研究人员报道的结果不同。希望本章有助于更准确地理解线粒体基因组胞嘧啶甲基化。

三、线粒体 DNA 的亚硫酸氢盐测序分析

如上所述，这种方法使研究人员能够揭示目标 DNA 中每个胞嘧啶的甲基化状态。未修饰的胞嘧啶和 5mC 可以通过它们对亚硫酸氢盐的不同反应性来区分。虽然未修饰的胞嘧啶被亚硫酸氢盐脱氨基并转化为尿苷，但在实验条件下，5mC 对该化学物质具有抗性且不受影响。这是一种在碱基分辨率下测定甲基化程度的有效方法（图 3-2）。然而，如果未修饰的胞嘧啶由于某种原因未被转化，则会被假阳性计算为 5mC，这是这种方法的关键点。亚硫酸氢盐转化具有高度的单链特异性[50, 51]。因此，亚硫酸氢盐转化前的 DNA 变性至关重要，在分析环状分子（如哺乳动物 mtDNA）时，mtDNA 线性化对于高效变性非常重要。事实上，Liu 等[45]和 Mechta 等[47]比较了未经处理的人 mtDNA 和经限制性内切酶消化处理的人 mtDNA 之间的亚硫酸氢盐转化效率，并报道了线性化 mtDNA 具有更高的转换效率。除了线性化，仔细设计对照实验也十分重要。通过 PCR 扩增的部分 mtDNA 可作为无 5mC 对照组。尤其是当扩增的部分是天然 mtDNA 的靶区域时，这看起来是合适的，因为 PCR 产物中没有未转化的胞嘧啶，可以作为天然 mtDNA 有效的亚硫酸氢盐转化的基础。然而，尽管 PCR 生成的短片段中的胞嘧啶完全被转换，但由于对照片段和天然 mtDNA 之间的显著长度差异，16.3kbp 长的天然 mtDNA 可能没有被转换到与对照片段相同的程度。

鉴于上述，我们用 BglⅡ限制性内切酶对小鼠 mtDNA（16 299bp）进行了一次酶切。然后，我们用一对引物对 BglⅡ酶切的天然 mtDNA 两端退火，PCR 扩增出 16 291bp 大小的"合成的 mtDNA"。因此，合成的 mtDNA 具有与 BglⅡ酶切后的天然 mtDNA 相同的序列和几乎相同的结构和长度。使用合成的 mtDNA 作为不含 5mC 的对照，我们使用二代测序仪对小鼠组织和培

养的胚胎干细胞（embryonic stem cell，ESC）的 mtDNA 进行了亚硫酸氢盐测序分析。令人惊讶的是，在包括合成 DNA 的所有分析的样本中，约 30% 的 L 链序列没有发生转换，即这些序列中的胞嘧啶没有发生转换。将未转换水平≥90% 的读长（read）映射到参考 mtDNA 序列后，天然与合成 mtDNA 的模式相似（见 Matsuda 等 [49] 补充图 S4），表明这些读长并非源于 5mC 的存在，而是由于 L 链序列的某些特征，结合我们的实验条件。这种解释只有在同时分析合成 mtDNA 与天然 mtDNA 时才有可能。这强调了在序列、长度和线性化方面纳入与天然 mtDNA 相同的对照 DNA 至关重要。据我们所知，没有其他研究像我们的研究那样进行文件的对照实验。此外，我们想指出，实验条件和 mtDNA 状态（如亚硫酸氢盐转换条件、mtDNA 的制备方法和 mtDNA 变性前的消化）可能会影响 mtDNA 对亚硫酸氢盐转换的抗性。因此，我们认为这些未转化的胞嘧啶为假阳性，并且丢弃未转换水平≥90% 的读长。对剩余的读长进行定位并比较 mtDNA 样本之间的定位结果表明，5mC 在 mtDNA 的任何特定位置都没有出现，且频率可靠，这与 Hong 等的研究结果一致 [37]。值得注意的是，在排除未转换水平≥90% 的读长后，在天然和合成 mtDNA 中，以及在 mtDNA 样品中作为内对照的不含 5mC 的 λDNA 中，仍观察到一小部分未转换胞嘧啶。天然 mtDNA 与合成 mtDNA 的比较表明，天然 mtDNA 中未转换的胞嘧啶可能逃脱了亚硫酸氢盐的转换，合成 mtDNA 和不含 5mC 的 λDNA 的情况也是如此。这也表明了 mtDNA 的平行检测对于解释天然 mtDNA 数据的重要性。基于这些考虑，我们提出了两种可能性：线粒体缺乏胞嘧啶甲基化机制，或者 mtDNA 含有 5mC，但没有位置特异性，其在每个胞嘧啶位点的频率低于我们检测的可靠灵敏度 [49]。

当使用亚硫酸氢盐测序分析 mtDNA 时，对结果的准确解释取决于以下几点。

1. 在亚硫酸氢盐转换之前，mtDNA 的环形结构应该被解开。

2. 与天然 mtDNA 序列、长度和末端位置（限制性内切酶酶切位点）上相同的对照 DNA 应与样本 mtDNA 平行分析。

3. 在分析二代亚硫酸氢盐测序数据时，设置"排除条件"会影响 mtDNA 甲基化 / 未转化图谱的结果。在我们的亚硫酸氢盐测序实验中，未转换胞嘧啶水平≥90% 的读长被排除。

4. 如果 mtDNA 甲基化特征没有序列规则（即 CG 二核苷酸序列）或功能相关的位置特异性（即非编码区），则应谨慎解释该特征的性质，因为它可能是由不完全转换产生的。

四、用 McrBC 核酸内切酶评估线粒体 DNA 甲基化

如上所述，亚硫酸氢盐测序并未表明 mtDNA 甲基化的发生，这与 2011 年和之后发表的许多其他研究不一致。因此，使用基于不同 5mC 检测原理的方法检测 mtDNA 非常重要。由于亚硫酸氢盐测序依赖于碱基的化学转化，我们选择了一种酶的检测方法。McrBC 核酸内切酶是在大肠埃希菌 K-12 中表达的异二聚体酶，在机体的防御系统中发挥作用。它识别 DNA 中的 5mC，并在 GTP 存在下消化 DNA。重要的是，McrBC 具有相对弱序列特异性，所需的识别元件是两个 R^{m}C 序列（R=G 或 A；^{m}C= 甲基化胞嘧啶），其最佳距离为 40~80bp，但最远分离距离为 3kbp [52-54]。该特性适用于在相对较低的频率下研究 5mC 的存在。我们通过纯化线粒体的核酸建立了一种 McrBC 对 mtDNA 的切割检测方案来进行定量评估 [49]。由于核糖核苷酸嵌入 mtDNA 链中 [55-57]，因此不使用核糖核酸酶（ribonuclease，RNase）处理。线粒体核酸首先用在单个位点切割 mtDNA 的限制性内切酶孵育；然后用含或不含 GTP 的 McrBC 处理所得样品，经琼脂糖凝胶电泳后用 Southern 杂交对线性化的全长 mtDNA 条带进行定量。如果 mtDNA 分子被 McrBC 至少切割一次，则全长 mtDNA 的条带强度会降

低。理论上，如果在 3kbp 的距离内，mtDNA 分子中存在两个 R 前面的 5mC，那么 mtDNA 分子就会被酶消化（图 3-3）。在此条件下，对来自小鼠肝脏、大脑和培养的胚胎干细胞的 mtDNA 进行 McrBC 切割试验，未观察到 mtDNA 条带强度的显著降低，这表明 mtDNA 不包含可检测的 5mC[49]。这与我们的亚硫酸氢盐测序的结果一致。

我们的 McrBC 切割试验通过检测 McrBC 是否降低 mtDNA 条带强度，来检测 mtDNA 中是否存在 5mC。这种分析方法可以作为研究 mtDNA 甲基化的首选方法，因为它比亚硫酸氢盐测序和质谱分析更快、更简单（见下文）。如果获得阳性结果，提示 mtDNA 中可能含有大量具有合理

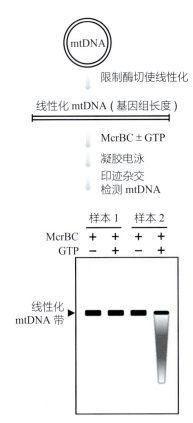

▲ 图 3-3　McrBC 核酸内切酶裂解实验示意图
介绍一种用 McrBC 进行 mtDNA 甲基化分析的方法。假设分析两个样本：样品 1 中的 mtDNA 没有被 McrBC 消化，而样品 2 中的 mtDNA 被消化。这个结果表明，样品 1 中 mtDNA 中 5mC 含量很少或没有，样品 2 中 mtDNA 含有大量的 5mC

序列规律和位置特异性的 5mC，应采用其他方法进一步检测。

五、核苷液相色谱 / 质谱法研究线粒体 DNA 中 5- 甲基胞嘧啶

除了亚硫酸氢盐测序和 McrBC 切割分析外，我们还使用液相色谱 / 质谱（liquid chromatography/mass spectrometry，LC/MS） 检测了 mtDNA 中是否存在 5mC。该方法的优点是高灵敏度和定量性质，而与其他两种方法不同的是，它在研究 mtDNA 时的局限性是无法使用 mtDNA 序列信息，因为它需要将样品消化成单核苷酸。虽然 mtDNA 在每个细胞中有数百到数千个拷贝，但 mtDNA 的质量比核 DNA 小得多。例如，在人类中，mtDNA 总量约为核 DNA 的 1% [如果每个细胞有 4000 个 mtDNA 拷贝，那么 mtDNA 总量占比为：mtDNA 总量（ 16 569bp × 4000 ）/ 核 DNA 总量（ 3.2×10^9 bp × 2 ） × 100% = 1%]。核 DNA 中约 5% 的胞嘧啶被甲基化。因此，mtDNA 的纯度对于 LC/MS 分析至关重要，因为该方法无法区分 mtDNA 样本是否存在核 DNA 污染而导致 mtDNA 中 5mC 估算不准确。同样的标准也适用于酶联免疫吸附试验（ enzyme-linked immunosorbent assay，ELISA），该试验通过抗 5mC 抗体检测样本溶液中 DNA 存在的 5mC，而无法区分 5mC 的来源。同样，线粒体制备的纯度也严重影响蛋白质线粒体定位的 western blotting 检测结果。例如，考虑到核 DNA 和 mtDNA 质量，在增殖细胞中，如果 DNMT1 确实被导入线粒体，那么细胞核中的 DNMT1 水平应该是线粒体中的 100 倍。在这种假设下，线粒体样本中微量的核组分污染将破坏分析。在此需要强调的是，如果 mtDNA 和线粒体样本制备不充分，则通过 LC/MS、ELISA 或任何其他不依赖 DNA 序列信息的方法检测 5mC 和使用 western blotting 对 DNMT 定位都是不准确的。

考虑到上述 LC/MS 分析的要求，我们进行了多步纯化，以制备高纯度的 mtDNA（图 3-4）。

组织或细胞

高度纯化的线粒体

含有 DNA 的线粒体核酸片段

mtDNA 被限制性内切酶切割

mtDNA 凝胶电泳分离

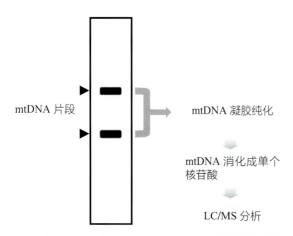

mtDNA 片段

mtDNA 凝胶纯化

mtDNA 消化成单个核苷酸

LC/MS 分析

▲ 图 3-4 LC/MS 分析 mtDNA 制备的实验流程

简要总结 mtDNA 的多步骤纯化方法。示意图中表示，凝胶电泳后可以看到酶切生成的两个 mtDNA 片段。从凝胶中切除 mtDNA 条带，将纯化的 mtDNA 降解为单核苷，用于 LC/MS 分析。详情请参阅参考文献 [49]

小鼠肝组织破坏后，进行差速离心以获得线粒体组分，有时称为粗制线粒体组分。然后用蔗糖密度梯度超速离心以增加线粒体纯度，用核酸酶和蛋白酶处理线粒体组分，降解组分中残留的污染核 DNA，然后通过对线粒体进行反复洗涤去除核 DNA。然后从所得的线粒体组分中分离线粒体核酸，并且用 EcoRV 限制性内切酶处理线粒体核酸以产生两个小鼠 mtDNA 片段，并进行凝胶电泳以分离 mtDNA 片段。（此外，电泳前使用 RNase T1 处理线粒体 RNA。）然后从凝胶中纯化 mtDNA 条带，这进一步去除了 mtDNA 中仍可能存在的核 DNA 污染。最后，将纯化的 mtDNA 酶解成单核苷酸用于 LC/MS 分析[49]。除

了仔细的 mtDNA 纯化，重要的是要考虑 LC/MS 分析中不同核苷类的电离效率不同。因此，必须用权威的化学物质绘制标准曲线，以比较给定 DNA 样本中不同核苷的含量。根据 5- 甲基脱氧胞苷（5-methyldeoxycytidine，m^5dC）和脱氧胞苷（deoxycytidine，dC）的标准曲线，我们估计 m^5dC 相对于 dC 的量约为 0.4%，相当于每分子 mtDNA 中含 24 个 5mC 残基[49]。这一比例明显低于细胞核 DNA 中的比例。

六、哺乳动物线粒体 DNA 的表观遗传学特征

虽然 LC/MS 在 mtDNA 检测到中 5mC，但水平非常低，而且亚硫酸氢盐测序和 McrBC 切割分析均未显示 mtDNA 中 5mC 修饰的特定规律或模式。因此，可以得出结论，哺乳动物线粒体缺乏一种具有重要生物学功能的胞嘧啶甲基化机制。由此我们提出，5mC 不存在于 mtDNA 的任何特定位置，并且即使发生这种修饰，甲基化的胞嘧啶水平也极低[49]。如果 mtDNA 发生了功能性甲基化，那么 5mC 应该存在于 mtDNA 的特定区域，并且具有一定的序列特异性，如 CG 二核苷酸序列，因为 DNMT 必须参与甲基化过程。

我们推测质谱分析检测到的 5mC 可能来源如下：可能是由于 mtDNA 制备过程中核 DNA 微量污染或 mtDNA 中确实存在 5mC 所致。这些假设并不相互排斥。由于小鼠肝脏中 mtDNA 量小于核 DNA 量的 1%[58]，即使经过广泛的 mtDNA 纯化，也很难从 mtDNA 样品中完全清除核 DNA。我们必须考虑的是，即使在 mtDNA 制备过程中除去 99.9% 的核 DNA，0.1% 的核 DNA 污染也会使 mtDNA 被检测出 0.5% 的 5mC（在这个计算中，mtDNA 的量是核 DNA 的 1%，核 DNA 的 5mC 相对于未修饰的胞嘧啶含量约为 5%）。对于后一种推测，可以产生三种假设。部分 DNMT1、DNMT3A 或 DNMT3B 可转移至线粒体并修饰胞嘧啶，但其修饰频率过低，无法通过亚硫酸氢盐测序和 McrBC 切割试验鉴定。但是，应该指出，

正如本章和参考文献 [28] 中所讨论的，DNMT 的线粒体定位并未达成共识。在正常的 mtDNA 复制过程中，5- 甲基 –dCTP 可被整合到 mtDNA 中。5mC 是线粒体 RNA 的修饰碱基之一[59]，mtDNA 和线粒体 RNA 共存于线粒体基质中。因此，在线粒体核苷酸代谢途径中，5mC 可能以某种方式转化为 5- 甲基 –dCTP，并结合到 mtDNA 链上。存在于基质中的 RNA 甲基转移酶可能对 mtDNA 进行非特异性修饰。

此外，我们还想对全细胞核酸样品用于 mtDNA 甲基化分析进行评论。尽管这取决于样品制备程序，但体内定位于细胞核的 DNMT 可能在细胞分裂时遇到一些 mtDNA 分子，从而向 mtDNA 中添加甲基。

我们的研究表明，5mC 不太可能在 mtDNA 的调节中发挥普遍作用。然而，确定具有生物学功能的 mtDNA 胞嘧啶甲基化的绝对缺失是非常困难的。我们的研究仅限于小鼠的肝脏、大脑和培养的胚胎干细胞[49]，无法否认功能性 mtDNA 甲基化发生在某些特定组织或生命阶段的可能性。在此假设下，可以推测 LC/MS 在小鼠肝脏 mtDNA 中检测到的 5mC 可能部分（如果不是全部）是由于微量残余的甲基化活性，这种甲基化在体细胞组织中程序化终止。甲基化活性可能由 DNMT1 产生，因为该基因的 N 端预计包含一个

> **研究展望**
>
> 由于 mtDNA 甲基化可能普遍缺失，在检测到阳性 5mC 标记时，对整个 mtDNA 区域进行彻底研究是至关重要的。此外，如本章所讨论的，使用稳健对照和严格样品制备方法来研究各种材料（尤其是来源人的）的 mtDNA 甲基化是有帮助的。这些努力将有助于明确 mtDNA 的表观遗传特征。虽然人类线粒体中（功能性）5mC 修饰的缺失可能是最终答案，但这将是生物学和线粒体医学的一个非常重要的结论。

MTS 序列[31]。

声明

我们感谢合作者对 mtDNA 甲基化的研究；Prof. Tsutomu Suzuki（东京大学）、Prof. Hiroyuki Sasaki（九州大学）、Prof. Kenji Ichiyanagi（名古屋大学）、Dr. Yuriko Sakaguchi（东京大学）、Dr. Motoko Unki（九州大学）、Dr. Kei Fukuda（理研）和 Dr. Kazuhito Gotoh（九州大学）。这项工作得到了日本科学促进会（17K07504）的科学研究资助。

参考文献

[1] Anderson S, Bankier AT, Barrell BG, de Bruijn MH, Coulson AR, Drouin J, et al. Sequence and organization of the human mitochondrial genome. Nature 1981;290:457-65.

[2] Andrews RM, Kubacka I, Chinnery PF, Lightowlers RN, Turnbull DM, Howell N. Reanalysis and revision of the Cambridge reference sequence for human mitochondrial DNA. Nat Genet 1999;23:147.

[3] Mercer TR, Neph S, Dinger ME, Crawford J, Smith MA, Shearwood AM, et al. The human mitochondrial transcriptome. Cell 2011;146:645-58.

[4] Giles RE, Blanc H, Cann HM, Wallace DC. Maternal inheritance of human mitochondrial DNA. Proc Natl Acad Sci U S A 1980;77:6715-19.

[5] Magnusson J, Orth M, Lestienne P, Taanman JW. Replication of mitochondrial DNA occurs throughout the mitochondria of cultured human cells. Exp Cell Res 2003;289:133-42.

[6] Ylikallio E, Tyynismaa H, Tsutsui H, Ide T, Suomalainen A. High mitochondrial DNA copy number has detrimental effects in mice. Hum Mol Genet 2010;19:2695-705.

[7] Greaves LC, Reeve AK, Taylor RW, Turnbull DM. Mitochondrial DNA and disease. J Pathol 2012;226:274-86.

[8] Schon EA, DiMauro S, Hirano M. Human mitochondrial DNA: roles of inherited and somatic mutations. Nat Rev Genet 2012;13:878-90.

[9] Ylikallio E, Suomalainen A. Mechanisms of mitochondrial diseases. Ann Med 2012;44:41-59.

[10] Sun X, St John JC. The role of the mtDNA set point in differentiation, development and tumorigenesis. Biochem J 2016; 473: 2955-71.

[11] Yasukawa T, Kang D. An overview of mammalian

mitochondrial DNA replication mechanisms. J Biochem 2018; 164: 183-93.

[12] Bird A. DNA methylation patterns and epigenetic memory. Genes Dev 2002;16:6-21.

[13] Jaenisch R, Bird A. Epigenetic regulation of gene expression: how the genome integrates intrinsic and environmental signals. Nat Genet 2003;33 Suppl:245-54.

[14] Laurent L, Wong E, Li G, Huynh T, Tsirigos A, Ong CT, et al. Dynamic changes in the human methylome during differentiation. Genome Res 2010;20:320-31.

[15] Breiling A, Lyko F. Epigenetic regulatory functions of DNA modifications: 5-methylcytosine and beyond. Epigenetics Chromatin 2015;8:24.

[16] Klutstein M, Nejman D, Greenfield R, Cedar H. DNA methylation in cancer and aging. Cancer Res 2016;76:3446-50.

[17] Elhamamsy AR. Role of DNA methylation in imprinting disorders: an updated review. J Assist Reprod Genet 2017;34:549-62.

[18] Qureshi IA, Mehler MF. Epigenetic mechanisms governing the process of neurodegeneration. Mol Asp Med 2013;34:875-82.

[19] Hwang JY, Aromolaran KA, Zukin RS. The emerging field of epigenetics in neurodegeneration and neuroprotection. Nat Rev Neurosci 2017;18:347-61.

[20] Jeltsch A, Jurkowska RZ. New concepts in DNA methylation. Trends Biochem Sci 2014;39:310-18.

[21] Nass MM. Differential methylation of mitochondrial and nuclear DNA in cultured mouse, hamster and virus-transformed hamster cells. In vivo and in vitro methylation. J Mol Biol 1973;80:155-75.

[22] Dawid IB. 5-methylcytidylic acid: absence from mitochondrial DNA of frogs and HeLa cells. Science 1974;184:80-1.

[23] Vanyushin BF, Kirnos MD. The nucleotide composition and pyrimidine clusters in DNA from beef heart mitochondria. FEBS Lett 1974;39:195-9.

[24] Groot GS, Kroon AM. Mitochondrial DNA from various organisms does not contain internally methylated cytosine in -CCGG- sequences. Biochim Biophys Acta 1979;564:355-7.

[25] Shmookler Reis RJ, Goldstein S. Mitochondrial DNA in mortal and immortal human cells. Genome number, integrity, and methylation. J Biol Chem 1983;258:9078-85.

[26] Pollack Y, Kasir J, Shemer R, Metzger S, Szyf M. Methylation pattern of mouse mitochondrial DNA. Nucleic Acids Res 1984;12:4811-24.

[27] Iacobazzi V, Castegna A, Infantino V, Andria G. Mitochondrial DNA methylation as a next-generation biomarker and diagnostic tool. Mol Genet Metab 2013; 110: 25-34.

[28] Maresca A, Zaffagnini M, Caporali L, Carelli V, Zanna C. DNA methyltransferase 1 mutations and mitochondrial pathology: is mtDNA methylated? Front Genet 2015;6:90.

[29] Mposhi A, Van der Wijst MG, Faber KN, Rots MG. Regulation of mitochondrial gene expression, the epigenetic enigma. Front Biosci (Landmark Ed) 2017;22:1099-113.

[30] Infantino V, Castegna A, Iacobazzi F, Spera I, Scala I, Andria G, et al. Impairment of methyl cycle affects mitochondrial methyl availability and glutathione level in Down's syndrome. Mol Genet Metab 2011;102:378-82.

[31] Shock LS, Thakkar PV, Peterson EJ, Moran RG, Taylor SM. DNA methyltransferase 1, cytosine methylation, and cytosine hydroxymethylation in mammalian mitochondria. Proc Natl Acad Sci U S A 2011;108:3630-5.

[32] Chestnut BA, Chang Q, Price A, Lesuisse C, Wong M, Martin LJ. Epigenetic regulation of motor neuron cell death through DNA methylation. J Neurosci 2011;31:16619-36.

[33] Hayatsu H, Wataya Y, Kai K, Iida S. Reaction of sodium bisulfite with uracil, cytosine, and their derivatives. Biochemistry 1970;9:2858-65.

[34] Frommer M, McDonald LE, Millar DS, Collis CM, Watt F, Grigg GW, et al. A genomic sequencing protocol that yields a positive display of 5-methylcytosine residues in individual DNA strands. Proc Natl Acad Sci U S A 1992; 89:1827-31.

[35] Bellizzi D, D'Aquila P, Scafone T, Giordano M, Riso V, Riccio A, et al. The control region of mitochondrial DNA shows an unusual CpG and non-CpG methylation pattern. DNA Res 2013;20:537-47.

[36] Bianchessi V, Vinci MC, Nigro P, Rizzi V, Farina F, Capogrossi MC, et al. Methylation profiling by bisulfite sequencing analysis of the mtDNA non-coding region in replicative and senescent endothelial cells. Mitochondrion 2016;27:40-7.

[37] Hong EE, Okitsu CY, Smith AD, Hsieh CL. Regionally specific and genome-wide analyses conclusively demonstrate the absence of CpG methylation in human mitochondrial DNA. Mol Cell Biol 2013;33:2683-90.

[38] Huang Y, Pastor WA, Shen Y, Tahiliani M, Liu DR, Rao A. The behaviour of 5-hydroxymethylcytosine in bisulfite sequencing. PLoS One 2010;5:e8888.

[39] Chen H, Dzitoyeva S, Manev H. Effect of valproic acid on mitochondrial epigenetics. Eur J Pharmacol 2012;690:51-9.

[40] Wong M, Gertz B, Chestnut BA, Martin LJ. Mitochondrial DNMT3A and DNA methylation in skeletal muscle and CNS of transgenic mouse models of ALS. Front Cell Neurosci 2013;7:279.

[41] Byun HM, Panni T, Motta V, Hou L, Nordio F, Apostoli P, et al. Effects of airborne pollutants on mitochondrial DNA methylation. Part Fibre Toxicol 2013;10:18.

[42] Sun Z, Terragni J, Borgaro JG, Liu Y, Yu L, Guan S, et al. High-resolution enzymatic mapping of genomic 5-hydroxymethylcytosine in mouse embryonic stem cells. Cell Rep 2013;3:567-76.

[43] Mishra M, Kowluru RA. Epigenetic modification of mitochondrial DNA in the development of diabetic retinopathy. Invest Ophthalmol Vis Sci 2015;56:5133-42.

[44] Jia L, Li J, He B, Jia Y, Niu Y, Wang C, et al. Abnormally activated one-carbon metabolic pathway is associated with mtDNA hypermethylation and mitochondrial malfunction in the oocytes of polycystic gilt ovaries. Sci Rep 2016;6:19436.

[45] Liu B, Du Q, Chen L, Fu G, Li S, Fu L, et al. CpG methylation patterns of human mitochondrial DNA. Sci Rep 2016; 6: 23421.

[46] Saini SK, Mangalhara KC, Prakasam G, Bamezai RNK. DNA Methyltransferase1 (DNMT1) Isoform3 methylates mitochondrial genome and modulates its biology. Sci Rep 2017;7:1525.

[47] Mechta M, Ingerslev LR, Fabre O, Picard M, Barres R. Evidence suggesting absence of mitochondrial DNA methylation. Front Genet 2017;8:166.

[48] Owa C, Poulin M, Yan L, Shioda T. Technical adequacy of bisulfite sequencing and pyrosequencing for detection of mitochondrial DNA methylation: Sources and avoidance of false-positive detection. PLoS One 2018;13:e0192722.

[49] Matsuda S, Yasukawa T, Sakaguchi Y, Ichiyanagi K, Unoki M, Gotoh K, et al. Accurate estimation of 5-methylcytosine in mammalian mitochondrial DNA. Sci Rep 2018;8:5801.

[50] Clark SJ, Harrison J, Paul CL, Frommer M. High sensitivity mapping of methylated cytosines. Nucleic Acids Res 1994;22:2990-7.

[51] Warnecke PM, Stirzaker C, Song J, Grunau C, Melki JR, Clark SJ. Identification and resolution of artifacts in bisulfite sequencing. Methods 2002;27:101-7.

[52] Raleigh EA, Wilson G. Escherichia coli K-12 restricts DNA

containing 5-methylcytosine. Proc Natl Acad Sci U S A 1986;83:9070-4.

[53] Sutherland E, Coe L, Raleigh EA. McrBC: a multisubunit GTP-dependent restriction endonuclease. J Mol Biol 1992;225:327-48.

[54] Panne D, Raleigh EA, Bickle TA. The McrBC endonuclease translocates DNA in a reaction dependent on GTP hydrolysis. J Mol Biol 1999;290:49-60.

[55] Yang MY, Bowmaker M, Reyes A, Vergani L, Angeli P, Gringeri E, et al. Biased incorporation of ribonucleotides on the mitochondrial L-strand accounts for apparent strand-asymmetric DNA replication. Cell 2002;111:495-505.

[56] Berglund AK, Navarrete C, Engqvist MK, Hoberg E, Szilagyi Z, Taylor RW, et al. Nucleotide pools dictate the identity and frequency of ribonucleotide incorporation in mitochondrial DNA. PLoS Genet 2017;13:e1006628.

[57] Moss CF, Dalla Rosa I, Hunt LE, Yasukawa T, Young R, Jones AWE, et al. Aberrant ribonucleotide incorporation and multiple deletions in mitochondrial DNA of the murine MPV17 disease model. Nucleic Acids Res 2017;45:12808-15.

[58] Malik AN, Czajka A, Cunningham P. Accurate quantification of mouse mitochondrial DNA without co-amplification of nuclear mitochondrial insertion sequences. Mitochondrion 2016;29:59-64.

[59] Bohnsack MT, Sloan KE. The mitochondrial epitranscriptome: the roles of RNA modifications in mitochondrial translation and human disease. Cell Mol Life Sci 2018; 75:241-60.

线粒体 DNA 的遗传与分离
Heredity and segregation of mtDNA

Stephen P. Burr　Patrick F. Chinnery　著

纪冬梅　王　鑫　张　宁　译

核 DNA 占细胞 DNA 的 99.9% 以上，包含 20 000～25 000 个基因，这些基因编码细胞生存和发挥功能所需的遗传信息。19 世纪，格雷戈尔·孟德尔（Gregor Mendel）首次对这些基因或"遗传单位"的遗传性进行了科学研究，他的孟德尔遗传定律至今仍是我们理解核基因代代相传的基础。

现代人类遗传学的一个核心规律是通过有性生殖将双亲的基因传递给后代，每个基因的其中一个等位基因遗传自母亲，另一个等位基因遗传自父亲。双亲遗传与基因重组相结合，促进了遗传多样性，阻碍了 DNA 突变的积累，使自然选择和多代适应成为可能。

然而，线粒体基因组的传递不受这些规则的制约，意味着线粒体 DNA（mtDNA）遗传的遗传学与细胞核中的 DNA 遗传完全不同（表 4-1）。本章将探讨 mtDNA 遗传的独特性及其如何影响 mtDNA 变异在生殖系和体细胞组织中的遗传和分离。

一、线粒体 DNA 分离的一般规律

核基因组在体细胞中是二倍体，在生殖系中是单倍体，与此不同，身体中的每个细胞（成熟红细胞除外）都含有成百上千个拷贝的线粒体基因组（mtDNA）。这意味着包含序列变异（如 SNP）或缺失的 mtDNA，可以和野生型线粒体

表 4-1　人类核基因组和线粒体基因组的特征

	核 DNA	mtDNA
基因数	20 000～25 000	37
结构	线性	环形
遗传	双亲遗传	单亲遗传（母系遗传）
重组	是	否
倍性	单倍型 / 双倍型	多倍体
突变率	低	高
分离模式	遵循孟德尔遗传定律	同质性 / 异质性

基因组在同一细胞内共存，这种现象称为异质性（图 4-1A）。如果一个细胞中的异质性水平发生了有利于野生型序列的变化，那么变异体可能会消失，但反之，有利于变异体序列的变化可能会使其超越野生型而固定，这种现象被称为同质性（图 4-1A）。细胞内共存的 mtDNA 基因组的这种差异性分离是许多线粒体疾病的一个典型特征[1]。

有两个主要过程被认为有助于改变细胞中的异质性水平：无性分离（vegetative segregation）和随机复制（relaxed replication）（图 4-1B）。无性选择（vegetative selection）发生在有丝分裂形成的细胞中，母细胞的 mtDNA 在每次细胞分裂中被分配进两个子细胞。如果存在异质变异体，

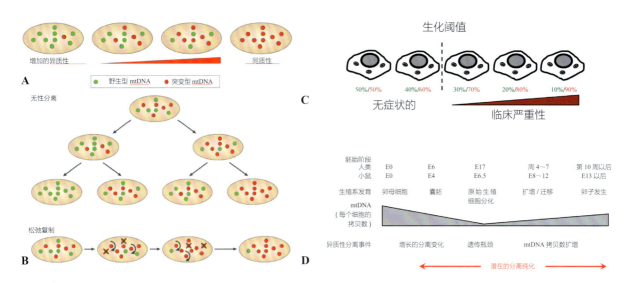

▲ 图 4-1　mtDNA 异质性与分离

A. 由于 mtDNA 的多拷贝性，野生型和突变型线粒体基因组能够共存于同一细胞内，这种情况称为异质性。如果突变基因组的比例增加，完全取代野生型 mtDNA，则突变成为同质性，随后在细胞中固定。B. 当异质性细胞分裂时，传递给每个子细胞的野生型和突变型基因组的比例可能略有不同，导致由生长性分离产生的几代中异质性水平的改变。在非分裂细胞中，异质性水平也会发生变化，因为 mtDNA 在一个称为松弛复制的过程中，在细胞周期的任何阶段都会不断被复制和破坏。如果一种基因组的复制频率高于另一种基因组，那么异质性水平将随着时间的推移而改变。（箭表示 mtDNA 复制，× 表示 mtDNA 被破坏）。C. 当致病性 mtDNA 突变的异质性水平（红字）低于野生型（绿字）时，细胞能够正常工作。超过某个突变异质性阈值后，剩余的野生型 mtDNA 无法再代偿突变的存在，细胞出现呼吸链缺陷。随着突变水平进一步增加超过这一生物化学阈值，临床线粒体疾病的发生率和严重程度有增加趋势。D. 人类和小鼠雌性生殖系发育阶段的示意图，以及通过生殖系遗传瓶颈导致 mtDNA 异质性分离的相关事件 [引自 Stewart JB, Chinnery PF. The dynamics of mitochondrial DNA heteroplasmy: implications for human health and disease. Nat Rev Genet 2015;16(9):530–42 [1]; Burr SP, Pezet M, Chinnery PF. Mitochondrial DNA heteroplasmy and purifying selection in the mammalian female germ line. Dev Growth Differ 2018;60(1):21–32 [2]]

那么一个子细胞在偶然的情况下，可能会获得略高比例的突变体 mtDNA 基因组，导致两个子细胞之间的异质性水平的微小差异（图 4-1B）[1]，因此异质性水平"漂移"到一个新的水平。这些反复的小漂移经过多次细胞分裂可导致异质性水平显著变化，如果该变异体是致病性的，则可能导致某些细胞形成影响 OXPHOS 的生化缺陷，从而影响其进一步复制和有效对抗突变的能力[1]。这导致细胞水平上的负向选择，被认为是导致人类生命中血细胞中某些异质性 mtDNA 突变逐渐减少的原因[3]。

虽然无性分离仅限于分裂细胞，但非分裂细胞中的异质性水平也能发生变化，因为 mtDNA 独立于细胞周期之外不断被复制和破坏。与核 DNA 不同，mtDNA 复制与细胞周期无直接联系，这种情况被称为"随机复制"（图 4-1B）[1]。在随机复制条件下，异质性变体的复制频率可能高于野生型基因组，从而导致细胞内平均异质性水平的改变（shift）。同样，这些改变可导致异质性水平的"随机漂移（random shift）"。计算机模拟表明，随着时间的推移，这些改变可能导致异质性水平的显著变化，并可以解释低水平异质性如何在生命中克隆性扩增，最终导致线粒体疾病，甚至在有丝分裂后（非分裂）组织中，如神经元和肌肉[4]。

无性分离和随机复制不一定是相互排斥的，两者可能共同影响体内异质性分离的动力学。例如，mtDNA 区隔化形成拟核或在线粒体网络内，也可能影响 mtDNA 异质性的分离。此外，选择可能在分子、细胞器和细胞水平上影响分离。这些不同的过程可能在不同的时间、不同的组织中发挥作用，并因突变不同存在差异。在本章，我们将考虑发生异源染色体分离的两种不同情况：生殖系和体细胞组织[5]。

二、线粒体 DNA 的母系遗传

与核基因组不同，线粒体基因组在动物中主要是单亲遗传，通常遵循母系遗传。雄性和雌性后代都只从母亲那里获得 mtDNA，这反映了线粒体古老的 α- 原细菌祖先的无性繁殖。真核生物中 mtDNA 母系遗传的证据首先在真菌 Neurosporacrasa[6] 中观察到，随后的研究证实了在两栖动物[7]、哺乳动物[8] 和人类[9] 中存在类似遗传模式。虽然已知有些动物物种会发生父系 mtDNA 遗传，如咸水贻贝属贻贝[10]，但对人类和其他哺乳动物物种的多项研究表明，严格的 mtDNA 母系遗传是主要的遗传方式[11, 12]，因此，这是 mtDNA 遗传学的一个典型特征。

为保持线粒体基因组的严格母体遗传，有必要确保精子细胞中存在的所有父系 mtDNA 在受精后的受精卵中被排除或清除。用于实现父系线粒体清除（paternal mitochondrial elimination，PME）的机制似乎具有物种特异性，在无脊椎模式生物秀丽隐杆线虫（线虫）和黑腹菌属（果蝇）中已得到证实。

在秀丽隐杆线虫中，大约 60 个父系线粒体在受精时进入卵母细胞，但这些线粒体迅速被泛素化并通过自噬途径在 16 细胞期被完全降解[13, 14]。抑制早期胚胎中的自噬导致父系线粒体持续存在至第一个幼虫阶段[14]，证实自噬途径对于维持该物种单亲遗传至关重要。同时，线粒体内切酶 G 特异性降解父系 mtDNA，加速父系线粒体清除[15]。

在果蝇中，内切酶 G 也参与父系线粒体清除，但父系 mtDNA 不是在受精后被清除，而是在精子成熟的最后阶段，通过内切酶 G 和 mtDNA 聚合酶 γ 参与的机制从精子线粒体中去除[16, 17]。由此产生的成熟精子仍含有线粒体，但这些线粒体缺乏可检测的父系 mtDNA，并在受精后很快被自噬降解[18]。

尽管对无脊椎模式生物进行了深入研究，但尚不清楚这些机制是否通过进化得以保存，哺乳动物受精后父系 mtDNA 的命运目前是一个激烈争论的领域。在某些物种中，如中国仓鼠（Cricetulus griseus），父系的线粒体在受精时似乎不会进入卵子，因为精子的中部和尾部不进入卵子[19]。然而，在大多数哺乳动物中，包括小鼠[20] 和人类[21]，整个精子在受精时进入卵子，因此胚胎需要去除精子中所有的父系 mtDNA，以保持单亲遗传。在哺乳动物早期胚胎中协调 PME 的过程目前仍不太清楚，文献中关于所涉及的确切机制存在一些不确定性。

目前提出的解释哺乳动物胚胎中父系 mtDNA 命运的两个主要模型是"被动稀释"模型和"主动清除"模型[22]（图 4-2）。"被动稀释"模型的提出是因为观察到在小鼠胚胎中父系线粒体似乎存在至少到桑葚期，即受精后 3～4 天，这表明小鼠的 PME 可能是一个被动过程，在随后的细胞分裂过程中，父系线粒体逐渐被稀释[23]。根据该模型，由于成熟精子中 mtDNA 拷贝数非常低，大多数情况下保持单亲母系遗传。由于成熟过程中的 mtDNA 耗竭，据估计人类[24] 和小鼠[23] 中每个精子细胞的 mtDNA 拷贝数低至 1～2 个[25]。受精后，与卵母细胞中存在的 > 100 000 拷贝相比，父系 mtDNA 的少数残留拷贝可忽略不计[26]，并且在最初的细胞分裂过程中，随着 mtDNA 的分离，这些 mtDNA 拷贝将有效地从大多数胚始细胞中清除[23]。然而，这些非常低的 mtDNA 拷贝数估计值并未得到普遍支持，其他研究表明成熟精子细胞中存在 50 到数百个拷贝 mtDNA[27, 28]。

"主动清除"模型提出，成熟精子中的所有父系线粒体和 mtDNA 在受精后都会从胚胎中主动清除，从而保持母系遗传。长期以来，已经证实哺乳动物精子中的线粒体在男性生殖道的成熟过程中被泛素化[29]，而抑制素可能成为目标蛋白[30]，这表明父系线粒体到达卵母细胞时被"预标记"以进行快速降解。在许多哺乳动物中的后

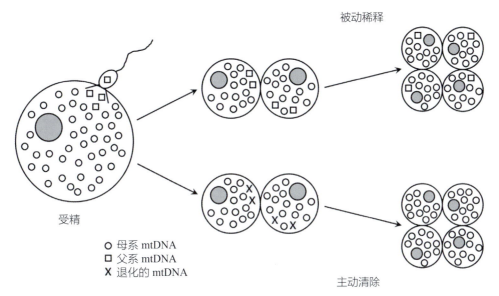

被动稀释

受精

○ 母系 mtDNA
□ 父系 mtDNA
✕ 退化的 mtDNA

主动清除

▲ 图 4-2 父系 mtDNA 清除的模型

已经提出了两个模型来解释如何从早期胚胎中消除父系 mtDNA 以维持严格的母系遗传。"被动稀释"模型提出，随着胚胎的生长，受精时引入合子的相对较少的父系 mtDNA 基因组逐渐被母系基因组稀释到可忽略的水平。"主动清除"模型提出，父系线粒体在受精后很快被主动定位为降解靶点，可能通过自噬途径，确保发育中的胚胎中没有父系 mtDNA 基因组。目前尚不清楚哪种模型适用于人类胚胎

续研究进一步证明了通过自噬途径主动清除父系线粒体 DNA 的事实[13, 31, 32]，在小鼠中，这似乎是通过 PARKIN/MUL1 依赖途径实现的[31]。尽管越来越多的证据表明哺乳动物胚胎存在活跃的 PME，没有确凿的数据证明父系 mtDNA 在这个过程中也会被降解。再加上缺乏对人类胚胎的类似研究（很大程度上是由于对此类实验的伦理担忧），人类受精后父系 mtDNA 的确切命运仍然难以捉摸。

三、线粒体 DNA 遗传过程中的父系渗漏

尽管在绝大多数情况下，哺乳动物 mtDNA 严格母系遗传的证据是令人信服的，但偶尔也有父系 mtDNA 成功遗传给后代的报道。这就提出了一种可能性：精子 mtDNA 偶尔能够在受精后残留并持续存在于发育中的胚胎中，这种现象被称为父亲渗漏。

如果单亲遗传的"主动清除"模式是正确的，那么父系渗漏需要精子线粒体要么能够逃避

降解，要么因为受精卵清除线粒体的能力缺陷而存活。另外，如果"被动稀释"模型是正确的，那么父系渗漏的发生只需要一个含有足够的父系 mtDNA 的精子进行受精，这样在胚胎 mtDNA 库中可检测出父系 mtDNA[23]。

一些种间杂交的研究报道了父系渗漏证据，种间杂交中，亲本 mtDNA 序列的显著差异易于区分母系基因组和父系基因组。已在昆明小鼠（*Mus musculus*）和地中海小鼠（*Mus spretus*）的种间杂交后代中检测到父系 mtDNA[33-35]，在家养奶牛和亚洲野生瓜尔犬（*Asian wild guar*）的杂交后代中也有报道[29]。然而，与种内杂交相比，种间杂交中的父系渗漏可能更为普遍，因为来自不同物种的父系线粒体可能能够逃避受精卵中的物种特异性降解途径。事实上，在小鼠身上，已经证明同源的携带 *M.spretus* mtDNA 的 *M.musculus* 种系与野生型 *M.musculus* 的种内杂交不会导致父系渗漏，表明这种现象在自然界中可能罕见的，因为种间繁殖是罕见的。

已有研究报道了在绵羊[36]和人类[37, 38]中自

然发生的父系 mtDNA 遗传的真实案例，虽然在独立患者队列中开展的多项研究没有发现在人群中广泛存在父系遗传的证据 [39-42]，一些人甚至质疑最近报告的父系遗传案例的准确性 [43]。

尽管存在争议，但父系渗漏的可能性仍然是在人类生殖医学中一个重要的考虑因素，因为 mtDNA 的双亲遗传可能有害。与野生型小鼠相比，混合遗传母系 mtDNA 和父系 mtDNA 的小鼠表现出生理、行为和认知缺陷 [44]，有一例存在父系 mtDNA 遗传的患者患有线粒体肌病 [37]。这在人类辅助生殖治疗中尤为重要，自从认识到父系 mtDNA 进入体细胞 [45] 和异常胚胎 [46] 后会持续存在，受精和早期胚胎发育的人工操作可能增加父系渗漏发生的可能性，导致后代存在潜在发病风险。

四、线粒体 DNA 突变——同质性与异质性

由于 mtDNA 的严格单亲母系遗传，大多数个体拥有一个单一、与母亲 mtDNA 基因组相匹配的 mtDNA 基因组，以多个拷贝但序列完全相同或同质存形式存在于每个细胞中。然而，mtDNA 由于相对较高的核苷酸替换率（估计哺乳动物中的 mtDNA 替换率高达核 DNA 的 20 倍 [47]）和持续更新，新生的遗传变异不断出现，导致突变和非突变基因组的异质性混合（图 4-1A）。当存在潜在致病性突变，异质性可以低水平存在但不伴有明显的临床症状或可检测的线粒体功能障碍。事实上，对健康志愿者 mtDNA 的深度测序表明，大多数人群可能存在极低水平的异质性（即突变水平＜1%）[48]。随着致病性突变 mtDNA 比例的增加，剩余野生型 mtDNA 维持正常 OXPHOS 功能的能力降低，直到达到所谓的"生化阈值"（图 4-1C）。超过这一阈值后，细胞不再能正常工作，如果异质性广泛存在，临床症状开始表现为线粒体疾病，最常出现在骨骼肌和神经系统等 ATP 需求量高的组织。

五、线粒体 DNA 突变的种系分离和遗传瓶颈

雌性生殖细胞中已经存在的异质性 mtDNA 突变是线粒体疾病的主要原因，因为卵母细胞中存在的突变在胚胎发育过程中将最终传递到子代的所有组织。据估计，遗传致病性 mtDNA 突变的频率在活产胎儿中约占 1/200 [49]，疾病的表现和严重程度在很大程度上取决于受精时最初存在于卵母细胞中的异质性水平，携带高水平突变的卵母细胞更有可能产生具有明显临床症状的后代。

早期研究对荷斯坦奶牛系中异质 mtDNA 多态性的种系传播进行了调查，发现在短短几代内，母系和子代之间的异质性水平发生了显著变化 [50]，这表明在生殖系和（或）胚胎发育过程中存在某种机制，导致来自同一母亲的子代个体之间存在异质性的差异性分离。随后在携带 NZB 和 BALBc mtDNA 基因型异质性混合物的小鼠身上也发现了类似的变化 [51]。NZB/BALBc 胚胎生殖系发育期间异质性分离的研究表明，异质性改变发生在生殖细胞发育的早期阶段（框 4-1），并且已经在成熟卵母细胞中建立（图 4-1D）[51]。作者假设异质性的快速变化可以通过 mtDNA 拷贝数减少至约 200 个拷贝 / 细胞后的随机遗传漂变来解释 [51]。这种拷贝数的减少将在每次细胞分裂中引入强大的抽样效应或"瓶颈"，增加子细胞随机继承突变型和野生型 mtDNA 基因型的显著差异比例的可能性（图 4-3A）。

这种所谓的"生殖系遗传瓶颈"理论 [55] 得到了在小鼠 [56] 和人类 [57] 生殖细胞发育各个阶段进行的电子建模和定量 mtDNA 拷贝数检测的支持，还有证据表明，在其他几种脊椎动物物种（包括斑马鱼 [58] 和绵羊 [59]）中也存在胚胎生殖系遗传瓶颈。虽然人们普遍认为生殖系瓶颈是携带者母亲的不同子代之间出现异质性的差异性分离原因，但对于瓶颈的时间和确切机制仍存在巨大争议。Cree 等的工作假设了一个早期瓶颈，在 PGC [56]（框 4-1 和图 4-1D）分化后不久，mtDNA 绝对

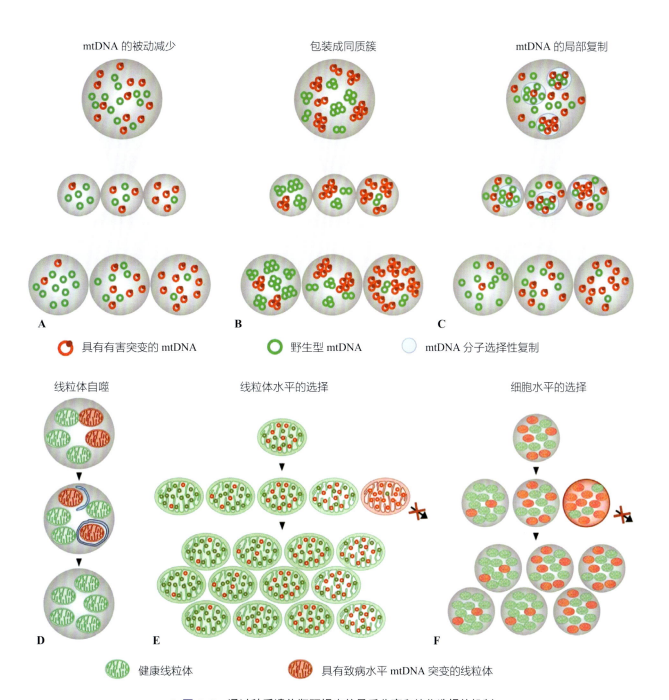

▲ 图 4-3　通过种系遗传瓶颈提出的异质分离和纯化选择的机制

A. 增殖中 PGC 的生长性分离，加上 PGC 分化期间 mtDNA 拷贝数的被动减少，导致异质性水平的显著随机变化；B. 将野生型和突变型基因组组装成同质复制簇可减少有效分离单元的数量，从而在不减少总 mtDNA 拷贝数的情况下产生瓶颈效应；C.mtDNA 亚群的选择性局部复制引起了一种增加异质性分离的抽样效应，导致后期发育瓶颈，这种现象可能与早期胚胎发生中 mtDNA 拷贝数的减少在时间上是分离的；D. 由于 OXPHOS 缺陷导致的 ATP 生成减少，导致靶向含有高水平突变 mtDNA 的线粒体通过自噬途径降解，因此优先从细胞中清除突变基因组；E. 如果携带高水平突变的线粒体不能像健康线粒体那样有效地自我复制（或其 mtDNA ），也可能发生细胞水平的选择；F. 如果细胞中有缺陷的细胞器数量足以阻止细胞分裂或导致细胞死亡，就会发生细胞水平的选择 [引自 Zhang H, Burr SP, Chinnery PF. The mitochondrial DNA genetic bottleneck: inheritance and beyond. Essays Biochem 2018; 62(3):225-34 [55]]

框 4-1　人类女性生殖系的发育

卵母细胞是女性生殖细胞，位于卵巢内，如果排卵后成功受精，每个卵子都有可能将其基因组（包括母体 mtDNA）传递给下一代。当一个女婴出生时，卵子发育已经基本完成；她的所有卵母细胞都停止在减数分裂的第一阶段，并一直保持这种状态，直到它们在成年期最后成熟，即直到排卵之前。这意味着大多数种系发育发生在胚胎发生过程中，并且认为 mtDNA 异质性分离发生在生命的早期阶段。男性和女性生殖系的发育在人类受孕后 17 天左右开始（图 4-1D）[52]。此时，近端表胚层中 30 ～ 40 个细胞的一小部分开始表达转录调节因子 Blimp1 和 SOX17，以响应来自胚胎外中胚层的 BMP4 信号[53]。到 21 天后，这些 Blimp1 阳性细胞已经被指定为原始生殖细胞（primordial germ cell，PGC），即生殖系的前体细胞，并开始表达一系列生殖细胞标记基因，包括 Dazl 和 TNAP[52]。大约从第 4 周开始，PGC 开始增殖，并在第 7 周左右通过后肠从其近端外胚层的原始位置迁移到生殖嵴[54]（图 4-1D）。从第 10 周起，PGC 已在性腺中定居，并且在雌性中继续发育为初级卵母细胞（图 4-1D）。因此，本章中关于 mtDNA 异质性种系分离的讨论必须在这些发生在早期胚胎 PGC 中关键发育过程的背景下考虑。

拷贝数下降至约 200 拷贝，这与 Jenuth 等的预测值非常接近[51]，随后得到了来自小鼠[60]和人类[57]的进一步实验数据的支持。相比之下，Cao 等报道说，早期 PGC 中的 mtDNA 水平没有显著降低，生殖细胞发育的所有阶段的拷贝数都保持在＞1500。在这种情况下，提出了瓶颈是由 mtDNA 分子组装成少量同质簇或"分离单元"引起的，而不是少量绝对的 mtDNA 拷贝数引起的[61]（图 4-3B）。Wai 等提出了第三种可能性，虽然在 PGC 分化前后看到了 mtDNA 拷贝数的减少，但是他们发现没有 PGC 中不同差异的异质性分离的证据，与 Cree 等的报道相似[56]。相反，他们提出了一个晚期瓶颈，异质性的改变发生在产后卵泡发育期间，通过每个卵细胞中 mtDNA 基因组亚群的优先复制[62]（图 4-3C）。

这些差异明显的理论，每一个都有实验证据支持，突出了目前关于异质性从母亲到子代的传递动力学确切机制的不确定性。虽然不同的发现

可能部分是由于鉴定和分离处于不同发育阶段的胚胎生殖细胞的技术困难，然后是精确测量单细胞 mtDNA 拷贝数，但也可能是真正的品系间和种间生物变异。无论如何，这一问题仍然是正在进行的研究工作重点，因为向携带已知致病性 mtDNA 突变的准母亲提供准确的预后建议目前非常具有挑战性[63]。

六、针对生殖细胞系中线粒体 DNA 突变的纯化选择

如果不加以控制，异质性突变要么丢失，要么最终在人群中固定（即变成同质突变）。鉴于 mtDNA 的高突变率及其无性传播模式，固定同质突变的逐渐积累注定会导致不可避免的突变崩溃（meltdown），这一过程被称为穆勒棘轮[64]。提出的一种避免这种崩溃的机制是，mtDNA 在雌性生殖细胞系中传递过程中，存在针对有害异质性的纯化选择。种系 mtDNA 分离的一个尚未完全了解的关键方面是遗传瓶颈是否导致针对潜在致病性异质性的某种程度的纯化选择。如果这种选择存在，那么更好地理解潜在机制可能有助于开发新的治疗干预措施，旨在降低遗传性线粒体疾病发病率。

关于异质性分离的早期研究表明，随机遗传漂变是影响生殖细胞系传递过程中异质性漂移的主要因素[50, 51]。然而，由于在这些实验使用的动物中没有病症报道，因此存在的异质变异体很可能不影响功能，因此不太可能受到选择的影响。

近年来，已经开发了许多携带致病性 mtDNA 异质性的小鼠模型，并提供了令人信服的证据来支持以下假设：在生殖细胞系和胚胎发育过程中，选择性机制积极对抗有害突变。Fan 等构建了一个携带两个致病性 mtDNA 突变的小鼠系，一个在 ND6 基因中导致严重病症，另一个在 COXI 基因中导致更轻微的症状[65]。当追踪这些异质性的种系传递时，发现 ND6 突变仅在四代内就被迅速清除，而 COXI 突变在该种系中仍然保持一种稳定的异质性，虽然会导致肌肉和

心脏的明显的病症[65]。这表明纯化选择可能对严重致病性突变更有效，Stewart 等的一项同期研究支持了这一理论，该研究分析了出现在 PolgA exo-mtDNA 突变小鼠模型中随机的 mtDNA 突变传播[66]。在这种情况下，与不太可能引起病症的同义突变相比，非同义突变改变受影响蛋白质的氨基酸序列，因此可能具有致病性，从生殖细胞系中迅速清除的可能性更大[66]。随后的小鼠研究进一步加强了针对生殖系有害异质性突变的纯化选择[44, 60, 67]，尽管在发育过程中发生选择的时间目前尚不明确，上述两项研究报道选择似乎发生在出生后[60, 67]，而不是如预期那样发生在生殖细胞发育期间（如果遗传瓶颈是纯化选择发生的关键步骤）。目前还不清楚选择是发生在分子、细胞器还是细胞水平（图 4–3D 至 F）。这些不确定性凸显出目前缺乏关于对抗 mtDNA 异质性选择机制的可用数据，并且需要大量的进一步工作来充分理解这一重要过程。

尽管小鼠模型为研究异质 mtDNA 突变从母亲到子代的传递提供了宝贵的工具，但为了促进未来在遗传性线粒体疾病治疗和（或）预防方面取得进展，最终需要充分地了解这种情况与人类情况的相似程度。不幸的是，研究人类胚胎发育过程中异质性分离的动力学非常具有挑战性，部分原因是获取这一工作所需的组织存在伦理和逻辑挑战，而且还因为在确定最初患病先证者的基础上获得家系时，会引入固有偏倚[68]。尽管存在这些困难，但仍有少数研究试图在携带已知致病性 mtDNA 异质性的家系中寻找针对异质性的纯化选择证据。在携带常见致病性异质性的小型患者队列中开展几项研究提示，分离在很大程度上受随机遗传漂变的控制，几乎没有证据表明针对突变的选择[69-71]。然而，从携带＞1% 异质性 mtDNA 突变的 39 对健康母子获得的数据表明，非同义（即潜在致病性）突变传递给子代的速率低于同义突变，这提示针对有害异质性的纯化选择确实发生在人类中[72]。这一点得到了荷兰基因组（Genomes of the Netherlands，GoNL）数

据集中 mtDNA 异质性传递动力学分析的进一步支持，该数据集包含 246 个家族的完整 mtDNA 基因组序列，有力的证据表明对新的可能有害的异质性存在负向选择[73]。到目前为止，很少有在体内的数据揭示人类生殖系净化选择的可能时间和机制。De Fanti 等对 9 名健康女性供者的卵母细胞进行的一项小规模研究提示，选择可能发生在卵母细胞成熟期间，即第一极体和第二极体排出之间[74]。相比而言，Floros 等报道了针对非同义 mtDNA 突变的纯化选择发生在早期胚胎阶段，在 PGC 增殖并迁移至性腺时[57]，这提示早期胚胎遗传瓶颈可能确实在清除生殖细胞系的潜在有害 mtDNA 突变方面发挥了作用。

虽然这里讨论的研究已经开始让我们对通过生殖细胞系的 mtDNA 异质性传递和分离的复杂动力学有了一些初步的了解，但我们仍然没有完全理解这一关键过程；从小鼠模型和人类患者的研究中获得的许多有争议的结果突出了这一事实。致病性 mtDNA 突变很有可能在多个水平、多个时间点和通过多种不同的方法发生分离和选择，所有这些因素都可能因突变而异。因此，这仍是一个活跃的研究领域。虽然这些研究提供了强有力的实验证据，证明针对有害线粒体 DNA 突变的纯化选择发生在哺乳动物生殖系中，但这种选择的机制目前尚不清楚[2]。然而，最近对模式生物果蝇（Drosophila）的研究也显示出针对生殖细胞系致病性 mtDNA 突变的纯化选择[75, 76]，这开始让我们对纯化选择的分子机制有了一些了解。Lieber 等发现，在果蝇生殖细胞系发育过程中，纯化选择的关键时期与线粒体融合蛋白 Mitofusin 表达降低相对应，这表明线粒体网的碎片化水平可能是一个重要因素[77]。进一步研究表明，线粒体碎片化对于纯化选择的发生是必要的，线粒体融合蛋白的敲除（即碎片化增加）增强了生殖细胞系中针对突变 mtDNA 的选择[77]。作者证实，在含有突变 mtDNA 的碎片线粒体中，ATP 合成减少，从而通过自噬清除这些线粒体，因此优先清除生殖细胞中的突变 mtDNA[77]。这

项研究标志着一个重要的进展，但由于果蝇的生殖系发育与哺乳动物相比有显著差异，因此这是否是进化中保守的基本机制还有待观察。

近年来出现的 mtDNA 异质性传递的另一个有趣方面是，对生殖系中某些有害 mtDNA 突变起正选择作用的可能性。这种所谓的"自私驱动"首先在果蝇（Drosophila）中被描述，在果蝇中，将携带有害突变的竞争性 mtDNA 基因组引入黑腹果蝇（D.melanogaster）细胞导致突变 mtDNA 的"自私"传递和群体死亡[78]。此后，Wei 等对 1526 对人类母子进行的深入分析提供了证据，表明正向选择可能也活跃于人类生殖的胞系中[12]。作者观察到对异质性 mtDNA 变异体既有正向选择和负向选择，与先前未知变异体相比，已知变异体更可能以较高的异质性水平传给子代[12]。变异体的基因组位置似乎也会影响正向选择与负向选择的可能性，其中 D- 环变异体以较高的异质性传递给后代的可能性最大，rRNA 变异体可能性最小[12]。有趣的是，Wei 等发现核遗传背景也会影响人类种系异质性传递和选择的动力学。在 mtDNA/ 核"不匹配"的情况下（如具有亚洲 mtDNA 单倍群和欧洲核血统的个体）分析表明，存在于 mtDNA 基因组上的异质性更可能匹配核遗传祖先而非异质性发生的 mtDNA 祖先[12]，这表明，当存在这种不匹配时，异质性 mtDNA 变异体被选择来匹配核遗传背景，这可能有助于最大限度地提高 mtDNA/ 核兼容性。

尽管近年来取得了许多进展，但我们对 mtDNA 突变的生殖细胞系传递和选择的整体理解还远远不够全面，提出了许多相互矛盾和看似不相容的理论。如前所述，致病性 mtDNA 突变的分离和选择过程可能是多因素的。Burr 等最近对目前可用于未来研究的工具进行了深入综述[2]。

七、体细胞线粒体 DNA 突变和克隆性扩增

虽然大多数线粒体疾病是由雌性生殖系遗传的突变引起的，但受精后发生的体细胞新生突变也可能导致疾病的发生。此外，体细胞 mtDNA 突变是衰老过程的一部分，可能导致迟发性多因素疾病，包括神经退行性疾病，如帕金森病[79]和癌症[80]。受新生突变影响的不同组织的数量取决于初始突变发生的发育阶段。在多能干细胞的早期胚胎发育过程中发生的新生致病性 mtDNA 突变，可能最终会随着携带异质性的细胞增殖并分化成一系列细胞系时传递到多个组织中。尽管这些早期胚胎体细胞突变比遗传突变罕见（约 1000 例活产婴儿中有 1 例，而遗传异质性[49]每 200 例活产婴儿中有 1 例），但它们有可能引起明显的临床症状，因为它们影响许多器官系统。在负责线粒体基因组正常复制和维持的核基因的遗传突变之后，新生体细胞 mtDNA 突变也可能发生类似的广泛积累[81]。在这两种情况下，如果突变异质性水平增加到足以达到生化阈值（这一过程被称为"克隆性扩增"），然后组织功能就会受到影响，导致线粒体疾病。

在健康成人中，体细胞 mtDNA 突变的克隆性扩增的积累是衰老过程的一个标志[82, 83]（图 4-4），而致病性异质性的克隆性扩增无疑会导致年龄相关的组织功能恶化，无论是在 PolgA exo⁻ mtDNA 突变小鼠模型中，它表现出类早衰表型[84]，还是在人类中，它已被证明会在许多组织类型中导致与年龄相关的病症，包括有丝分裂的（如结肠隐窝上皮细胞[85]）和非有丝分裂的（包括骨骼肌[86]和神经元[87]）组织。值得注意的是，在许多情况下很难区分克隆性扩增是发生在真正的新生突变之后，还是发生在极低水平的遗传异质性[48]之后，但在这两种情况下，突变基因组的必须发生克隆性扩增才能达到生化阈值并导致疾病。

虽然体细胞 mtDNA 突变在衰老中的作用已得到充分证明，但突变型 mtDNA 基因组优先扩增的机制目前尚不清楚，并且已经提出了许多不同的理论来解释克隆性扩增。最简单的假设是，随着 mtDNA 的不断周转，细胞内的随机漂移可能足以解释在老年个体中看到的克隆性扩增[88]。

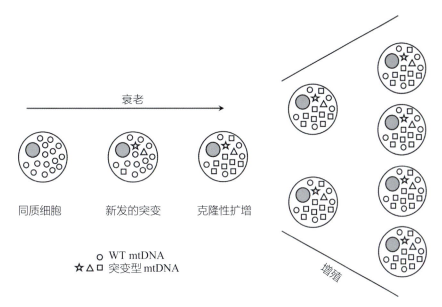

▲ 图 4-4　衰老组织中的新生 mtDNA 突变与克隆性扩增

随着细胞衰老，它们会积累新的异质性 mtDNA 突变，然后这些突变可以进行克隆性扩增，成为优势基因组。增殖的有丝分裂细胞累积克隆性扩增的致病性突变，可将这些突变传递给子细胞，从而可能导致广泛的组织 OXPHOS 缺陷

然而，尽管随机漂移模型似乎适用于人类等长寿物种，但相同的模型无法正确预测短寿命物种中克隆性扩增的实验观察结果，这导致一些人质疑该理论的有效性[89]。

另一种理论则侧重于存在一种选择性优势，这种选择性优势使得突变型 mtDNA 分子比野生型 mtDNA 优先复制。由于大多数与年龄相关的 mtDNA 突变是缺失，而不是点突变[90]，因此一个早期假设是，在获得缺失后，较小的突变 mtDNA 基因组可以比野生型基因组复制更快，并最终扩大到数量超过野生型基因组[91]。现在认为这是不太可能的，因为复制野生型基因组所需的时间比两次复制的平均时间要短得多，因此不是限速步骤[92, 93]。

也有人提出，线粒体活性氧可能通过所谓的"活性生物发生"在克隆性扩增中发挥作用[94]，在含有突变 mtDNA 的线粒体中，活性氧（reactive oxygen species，ROS）的增加作为线粒体生物发生的信号，从而增加突变型基因组的复制。然而，ROS 在衰老过程中的重要性存在争议[95]，需要更多的实验数据来支持这一理论。

最近，Kowald 和 Kirkwood 提出理论，认为野生型基因组受一种反馈机制的影响，当 mtDNA 编码的蛋白质水平足够时，这种反馈机制可下调 mtDNA 转录率，但这种反馈机制在一些缺失的 mtDNA 基因组中不存在[96]。由于 mtDNA 复制的启动需要线粒体 mRNA 的转录[92]，这意味着野生型 mtDNA 基因组的复制率受限于相同的反馈机制，而突变型 mtDNA 基因组可以不受限制地复制[96]。与之前的所有假设一样，目前没有发表的体内或体外实验证据支持这一理论。

与遗传性 mtDNA 突变一样，很明显，虽然我们已经开始了解克隆性扩增的一些关键方面，以及体细胞 mtDNA 突变在衰老和线粒体疾病发展中的作用，但要完全理解这些关键过程还有很长的路要走，在该领域的新治疗方法取得重大进展之前，我们还有很多工作要做。

小结

在过去的 10 年中，人们已经清楚地认识到，与之前的观点相反，mtDNA 同质性很可能不是常态。mtDNA 的高突变率确保了混合 mtDNA 群体的普遍存在，在我们的体细胞组织中终生累积，并向下传递到雌性生殖细胞系。异质性似乎无处不在，但尽管如此，我们才刚刚开始了解影响异质性的亚细胞机制。这些机制很重要，因为它们决定了一个细胞或器官是否积累了足够导致疾病的突变负荷；如果遗传到生殖细胞系，它们可能会导致严重的线粒体疾病。几个实验室已经开发出预防致病性 mtDNA 突变在人类传递新方法[97, 98]，这可能使已知携带致病性 mtDNA 突变的家庭受益；更复杂的方法正在开发中，可能会减少体细胞组织中的突变负担[99]，但会发生新生突变，并且一些组织在生命过程中仍然无法进入。因此，mtDNA 分离的机制不仅有迷人的生物学意义，而且具有转化意义。幸运的是，新工具正在出现，它们将在未来 5 年内以更快的速度推进我们的理解，使我们能够利用这些新知识进行治疗。

研究展望

应用新的高分辨率显微镜技术将有助于揭示生殖细胞系中 mtDNA 分离的亚细胞机制，特别是 mtDNA 拟核的分离及其与线粒体和细胞分裂的关系。虽然目前尚不可能，但准确地测量活细胞中的异质性将会被证明是极其有用的。新的高通量单细胞转录组学方法有可能揭示对特定基因型正向和负向选择的机制。细胞核与细胞环境的作用可能很重要，新的细胞和动物模型为进一步研究这两个领域提供了机会。最终，这将为开发旨在调节 mtDNA 异质性传递的治疗开辟新机会，从而阻止致病性 mtDNA 突变的传递。

参考文献

[1] Stewart JB, Chinnery PF. The dynamics of mitochondrial DNA heteroplasmy: implications for human health and disease. Nat Rev Genet 2015;16(9):530-42.

[2] Burr SP, Pezet M, Chinnery PF. Mitochondrial DNA heteroplasmy and purifying selection in the mammalian female germ line. Dev Growth Differ 2018;60(1):21-32.

[3] Rajasimha HK, Chinnery PF, Samuels DC. Selection against pathogenic mtDNA mutations in a stem cell population leads to the loss of the 3243A-- > G mutation in blood. Am J Hum Genet 2008;82(2):333-43.

[4] Chinnery PF, Samuels DC. Relaxed replication of mtDNA: a model with implications for the expression of disease. Am J Hum Genet 1999;64(4):1158-65.

[5] Aryaman J, et al. Mitochondrial network state scales mtDNA genetic dynamics. Genetics 2019;212 (4):1429-43.

[6] Reich E, Luck DJ. Replication and inheritance of mitochondrial DNA. Proc Natl Acad Sci U S A 1966;55 (6): 1600-8.

[7] Dawid IB, Blackler AW. Maternal and cytoplasmic inheritance of mitochondrial DNA in Xenopus. Dev Biol 1972;29(2):152-61.

[8] Hutchison 3rd CA, et al. Maternal inheritance of mammalian mitochondrial DNA. Nature 1974;251 (5475):536-8.

[9] Giles RE, et al. Maternal inheritance of human mitochondrial DNA. Proc Natl Acad Sci U S A 1980;77 (11):6715-19.

[10] Zouros E, et al. Direct evidence for extensive paternal mitochondrial DNA inheritance in the marine mussel Mytilus. Nature 1992;359(6394):412-14.

[11] Elson JL, et al. Analysis of European mtDNAs for recombination. Am J Hum Genet 2001;68(1):145-53.

[12] Wei W, et al. Germline selection shapes human mitochondrial DNA diversity. Science 2019;364(6442).

[13] Al Rawi S, et al. Postfertilization autophagy of sperm organelles prevents paternal mitochondrial DNA transmission. Science 2011;334(6059):1144-7.

[14] Sato M, Sato K. Degradation of paternal mitochondria by fertilization-triggered autophagy in C. elegans embryos. Science 2011;334(6059):1141-4.

[15] Zhou Q, et al. Mitochondrial endonuclease G mediates breakdown of paternal mitochondria upon fertilization. Science 2016;353(6297):394-9.

[16] DeLuca SZ, O'Farrell PH. Barriers to male transmission of mitochondrial DNA in sperm development. Dev Cell 2012; 22(3): 660-8.

[17] Yu Z, et al. The mitochondrial DNA polymerase promotes elimination of paternal mitochondrial genomes. Curr Biol 2017; 27(7):1033-9.

[18] Politi Y, et al. Paternal mitochondrial destruction after fertilization is mediated by a common endocytic and autophagic pathway in Drosophila. Dev Cell 2014; 29(3): 305-20.

[19] Yanagimachi R, et al. Gametes and fertilization in the Chinese hamster. Gamete Res 1983;8(2):97-117.

[20] Simerly CR, et al. Tracing the incorporation of the sperm tail in the mouse zygote and early embryo using an anti-testicular alpha-tubulin antibody. Dev Biol 1993; 158(2): 536-48.

[21] Sathananthan AH, et al. Human sperm-egg interaction in vitro.

Gamete Res 1986;15(4):317-26.

[22] Carelli V. Keeping in shape the dogma of mitochondrial DNA maternal inheritance. PLoS Genet 2015;11 (5):e1005179.

[23] Luo SM, et al. Unique insights into maternal mitochondrial inheritance in mice. Proc Natl Acad Sci U S A 2013; 110(32): 13038-43.

[24] May-Panloup P, et al. Increased sperm mitochondrial DNA content in male infertility. Hum Reprod 2003; 18(3): 550-6.

[25] Rantanen A, et al. Downregulation of Tfam and mtDNA copy number during mammalian spermatogenesis. Mamm Genome 2001;12(10):787-92.

[26] Wai T, et al. The role of mitochondrial DNA copy number in mammalian fertility. Biol Reprod 2010;83 (1):52-62.

[27] Orsztynowicz M, et al. Mitochondrial DNA copy number in spermatozoa of fertile stallions. Reprod Domest Anim 2016;51(3):378-85.

[28] Diez-Sanchez C, et al. Mitochondrial DNA content of human spermatozoa. Biol Reprod 2003;68 (1):180-5.

[29] Sutovsky P, et al. Ubiquitin tag for sperm mitochondria. Nature 1999;402(6760):371-2.

[30] Thompson WE, Ramalho-Santos J, Sutovsky P. Ubiquitination of prohibitin in mammalian sperm mitochondria: possible roles in the regulation of mitochondrial inheritance and sperm quality control. Biol Reprod 2003; 69(1):254-60.

[31] Rojansky R, Cha MY, Chan DC. Elimination of paternal mitochondria in mouse embryos occurs through autophagic degradation dependent on PARKIN and MUL1. Elife 2016;5:e17896.

[32] Song WH, et al. Autophagy and ubiquitin-proteasome system contribute to sperm mitophagy after mammalian fertilization. Proc Natl Acad Sci U S A 2016;113(36):E5261-70.

[33] Gyllensten U, et al. Paternal inheritance of mitochondrial DNA in mice. Nature 1991;352(6332):255-7.

[34] Kaneda H, et al. Elimination of paternal mitochondrial DNA in intraspecific crosses during early mouse embryogenesis. Proc Natl Acad Sci U S A 1995; 92(10): 4542-6.

[35] Shitara H, et al. Maternal inheritance of mouse mtDNA in interspecific hybrids: segregation of the leaked paternal mtDNA followed by the prevention of subsequent paternal leakage. Genetics 1998;148 (2):851-7.

[36] Zhao X, et al. Further evidence for paternal inheritance of mitochondrial DNA in the sheep (Ovis aries). Heredity (Edinb) 2004;93(4):399-403.

[37] Schwartz M, Vissing J. Paternal inheritance of mitochondrial DNA. N Engl J Med 2002;347 (8):576-80.

[38] Luo S, et al. Biparental inheritance of mitochondrial DNA in humans. Proc Natl Acad Sci U S A 2018; 115(51): 13039-44.

[39] Schwartz M, Vissing J. No evidence for paternal inheritance of mtDNA in patients with sporadic mtDNA mutations. J Neurol Sci 2004;218(1-2):99-101.

[40] Taylor RW, et al. Genotypes from patients indicate no paternal mitochondrial DNA contribution. Ann Neurol 2003; 54(4):521-4.

[41] Pyle A, et al. Extreme-depth re-sequencing of mitochondrial DNA finds no evidence of paternal transmission in humans. PLoS Genet 2015;11(5):e1005040.

[42] Rius R, et al. Biparental inheritance of mitochondrial DNA in humans is not a common phenomenon. Genet Med 2019;21:2823-6.

[43] Lutz-Bonengel S, Parson W. No further evidence for paternal leakage of mitochondrial DNA in humans yet. Proc Natl Acad Sci U S A 2019;116(6):1821-2.

[44] Sharpley MS, et al. Heteroplasmy of mouse mtDNA is genetically unstable and results in altered behavior and cognition. Cell 2012;151(2):333-43.

[45] Manfredi G, et al. The fate of human sperm-derived mtDNA in somatic cells. Am J Hum Genet 1997;61 (4):953-60.

[46] St John J, et al. Failure of elimination of paternal mitochondrial DNA in abnormal embryos. Lancet 2000; 355(9199): 200.

[47] Allio R, et al. Large variation in the ratio of mitochondrial to nuclear mutation rate across animals: implications for genetic diversity and the use of mitochondrial DNA as a molecular marker. Mol Biol Evol 2017;34(11):2762-72.

[48] Payne BA, et al. Universal heteroplasmy of human mitochondrial DNA. Hum Mol Genet 2013;22 (2):384-90.

[49] Elliott HR, et al. Pathogenic mitochondrial DNA mutations are common in the general population. Am J Hum Genet 2008;83(2):254-60.

[50] Hauswirth WW, Laipis PJ. Mitochondrial DNA polymorphism in a maternal lineage of Holstein cows. Proc Natl Acad Sci U S A 1982;79(15):4686-90.

[51] Jenuth JP, et al. Random genetic drift in the female germline explains the rapid segregation of mammalian mitochondrial DNA. Nat Genet 1996;14(2):146-51.

[52] Leitch HG, Tang WW, Surani MA. Primordial germ-cell development and epigenetic reprogramming in mammals. Curr Top Dev Biol 2013;104:149-87.

[53] Sybirna A, Wong FCK, Surani MA. Genetic basis for primordial germ cells specification in mouse and human: conserved and divergent roles of PRDM and SOX transcription factors. Curr Top Dev Biol 2019;135:35-89.

[54] Richardson BE, Lehmann R. Mechanisms guiding primordial germ cell migration: strategies from different organisms. Nat Rev Mol Cell Biol 2010;11(1):37-49.

[55] Zhang H, Burr SP, Chinnery PF. The mitochondrial DNA genetic bottleneck: inheritance and beyond. Essays Biochem 2018;62(3):225-34.

[56] Cree LM, et al. A reduction of mitochondrial DNA molecules during embryogenesis explains the rapid segregation of genotypes. Nat Genet 2008;40(2):249-54.

[57] Floros VI, et al. Segregation of mitochondrial DNA heteroplasmy through a developmental genetic bottleneck in human embryos. Nat Cell Biol 2018;20(2):144-51.

[58] Otten AB, et al. Replication errors made during oogenesis lead to detectable de novo mtDNA mutations in zebrafish oocytes with a low mtDNA copy number. Genetics 2016;204(4):1423-31.

[59] Cotterill M, et al. The activity and copy number of mitochondrial DNA in ovine oocytes throughout oogenesis in vivo and during oocyte maturation in vitro. Mol Hum Reprod 2013;19(7):444-50.

[60] Freyer C, et al. Variation in germline mtDNA heteroplasmy is determined prenatally but modified during subsequent transmission. Nat Genet 2012;44(11):1282-5.

[61] Cao L, et al. The mitochondrial bottleneck occurs without reduction of mtDNA content in female mouse germ cells. Nat Genet 2007;39(3):386-90.

[62] Wai T, Teoli D, Shoubridge EA. The mitochondrial DNA genetic bottleneck results from replication of a subpopulation of genomes. Nat Genet 2008;40(12):1484-8.

[63] Chinnery PF, et al. The challenges of mitochondrial replacement. PLoS Genet 2014;10(4):e1004315.

[64] Muller HJ. The relation of recombination to mutational advance. Mutat Res 1964;106:2-9.

[65] Fan W, et al. A mouse model of mitochondrial disease reveals germline selection against severe mtDNA mutations. Science 2008;319(5865):958-62.

[66] Stewart JB, et al. Strong purifying selection in transmission of

mammalian mitochondrial DNA. PLoS Biol 2008; 6(1): e10.

[67] Kauppila JHK, et al. A phenotype-driven approach to generate mouse models with pathogenic mtDNA mutations causing mitochondrial disease. Cell Rep 2016;16(11):2980-90.

[68] Wilson IJ, et al. Mitochondrial DNA sequence characteristics modulate the size of the genetic bottleneck. Hum Mol Genet 2016; 25(5):1031-41.

[69] Monnot S, et al. Segregation of mtDNA throughout human embryofetal development: m.3243A > G as a model system. Hum Mutat 2011;32(1):116-25.

[70] Brown DT, et al. Random genetic drift determines the level of mutant mtDNA in human primary oocytes. Am J Hum Genet 2001;68(2):533-6.

[71] Steffann J, et al. Analysis of mtDNA variant segregation during early human embryonic development: a tool for successful NARP preimplantation diagnosis. J Med Genet 2006; 43(3): 244-7.

[72] Rebolledo-Jaramillo B, et al. Maternal age effect and severe germ-line bottleneck in the inheritance of human mitochondrial DNA. Proc Natl Acad Sci U S A 2014; 111(43): 15474-9.

[73] Li M, et al. Transmission of human mtDNA heteroplasmy in the Genome of the Netherlands families: support for a variable-size bottleneck. Genome Res 2016;26(4):417-26.

[74] De Fanti S, et al. Intra-individual purifying selection on mitochondrial DNA variants during human oogenesis. Hum Reprod 2017;32(5):1100-7.

[75] Hill JH, Chen Z, Xu H. Selective propagation of functional mitochondrial DNA during oogenesis restricts the transmission of a deleterious mitochondrial variant. Nat Genet 2014;46(4):389-92.

[76] Ma H, Xu H, O'Farrell PH. Transmission of mitochondrial mutations and action of purifying selection in Drosophila melanogaster. Nat Genet 2014;46(4):393-7.

[77] Lieber T, et al. Mitochondrial fragmentation drives selective removal of deleterious mtDNA in the germline. Nature 2019;570(7761):380-4.

[78] Ma H, O'Farrell PH. Selfish drive can trump function when animal mitochondrial genomes compete. Nat Genet 2016;48(7):798-802.

[79] Muller-Nedebock AC, et al. The unresolved role of mitochondrial DNA in Parkinson's disease: an overview of published studies, their limitations, and future prospects. Neurochem Int 2019;129: 104495.

[80] Gammage PA, Frezza C. Mitochondrial DNA: the overlooked oncogenome? BMC Biol 2019;17(1):53.

[81] Viscomi C, Zeviani M. MtDNA-maintenance defects: syndromes and genes. J Inherit Metab Dis 2017;40 (4):587-99.

[82] Su T, Turnbull DM, Greaves LC. Roles of mitochondrial DNA mutations in stem cell ageing. Genes (Basel) 2018; 9(4): E182.

[83] Brierley EJ, et al. Role of mitochondrial DNA mutations in human aging: implications for the central nervous system and muscle. Ann Neurol 1998;43(2):217-23.

[84] Trifunovic A, et al. Somatic mtDNA mutations cause aging phenotypes without affecting reactive oxygen species production. Proc Natl Acad Sci U S A 2005;102(50):17993-8.

[85] Taylor RW, et al. Mitochondrial DNA mutations in human colonic crypt stem cells. J Clin Invest 2003; 112(9):1351-60.

[86] Bua E, et al. Mitochondrial DNA-deletion mutations accumulate intracellularly to detrimental levels in aged human skeletal muscle fibers. Am J Hum Genet 2006;79(3):469-80.

[87] Keogh MJ, Chinnery PF. Mitochondrial DNA mutations in neurodegeneration. Biochim Biophys Acta 2015;1847(11):1401-11.

[88] Elson JL, et al. Random intracellular drift explains the clonal expansion of mitochondrial DNA mutations with age. Am J Hum Genet 2001;68(3):802-6.

[89] Kowald A, Kirkwood TB. Mitochondrial mutations and aging: random drift is insufficient to explain the accumulation of mitochondrial deletion mutants in short-lived animals. Aging Cell 2013;12(4):728-31.

[90] Trifunov S, et al. Clonal expansion of mtDNA deletions: different disease models assessed by digital droplet PCR in single muscle cells. Sci Rep 2018;8(1):11682.

[91] Wallace DC. Mitochondrial genetics: a paradigm for aging and degenerative diseases? Science 1992;256 (5057):628-32.

[92] Shadel GS, Clayton DA. Mitochondrial DNA maintenance in vertebrates. Annu Rev Biochem 1997; 66: 409-35.

[93] Kowald A, Dawson M, Kirkwood TB. Mitochondrial mutations and aging: can mitochondrial deletion mutants accumulate via a size based replication advantage? J Theor Biol 2014;340:111-18.

[94] Lane N. Mitonuclear match: optimizing fitness and fertility over generations drives ageing within generations. Bioessays 2011;33(11):860-9.

[95] Speakman JR, Selman C. The free-radical damage theory: accumulating evidence against a simple link of oxidative stress to ageing and lifespan. Bioessays 2011; 33(4): 255-9.

[96] Kowald A, Kirkwood TBL. Resolving the enigma of the clonal expansion of mtDNA deletions. Genes (Basel) 2018;9(3):126.

[97] Ma H, et al. Correction of a pathogenic gene mutation in human embryos. Nature 2017;548 (7668):413-19.

[98] Hyslop LA, et al. Towards clinical application of pronuclear transfer to prevent mitochondrial DNA disease. Nature 2016;534(7607):383-6.

[99] Wu TH, et al. Mitochondrial transfer by photothermal nanoblade restores metabolite profile in mammalian cells. Cell Metab 2016;23(5):921-9.

第二篇
线粒体 DNA 的进化与发展
mtDNA evolution and exploitation

第5章

单倍体和人类线粒体 DNA 的进化史
Haplogroups and the history of human evolution through mtDNA

Antonio Torroni　Alessandro Achilli　Anna Olivieri　Ornella Semino　著

梁春梅　何世涛　译

什么是单倍体？当阅读这篇文章的标题时，这个问题就立刻浮现出来。这个术语最初被使用在 1993 年发表在《美国人类遗传学杂志》上的两篇论文中。这些研究分别分析了美洲原住民和西伯利亚原住民的 mtDNA 变异[1, 2]。单倍体成员共享 1 个或多个不同的来源于同一祖先的 mtDNA 分子的突变。从系统发育的角度来看，单倍体类似大树上的分支，其突变源对应着分支的节点。这个术语最先是在人类研究的背景下被创造出来，但后来被广泛用于许多其他物种的进化和系统地理学研究[3]。从 mtDNA 开始它的用途后来扩展到其他单亲遗传系统，特别是 Y 染色体[4]和叶绿体 DNA[5, 6]。它有时甚至被用来评估核基因[7, 8]和病毒基因组的变异[9]。

需要强调的是，在基于二代测序的技术革命和核比较基因组学出现之前的 20 多年中，mtDNA 可能是研究人类进化、起源和迁徙模式最常用和最成功的遗传工具。从 20 世纪 80 年代初开始，尽管只有 16 569bp，但它提供了大量有价值的信息。

这一成功归功于 mtDNA 数据相对于其核 DNA 更容易获得和评估这一显著特征。第一，mtDNA 是通过母系遗传的[10]，这意味着它的序列变异不是通过重组来重新排列，而是由于新的突变在先前存在的单倍型上沿着母系的顺序积累。第二，它的进化速度显著快于核基因[11]，因此，尽管现在的人类有非常相近的女性祖先，但现代线粒体基因组还是存在大量的序列变异。第三，整个人类 mtDNA 分子在 1981 年被完全测序[12, 13]，因此参考序列的获取远早于核基因组。第四，mtDNA 的特点是在每个细胞中有很高的拷贝数，同时，由于它在细胞质中是一个小的环状 DNA 分子，所以可以用 20 世纪 80 年代常用的方法（如氯化铯密度梯度法）从细胞中提纯 mtDNA，这一特征对处于前 PCR 时代的 mtDNA 变异研究提供了很大的促进作用，当时只能用限制性内切酶、Southern 印迹、^{32}P 标记探针和放射自显影等方法进行研究。

一、早期限制性片段长度多态性研究

早期的限制性片段长度多态性（restriction fragment length polymorphism，RFLP）研究中，每个 mtDNA 都被几个或多个内切酶酶切，专家学者需要从遗传学或分子人类学的角度进行评估，耗时耗力。但正是在这种背景下，"单倍体"一词被创造出来，并为这个时代带来了引人注目的结果。他们不仅揭示了包括猿类和人类在内的高等灵长类动物的 mtDNA 独特的切割模式[11, 14]，还在人类之间检测到了相当多意想不到的个体间序列变异。此外，许多 mtDNA "形态"（使用单一核酸内切酶产生的切割模式）和 mtDNA "类型"（使用几种或多种核酸内切酶产生的切割模式），被发现具有某些地理区域或主要种族群体的特征[15-17]。早期研究者们通过假设变异是由产生或消除特定限制位点的点突变所引起，并通过用双酶切绘制新的位点增益图，以及使用 1981 年发表的完整 mtDNA 序列，发现这些早期 RFLP 研究确定的 "类型" 可能相互关联，从而构建了第一个 mtDNA 系统发育图[18, 19]。值得注意的是，现在被广泛使用的术语 "单倍型" 最初是在 HLA 研究[20] 的背景下发展起来的，在 1988 年取代了术语 "类型" 被纳入人类 mtDNA 遗传学[21]。

然而，直到 1987 年在伯克利的 Allan C. Wilson 团队在《自然》(Nature) 杂志上发表了一篇文章，科学界才充分认识到 mtDNA 研究的魅力[22]。通过用 12 种限制性内切酶（4～6bp 切割酶）消化 147 个来自不同地区的 mtDNA（几乎全部从胎盘提纯），Rebecca Cann 及其同事识别出了大量的 mtDNA 类型（133 种）。根据限制性内切酶切点的存在与否，最大限度地将它们联系在一起，形成一个由两个主要分支组成的网络。此外，通过在连接两个分支的突变路径的中点建立网络，他们能够识别祖先 mtDNA 的系统发育位置和 RFLP 基序，所有 147 个现代 mtDNA 都来自于这个祖先 mtDNA。

携带这种 mtDNA 的女性祖先，被称为 "线粒体夏娃"，她有两个显著的特征："从人类学的角度" 她生活在最近的过去，当时的研究者评估她生活的时间为距今 14 万～29 万年。根据最近的校准，大约在 18 万年前[23-25]；另外，她和预测一样来自非洲。研究表明，根系树的两个主要派生分支中的一个只存在于非洲人中，第二个分支除了包括所有其他大陆群体外，也包括非洲人。

这项研究的另一个重要结果是发现了许多 "特定区域类型的集群"。这些类型的簇在树上形成了种族或地理上受限的分支（进化支系）。对于非洲以外的集群，地理特异性表明，它们的决定性突变发生在 "走出非洲"（见下文）之后的

不同时间和地点，并逐渐向世界各地扩散。

同时，研究者们还对单个人群的相对较大的样本进行了 mtDNA 的 RFLP 调查，通过消化日本人[26] 和巴布亚人[27] 胎盘提纯的 mtDNA，或者使用 Southern 印迹和纯化的 ^{32}P 标记的 mtDNA 作为探针，消化亚利桑那州的皮马人[28]、阿拉伯人和犹太人[29]、尼泊尔的塔鲁人[30]、意大利人[31] 和塞内加尔人[32] 血细胞中总 DNA。

二、线粒体 DNA 聚合酶链式反应的出现

PCR 技术将生物学研究分为前 PCR 和后 PCR 两个阶段，这种划分显然也适用于 mtDNA 遗传学。该技术最初只在几个专门的实验室中使用[33]，直到 1987 年 Taq 聚合酶和第一台 PCR 仪器开始商业化。Allan Wilson 和埃默里大学的 Douglas C. Wallace 两个研究小组首次对人类 mtDNA 片段进行扩增[34-36]。

随着 PCR 技术在人类 mtDNA 突变领域的普及，两种主要的研究路径被开辟。首先进行 PCR 扩增，然后用 Sanger 法对 mtDNA 控制区进行测序。这个区域，也被称为 D-loop 区，比其他线粒体基因组的进化快得多。尽管通常仅对控制区的第一个高变量片段 I（hypervariable segment I，HVS–I）进行了测序，且 HVS–I 长度只有 341bp（MITOMAP；https://www.mitomap.org/MITOMAP）[37]，这种方法依然可以检测到广泛的序列变异[38-41]。然而，优势有时也可能是劣势，因为高水平的重复突变可能部分模糊树的结构。

另一种途径是将 PCR 和 RFLP 调查相结合。首先获得大量的 mtDNA 扩增子，然后用限制性内切酶[42] 进行酶切。这种方法可能是当时能达到的最高复杂程度，每个 mtDNA 被包括整个分子的 9 个重叠的 PCR 片段扩增，然后每个片段被 14 个单独的限制性内切酶独立消化。用这种方法获得的高分辨率 RFLP 单倍型可以对每个线粒体基因组进行大约 20% 的调查，因此主要针对更稳定的 mtDNA 编码区；这些单倍型是由 Douglas C.

Wallace 的实验室首次在遗传学杂志上发表的三篇相关论文[43-45]中提到。

上述研究的一个主要结果是建立了 mtDNA 系统发育树。然而，对这些初始树的比较相当复杂。mtDNA 不仅来自不同的群体，且每个群体都有一些种族特有的类型簇，一些树基于控制区序列，而另一些树基于 RFLP 单倍型，这些单倍型通常具有不同的或部分重叠的内切酶亚组。解决这一问题的办法是给树的树枝贴上标签，并将每个已确定的树枝的名称与其显著的突变所联系起来。

三、人线粒体 DNA 单倍体的命名

目前的 mtDNA 单倍体命名参考于系统树网站（https://www.phylotree.org/）[46, 47]。该网站提供了全世界范围内人类 mtDNA 变异的系统发展史。当前版本包含超过 5400 个单倍体和亚单倍体，每个都有自己的命名。部分读者在仔细观察系统发育的主要分支后会发现单倍体的命名有时很难理解。主要原因是目前的命名源于上述发表在《遗传学》上的 3 篇相关论文中的一篇，这项研究使用高分辨率 RFLP 分析来揭示美洲原住民的起源[45]，即近代被人类殖民的大陆地区的居民。与许多后来在旧大陆人口中发现的分支相比，其拥有相对较新的 mtDNA 分支。如果最初的那篇论文调查的是撒哈拉以南的非洲人，那么目前的 mtDNA 单倍体命名可能会更简单。

美洲原住民 mtDNA 树显示，几乎所有已鉴定的单倍体（50 个中的 48 个）仅聚集成 4 个不同的基底分支，每个分支都由一些限制性位点变异决定。这 4 个"单倍体群"按字母顺序简单的命名为 A、B、C 和 D[45, 48]。第二年，首次使用"单倍体"一词的两项研究[1, 2]开始对 mtDNA 样本进行 RFLP 和 HVS-Ⅰ序列变异的平行分析，因此最初非常短的 A、B、C 和 D 单倍体特异性突变列表增加了一些额外的 HVS-Ⅰ标记（图 5-1）。对西伯利亚和亚洲样本的调查表明，单倍体 A、B、C 和 D 也存在于亚洲，从而支持美洲原住民的亚洲祖先起源。

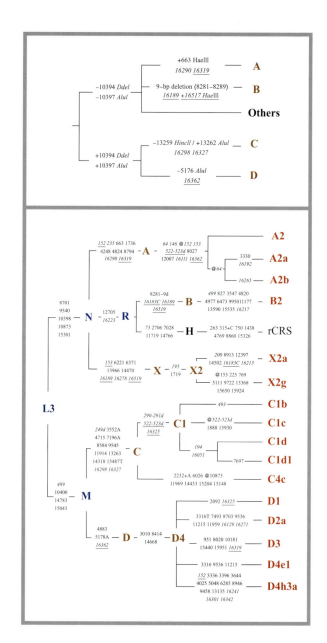

▲ 图 5-1　美洲原住民单倍体的诊断性突变基序

上图．根据初步研究[1]，区分单倍体 A、B、C 和 D 的 RFLP 和 HVS-Ⅰ标记突变；下图．目前已知的 16 种美洲原住民 mtDNA 的突变诊断。突变基序显示在分支上。"Others"是指在北美本土发现的少量不属于 A、B、C 或 D 的 mtDNA，其中大多数后来被确定为单倍体 X2a 的成员。修正后的剑桥参考序列（rCRS）[13]是欧亚西部单倍体 H 的一个成员，用于阅读脱序基序。除非明确指出碱基，否则突变都是转移；控制区的突变用斜体表示。前缀 @ 表示恢复，而后缀表示转换（到 A、G、C 或 T）或索引（+，d）。树中反复出现的突变用下划线标出。L3 是走出非洲的非洲单倍体。M、N 和 R 包括所有欧亚、美洲原住民和大洋洲特有的单倍体，在扩散过程的早期阶段出现在西南亚

在美洲原住民之后，用同样的方法来调查其他人类群体，并确定了更多"大陆特有的单倍群"。例如，在藏族人中发现了亚洲特有的单倍体 E、F 和 G[49]，在欧洲人后裔的北美人中发现了单倍体 H、I、J 和 K[50]，在撒哈拉以南非洲人中发现了最古老的大陆特有单倍体 L、L1 和 L2[51]，在欧洲人中发现了单倍体 T、U、V、W 和 X 等[52]，以及 Ballinger 等[44] 和 Torroni 等[49] 发现的亚洲特有的单倍体 M。由于一些嵌套、较新的分支（亚单体组）被较早地发现并按字母顺序进行命名，因此它们的命名早于它们所属的分支的名称。单倍体 K 就是一个例子，它是单倍体 U 的一个子分支。我们应该感谢 Martin Richards 及其同事定义了简单而清晰的分支规则，用于对越来越多的子单倍体组进行分级命名和排序[53]，但在那时，mtDNA 树主要分支的初始名称已经被很好地建立，因此最初的命名被沿用下来，只进行了一点小小的改动[54, 55]。同样的规则后来也被应用于 Y 染色体的系统发育中，它将面临与 mtDNA 相同的命名问题[56]。

四、对整个线粒体基因组的调查

当整个 mtDNA 序列大量发表时，人类 mtDNA 树逐渐成熟[57-60]。在这一点上，随着 John Avise 及其同事最初设想的"系统地理学方法"的提出[61]，mtDNA 树开始达到分子和系统发育分辨率的最高可能水平。这种方法需要对 3 个要素进行综合评估：系统发育树，树中单倍体和亚单倍体的地理分布，以及单倍体来源的树节点产生的年代。对这三个要素的认识正在迅速发展，包括对单倍体年龄的估计。与早期的研究相比，分子时钟已得到改进[62, 63]，后来在纯化选择[23, 25] 时进行了进一步的校准调整，并获得了具有可靠放射性碳年代测定的古代线粒体基因组[64]。

以最近发表的 2 个撒丁岛特有单倍体（Sardinian-specific haplogroup，SSH）的线粒体基因组（H3f1 和 H3f2[65]）为例，图 5-2 说明了如何将新测序的线粒体基因组分类为单倍体，以及

如何将其纳入系统发育树。SSH 将在本章后面部分进一步讨论。

最初，对整个线粒体基因组的测序研究很少集中在群体上，而是集中在单倍体上，特别是那些似乎局限于特定地理区域的单倍体[68-73]。这种地域特异性表明，它们是在女性迁徙到世界各地时出现的。

应该强调的是，与核基因相比，mtDNA 不能完全反映过去人口统计过程的复杂性。它是一个单一的母系遗传位点，由于有效种群规模较小，所以特别容易发生遗传漂移。然而，整个线粒体基因组的大数据集的序列变异详细地重建了系统发育每一分支上的嵌套关系，这一特征对于测定迁徙事件的年代非常有用。

通过对 mtDNA 单倍体的分子和系统发育解剖，人类迁徙和大陆、特定地区、岛屿等人口的历史开始被重建。在此之后，将单倍体名称与标记古代人类迁徙路径的箭头相连的世界地图开始普遍使用[74]。

如今大量关于 mtDNA 的研究已被发表，即使是一个简单的概述也远远超出了本章的范围。然而，作为可以从 mtDNA 中收集到的信息水平的例子，本文总结了 3 个史前移民事件的研究结果：① "走出非洲"；② 美洲的第一批人；③ 地中海人类聚居岛屿——撒丁岛。这些事件在时间上和地理上彼此相距很远，影响了大小迥异的地区。

五、"走出非洲"

一些早期研究发现在非洲[22, 51, 75] 拥有最高的 mtDNA 多样性，从而支持了"走出非洲"的设想。随着发现所有欧亚 mtDNA 只起源于所识别的非洲超单倍体中的一个（L3）[76]，单倍体 M 和 N 是单倍体 L3 的两个走出非洲后派生的子分支（图 5-1B），是所有欧亚 mtDNA 的起源，这个设想被证实[62, 77]。

一旦对整个线粒体基因组的测序成为常规，就提出了一个 6 万～7 万年前来自非洲之角的单一扩散的模型。有人提出携带单倍体 L3 的东非

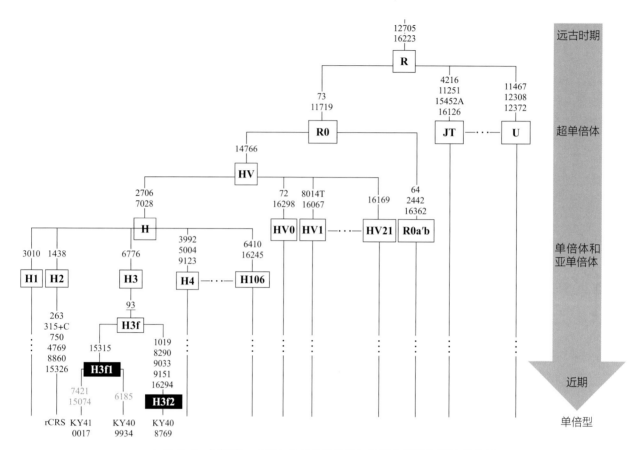

▲ 图 5-2　如何将 mtDNA 分成单倍体及如何将它们纳入系统发育树

以撒丁岛的 3 个线粒体基因组为例。相对于参考序列（rCRS）[13]，单倍体诊断突变显示在宏观单倍体 R 内主要分支的根部，这是在走出非洲不久后出现的。R 包括超单倍体 R0、JT 和 U 等，这些超单倍体包含大多数欧洲 mtDNA。以最近发表的属于撒丁岛特有单倍体（SSH）的三个线粒体基因组（KY410017、KY409934 和 KY408769）的单倍体（H3f1 和 H3f2）[65] 为例，核苷酸位置（NP）6776 的转换诊断为单倍体 H3，而 NP 93 的下游突变定义其亚类为 H3f。H3f1 和 H3f2 的突变诊断（黑色区域）为斜体。如果存在特有突变，则报告为浅灰色。因此，通过读取从单倍体 H2 成员 rCRS 末端到新分析的线粒体基因组末端的突变，可以重建其完整的单倍型。例如，KY410017 有 12 个相对于 rCRS 的 12 个突变，并具有以下单倍型：93、263、315+C、750、1438、4769、6776、7421、8860、15315、15074、15326。完整或部分 mtDNA 序列可以通过使用生物信息学工具 Haplogrep 2.0（https://haplogrep.i-med.ac.at/ ）[66, 67] 获取，它基于 PhyloTree（http://phylotree.org/ ）[46] 被分成单倍体并插入到树中

古人沿着南部海岸线进行传播，而不是通过北非和黎凡特的路线。他们和后代首先到达阿拉伯半岛（或现在被淹没的海湾地区），然后向东和向北传播。突变和遗传漂变在形成 mtDNA 库中起了主要作用：单倍体 M、N 和 R（N 的直接衍生物）在最初扩散后不久出现，而祖先 L3 单倍型在传播后逐渐消失 [78, 79]。值得注意的是，到目前为止，在欧亚人中还没有检测到"前 L3"线粒体基因组。这意味着，L3 的年代，目前估计约为 7 万年前，代表了走出非洲的扩散的上限 [80]，或者更确切地说，是所有现代非洲以外线粒体基因组

起源的原始 mtDNA 的扩散的上限。图 5-3 显示了从非洲迁徙发生后，在非洲、亚洲和欧洲发生的一些事件的 mtDNA 示意图。

对 mtDNA 的研究也走过一些弯路。其中的一个例子便是 1997 年 7 月 11 日《细胞》杂志的封面故事。由于 mtDNA 在细胞中含量丰富，它显然引领了古代 DNA 研究和古基因组学，并且这一研究途径目前正处于高速发展阶段 [88]。该封面故事的标题是"尼安德特人不是我们的祖先"，报道了第一次成功恢复尼安德特人 mtDNA 并对其进行测序的主要成果 [89]。1856 年发现于尼安德

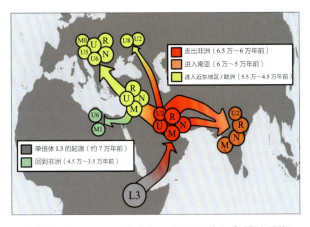

▲ 图 5-3 mtDNA 在非洲、亚洲和欧洲交界的早期传播

单倍体 M 和 N 是 L3 的衍生物，单倍体 R 来源于 N，单倍体 U 来源于 R。上述情景还指出 U5 的欧洲起源[69, 81, 82]，这一点在早期欧洲人中已被普遍检测到[83]；从黎凡特向非洲的回迁[84]；在早期欧洲狩猎采集者中发现的 U2、U6、U8 有丝裂基因组[83, 85-87] 及三个直接从单倍体 M 分离的线粒体基因组[64]，并形成欧洲特有的亚单倍体 M0

河谷的标本 HVS–Ⅰ序列实际上是包括所有现代人序列的姊妹分支，这一发现现在被大量完整的尼安德特人线粒体基因组的测序所证实[90, 91]。这一观察结果并不令人惊讶，因为自 1987 年以来人们已经很清楚，"线粒体夏娃"的年龄与古人类的 mtDNA 输入不相容[22]。然而，我们现在知道，尼安德特人和丹尼索瓦人在非洲以外群体核基因组中贡献了不可忽略的一部分（1%～4%）[92-95]，因此我们应该思考在同一群体中完全缺乏尼安德特人和丹尼索瓦人 mtDNA（及 Y 染色体）的原因。遗传漂移、定向交配、选择、核基因组和 mtDNA 基因组之间的不相容或这些因素的组合都是合理的解释[96]。无论如何，mtDNA 研究都未能检测到古人类对我们基因库的贡献。

显然，只有单倍体 L3 参与了从非洲的扩散，或者至少在当代非洲以外人群中发现了它的衍生物。这表明初始团体可能只由几百个人组成[78]。那么其他地理区域的人口呢？如上所述，美洲是最后一个被人类殖民的大陆地区，从最早的 mtDNA 研究开始，就引起了遗传学家和分子人类学家的注意。

六、美洲的第一批人

20 世纪 90 年代的早期研究表明，与其他大陆相比，美洲原住民表现出低变异性，两个大陆的绝大多数 mtDNA 只有 4 个单倍体（A、B、C 和 D），后来被重新标记为 A2、B2、C1 和 D1[55]。Forster 及其同事[55] 还在美洲发现了第五个更罕见的单倍体，它被称为单倍体 X，和一项同时进行的欧洲[52]mtDNA 的研究属于同一分支。所有 5 个美洲土著单倍体都是从非洲扩散后不久出现的 2 个超单倍体的衍生物；单倍体 C 和 D 来自 M，而 A、B 和 X 是 N 的分支（图 5-1）。

单倍体 X 在欧洲和北美都存在，但它在西伯利亚和东亚几乎完全缺失，这增加了美洲原住民和欧洲人[97] 之间存在直接基因联系的可能性。然而，后来在整个线粒体基因组水平上进行的研究并不支持这种假说。研究结果表明，来自北美和欧洲的 X 线粒体基因组聚集成不同的 X 亚单倍体，所有来自美国的单倍体 X（除了一个 X2g，见下文）都是 X2a 的成员，这是一个北美特有的分支[73, 98]；但是，直到几年后，Solutrean 所提出的从大西洋冰川进入北美这一有争议的假说[99] 才被彻底推翻[100]。

在对亚洲[101] 和美洲[102-104] 单倍体 A、B、C 和 D 进行系统发育研究的同时，还发现了一些不常见的美洲原住民单倍体。到目前为止，在美洲原住民中已经确定了 16 个贝林吉亚或亚洲血统的母系创始血统（图 5-1）。因此，女性移居者的人数可能比走出非洲的人数更多。其中 8 个单倍体（A2、B2、C1b、C1c、C1d、C1d1、D1 和 D4h3a）被定义为"泛美的"，因为它们遍布整个美洲大陆。所有这些可能都出现在最初的古印第安人移居者中，早在 16 000 年前[105-107]，他们就开始沿着太平洋海岸线迅速传播到南美洲。其他的如 X2g[107] 或 D4e1[108] 则极为罕见。在休伦湖马尼图林岛的一个奥吉布瓦人中首次发现 X2g mtDNA 单倍体后，尚未发现其他的 X2g 单倍体。

剩下的单体仅限于北美北极和亚北极地区

的种群，大多数（A2a、A2b、D2a 和 D3）来源于最近移民来的人群[109-111]。有人提出，已经提到的单倍体 X2a 和 C4c（可能还有神秘的 X2g）可能标志着第二批古印第安人从东白令陆桥（Beringia）[100, 107, 112]的扩散，他们在同一时间或不久之后，沿着另一条路线进入加拿大西部。尽管新的考古学和古生态学证据仍然存在争议，但考古基因组学有望很快对其澄清[88, 113]。

七、地中海岛屿上的居民

如上所述，如果对非常大的种群样本进行整个线粒体基因组的系统地理研究，可能会准确地重建单倍体内的嵌套关系，并识别从最古老到最近的分裂的所有突变节点。此外，它们还可以识别最近出现的分支，并以单一的地方社区甚至是单一大家庭中与母亲有关系的成员为特征。这些高分辨率的系统地理线粒体基因组调查技术正渐渐趋于成熟。

这类分析的全部能力最近在撒丁岛得到了检验。它可能也是最后一个被现代人殖民的地中海大岛，即使在最后一次冰川盛期海平面处于最低点时也没有与大陆相连。这种与世隔绝的背景对欧洲史前研究特别有意义，因为现代撒丁岛人是欧洲遗传格局中的"异常值"，根据考古基因组学核数据，他们是最接近欧洲新石器时代的早期农民[114]。这一观察结果导致了这样一种观点，即在现代欧洲，撒丁岛人可能最好地保存了早期农民的基因库，因为他们到达后，该岛与改变欧洲大陆遗传格局的新石器时代晚期和青铜时代的扩张相对隔绝[115]。岛上最早的人类遗骸可以追溯到旧石器时代晚期，在 Corbeddu 洞穴发现了一个约 2 万年前的方阵。这种早期的发现可能非常有限，尽管后来也发现了几个中石器时代的定居点[116]，因此撒丁岛最早的定居者在新石器时代之前就已到达，他们的一些基因可能保留在岛上的当代人口中。

Olivieri 及其同事试图通过对岛上 3491 个现代线粒体基因组，以及 21 个史前受试者的线粒体基因组进行测序来评估这一问题。事实证明，这些基因属于欧洲人特有的主要单倍群分支：HV、JT 和 U。这并不出人意料[117]，相反，新奇的是，几乎 80% 的现代 mtDNA 汇聚在数量庞大的 SSH（89 个）中[65]。在本研究中，当满足三个条件时，单倍体被定义为"撒丁岛特有的"（SSH）：①仅包含撒丁岛起源的 mtDNA；②包含至少 3 个线粒体基因组和至少 2 个单倍型；③在其根部的突变基序中至少存在 1 个稳定的突变（即在树上不重复）。对单倍体是否为撒丁岛特有的评估，是通过将其诊断序列与全球所有可用线粒体基因组数据集中报告的序列进行比较来进行的。这种方法不仅可以让研究人员计算每个 SSH 节点的合并年代，而且还可以识别和确定其最接近的非撒丁岛线粒体基因组从中辐射出来的上游节点。通过这种方式，估计了岛上每个 SSH 出现的最短和最长时间。

此外，还存在一种可能性，即一些假定的 SSH 的突变实际上出现在岛外，但在它们到达撒丁岛后，在祖先的故乡消失了，或者它们仅仅是还没有在周围的现代地中海人口中被取样到。未来对这些种群的研究和古代 DNA 研究将有助于澄清这一问题。尽管如此，对于现代欧洲人口来说，如此大比例的现代撒丁岛 mtDNA 是可能在岛上原位产生的单倍体成员的发现在某种程度上是出乎意料的。这恰恰是研究者所期望，从一个相当孤立的部落人口的分析中得到的结果。

简而言之，几乎所有的 SSH 都被发现在前努拉吉时代，努拉吉时代和新石器 - 铜器时代，这与考古学证据一致。至少有 2 个单倍体（K1a2d 和 U5b1i1）加起来占现代撒丁岛人的 3%，他们在 7800 年前合并，这是考古学假定的撒丁岛新石器时代开始时期。K1a2d 是旧石器时代晚期的近东祖先，而 U5b1i1 则起源于旧石器时代的西欧。这种双重祖先的起源凸显了过去人口统计事件的复杂性，并提出了更多新奇、可能有争议的问题，但至少回答了最初的问题：撒丁岛的中石器时代居民确实在现代岛民的 mtDNA

库中留下了一个很小但仍然可以检测到的遗传痕迹。

　　总而言之，在过去的 40 年里，mtDNA 显然在重建我们物种的起源和迁徙模式方面发挥了主导作用。现在我们正处于人口基因组学时代，人们可能会对 mtDNA 研究的未来感到疑惑。如上所述，mtDNA 的基因组很小，本质上是一个单一的基因座；因此，它显然不具备整个核基因组

的信息力。然而，核基因组研究在充分利用单倍体中存在的信息方面仍然面临困难，此外，全基因组研究至少目前缺乏由非重组 mtDNA 提供的系谱分辨率。因此，mtDNA 数据在基因组时代应该仍然是核基因组数据的主要补充。更不用说，线粒体基因组有时仍然是唯一一个成功地从古代样本中提取出来的，尤其是那些最古老的和保存得很差的样本。

研究展望

尽管进行了数十年的研究，目前对线粒体基因组序列变异在环境适应和疾病易感性中的作用，以及遗传漂移对人类 mtDNA 树区域分支进化的影响仍然知之甚少[74, 118]。这是一个令人着迷且有美好前景的研究领域，特别是考虑到线粒体基因组与核基因组的相互作用在很大程度上也是未被探索的[119]。

显然，在恢复古代 DNA 方面的快速和持续的技术革命也影响着 mtDNA[120]。到目前为止，最古老的完整的人线粒体基因组已经从 40 万年前[121, 122] 的遗骸中获得。因此，找回其他更新世的线粒体基因组甚至更古老的线粒体基因组，将会是一个非常有可能和令人振奋的场景。

参考文献

[1] Torroni A, Schurr TG, Cabell MF, Brown MD, Neel JV, Larsen M, et al. Asian affinities and continental radiation of the four founding Native American mtDNAs. Am J Hum Genet 1993;53(3):563-90.

[2] Torroni A, Sukernik RI, Schurr TG, Starikorskaya YB, Cabell MF, Crawford MH, et al. mtDNA variation of aboriginal Siberians reveals distinct genetic affinities with Native Americans. Am J Hum Genet 1993;53 (3):591-608.

[3] Troy CS, MacHugh DE, Bailey JF, Magee DA, Loftus RT, Cunningham P, et al. Genetic evidence for Near-Eastern origins of European cattle. Nature 2001;410(6832):1088-91.

[4] Underhill PA, Jin L, Lin AA, Mehdi SQ, Jenkins T, Vollrath D, et al. Detection of numerous Y chromosome biallelic polymorphisms by denaturing high-performance liquid chromatography. Genome Res 1997;7 (10):996-1005.

[5] Wang L, Wu ZQ, Bystriakova N, Ansell SW, Xiang QP, Heinrichs J, et al. Phylogeography of the Sino-Himalayan fern Lepisorus clathratus on "the roof of the world". PLoS One 2011;6(9): e25896.

[6] Morris GP, Grabowski PP, Borevitz JO. Genomic diversity in switchgrass (Panicum virgatum): from the continental scale to a dune landscape. Mol Ecol 2011;20(23):4938-52.

[7] Warby SC, Montpetit A, Hayden AR, Carroll JB, Butland SL, Visscher H, et al. CAG expansion in the Huntington disease gene is associated with a specific and targetable predisposing haplogroup. Am J Hum Genet 2009;84(3):351-66.

[8] Ennis S, Murray A, Morton NE. Haplotypic determinants of instability in the FRAX region: concatenated mutation or founder effect? Hum Mutat 2001;18(1):61-9.

[9] Nguyen L, Li M, Chaowanachan T, Hu DJ, Vanichseni S, Mock PA, et al. CCR5 promoter human haplogroups associated with HIV-1 disease progression in Thai injection drug users. AIDS 2004;18 (9):1327-33.

[10] Giles RE, Blanc H, Cann HM, Wallace DC. Maternal inheritance of human mitochondrial DNA. Proc Natl Acad Sci USA 1980;77(11):6715-19.

[11] Brown WM, George Jr M, Wilson AC. Rapid evolution of animal mitochondrial DNA. Proc Natl Acad Sci USA 1979; 76(4): 1967-71.

[12] Anderson S, Bankier AT, Barrell BG, de Bruijn MH, Coulson AR, Drouin J, et al. Sequence and organization of the human mitochondrial genome. Nature 1981;290(5806):457-65.

[13] Andrews RM, Kubacka I, Chinnery PF, Lightowlers RN, Turnbull DM, Howell N. Reanalysis and revision of the Cambridge reference sequence for human mitochondrial DNA. Nat Genet 1999;23(2):147.

[14] Ferris SD, Brown WM, Davidson WS, Wilson AC. Extensive polymorphism in the mitochondrial DNA of apes. Proc Natl Acad Sci USA 1981;78(10):6319-23.

[15] Brown WM. Polymorphism in mitochondrial DNA of humans

as revealed by restriction endonuclease analysis. Proc Natl Acad Sci USA 1980;77(6):3605-9.

[16] Denaro M, Blanc H, Johnson MJ, Chen KH, Wilmsen E, Cavalli-Sforza LL, et al. Ethnic variation in Hpa 1 endonuclease cleavage patterns of human mitochondrial DNA. Proc Natl Acad Sci USA 1981;78 (9):5768-72.

[17] Johnson MJ, Wallace DC, Ferris SD, Rattazzi MC, Cavalli-Sforza LL. Radiation of human mitochondria DNA types analyzed by restriction endonuclease cleavage patterns. J Mol Evol 1983;19(3-4):255-71.

[18] Cann RL, Brown WM, Wilson AC. Polymorphic sites and the mechanism of evolution in human mitochondrial DNA. Genetics 1984;106(3):479-99.

[19] Ferris SD, Wilson AC, Brown WM. Evolutionary tree for apes and humans based on cleavage maps of mitochondrial DNA. Proc Natl Acad Sci USA 1981; 78(4): 2432-6.

[20] Piazza A, Mattiuz PL, Ceppellini R. Combination of haplotypes of the HL-A system as a possible mechanism for gametic or zygotic selection. Haematologica 1969; 54(10): 703-20.

[21] Santachiara-Benerecetti AS, Scozzari R, Semino O, Torroni A, Brega A, Wallace DC. Mitochondrial DNA polymorphisms in Italy. II. Molecular analysis of new and rare morphs from Sardinia and Rome. Ann Hum Genet 1988; 52(1):39-56.

[22] Cann RL, Stoneking M, Wilson AC. Mitochondrial DNA and human evolution. Nature 1987;325 (6099):31-6.

[23] Behar DM, van Oven M, Rosset S, Metspalu M, Loogväli EL, Silva NM, et al. "Copernican" reassessment of the human mitochondrial DNA tree from its root. Am J Hum Genet 2012;90(4):675-84.

[24] Kivisild T, Shen P, Wall DP, Do B, Sung R, Davis K, et al. The role of selection in the evolution of human mitochondrial genomes. Genetics 2006;172(1):373-87.

[25] Soares P, Ermini L, Thomson N, Mormina M, Rito T, Röhl A, et al. Correcting for purifying selection: an improved human mitochondrial molecular clock. Am J Hum Genet 2009; 84(6):740-59.

[26] Horai S, Gojobori T, Matsunaga E. Mitochondrial DNA polymorphism in Japanese. I. Analysis with restriction enzymes of six base pair recognition. Hum Genet 1984; 68(4): 324-32.

[27] Stoneking M, Bhatia K, Wilson AC. Rate of sequence divergence estimated from restriction maps of mitochondrial DNAs from Papua New Guinea. Cold Spring Harb Symp Quant Biol 1986;51(Pt 1):433-9.

[28] Wallace DC, Garrison K, Knowler WC. Dramatic founder effects in Amerindian mitochondrial DNAs. Am J Phys Anthropol 1985;68(2):149-55.

[29] Bonné-Tamir B, Johnson MJ, Natali A, Wallace DC, Cavalli-Sforza LL. Human mitochondrial DNA types in two Israeli populations—a comparative study at the DNA level. Am J Hum Genet 1986;38(3):341-51.

[30] Brega A, Gardella R, Semino O, Morpurgo G, Astaldi Ricotti GB, Wallace DC, et al. Genetic studies on the Tharu population of Nepal: restriction endonuclease polymorphisms of mitochondrial DNA. Am J Hum Genet 1986; 39(4):502-12.

[31] Brega A, Scozzari R, Maccioni L, Iodice C, Wallace DC, Bianco I, et al. Mitochondrial DNA polymorphisms in Italy. I. Population data from Sardinia and Rome. Ann Hum Genet 1986;50(4):327-38.

[32] Scozzari R, Torroni A, Semino O, Sirugo G, Brega A, Santachiara-Benerecetti AS. Genetic studies on the Senegal population. I. Mitochondrial DNA polymorphisms. Am J Hum Genet 1988;43(4):534-44.

[33] Saiki RK, Scharf S, Faloona F, Mullis KB, Horn GT, Erlich HA, et al. Enzymatic amplification of betaglobin genomic sequences and restriction site analysis for diagnosis of sickle cell anemia. Science 1985;230(4732):1350-4.

[34] Vigilant L, Stoneking M, Wilson AC. Conformational mutation in human mtDNA detected by direct sequencing of enzymatically amplified DNA. Nucleic Acids Res 1988;16(13):5945-55.

[35] Wallace DC, Singh G, Lott MT, Hodge JA, Schurr TG, Lezza AM, et al. Mitochondrial DNA mutation associated with Leber's hereditary optic neuropathy. Science 1988;242(4884):1427-30.

[36] Wrischnik LA, Higuchi RG, Stoneking M, Erlich HA, Arnheim N, Wilson AC. Length mutations in human mitochondrial DNA: direct sequencing of enzymatically amplified DNA. Nucleic Acids Res 1987;15(2):529-42.

[37] MITOMAP < https://www.mitomap.org/MITOMAP > .

[38] Vigilant L, Pennington R, Harpending H, Kocher TD, Wilson AC. Mitochondrial DNA sequences in single hairs from a southern African population. Proc Natl Acad Sci USA 1989;86(23):9350-4.

[39] Ward RH, Frazier BL, Dew-Jager K, Pääbo S. Extensive mitochondrial diversity within a single Amerindian tribe. Proc Natl Acad Sci USA 1991;88(19):8720-4.

[40] Di Rienzo A, Wilson AC. Branching pattern in the evolutionary tree for human mitochondrial DNA. Proc Natl Acad Sci USA 1991;88(5):1597-601.

[41] Richards M, Côrte-Real H, Forster P, Macaulay V, Wilkinson-Herbots H, Demaine A, et al. Paleolithic and neolithic lineages in the European mitochondrial gene pool. Am J Hum Genet 1996;59(1):185-203.

[42] Schurr TG, Ballinger SW, Gan YY, Hodge JA, Merriwether DA, Lawrence DN, et al. Amerindian mitochondrial DNAs have rare Asian mutations at high frequencies, suggesting they derived from four primary maternal lineages. Am J Hum Genet 1990;46(3):613-23.

[43] Brown MD, Voljavec AS, Lott MT, Torroni A, Yang CC, Wallace DC. Mitochondrial DNA complex I and III mutations associated with Leber's hereditary optic neuropathy. Genetics 1992;130(1):163-73.

[44] Ballinger SW, Schurr TG, Torroni A, Gan YY, Hodge JA, Hassan K, et al. Southeast Asian mitochondrial DNA analysis reveals genetic continuity of ancient mongoloid migrations. Genetics 1992;130(1):139-52.

[45] Torroni A, Schurr TG, Yang CC, Szathmary EJ, Williams RC, Schanfield MS, et al. Native American mitochondrial DNA analysis indicates that the Amerind and the Nadene populations were founded by two independent migrations. Genetics 1992;130(1):153-62.

[46] PhyloTree < https://www.phylotree.org/ > .

[47] van Oven M, Kayser M. Updated comprehensive phylogenetic tree of global human mitochondrial DNA variation. Hum Mutat 2009;30(2):E386-94.

[48] Wallace DC, Torroni A. American Indian prehistory as written in the mitochondrial DNA: a review. Hum Biol 1992; 64(3):403-16.

[49] Torroni A, Miller JA, Moore LG, Zamudio S, Zhuang J, Droma T, et al. Mitochondrial DNA analysis in Tibet: implications for the origin of the Tibetan population and its adaptation to high altitude. Am J Phys Anthropol 1994;93(2):189-99.

[50] Torroni A, Lott MT, Cabell MF, Chen YS, Lavergne L, Wallace DC. mtDNA and the origin of Caucasians: identification of ancient Caucasian-specific haplogroups, one of which is prone to a recurrent somatic duplication in the D-loop region. Am J Hum Genet 1994;55(4):760-76.

[51] Chen YS, Torroni A, Excoffier L, Santachiara-Benerecetti AS, Wallace DC. Analysis of mtDNA variation in African

populations reveals the most ancient of all human continent-specific haplogroups. Am J Hum Genet 1995;57(1):133-49.

[52] Torroni A, Huoponen K, Francalacci P, Petrozzi M, Morelli L, Scozzari R, et al. Classification of European mtDNAs from an analysis of three European populations. Genetics 1996;144(4):1835-50.

[53] Richards MB, Macaulay VA, Bandelt HJ, Sykes BC. Phylogeography of mitochondrial DNA in western Europe. Ann Hum Genet 1998;62(Pt 3):241-60.

[54] Torroni A, Achilli A, Macaulay V, Richards M, Bandelt HJ. Harvesting the fruit of the human mtDNA tree. Trends Genet 2006;22(6):339-45.

[55] Forster P, Harding R, Torroni A, Bandelt HJ. Origin and evolution of Native American mtDNA variation: a reappraisal. Am J Hum Genet 1996;59(4):935-45.

[56] YCC. A nomenclature system for the tree of human Y-chromosomal binary haplogroups. Genome Res 2002; 12: 339-48.

[57] Torroni A, Rengo C, Guida V, Cruciani F, Sellitto D, Coppa A, et al. Do the four clades of the mtDNA haplogroup L2 evolve at different rates? Am J Hum Genet 2001;69(6):1348-56.

[58] Finnilä S, Lehtonen MS, Majamaa K. Phylogenetic network for European mtDNA. Am J Hum Genet 2001; 68(6): 1475-84.

[59] Ingman M, Kaessmann H, Pääbo S, Gyllensten U. Mitochondrial genome variation and the origin of modern humans. Nature 2000;408(6813):708-13.

[60] Richards M, Macaulay V. The mitochondrial gene tree comes of age. Am J Hum Genet 2001;68 (6):1315-20.

[61] Avise JC, Arnold J, Ball RM, Bermingham E, Lamb T, Neigel JE, et al. Intraspecific phylogeography: the molecular bridge between population genetics and systematics. Ann Rev Ecol Syst 1987;18:489-522.

[62] Forster P, Torroni A, Renfrew C, Röhl A. Phylogenetic star contraction applied to Asian and Papuan mtDNA evolution. Mol Biol Evol 2001;18(10):1864-81.

[63] Mishmar D, Ruiz-Pesini E, Golik P, Macaulay V, Clark AG, Hosseini S, et al. Natural selection shaped regional mtDNA variation in humans. Proc Natl Acad Sci USA 2003; 100(1): 171-6.

[64] Posth C, Renaud G, Mittnik A, Drucker DG, Rougier H, Cupillard C, et al. Pleistocene mitochondrial genomes suggest a single major dispersal of non-Africans and a late glacial population turnover in Europe. Curr Biol 2016; 26(6): 827-33.

[65] Olivieri A, Sidore C, Achilli A, Angius A, Posth C, Furtwängler A, et al. Mitogenome diversity in Sardinians: a genetic window onto an island's past. Mol Biol Evol 2017; 34(5): 1230-9.

[66] Haplogrep 2.0. https://haplogrep.i-med.ac.at/

[67] Weissensteiner H, Pacher D, Kloss-Brandstätter A, Forer L, Specht G, Bandelt HJ, et al. HaploGrep 2: mitochondrial haplogroup classification in the era of high-throughput sequencing. Nucleic Acids Res 2016; 44((W1): W58-63.

[68] Achilli A, Rengo C, Magri C, Battaglia V, Olivieri A, Scozzari R, et al. The molecular dissection of mtDNA haplogroup H confirms that the Franco-Cantabrian glacial refuge was a major source for the European gene pool. Am J Hum Genet 2004;75(5):910-18.

[69] Achilli A, Rengo C, Battaglia V, Pala M, Olivieri A, Fornarino S, et al. Saami and Berbers—an unexpected mitochondrial DNA link. Am J Hum Genet 2005; 76(5): 883-6.

[70] Friedlaender J, Schurr T, Gentz F, Koki G, Friedlaender F, Horvat G, et al. Expanding Southwest Pacific mitochondrial haplogroups P and Q. Mol Biol Evol 2005;22(6):1506-17 Erratum in: Mol Biol Evol 2005; 22(11): 2313.

[71] Kivisild T, Reidla M, Metspalu E, Rosa A, Brehm A, Pennarun

E, et al. Ethiopian mitochondrial DNA heritage: tracking gene flow across and around the Gate of Tears. Am J Hum Genet 2004;75(5):752-70 Epub 2004 Sep 27. Erratum in: Am J Hum Genet 2006;78(6):1097.

[72] Palanichamy Mg, Sun C, Agrawal S, Bandelt HJ, Kong QP, Khan F, et al. Phylogeny of mitochondrial DNA macrohaplogroup N in India, based on complete sequencing: implications for the peopling of South Asia. Am J Hum Genet 2004;75(6):966-78.

[73] Reidla M, Kivisild T, Metspalu E, Kaldma K, Tambets K, Tolk HV, et al. Origin and diffusion of mtDNA haplogroup X. Am J Hum Genet 2003;73(5):1178-90.

[74] Wallace DC. Mitochondrial DNA variation in human radiation and disease. Cell 2015;163(1):33-8.

[75] Vigilant L, Stoneking M, Harpending H, Hawkes K, Wilson AC. African populations and the evolution of human mitochondrial DNA. Science 1991;253(5027):1503-7.

[76] Watson E, Forster P, Richards M, Bandelt HJ. Mitochondrial footprints of human expansions in Africa. Am J Hum Genet 1997; 61(3):691-704.

[77] Quintana-Murci L, Semino O, Bandelt HJ, Passarino G, McElreavey K, Santachiara-Benerecetti AS. Genetic evidence of an early exit of Homo sapiens sapiens from Africa through eastern Africa. Nat Genet 1999;23(4):437-41.

[78] Macaulay V, Hill C, Achilli A, Rengo C, Clarke D, Meehan W, et al. Single, rapid coastal settlement of Asia revealed by analysis of complete mitochondrial genomes. Science 2005;308(5724):1034-6.

[79] Richards MB, Soares P, Torroni A. Palaeogenomics: mitogenomes and migrations in Europe's past. Curr Biol 2016; 26(6):R243-6.

[80] Soares P, Alshamali F, Pereira JB, Fernandes V, Silva NM, Afonso C, et al. The expansion of mtDNA haplogroup L3 within and out of Africa. Mol Biol Evol 2012;29(3):915-27.

[81] Malyarchuk B, Derenko M, Grzybowski T, Perkova M, Rogalla U, Vanecek T, et al. The peopling of Europe from the mitochondrial haplogroup U5 perspective. PLoS One 2010; 5(4): e10285.

[82] Richards M, Macaulay V, Hickey E, Vega E, Sykes B, Guida V, et al. Tracing European founder lineages in the Near Eastern mtDNA pool. Am J Hum Genet 2000; 67(5): 1251-76.

[83] Fu Q, Posth C, Hajdinjak M, Petr M, Mallick S, Fernandes D, et al. The genetic history of Ice Age Europe. Nature 2016;534(7606):200-5.

[84] Olivieri A, Achilli A, Pala M, Battaglia V, Fornarino S, Al-Zahery N, et al. The mtDNA legacy of the Levantine early Upper Palaeolithic in Africa. Science 2006; 314(5806): 1767-70.

[85] Hervella M, Svensson EM, Alberdi A, Günther T, Izagirre N, Munters AR, et al. The mitogenome of a 35,000-year-old Homo sapiens from Europe supports a Palaeolithic back-migration to Africa. Sci Rep 2016; 6: 25501.

[86] Seguin-Orlando A, Korneliussen TS, Sikora M, Malaspinas AS, Manica A, Moltke I, et al. Paleogenomics. Genomic structure in Europeans dating back at least 36,200 years. Science 2014;346 (6213):1113-18.

[87] Sikora M, Seguin-Orlando A, Sousa VC, Albrechtsen A, Korneliussen T, Ko A, et al. Ancient genomes show social and reproductive behavior of early Upper Paleolithic foragers. Science 2017;358 (6363):659-62.

[88] Achilli A, Olivieri A, Semino O, Torroni A. Ancient human genomes—keys to understanding our past. Science 2018; 360(6392):964-5.

[89] Krings M, Stone A, Schmitz RW, Krainitzki H, Stoneking M,

Pääbo S. Neandertal DNA sequences and the origin of modern humans. Cell 1997;90(1):19-30.

[90] Bokelmann L, Hajdinjak M, Peyrégne S, Brace S, Essel E, de Filippo C, et al. A genetic analysis of the Gibraltar Neanderthals. Proc Natl Acad Sci USA 2019;116(31):15610-15.

[91] Posth C, Wißing C, Kitagawa K, Pagani L, van Holstein L, Racimo F, et al. Deeply divergent archaic mitochondrial genome provides lower time boundary for African gene flow into Neanderthals. Nat Commun 2017;8:16046.

[92] Browning SR, Browning BL, Zhou Y, Tucci S, Akey JM. Analysis of human sequence data reveals two Pulses of archaic Denisovan admixture. Cell 2018;173(1) 53-61.e9.

[93] Green RE, Krause J, Briggs AW, Maricic T, Stenzel U, Kircher M, et al. A draft sequence of the Neandertal genome. Science 2010;328(5979):710-22.

[94] Reich D, Green RE, Kircher M, Krause J, Patterson N, Durand EY, et al. Genetic history of an archaic hominin group from Denisova Cave in Siberia. Nature 2010; 468(7327): 1053-60.

[95] Dannemann M, Racimo F. Something old, something borrowed: admixture and adaptation in human evolution. Curr Opin Genet Dev 2018;53:1-8.

[96] Sharbrough J, Havird JC, Noe GR, Warren JM, Sloan DB. The mitonuclear dimension of Neanderthal and Denisovan ancestry in modern human genomes. Genome Biol Evol 2017;9(6):1567-81.

[97] Brown MD, Hosseini SH, Torroni A, Bandelt HJ, Allen JC, Schurr TG, et al. mtDNA haplogroup X: an ancient link between Europe/Western Asia and North America? Am J Hum Genet 1998;63(6):1852-61.

[98] Bandelt HJ, Herrnstadt C, Yao YG, Kong QP, Kivisild T, Rengo C, et al. Identification of Native American founder mtDNAs through the analysis of complete mtDNA sequences: some caveats. Ann Hum Genet 2003; 67(Pt 6): 512-24.

[99] Straus LG, David JM, Goebel T. Ice Age Atlantis? Exploring the Solutrean-Clovis 'connection'. World Archaeol 2005; 37:507-32.

[100] Hooshiar Kashani B, Perego UA, Olivieri A, Angerhofer N, Gandini F, Carossa V, et al. Mitochondrial haplogroup C4c: a rare lineage entering America through the ice-free corridor? Am J Phys Anthropol 2012; 147(1): 35-9.

[101] Kong QP, Bandelt HJ, Sun C, Yao YG, Salas A, Achilli A, et al. Updating the East Asian mtDNA phylogeny: a prerequisite for the identification of pathogenic mutations. Hum Mol Genet 2006;15 (13):2076-86.

[102] Achilli A, Perego UA, Bravi CM, Coble MD, Kong QP, Woodward SR, et al. The phylogeny of the four pan-American MtDNA haplogroups: implications for evolutionary and disease studies. PLoS One 2008;3 (3):e1764.

[103] Perego UA, Angerhofer N, Pala M, Olivieri A, Lancioni H, Hooshiar Kashani B, et al. The initial peopling of the Americas: a growing number of founding mitochondrial genomes from Beringia. Genome Res 2010; 20(9): 1174-9.

[104] Tamm E, Kivisild T, Reidla M, Metspalu M, Smith DG, Mulligan CJ, et al. Beringian standstill and spread of Native American founders. PLoS One 2007;2(9):e829.

[105] Bodner M, Perego UA, Huber G, Fendt L, Röck AW, Zimmermann B, et al. Rapid coastal spread of First Americans: novel insights from South America's Southern Cone mitochondrial genomes. Genome Res 2012; 22(5): 811-20.

[106] de Saint Pierre M, Gandini F, Perego UA, Bodner M, Gómez-Carballa A, Corach D, et al. Arrival of Paleo-Indians to the southern cone of South America: new clues from mitogenomes. PLoS One 2012;7 (12):e51311.

[107] Perego UA, Achilli A, Angerhofer N, Accetturo M, Pala M, Olivieri A, et al. Distinctive Paleo-Indian migration routes from Beringia marked by two rare mtDNA haplogroups. Curr Biol 2009;19(1):1-8.

[108] Kumar S, Bellis C, Zlojutro M, Melton PE, Blangero J, Curran JE. Large scale mitochondrial sequencing in Mexican Americans suggests a reappraisal of Native American origins. BMC Evol Biol 2011;11:293.

[109] Gilbert MT, Kivisild T, Grønnow B, Andersen PK, Metspalu E, Reidla M, et al. Paleo-Eskimo mtDNA genome reveals matrilineal discontinuity in Greenland. Science 2008;320(5884):1787-9.

[110] Achilli A, Perego UA, Lancioni H, Olivieri A, Gandini F, Hooshiar Kashani B, et al. Reconciling migration models to the Americas with the variation of North American native mitogenomes. Proc Natl Acad Sci USA 2013; 110(35): 14308-13.

[111] Raghavan M, DeGiorgio M, Albrechtsen A, Moltke I, Skoglund P, Korneliussen TS, et al. The genetic prehistory of the New World Arctic. Science 2014; 345(6200): 1255832.

[112] O'Rourke DH, Raff JA. The human genetic history of the Americas: the final frontier. Curr Biol 2010; 20(4): R202-7.

[113] Potter BA, Baichtal JF, Beaudoin AB, Fehren-Schmitz L, Haynes CV, Holliday VT, et al. Current evidence allows multiple models for the peopling of the Americas. Sci Adv 2018; 4(8):eaat5473.

[114] Lazaridis I, Patterson N, Mittnik A, Renaud G, Mallick S, Kirsanow K, et al. Ancient human genomes suggest three ancestral populations for present-day Europeans. Nature 2014; 513(7518): 409-13.

[115] Haak W, Lazaridis I, Patterson N, Rohland N, Mallick S, Llamas B, et al. Massive migration from the steppe was a source for Indo-European languages in Europe. Nature 2015; 522(7555):207-11.

[116] Francalacci P, Morelli L, Angius A, Berutti R, Reinier F, Atzeni R, et al. Low-pass DNA sequencing of 1200 Sardinians reconstructs European Y-chromosome phylogeny. Science 2013;341(6145):565-9.

[117] Morelli L, Grosso MG, Vona G, Varesi L, Torroni A, Francalacci P. Frequency distribution of mitochondrial DNA haplogroups in Corsica and Sardinia. Hum Biol 2000; 72(4):585-95.

[118] Wallace DC. Genetics: mitochondrial DNA in evolution and disease. Nature 2016;535(7613):498-500.

[119] Wei W, Tuna S, Keogh MJ, Smith KR, Aitman TJ, Beales PL, et al. Germline selection shapes human mitochondrial DNA diversity. Science 2019;364(6442).

[120] van Dijk EL, Jaszczyszyn Y, Naquin D, Thermes C. The third revolution in sequencing technology. Trends Genet 2018;34(9):666-81.

[121] Meyer M, Fu Q, Aximu-Petri A, Glocke I, Nickel B, Arsuaga JL, et al. A mitochondrial genome sequence of a hominin from Sima de los Huesos. Nature 2014; 505(7483): 403-6.

[122] Meyer M, Arsuaga JL, de Filippo C, Nagel S, Aximu-Petri A, Nickel B, et al. Nuclear DNA sequences from the Middle Pleistocene Sima de los Huesos hominins. Nature 2016;531(7595):504-7.

人类核内线粒体序列
Human nuclear mitochondrial sequences (NumtS)

Marcella Attimonelli　Francesco Maria Calabrese　著

邹薇薇　王晓蕾　译

第 6 章

一、核内线粒体序列的定义和概述

人们对真核细胞中核 DNA 的检测提示了核 DNA 中存在大量 mtDNA 片段。在明确了这些 mtDNA 片段的来源之后,人们发明了"NumtS（ nuclear mitochondrial sequence ）"这个缩写用来代表核内线粒体序列。需要说明的是,这个缩写对于脱离线粒体并整合到细胞核 DNA 的 mtDNA 片段具有重要意义,研究和检测插入核 DNA 中的"外来"异物并非一件微不足道的事。目前尚存许多有关 NumtS 进化和插入的开放性问题。因此,本章旨在说明和澄清以下问题:① NumtS 是何时及如何被发现的;②与 NumtS 检测相关的技术流程,同时包括物种内个体间的 NumtS 子集的检测;③ NumtS 产生的主要机制和确定插入事件的可能发生时间。此外,本章还描述了 NumtS 对种内和种间基因组变异性的影响、它们在线粒体疾病诊断中所扮演的角色,以及它们在基因组可塑性中的作用。

二、核内线粒体序列的发现

NumtS 的发现可以追溯到 20 世纪 80 年代人类第一次完成线粒体基因组和真核生物核内基因组片段的测序。1983 年,Tsuzuky 等观察到两个 λ 噬菌体克隆含有人类的 DNA 片段,其与线粒体 16S rRNA 基因相似但两侧有特定的核 DNA。

1986 年,Jacobs 和 Grimes 将研究重点放在海胆核基因组区域,这些区域与线粒体 CO1 和 16S rRNA 基因高度相似,他们将这些区域称为"线粒体假基因"。这些现象无可辩驳地证明了线粒体 DNA 移位并插入了核 DNA。

之后,随着测序技术的出现、众多真核生物全基因组序列的获取,以及检测 NumtS 的计算分析方法的应用,证实了下文"基于参考基因组的人类 NumtS 的计算分析方法"所述的所有初步证据。迄今为止,通过将人类 mtDNA-rCRS[1] 与参考的人类核基因组[2-5]进行比对,计算机已经鉴定出了 700 多个人类 NumtS。此外,目前已经有数项研究在多个家系中发现了 NumtS 的存在。近期,23 个包括远古谱系的真核生物物种的 mtDNA 序列被人们进行比对,并形成了关于 NumtS 的汇编[6]。此外,最近一篇分析 64 个不同鸟类物种的论文揭示了"非同源 NumtS 的频繁出现","非同源 NumtS"是指插入的 NumtS 不是来自同一祖先,因而不是同源的[7]。然而,根据本书的主题,我们将只描述人类 NumtS 的特征和面临的挑战。在进行详细介绍之前,需要先说明的是,Parr 提出的概念,即把 NumtS 称为线粒体假基因组其实更加合适[8],因为在人类 NumtS 数据集中,覆盖整个人类线粒体基因组的 NumtS 已经被绘制出来[4]（图 6-1）,并且已被 Hazkani-Covo 等[9]证明。

三、核内线粒体序列的检测

第一批物种特异性 NumtS 的汇编是通过扫描整个核基因组参考序列产生的（见下文），与人类基因组相同的是，它代表了从几个样本测序中得出的一致结果。在这种情况下，即使与人 mtDNA 没有强烈联系，也应该注意到一个事实，即根据参考基因组检测 NumtS 的过程中，可能会低估所产生的 NumtS 子集，因为一些 NumtS 没有被纳入汇编过程。

此外，考虑到 NumtS 的多态性，所编制的汇编并不全面，因而无法将所识别的 NumtS 作为种群标记，或者作为 mtDNA 变异的一个原因，以及将其应用于 NumtS 进化过程的研究中。为此，我们有必要对所有研究中所涉及的每个样本的全基因组（核和线粒体 DNA）进行测序（见下文）。

（一）基于参考基因组的人类核内线粒体序列的计算分析方法

基于参考基因组的 NumtS 的分析识别涉及 BLAST 的应用，BLAST 是开发最充分、成果最丰富的软件包之一，这个软件包里提供了多种适配选项[10]。在用于 NumtS 检测的相似性搜索中，BLAST 将线粒体基因组作为查询，将参考核基因组作为目标进行局部比对，以保证最佳匹配效果。在生成人类 NumtS 汇编的过程中，核参考基因组序列代表了共有序列，这些共有序列来自于 2001 年 2 月首次发表的人类基因组[11]中描述的 6 个不同样本的集合和测序。旨在检测人类 NumtS 的开创性研究，是建立在修订后的剑桥参考序列 –rCRS（GenBank AC-number J01415.2[1]）与人类参考基因组版本 hg15、hg16 和 hg17 进行序列比对的基础上。修订后的人类 NumtS 汇编基于 hg18 版本，其质量也较之前的汇编有所提高。基于这些数据，RHNumtS 汇编于 2008 年发表[2]。2011 年发表的修订汇编更好地描述了人类核染色体中检测到的超过 700 次不同长度的 mtDNA 序列的大规模插入事件。在其中一个比对方法的实际操作中，将 FASTA 格式的人类染色体序列输

入 BLAST 软件提供的工具"makeblastbd"中，以建立一个单独的 blast 基因组数据库。将人类全部核基因组作为一个独立数据库的优势在于能够更快地检测出被遗漏的 NumtS，以及减少软件在每个染色体上多次运行事件发生的可能性。Blast 算法涉及几个参数的使用，这些参数对结果命中有很大影响。在 Blast 中被报告为更好的高评分对（high scoring pair，HSP），则会影响到检测到的 NumtS 数量和长度。由 Simone 及其同事[4]开发的 Blastn 参数设置为：2 表示匹配奖励，–3 表示错配惩罚，–5 表示间隙打开，–2 表示间隙扩展，e 值表示错误结果的概率，等于 0.001。另一个同样重要的参数，是 Blastn 默认设置的单词长度为 11。使用不同的参数可能会得到不同的比对长度和 HSP 数目。

在收集 Blastn 对整个人类核基因组的命中结果后，需要使用一些标准将其与 NumtS 联系起来，并因此将其中一些归因于来自线粒体的相同插入事件。这些标准主要是：位于同一条 DNA 链（方向）上，并且两次对比命中的距离固定在 2kbp。为了追踪 NumtS 热点区域的分布，并将它们与其他基因组元素联系起来，在 UCSC 人类基因组浏览器（https://genome.ucsc.edu/index.html）上发布的 hg18 和 hg19 人类注释版本是一个里程碑事件。

核和线粒体基因组 NumtS 可以使用 hg18 和 hg19 版本中"ad hoc"公开的"NumtS"和"NumtS on mitochondrion"这两个 UCSC track 进行比较。

这两个 tracks 可以通过外部 HTML 链接互换连接，以便基因组序列可以从 mtDNA 转移到核染色体上的对应部分。此外，hg18 人类注释版本中另一个有用的 NumtS track "NumtS on mitochondrion with chromosome placement"，可以使用在 UCSC 浏览器中定义的每个核染色体指定的颜色来显示线粒体 NumtS 序列（图 6-1）。最后，在文献[4]中发表并得到部分验证[12]的 RHNumtS 汇编中的 700 个人 NumtS 序列中，有 353 个可在 NCBI Nucleotide 数据库中获得，并且可

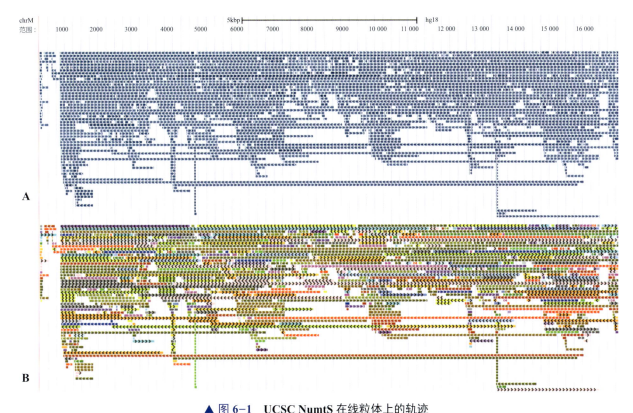

▲ 图 6-1　UCSC NumtS 在线粒体上的轨迹

A. NumtS 定位在线粒体 DNA 区域；B. NumtS 定位在线粒体 DNA 区域并根据 UCSC 染色体颜色着色

以通过搜索"NumtS AND Calabrese FM"进行下载。

（二）样本特异性核内线粒体序列的检测

一旦对人类核基因组上 700 多个 NumtS 的存在进行评估时，一个新的问题就出现了：所有这些绘制的 NumtS 是新的插入，还是来源于重组事件，这些重组事件导致了包含 NumtS 的基因组区域的重复和（或）倒位，从而产生多态性和物种特异性 NumtS？这意味着需要建立方法来识别个体的人类数据集，以达到避免 mtDNA 突变干扰、识别种群标记 NumtS，以及识别对多基因分析有用的 NumtS 的目的。

事实上，如参考文献 [13] 所述，高通量测序的最新进展使人们能够更深入地探索人类 NumtS 的多样性，这种多样性之前由 Lang 等[12] 描述并被进一步观察过[14]。二代测序技术的数据产量十分庞大，而且价格较过去更加便宜。如今，对许多课题组而言，完整的人类基因组测序也因此可以实现。测序技术的进步要求建立"独特"的

设计方法，从而提高检测的准确性。全基因组测序（whole genome sequencing，WGS）数据的丰富性，以及不再基于与参考基因组比较的新方法的使用，使得发现多态性 NumtS 成为可能。由于这些技术的进步，除了先前已经通过 UCSC genome browser tracks[4] 注释绘制出的 NumtS 外，千人基因组计划[15] 还在 20 个人群[13] 中分离出 141 个新的 NumtS 插入位点。在这 141 个新发现的 NumtS 中，Dayama 等 [13] 发现了几乎全长的线粒体基因组插入。因此，NumtS 在人类群体中的存在 / 缺失，以及与近缘灵长类动物基因组的比较，确保了 NumtS 子集的识别，此子集可以被认为是人类特有的，而且在不同人群中存在差异。根据对 NumtS 多态性的评估，能够快速、高效地识别个体人群 NumtS 的方案非常重要。从这个意义上说，本书相关章介绍的 MToolBox 软件包有助于重建人类 mtDNA[16]，避免了 mtDNA 突变干扰的风险，并同时生成一个样本特异性

NumtS 数据集。

（三）体外核内线粒体序列的鉴定

为了验证计算机预测的人类 NumtS，需要进行 PCR 扩增和测序，这些实验都很容易进行，只需注意一些引物设计的细节，以避免 mtDNA 共扩增[2, 4]。进一步来说，为了确保在没有 NumtS 的情况下的扩增效果，寡核苷酸也必须在侧翼区域扩增一定的范围。这种方法已应用于人类 NumtS 多态性亚类的鉴定[12]。具体来说是通过应用比较基因组计算方法，该方法依赖于核查与人类血缘最接近的物种中的 NumtS 存在情况（即黑猩猩、红毛猩猩、猕猴和狨猴），由此在 NCBI 核苷酸数据库中通过搜索"NumtS"和"人类特异性"，识别并注释一组 53 个人类特异性 NumtS。上述计算机预测的结果，通过在黑猩猩中对相同的 NumtS 进行 PCR 扩增和测序进行了验证。然而，考虑到上述由于 NumtS 共扩增导致 mtDNA 错误变异的高风险，因此需要对引物数据集进行准确的筛选。参考文献 [17] 报道了在区分 NumtS 和 mtDNA 序列的引物设计上的巨大进步，其中核 DNA 和 mtDNA 之间的所有子序列的共同或相似（允许一次不匹配）的线粒体位置已被识别。

旨在识别个体 NumtS 的其他方法可能会基于杂交方法，以避免基于 WGS 这种最昂贵和耗时的方法。通过应用荧光原位杂交（fluorescence in situ hybridization，FISH）技术，将核基因组和线粒体基因组之间的序列杂交，是这一方向的尝试[18]。最近，FIBER FISH 技术已经被用于检测 NumtS[19]。

正如 Koo 等所报道的那样[19]，"FIBER-FISH 是一种允许在 DNA 纤维上对基因和染色体区域进行高分辨率的定位，使 DNA 探针的物理位置降低到 1000bp 分辨率的技术"。

四、Numtogenesis：核内线粒体序列插入的机制

关于 NumtS 产生的最成熟和最有效的理论报告认为，它们通过两种不同的机制插入核基因组：

DNA 双链断裂（DNA double-strand break，DSB）修复期间的非同源末端连接（nonhomologous end-joining，NHEJ）机制[20, 21]，或者通过同源重组。这两种不同的机制可能与下述的不同时间和模式有关。NumtS 插入的发生是由于内源性和外源性因素如电离辐射和衰老（最可信的原因）的作用，并且严格依赖于核 DNA 中 DNA 双链断裂的比率[22]。据 Jensen-Seaman 等报道[23]，对人类和黑猩猩分化后发生的 NumtS 插入的比较研究中发现，大多数研究的基因组整合都伴随着微同源性和短插入，这种插入通常在 DNA 双链断裂修复的非同源末端连接途径中观察到（图 6-2）。

为了支持发现的这一特性，Hazkany-Covo 和 Covo[24] 提出了一个模型，根据该模型，NumtS 可以作为填充物修复复杂的 DNA 双链断裂，从而降低有害修复的风险。

这一概念指的是通过基因组修复，即预先存在的元素的随机组合，来创造新的基因组元素[25]。换句话说，逃离线粒体的线粒体片段库被随机用于核需求，如 DNA 双链断裂修复，但也有助于在基因组需要时发挥新功能。根据这些机制，NumtS 的产生可归因于两种不同的进化延时，第一种是指在共生体核基因组大小减小的背景下发生的一批线粒体片段迁移，第二种延时解释了内共生后连续发生的物种形成事件（图 6-3）。

在物种形成过程中，固定的 NumtS 核心（相对于最后一个共同祖先的核心）经历了复制、缺失和突变事件。此外，从线粒体迁移到核 DNA 的新事件发生并且继续发生[24, 26]，主要证据是 Singh 等[27] 定义为 "numtogenesis" 的发病过程。因此，NumtS 子集的产生可以假设分为两个子部分。第一部分收集了可归因于内共生事件的所有插入。第二部分是指所有在内共生后到达细胞核的线粒体片段，随着对核染色体产生不同作用的选择压力而造成的基因组环境的动态变化，被插入物种祖先核 DNA，并固定在那里。因此，在一个物种形成事件之后，一组物种特异性的 NumtS 可能会被修改：一些 NumtS 可能会丢失，或者可

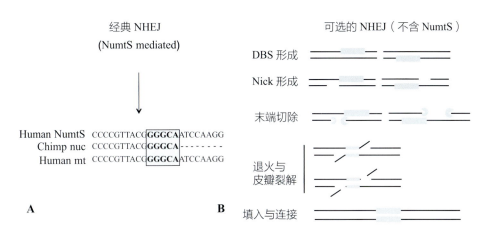

▲ 图 6-2　有无 NumtS 参与的 NHEJ 机制

双链断裂（double-strand break，DSBR）可以通过使用（A）或不使用（B）NumtS 作为修复物的非同源末端连接重组（nonhomologous end-joining，NHEJ）的认可机制进行修复。在这两种情况下，微同源性介导的末端连接（microhomology-mediated end-joining，MMEJ）机器通过使用微同源性修复 DNA 断裂并导致 DNA 缺失。当 NumtS 用于填充物修复 DSBR（NumtS 介导的 NHEJ）时，大片段缺失的风险会降低。A 显示的多比对与一种人类特异性 NumtS 相关，并允许突出显示退火步骤中（当 mtDNA 用作填充物时）使用的一个微同源区域的存在。具体而言，黑猩猩（Chimp）的核基因组不包含 NumtS，但可以检测到一个短的微同源区域，这证明在人类线粒体区域与其核对应区域之间存在共享（引自 Hazkani-Covo E, Covo S. . Numt-mediated double-strand break repair mitigates deletions during primate genome evolution. PLoS Genet 2008;4:e1000237. https://doi.org/ 10.1371/journal.pgen.1000237. ）

能会根据它们插入的基因组环境发生突变积累，而另一些可能会被复制（重复）。

五、核内线粒体序列的可变性和多态性

NumtS 在基因组变异中起重要作用，随机遗传漂变可能被认为是获得 NumtS 的驱动力。然而，尽管关于它们起源的争论仍然存在，但是由于它们的种内变异性，即在序列上存在纯合子 / 杂合子状态，以及它们在特定位点的存在 / 缺失。NumtS 可能被认为是种群标志物，而种间分析则揭示了一个假设的难题，即上述提出的在进化过程中不同的插入时间[28]。

在进化过程中，NumtS 根据基因组背景插入其中从而积累突变。突变的数量导致序列相似性；插入核染色体的 NumtS 的时间越早，则与该物种的线粒体基因组相似性越低，其中间遗传距离也越大。相反，最近的 NumtS 插入则显示出与它们的线粒体对应区域的高度相似性，从而导致疾病研究中经常出现的高风险假序列（见下文）。与存在 / 不存在、纯合子 / 杂合子状态或单核苷

酸变异相关的 NumtS 多态性特征，也可以用来识别假定的多态性 NumtS，这些 NumtS 可以用作群体标记，并因此在法医学中得到应用，如参考文献 [29] 所述。在该文献中，描述了一种应用于里约热内卢一个人群的 41 个人类线粒体基因组数据集、基于多基因原理、用于解析来自干扰信息的真实变异（即信号）的新方法。通过这种方法，重建了 451 个推定的 NumtS，其中 147 个是来源于祖先的 NumtS，而 122 个代表单个核苷酸的不同单倍型，并且它们都与所考虑受试者的 mtDNA 不完全一致。同样，NumtS track 可用于了解与其起源的线粒体区域不匹配的 NumtS 序列的数量。在 hg19 人类版本中，通过点击 NumtS 键，就可以下载到 NumtS 和参考 mt DNA 序列之间的比对结果。该比对示意图可以观察线粒体和核序列之间发生的不匹配（图 6-4）。

六、核内线粒体序列在线粒体DNA测序和疾病中的作用

异质性和同质性致病变异的存在、mtDNA 拷贝数的增加、大片段 mtDNA 缺失和参与线

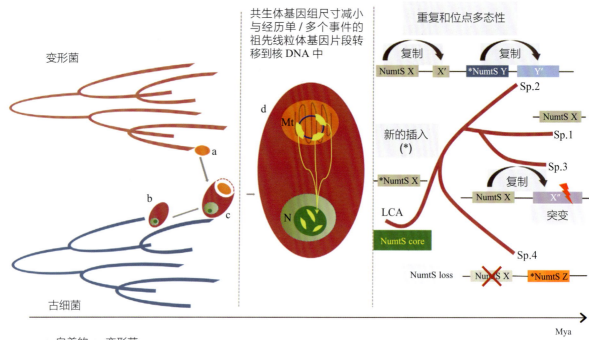

a → 自养的 α- 变形菌

b → 原始异养真核生物

c → 共生体变成线粒体

▲ 图 6-3　NumtS 的起源和演变

原始异养真核生物（b）通过吞噬作用主动吞噬自养 α- 变形菌（a）；共生体（c）经历基因组大小减小，从而开始其转化以产生线粒体，在此期间，第一批大量线粒体片段到达异养真核生物的核基因组（d），从而产生了第一个定居于细胞核的 NumtS 池。在物种形成过程中，固定的 NumtS 核心 [与最后一个共同祖先（last common ancestor, LCA）有关的核心] 经历了复制事件、NumtS 丢失和突变。右图显示了影响 NumtS 基因座进化的可能事件。具体来说，就是发生在 LCA 之后的 NumtS X 新插入在所有后续物种中都保持不变，除了发生 NumtS 缺失的物种 4。所有新插入事件都用星号标记。物种 1 维持相同的 LCA NumtS 子集，而物种 2 则发生了新插入加上 NumtS 重复。在物种 3 中，NumtS X 发生复制，并产生了一个突变（红色闪电标记），复制独立于 X 基因座

粒体过程的核基因突变，都是线粒体参与的退行性过程的原因和效果。在 PubMed 中搜索 "mitochondria and disease" 相关词条生成了 6 万多篇文章，这一结果突出线粒体不仅在经典的罕见线粒体疾病中，其在慢性疾病中及肿瘤进展过程中均起重要作用。随着测序技术和准确读取单个细胞 mtDNA 能力的进步，通过识别上述原因和效果，诊断的准确性肯定会得到优化。但 NumtS 的存在提示了一个不容忽视的相当大的风险，从而避免产生错误的结果。当 NumtS 未知或被忽视的时候，有文献报道了许多线粒体致病变异的假象[30]。在掌握了 NumtS 的知识和通过 UCSC 获得了人类 NumtS 汇编之后，可以通过将

引物设计到 mtDNA 和核 DNA 之间相似性最低的区域来降低假变异的风险。然而，考虑到整个 mtDNA 在核基因组上以 NumtS 的形式存在，并且同一片段的拷贝数被多次报道，尽管其具有不同的相似性（图 6-1），当 mtDNA 拷贝数增加时，共扩增的风险仍然存在。例如，在癌症发生过程中，可能会导致将估计的异质性部分完全归因于 mtDNA。最后，当涉及个体 NumtS 时，将致病性归因于人 mtDNA 变异的错误风险很大。这种情况可以通过上文 "核内线粒体序列 NumtS 的可变性和多态性"[29] 中提到的多基因方法进行探索。并且，基于可用的二代测序读长，由于核 DNA 和 mtDNA 之间不同的突变率[31]，使得区分来源

HSA_NumtS_227_b2 与 chrM:577-1539 对齐：

```
001 CAGTTTATGTAGCTTAATTATTAAAAGCAAGACACTGAAAATGTCTAGAC 050
>>> ||||||||||||||||  |  |  ||||||||||||||  | ||| |||| >>>
577 cagtttatgtagcttacctcctcaaagcaatacactgaaaatgtttagac 626

051 GGACTTA..TTACCCCATAAACAGATAGGTTTGGTTCTGGCCTTTCTGTT 098
>>> ||  ||  |   ||||||||||||  ||||||||| || ||||||| || >>>
627 gggctcacatcaccccataaacaaataggtttggtcctagcctttctatt 676

099 AACTCTTAGTAAGATTACACATGCAAGTATCACCATCCTAGTGAAAATAC 148
>>> |  ||||||||||||||||||||||||  | |  ||||| ||   || >>>
677 agctcttagtaagattacacatgcaagcatccccgttccagtgagttcac 726

149 CCTCTAAATCATTATGATCAAAAGGAGTAAGAATCAAGCACAGACAAATG 198
>>> |||||||| |  ||||||  ||||||| ||| ||||||||  |  |||| >>>
727 cctctaaatcaccacgatcaaaagggacaagcatcaagcacgcagcaatg 776

199 CAGCTCAAAACACTTTGCTCGGCCACACCCCCACAGGAAGCAGCAGTGAT 248
>>> |||||||||| |  ||||| ||||||||||||||||  |||||||||||| >>>
777 cagctcaaaacgcttagcctagccacaccccacgggaaacagcagtgat 826
```

▲ 图 6-4　NumtS 与其 mtDNA 对应区域之间的序列差异

mtDNA 区域（从 577—1539）与通过浏览 UCSC Numt track 检索得到的相应 NumtS 之间的比对

于 mtDNA 和 NumtS 的读长成为可能。更有助于减少假变异风险的方法细节在本书的其他章有详细介绍。

七、核内线粒体序列的注解：核内线粒体序列的当前和未来角色

人类基因组浏览器 UCSC 可以检索感兴趣的基因组区域内的 NumtS，并提供显示位于同一区域的其他基因组元素的所有已收集信息的可能性。例如，可以通过基于 UCSC track 的种间比较法一目了然地研究 NumtS 的中间保守性。仅仅通过连接 NumtS tracks 和 Chain/Net UCSC track，注释交叉部分的数据，用户可以直观地评估特定物种或物种间共享的 NumtS。此外，NumtS track 和 GenCode track[32] 之间的交叉检索可以评估并最终识别随着时间的推移 NumtS 所承担的功能，并提醒研究人员注意由于 NumtS 存在于内含子甚至外显子区域而导致的任何潜在功能改变。根据 Bodzioch 等的报道，评估最多的数据是名为 "humanin" 的功能性 NumtS[33]。"humanin" 是 "一种神经保护和抗凋亡肽，来源于线粒体 MT-RNR2 基因的一部分，其生物信息学和表达数据表明存在 13 个类 MT-RNR2 的核位点，预测可编码 15 个不同全长 HN 样肽的开放阅读框。这些核基因中至少有 10 个是在人体组织中表达，并对星形孢菌素（staurosporine，STS）和 β-胡萝卜素产生反应"。此外，NumtS track 和 microRNA track 的合并发现了包含表达 NumtS 的区域，而与 GenBank mRNA track 的合并报道了与 microRNA 表达相关的几个 NumtS。而且，Pozzi 和 Dowling[34] 最近提出了 mtDNA 表达的 microRNA 假说，但目前没有证据支持这一假说。最后，Singh 等报道了癌症样本的细胞核内存在完整线粒体的证据[27]。

研究展望

本章主要论述了核片段线粒体起源的相关内容。在人类基因组中对这些片段的检测，并扩大到在物种发育上更接近智人的其他物种，都有助于深入描述 NumtS 特征。

希望进行相关研究的读者可以在这里找到与假变异相关的基本概念，假变异是由于 NumtS/mtDNA 共扩增导致的，这是妨碍检测个体 NumtS 子集的主要原因之一。因此，未来应努力推动设计和实施更准确的方法从而有助于识别新的 NumtS。

参考文献

[1] Andrews RM, Kubacka I, Chinnery PF, Lightowlers RN, Turnbull DM, Howell N. Reanalysis and revision of the Cambridge reference sequence for human mitochondrial DNA. Nat Genet 1999;23:147. Available from: https://doi.org/10.1038/13779.

[2] Lascaro D, Castellana S, Gasparre G, Romeo G, Saccone C, Attimonelli M. The RHNumtS compilation: features and bioinformatics approaches to locate and quantify human NumtS. BMC Genomics 2008;9:267. Available from: https://doi.org/10.1186/1471-2164-9-267.

[3] Ramos A, Barbena E, Mateiu L, del Mar González M, Mairal Q, Lima M, et al. Nuclear insertions of mitochondrial origin: database updating and usefulness in cancer studies. Mitochondrion 2011;11:946-53. Available from: https://doi.org/10.1016/j.mito.2011.08.009.

[4] Simone D, Calabrese FM, Lang M, Gasparre G, Attimonelli M. The reference human nuclear mitochondrial sequences compilation validated and implemented on the UCSC genome browser. BMC Genomics 2011;12:517. Available from: https://doi.org/10.1186/1471-2164-12-517.

[5] Tsuji J, Frith MC, Tomii K, Horton P. Mammalian NUMT insertion is non-random. Nucleic Acids Res 2012;40:9073-88. Available from: https://doi.org/10.1093/nar/gks424.

[6] Calabrese FM, Balacco DL, Preste R, Diroma MA, Forino R, Ventura M, et al. NumtS colonization in mammalian genomes. Sci Rep 2017;7:16357. Available from: https://doi.org/10.1038/s41598-017-16750-2.

[7] Liang B, Wang N, Li N, Kimball RT, Braun EL. Comparative genomics reveals a burst of homoplasyfree numt insertions. Mol Biol Evol 2018;35:2060-4. Available from: https://doi.org/10.1093/molbev/ msy112.

[8] Parr RL, Maki J, Reguly B, Dakubo GD, Aguirre A, Wittock R, et al. The pseudo-mitochondrial genome influences mistakes in heteroplasmy interpretation. BMC Genomics 2006;7:185. Available from: https://doi.org/10.1186/1471-2164-7-185.

[9] [9] Hazkani-Covo E, Sorek R, Graur D. Evolutionary dynamics of large numts in the human genome: rarity of independent insertions and abundance of post-insertion duplications. J Mol Evol 2003;56:169-74. Available from: https://doi.org/10.1007/s00239-002-2390-5.

[10] Camacho C, Coulouris G, Avagyan V, Ma N, Papadopoulos J, Bealer K, et al. BLAST +: architecture and applications. BMC Bioinforma 2009;10:421. Available from: https://doi.org/10.1186/1471-2105-10-421.

[11] Lander ES, Linton LM, Birren B, et al. International Human

Genome Sequencing Consortium. Initial sequencing and analysis of the human gemome. Nature 2001;409:860-921. Available from: https://doi.org/10.1038/35057062.

[12] Lang M, Sazzini M, Calabrese FM, Simone D, Boattini A, Romeo G, et al. Polymorphic NumtS trace human population relationships. Hum Genet 2012;131:757-71. Available from: https://doi.org/10.1007/s00439-011-1125-3.

[13] Dayama G, Emery SB, Kidd JM, Mills RE. The genomic landscape of polymorphic human nuclear mitochondrial insertions. Nucleic Acids Res 2014;42:12640-9. Available from: https://doi.org/10.1093/nar/gku1038.

[14] Hazkani-Covo E, Martin WF. Quantifying the number of independent organelle DNA insertions in genome evolution and human health. Genome Biol Evol 2017; 9: 1190-203. Available from: https://doi.org/10.1093/gbe/evx078.

[15] 1000 Genomes Project Consortium, Auton A, Brooks LD, Durbin RM, Garrison EP, Kang HM, et al. A global reference for human genetic variation. Nature 2015;526:68-74. Available from: https://doi.org/ 10.1038/nature15393.

[16] Calabrese C, Simone D, Diroma MA, Santorsola M, Guttà C, Gasparre G, et al. MToolBox: a highly automated pipeline for heteroplasmy annotation and prioritization analysis of human mitochondrial variants in high-throughput sequencing. Bioinforma Oxf Engl 2014;30:3115-17. Available from: https://doi.org/ 10.1093/bioinformatics/btu483.

[17] Albayrak L, Khanipov K, Pimenova M, Golovko G, Rojas M, Pavlidis I, et al. The ability of human nuclear DNA to cause false positive low-abundance heteroplasmy calls varies across the mitochondrial genome. BMC Genomics 2016;17:1017. Available from: https://doi.org/10.1186/s12864-016-3375-x.

[18] Pinkel D, Landegent J, Collins C, Fuscoe J, Segraves R, Lucas J, et al. Fluorescence in situ hybridization with human chromosome-specific libraries: detection of trisomy 21 and translocations of chromosome 4. Proc Natl Acad Sci U S A 1988;85:9138-42. Available from: https://doi.org/10.1073/pnas.85.23.9138.

[19] Koo D-H, Singh B, Jiang J, Friebe B, Gill BS, Chastain PD, et al. Single molecule mtDNA fiber FISH for analyzing numtogenesis. Anal Biochem 2018;552:45-9. Available from: https://doi.org/10.1016/j. ab.2017.03.015.

[20] Ricchetti M, Tekaia F, Dujon B. Continued colonization of the human genome by mitochondrial DNA. PLoS Biol 2004;2:E273. Available from: https://doi.org/10.1371/journal.pbio.0020273.

[21] Blanchard JL, Schmidt GW. Mitochondrial DNA migration events in yeast and humans: integration by a common end-joining mechanism and alternative perspectives on nucleotide substitution patterns. Mol Biol Evol 1996;13:537-48. Available from: https://doi.org/10.1093/oxfordjournals.molbev.a025614.

[22] Gaziev AI, Shaĭkhaev GO. Nuclear mitochondrial pseudogenes. Mol Biol (Mosk) 2010;44:405-17.

[23] Jensen-Seaman MI, Wildschutte JH, Soto-Calderón ID, Anthony NM. A comparative approach shows differences in patterns of numt insertion during hominoid evolution. J Mol Evol 2009;68:688-99. Available from: https://doi.org/10.1007/s00239-009-9243-4.

[24] Hazkani-Covo E, Covo S. Numt-mediated double-strand break repair mitigates deletions during primate genome evolution. PLoS Genet 2008;4:e1000237. Available from: https://doi.org/10.1371/journal. pgen.1000237.

[25] Jacob F. Evolution and tinkering. Science 1977;196:1161-6. Available from: https://doi.org/10.1126/ science.860134.

[26] Schiavo G, Hoffmann OI, Ribani A, Utzeri VJ, Ghionda MC, Bertolini F, et al. A genomic landscape of mitochondrial DNA insertions in the pig nuclear genome provides evolutionary signatures of interspecies admixture. DNA Res Int J Rapid Publ Rep Genes Genomes 2017;24:487-98. Available from: https://doi. org/10.1093/dnares/dsx019.

[27] Singh KK, Choudhury AR, Tiwari HK. Numtogenesis as a mechanism for development of cancer. Semin Cancer Biol 2017;47:101-9. Available from: https://doi.org/10.1016/j.semcancer.2017.05.003.

[28] Gherman A, Chen PE, Teslovich TM, Stankiewicz P, Withers M, Kashuk CS, et al. Population bottlenecks as a potential major shaping force of human genome architecture. PLoS Genet 2007;3:e119. Available from: https://doi.org/10.1371/journal. pgen.0030119.

[29] Smart U, Budowle B, Ambers A, SoaresMoura-Neto R, Silva R, Woerner AE. A novel phylogenetic approach for de novo discovery of putative nuclear mitochondrial (pNumt) haplotypes. Forensic Sci Int Genet 2019;43:102146. Available from: https://doi.org/10.1016/j.fsigen.2019.102146.

[30] Wallace DC, Stugard C, Murdock D, Schurr T, Brown MD. Ancient mtDNA sequences in the human nuclear genome: a potential source of errors in identifying pathogenic mutations. Proc Natl Acad Sci U S A 1997;94:14900-5. Available from: https://doi.org/10.1073/pnas.94.26.14900.

[31] Petruzzella V, Carrozzo R, Calabrese C, Dell'Aglio R, Trentadue R, Piredda R, et al. Deep sequencing unearths nuclear mitochondrial sequences under Leber's hereditary optic neuropathy-associated false heteroplasmic mitochondrial DNA variants. Hum Mol Genet 2012; 21: 3753-64. Available from: https://doi. org/10.1093/hmg/dds182.

[32] Harrow J, Frankish A, Gonzalez JM, Tapanari E, Diekhans M, Kokocinski F, et al. GENCODE: the reference human genome annotation for The ENCODE Project. Genome Res 2012;22:1760-74. Available from: https://doi.org/10.1101/gr.135350.111.

[33] Bodzioch M, Lapicka-Bodzioch K, Zapala B, Kamysz W, Kiec-Wilk B, Dembinska-Kiec A. Evidence for potential functionality of nuclearly encoded human in isoforms. Genomics 2009;94(4):247-56. Available from: https://doi.org/10.1016/j.ygeno.2009.05.006.

[34] Pozzi A, Dowling DK. The genomic origins of small mitochondrial RNAs: are they transcribed by the mitochondrial DNA or by mitochondrial pseudogenes within the nucleus (NUMTs)? Genome Biol Evol 2019;11:1883-96. Available from: https://doi.org/10.1093/gbe/evz132.

第7章 线粒体 DNA 在法医学中的应用
mtDNA exploitation in forensics

Adriano Tagliabracci　Chiara Turchi　著

宗　凯　张　华　殷　玥　译

法医学中通过基因检测可获得一份基因档案，以此鉴定个体身份信息。法医学界普遍认为，只能从一组特定的常染色体短串联重复序列（short tandem repeat，STR）系统中获得适用于法医学鉴定目的的遗传图谱。但是对于降解的 DNA 样本或者年代久远的标本，传统法医学上的 STR 标记方法无法获得 DNA 档案。对于损伤的 DNA 样本，可用 mtDNA 分析的方法处理。既往有用 mtDNA 分析法处理骨骼残骸、牙齿、毛发和毛干等法医学样本的成功案例。

mtDNA 分析法能从降解的样本中提取 mtDNA。主要原因是：在人体细胞中，mtDNA 相较于核 DNA 有更高的拷贝数。因为在每个细胞中有成百上千个 mtDNA 基因组的拷贝，因而在 DNA 含量很少、年代久远或降解的样本中，mtDNA 较常染色体 DNA 更容易留存。此外，由于 mtDNA 的环状结构使其较少受到核酸外切酶活动的影响，比起核 DNA，mtDNA 较少受到相关酶的降解。因此，比起核 STR 分型系统，更容易获得 mtDNA 档案。

人线粒体基因具有母系遗传的特点，子代的线粒体完全来自母方，不受父方的影响。因此，就像 Y 染色体经父系遗传一样，我们也将 mtDNA 定义为"单亲遗传"。因为母方的 mtDNA 不与父方线粒体基因组相接触，便不会发生基因重组现象。不考虑 DNA 在传递过程中的突变——这一特殊性让线粒体基因未经修饰地传递给子代。因此，母系亲属间有着完全相同的 mtDNA 基因组，或者换句话说，母系亲属间属于一个相同的线粒体谱系。结果就是，许多人共同拥有一个线粒体基因组，因为他们是母系近亲或者在过去有着相同的母系祖先（母系远亲）。由于这些原因，mtDNA 序列的多态性不能像核 DNA 标志物那样用于鉴别个体。虽然常染色体 DNA 标志物能提供更多的信息且对鉴定目的更有价值，但是一份 mtDNA 的鉴定结果总比没有结果好。

mtDNA 在法医工作中主要用于重建基因关系，比如失踪人口鉴定或大规模灾害后亲属鉴定。mtDNA 在这些应用中所起的主要作用是让所有相关的母系亲属（包括远亲），都可被用于比较以确定失踪人口的身份。

一、线粒体 DNA 分型在法医学历史鉴定中的应用

从 20 世纪 90 年代初以来，mtDNA 分型在一些有趣的法医鉴定中得以应用。1991 年 Stoneking 及其同事发表了第一篇 mtDNA 多态性在法医学上应用的相关报道[1]。这篇报道描述了在 mtDNA 控制区高度可变节段检测序列变异性的方法，运用序列特异的寡核苷酸（sequence-specific oligonucleotide，SSO）探针与经 PCR 扩增的 DNA 目标区段杂交，在 mtDNA 控制区高度可变节段检测序列变异性的方法。而且，为了

表明 mtDNA 分类在法医学鉴定中的实用性，作者描述了一个案例分析的结果，该案与对 1986 年发现的一份骨头残骸的鉴定有关。一对父母的 3 岁女儿于 2 年前失踪，将残骸的 mtDNA 与父母的 mtDNA 进行比较，发现这位母亲的样本与骨骼残骸有着相同的 mtDNA 分型，证实了这份残骸属于这个失踪的小孩这一假设。

另一种情况是，人们用 mtDNA 分析来鉴定战争中的罹难者，将其用在了越南战争[2]、第二次世界大战[3-5]及朝鲜战争[6]的遗骸鉴定中。mtDNA 分析也用在了阿尔德亚蒂诺坑穴中受难者的鉴定，那里是 1944 年第二次世界大战中，罗马附近的 335 名意大利人被纳粹德国占领军所屠杀的遇难地[7]。

过去几年一些有趣的历史鉴定证明了 mtDNA 分析是一项实用的工具。其中最著名也是最吸引人的案件就是对罗曼诺夫家族这一旧俄皇室家族遗体的鉴定（图 7-1）。1918 年 7 月，沙皇尼古拉二世、其妻沙皇皇后亚历山德拉和五个孩子在叶卡捷琳堡被处决。20 世纪 70 年代末，一个当地的地质学家发现了一个有九具尸体的大墓地，其中五具应该属于上述七个人里，另外四具是他们的随从。1991 年从这一墓地中挖掘出残骸，并于 1992 年由 Peter Gill 和 Pavel Ivanov 对其进行了 DNA 的鉴定分析[8]。他们运用 STR 来分类、辨认性别，以及展现几位罗曼诺夫家族成员之间的关系，运用 mtDNA 检测将沙皇、皇后与他们在世的母系亲属相关联。通过 mtDNA 分析，以及与皇后的母系后代相比较，鉴定了其中一具尸骨为沙皇皇后亚历山德拉，且证实了墓地中其他三具尸骨是她的女儿们。

而通过残骸中 mtDNA 序列与尼古拉二世的两位母系成员相比较证实了沙皇的身份。沙皇尸骨中 mtDNA 类型与其家族的母系亲属一致，除了一个单一位点存在异质性（异质性是指一个个体中不止一个 mtDNA 类型），在沙皇 mtDNA 序列中观察到 16169 位点（C/T），而在母系亲属中没有这一异质性。随后将沙皇二世的弟弟乔

治·罗曼诺夫大公遗骸的 mtDNA 单体型与沙皇进行比较[9]，发现这两份样本在 16169 位点都有相同的异质性，只是比例不同，沙皇的样本主要是胞嘧啶（C），而其弟弟的样本主要是胸腺嘧啶（T）。尽管有着法医学基因分析为证，但由于大墓地中没有同时被处决的另外两个孩子，让人们对遗骸的真实身份还是存在质疑。在 2007 年，在距离第一个墓地约 70m 处发现另外的骨骼碎片，同年对第二个墓穴的遗骸进行了两次独立的 DNA 检测[10]，证实其来源于沙皇和皇后的一对儿女，为罗曼诺夫家族孩子的消失之谜画上句号。这一法医学案件的意义不仅是对罗曼诺夫王朝结局的历史重建，而且是在 mtDNA 分析中提出了异质性这个问题，这一问题将会在本篇详细讨论。

法医学上另一些用 mtDNA 分型进行历史鉴定的有：对奥地利守护神利奥波德三世的分子基因鉴定[11]，用 mtDNA 分析证实一对尸骨是法王路易十六和王后玛丽·安托瓦内特的儿子[12]和女儿[13]，以及鉴定出国王理查德三世的尸骨[14]。

近年来的一个包含了 mtDNA 分析的鉴定案例是关于"南迦帕尔巴特之谜"[15]。冈瑟·梅斯纳尔，世界知名登山者莱因霍尔德·梅斯纳尔的弟弟，1970 年和哥哥莱因霍尔德一同加入了一支探险队，去登世界第九高峰南伽帕尔特峰（8125m）。但冈瑟未能返回，他的失踪引发了人们的争论。

莱因霍尔德说他和冈瑟一起通过东面的鲁泊尔岩壁登顶，再通过西面的迪米尔坡下山，上山路线艰险，下山路线相对轻松，而冈瑟在下山途中被一场雪崩所埋葬。探险队的其他成员对他的话表示怀疑，他们指控莱因霍尔德在艰难的上行途中抛弃了较为虚弱的弟弟。莱因霍尔德反驳了这一说法并数次返回南伽帕尔特峰搜寻弟弟的遗骸。2000 年，登山者在迪米尔坡面发现了一块人类的腓骨，之后对其进行法医学的 DNA 分析以评估它的主人与梅斯纳尔家族是否存在亲缘关系。5 年后，在之前发现腓骨的位置附近发现了

mtDNA 在罗曼诺夫这一旧俄皇室家族鉴定中的作用

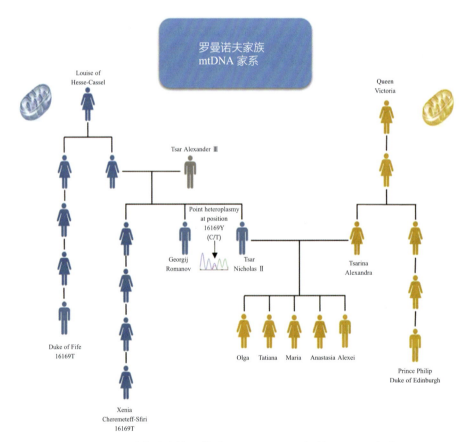

王朝的终结

1918 年 7 月，布尔什维克革命之后，对沙皇尼古拉二世、皇后亚历山德拉和他们的五个孩子——奥尔加、塔蒂阿娜、玛利亚、阿纳斯塔西娅和沙皇长子（长大的王子）亚历克斯的最后审判是在叶卡捷琳堡（俄国）被处决

第一墓地的发现

在 20 世纪 70 年代末，发现了一座包含人类尸骨的大墓地，人们认为其中五具尸体是属于罗曼诺夫家族被处决的七位成员。1992 年通过基因鉴定分析建立了这五具尸骨之间的家族关系，即为沙皇、皇后和他们的三个女儿

第二墓地的发现

在 2007 年，距第一个墓地约 70m 远发现了另外的骨头碎片。DNA 分析证实第二墓地的残骸属于沙皇尼古拉二世和皇后亚历山德拉的一对儿女。这为罗曼诺夫孩子消失之谜画上句号

罗曼诺夫家族 mtDNA 家系

▲ 图 7-1 沙皇尼古拉二世（Tsar Nicholas Ⅱ）的 mtDNA 家系

将沙皇的单体型与两位母系亲属法伊夫（Fife）公爵和齐妮亚（Xenia）比较。mtDNA 类型完全相同，除了 16169（Y=C/T）这一位点在沙皇中存在异质性，而在两位母系亲属中不存在。随后将沙皇二世的弟弟乔治·罗曼诺夫（Georgij Romanov）大公遗骸的 mtDNA 单体型与沙皇进行比较，两个样本都在 16169 这一位点出现了相同的异质性，确认了异质性的真实性及母系亲缘关系。沙皇皇后亚历山德拉（Alexandra）的 mtDNA 家系：将皇后的单体型与其远房表哥菲利普（Philip）王子殿下对比，结果完全匹配，确认了他们的母系亲缘关系。而且 mtDNA 检测也证实了她与墓地中的儿女之间的母系亲缘关系

另一些遗骸，并对一节受登山靴保护的近端指骨进行法医学的 DNA 分型。那块腓骨和冈瑟两位在世兄弟莱因霍尔德和休伯特的常染色体 STR 标志物报告表明他们之间存在明显的亲缘关系。对照区的 mtDNA 序列分析表明这块腓骨和两份参照样本有着相同的 mtDNA 单体型（A16233G C16256T T16311C A16343G C16355TA 73G C150TA 263G 309.1C 315.1C A523del C524del）。这个属于 U3 单体群的单体型，在之前 3 万多份的记录中都没有被观察到，因此进一步证实了他们之间存在母系亲缘关系的可能性。此外，2005 年近端指骨的分析有力地证实了早期关于腓骨的发现，17 Y-STR 的分析显示 3 个样本在这一位点完全匹配，进一步证明了他们的兄弟关系。

总之，法医学的基因检测确定了被分析的尸骨属于莱因霍尔德的弟弟冈瑟。随着在南伽帕尔特峰迪米尔坡发现冈瑟·梅斯纳尔的遗骸，喜马拉雅登山界最大的争议之一得到解决。

二、法医实践中线粒体 DNA 的测序

法医工作中 mtDNA 序列分析主要包括 mtDNA 的提取，对目标片段的 PCR 扩增，对 DNA 两条链的测序，与参考序列比较和对测序数据的编辑。

mtDNA 在细胞中具有很高的拷贝数，这使 mtDNA 检测对污染非常敏感。从法医学样本中分离线粒体基因组时，需要采取一些措施以降低污染的风险。法医学实验室进行 mtDNA 检测时，最好的方式是通过适宜的实验室环境、带有经过物理隔离的前置放大和后置放大区域的专属空间、专属的仪器、设备及试剂，以减轻或最小化污染。同时也应采取穿防护服、用漂白水做清洁及用紫外线照射实验室工作台表面等措施。为了监测试剂中、实验室环境中或仪器上的外源 DNA 水平，还应使用空白试剂对照、PCR 和测序步骤中的阴性对照及阳性对照。而且我们建议

在证据样本完全分析好之后，再处理参考样本。

（一）提取

法医学的 mtDNA 分析通常是在样本中 DNA 很少和（或）DNA 模板遭到破坏时进行的。法医工作者通常采用 mtDNA 分析的材料不仅有骨骼（尤其是肋骨、股骨、肱骨），还有牙齿和毛发。对于骨残骸，可以通过不同的方式提取骨骼中的 mtDNA[16, 17]，再进行纯化以清除可能被一同提取出来的 PCR 抑制物。去矿化提取的实验方法提高了 mtDNA 分析的成功率[18]。据观察，从肋骨和股骨获得的测序结果最好。

毛干中通常没有足够的核 DNA 供 STR 分型，因此在这类法医学样本中可供鉴定的独特的遗传物质是 mtDNA。所有的实验方法都提到在开始提取之前，要仔细地对 1～2cm 毛干外表面进行清洁。提取的方法是基于毛发角蛋白分解的方法。可用组织磨碎器来分解毛发结构以释放出 mtDNA 分子[19]。其他方法依靠毛发分解释放出核 DNA 和 mtDNA 以供分析。较之头部、阴部、腋窝处，来源于头发毛干的成功率最高。据观察，加入牛血清白蛋白能帮助减少黑色素这一 PCR 抑制物对检测的影响。

（二）通过实时聚合酶链式反应量化线粒体 DNA

估量从法医学样本中提取的 DNA 数目，是为之后进行的 PCR 及测序试验选择最适条件的重要一步。而且，尤其是对高度受损的样本，PCR 可能会失败，这不仅是因为 DNA 数目不够，还可能是因为存在着一同被提取出的 PCR 抑制物和高度降解的 DNA。法医学上选择的量化 DNA 的方法是实时 PCR 试验或定量 PCR，不仅因为它的敏感度高且需要放入的 DNA 数目少，更是因为它能准确地反映出 DNA 的质和量。一些通过 qPCR 量化 mtDNA 的方法已经面世，既有关单独量化 mtDNA 的方法，也有关同时量化 mtDNA 和核 DNA 的方法[20-23]，但只有一个试验提供了 mtDNA 降解的相关信息[24]。最近一项新的试验问世，它结合了一个核 DNA 靶点和两个不同大

小的 mtDNA 靶点，以提供 mtDNA 降解状态的定量信息[25]。另外，此试验设置了一个内部阳性对照（internal positive control，IPC）以监测潜在的 PCR 抑制。简而言之，这个实时 PCR 试验设计了四个不同的 Taqman 探针，它们能够识别并定量一个核 DNA 靶点（70bp）、两个不同大小的 mtDNA 靶点（143bp 和 69bp）和一个 IPC（70bp）。反应混合物中包括了人工合成的寡核苷酸序列，最后一个探针可以与其互补，因此其在试验中可被识别，除非样本中有抑制物限制了 PCR 的效率，甚至阻断了 IPC 和目的基因的扩增。使用两个不同大小的 mtDNA 序列估算 DNA 的降解程度，因为随着 DNA 降解的增多，较长的扩增子靶点与较短的相比会不成比例地减少。因此，短的目标序列和长的目标序列之间量化结果的比值可能表明样本中 DNA 的降解程度。

（三）目标区段和聚合酶链式反应扩增

线粒体基因组的特点是其遍布整个分子的多态位点，但大多数快速进化的位点位于控制区（CR）或置换环（D 环）上，在法医学上，它们用于分辨线粒体类型（或单体型）。控制区通常包括 1100 个核苷酸，在 576 与 16204 核苷酸位点之间。人们制订了一些实验方法通过 PCR 扩增在 D 环中的高变区，包括高变区Ⅰ（HV1 或 HVS-Ⅰ，16024～16365）、高变区Ⅱ（HV2 或 HVS-Ⅱ，73～340）、高变区Ⅲ（HV3 或 HVS-Ⅲ，340～576）。前两个区，HVS-Ⅰ 和 HVS-Ⅱ，最常用于法医工作的分析。

联邦调查局实验室里 mtDNA 测序的一般使用参考文献[19]中报道的 PCR 引物。引物的命名法是根据与其结合的单链（L 代表轻链，H 代表重链）和 3′核苷酸的位置而定。因此名为 L15997 的引物是指其对应于修订版剑桥参考基因序列库（rCRS）中的轻链并且止于 15997 位点。武装部队 DNA 鉴定实验室（The Armed Forces DNA Identification Laboratory，AFDIL）使用不同的引物及命名法则，能更简便地确定总的 PCR 产品大小。这种情况下引物的名称是根据正向（F）、反向（R）及 5′核苷酸的位置确定的。值得注意的是，两种命名法则可产生不同的引物名称，即使它们的核苷酸序列是完全相同的。

所有的这些方案都是独立扩增且有着不同的引物组合，尽管简单，但存在限制性，且会受到许多影响，特别是在同时分析多个样本的人群研究中。高变区独立扩增，加上一次对多个样本的人工处理，已被证明会增加人工重组的风险，这种重组会产生所谓的嵌合单倍体或人工重组体，它们不是原本就存在的，而是由不同个体的 mtDNA 区域无意中混淆形成的[26, 27]。

为了规避人工重组的风险，人们设计了一个实验方案，在一个扩增子中[27, 28]扩增整个控制区，其适用于人群数据库的样本。在法医工作的分析中，同样需要限制人工重组的发生，通常是一次只处理一份样本，并在可能的情况下重复进行测试。无论如何，因为控制区整体测序信息的增加和 mtDNA 检测的鉴别能力不足，所以在法医案件工作中，恢复整个控制区的测序数据而不仅仅是 HVS-Ⅰ 和 HVS-Ⅱ 区域的操作也总是可取的。

但是，进行 mtDNA 分类的法医样本通常都是高度降解的 DNA，DNA 分子已破碎成了很小的片段。对于这些样本，在一个扩增子（约 1100bp）中扩增整个控制区就非常困难了，甚至是不可能的。因此，人们设计了以跨越整个控制区的小重叠片段的扩增为基础的实验方案，以从高度降解的 DNA 中恢复更多信息[29-31]。

（四）线粒体 DNA 测序

法医物证学中，以 Sanger 测序法结合毛细管电泳分离作为 mtDNA 测序的金标准。

mtDNA 测序的实验室方法通常包括以下步骤：①在一个扩增子或较短的重叠片段中进行整个控制区的 PCR 扩增；②使用过滤设备或通过 Exo-Sap（核酸外切酶Ⅰ和虾碱性磷酸酶）酶解，来纯化 PCR 产物以清除残余的 dNTP（四种脱氧核糖核苷酸）和引物；③确定 PCR 产物的数目；④正向链和反向链的 DNA 测序反应；⑤从已完成的测序反应中去除未结合的荧光染料终止物和盐，通常通过特定的溶液去除测序后反应或自旋柱过滤中未结合的染料终止物和游离盐；⑥通过毛细管电泳设备分离测序的片段；⑦数据的分析、排列和说明。

通常在正向和反向两个方向进行 DNA 测序以确保每个核苷酸至少被覆盖两次，来进行更精确的碱基识别和质量控制检查。在一些情况下，比如说在多聚 C（poly C）的周围，不可能在两条链上得到可读序列，可在不同反应中对可翻译的链进行两次测序。

（五）线粒体 DNA 分型的快速筛选

mtDNA 控制区的特点是遍布整个区域的多态位点，但是在热点区或高变位点上，大多数变异都是聚集在一起的。因为检测整个控制区的序列信息需要大量的时间和工作，所以对于容易相互区分的样本，可以通过可用的筛选方法和快速低分辨率分型试验来代替控制区的 Sanger 测序。人们设计了一些试验对高变热点区的 mtDNA 多态性进行快速筛选，并被证实能在法医工作中用于筛选。这些方法基于 SSO 探针[1]、微序列[32]、变性梯度凝胶电泳[33]、限制酶切消化试验[34]、反向斑点杂交或线性阵列分析方法[35]。

（六）整个线粒体基因组的大规模平行测序

在过去的几年中，已证实大规模平行测序（massive parallel sequencing，MPS；或称 NGS）技术为法医遗传学提供了新的可能性，包括通过分析标志物组合在独特样本的单次实验中获得更多的信息，以及对成本效益进行分析。整个线粒体基因组是首批经过 MPS 评估的法医学基因标志物之一[36-39]，且 MPS 已被证明比 Sanger 测序具有更高的处理量和敏感度。对于有着共同 mtDNA 控制区单体型的样本，MPS 有着更高的鉴别力且对于从单一控制区恢复的序列信息有更高的系统分辨率。此外，因为次要的等位基因可以在较低水平检测到，它还能进行更全面的异质性检测[40, 41]。MPS 技术中的最新进展甚至可以在降解的法医学样本中获得完整的 mtDNA

序列[38, 42, 43]。

尽管在这项新技术成为法医案件的常规应用之前，还需要进行更全面的研究，以提供数据支持验证协议，并评估与每个核苷酸位置平均读取深度相关的异质性，迄今为止进行的研究一致认为，法医学中 MPS 的应用为 mtDNA 测序带来了显著的高效性。

三、数据的分析、校准和单体型表示法

（一）校准

每个样本的 mtDNA 序列需经校准且要与修订版的第一人类 mtDNA 序列（rCRS）进行比较[44, 45]。

计算机程序如 SeqScape（ThermoFisher）或 Sequencer（GeneCodes）等辅助序列数据分析，通过校准在同一个样本的一个区域内产生的多序列电泳图，包括上游和下游两个方向，来进行序列编辑处理。然后由同一软件将其与 rCRS 进行比较，标记出样本与参考序列具有差异的核苷酸位置。然而，即使测序的化学试剂和仪器都在改善，由此形成了更均匀的峰、更高的敏感度、更少的噪声，但仍没有一个软件能可靠地评估 mtDNA 序列。结果就是，对 mtDNA 数据编辑的处理还不能完全自动化，仍需要专业分析员的人工干预，以审查并可能矫正每个碱基的算法判断结果。从这个角度来看，为了保证最终校准的质量，强烈建议两位法医分析师独立地进行检测、说明及编辑序列匹配结果。

（二）针对法医用途的符号

当完成了数据的校准和编辑之后，就可以根据每个样本与 rCRS 之间的不同点来报告它们的 mtDNA 单体型。通常标明 L 链中富含胞嘧啶的碱基，而且必须要报道说明的范围（不包括启动子序列信息），以确保公正的样本比较和数据库检索。通过指明核苷酸的位置，以及替代的核苷酸来说明样本与 rCRS 之间的不同之处[46-50]。比如，在 16069 位点发现了胞嘧啶（C）转换成了

胸腺嘧啶（T），应该标记为 C16069T，C 表示在 rCRS 中该位点的碱基，T 表示在有问题的样本中观察到的碱基。还应说明的是，没有 C 在核苷酸位置的前面，即 16069T 这种标记方式也是被广泛使用的。在这种格式下，其他所有的核苷酸都默认是与 rCRS 中的一致。核苷酸的缺失应该用"DEL""del"或"–"表示，而不是"D"或"d"表示，因为字母可能会被误认成国际理论和应用化学联合会（International Union of Pure and Applied Chemistry，IUPAC）的代码，比如说其中的"D"表示 G、A 和 T 的混合体。根据命名法，插入时应紧挨着 5′ 端，标明核苷酸的位置，然后加上".1"（表示 1 个碱基插入）、".2"（表示 2 个碱基插入），以此类推。比如，44.1C 表示 44 和 45 碱基位点之间插入了一个胞嘧啶。当插入发生在均聚物（如多聚 C）中时，插入的准确位置无法确定，所采用的标准是假定插入发生在这条链的末端，因此将 3′ 端的最后一个胞嘧啶当作插入的位点以供参考。多聚 C 中最易被插入的部分之一是 311～315 位点的这 5 个胞嘧啶（参考 rCRS）中，如果一个胞嘧啶插入了这当中，应该用 315.1C 来表示。异质性的位置应该用 IUPAC 的命名系统来报道（即 C 和 T 的混合物应用"Y"表示，A 和 G 的混合物应用"R"表示）。如果 4 个碱基都可在一个位置上出现或某一位置上没有碱基的不同，这个位点用"N"表示。有关 mtDNA 单体型符号更详尽的解释见参考文献 [49]。

如果对同一测序产物有多次的校准，报告 mtDNA 序列相对于参考序列的系统可能会有不同的标记。因此，就需要一些公约来避免用不同的方式报告相同的单体型，且应对 mtDNA，序列的命名标准化，以得出可在各个实验室之间共享的可比的数据。人们提出了不同的 mtDNA 命名方式，采用基于与 rCRS 之间关系最简化的一系列正式规则 [51, 52]，也采用基于线粒体种系发生中已建立的突变模式的种系发生方式 [53]。

虽然没有命名方式可以轻松地表示 mtDNA 传递过程中全部的复杂之处，但种系发生方式似乎是首选，因为其可以表示出生物学基础。可通过访问 http://empop.org/ 获得一份对 mtDNA 标记法有帮助的工具，其已被 DNA 方法科研工作组（Scientific Working Group on DNA Methods，SWGDAM）（2019 年）和国际法医学学会（International Society for Forensic Genetics，ISFG）通过 [49]。

希望开发出一种利用完整 mtDNA 序列的字符串搜索的替代方法，以避免使用分层规则或种系发生方式，来报告单体型与参考序列的不同之处时可能发生的不明确性和错配。

（三）异质性

异质性是一个复杂的问题，并对医学领域中 mtDNA 疾病有很多影响，本文仅聚焦异质性的法医遗传部分。

异质性可在不同水平上被观察到：多种 mtDNA 可出现在一个线粒体内，一个细胞内及不同细胞之间，而且我们相信所有个体都存在一定程度的异质性，即使其在 DNA 序列分析检测的阈值以下 [54-56]。不同的组织发生异质性的频率不同，据观察其最常发生在代谢活动旺盛的组织中 [57] 及 mtDNA 分子遗传瓶颈狭窄的组织（如毛发）。还应考虑到的是在个体的一个组织中可能有多种 mtDNA 分子，或者一个组织中可能表现出一种 mtDNA 而在另一个组织表现出另一种，或在一份组织样本中表现出异质性而在另一份组织样本中表现出同质性 [58]。

在法医学中，我们通常要区分两种类型的异质性：点（或序列）异质性（point heteroplasmy，PHP）和长度异质性（length heteroplasmy，LHP），两者在电泳图、发生频率及成因上均有不同。

序列或称点异质性的特点通常是单一位点上有两种核苷酸，在序列电泳图上显示为重叠的峰。在 mtDNA 的控制区观察到单一核苷酸位点的点突变很常见，但在一份样本中观察到两个或三个异质性位点就很罕见了 [59]。因此，存在两个以上的点突变可能会怀疑是样本遭到了污染。点异质性的比例受到荧光末端终止法测序的影响，这取决于核苷酸的位置和使用的引物。因此，想要确定点异质性数量的阈值是不可能的，对其的评估和调用应该考虑到整个序列的质量和不同序列链在正向和反向方向上的确证性。为了更好地描述混合物中核苷酸的组成，应该用合适的 IUPAC 码记录点突变。不同组织中出现点异质性的比例也不相同。检测点异质性最大的挑战之一是不同组织之间碱基峰的比率可能并不相同，如血液和毛发之间，或大量毛发之间的碱基峰的比率可能不相同。最易发生点异质性的核苷酸位点在 mtDNA 的控制区 [56、59、60]，且这些易感位点总是与进化的突变热点一致。

长度异质性通常发生在同质部分以外，通常称之为"多聚 C"，在其中通常有连续超过 8 个相同核苷酸的序列。长度异质性显示为一系列重叠的峰，一直到测序电泳图的结束。结果就是在长度异质性位置下游的测序区域通常无法说明。

控制区中不同的区段都会受长度异质性的影响。在 16184～16193 的 HV1 中，在 16189 位点上 T 到 C 的转变导致了超过 10 个连续的胞嘧啶，造成了下游广泛的长度异质性（图 7-2）。在 302～310 的 HV2 中，单个或多个胞嘧啶插入或者 310 位点胸腺嘧啶到胞嘧啶在转变上会造成一段连续的长多聚 C，从而导致长度异质性。最后，在 HV3 中，当在 568～573 位点有胞嘧啶的插入，则可观察到长度异质性。

与点异质性相似，长度异质性的检测依靠于测序中使用的化学物质和技术，以及其在一个个体组织内和组织之间不同的发生率。结果就是，在直接的法医学比较和数据库检索中不考虑长度异质性的变异。另外，对于法医学中用到的人群基因数据库，建议在数据中报告主要的长度异质性变异（大分子）[49、61]。

一旦被告知存在异质性，在原始数据分析、单体型报告及说明（即处理已知的与可疑法医学样本之间的不同点）的过程中就要分外留意。最近 ISFG 中对于 mtDNA 分型的指南 [49] 建议，法医实验室"在观察到长度异质性和点异质性时必须建立自己的说明和报告方针"。异质性评估取决于技术的限度、测序反应的质量及"实验室经验"。此外，该指南指出"对于同一来源或同一母系的两个单倍体型，点异质性和长度异质性上的差异并不能排除它们是完全相同的单倍型"。虽然异质性的出现有时会使 mtDNA 结果的说明变得复杂，但相同序列的异质性可以增强证据的力度，如罗曼诺夫家族鉴定事件所见。

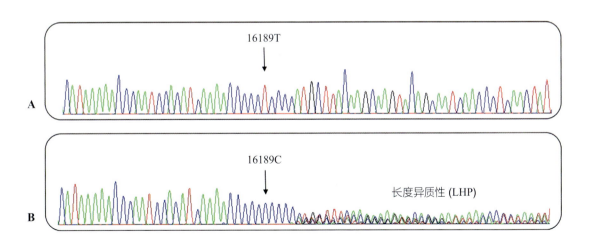

▲ 图 7-2　样本的序列电泳图

A. 没有长度异质性；B. 有长度异质性。在图 B 中，16189 位点的 T 转变成了 C，导致了一连串超过 10 个的胞嘧啶。两个或更多个多聚 C 长度变异体（即长度异质性）造成了测序产物相互之间不协调，导致了结果低质量及多聚 C 下游序列无法说明

四、线粒体 DNA 结果的说明

（一）序列比较

涉及 mtDNA 分型的法医学基因分析主要目的之一是根据案件来源的 mtDNA 证据，排除他人嫌疑。通常，在完成疑似样本的 mtDNA 测序分析，确定其单体型后，要将其与参考样本进行比较。在比较之后，mtDNA 序列的结果可被分为三类：排除、不确定或不排除。SWGDAM 对于 mtDNA 说明的指南[46]在控制区数据的比较提出如下建议：

- 排除：如果样本在两个或以上核苷酸位点（不包括长度异质性）上有不同，则它们可排除来源于同一祖源或母系。
- 不确定：如果样本只在单一位点上存在不同（无论他们在 302～310 位点间有无相同的长度变异），则比较结果应报告为不确定。
- 不能排除：如果样本有着相同的序列或者相互一致（在每一个核苷酸位点有相同的 DNA 碱基），则无法排除它们来源于同一祖源或母系。

因为在母亲与孩子之间可观察到突变事件，所以两份序列中单个核苷酸的不同不能得出"排除"这一结论，因此比较结果应报告为"不确定"。在法医工作中，如果将一份母系亲属当作参考样本，可能两份样本之间有单个核苷酸的差异，然而事实上是因为它们是同一母系来源。

如果序列存在不确定性（如异质性）时，将这个公共碱基定义为共享碱基[47]。如果一个单体型在一个位置上出现了点突变而其他样本没有，则无法排除它们来源于同一祖源或母系，因为异质性在一个个体的相同组织内或不同组织间或同一母系来源的样本之间可能均有不同。同理，一个长度异质性，尤其是发生在 302～310 位点的多聚 C 中，不能用于支持排除这一比较结论（表 7-1）。如前所述，实验室应该为评估涉及异质性的法医案件制订指南。

（二）统计学评估：证据权重

当一个疑似样本的 mtDNA 档案与参考样本相比不能排除两者来自同一祖源或母系时，需要对这份匹配的显著性进行统计学估计，以便提供统计权重来支持得出的结论。这可以通过在合适且相关的人群数据库中估计这一 mtDNA 类型出

表 7-1　在法医工作中的疑似样本（Q）与已知样本（K）之间的 mtDNA 序列比较举例

测序结果	观　察	说　明
ATTACTGCCAGCCACCATGAATATTGTACGGTACCATAA Q ATTACTGCCAGCCACCATGAATATTGTACGGTACCATAA K	序列完全一致每个位点核苷酸相同	不能排除
GAATATTGTACAGTACCATAAATACTTGACTACCTGTAGT Q GAATATTGTACGGTACCATAAATACTTGACCACCTGTAGT K	序列在两个位置上不一致	排除

（续表）

测序结果	观　察	说　明
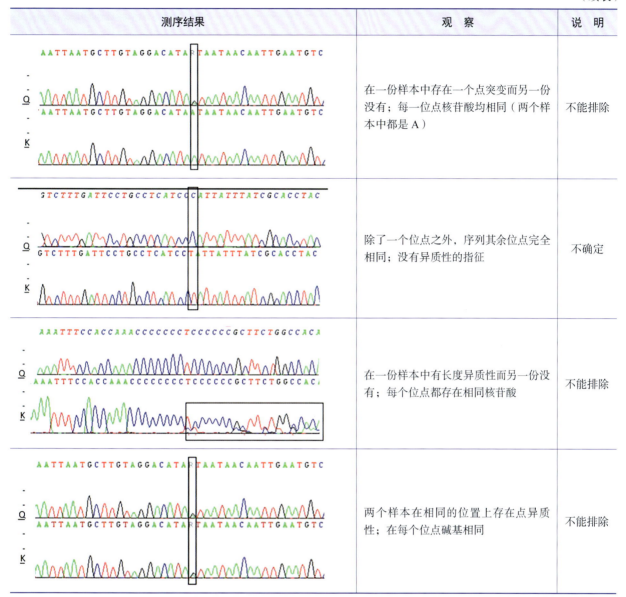	在一份样本中存在一个点突变而另一份没有；每一位点核苷酸均相同（两个样本中都是 A ）	不能排除
	除了一个位点之外，序列其余位点完全相同；没有异质性的指征	不确定
	在一份样本中有长度异质性而另一份没有；每个位点都存在相同核苷酸	不能排除
	两个样本在相同的位置上存在点异质性；在每个位点碱基相同	不能排除

改编自 J. M. Butler (2011), Advanced Topics in Forensic DNA Typing: Methodology (Ch.14), Academic Press (Ed.) Wyman Street, Waltham, MA 02451, USA [48].

现的频率所实现的。

　　不经重组的母系遗传意味着标识 mtDNA 单体型的核苷酸变异发生在单一基因座上。确定一种 mtDNA 类型在人群中罕见程度的普遍操作称作"计数法"，即计算数据库中观察到的特定单倍型的次数[62]。因此人群数据库的选择尤为重要，它应该：代表合适人群、规模适当，以及经过质量测量对加进数据库中的数据进行评估。假

使数据库的选择存在问题，可用不同的数据库报告单体型的频率。

　　如果一个数据库较小，其不能表示出某 mtDNA 类型所有潜在的促成因子及随机匹配的统计信息，那么频率的估计可能不具代表性。应用置信区间可以说明数据库大小及抽样变异。置信区间可用于频率计算时估计上下界[50, 63]，且可以确保所有获得的数据在置信水平设定的概率下

包含参数真实值。

假设在一个包含 N 份档案的人群数据库中，有 X 份为某一 mtDNA 单体型，则其概率可按如下公式计算。

$$p = \frac{X}{N} \quad （公式 7-1）$$

或者也可按如下公式用点估计这一概率方式[64, 65]，若有抽样误差带来的不确定性，可以通过在数据库中增加一份档案来解决。

$$p = \frac{(X+1)}{(N+1)}$$
或
$$p = \frac{(X+2)}{(N+2)} \quad （公式 7-2）$$

如果数据库中有一个或多个样本，在档案频率计算中，95%CI 上界计算可通过如下公式计算。

$$p + 1.96 \sqrt{\frac{p(1-p)}{N}} \quad （公式 7-3）$$

另一种方法，Clopper-Pearson 法[66]，当在一个单体型的数据库中观察到的数量很少时，可以为 95%CI 的上界提供一个更保守的估计。

如果在一个数据库中没有观察到某种基因档案，那么 95%CI 的上界为以下数据。

$$1 - \alpha^{1/N} \quad （公式 7-4）$$

置信系数 $\alpha = 0.05$，N 表示数据库中个体的数量。一份 mtDNA 档案的罕见程度可以按如下公式计算。

$$p = 1 - (0.05)^{1/N} \quad （公式 7-5）$$

这个置信区间应用广泛，但在数据库很小或在数据库中观察到的符合个体很少时，它就会出现问题。对于估计 mtDNA 匹配的显著性有各种公认方法，在它们之间有一个有趣的比较，详见参考文献 [49]。

mtDNA 的似然比（likelihood ratio，LR）可通过 1/（匹配概率）来计算。在涉及 mtDNA 分型和常染色体短串联重复序列的法医案件中，与似然比结果相结合分析可能是个有用的方法。假如有足够代表这一群体的各种类型的数据库及所述假设相同，又考虑到母系亲属不能靠 mtDNA 区分，这时可通过乘法将似然比结合进案件分析。

五、线粒体 DNA 人群数据库在法医学中的应用

人口数据库在估计 mtDNA 单体型的期望频率中是一个极为重要的因素，以评定一份匹配显著性的统计估计。强烈推荐使用高质量 mtDNA 序列数据库，可为一份随机匹配的频率做出可靠的估计。

欧洲 DNA 分析组线粒体 DNA 人群数据库工程（European DNA Profiling Group mitochondrial DNA population database project，EMPOP）收集了数以千计的 mtDNA 序列并且建立了高质量的 mtDNA 数据库，可通过 http://www.emop.org 访问。EMPOP 是因斯布鲁克医科大学法律医学研究所（Institute of Legal Medicine，GMI）和因斯布鲁克大学数学研究所共同建立的。EMPOP 数据库旨在从全世界收集、高质量控制和可检索的 mtDNA 单体型，其最突出的特点之一是可用的基本序列行数据永久地与数据库条目相连。这份数据库现在的版本是全世界团队合作的结果，并仍然在有成效的合作下不断进步[28, 67-71]。而且 EMPOP 使用 SAM，一个基于字符串的搜索算法，可以查询并将数据库序列转换成任意位置的核苷酸字符串，从而消除在数据库查询中错过相同核苷酸序列的可能性。SAM2，这份软件升级和最优版本，现在被用于辅助法医工作中证据的统计学估计[72]。

在 mtDNA 的人群遗传研究中发现了一些失误[73]。这些失误可被分为几类，例如，在结果记录过程中的错误和笔误、样本的混杂（如人工重组）、污染、不同命名法的应用等。规范的实验

室操作（如对数据进行双份独立计算、电子版数据报告、在正向和反向两个方向和在重叠节段测序等）可以减少这些错误的发生，而且应采用额外的质量控制措施。可以通过使用统计学聚类方法或种系发育分析来评估人口数据的质量控制，这些分析提供了检测误差的后验工具。通过种系发育分析，可以系统地比较多个密切相关的 DNA 序列，以便识别差异极大的样本。出现异常不同可能表明样本被污染或测序数据记录错误。已开发出基于类医学网络分析的"网络"工具用于检测 mtDNA 数据集的质量[74, 75]，可在 EMPOP 网站上使用。

另一个评估 mtDNA 数据集的工具是单倍群分配，它在所研究人群的组成和全球规模个体单体型的分布方面提供了有用的信息。在过去几年，种族树（www.phylotree.org）的建立简化了单倍体群，它是关于全世界人类 mtDNA 变异的综合系统树。单倍体群分配的 EMMA 工具已被开发，在 EMPOP 网站上可用。这项工具应用了种族树和选的 20 000 个单体型来分配单倍群。

另一个 mtDNA 数据库是联邦调查局 mtDNA 人群数据库，也称为 CODIS^mt。它有一个包括了来自 14 个种群的近 5000 份 mtDNA HV1 和 HV2 区的基因档案，而另外 6000 个已出版的档案来自文献资料。

mtDNAmanager 是由首尔延世大学的一个研究团队所开发的 mtDNA 人群数据库[76]。自 2019 年 8 月，该数据库包括了 9294 个 mtDNA 控制区序列并被分为 5 个亚组：非洲组（1496）、西欧组（3673）、东亚组（2326）、大洋洲组（114）和混合组（1685）。通过 mtDNAmanager 上的生物信息资源可显示出所有这些 mtDNA 控制区序列和附属估算的单体型（包括预期的和估计的单体型），详见网站 http://mtmanager.yonsei.ac.kr/。

六、指导和建议

目前已有发表的建议，包括法医学案件中 mtDNA 分型的使用，以及满足恰当的实验室操作、数据的排列、序列变异的命名法指南和异质性符号、质量控制问题等的需要，还有关于说明、报告及有关 mtDNA 案件和 mtDNA 参考人群数据库应用这两者的统计学指导。

ISFG DNA 委员会发布了关于法医学中使用 mtDNA 分型的两项指南[49, 58]及一系列建议，它们在 2014 年出版，详见表 7-2。

DNA 分析方法的科研工作组，它的缩写 SWGDAM 更为人知，其法医学 DNA 测试实验室发布了线粒体 DNA 分析的 SWGDAM 说明指导，在 2019 年 4 月 23 日批准通过，加入了二代测序技术专题以更新前一版本（2013）。

表 7-2　2014 年发表的关于线粒体 DNA 分型的 ISFG 建议列表

国际法医遗传学 DNA 委员会：修订并扩充 mtDNA 基因型指南[49]	
mtDNA 数据的产生，良好的实验室操作	
建议 1	必须按照以前的指南[58]遵循良好的实验室实践和 mtDNA 工作的具体方案
建议 2	整个实验过程中都要有阴性对照、阳性对照和提取的试剂空白对照
建议 3	报告的共有序列必须基于冗余序列信息，若条件允许，使用正向反向两种测序反应
建议 4	避免人工记录数据，必须由两名科学家独立确认一致的单倍型
建议 5	在法医工作中进行 mtDNA 分型的实验室要定期进行适当的技术检测
建议 6	在为法医学数据库进行的人群遗传研究中，应对整个线粒体 DNA 控制区进行测序

（续表）

国际法医遗传学 DNA 委员会：修订并扩充 mtDNA 基因型指南[49]	
数据分析、校准和说明	
建议 7	mtDNA 序列应该依据修订版的剑桥参考序列（rCRS，NC001807）进行处理和报告，并应该包括说明部分（不包括引物序列信息）
建议 8	应使用大写字母的 IUPAC 惯例来描述 rCRS 和（点异质）混合物的差异。小写字母应用于表示删除和未删除（插入和未插入）碱基之间的混合。N 只用于表示四种碱基都可能在某一单个位点出现。应用 "DEL" "del" 或 "–" 表示缺失
建议 9	mtDNA 序列的排列与标记应与线粒体的种系发生（已建立的突变模式）一致。mtDNA 序列符号的辅助工具见 http://empop.org/
建议 10	在法医学工作中，实验室必须对于观测到的点突变和长度突变建立自己的说明和报告指南。异质性的评估取决于技术的限制、测序反应的质量和实验室的经验。点突变和长度突变都不能作为排除两个其余序列均相同的单体型来自同一祖源或母系的证据
建议 11	对于人群数据库样本，同质序列延伸处的长度异质性可由主导变体来解释，其可通过延伸处的下游非重复性峰最高代表的位置来确定
人口数据的质量控制	
建议 12	应该用分析软件处理 mtDNA 的群体数据，其能易化于数据质量控制的种系检查过程。EMPOP 提供了一套针对质量控制的综合性工具
数据库和数据库检索	
建议 13	应该根据测序（解释）范围搜索可用序列的整个数据库，以避免查询结果出现偏差
建议 14	实验室要能够保证数据库和汇报中统计学方法的选择是合理的
建议 15	实验室必须制订统计指南，用于报告两个样本之间的 mtDNA 匹配
建议 16	高突变位点不应包括进测定频率估计的搜索范围，如同质延伸段的长度变异。查询异质性调用应包含所有的异质性变异

研究展望

在法医遗传实验室中，总有新的技术被引进和批准。因此，法医学上 DNA 的实验方法有望变得更迅速、更敏感且提供更多信息，并能提供更有力的结论，尤其是对于那些有挑战性的样本。在未来的法医学 mtDNA 中，主要关注通过二代测序技术强化对整个线粒体基因组的认知，以及收集更大的人群数据库来改进单体型的频率计算。完整的线粒体基因组测序大大提高了包括降解 DNA 在内的法医学相关样本成功处理的可能性，且它提高了对异质性的检测，这在法医学中是很理想的。然而，二代测序技术并没有成为法医案件分析中的常规操作。随着社会检测协议的统一，以及可靠软件解决方案的改进，案件分析应向 NGS-mtDNA 模式迈进。具有挑战性的部分是关于降解的样本、线粒体序列的扩增、点异质性和长度异质性说明。这些是我们之前遇到的问题，在未来的研究中应该努力解决，以对案件有更好的理解。而且，提高对软件、实验室及器材之间差异的认知，可能有助于在法医遗传背景下发布关于对下一代基因测序产生的 mtDNA 序列数据的说明方面的建议和指南。

参考文献

[1] Stoneking M, Hedgecock D, Higuchi RG, Vigilant L, Erlich HA. Population variation of human mtDNA control region sequences detected by enzymatic amplification and sequence-specific oligonucleotide probes. Am J Hum Genet 1991;48(2):370-82.

[2] Holland MM, Fisher DL, Mitchell LG, Rodriquez WC, Canik JJ, Merril CR, et al. Mitochondrial DNA sequence analysis of human skeletal remains: identification of remains from the Vietnam War. J Forensic Sci 1993;38(3):542-53.

[3] Dudas E, Susa E, Pamjav H, Szabolcsi Z. Identification of World War II bone remains found in Ukraine using classical anthropological and mitochondrial DNA results. Int J Leg Med 2019;134(2):487-9.

[4] Ossowski A, Diepenbroek M, Kupiec T, Bykowska-Witowska M, Zielinska G, Dembinska T, et al. Genetic identification of communist crimes' victims (1944—1956) based on the analysis of one of many mass graves discovered on the Powazki Military Cemetery in Warsaw, Poland. J Forensic Sci 2016;61(6):1450-5.

[5] Palo JU, Hedman M, Soderholm N, Sajantila A. Repatriation and identification of the Finnish World War II soldiers. Croat Med J 2007;48(4):528-35.

[6] Lee HY, Kim NY, Park MJ, Sim JE, Yang WI, Shin KJ. DNA typing for the identification of old skeletal remains from Korean War victims. J Forensic Sci 2010;55(6):1422-9.

[7] Pilli E, Boccone S, Agostino A, Virgili A, D'Errico G, Lari M, et al. From unknown to known: identification of the remains at the mausoleum of fosse Ardeatine. Sci Justice 2018;58(6):469-78.

[8] Gill P, Ivanov PL, Kimpton C, Piercy R, Benson N, Tully G, et al. Identification of the remains of the Romanov family by DNA analysis. Nat Genet 1994;6(2):130-5.

[9] Ivanov PL, Wadhams MJ, Roby RK, Holland MM, Weedn VW, Parsons TJ. Mitochondrial DNA sequence heteroplasmy in the Grand Duke of Russia Georgij Romanov establishes the authenticity of the remains of Tsar Nicholas II. Nat Genet 1996;12(4):417-20.

[10] Coble MD, Loreille OM, Wadhams MJ, Edson SM, Maynard K, Meyer CE, et al. Mystery solved: the identification of the two missing Romanov children using DNA analysis. PLoS One 2009;4(3):e4838.

[11] Bauer CM, Bodner M, Niederstatter H, Niederwieser D, Huber G, Hatzer-Grubwieser P, et al. Molecular genetic investigations on Austria's patron saint Leopold III. Forensic Sci Int Genet 2013;7(2):313-15.

[12] Jehaes E, Decorte R, Peneau A, Petrie JH, Boiry PA, Gilissen A, et al. Mitochondrial DNA analysis on remains of a putative son of Louis XVI, King of France and Marie-Antoinette. Eur J Hum Genet 1998;6 (4):383-95.

[13] Parson W, Berger C, Sanger T, Lutz-Bonengel S. Molecular genetic analysis on the remains of the Dark Countess: revisiting the French Royal family. Forensic Sci Int Genet 2015;19:252-4.

[14] King TE, Fortes GG, Balaresque P, Thomas MG, Balding D, Maisano Delser P, et al. Identification of the remains of King Richard III. Nat Commun 2014;5:5631.

[15] Parson W, Brandstatter A, Niederstatter H, Grubwieser P, Scheithauer R. Unravelling the mystery of Nanga Parbat. Int J Leg Med 2007;121(4):309-10.

[16] Hochmeister MN, Budowle B, Borer UV, Eggmann U, Comey CT, Dirnhofer R. Typing of deoxyribonucleic acid (DNA) extracted from compact bone from human remains. J Forensic Sci 1991;36(6):1649-61.

[17] Ye J, Ji A, Parra EJ, Zheng X, Jiang C, Zhao X, et al. A simple and efficient method for extracting DNA from old and burned bone. J Forensic Sci 2004;49(4):754-9.

[18] Loreille OM, Diegoli TM, Irwin JA, Coble MD, Parsons TJ. High efficiency DNA extraction from bone by total demineralization. Forensic Sci Int Genet 2007;1(2):191-5.

[19] Wilson MR, DiZinno JA, Polanskey D, Replogle J, Budowle B. Validation of mitochondrial DNA sequencing for forensic casework analysis. Int J Leg Med 1995;108(2):68-74.

[20] Alonso A, Martin P, Albarran C, Garcia P, Garcia O, de Simon LF, et al. Real-time PCR designs to estimate nuclear and mitochondrial DNA copy number in forensic and ancient DNA studies. Forensic Sci Int 2004;139(2-3):141-9.

[21] Andreasson H, Gyllensten U, Allen M. Real-time DNA quantification of nuclear and mitochondrial DNA in forensic analysis. Biotechniques 2002;33(2):402—4, 407-11.

[22] Goodwin C, Higgins D, Tobe SS, Austin J, Wotherspoon A, Gahan ME, et al. Singleplex quantitative real-time PCR for the assessment of human mitochondrial DNA quantity and quality. Forensic Sci Med Pathol 2018;14(1):70-5.

[23] Niederstatter H, Kochl S, Grubwieser P, Pavlic M, Steinlechner M, Parson W. A modular real-time PCR concept for determining the quantity and quality of human nuclear and mitochondrial DNA. Forensic Sci Int Genet 2007; 1(1):29-34.

[24] Kavlick MF. Development of a triplex mtDNA qPCR assay to assess quantification, degradation, inhibition, and amplification target copy numbers. Mitochondrion 2019; 46:41-50.

[25] Xavier C, Eduardoff M, Strobl C, Parson W. SD quants —sensitive detection tetraplex-system for nuclear and mitochondrial DNA quantification and degradation inference. Forensic Sci Int Genet 2019;42:39-44.

[26] Bandelt HJ, Salas A, Lutz-Bonengel S. Artificial recombination in forensic mtDNA population databases. Int J Leg Med 2004;118(5):267-73.

[27] Parson W, Bandelt HJ. Extended guidelines for mtDNA typing of population data in forensic science. Forensic Sci Int Genet 2007;1(1):13-19. Available from: https://doi.org/10.1016/j.fsigen.2006.11.003.

[28] Brandstatter A, Peterson CT, Irwin JA, Mpoke S, Koech DK, Parson W, et al. Mitochondrial DNA control region sequences from Nairobi (Kenya): inferring phylogenetic parameters for the establishment of a forensic database. Int J Leg Med 2004;118(5):294-306.

[29] Berger C, Parson W. Mini-midi-mito: adapting the amplification and sequencing strategy of mtDNA to the degradation state of crime scene samples. Forensic Sci Int Genet 2009;3(3):149-53.

[30] Eichmann C, Parson W. 'Mitominis': multiplex PCR analysis of reduced size amplicons for compound sequence analysis of the entire mtDNA control region in highly degraded samples. Int J Leg Med 2008;122(5):385-8.

[31] Gabriel MN, Huffine EF, Ryan JH, Holland MM, Parsons TJ. Improved mtDNA sequence analysis of forensic remains using a "mini-primer set" amplification strategy. J Forensic Sci 2001;46(2):247-53.

[32] Tully G, Sullivan KM, Nixon P, Stones RE, Gill P. Rapid detection of mitochondrial sequence polymorphisms using multiplex solid-phase fluorescent minisequencing. Genomics 1996; 34(1):107-13.

[33] Steighner RJ, Tully LA, Karjala JD, Coble MD, Holland MM.

Comparative identity and homogeneity testing of the mtDNA HV1 region using denaturing gradient gel electrophoresis. J Forensic Sci 1999;44 (6):1186-98.

[34] Butler JM, Wilson MR, Reeder DJ. Rapid mitochondrial DNA typing using restriction enzyme digestion of polymerase chain reaction amplicons followed by capillary electrophoresis separation with laserinduced fluorescence detection. Electrophoresis 1998;19(1):119-24.

[35] Gabriel MN, Calloway CD, Reynolds RL, Primorac D. Identification of human remains by immobilized sequence-specific oligonucleotide probe analysis of mtDNA hypervariable regions I and II. Croat Med J 2003;44(3):293-8.

[36] Holland MM, McQuillan MR, O'Hanlon KA. Second generation sequencing allows for mtDNA mixture deconvolution and high resolution detection of heteroplasmy. Croat Med J 2011;52(3):299-313.

[37] Li M, Stoneking M. A new approach for detecting low-level mutations in next-generation sequence data. Genome Biol 2012;13(I):R34.

[38] Parson W, Strobl C, Huber G, Zimmermann B, Gomes SM, Souto L, et al. Reprint of: Evaluation of next generation mtGenome sequencing using the Ion Torrent Personal Genome Machine (PGM). Forensic Sci Int Genet 2013;7(6):632-9. Available from: https://doi.org/10.1016/j.fsigen.2013.09.007.

[39] Seo SB, King JL, Warshauer DH, Davis CP, Ge J, Budowle B. Single nucleotide polymorphism typing with massively parallel sequencing for human identification. Int J Leg Med 2013;127(6):1079-86.

[40] Gallimore JM, McElhoe JA, Holland MM. Assessing heteroplasmic variant drift in the mtDNA control region of human hairs using an MPS approach. Forensic Sci Int Genet 2018;32:7-17. Available from: https://doi.org/10.1016/j.fsigen.2017.09.013.

[41] Just RS, Irwin JA, Parson W. Mitochondrial DNA heteroplasmy in the emerging field of massively parallel sequencing. Forensic Sci Int Genet 2015;18:131-9.

[42] Eduardoff M, Xavier C, Strobl C, Casas-Vargas A, Parson W. Optimized mtDNA control region primer extension capture analysis for forensically relevant samples and highly compromised mtDNA of different age and origin. Genes (Basel) 2017;8(10):237. Available from: https://doi.org/10.3390/genes8100237.

[43] Strobl C, Eduardoff M, Bus MM, Allen M, Parson W. Evaluation of the precision ID whole mtDNA genome panel for forensic analyses. Forensic Sci Int Genet 2018;35:21-5.

[44] Anderson S, Bankier AT, Barrell BG, de Bruijn MH, Coulson AR, Drouin J, et al. Sequence and organization of the human mitochondrial genome. Nature 1981;290(5806):457-65.

[45] Andrews RM, Kubacka I, Chinnery PF, Lightowlers RN, Turnbull DM, Howell N. Reanalysis and revision of the Cambridge reference sequence for human mitochondrial DNA. Nat Genet 1999;23(2):147. Available from: https://doi.org/10.1038/13779.

[46] The Scientific Working Group on DNA Analysis Methods (SWGDAM), Interpretation Guidelines for Mitochondrial DNA Analysis by Forensic DNA Testing Laboratories, approved on April 23, 2019.

[47] Isenberg AR. Forensic mitochondrial DNA analysis. In: Saferstein R, editor. Forensic science handbook, Vol. II. Upper Saddle River, New Jersey: Pearson Prentice Hall; 2004.

[48] Butler JM. Advanced topics in forensic DNA typing: methodology (Ch.14), Academic Press (Ed.) Wyman Street, Waltham, MA 02451, USA. 2011.

[49] Parson W, Gusmao L, Hares DR, Irwin JA, Mayr WR, Morling N, et al. DNA commission of the International Society for Forensic Genetics: revised and extended guidelines for mitochondrial DNA typing. Forensic Sci Int Genet 2014;13:134-42. Available from: https://doi.org/10.1016/j.fsigen.2014.07.010.

[50] Tully G, Bar W, Brinkmann B, Carracedo A, Gill P, Morling N, et al. Considerations by the European DNA profiling (EDNAP) group on the working practices, nomenclature and interpretation of mitochondrial DNA profiles. Forensic Sci Int 2001;124(1):83-91.

[51] Budowle B, Polanskey D, Fisher CL, Den Hartog BK, Kepler RB, Elling JW. Automated alignment and nomenclature for consistent treatment of polymorphisms in the human mitochondrial DNA control region. J Forensic Sci 2010;55(5):1190-5.

[52] Wilson MR, Allard MW, Monson K, Miller KW, Budowle B. Recommendations for consistent treatment of length variants in the human mitochondrial DNA control region. Forensic Sci Int 2002;129(1):35-42.

[53] Bandelt HJ, Parson W. Consistent treatment of length variants in the human mtDNA control region: a reappraisal. Int J Leg Med 2008;122(1):11-21. Available from: https://doi.org/10.1007/s00414-006-0151-5.

[54] Bendall KE, Macaulay VA, Baker JR, Sykes BC. Heteroplasmic point mutations in the human mtDNA control region. Am J Hum Genet 1996;59(6):1276-87.

[55] Comas D, Paabo S, Bertranpetit J. Heteroplasmy in the control region of human mitochondrial DNA. Genome Res 1995;5(1):89-90.

[56] Tully LA, Parsons TJ, Steighner RJ, Holland MM, Marino MA, Prenger VL. A sensitive denaturing gradient-gel electrophoresis assay reveals a high frequency of heteroplasmy in hypervariable region 1 of the human mtDNA control region. Am J Hum Genet 2000;67(2):432-43.

[57] Calloway CD, Reynolds RL, Herrin Jr. GL, Anderson WW. The frequency of heteroplasmy in the HVII region of mtDNA differs across tissue types and increases with age. Am J Hum Genet 2000;66 (4):1384-97.

[58] Carracedo A, Bar W, Lincoln P, Mayr W, Morling N, Olaisen B, et al. DNA commission of the international society for forensic genetics: guidelines for mitochondrial DNA typing. Forensic Sci Int 2000;110 (2):79-85.

[59] Irwin JA, Saunier JL, Niederstatter H, Strouss KM, Sturk KA, Diegoli TM, et al. Investigation of heteroplasmy in the human mitochondrial DNA control region: a synthesis of observations from more than 5000 global population samples. J Mol Evol 2009;68(5):516-27. Available from: https://doi.org/10.1007/s00239-009-9227-4.

[60] Brandstatter A, Parson W. Mitochondrial DNA heteroplasmy or artefacts—a matter of the amplification strategy? Int J Leg Med 2003;117(3):180-4.

[61] Berger C, Hatzer-Grubwieser P, Hohoff C, Parson W. Evaluating sequence-derived mtDNA length heteroplasmy by amplicon size analysis. Forensic Sci Int Genet 2011; 5(2): 142-5.

[62] Budowle B, Wilson MR, DiZinno JA, Stauffer C, Fasano MA, Holland MM, et al. Mitochondrial DNA regions HVI and HVII population data. Forensic Sci Int 1999;103(1):23-35.

[63] Holland MM, Parsons TJ. Mitochondrial DNA sequence analysis—validation and use for forensic casework. Forensic Sci Rev 1999;11(1):21-50.

[64] Balding DJ, Nichols RA. DNA profile match probability calculation: how to allow for population stratification, relatedness, database selection and single bands. Forensic Sci

Int 1994;64(2-3):125-40.

[65] Egeland T, Salas A. Estimating haplotype frequency and coverage of databases. PLoS One 2008;3(12): e3988.

[66] Clopper CJ, Pearson ES. The use of confidence or fiducial limits illustrated in the case of the binomial. Biometrika 1934;26:404-13.

[67] Parson W, Brandstatter A, Alonso A, Brandt N, Brinkmann B, Carracedo A, et al. The EDNAP mitochondrial DNA population database (EMPOP) collaborative exercises: organisation, results and perspectives. Forensic Sci Int 2004;139(2-3):215-26.

[68] Prieto L, Zimmermann B, Goios A, Rodriguez-Monge A, Paneto GG, Alves C, et al. The GHEP-EMPOP collaboration on mtDNA population data—a new resource for forensic casework. Forensic Sci Int Genet 2011;5(2):146-51.

[69] Turchi C, Buscemi L, Previdere C, Grignani P, Brandstatter A, Achilli A, et al. Italian mitochondrial DNA database: results of a collaborative exercise and proficiency testing. Int J Leg Med 2008;122 (3):199-204. Available from: https://doi.org/10.1007/s00414-007-0207-1.

[70] Turchi C, Stanciu F, Paselli G, Buscemi L, Parson W, Tagliabracci A. The mitochondrial DNA makeup of Romanians: a forensic mtDNA control region database and phylogenetic characterization. Forensic Sci Int Genet 2016;24:136-42.

Available from: https://doi.org/10.1016/j.fsigen.2016.06.013.

[71] Zimmermann B, Brandstatter A, Duftner N, Niederwieser D, Spiroski M, Arsov T, et al. Mitochondrial DNA control region population data from Macedonia. Forensic Sci Int Genet 2007;1(3-4):e4-9. Available from: https://doi.org/10.1016/j.fsigen. 2007.03. 002.

[72] Huber N, Parson W, Dur A. Next generation database search algorithm for forensic mitogenome analyses. Forensic Sci Int Genet 2018;37:204-14.

[73] Salas A, Carracedo A, Macaulay V, Richards M, Bandelt HJ. A practical guide to mitochondrial DNA error prevention in clinical, forensic, and population genetics. Biochem Biophys Res Commun 2005;335 (3):891-9.

[74] Bandelt HJ, Dur A. Translating DNA data tables into quasi-median networks for parsimony analysis and error detection. Mol Phylogenet Evol 2007;42(1):256-71.

[75] Parson W, Dur A. EMPOP—a forensic mtDNA database. Forensic Sci Int Genet 2007;1(2):88-92.

[76] Lee HY, Song I, Ha E, Cho SB, Yang WI, Shin KJ. mtDNAmanager: a web-based tool for the management and quality analysis of mitochondrial DNA control-region sequences. BMC Bioinforma 2008;9:483.

第三篇
线粒体 DNA 突变
mtDNA mutations

第8章

人类线粒体 DNA 修复
Human mitochondrial DNA repair

Elaine Ayres Sia　Alexis Stein　著

梁　丹　张　静　译

在 19 世纪 80 年代，多种人类遗传疾病被证实是由线粒体 DNA 突变引起的。通常，这些遗传疾病是由个体线粒体基因组特定位点的基因突变所引起[1]。最近，科研人员在研究哺乳动物线粒体 DNA 位点突变率增加后的表型结果时，证实了在哺乳动物细胞中维持线粒体基因组稳定的重要性。科研人员对"线粒体突变小鼠"进行了一系列广泛的研究。小鼠携带的某些突变会导致负责复制线粒体聚合酶 DNA Poly 的校对功能损伤，并且呈现出与早衰一致的表型[2]。通过研究这些线粒体突变小鼠的心肌细胞发现，细胞电子传递链（electron transfer chain，ETC）通量减少，表明线粒体编码的线粒体内膜复合物发生消耗、电子漏的增加和 ROS 自由基生成[3]，而这可能会带来更多的损伤。

ROS 是不稳定的含氧分子，主要包括过氧化氢（hydrogen peroxide，H_2O_2）、超氧化物阴离子（O_2^-）和羟自由基（·OH）。自 20 世纪 60 年代以来，人们就知道线粒体是内源性 ROS 的主要产生场所[4]。线粒体中 ROS 主要是由线粒体传递链复合体 I 和复合体 III 产生[5-9]。此外，线粒体中 ROS 还有其他包括基质蛋白质在内的潜在来源，如 α- 酮戊二酸脱氢酶[10, 11]。由于我们对线粒体功能的了解仍然十分有限[8, 12, 13]，一些由任何特定原因产生的 ROS 导致的细胞内损伤难以在体内进行追踪和精准评估。虽然体内 ROS 的精确水平目前尚不清楚，但我们仍可以通过测量线粒体 DNA 中氧化核苷酸的升高水平来判断线粒体基因组的氧化损伤程度[14]。

活性氧的反应意味着这些分子可以损害重要的细胞组分，包括脂质、蛋白质和 DNA。DNA 氧化损伤主要是碱基损伤，即核苷酸中含氮碱基与 ROS 发生相互作用，从而导致结构改变。目前已知的碱基损伤有 20 多种，多数研究集中在 7，8-二氢 -8- 羟基 -2′- 脱氧鸟苷（7, 8-dihydro-8-oxo-2′-deoxyguanosine，8-oxodG）（图 8-1）[15]。碱基的氧化改变可能导致参与 DNA 复制的聚合酶偏离标准 Watson-Crick 碱基配对，如果该损伤在 DNA 复制前未得到正确修复，则可能导致突变[16]。未修复的氧化碱基也可能成为跨损伤 DNA 聚合酶的底物，并降低 DNA 复制过程中的保真度，易导致点突变形成[17, 18]。DNA 氧化损伤不仅限于碱基，还可能发生在核苷酸的糖残基上，导致必须修复的 DNA 单链和双链断裂的形成[19, 20]。

除了特定的线粒体 DNA 突变外，碱基损伤还可能引起转录过程中的错误，合成不正确的蛋白质。虽然大部分氧化碱基损伤不会直接阻断转录，但它们的存在可能导致突变蛋白质的合成。因为 RNA 聚合酶与 DNA 聚合酶类似，容易在受损碱基的配对位点产生错误插入[21]。

氧化损伤还可以产生 DNA 及其相关蛋白质之间的分子间交联[22, 23]，以及 DNA 双链之间的链间交联。蛋白质 -DNA 分子交联和 DNA 链间交联如果得不到修复，都将导致细胞死亡。考虑到活

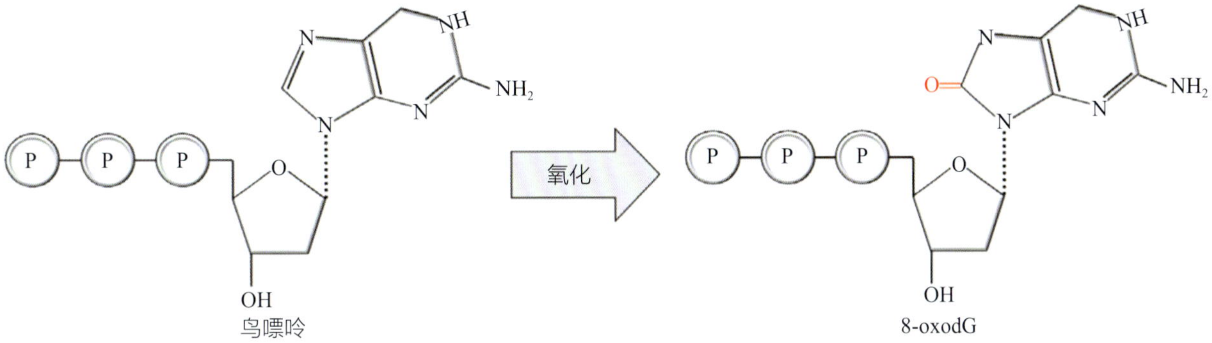

▲ 图 8-1　8-oxodG 研究的最彻底的氧化核苷酸结构图

鸟嘌呤和 8-oxodG 之间的结构差异虽小，但很重要，因为它们可以导致碱基配对从 G-C 到 G-A 的变化。虚线表示含氮碱基和脱氧核糖之间的糖苷共价键

性氧对 DNA 的有害影响，细胞已经进化出多种方法来减轻 ROS 的影响也就不足为奇了，其中包括酶促（例如，超氧化物歧化酶、过氧化氢酶和谷胱甘肽过氧化物酶）和非酶促（如维生素 C、维生素 E 和 β– 胡萝卜素）抗氧化剂来减少细胞中存在的 ROS，以及广泛的 DNA 修复途径，包括核苷酸切除修复（nucleotide excision repair，NER）、碱基切除修复（base excision repair，BER）、单链断裂（single-strand break，SSB）和双链断裂修复（double-strand break repair，DSBR），来修复由 ROS 产生的 DNA 损伤[24]。

　　从细菌到人类，DNA 修复途径都是高度保守的。因此，在大肠埃希菌中证实的 DNA 修复机制为发现真核细胞中的修复途径奠定了基础。许多已知的真核细胞修复机制被发现在线粒体中同样起作用，经常使用许多相同的蛋白质。对于一些修复机制，在线粒体中发现了核通路中的一部分蛋白质组分，而另一些则尚未被发现，这表明线粒体 DNA 修复可能由共同和特有途径两部分组成，或者线粒体以其独特的方式利用已知的修复蛋白完成修复。正如目前所理解的那样，线粒体 DNA 修复的途径将在以下段落中描述。

一、碱基切除修复

　　碱基切除修复途径是线粒体 DNA 最早被发现的修复机制[25]。虽然碱基切除修复通常被描述为一种"通路"，但实际上它是由几个繁杂的机制组成，用于移除和替换核基因组和线粒体基因组中 DNA 的受损碱基（图 8-2）。这条途径专门用于修复碱基损伤和碱基位点，被认为是修复 ROS 对 DNA 损伤的主要机制。

　　碱基切除修复的基本步骤包括 N– 糖基化酶对受损碱基的识别和 N– 糖苷键的断裂，N– 糖苷键连接到脱氧核糖上，留下一个碱基位点。接下来，必须去除碱性糖。需要 2 个反应才能在碱基位点的两侧产生 5′ 磷酸核糖和 3′ 羟基，以完全去除 DNA 中的残基。磷酸二酯键通过 AP 核酸内切酶在碱基位点的 5′ 侧被切割，产生一个可以通过聚合酶延伸的游离的 3′ 端。剩余的 5′ 脱氧核糖可以被除去 3′ 无碱基位点，通过聚合酶 β 提供的裂解酶活性或作为某些 N– 糖基化酶的第二活性在"短补丁"BER（"short-patch" BER，SP-BER）的情况下留下单个核苷酸间隙。或者，在"长补丁"BER 中，链位移合成发生在 5′ 缺口的位点，产生的 5′ 瓣端被瓣状核酸内切酶（LP-BER）切割。无论是哪种情况，游离的 3′ 端被延伸以填充空缺，且新合成的双链 DNA 中的缺口被连接酶密封，从而完成修复。

　　DNA N– 糖基化酶专门用于识别特定类型的碱基损伤，具有一定的复杂性。到目前为止，哺乳动物细胞中的 11 种糖基化酶中有 7 种在线粒体中被发现，这代表了碱基修饰的广泛性。它们

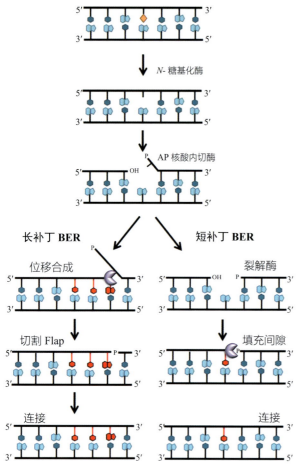

▲ **图 8-2 碱基切除修复的机制**

在短补丁和长补丁修复途径中，受损的碱基被 *N*- 糖基化酶去除。然后，AP 核酸内切酶将切割碱基位点上的 5′ 糖磷酸骨架。可能由自发性脱嘌呤引起的碱性位点的修复将从此步骤开始。在短补丁修复中，裂解活性将去除小的脱氧核糖游离端。聚合酶将填充单个核苷酸间隙，连接酶将密封缺口。在长补丁修复中，DNA 聚合酶的位移合成将延长 AP 内切酶切割产生的 3′ 端，并取代受损的 5′ 端以产生短瓣端。该瓣端被内切酶切开，所得的缺口被连接酶密封。这两种途径都会导致受损碱基的去除

由缺乏裂解酶活性的单功能酶（UNG1、AAG1 和 MYH）和具有糖基化酶和裂解酶活性的双功能酶（NTHL1、OGG1、NEIL1 和 NEIL2）组成[26]。这些酶在双链 DNA 序列完整的背景下起作用效果最佳，因为有效的修复需要相反链上的模板信息。此外，在复制过程中，糖基化酶裂解 ssDNA 可能会导致双链断裂。因此，这些酶中有几种已被证明与线粒体单链结合蛋白相互作用，

从而抑制其活性[27-29]。

大肠埃希菌 AP 核酸内切酶的两种同源物已在哺乳动物细胞鉴定出，分别是 APE1 和 APE2[30, 31]。APE1（也称为 Ref-1）的缺失在小鼠中是致命的[32]。它被普遍认为是哺乳动物碱基切除修复中 AP 核酸内切酶活性的主要来源，因为 APE2 不能补充缺乏 AP 核酸内切酶活性的酵母突变体[33]，同时重组 APE2 在生化检测中被报道缺乏 AP 核酸内切酶活性[34]。虽然 APE1 和 APE2 都存在于线粒体中[35, 36]，但生化研究表明 APE1 也是线粒体碱基切除修复中主要的 AP 核酸内切酶[37]。

如同核 DNA 一样，似乎至少有两种可选择的聚合酶可用于线粒体碱基切除修复。DNA POLγ 于 1978 年在大鼠线粒体中被鉴定出来[38]，并很快被确定为一种复制型线粒体聚合酶[39]。很久以后，其他 DNA 聚合酶被证明定位于线粒体，因此我们的线粒体修复模型经过修订后，包括了其他 DNA 聚合酶，包括 DNA POLβ，一种具有较低合成能力、没有校对核酸外切酶和相关的裂解酶活性的聚合酶[40, 41]。

现已证实，人类 DNA POLγ 可以低效地填补单链缺口。此外，POLγ 可以在体外进行链置换合成的功能，但这种活性被校对外切酶活性抑制。有人提出，这种被抑制的活性可以在体内调节，使 POLγ 在线粒体 LP-BER 的合成过程中产生游离瓣端[42]。裂解酶活性也与 DNA POLγ 有关[43]，然而，体外线粒体提取物的研究表明，DNA POLβ 可能是大多数线粒体 SP-BER 的原因[41]。

除了 DNA POLγ 之外，迄今为止对线粒体碱基切除修复显示出重要作用的所有酶也存在于细胞核中。对一些经过充分研究的核碱基切除修复酶定位到线粒体的研究揭示了修复蛋白亚细胞定位调节的复杂性。线粒体中的尿嘧啶 *N*- 糖基化酶（uracil N-glycosylase，UNG1）由编码核同工异构体的同一个基因 *UNG* 编码，它是选择性转录起始和选择性剪接的结果[44, 45]。UNG1 异构体既包含 N 端线粒体靶向序列，也包含对核定位很

重要的残基，但它似乎优先定位于线粒体[45]。

关于 AP 核酸内切酶的定位，APE1 尤其复杂，其位于线粒体的分布依赖于蛋白质 C 端附近的序列[46]；然而，在基质定位之前，蛋白质似乎在膜间隙积聚[47]。线粒体 APE1 的数量随着 MIA 通路的影响而减少，这支持了线粒体膜间隙中蛋白质的正确折叠和二硫键形成。未折叠的蛋白质通过线粒体外膜中的 TOM 复合物运输，它们与线粒体膜间隙中的 Mia40 相互作用。这种相互作用对于底物蛋白质的正确折叠和二硫键形成至关重要，底物蛋白质通常留在线粒体膜间隙[48]。然而，在酵母中，线粒体核糖体蛋白 Mrp10 在导入线粒体基质之前是 MIA 通路的底物（图 8-3）。在没有 Mia40 相互作用的情况下，错误处理的蛋白质被迅速降解[49]。目前尚不清楚人类 APE1 与 MIA 通路的相互作用是否具有类似的作用，并且通过线粒体内膜的转运机制仍然未知。

许多碱基切除修复通路组成部分被预测具有 N- 末端线粒体靶向序列[26]；然而，POLβ 定位到细胞核需要 N 端 NLS 序列，这阻碍了传统的 N 端线粒体靶向序列[50]。POLβ 在线粒体中的定位似乎需要内部、不确定的靶向序列或翻译后修饰[40]。参与碱基切除修复的蛋白质的线粒体定位的不同机制表明，修复蛋白在下述途径中的定位将同样复杂。

二、大片段损伤修复

在真核细胞核中，嘧啶二聚体和其他大块损伤主要由核苷酸切除修复途径修复。虽然核苷酸切除修复可能以修复紫外线引起的损伤而闻名，但多项研究表明它在氧化损伤修复中具有额外的作用，核苷酸切除修复既可以通过识别大块的损伤直接修复，也可以通过碱基切除修复促进修复[51]。

在核苷酸切除修复中，内切酶切割受损核苷酸两侧的受损链，并去除含有损伤的短单链 DNA 片段。该间隙由 DNA 聚合酶填充，然后将 DNA 连接以密封缺口。核苷酸切除修复中有两种损伤识别模式，定义了两种相关的亚通路，即全基因组核苷酸切除修复（global genome nucleotide excision repair，GG-NER）和转录耦联修复（transcription coupled repair，TCR）[52]。由于这些亚通路中一些很重要的蛋白质是在线粒体中发现的，下面将简要描述它们（图 8-4）。

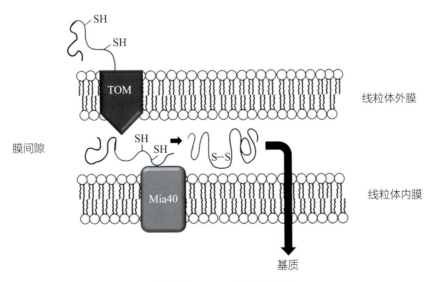

▲ 图 8-3　MIA 通路示意图

未折叠的蛋白质，如 APE1，通过 TOM 复合物进入膜间空间，并与 Mia40 相互作用。Mia40 促进合适的二硫键形成和折叠，从而增加蛋白质的稳定性。在某些情况下，正确折叠的蛋白质可能通过未知机制导入到线粒体的基质中

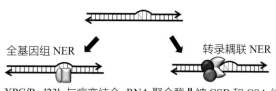

全基因组 NER　　　　　　　　　　转录耦联 NER

XPC/Rad23b 与病变结合　　RNA 聚合酶Ⅱ被 CSB 和 CSA 结合

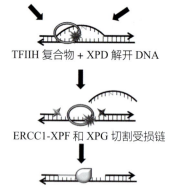

TFIIH 复合物 + XPD 解开 DNA

ERCC1-XPF 和 XPG 切割受损链

DNA 聚合酶填补了这一空白

▲ 图 8-4　全基因组核苷酸切除修复和转录耦联修复

根据检测方法的不同，大片段损伤可以用 GG-NER 或 TCR 修复。在 GG-NER，损伤通过 XPC/Rad23b 复合物检测。在 TCR 中，停滞的 RNA 聚合酶Ⅱ被 CSA 和 CSB 识别。然后，两种类型的核苷酸切除修复将将 TFIIH 复合物募集到损伤部位。XPD 是一种解旋酶，是该复合物的一部分，可在损伤部位解开螺旋。然后，ERCC1-XPF 和 XPG 将在两侧切开含有损伤的链，由此产生的间隙由 DNA 聚合酶填充并用连接酶密封

在 GG-NER 中，大块损伤通过 XPC/RAD23b 复合物识别，而对于环嘧啶二聚体来说，首先通过紫外线损伤的 DNA 结合蛋白识别，然后通过 XPC/RAD23b 识别。黏附 XPC/RAD23b 后再招募 TFIIH，包括 XPB 和 XPD。XPD 的解旋酶活性解开损伤周围的双链结构，以允许 ERCC1-XPF 和 XPG 切割[53]。

TCR 可更快地修复转录区域中的模板链。大块的损伤不仅限制了复制型 DNA 聚合酶的进展，还会导致 RNA 聚合酶Ⅱ的停滞。这些停滞的 RNA 聚合酶被保守序列区（conserved sequence block，CSB）识别，这对于招募其他 TCR 因子非常重要，包括蛋白质 CSA 和紫外线刺激的支架蛋白 A。随后，TFIIH 被招募并且继续修复，就像 GG-NER 那样[54]。早期的研究中没有证据

表明线粒体可以对紫外线介导的 DNA 损伤进行修复，这表明该细胞器缺乏修复嘧啶光产物的功能性核苷酸切除修复[55]。然而，随后的研究表明，许多核苷酸切除修复蛋白组分定位于线粒体部分，它们在线粒体 DNA 修复中的作用仍然是一个悬而未决的问题。

TCR 蛋白——CSA 和 CSB，是第一个在哺乳动物细胞纯化的线粒体组分中发现的核苷酸切除修复蛋白[56, 57]。这些蛋白质异常被命名为科凯恩综合征（cockayne syndrome，CS），这是一种表现在婴儿期或儿童早期的遗传性疾病，具有复杂的神经系统症状。CS 患者提示存在加速衰老的症状，并且其细胞表现出明显的线粒体功能障碍。事实上，根据症状的收集，CS 已被一些研究人员归类为线粒体疾病[58]。CSA 和 CSB 缺乏的哺乳动物细胞中 CSA 和 CSB 的线粒体水平因氧化损伤而增加，线粒体突变增加[56, 57]。现已提出 CSB 在线粒体碱基切除修复中的直接作用，因为 CSB 存在于具有线粒体 OGG1 糖基化酶和线粒体 DNA 的复合物中[56]。

最近，在线粒体组分中也发现了 XPD 和 RAD23A，并且像 CSA 和 CSB 一样可以减少线粒体氧化损伤和线粒体突变[59, 60]。这些蛋白质在线粒体中的具体作用机制尚未确定，并且可能涉及其他相互作用的蛋白质，包括 MMS19。在酵母模型系统中，*MMS19* 多年前就被鉴定为碱基切除修复基因[61]。人类直系同源物被证明与 XPD 相互作用并影响细胞核中的碱基切除修复。MMS19 被鉴定为细胞质铁硫簇组装复合体（CIA）的组成部分[62]，它有助于 XPD 中 Fe-S 簇的组装，而 Fe-S 簇又是将 XPD 组装成 TFIIH 复合物所必需的[63]。因此可知，正如对芽殖酵母同源物所提出的一样，MMS19 是通过 TFIIH 复合物的组装在核苷酸切除修复中发挥间接的功能[64]。然而，人类 MMS19 也存在于线粒体中，并且 MMS19 的敲除会导致过氧化氢暴露后出现大量缺失[65]。如果 MMS19 在修复中的作用仅仅是由于其在细胞质铁硫蛋白成熟中的作用，那么

这是一个令人意外的结果，因为 CIA 复合物不是组装线粒体蛋白质中 Fe-S 簇所必需的[66]。还需要更多的研究来确定 MMS19 的线粒体功能是否依赖于 XPD 或其他线粒体局部修复蛋白，并阐明每种核苷酸切除修复成分减少线粒体氧化损伤和损伤诱导突变的机制。

三、双链断裂修复

双链断裂是一种特别有害的 DNA 损伤类型，这些损伤的修复失败会导致基因组序列的显著缺失。即使修复，也有几种机制容易出错，导致突变。双链断裂可由多种外源和内源因素诱导。电离辐射可直接破坏磷酸糖骨架从而产生双链断裂[67]。双链断裂也可以由于内源性 DNA 代谢活动而自发产生。例如，如果碱基切除修复已启动，但尚未完成，则复制阻滞损伤或单链断裂将持续存在。碱基切除修复酶产生的停滞复制叉（stalled fork）和单链 DNA 断裂导致双链断裂的形成，并已被证明可以刺激哺乳动物细胞中的同源重组（homologous recombination，HR）[68]。

为了适应与打开螺旋分子相关的拓扑问题机制可能是 DNA 链断裂的来源。在复制和转录过程中，需要拓扑异构酶来维持正确的 DNA 拓扑结构[69, 70]。Ⅱ 型拓扑异构酶通过引入双链断裂来实现这一点，双链断裂可减少转录和 DNA 复制过程中产生的张力，并促进环状基因组（如线粒体基因组）在复制后的解链[71]。在这个反应过程中，酶与 DNA 链的 5′ 端共价结合。如果这些反应不彻底或拓扑异构酶被限制在 DNA-Top Ⅱ 复合物中，就会产生持久的双链断裂[72]。

由于在线粒体中，升高的 ROS 促进 DNA 和蛋白质氧化，因此所有的这些双链断裂形成机制可能在线粒体中更加频繁地发生。由于目前对线粒体 DNA 代谢和活性氧产生的了解有限，我们无法确定哪个断裂来源是首要关注的。

一般来说，双链断裂的修复主要有两种 DNA 修复方式：HR 和非同源末端连接（nonhomologous end joining，NHEJ）。经典 HR 将使用同源 DNA 分子作为模板，在双链断裂上合成 DNA（图 8-3）[73]。当修复以这种方式完成时，它是无差错的，保持了基因组的完整性。线粒体基因组的多拷贝性为这种修复在细胞周期的所有阶段提供了可利用的同源模板。

虽然同源重组通常被描述为无差错的双链断裂修复途径，但 HR 的亚类，如单链退火（single-strand annealing，SSA），是致突变的。在 SSA 中，在双链断裂的初始切除过程中会显示重复的 DNA 序列（如图 8-5 中的方框所示）。然后对这些序列进行退火，产生的皮瓣被劈开，然后填补缺口，密封缺口。这将导致其中一个重复序列和其间所有 DNA 的缺失[74]。

经典 NHEJ 被认为是致突变的，通常由于断裂端的直接连接导致在断裂部位的少量缺失（0～25bp）或插入[75]。在 NHEJ 过程中，双链断裂的末端最初与 Ku70/80 异源二聚体结合，招募处理断裂末端的核酸酶，然后募集能够以模板依赖性或独立的方式添加核苷酸的聚合酶。最后，在真核生物中，通过连接酶Ⅳ密封缺口[76]。NHEJ 的另一种形式，称为微同源基因介导的末端连接（microhomology-mediated end joining，MMEJ），依赖于在双链断裂的更广泛处理过程中暴露的小重复同源性（5～25bp），能够在这些微同源性之间产生大的缺失，并且不需要与经典 NHEJ 相同的蛋白质[77, 78]。

纯化的人、小鼠和其他脊椎动物线粒体提取物在体外表现出强大的 HR 活性[79, 80]。几种关键的 HR 蛋白已被证明可以定位到人类线粒体，包括 Rad51、Rad50、MRE11 和 NIBRIN[79, 81, 82]。在体外 HR 测定之前，线粒体提取物中的 HR 蛋白 Rad51、MRE11 和 NIBRIN 的免疫清除导致检测到的 HR 现象显著减少，这表明这些蛋白质在线粒体 HR 途径中发挥它们在细胞核中一样的作用[79]。

由于线粒体 DNA 的单亲遗传特点，阐明 HR 在体内的影响明显更具挑战性。由于细胞内所有线粒体基因组本质上都是相同的，因此重组产物很难或不能被检测到。在同时具有母系和父系

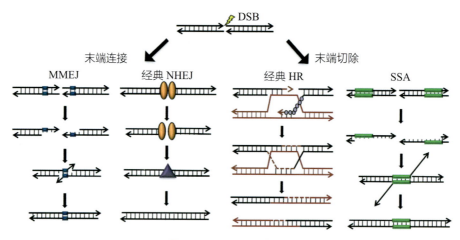

▲ 图 8-5 双股断裂修复模型

双链断裂修复途径大致分为末端连接途径和同源重组途径。经典的 NHEJ 需要最小限度的处理和切除断端，然后结扎。由此产生的修复产品经常出现小的缺失或插入。微同源性介导的末端连接（microhomology-mediated end joining，MMEJ）涉及更广泛的切除和存在可以退火的小直接重复（5~25bp）。由此产生的修复产品通常会导致比 NHEJ 中看到的更大的缺失。经典的 HR 使用同源序列作为模板修复双链断裂。当修复完成后，修复产品是无错误的。SSA 利用许多 HR 蛋白，但在切除过程中，重复的 DNA 序列被揭示。这些序列的后续退火，以及皮瓣内切酶对非同源 3'ssDNA 尾部的切割，将导致发生显著缺失的修复产物

线粒体 DNA 的患者中，检测到含有母系和父系 DNA 序列的重组分子，这表明自发性 HR 确实发生在体内[83]。进一步的支持体内的 HR 来自于对重组中间体的检测，包括在心脏、大脑和其他高度氧化组织中观察到的四路连接。这些 DNA 物种存在于具有高能量需求的细胞类型中，表明这些组织中 HR 中间体的增加和 ROS 水平的增加之间存在联系[84-86]。

为了直接检验双链断裂修复，采用小鼠模型和组织培养模型进行了体内研究。线粒体双链断裂是通过线粒体靶向限制性内切酶诱导的。在这些研究中，几乎没有检测到重组产物，且大部分线粒体 DNA 在双链断裂诱导后出现降解而不是修复[87]。这些内切酶引入了多个慢性双链断裂到线粒体基因组，这可能是这种程度的损伤阻遏了双链断裂修复途径。

虽然这些结果可能不支持双链断裂修复中线粒体强大的 HR，但这些发现为携带致病性线粒体疾病的个体提供了一种有趣的治疗策略。如果只将双链断裂引入突变的线粒体 DNA 分子，这些带有突变的线粒体 DNA 分子可能成为降解的靶点，允许健康的基因组复制和替换它们，从而

减轻症状严重程度或消除疾病[88-93]。虽然这些策略在组织培养中是有效的，但将这些酶引入人类的基因疗法尚未开发出来。

2019 年，有报道称可以使用 mitcrispr/Cas9 系统编辑人类线粒体 DNA[94]。CRISPR/Cas9 系统的工作原理是通过 Cas9 核酸内切酶将双链断裂引入特定的 DNA 序列，并允许细胞通过 HR 使用外源 DNA 模板修复双链断裂。利用该系统在体内成功编辑人线粒体 DNA 提供了证据，表明线粒体中的 DSB 可以通过体内的 HR 途径修复，而不会完全降解线粒体基因组。

目前，除了截短的 Ku80[95, 96] 亚型外，在哺乳动物线粒体中尚无经典 NHEJ 活性存在于线粒体中的生物化学证据，几个关键核 NHEJ 蛋白在线粒体中的定位仍有待最终证实[95, 96]。在使用大鼠线粒体提取物的体外实验中，已明确证明了 MMEJ 的存在。MMEJ 的活性依赖于 CtIP、FEN1、MRE11 和 PARP1 蛋白[95]。考虑到在人类线粒体 DNA 中发现的所有缺失中有 85% 是由短基因组组成的，包括在衰老过程中发生的 4977bp 的缺失，这在许多癌症类型中都有出现，因此在线粒体中鉴定强大的 MMEJ 途径是有趣的[97]。

这表明，这种容易出错的途径可能在这些缺失的产生中起着重要作用。

最近，人们提出了另一种缺失形式的模型，称为复制介导的单链断裂或双链断裂修复[98]。该模型提出，复制分叉的频繁停顿允许共同删除两侧微同源序列的配对，导致错配。这种错配使一大圈单链 DNA 暴露在潜在的损伤中，然后在断裂修复过程中丢失。这一途径不同于 SSA 和 MMEJ，因为它依赖于线粒体 POLγ、Twinkle（螺旋酶）和 MGME1（线粒体核酸酶）[98]。支持这一模型的研究表明，Twinkle 致病突变的患者表现出复制叉停滞的频率增加，线粒体 DNA 缺失的发生率增加[98, 99]。

四、错配修复

在 DNA 复制过程中，复制聚合酶的 3′ 到 5′ "校对" 核酸外切酶活性插入后，错误配对的核苷酸可能会立即被移除。线粒体也是如此，因为 DNA POLγ 具有校对活性。然而，一旦错误结合的核苷酸被延长，它将不再被聚合酶[100]移除。在 DNA 复制之后，不匹配的碱基可以通过复制后的错配修复被移除。错配修复是一种高度保守的途径，最早是在大肠埃希菌中研究的。MutS 同源二聚体识别并结合 DNA 中不匹配的残基[101]。在错配识别之后，富含 DAN 的 MutS 二聚体与 MutL[102] 相互作用。在大肠埃希菌中，在新的 DNA 合成后，DNA 瞬间半甲基化，甲基化只在模板链上发现。MutH 识别半甲基化的 GATC 序列，这些序列随后将被 dam 甲基化酶修饰。MutS/MutL 和 MutH 在不匹配的 DNA 序列的背景下相互作用激活 MutH 的内切酶活性，从而切割未甲基化的链[103]。解旋酶加载在缺口处并解开新合成的链，允许外切酶消化。通过这种方式，可以识别并从最近的半甲基化序列到错配处移除新合成的链。然后通过延伸 3′ 端[104]，在这个单链间隙上重新合成 DNA[104]，在没有 MutH 的情况下，修复的链偏置可以由单链缺口[105]引导。

根据真核核膜修复蛋白与细菌 MutS 和 MutL 蛋白的同源性，已鉴定出真核生物核内的错配修复蛋白。在真核细胞核中，MutS（MSH）和 MutL（MLH/PMS）均存在多个同源物，形成异源二聚体[106-111]。未发现 MutH 同源物，表明该链识别信号在原核生物和真核生物中存在差异。真核 MMR 蛋白与复制滑动钳相互作用，有证据表明，这种与复制复合体和新生链中的不连续点的相互作用为链识别提供了信号[112]。

2003 年，Mason 等发现大鼠肝线粒体裂解产物能够修复线粒体损伤的双链结构，但他们既没有观察到修复过程中的链偏向，也没有观察到 MSH2 蛋白定位在线粒体上[113]。随后，从人细胞中提取的线粒体证实了在纯化的哺乳动物线粒体中存在错配修复活性，YB-1 蛋白通过与线粒体 DNA 结合而被纯化的。以前，YB-1 是在筛选与 Y- 盒转录因子结合位点结合的蛋白质时被鉴定出来的[114]，并且由于其能够与脱氧核糖核酸结合而独立存在[115]。与 YB-1 互动的多样 DNA 底物一致，YB-1 被证明是一种多功能蛋白，参与一系列基因的转录调节、mRNA 剪接、翻译和 DNA 修复[116]。

即使在细胞核中，YB-1 在 DNA 修复中的作用也不清楚。纯化后的 YB-1 蛋白具有 DNA 结合活性，这种活性是在顺铂加合物或碱基基质存在的情况下激发的[117]。YB-1 与许多不同 DNA 修复途径的 DNA 修复蛋白相互作用，包括 MSH2（MMR）、Ku80 和 WRN（双链断裂修复）[117]、XPCHR23B（核苷酸切除修复）[118] 和 APE1、NEIL1、NEIL2 和 DNA POLβ（碱基切除修复）[119, 120]。其中一些相互作用已被证明会导致修复活性的激发[118, 121]；然而，在一项研究中，YB-1 被证明与 MutS 同源物在结合错配 DNA 方面存在竞争，从而抑制错配修复[122]。

YB-1 在线粒体中的存在被证实，线粒体中 YB-1 的缺失导致线粒体 DNA 突变的增加[123]。目前还不清楚 YB-1 与错配的结合是否反映了线粒体提取物中错配修复活性的直接作用，或者其他蛋白质可能在该途径中起作用。

五、跨损伤合成

高保真复制聚合酶的活性位点受到限制，以确保正确的核苷酸选择，并且这些酶不容易发生巨大的损伤。此外，这些聚合酶的校对活性可以抑制相对体积较大的损伤和无碱基位点的合成[124-126]。如果在 DNA 合成之前没有进行修复，这样的损伤将导致基因组复制的失败；然而，细胞有一些低保真的跨损伤聚合酶，它们能够绕过本来是致命的损伤[127]。从细菌到人类的生物体中，复制阻断损伤，如胸苷二聚体和碱性位点，由于跨损伤聚合酶损伤部位的低保真合成而致突变。

在细菌[128]、真核生物的细胞核 DNA[129] 和酵母线粒体 DNA[130] 中，暴露在紫外线下会导致紫外线诱导的人类线粒体基因组点突变的增加[131]，这表明旁路容易发生错误。DNA POLγ 高保真地复制线粒体基因组，并含有相关的 3′–5′ 校对核酸外切酶活性，可纠正合成过程中错误插入的核苷酸[132, 133]。与大多数高保真酶一样，DNA POLγ 绕过任何 DNA 损伤的能力有限，当发生跨损伤合成时，翻译合成通常容易出错[124, 134-136]；然而，在线粒体中还发现了其他几种聚合酶，这些酶可能有助于绕过损伤。

2013 年，一种新的人类 DNA 聚合酶被发现，它同时具有引物酶和 DNA 聚合酶的活性。这种酶被命名为原始聚合物（PrimPOL），存在于细胞核和线粒体中[137]。这种酶不能有效绕过无碱基位点、环丁烯二聚体或胸腺醇，但可以合成 8-oxodG 和 6-4 UV[137-139]。

哺乳动物细胞含有一系列低保真的 DNA 聚合酶，这些聚合酶有助于耐受不同类型的复制阻断 DNA 损伤[127]。其中一种聚合酶，跨损伤聚合酶，POLζ 在真核生物中是保守的，在许多诱变剂的损伤下，它负责大部分的核突变[140]。此外，POLζ 已被证明在核 NHEJ 中发挥重要作用。与其他跨损伤聚合酶不同，POLζ 在哺乳动物中是必需的，导致胚胎在发育早期死亡[141-143]。目前尚不清楚为什么 POLζ 的丢失在哺乳动物细胞中是致命的，而它在酵母中并不是必需的，而且还没有证明这种致命性是跨损伤合成丧失的直接结果。人 POLζ 由四个亚基组成，Pol31、Pol32、Rev7 和催化亚基 Rev3[144]。研究表明，Rev3−/− 细胞显示双链断裂的积累和易位[145]；因此，致命性可能反映双链断裂修复的主要缺陷。

在人类细胞的线粒体中已经发现了 Rev3 的异构体，并且 Rev3−/− 细胞被报道降低了氧磷酶复合体Ⅳ的活性，增加了葡萄糖消耗[146]。目前，还不知道在线粒体中是否发现了 DNA POLζ 的其他亚基，也不知道 Rev3 在维持正常线粒体功能中的确切作用。

最近，在筛选耐受线粒体 DNA 损伤药物所需的 DNA 修复蛋白后，发现 DNA POLθ 主要集中在人细胞的线粒体中。与 POLζ 一样，失去 POLθ 的细胞 OXPHOS 活性降低。此外，POLθ 的丢失导致线粒体 DNA 突变的减少，表明该酶在致突变 DNA 合成中的作用，可能在病变旁路中[59]；然而，POLθ 也促进了细胞核中容易出错的 NHEJ，这种活性可能是线粒体突变的来源[147]。

小结

由于许多原因，线粒体 DNA 修复的研究一直落后于细胞核中类似途径的研究。这些延迟在一定程度上是由技术困难造成的，比如操作哺乳动物线粒体基因组的挑战，多细胞真核生物细胞中线粒体 DNA 的基本功能，以及处理单亲遗传的多拷贝基因组的复杂性。然而，其他延迟是由于早期的假设，即线粒体基因组不需要修复。现在出现了一幅线粒体的图景，其中修复途径的一些组成部分与细胞核共享，但这些组成部分与线粒体特有的蛋白质相互作用。因此，线粒体 DNA 修复途径仍在被正在进行的研究所定义。

当线粒体 DNA 修复的许多成分在线粒体和核修复之间共享时，因为核修复中的缺陷将更容易被观察到，所以评估线粒体 DNA 修复缺失的影响可能特别困难。此外，由于核基因编码对线粒体功能很重要的蛋白质，这些核基因的突变可能会间接影响线粒体功能或突变。例如，POLβ[-/-]小鼠出生后不久就会死亡[148]，但在培养的纯合突变细胞中可以评估线粒体的表型。在这些细胞中观察到线粒体形态发生了戏剧性的变化；然而，目前还不能确定哪些表型由对线粒体 DNA

的直接影响所致[40, 41]。

在核修复途径中有相当多的冗余，修复途径之间广泛的串扰对于保持基因组的完整性是很重要的。修复途径似乎也可能在线粒体中相互作用。修复蛋白之间的相互作用，例如，在碱基切除修复和细胞核核苷酸切除修复中发现的那些蛋白，如何有助于减少对线粒体基因组的氧化损伤，将需要继续分析。

研究展望

目前已经明确，许多修复蛋白在细胞核和线粒体之间共享，但我们对修复蛋白的亚细胞定位管理知之甚少。对于某些蛋白质，除了在线粒体中观察到它们的存在外，所知甚少。即使是具有明确线粒体靶向信号的蛋白质，其在不同细胞和不同细胞内条件下的动态定位也没有得到广泛研究。同一蛋白向细胞核或线粒体的输入是否依赖或响应于任何一种组分中的损伤？如果是这样的话，是什么信号将线粒体定位为对损伤的反应？

在人类中，我们知道线粒体的结构和线粒体基因组的拷贝数取决于组织类型[149, 150]。有趣的新证据表明，线粒体 DNA 复制模式也可能是组织特异性的，并提出了细胞类型特异性差异也可能影响修复途径的可能性[84]。只有对线粒体的生物能量学、ROS 产生、形态、组织特异性差异，以及各种疾病状态（如癌症）如何影响线粒体 DNA 代谢有一个全面的了解，才有可能全面了解线粒体 DNA 修复。

参考文献

[1] Carelli V, La Morgia C. Clinical syndromes associated with mtDNA mutations: where we stand after 30 years. Essays Biochem 2018;62:235-54.

[2] Trifunovic A, et al. Premature ageing in mice expressing defective mitochondrial DNA polymerase. Nature 2004; 429:417-21.

[3] McLaughlin KL, McClung JM, Fisher-Wellman KH. Bioenergetic consequences of compromised mitochondrial DNA repair in the mouse heart. Biochem Biophys Res Comm 2018;504:742-8.

[4] Jensen PK. Antimycin-insensitive oxidation of succinate and reduced nicotinamide-adenine dinucleotide in electron-transport particles. II. Steroid effects. Biochim Biophys Acta 1966;122:167-74. Available from: https://doi.org/10. 1016/ 0926-6593(66)90058-0.

[5] Cadenas E, Boveris A, Ragan CI, Stoppani AO. Production of superoxide radicals and hydrogen peroxide by NADH-ubiquinone reductase and ubiquinol-cytochrome c reductase from beef-heart mitochondria. Arch Biochem Biophys 1977; 180:248-57. Available from: https://doi.org/10. 1016/ 0003-9861(77)90035-2.

[6] Hinkle PC, Butow RA, Racker E, Chance B. Partial resolution of the enzymes catalyzing oxidative phosphorylation. XV. Reverse electron transfer in the flavin-cytochrome beta region of the respiratory chain of beef heart submitochondrial particles. J Biol Chem 1967;242:5169-73.

[7] Hirst J, King MS, Pryde KR. The production of reactive oxygen species by complex I. Biochem Soc Trans 2008; 36:976-80. Available from: https://doi.org/10.1042/BST0360976.

[8] Murphy MP. How mitochondria produce reactive oxygen species. Biochem J 2009;417:1-13. Available from: https://doi.org/10.1042/BJ20081386.

[9] Turrens JF, Alexandre A, Lehninger AL. Ubisemiquinone is the electron donor for superoxide formation by complex III of heart mitochondria. Arch Biochem Biophys 1985;237:408-14. Available from: https://doi.org/10.1016/0003-9861(85)90293-0.

[10] Starkov AA, et al. Mitochondrial alpha-ketoglutarate dehydrogenase complex generates reactive oxygen species. J Neurosci 2004;24:7779-88. Available from: https://doi.org/10.1523/JNEUROSCI.1899-04.2004.

[11] Tretter L, Adam-Vizi V. Generation of reactive oxygen species in the reaction catalyzed by alphaketoglutarate dehydrogenase.

J Neurosci 2004;24:7771-8. Available from: https://doi. org/10.1523/JNEUROSCI.1842-04.2004.

[12] Griendling KK, et al. Measurement of reactive oxygen species, reactive nitrogen species, and redoxdependent signaling in the cardiovascular system: a scientific statement from the American Heart Association. Circ Res 2016;119:e39-75. Available from: https://doi.org/10.1161/RES.0000000000000110.

[13] Kowaltowski AJ. Strategies to detect mitochondrial oxidants. Redox Biol 2019;21:101065. Available from: https://doi. org/10.1016/j.redox.2018.101065.

[14] Richter C, Park JW, Ames BN. Normal oxidative damage to mitochondrial and nuclear DNA is extensive. Proc Natl Acad Sci 1988;85:6465-7. Available from: https://doi.org/10.1073/pnas.85.17.6465.

[15] Cooke MS, Evans MD, Dizdaroglu M, Lunec J. Oxidative DNA damage: mechanisms, mutation, and disease. FASEB J 2003;17:1195-214. Available from: https://doi.org/10.1096/fj.02-0752rev.

[16] Shibutani S, Takeshita M, Grollman AP. Insertion of specific bases during DNA synthesis past the oxidation-damaged base 8-oxodG. Nature 1991;349:431-4. Available from: https://doi.org/10.1038/349431a0.

[17] Kunkel TA. DNA replication fidelity. J Biol Chem 2004;279:16895-8. Available from: https://doi.org/10.1074/jbc.r400006200.

[18] Waters LS, et al. Eukaryotic translesion polymerases and their roles and regulation in DNA damage tolerance. Microbiol Mol Biol Rev 2009;73:134-54. Available from: https://doi.org/10.1128/mmbr.00034-08.

[19] Regulus P, et al. Oxidation of the sugar moiety of DNA by ionizing radiation or bleomycin could induce the formation of a cluster DNA lesion. Proc Natl Acad Sci 2007;104:14032-7. Available from: https:// doi.org/10.1073/pnas.0706044104.

[20] Rokita SE, Romero-Fredes L. The ensemble reactions of hydroxyl radical exhibit no specificity for primary or secondary structure of DNA. Nucleic Acids Res 1992; 20:3069-72. Available from: https://doi. org/10.1093/nar/20.12.3069.

[21] Dutta A, Yang C, Sengupta S, Mitra S, Hegde ML. New paradigms in the repair of oxidative damage in human genome: mechanisms ensuring repair of mutagenic base lesions during replication and involvement of accessory proteins. Cell Mol Life Sci 2015;72:1679-98. Available from: https://doi.org/10.1007/s00018-014-1820-z.

[22] Groehler A, et al. Oxidative cross-linking of proteins to DNA following ischemia-reperfusion injury. Free Radic Biol Med 2018;120:89-101. Available from: https://doi.org/10.1016/j.freeradbiomed.2018.03.010.

[23] Perrier S, et al. Characterization of lysine—guanine cross-links upon one-electron oxidation of a guaninecontaining oligonucleotide in the presence of a trilysine peptide. J Am Chem Soc 2006;128:5703-10. Available from: https://doi.org/10.1021/ja057656i.

[24] Birben E, Sahiner UM, Sackesen C, Erzurum S, Kalayci O. Oxidative stress and antioxidant defense. World Allergy Organ J 2012;5:9-19. Available from: https://doi.org/10.1097/WOX.0b013e3182439613.

[25] Mandavilli BS, Santos JH, van Houten B. Mitochondrial DNA repair and aging. Mutat Res 2002;509:127-51.

[26] Prakash A, Doublie S. Base excision repair in the mitochondria. J Cell Biochem 2015;116:1490-9.

[27] Sharma N, Chakravarthy S, Longley MJ, Copeland WC, Prakash A. The C-terminal tail of the NEIL1 DNA glycosylase interacts with the human mitochondrial single-stranded DNA binding protein. DNA Repair 2018;65:11-19.

[28] Wollen Steen K, et al. mtSSB may sequester UNG1 at mitochondrial ssDNA and delay uracil processing until the dsDNA conformation is restored. DNA Repair 2012;11:82-91.

[29] van Loon B, Samson L. Alkyladenine DNA glycosylase (AAG) localizes to mitochondria and interacts with mitochondrial single-stranded binding protein (mtSSB). DNA Repair 2013;12:177-87.

[30] Hadi MZ, Wison DMI. Second human protein with homology to the Escherichia coli abasic endonuclease exonuclease III. Env Mol Mutagen 2000;36:312-24.

[31] Demple B, Herman T, Chen DS. Cloning and expression of APE, the cDNA encoding the major human apurinic endonuclease: definition of a family of DNA repair enzymes. Proc Natl Acad Sci U S A 1991;88:11450-4.

[32] Xanthoudakis S, Smeyne RJ, Wallace JD, Curran T. The redox/DNA repair protein, Ref-1, essential for early embryonic development in mice. Proc Natl Acad Sci U S A 1996;93:8919-23.

[33] Ribar B, Izumi T, Mitra S. The major role of human AP-endonuclease homolog Apn2 in repair of abasic sites in Schizosaccharomyces pombe. Nucleic Acids Res 2004; 32: 115-26.

[34] Wiederhold L, et al. AP endonuclease-independent DNA base excision repair in human cells. Mol Cell 2004;15:209-20.

[35] Chattopadhyay R, et al. Identification and characterization of mitochondrial abasic (AP)-endonuclease in mammalian cells. Nucleic Acids Res 2006;34:2067-76.

[36] Tsuchimoto D, et al. Human APE2 protein is mostly localized in the nuclei and to some extent in the mitochondria, while nuclear APE2 is partly associated with proliferating cell nuclear antigen. Nucleic Acids Res 2001; 29: 2349-60.

[37] Akbari M, Otterlei M, Pena-Diaz J, Krokan HE. Different organization of base excision repair of uracil in DNA in nuclei and mitochondria and selective upregulation of mitochondrial uracil-DNA glycosylase after oxidative stress. Neuroscience 2007;145:1201-12.

[38] Tanaka M, Koike M. DNA polymerase-γ is localized in mitochondria. Biochem Biophys Res Comm 1978;81:791-7.

[39] Hubscher U, Kuenzle CC, Spadari S. Functional roles of DNA polymerases beta and gamma. Proc Natl Acad Sci U S A 1979; 76:2316-20.

[40] Sykora P, et al. DNA polymerase beta participates in mitochondrial DNA repair. Mol Cell Biol 2015;37 e00237-00217.

[41] Prasad R, et al. DNA polymerase b: a missing link of the base excision repair machinery in mammalian mitochondria. DNA Repair 2017;60:77-88.

[42] He Q, Shumate CK, White MA, Molineux IJ, Yin YW. Exonuclease of human DNA polymerase gamma disengages its strand displacement function. Mitochondrion 2013; 13: 592-601.

[43] Longley MJ, Prasad R, Srivastava DK, Wilson SH, Copeland WC. Identification of 50 -deoxyribose phosphate lyase activity in human DNA polymerase γ and its role in mitochondrial base excision repair in vitro. Proc Natl Acad Sci U S A 1998;95:12244-8.

[44] Nilsen H, et al. Nuclear and mitochondrial uracil-DNA glycosylases are generated by alternative splicing and transcription from different positions in the UNG gene. Nucleic Acids Res 1997;25:750-5.

[45] Otterlei M, et al. Nuclear and mitochondrial splice forms of human uracil-DNA glycosylase contain a complex nuclear

localisation signal and a strong classical mitochondrial localisation signal, respectively. Nucleic Acids Res 1998; 26: 4611-17.

[46] Li M, et al. Identification and characterization of mitochondrial targeting sequence of human apurinic/ apyrimidinic endonuclease 1. J Biol Chem 2010;285:14871-81.

[47] Vascotto C, et al. Knock-in reconstitution studies reveal an unexpected role of Cys-65 in regulating APE1/Ref-1 subcellular trafficking and function. Mol Biol Cell 2011;22:3887-901.

[48] Mordas A, Tokatlidis K. The MIA pathway: a key regulator of mitochondrial oxidative protein folding and biogenesis. Acc Chem Res 2015;48:2191-9.

[49] Longen S, Woellhaf MW, Petrungaro C, Riemer J, Herrmann JM. The disulfide relay of the intermembrane space oxidizes the ribosomal subunit Mrp10 on its transit into the mitochondrial matrix. Dev Cell 2014;28:30-42.

[50] Kirby TW, et al. DNA polymerase b contains a functional nuclear localization signal at its N-terminus. Nucleic Acids Res 2016;45:1958-70.

[51] Melis JPM, Van Steeg H, Luijten M. Oxidative DNA damage and nucleotide excision repair. Antioxid Redox Signal 2013;18:2409-19.

[52] Spivak G. Nucleotide excision repair in humans. DNA Repair 2015;36:13-18.

[53] Mu H, Geacintov NE, Broyde S, Yeo J-E, Scharer OD. Molecular basis for damage recognition and verification by XPC-RAD23B and TFIIH in nucleotide excision repair. DNA Repair 2018;71:33-42.

[54] Geijer ME, Marteijn JA. What happens at the lesion does not stay at the lesion: transcription-coupled nucleotide excision repair and the effects of DNA damage on transcription in cis and trans. DNA Repair 2018;71:56-68.

[55] Clayton DA, Doda JN, Friedberg EC. The absence of a pyrimidine dimer repair mechanism in mammalian mitochondria. Proc Natl Acad Sci U S A 1974;71:2777-81.

[56] Kamenisch Y, et al. Proteins of nucleotide and base excision repair pathways interact in mitochondria to protect from loss of subcutaneous fat, a hallmark of aging. J Exp Med 2010; epub ahead of print.

[57] Aamann MD, et al. Cockayne syndrome group B protein promotes mitochondrial DNA stability by supporting the DNA repair association with the mitochondrial membrane. FASEB J 2010;24:2334-46.

[58] Karikkineth AC, Scheibye-Knudsen M, Fivenson E, Croteau DL, Bohr VA. Cockayne syndrome: clinical features, model systems and pathways. Ageing Res Rev 2017;33:3-17.

[59] Wisnovsky S, Jean SR, Liyanage S, Schimmer A, Kelley SO. Mitochondrial DNA repair and replication proteins revealed by targeted chemical probes. Nat Chem Biol 2016;12:567-73.

[60] Liu J, et al. XPD localizes in mitochondria and protects the mitochondrial genome from oxidative DNA damage. Nucleic Acids Res 2015;43:5476-88.

[61] Prakash L, Prakash S. Three additional genes involved in pyrimidine dimer removal in Saccharomyces cerevisiae: RAD7, RAD14, and MMS19. Mol Gen Genet 1979; 176: 351-9.

[62] Gari K, et al. MMS19 links cytoplasmic iron-sulfur cluster assembly to DNA metabolism. Science 2012;337:243-6.

[63] Vashisht AA, Yu CC, Sharma T, Ro K, Wohlschlegel JA. The association of the Xeroderma pigmentosum group D DNA helicase (XPD) with transcription factor IIH is regulated by the cytosolic iron-sulfur cluster assembly pathway. J Biol Chem 2015;290:14218-25.

[64] Kou H, Zhou Y, Gorospe RMC, Wang Z. Mms19 protein functions in nucleotide excision repair by sustaining an adequate cellular concentration of the TFIIH component Rad3. Proc Natl Acad Sci U S A 2008;105:15714-19.

[65] Wu R, et al. MMS19 localizes to mitochondria and protects the mitochondrial genome from oxidative damage. Biochem Cell Biol 2018;96:44-9.

[66] Stehling O, Lill R. The role of mitochondria in cellular iron-sulfur protein biogenesis: mechanisms, connected processes, and diseases. Cold Spring Harb Perspect Biol 2013; 5: a011312.

[67] Roots R, Kraft G, Gosschalk E. The formation of radiation-induced DNA breaks: the ratio of doublestrand breaks to single-strand breaks. Int J Radiat Oncol Biol Phys 1985; 11:259-65. Available from: https://doi.org/10. 1016/0360-3016(85)90147-6.

[68] Kiraly O, et al. DNA glycosylase activity and cell proliferation are key factors in modulating homologous recombination in vivo. Carcinogenesis 2014;35:2495-502.

[69] Schoeffler AJ, Berger JM. DNA topoisomerases: harnessing and constraining energy to govern chromosome topology. Q Rev Biophys 2008;41:41-101. Available from: https://doi.org/10.1017/S003358350800468X.

[70] Wang JC. Cellular roles of DNA topoisomerases: a molecular perspective. Nat Rev Mol Cell Biol 2002;3:430-40. Available from: https://doi.org/10.1038/nrm831.

[71] Nitiss JL. DNA topoisomerase II and its growing repertoire of biological functions. Nat Rev Cancer 2009;9:327-37. Available from: https://doi.org/10.1038/nrc2608.

[72] Lu HR, et al. Reactive oxygen species elicit apoptosis by concurrently disrupting topoisomerase II and DNA-dependent protein kinase. Mol Pharmacol 2005;68:983-94. Available from: https://doi.org/10.1124/ mol.105.011544.

[73] San Filippo J, Sung P, Klein H. Mechanism of eukaryotic homologous recombination. Annu Rev Biochem 2008;77:229-57. Available from: https://doi.org/10.1146/annurev.biochem.77.061306.125255.

[74] Morrical SW. DNA-pairing and annealing processes in homologous recombination and homology-directed repair. Cold Spring Harb Perspect Biol 2015;7:a016444. Available from: https://doi.org/10.1101/cshperspect.a016444.

[75] Lieber MR. The mechanism of double-strand DNA break repair by the nonhomologous DNA end-joining pathway. Annu Rev Biochem 2010;79:181-211. Available from: https://doi.org/10.1146/annurev. biochem.052308.093131.

[76] Chang HHY, Pannunzio NR, Adachi N, Lieber MR. Non-homologous DNA end joining and alternative pathways to double-strand break repair. Nat Rev Mol Cell Biol 2017;18:495-506. Available from: https://doi.org/10.1038/nrm. 2017.48.

[77] Riballo E, et al. A pathway of double-strand break rejoining dependent upon ATM, Artemis, and proteins locating to gamma-H2AX foci. Mol Cell 2004;16:715-24. Available from: https://doi.org/10.1016/j. molcel.2004.10.029.

[78] Wang M, et al. PARP-1 and Ku compete for repair of DNA double strand breaks by distinct NHEJ pathways. Nucleic Acids Res 2006;34:6170-82. Available from: https://doi.org/10.1093/nar/gkl840.

[79] Dahal S, Dubey S, Raghavan SC. Homologous recombination-mediated repair of DNA double-strand breaks operates in mammalian mitochondria. Cell Mol Life Sci 2018;75:1641-55. Available from: https://doi.org/10.1007/s00018-017-2702-y.

[80] Thyagarajan B, Padua RA, Campbell C. Mammalian mitochondria possess homologous DNA recombination activity. J Biol Chem 1996;271:27536-43. Available from: https://doi.org/10.1074/jbc.271.44.27536.

[81] Dmitrieva NI, Malide D, Burg MB. Mre11 is expressed in mammalian mitochondria where it binds to mitochondrial DNA. Am J Physiol Regul Integr Comp Physiol 2011;301:R632-40. Available from: https://doi.org/10.1152/ajpregu.00853.2010.

[82] Sage JM, Gildemeister OS, Knight KL. Discovery of a novel function for human Rad51: maintenance of the mitochondrial genome. J Biol Chem 2010;285:18984-90. Available from: https://doi.org/10.1074/jbc. M109.099846.

[83] Kraytsberg Y. Recombination of human mitochondrial DNA. Science 2004;304:981. Available from: https://doi.org/10.1126/science.1096342.

[84] Herbers E, Kekäläinen NJ, Hangas A, Pohjoismäki JL, Goffart S. Tissue specific differences in mitochondrial DNA maintenance and expression. Mitochondrion 2019;44:85-92. Available from: https://doi.org/10.1016/j.mito.2018.01.004.

[85] Pohjoismaki JL, et al. Human heart mitochondrial DNA is organized in complex catenated networks containing abundant four-way junctions and replication forks. J Biol Chem 2009;284:21446-57. Available from: https://doi.org/10.1074/jbc. M109.016600.

[86] Pohjoismaki JL, et al. Overexpression of Twinkle-helicase protects cardiomyocytes from genotoxic stress caused by reactive oxygen species. Proc Natl Acad Sci U S A 2013;110:19408-13. Available from: https://doi.org/10.1073/pnas.1303046110.

[87] Srivastava S, Moraes CT. Double-strand breaks of mouse muscle mtDNA promote large deletions similar to multiple mtDNA deletions in humans. Hum Mol Genet 2005;14:893-902. Available from: https://doi.org/10.1093/hmg/ddi082.

[88] Bacman SR, Williams SL, Duan D, Moraes CT. Manipulation of mtDNA heteroplasmy in all striated muscles of newborn mice by AAV9-mediated delivery of a mitochondria-targeted restriction endonuclease. Gene Ther 2012;19:1101-6. Available from: https://doi.org/10.1038/gt.2011.196.

[89] Bacman SR, Williams SL, Garcia S, Moraes CT. Organ-specific shifts in mtDNA heteroplasmy following systemic delivery of a mitochondria-targeted restriction endonuclease. Gene Ther 2010;17:713-20. Available from: https://doi.org/10.1038/gt.2010.25.

[90] Bacman SR, Williams SL, Pinto M, Peralta S, Moraes CT. Specific elimination of mutant mitochondrial genomes in patient-derived cells by mitoTALENs. Nat Med 2013;19:1111-13. Available from: https://doi.org/10.1038/nm.3261.

[91] Gammage PA, Rorbach J, Vincent AI, Rebar EJ, Minczuk M. Mitochondrially targeted ZFNs for selective degradation of pathogenic mitochondrial genomes bearing large-scale deletions or point mutations. EMBO Mol Med 2014;6:458-66. Available from: https://doi.org/10.1002/emmm. 201303672.

[92] Srivastava S. Manipulating mitochondrial DNA heteroplasmy by a mitochondrially targeted restriction endonuclease. Hum Mol Genet 2001;10:3093-9. Available from: https://doi.org/10.1093/hmg/10.26.3093.

[93] Tanaka M, et al. Gene therapy for mitochondrial disease by delivering restriction endonuclease SmaI into mitochondria. J Biomed Sci 2002;9:534-41. Available from: https://doi.org/10.1159/000064726.

[94] Bian W-P, et al. Knock-in strategy for editing human and zebrafish mitochondrial DNA using mitoCRISPR/Cas9 system. ACS Synth Biol 2019;8:621-32. Available from: https://doi.org/10.1021/acssynbio.8b00411.

[95] Tadi SK, et al. Microhomology-mediated end joining is the principal mediator of double-strand break repair during mitochondrial DNA lesions. Mol Biol Cell 2016;27:223-35.

[96] Coffey G. An alternate form of Ku80 is required for DNA end-binding activity in mammalian mitochondria. Nucleic Acids Res 2000;28:3793-800. Available from: https://doi.org/10.1093/nar/28.19.3793.

[97] Yusoff AAM, Abdullah WSW, Khair SZNM, Radzak SMA. A comprehensive overview of mitochondrial DNA 4977-bp deletion in cancer studies. Oncol Rev 2019;13:409. Available from: https://doi.org/ 10.4081/oncol.2019.409.

[98] Phillips AF, et al. Single-molecule analysis of mtDNA replication uncovers the basis of the common deletion. Mol Cell 2017; 65:527-538.e526. Available from: https://doi.org/10.1016/j.molcel.2016.12.014.

[99] Martin-Negrier ML, et al. TWINKLE gene mutation: report of a French family with an autosomal dominant progressive external ophthalmoplegia and literature review. Eur J Neurol 2011;18:436-41. Available from: https://doi.org/10.1111/j.1468-1331.2010.03171.x.

[100] Kunkel TA. Evolving views of DNA replication (in)fidelity. Cold Spring Harb Symp Quant Biol 2009;74:91-101.

[101] Su SS, Modrich P. Escherichia coli mutS-encoded protein binds to mismatched DNA base pairs. Proc Natl Acad Sci U S A 1986;83:5057-61.

[102] Grilley M, Welsh KM, Su SS, Modrich P. Isolation and characterization of the Escherichia coli mutL gene product. J Biol Chem 1989;264:1000-4.

[103] Au KG, Welsh K, Modrich P. Initiation of methyl-directed mismatch repair. J Biol Chem 1992;267:12142-8.

[104] Cooper DL, Lahue RS, Modrich P. Methyl-directed mismatch repair is bidirectional. J Biol Chem 1993; 268: 11823-9.

[105] Lahue RS, Su SS, Modrich P. Requirement for d(GATC) sequences in Escherichia coli mutHLS mismatch correction. Proc Natl Acad Sci U S A 1987;84:1482-6.

[106] Reenan RA, Kolodner RD. Isolation and characterization of two Saccharomyces cerevisiae genes encoding homologs of the bacterial HexA and MutS mismatch repair proteins. Genetics 1992;132:963-73.

[107] Iaccarino I, et al. MSH6, a Saccharomyces cerevisiae protein that binds to mismatches as a heterodimer with MSH2. Curr Biol 1996;6:484-6.

[108] Palombo F, et al. hMutSbega, a heterodimer of hMSH2 and hMSH3, binds to insertion/deletion loops in DNA. Curr Biol 1996;6:1181-4.

[109] Habraken Y, Sung P, Prakash L, Prakash S. Binding of insertion/deletion DNA mismatches by the heterodimer of yeast mismatch repair proteins MSH2 and MSH3. Curr Biol 1996;6:1185-7.

[110] Kramer W, Kramer B, Williamson MS, Fogel S. Cloning and nucleotide sequence of DNA mismatch repair gene PMS1 from Saccharomyces cerevisiae: homology of PMS1 to procaryotic MutL and HexB. J Bacteriol 1989;171:5339-46.

[111] Prolla TA, Christie DM, Liskay RM. Dual requirement in yeast DNA mismatch repair for MLH1 and PMS1, two homologs of the bacterial mutL gene. Mol Cell Biol 1994;14:407-15.

[112] Pavlov YI, Mian IM, Kunkel TA. Evidence for preferential mismatch repair of lagging strand DNA replication errors in yeast. Curr Biol 2003;13:744-8.

[113] Mason PA, Matheson EC, Hall AG, Lightowlers RN. Mismatch repair activity in mammalian mitochondria. Nucleic Acids Res 2003;31:1052-8.

[114] Didier DK, Schiffenbauer J, Woulfe SL, Zacheis M, Schwartz BD. Characterization of the cDNA encoding a protein binding to the major histocompatibility complex class II Y box. Proc

Natl Acad Sci U S A 1988;85:7322-6.

[115] Hasegawa SL, et al. DNA binding properties of YB-1 and dbpA: binding to double-stranded, singlestranded, and abasic site containing DNAs. Nucleic Acids Res 1991;19:4915-20.

[116] Lyabin DN, Eliseeva IA, Ovchinnikov LP. YB-1 protein: functions and regulation. Wiley Interdisc Rev: RNA 2013;5:95-110.

[117] Gaudreault I, Guay D, Lebel M. YB-1 promotes strand separation in vitro of duplex DNA containing either mispaired bases or cisplatin modifications, exhibits endonucleolytic activities and binds several DNA repair proteins. Nucleic Acids Res 2004;32:316-27.

[118] Fomina EE, et al. Y-Box binding protein 1 (YB-1) promotes detection of DNA bulky lesions by XPCHR23B factor. Biochem (Mosc) 2015;80:219-27.

[119] Alemasova EE, et al. Y-box-binding protein 1 as a non-canonical factor of base excision repair. Biochem Biophys Acta 2016;1864:1631-40.

[120] Das S, et al. Stimulation of NEIL2-mediated oxidized base excision repair via YB-1 interaction during oxidative stress. J Biol Chem 2007;282:28474-84.

[121] Alemasova EE, Naumenko KN, Moor NA, Lavrik OI. Y-box-binding protein 1 stimulates abasic site cleavage. Biochem (Mosc) 2017;82:1521-8.

[122] Chang Y-W, et al. YB-1 disrupts mismatch repair complex formation, interferes with MutSa recruitment on mismatch and inhibits mismatch repair through interacting with PCNA. Oncogene 2014;33:5065-77.

[123] de Souza-Pinto NC, et al. Novel DNA mismatch repair activity involving YB-1 in human mitochondria. DNA Repair 2009;8:704-19.

[124] Pinz KG, Shibutani S, Bogenhagen DF. Action of mitochondrial DNA polymerase γ at sites of base loss or oxidative damage. J Biol Chem 1995;270:9202-6.

[125] Schmitt MW, Matsumoto Y, Loeb LA. High fidelity and lesion bypass capability of human DNA polymerase delta. Biochimie 2009;91:1163-72.

[126] Schmitt MW, et al. Active site mutations in mammalian DNA polymerase delta alter accuracy and replication fork progression. J Biol Chem 2010;285:32264-72.

[127] Quinet A, Lerner LK, Martins DJ, Menck CFM. Filling gaps in translesion DNA synthesis in human cells. Mutat Res Gen Tox En 2018;836:127-42.

[128] Lawrence CW, Gibbs PE, Borden A, Horsfall MJ, Kilbey BJ. Mutagenesis induced by single UV photoproducts in E. coli and yeast. Mutat Res 1993;299:157-63.

[129] Ikehata H, Ono T. Mechanisms of UV mutagenesis. J Radiat Res 2011;52:115-25.

[130] Ejchart A, Putrament A. Mitochondrial mutagenesis in Saccharomyces cerevisiae I. Ultraviolet radiation. Mutat Res 1979;60:173-80.

[131] Pascucci B, et al. DNA repair of UV photoproducts and mutagenesis in human mitochondrial DNA. J Mol Biol 1997;273:417-27.

[132] Longley MJ, Nguyen D, Kunkel TA, Copeland WC. The fidelity of human DNA polymerase gammawith and without exonucleolytic proofreading and the p55 accessory subunit. J Biol Chem 2001;276:38555-62.

[133] Kunkel TA, Mosbaugh DW. Exonucleolytic proofreading by a mammalian DNA polymerase. Biochemistry 1989; 28: 988-95.

[134] Graziewicz MA, Sayer JM, Jerina DM, Copeland WC. Nucleotide incorporation by human DNA polymerase γ opposite benzo[a] pyrene and benzo[c] phenanthrene diol epoxide adducts of deoxyguanosine and deoxyadenosine. Nucleic Acids Res 2004;32:397-405.

[135] Kasiviswanathan R, Minko I, Lloyd RS, Copeland WC. Translesion synthesis past acrolein-derived DNA adductions by human mitochondrial DNA polymerase gamma. J Biol Chem 2013;288:12247-4255.

[136] Kasiviswanathan R, Gustafson MA, Copeland WC, Meyer JN. Human mitochondrial DNA polymerase gamma exhibits potential for bypass and mutagenesis at UV-induced cyclobutane thymine dimers. J Biol Chem 2012; 287: 9222-9.

[137] Garcia-Gomez S, et al. PrimPol, an archaic primase/polymerase operating in human cells. Mol Cell 2013; 52: 541-53.

[138] Bianchi J, et al. PrimPol bypasses UV photoproducts during eukaryotic chromosomal DNA replication. Mol Cell 2013; 52: 566-73.

[139] Zafar MK, Ketkar A, Lodeiro MF, Cameron CE, Eoff RL. Kinetic analysis of human PrimPol DNA polymerase activity reveals a generally error-prone enzyme capable of accurately bypassing 7,8-dihydro-8-oxo-2′-deoxyguanosine. Biochemistry 2014;53:6584-94.

[140] Schenten D, et al. Pol zeta ablation in B cells impairs the germinal center reaction, class switch recombination, DNA break repair, and genome stability. J Exp Med 2009; 206: 477-90.

[141] Esposito G, et al. Disruption of the Rev3l-encoded catalytic subunit of polymerase zeta in mice results in early embryonic lethality. Curr Biol 2000;10:1221-4.

[142] Wittschieben J, et al. Disruption of the developmentally regulated Rev3l gene causes embryonic lethality. Curr Biol 2000; 10:1217-20.

[143] Bemark M, Khamlichi AA, Davies SL, Neuberger MS. Disruption of mouse polymerase zeta (Rev3) leads to embryonic lethality and impairs blastocyst development in vitro. Curr Biol 2000;10:1213-16.

[144] Makarova AV, Burgers PM. Eukaryotic DNA polymerase zeta. DNA Repair 2015;29:47-55.

[145] Van Sloun PP, et al. Involvement of mouse Rev3 in tolerance of endogenous and exogenous DNA damage. Mol Cell Biol 2002;22:2159-69.

[146] Singh B, et al. Human REV3 DNA polymerase zeta localizes to mitochondria and protects the mitochondrial genome. PLoS One 2015;10:e140409.

[147] Mateos-Gomez PA. Mammalian polymerase theta promotes alternative NHEJ and suppresses recombination. Nature 2015;518:254-7.

[148] Sugo N, Aratani Y, Nagshima Y, Kubota Y, Koyama H. Neonatal lethality with abnormal neurogenesis in mice deficient in DNA polymerase β. EMBO J 2000; 19: 1397-404.

[149] Sun X, St. John JC. The role of the mtDNA set point in differentiation, development and tumorigenesis. Biochemical J 2016; 473:2955-71.

[150] Scheffler IE. Structure and morphology: integration into the cell. Mitochondria. Wiley-Liss; 1999 [chapter 3].

第 9 章

线粒体 DNA 突变的发生及累积机制

Mechanisms of onset and accumulation of mtDNA mutations

Ian James Holt   Antonella Spinazzola   著

纪冬梅   李丹阳   译

一、线粒体 DNA 异常

原发性线粒体 DNA 突变

我们将线粒体基因组的特定变异引起的疾病定义为原发性 mtDNA 疾病。因为 mtDNA 只从母系传递给子代而无父系贡献，原发性致病突变也仅由母系遗传。然而，如下所述，突变致病性越强，它传递给子代的可能性就越小，至少在哺乳动物中是这样。

1. 重排：缺失和重复　在 mtDNA 中发现的第一个致病性突变是明确的，并为 mtDNA 疾病提供了一些重要的见解[1]。许多 mtDNA 分子缺失 1 个或数千个碱基，包括至少 1 个 tRNA 基因（图 9-1A 和 B），因此，在单独情况下，它们不能产生 OXPHOS 所需的线粒体蛋白。然而，（部分）缺失的 mtDNA 分子与完整的 mtDNA 共存，因此生化和临床表型取决于野生型 mtDNA 能够代偿突变分子的程度。

虽然不同患者的线粒体基因组缺失部分的大小和位置不同，但每个人只缺少一个特定的区域。引人注意的是，mtDNA 缺失在肌肉中很明显，但在血液中不明显，这表明线粒体缺失在增殖细胞中明显处于劣势。当培养含 mtDNA 缺失患者的肌细胞时发现缺失 mtDNA 分子迅速丢失的现象，这生动地说明了在分裂细胞中维持缺失 mtDNA 十分困难[3]。此外，有特定形式缺失的 mtDNA 患者通常是散发病例，这表明体细胞和

生殖细胞系中缺失的 mtDNA 存在传递障碍。也就是说，在 226 名肌肉中存在 mtDNA 部分缺失的患者队列中，受影响的母亲将突变 mtDNA 传递给子代的风险是 1/24[4]。然而，目前还不清楚其中有多少是以其他 mtDNA 重排的形式传递（见下文"部分重复"）。

异质性及血液和肌肉之间突变负荷的显著差异，似乎为 mtDNA 疾病的组织特异性提供了一个直接的解释：受影响组织有高水平的 mtDNA 突变。然而，正如我们将看到的，后来对 mtDNA 中其他缺陷的研究表明，情况比假说的猜测要复杂得多。

对于年轻的研究人员来说，即使最近发明了通过 PCR 进行 DNA 扩增的技术，也很难理解当时人工 DNA 测序所代表的挑战有多大。因此，过去需要一年或更多时间来确定精确的缺失连接（deletion junction）❶。研究发现，最常见的连接构成了一个残留的 13 个 bp 直接重复序列，由此表明缺失是通过复制滑移（replication slippage）或 DNA 重组而产生的[5, 6]。其他缺失也涉及直接重复。然而，在极少数的缺失中很少或没有同源性[7]，多年后的研究表明，这些可能是断裂和再连接事件的结果，类似于核 DNA 的 NHEJ[7]。问题是：为什么人类 mtDNA 会运行一个类似于

---

❶ 译者注：因为 RNA-Seq 测序的特性，天然的会有一部分数据延伸到内含子区，这部分跨越外显子和内含子的读长就称为连接读长（junction read）

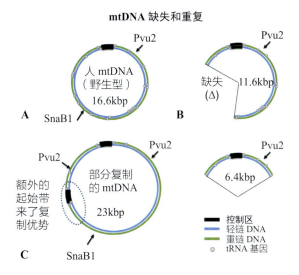

mtDNA 缺失和重复

人 mtDNA
（野生型）
16.6kbp

A　SnaB1　Pvu2

B　缺失（Δ）　11.6kbp　Pvu2

额外的
起始带
来了复
制优势

部分复制
的 mtDNA
23kbp

Pvu2

C　SnaB1

6.4kbp　Pvu2

■ 控制区
— 轻链 DNA
— 重链 DNA
⊙ tRNA 基因

限制性消化的人 mtDNA 的 Southern 印迹杂交

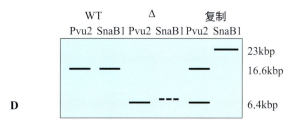

WT　　Δ　　复制
Pvu2 SnaB1 Pvu2 SnaB1 Pvu2 SnaB1

23kbp
16.6kbp
6.4kbp

D

▲ 图 9-1　致病性 mtDNA 变异和偏倚分离

A. 野生型 16.5kbp 的双链 DNA；B. 一个缺失 5kbp mtDNA 的部分缺失分子在原位将是一个封闭的环；C. 一个部分重复的 mtDNA 分子，在控制区域内和邻近区域有额外的复制起源，可提供复制优势，理论上缺失的相当于右侧（见正文和参考文献 [2]）；D. 说明了如何利用 Southern 杂交来区分重复和缺失。限制性内切酶 Pvu2 和 SnaB1 均在一个位点切割人 mtDNA，从正常对照受试者（野生型，WT）获得 16.6kbp 的线性条带。图 C 中所示 6.4kbp 的缺失分子将被 Pvu2 线性化，但不会被 SnaB1 切割，因此在后一种情况下将作为环状分子运行（用折线描述，由于凝胶电泳条件，圆形分子的迁移率会有很大差异）。相比之下，一个含有完全相同的 6.4kbp mtDNA 的部分重复分子将与 Pvu2 产生 16.6kbp 和 6kbp 的线性片段，而与 SnaB1 只产生一个 23kbp 的线性片段

NHEJ 的系统，当它如此基因密集以至于几乎每一个这样的事件都会导致有害的 mtDNA 形式？另外，缺失的 mtDNA 在人类中相对罕见（＜1/10 万），而这些再连接的不同的 mtDNA 末端构成了少数的散发性缺失；因此，NHEJ 样的 DNA 修复可以被视为一种偶然的事故，而不是哺乳动物线粒体中常规使用的 DNA 修复机制。对线粒体

基因组序列与缺失连接位置的比较表明，G- 四链体❶ 可能在其形成过程中发挥了作用[8, 9]，这可能是因为它们可以作为类似于核 DNA 复制的复制暂停位点[10]。根据对 mtDNA 解旋酶（Twinkle）缺陷表达细胞复制 mtDNA 的分析，DNA 复制中断也与所谓的常见缺失 mtDNA4977 的形成有关[11]。

后来发现了另一种与缺失密切相关的突变 mtDNA 形式，也就是部分重复[12]（图 9-1C）。重复可以通过与缺失相同的机制形成，可以是发生在 mtDNA 二聚体上的缺失事件，也可以是一个单独的缺失分子与野生型 mtDNA 重组[13]。这两种重排的可互换性在一些同时具有 mtDNA 复制和缺失的患者身上得到了很好的说明[14]。因为部分缺失和重复的 mtDNA 具有相同的连接，所以它们不能被使用跨越缺失 / 重复连接引物的 PCR 区分。因此，DNA 杂交技术检测 mtDNA 是非常必要的，但它比 PCR 技术耗时多，是一种即将消失的技术。关键是用限制性内切酶切割 mtDNA，该酶在假设缺失区域内没有识别位点，如图 9-1D 所示 SnaB1。在部分复制的情况下，这将产生一个比野生型 mtDNA 大得多的片段（图 9-1D）[2]。虽然很少有中心区分这两种类型重排，但可以预估重复的母系传递风险将显著高于缺失[13]。此外，疾病诊断通常基于肌肉活检，母亲患病，肌肉活检可能只包含缺失的 mtDNA，但在其他组织中可能存在部分重复的 mtDNA（生殖细胞系是传递的关键）。这很可能发生在携带相同 mtDNA 缺失的母子身上，因为儿子的肌肉中也有一小部分重复的 mtDNA[15]。因此，携带单个 mtDNA 缺失的母亲将致病性 mtDNA 重排传递给后代的风险为 1/24[4]，这可能至少部分反映了生殖细胞中部分重复的发生率，而不仅仅缺失本身。

一些人仍然认为 mtDNA 的部分重复是良性

---

❶ 译者注：G- 四链体（G-quadruplex）是由富含串联重复鸟嘌呤（G）的 DNA 或 RNA 折叠形成的高级结构

的，因为它们并不缺乏任何遗传信息[4]。此外，由于缺失和重复不仅在理论上可以互换，而且在一些患者中也以不同的比例存在[14]，提示缺失的分子可能是唯一参与病理的分子[4]。因此有人认为，这一观点忽略了这样一个事实，即部分mtDNA重复患者的血液或肌肉中未检测到缺失的分子[2]。虽然重复与轻度线粒体功能障碍相关，但在体外形成的三倍化可引起严重的呼吸功能缺陷[16]。因此，这些发现驳斥了重复（和三倍化）是良性的，只有缺失的形式才是有致病的观点。

如上所述，在同一家族和个体中存在的缺失和重复最容易用 DNA 重组来解释。有明确的证据表明，在酵母和植物等生物体内存在 mtDNA 重组酶和产物[17, 18]。然而，推测的酵母 Holliday 连接分解的哺乳动物同源物主要作为线粒体 RNA 聚合酶的辅助因子发挥作用[19]，并且一项研究在 50 代小鼠中未发现 mtDNA 重组产物的证据[20]。此外，缺失型、野生型和部分重复型 mtDNA 的混合可能反映了一个单一始祖事件，随后是三种不同形式之间的竞争 [见下文"五、有害 mtDNA 突变的选择和反选择"中"（三）自私机制"]，而不是一个由 DNA 重组介导的主动转化过程。另外，相互关联的多拷贝 mtDNA 分子已经在哺乳动物的许多组织中被检测到，尤其是在成人心脏中[21]。如果没有伴随的 DNA 重组装置来产生和分解它们，mtDNA 的这些排列是不可能存在的。此外，mtDNA 重组产物可能很少见到，因为子分子的分离是精心安排的，分离后的 mtDNA 分子通常是分开的。当然，当两种不同的 mtDNA 基因型被引入同一细胞时，几乎没有混合的证据[22]。

2. 线粒体 DNA 点突变 在缺失被报道的同年，mtDNA 的第一个致病性点突变被发现[23]，尽管事后看来，这是一个异常值。点突变 m.11778G 位于编码呼吸链复合体 I（ND4）亚单位的基因中，由此产生的疾病主要影响视神经的视网膜神经节细胞，表现为视力迅速恶化（亚急性双侧视力损害）。尽管视神经萎缩

并不罕见，但失明并不是线粒体疾病的典型特征，可以几十年没有症状，然后在几周内视力丧失，这与许多其他线粒体（DNA）疾病的缓慢进展性恶化相反。这种疾病被以其发现者名字命名为 Leber 遗传性视神经病（Leber's hereditary optic neuropathy，LHON）[在线人类孟德尔遗传（OMIM）#535000]，虽然称为 Leber 母系遗传性视神经病会更准确。大多数携带者每个 mtDNA 拷贝都携带突变[23]，但不是所有人[24]。发病通常在 30—40 岁，发病的男性远远多于女性。突变 mtDNA 的选择和分布问题并不适用于同质性突变，因此无论是组织特异性还是变化的外显率，都不能用突变体负荷的差异来解释。2014 年有报道称，线粒体生物发生的增加降低了 Leber 病的外显率，但致病的遗传特征仍有待确定。mtDNA 中另外两种同质性突变也可引起 LHON，并且这三种突变都影响编码呼吸复合体 I 的基因[25]。m.14484C 变异与较轻的视力损害相关，并且不会导致成纤维细胞中复合体 I 的缺陷，但它可能在受累组织中导致复合体 I 缺陷[26]。另外，令人费解的是，m.3460 在成纤维细胞中引起明显的复合体 I 缺陷，相当于一些严重的儿科复合体 I 疾病，但症状仅限于眼部。所有这三种 LHON 突变都是"器官特异性的"，遵循同质性突变通常影响一个器官或组织的总体规则。在过去的 30 年里，其他蛋白质编码基因的点突变已得到证实，但其中大多数是异质突变，包括 ATP 合酶亚基 a 或 A6 的点突变[27, 28]。然而，蛋白质编码基因的突变远远超过 tRNA 基因中的致病性点突变。

1990 年，研究报道了线粒体 tRNA 基因的 2 个突变与 MELAS（线粒体脑肌病、乳酸性酸中毒和卒中样发作 OMIM #540000）和 MERRF（肌阵挛性癫痫伴红色纤维 OMIM #545000）两种特定综合征有关[29, 30]。随后，所有 tRNA 基因的突变均被报道，其中 tRNA$^{Leu (UUR)}$ 基因有 10 个致病性变异。正如与预期那样，这些高水平的突变 mtDNA 与线粒体蛋白合成受损有关[31, 32]。这反

过来又降低呼吸链复合体 I、III 和 IV 的功能；然而，在较低的突变负荷下，复合体 I 可能是唯一受影响的呼吸链酶[33]。线粒体 tRNA 基因突变是母系遗传并且在绝大多数情况下是异质的。

核糖体 RNA 基因中很少有致病性突变；然而，一个值得注意的例外是 12S-rRNA 基因 m.1555G 的点突变。该突变与听力障碍密切相关，但在正常情况下很少引起疾病[34]。它被发现的主要原因是 m.1555G 对氨基糖苷类抗生素更加敏感，而在过去，这些抗生素在世界各地广泛（有时是随意）使用，导致很多抗生素引起的耳聋病例。

据我们所知，在主要非编码区没有确定的致病性突变。这不仅包括两个高变区，还包括一些非常重要的顺式元件。因此，有人可能会认为，这个区域的变异要么是良性的，要么是致死性的。尽管异质性允许高度有害的变异持续存在（如上述缺失所证明），但考虑到整个线粒体基因组，一个清晰的思路出现了：tRNA 是可扩散的，因此最容易被姐妹野生型 mtDNA 的产物所补充，而姐妹野生型 mtDAN 是数量最多、种类最多的 mtDNA 突变。在另一个极端，控制区和 rRNA 的有害突变会影响所有的蛋白质产物，这是非常罕见的，而单个蛋白质编码基因的点突变在这两个方面都占据了中间位置。

二、认定原发性线粒体 DNA 突变为致病性突变的标准

mtDNA 是高度多态性的，因此将一个变异认定为致病性，而不是一个中性多态性，是基于许多标准。

第一，该变异必须在大量地理和遗传匹配的对照中不存在；第二，突变应该影响一个保守的位点，因为这是功能重要性的标志；第三，变异必须与疾病分离，任何传递都必须通过母系。第四，当突变体与野生型分子共存时，突变负荷与线粒体功能障碍之间必须存在相关性。虽然这些标准对于确定突变致病的可能性很有价值，但

并非所有致病突变都符合这些标准。例如，一个 mtDNA 突变是有效的 "显性" 突变[35]，而且是一个明确的点突变，m.8344G，影响了哺乳动物中不保守的位点。此外，一些突变只产生轻微的 OXPHOS 损伤，所以呼吸链分析可能不会发现任何缺陷；然而，至少有一些较温和的突变表现出糖酵解 ATP 的产生增加（如参考文献 [16]）。

三、临床和生物化学的相关性

在 20 世纪 70 年代和 80 年代形成了两个临床阵营，其中一派赞成根据特定综合征对线粒体疾病进行分类，另一派则认为，最好将它们形成一系列临床特征 [如肌肉病理，在某些情况下，还有其他特征，如神经表现（如共济失调、周围神经病变）和（或）耳聋]。对这些疾病的分子基础的鉴定表明，这两种观点都是合理的。例如，mtDNA 缺失与一系列包括特定病症的疾病谱相关：新生儿 Pearson 综合征（OMIM# 557000）和 Kearns-Sayre 综 合 征（OMIM # 530000），以及成年发病的眼肌功能受损病例。MELAS 综合征常（但不是唯一）与 m.3243G 突变有关；完全相同的突变也会导致完全不同的表型，以耳聋和糖尿病为特征的线粒体糖尿病（maternally inherited diabetes and deafness，MIDD）（OMIM # 520000）。对患者和临床医生来说，能够指定一种疾病指定一个名称显然是有益的，即使它是不完全具体的，但用综合征方法对线粒体疾病进行分类的主要问题是，它产生了大量烦琐的首字母缩略词，即使是该领域的专家也难以记住。

在 mtDNA 缺失和失衡如 MELAS 等疾病的患者的肌肉匀浆或纯化线粒体中，线粒体呼吸通常是低的，但并非总是如此，一个明显的问题是，这些测量，无论是基于酶测定或极谱法，都会评估线粒体的总数。因此，组织化学分析是非常有用的，因为它经常显示呼吸链缺陷（cox阴性）纤维的嵌合体和线粒体数量的巨大扩张（粗糙的红色纤维）。只有少数百分比的异常纤维才

能表明样品与健康对照对象有很大差别。

四、线粒体遗传规律

核基因突变遵循孟德尔遗传规律，其中突变变异体可以是显性的或隐性的。相比之下，一个典型细胞中 1000 个 mtDNA 产生了更类似于群体遗传学的情况，特定变异体的突变负荷范围为 0.01%～100%，并且在大多数情况下 mtDNA 是母系传递。然而，一些情况同时适用于核 DNA 和 mtDNA。对于核 DNA 而言，引起早发性疾病的高度有害突变总是隐性的，而大多数 mtDNA 突变都是隐性的，因为只有在突变负荷超过 50% 时，才会表现出症状。据报道，只有一种致病性突变是显性的[35]，而由核缺陷引起的 mtDNA 维持障碍（见下文）是显性的。变异外显率是孟德尔遗传学的另一个特征，也体现在线粒体疾病中。在一个引人注目的案例中，一名携带同质突变 mtDNA 的女性非常健康，可以与几个不同的父亲生下孩子，但所有的后代都在婴儿期早期死亡，表明这种特殊的突变 mtDNA 在许多（但不是所有）核背景中产生了致死性的线粒体功能障碍[36]。异质性通常进一步增加复杂性，并为 m.8993G 致病性突变的临床表型变异提供了明确解释：突变负荷在 75% 及其以下为良性，在 75%～90% 时导致 NARP（OMIM# 551500），在 90%～100% 突变负荷时导致更严重的 Leigh 综合征（OMIM# 551500）[27, 28]。尽管 m.3243G 的情况更为复杂，但组织间异质性水平的差异被认为至少是 m.3243G 突变导致截然不同临床表型的部分原因[30, 37]。

五、有害线粒体 DNA 突变的选择和反选择

mtDNA 突变的传递和选择不仅发生在生殖系细胞中，也发生在体细胞和组织中，这一现象被称为体细胞 mtDNA 分离。尽管两者之间存在差异，最大的差异是卵子发生期间对线粒体（DNA）数量的限制（线粒体瓶颈），而这一限制不会发生在体细胞分裂过程中，但影响功能性变异和有害变异之间竞争的重要因素均适用于这两种情况，我们将对此进行解释。

（一）全功能线粒体 DNA 的表型选择

首例 mtDNA 致病性缺失报道[1] 提供了令人信服的（尽管是间接的）证据，证明严重有害的 mtDNA 变异体通过达尔文的选择从种群中丢失。部分缺失的 mtDNA 多为散发性，很少从母系遗传给后代。此外，缺失的 mtDNA 不会在血液中维持（生命早期之后），这意味着它们是通过细胞间竞争而丢失的。因此，部分缺失的 mtDNA 在生殖细胞系和体细胞传递中存在障碍，显而易见的解释是，这些 mtDNA 呼吸功能不全导致的逆向选择。数年后，基于功能能力的选择被证明更为普遍，当携带广泛 mtDNA 点突变的雌性小鼠被发现主要传递同义突变（那些对氨基酸序列没有影响的突变）[38]。相反，果蝇更容易允许有害变异通过生殖细胞系，这可能是因为在这种后生动物的配子发生期间，细胞内容物发生了汇聚[39]。

（二）功能障碍线粒体的增殖——对线粒体质量与能量需求耦合的自然过程的误用

鉴于基于适应性的选择能力明显，并且至少在理论上，这可以在亚细胞水平（单个细胞器之间的细胞内选择）和细胞之间对有害的 mtDNA 变异体起作用，因此可以预期原发性 mtDNA 疾病将非常罕见。但恰恰相反，它们的发生频率约为每 5000 个活产婴儿中就有 1 个，这使它们成为遗传疾病最常见的原因之一[40]。两种观点为有害突变的出现和维持提供了部分解释。首先，线粒体生物发生与能量生成的需求相结合。与血细胞或成纤维细胞相比，肌肉等组织的 mtDNA 拷贝数和氧化磷酸化（OXPHOS）复合体远多于血细胞或成纤维细胞；因此，线粒体数量会随着能量需求的增加而增加。不幸的是，在线粒体突变的情况下，这可能导致功能障碍的细胞器的无效扩增，正如线粒体疾病患者的肌肉中普遍看到的那样，产生的破碎红纤维（ragged red fiber，RRF）具有典型的呼吸链缺陷，并且可能充满突

变的 mtDNA[41]。也就是说，尽管几十年来，破碎红纤维一直是肌肉线粒体功能障碍的金标准，但我们不应忽视这样一个事实，即只有一小部分肌肉纤维（很少超过 20%）在数十年的生活后会受到影响，因此，增殖并不是在呼吸能力受损的一开始就被触发的普遍反应。其次，mtDNA 面临着所有遗传因素的不断竞争，以避免由自私机制产生的功能性有害突变。

（三）自私机制

许多人纠结于自私机制的抽象概念。简单地说，DNA 不知道它编码的是什么；因此，对 DNA 有益的东西可能对其产物有害。一个简单的例子是 mtDNA 中的点突变，它产生了一个新的高度活跃的复制起点，并在复合体Ⅳ的亚单位Ⅰ中产生氨基酸变化，从而破坏了细胞色素 c 氧化酶的活性。如果没有表型选择（对于细胞色素 c 氧化酶活性），这种变异将被正向选择，细胞将留下无法产生能量的线粒体。

这一原理的典型例子在兼性需氧菌酵母中经常发生。酿酒酵母（saccharomyces cerevisiae）自发产生被称为 ρ⁻ 基因组的 mtDNA 突变，它们包含 80kbp 野生型线粒体基因组的一部分，而这部分基因组总是不能产生线粒体编码的 OXPHOS 成分，因此 ρ⁻ 酵母菌不具呼吸功能。尽管如此，残留的 mtDNA 片段会地野生型 mtDNA 更有竞争力。最引人注目的例子是只有几百个 bp 的 ρ⁻ mtDNA，可能只是一个（伪）起源并产生过度抑制表型，与野生型 mtDNA 竞争，高达 98% 的后代携带 ρ⁻ 突变[42]。医生在诊所里面对线粒体疾病患者时，可能不会立即看到这种在单核生物中的 mtDNA 异乎寻常的行为与他们的病例相关，单细胞生物可以在没有氧气的情况下愉快地生长。然而，20 年前关于人类 mtDNA 重排的研究表明，这两种遥远的真核生物之间有着惊人的相似之处[16]。前面提到的人 mtDNA[12] 的部分串联重复具有明显的潜在复制优势，因为附加的 DNA 包括控制区和一段作为复制起始区的 mtDNA 片段[43]。当携带一个部分复制的细胞自发地选择一个部分三倍化的 mtDNA 进行复制[16]，然后进一步重排，形成了部分四倍化的 mtDNA，证明了复制该区域的理论优势（Vergani 和 Holt 未发表的研究结果）。因此，控制区和相邻序列可以作为 mtDNA 重排选择的"驱动"，唯一的限制是表型反向选择。在这方面，与重复分子相比，三倍化的 mtDNA 有更严重的 OXPHOS 缺陷，而四倍化的 mtDNA 高度不稳定（未发表的数据）[16]。因此，表型选择是活跃的，尽管在类似于那些用于维持无 mtDNA 的呼吸功能不全细胞的培养条件下，表型选择是微弱的[44]。尽管一个或多个额外的起源解释了重复和相关重排的选择，但部分缺失的 mtDNA 被认为通过简单的便利比全长 mtDNA 分子能更快地重新填充细胞器，因为它们将更快地完成复制周期，从而成为第一个可用于后续几轮复制的 DNA。这是否要归因于在复制周期结束时缺失的分子隔离了一个稀缺的起始因子还有待证实，但无论如何，复制优势已经被使用不同细胞类型的多个小组得到了经验证明[45-47]。

1997 年对重排的人类 mtDNA 的分析表明，部分重复的 mtDNA 可以在一种细胞类型中大量增殖，甚至继续产生更有害的突变，但在另一种细胞类型中迅速丢失[16]。突变 mtDNA 根据细胞背景（即伴随的核 DNA）的这种独特行为，加强并扩展了早期对最常见的致病性 mtDNA 点突变（m.3243G）的研究，该研究揭示了根据核背景选择突变型或野生型 mtDNA[48]。这些研究确立了线粒体 DNA 异质性可以通过改变细胞核 DNA 来改变的重要原则。附加起源假说为部分重复提供了完全可信的解释[16]，并提供了直接的复制优势（这是所有自私机制的本质），也被认为是 m.3243G 致病性变异的原因。m.3243 的点突变位于 mTERF（线粒体转录终止因子）家族创始成员的结合位点内。因此，mTERF 与 mtDNA 结合可导致在包含核苷酸位点 3243 的三聚体序列的复制暂停，这已通过在人类细胞系中转基因表达 mTERF 得到实验证实[49]。由于致病性突变

m.3243G 在体外中减少了 mTERF 的结合[50]，我们认为它缓解了复制暂停，从而赋予突变分子一种优势（图 9-2）[49]。最后，mtDNA 突变可能通过减少线粒体或 mtDNA 的周转（而不是增强复制）而带来优势。

对线虫 mtDNA 的研究提供了进一步的惊人证据，表明有害的变异（重排）可以作为自私遗传因素发挥作用[51]。在机制上，这涉及诱导所谓的线粒体未折叠蛋白反应（mitochondrial unfolded protein response，UPR^mt），但关于 UPR^mt 是刺激线粒体生物发生[52] 还是抑制线粒体转换[51] 存在不同观点。后一项研究还提出了缺失 mtDNA "搭乘（hitch-hiking）" 在野生型 mtDNA 上的观点，但不幸的是，这种观点的字面版本，即变异是 mtDNA 的部分重复，没有得到验证[51]。事实上，除非 mtDNA 在蠕虫体内的传递与人类的传递有很大的不同，否则重排的 mtDNA 在 100 代之间传递这一事实表明，至少有一部分是以部分重复的形式传递的，就像缺乏明显的表型一样[53]。对果蝇的研究也强调了有害 mtDNA 变异的自私行为[54]。

（四）代谢结构和营养可用性

另一个更明显的相关外部因素，营养可用

点突变可以带来复制优势

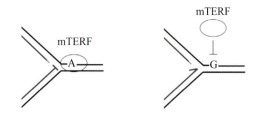

mTERF 在包括 3243 位点在内的三聚体上诱导暂停

m.A3243G 突变减少绑定并因此暂停

▲ 图 9-2　由点突变导致的抑制复制暂停可以赋予 mtDNA 直接的复制优势

在致病性 m.3243G 突变的情况下，改变的核苷酸位于 mTERF 蛋白的三聚体结合位点，并减少了蛋白质与 DNA 的结合，预计这将减少复制暂停

性，已被用于调控人类细胞中的 mtDNA 异质性。一个简单的方法是降低葡萄糖的利用；这通常是通过用半乳糖取代葡萄糖来实现的，因为这减少了糖酵解通量。在含有 m.3243G 的细胞中，从葡萄糖转换为半乳糖使突变负荷下降了 6%（从 99% 下降到 93%）。然而，这伴随着大量的细胞死亡，因此几乎肯定反映了细胞内的选择[55]。也就是说，在更苛刻的生长条件下，只有少数突变负荷较低的细胞可能能够存活下来，显然，这种方法在患者中使用的前景是有限的。在一项对携带部分缺失 mtDNA 的细胞研究中，更有希望的是用酮体取代葡萄糖。酮体只能通过线粒体产生能量，其结果是 5 天内突变负荷的功能显著下降 9%，而且这似乎是通过细胞内选择发生的，而不涉及细胞死亡[56]。另外，如前所述，针对部分缺失的反向选择非常强，因此这些无功能的重排 mtDNA 理论上是最容易发生反向选择的。在我们看来，即使是在偶尔自发选择野生型 mtDNA 的细胞背景下（我们未发表的数据），酮体也没有诱导携带 m.3243G 的细胞突变体负荷的减少。我们也不知道有任何其他研究使用酮体来减少致病性点突变的突变负荷。尽管如此，最近的一项研究强调了酮体在对照组和细胞疾病模型中对 mtDNA 组织的深远影响[57]，因此我们预测营养疗法可以成为 mtDNA 疾病管理和治疗的一部分。

另一个对外界刺激和条件敏感的因素是自由基。大多数关于 ROS 和线粒体的讨论倾向于前者对后者造成损伤的能力，但 ROS 在 mtDNA 分离中的作用更有可能反映了其作为信号转导器的能力[58]。ROS 通过 Ntg1 的作用来刺激酵母中 mtDNA 的复制[59]，虽然目前还没有已知的动物同源物，但这一方向值得进一步研究，特别是 RNaseH1（mtDNA 复制的关键酶之一），可能是氧化还原调节的[60]。

六、遗传漂变

在没有选择压力的情况下，DNA 变体在种群中随机增加和减少，并且随着时间的推移，特定变体不可避免地趋向固定，或用 mtDNA 的术语来说达到同质性。这种遗传漂变有利于数学建模，对人类 mtDNA 疾病的多项研究发现，突变负荷在多个家系中的传递与遗传漂变是一致的[61]。数学模型也表明，单个缺失（或点突变）的克隆性扩增可以解释在体内观察到的 mtDNA 变体的积累[62]。多年来，许多人认为这些研究意味着自私机制是一种不必要的复杂化，不需要解释患者 mtDNA 突变的发生，而且有人认为，偏倚分离的基础数据过于依赖非整倍体癌细胞的研究，而这些研究的生理相关性是可疑的。然而，后来对蠕虫、果蝇和小鼠的研究完全证实了人类细胞杂交研究（详见本章前述），而且遗传漂变的支持者做出了一些有待商榷的假设，并且没有考虑潜在的相关参数。第一，Elson 等采用了相对较高的理论突变率（比大肠埃希菌 DNA 聚合酶 I 高出 5 个数量级，甚至在 DNA 修复系统开始工作之前）[62]。第二，在 mtDNA 复制速率方面，如果 mtDNA 分子要竞争有限的复制起始所需因子，那么较短的分子通过更早完成复制周期，可以抢占这些因子，从而确保它们被选中进行下一轮的复制❶。第三，点突变也可以产生直接的复制优势，例如，通过影响复制起点的数量或活性，或复制暂停位点的强度。第四，进一步的建模表明，即使接受作者设置的参数，遗传漂变也不能解释突变 mtDNA 在短寿命动物体内的积累[63]，更不用说培养细胞在几天或几周内突变负荷的大幅增加了（见参考文献 [64, 65]）。这并不是说随机遗传漂变对突变 mtDNA 变体的固定不重要，但它显然不是决定突变 mtDNA 水平的唯一参数。

---

❶ 这听起来可能很复杂，其实不然。假设乘客在 24h 内到达一个公交车站，而他们的公交车第二天才离开。早到似乎没有任何好处，但如果早到的人买光了所有的票（起始因素），他们获得的好处是显而易见的，迟到的人错过了公共汽车，因为没有更多的票。

七、线粒体 DNA 的选择：多还是少

线粒体生物发生是一把双刃剑；它显然有能力代偿受损线粒体的功能[25, 66-68]；但通过减轻线粒体呼吸链能力的下降，它有可能维持突变的 mtDNA 变体。线粒体肿胀（mitochondrial mass）也是一种转换功能，线粒体及其 DNA 可通过包括 Parkin/PINK1 和 Beclin 在内的自噬途径再循环[69]。在一项研究中，线粒体自噬这一过程被证明可以清除异常形式的呼吸链复合体 I[70]，而呼吸链复合体 I 是 m.3243G 突变 tRNA❷[33] 的第一个受害者，这表明线粒体自噬可以通过清除突变 mtDNA 的缺陷产物而有利于 mtDNA 的维持。另外，人为高水平的 Parkin 反选择了 2 种突变 mtDNA 变体中的一种[71]，能够选择野生型而不是突变型 mtDNA 的细胞类型[16, 48]，比选择突变型 mtDNA 的细胞类型具有更高的线粒体自噬[72]。因此，线粒体自噬对突变负荷的影响是可变的，肯定受到其他因素的影响。突变型或野生型 mtDNA 的选择性转换是偏倚分离另一种潜在机制，但尽管 mtDNA POLγ 和内切酶 MGME1 都已确定在 mtDNA 降解和复制中发挥作用[73]，但它们对突变变异选择的贡献尚不清楚。

八、稳定的异质性：固定比例突变型和野生型线粒体 DNA 的维持

mtDNA 的另一种不能用遗传漂变解释的行为是，两种基因型固定比例的长期持续存在（稳定的异质性）（见参考文献 [55] 及其引文）。这一现象表明，线粒体基因型可以以某种方式被"锁定"，无论好坏，所有的变异都被排除在选择之外。一项对 m.3243G 单个细胞的全面研究发现，这种异质性的长期稳定中穿插着突变负荷的短暂变化[74]。这些变化可能反映了线粒体类核（被蛋白质包裹的 mtDNA）之间物理连接的形成和溶

---

❷ 呼吸链复合体 I 对 m.3243G 突变的特殊敏感性归因于线粒体编码的 ND6 亚基，该亚基在比例上拥有更多被 tRNA^(Leu（UUR）) 解码的亮氨酸残基，其合成最容易受到突变 tRNA 的影响[33]。

解，这一概念将在本章后面关于维持 mtDNA 的核编码蛋白质进行更详细的描述。

将生物发生、再循环和自私机制与表型选择和稳定异质性结合，产生了一组高度复杂的参数，这些参数与组织和遗传背景依赖性的突变负荷有关，与此同时，这些参数还可以对一系列外部刺激做出改变。因此，许多家系，即使是一种特定类型的突变，也可能表现出随机性。当然，随机遗传漂变本身也可能是一个重要因素。通常，解决这类问题的方案只是简单地扩大测试群体的规模，最近收集的 1000 个基因组数据被用于评估 mtDNA 遗传模式。这一方法首次提供了人类群体中核背景对 mtDNA 传递和选择影响的体内证据[75]，从而充分证实了 20 世纪 90 年代在培养细胞中记录的致病性 mtDNA 突变的核背景效应。此外，本研究进一步证实了在决定 mtDNA 生殖细胞系和体细胞传递的因素之间存在相当多的重叠，尽管 mtDNA 数量的明显减少在生殖系传递中是独特的。

九、线粒体 DNA 维持障碍

这个主题在此仅做简要介绍，以便与原发 mtDNA 突变进行比较和对照；读者可以在本书其他地方找到更多细节。继发 mtDNA 突变是由于促进 mtDNA 维持的核基因编码因子缺陷造成的。在分子水平上，mtDNA 异常表现为低拷贝数（耗竭）或多种缺失，这表明复制缓慢或停滞。

mtDNA 维持系统的核心包括复制机制和产生及调节 DNA 构建块（building block）（dNTP——A、G、C 和 T）供应的因素。前者包括 mtDNA 复制聚合酶和解旋酶（Twinkle）。同样重要的是专用的线粒体 RNA 聚合酶 POLRMT，因为它产生用于复制的几个关键引物，这些引物随后由 RNase H1 处理。迄今为止，除了 POLRMT 之外，mtDNA 复制机制的许多组成部分的致病突变已被报道。

所有 4 种 DNA 前体都需要保持平衡，并且要有足够的数量，以保证核 DNA 和 mtDNA 的复制和修复。由于 mtDNA 在未分裂和有丝分裂后细胞中复制，因此它特别容易受到 dNTP 浓度变化的影响，这种 dNTP 浓度变化可能会损害 mtDNA 的完整性，并且可能会导致 mtDNA 紊乱，而与酶或因子的位置无关。事实上，mtDNA 耗竭综合征 [线粒体胃肠道神经脑肌病（mitochondrial gastrointestinal neuroencephalomyopathy，MNGIE）] 的第一个被确认的病因是分解代谢和胞质酶胸苷磷酸化酶[76]。胸苷磷酸化酶功能的丧失会导致胸腺嘧啶水平升高，这反过来又会导致线粒体中 dNTP 的失衡和 mtDNA 耗竭或多重 mtDNA 缺失[77]。同样，胞质核糖核苷酸还原酶 p53r2 支持脱氧核苷酸在未分裂细胞中的重新合成，是 mtDNA 维持所必需的[78]，而线粒体挽救途径酶、脱氧鸟苷激酶和胸苷激酶的缺陷也会导致 mtDNA 耗竭或多重缺失[79]。这类蛋白中的另一种是 MPV17：尽管其确切的功能尚未明确，但 MPV17 功能缺失会导致线粒体 dNTP 水平低，以及 mtDNA 耗竭或多重缺失[80-82]。MPV17 缺陷也在鉴别一种迄今尚未被识别的 mtDNA 异常、mtDNA 中核糖核苷酸的错误掺入中，发挥了重要作用。

十、核糖核苷酸掺入

核糖核苷酸掺入（ribonucleotide incorporation）——一种新的线粒体 DNA 异常、线粒体 DNA 缺失及耗竭的潜在前体或缓解因子。

从首次证明哺乳动物 mtDNA 中嵌入核糖核苷酸[83, 84]，到认识到这一现象在实体组织的 mtDNA 中比在培养细胞中更为常见[85]，间隔了 44 年。然而，它本可以从基本原理中预测出来。尽管 DNA 聚合酶明显偏好 dNTP，但偶尔会在新生 DNA 链中插入一个核糖核苷酸。显然，dNTP 与 NTP 的比例将是决定 DNA 中掺入多少核糖核苷酸，以及 DNA 聚合酶的识别性能的一个重要因素（例如，UTP 的插入比其他核糖核苷酸少得多，因为它与相应的 dNTP 差异最大）[86]。在实体组织的线粒体中，主要活性是产生 ATP，为许多细胞反应提供能量来源，但这也是 RNA 合成所需的四种核糖核苷酸之一。因此，mtDNA 的主要核糖核酸在逻辑上是来自 ATP 的 AMP，这一点已经得到了证实，尽管据我们所知，在过去的 50 年里没有人预测到这一点[85]。如上所述，最大的一组 mtDNA 疾病是由核苷酸稳态紊乱（尤其是 dNTP 短缺）引起，这将减缓 mtDNA 自身的复制，但也会产生一个迄今为止一直被忽视的问题——mtDNA 核糖核苷酸掺入的升高或改变。例如，如果线粒体中 dGTP 水平较低，则会增加 GTP/dGTP 的比值，从而增加 mtDNA 中 GMP 的存在。这种情况在 Mpv17 缺陷中发生较多，GMP 成为肝脏 mtDNA 中主要嵌入的核糖核苷酸[85]。也就是说，在 Mpv17 缺陷小鼠中，在 mtDNA 和 dNTP 水平正常的组织中，mtDNA 中 GMP 水平明显升高，这提示我们，可用的 dNTP 的局部浓度可能发生改变。根据 DNA 复制的保真度将会受到不同组织线粒体中核苷酸水平的影响这一观点[87]，我们已经注意到，均衡 dNTP 池可以降低 DNA 聚合酶的错误率，这将与复制放缓是对另一个潜在问题的适应相吻合。GTP 的掺入减缓了 DNA 合成[88]，而且 G- 四链体中的 rGMP 可能会改变复制速率。因此，核苷酸稳态失调对 mtDNA 代谢有不同的影响，我们需要一些时间来阐明哺乳动物 mtDNA 中正常（如 rAMP）和异常（如 rGMP）核糖核苷酸的所有分支，包括其对 mtDNA 变异体选择的影响。

十一、线粒体 DNA 维持系统中的核缺陷与原发线粒体 DNA 突变之间的重叠

在实验室培养的特定细胞类型[16, 89, 90]和携带 m.3243G 的患者白细胞中，重排和点突变已被发现可导致 mtDNA 耗竭[91]。此外，MELAS 点突变 m.3243G 与胃肠道（GI）问题有关，使人联想到 MNGIE，而 MNGIE 的特征是 mtDNA 耗竭[76]。因此，m.3243G 导致的 mtDNA 耗竭可能发生在小肠和白细胞及其他细胞类型中，应确定这是由于脱氧核苷酸稳态紊乱还是为其他不良反应。我们还需要考虑的是，有些疾病可能不能完全属入某一类或另一类，应被归类为双重核疾病和 mtDNA 疾病。例如，mtDNA 维持因子（如 mTERF）的多态性很可能影响原发性 mtDNA 疾病的分离偏倚，达到与疾病共分离的程度。

十二、线粒体 DNA 网络及其对异质性的影响

许多因素影响着 mtDNA 的维持，包括线粒体的形态和动力学、蛋白质合成、生物发生和转换。此外，mtDNA 与线粒体内膜紧密相连[92-94]，因此膜胆固醇和脂质含量的变化会影响 mtDNA[95, 96]。在酵母中，线粒体蛋白质合成缺陷导致 mtDNA 丢失，尽管这种严格的耦合在哺乳动物中并不明显，但越来越多的证据表明，mtDNA 和翻译机制之间存在物理和功能上的联系，这可能对 mtDNA 的物理和遗传分离产生影响。翻译因子是 mtDNA 结合蛋白纯化 mtDNA 时高度富集的蛋白质之一[97]，线粒体核糖体的小亚基似乎在 mtDNA 上组装[98]，这使得线粒体拟核容易受到线粒体核糖体组装缺陷的影响[99]。也许，这是线粒体核糖体 RNA 基因的致病性突变特别罕见的原因之一，因为它们可以破坏 mtDNA 维持和表达的多个方面。另外，ATAD3 蛋白似乎对线粒体结构和功能的各个方面都有作用，包括线粒体 mtDNA 分离和组织、线粒体中的蛋白质合成，以及（可能间接的）膜胆固醇含量、结构和嵴维持[93, 95, 100]，然而，该蛋白的突变形式越来越多地被认为是人类疾病的原因[95, 101, 102]。ATAD3、FARS2（一种氨基酰基 tRNA 合成酶，突变形式可导致 mtDNA 聚集[103]）、C14orf14/NOA1[98] 和 LETM1 的行为和特性支持线粒体类核，通过某种形式的支架与线粒体核糖体连接的模型[57]（图 9-3）。这种网络将不可避免地影响 mtDNA 在遗传和物理意义上的传递和分离。线粒体类核和核糖体支架可在特定条件下或发育的某些阶段（如在生殖细胞中）被分解；相反，广泛连接的线粒体类核可

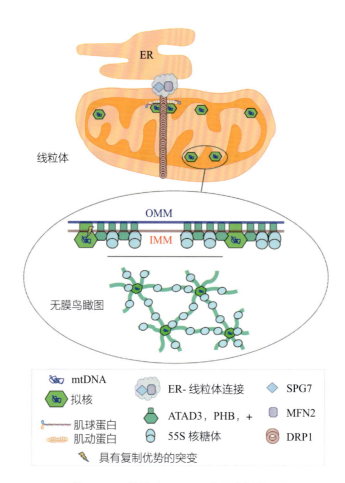

▲ 图 9-3 可能影响 mtDNA 变异选择的因素

图上半部分显示了与内质网（ER）很接近的线粒体。注意内质网线粒体接触是为了调控 mtDNA 分离或促进复制 ER，可能与涉及的其他过程如钙交换不同[104]。ER 线粒体连接的灰色云表明我们对这些结构知之甚少。MFN2 和 SPG7 都与 ER 有关，突变体会导致 mtDNA 异常（见正文）。肌动球蛋白在 mtDNA 分离中的作用也不确定，尽管 β- 肌动蛋白和非肌肉肌球蛋白 II C 型均富含高度纯化的 mtDNA，并且任何一个基因的基因沉默都会导致 mtDNA 异常[105]。参与 mtDNA 组织、复制和分离并可能影响突变选择的蛋白（即类核蛋白），包括 TFAM、POLG、PEO1、RNASEH1、MGME1、TOP3A、SSBP1、POLRMT、ATAD3 和 Prohibitin（见正文）。通过 DRP1 的线粒体分裂，不仅与 mtDNA 分子的物理分离有关，在高丰度情况下，它可以诱导 mtDNA 的偏倚分离[106]。闪电（lightning flash）表示主序列的改变，它可以产生一个或多个额外的具有复制优势的起源或点突变。反式作用核酸，特别是 D-loop 和 R-loop 也涉及 mtDNA 的物理分离 / 分布[107]，这可能会影响突变体的分离。由于线粒体类核与线粒体翻译装置密切相关，参与线粒体蛋白质合成的蛋白可以影响 mtDNA 的分布，特别是 FARS2[103]（可能还有其他氨基酰基 tRNA 合成酶）、ATAD3[97]、C4ORF14[98]（细菌同源物 YqeH）和 MPV17L2[99]。需要考虑但未说明的其他因素包括线粒体 RNA 颗粒，基于 ATP 产生的表型选择，线粒体生物发生和转换，环境（营养可用性 / 饥饿、氧化还原状态），最后是生殖细胞系的具体考虑因素，尤其是线粒体（DNA）瓶颈

以支持稳定的异质性（见上文）。类核网络还为基因型和表型之间存在耦合的想法提供了一种物理基础，通过选择来维持线粒体的完整性[108]。Kowald 和 Kirkwood 关于反馈机制通过转录抑制复制的观点，与异常翻译激活复制的观点是可互换的。也就是说，功能性 OXPHOS 产物的产生导致 mtDNA 的持续表达，而功能失调的蛋白质

可能导致翻译机制与 mtDNA 分离，这可能是复制开始所必需的。通过这种方式，有害的突变会比它们的野生突变更频繁地复制。

DRP1 蛋白很好地说明了线粒体维持的不同方面之间的相互作用。DRP1 的主要作用是介导线粒体分裂[109]，但抑制 DRP1 会导致 mtDNA 聚集[110]和丢失[111]。这是因为线粒体裂变可与 mtDNA 复

制和分离耦联，并涉及与内质网的接触[112, 113]。肌动蛋白（Actin）是另一种与 mtDNA 有连接的蛋白[105]，似乎参与了内质网介导和 DRP1 依赖的线粒体分裂[114]。因此，我们不应该惊讶于 DRP1 的高表达可以诱导偏倚的 mtDNA 分离，导致携带 m.3243G 突变的骨肉瘤细胞中突变负荷增加[106]。其他影响线粒体形态和 mtDNA 维持，从而可能影响 mtDNA 变异分离的核编码蛋白包括 OPA1、MFN2 和 SPG7[115-117]。关于线粒体融合和裂变影响 mtDNA 异质性水平的进一步具体证据来自于对果蝇的研究，因为与正常情况相比，线粒体色素 C 氧化酶亚基 1 突变形式的线粒体都选择了较少的线粒体融合蛋白或更多的 DRP1[118]。

声明

IJH 由巴斯克政府（2018111043;2018222031 和 PRE_2018_1_0253）及卡洛斯三世卫生方案（PI17/00380）支持。AS 由英国医学研究委员会高级非临床研究基金（MC_PC_13029）和英国肌肉营养不良和 Lily 基金会支持。

研究展望

最近在携带两种 mtDNA 小鼠中进行的一项研究表明，本章中描述的相同力量影响着体内 mtDNA 的分离：从随机漂移到一种或另一种单倍型的强选择，其机制依赖于影响代谢和细胞适应性线粒体——细胞核相互作用[119]。主要的挑战是确定干预措施可以在多大程度上调控选择。理想情况下，这将证明使用小分子是可能的，因为这些小分子比通过 DNA 修饰蛋白质对 mtDNA 进行基因操作更容易用于临床。最后，全世界都在关注预防原发性 mtDNA 突变传递的可能性。在携带高水平致病性 mtDNA 的母亲卵子中实施线粒体置换的计划已经推进，以帮助她们拥有健康的孩子[120]。显然，理解任何残留的突变型 mtDNA 是如何在与供体野生型 mtDNA 分子的竞争发挥作用至关重要，因为本章中描述的偏倚分离可能会使儿童避免线粒体疾病的尝试变得混乱。

参考文献

[1] Holt IJ, Harding AE, Morgan-Hughes JA. Deletions of muscle mitochondrial DNA in patients with mitochondrial myopathies. Nature 1988;331:717-19.

[2] Dunbar DR, Moonie PA, Swingler RJ, Davidson D, Roberts R, Holt IJ. Maternally transmitted partial direct tandem duplication of mitochondrial DNA associated with diabetes mellitus. Hum Mol Genet 1993;2:1619-24.

[3] Moraes CT, Schon EA, DiMauro S, Miranda AF. Heteroplasmy of mitochondrial genomes in clonal cultures from patients with Kearns-Sayre syndrome. Biochem Biophys Res Commun 1989;160:765-71.

[4] Chinnery PF, DiMauro S, Shanske S, Schon EA, Zeviani M, Mariotti C, et al. Risk of developing a mitochondrial DNA deletion disorder. Lancet 2004;364:592-6.

[5] Schon EA, Rizzuto R, Moraes CT, Nakase H, Zeviani M, DiMauro S. A direct repeat is a hotspot for large-scale deletion of human mitochondrial DNA. Science 1989; 244: 346-9.

[6] Holt IJ, Harding AE, Morgan-Hughes JA. Deletions of muscle mitochondrial DNA in mitochondrial myopathies: sequence analysis and possible mechanisms. Nucleic Acids Res 1989;17:4465-9.

[7] Mita S, Rizzuto R, Moraes CT, Shanske S, Arnaudo E, Fabrizi GM, et al. Recombination via flanking direct repeats is a major cause of large-scale deletions of human mitochondrial DNA. Nucleic Acids Res 1990;18:561-7.

[8] Dong DW, Pereira F, Barrett SP, Kolesar JE, Cao K, Damas J, et al. Association of G-quadruplex forming sequences with human mtDNA deletion breakpoints. BMC Genomics 2014; 15: 677.

[9] Bharti SK, Sommers JA, Zhou J, Kaplan DL, Spelbrink JN, Mergny JL, et al. DNA sequences proximal to human mitochondrial DNA deletion breakpoints prevalent in human disease form G-quadruplexes, a class of DNA structures inefficiently unwound by the mitochondrial replicative Twinkle helicase. J Biol Chem 2014;289:29975-93.

[10] Lopes J, Piazza A, Bermejo R, Kriegsman B, Colosio A, Teulade-Fichou MP, et al. G-quadruplexinduced instability during leading-strand replication. EMBO J 2011;30:4033-46.

[11] Phillips AF, Millet AR, Tigano M, Dubois SM, Crimmins H, Babin L, et al. Single-molecule analysis of mtDNA replication uncovers the basis of the common deletion. Mol Cell 2017;65:527-38 e526.

[12] Poulton J, Deadman ME, Gardiner RM. Tandem direct duplications of mitochondrial DNA in mitochondrial myopathy: analysis of nucleotide sequence and tissue distribution. Nucleic

Acids Res 1989;17:10223-9.

[13] Poulton J, Holt IJ. Mitochondrial DNA: does more lead to less? Nat Genet 1994;8:313-15.

[14] Poulton J, Deadman ME, Bindoff L, Morten K, Land J, Brown G. Families of mtDNA re-arrangements can be detected in patients with mtDNA deletions: duplications may be a transient intermediate form. Hum Mol Genet 1993; 2: 23-30.

[15] Chapman TP, Hadley G, Fratter C, Cullen SN, Bax BE, Bain MD, et al. Unexplained gastrointestinal symptoms: think mitochondrial disease. Digestive liver Dis Off J Italian Soc Gastroenterol Ital. Assoc Study Liver 2014;46:1-8.

[16] Holt IJ, Dunbar DR, Jacobs HT. Behaviour of a population of partially duplicated mitochondrial DNA molecules in cell culture: segregation, maintenance and recombination dependent upon nuclear background. Hum Mol Genet 1997; 6:1251-60.

[17] Boltin-Fukuhara M, Fukuhara H. Modified recombination and transmission of mitochondrial genetic markers in rho minus mutants of Saccharomyces cerevisiae. Proc Natl Acad Sci USA 1976;73:4608-12.

[18] Pring DR, Levings CS. Heterogeneity of maize cytoplasmic genomes among male-sterile cytoplasms. Genetics 1978;89:121-36.

[19] Minczuk M, He J, Duch AM, Ettema TJ, Chlebowski A, Dzionek K, et al. TEFM (c17orf42) is necessary for transcription of human mtDNA. Nucleic Acids Res 2011; 39: 4284-99.

[20] Hagstrom E, Freyer C, Battersby BJ, Stewart JB, Larsson NG. No recombination of mtDNA after heteroplasmy for 50 generations in the mouse maternal germline. Nucleic Acids Res 2014;42:1111-16.

[21] Pohjoismaki JL, Goffart S, Tyynismaa H, Willcox S, Ide T, Kang D, et al. Human heart mitochondrial DNA is organized in complex catenated networks containing abundant four-way junctions and replication forks. J Biol Chem 2009;284:21446-57.

[22] Gilkerson RW, Schon EA, Hernandez E, Davidson MM. Mitochondrial nucleoids maintain genetic autonomy but allow for functional complementation. J Cell Biol 2008;181:1117-28.

[23] Wallace DC, Singh G, Lott MT, Hodge JA, Schurr TG, Lezza AM, et al. Mitochondrial DNA mutation associated with Leber's hereditary optic neuropathy. Science 1988;242:1427-30.

[24] Holt IJ, Miller DH, Harding AE. Genetic heterogeneity and mitochondrial DNA heteroplasmy in Leber's hereditary optic neuropathy. J Med Genet 1989;26:739-43.

[25] Giordano C, Iommarini L, Giordano L, Maresca A, Pisano A, Valentino ML, et al. Efficient mitochondrial biogenesis drives incomplete penetrance in Leber's hereditary optic neuropathy. Brain J Neurol 2014;137:335-53.

[26] Cock HR, Cooper JM, Schapira AH. The 14484 ND6 mtDNA mutation in Leber hereditary optic neuropathy does not affect fibroblast complex I activity. Am J Hum Genet 1995;57:1501-2.

[27] Tatuch Y, Christodoulou J, Feigenbaum A, Clarke JT, Wherret J, Smith C, et al. Heteroplasmic mtDNA mutation (T----G) at 8993 can cause Leigh disease when the percentage of abnormal mtDNA is high. Am J Hum Genet 1992;50:852-8.

[28] Holt IJ, Harding AE, Petty RK, Morgan-Hughes JA. A new mitochondrial disease associated with mitochondrial DNA heteroplasmy. Am J Hum Genet 1990;46:428-33.

[29] Shoffner JM, Lott MT, Lezza AM, Seibel P, Ballinger SW, Wallace DC. Myoclonic epilepsy and raggedred fiber disease (MERRF) is associated with a mitochondrial DNA tRNA(Lys) mutation. Cell 1990;61:931-7.

[30] Goto Y, Nonaka I, Horai S. A mutation in the tRNA(Leu)(UUR) gene associated with the MELAS subgroup of mitochondrial encephalomyopathies. Nature 1990;348:651-3.

[31] Chomyn A, Meola G, Bresolin N, Lai ST, Scarlato G, Attardi G. In vitro genetic transfer of protein synthesis and respiration defects to mitochondrial DNA-less cells with myopathy-patient mitochondria. Mol Cell Biol 1991; 11: 2236-44.

[32] King MP, Koga Y, Davidson M, Schon EA. Defects in mitochondrial protein synthesis and respiratory chain activity segregate with the tRNA [Leu(UUR)] mutation associated with mitochondrial myopathy, encephalopathy, lactic acidosis, and strokelike episodes. Mol Cell Biol 1992; 12:480-90.

[33] Dunbar DR, Moonie PA, Zeviani M, Holt IJ. Complex I deficiency is associated with 3243G:C mitochondrial DNA in osteosarcoma cell cybrids. Hum Mol Genet 1996;5:123-9.

[34] Estivill X, Govea N, Barcelo E, Badenas C, Romero E, Moral L, et al. Familial progressive sensorineural deafness is mainly due to the mtDNA A1555G mutation and is enhanced by treatment of aminoglycosides. Am J Hum Genet 1998;62:27-35.

[35] Sacconi S, Salviati L, Nishigaki Y, Walker WF, Hernandez-Rosa E, Trevisson E, et al. A functionally dominant mitochondrial DNA mutation. Hum Mol Genet 2008; 17:1814-20.

[36] McFarland R, Clark KM, Morris AA, Taylor RW, Macphail S, Lightowlers RN, et al. Multiple neonatal deaths due to a homoplasmic mitochondrial DNA mutation. Nat Genet 2002;30:145-6.

[37] van den Ouweland JM, Lemkes HH, Ruitenbeek W, Sandkuijl LA, de Vijlder MF, Struyvenberg PA, et al. Mutation in mitochondrial tRNA(Leu)(UUR) gene in a large pedigree with maternally transmitted type II diabetes mellitus and deafness. Nat Genet 1992;1:368-71.

[38] Stewart JB, Freyer C, Elson JL, Wredenberg A, Cansu Z, Trifunovic A, et al. Strong purifying selection in transmission of mammalian mitochondrial DNA. PLoS Biol 2008;6:e10.

[39] Samstag CL, Hoekstra JG, Huang CH, Chaisson MJ, Youle RJ, Kennedy SR, et al. Deleterious mitochondrial DNA point mutations are overrepresented in Drosophila expressing a proofreading-defective DNA polymerase gamma. PLoS Genet 2018;14:e1007805.

[40] Chinnery PF, Elliott HR, Hudson G, Samuels DC, Relton CL. Epigenetics, epidemiology and mitochondrial DNA diseases. Int J Epidemiol 2012;41:177-87.

[41] Petruzzella V, Moraes CT, Sano MC, Bonilla E, DiMauro S, Schon EA. Extremely high levels of mutant mtDNAs co-localize with cytochrome c oxidase-negative ragged-red fibers in patients harboring a point mutation at nt 3243. Hum Mol Genet 1994;3:449-54.

[42] Lockshon D, Zweifel SG, Freeman-Cook LL, Lorimer HE, Brewer BJ, Fangman WL. A role for recombination junctions in the segregation of mitochondrial DNA in yeast. Cell 1995;81:947-55.

[43] Bowmaker M, Yang MY, Yasukawa T, Reyes A, Jacobs HT, Huberman JA, et al. Mammalian mitochondrial DNA replicates bidirectionally from an initiation zone. J Biol Chem 2003;278:50961-9.

[44] King MP, Attardi G. Human cells lacking mtDNA: repopulation with exogenous mitochondria by complementation. Science 1989;246:500-3.

[45] Russell OM, Fruh I, Rai PK, Marcellin D, Doll T, Reeve A, et al. Preferential amplification of a human mitochondrial DNA deletion in vitro and in vivo. Sci Rep 2018;8:1799.

[46] Spelbrink JN, Zwart R, Van Galen MJ, Van den Bogert C. Preferential amplification and phenotypic selection in a population of deleted and wild-type mitochondrial DNA in

cultured cells. Curr Genet 1997;32:115-24.

[47] Diaz F, Bayona-Bafaluy MP, Rana M, Mora M, Hao H, Moraes CT. Human mitochondrial DNA with large deletions repopulates organelles faster than full-length genomes under relaxed copy number control. Nucleic Acids Res 2002;30:4626-33.

[48] Dunbar DR, Moonie PA, Jacobs HT, Holt IJ. Different cellular backgrounds confer a marked advantage to either mutant or wild-type mitochondrial genomes. Proc Natl Acad Sci USA 1995;92:6562-6.

[49] Hyvarinen AK, Pohjoismaki JL, Reyes A, Wanrooij S, Yasukawa T, Karhunen PJ, et al. The mitochondrial transcription termination factor mTERF modulates replication pausing in human mitochondrial DNA. Nucleic Acids Res 2007;35:6458-74.

[50] Hess JF, Parisi MA, Bennett JL, Clayton DA. Impairment of mitochondrial transcription termination by a point mutation associated with the MELAS subgroup of mitochondrial encephalomyopathies. Nature 1991;351:236-9.

[51] Gitschlag BL, Kirby CS, Samuels DC, Gangula RD, Mallal SA, Patel MR. Homeostatic responses regulate selfish mitochondrial genome dynamics in C. elegans. Cell Metab 2016;24:91-103.

[52] Lin YF, Schulz AM, Pellegrino MW, Lu Y, Shaham S, Haynes CM. Maintenance and propagation of a deleterious mitochondrial genome by the mitochondrial unfolded protein response. Nature 2016;533 (7603):416-19. Available from: https://doi.org/10.1038/nature17989.

[53] Tsang WY, Lemire BD. Stable heteroplasmy but differential inheritance of a large mitochondrial DNA deletion in nematodes. Biochem Cell Biol 2002;80:645-54.

[54] Hill JH, Chen Z, Xu H. Selective propagation of functional mitochondrial DNA during oogenesis restricts the transmission of a deleterious mitochondrial variant. Nat Genet 2014;46:389-92.

[55] Lehtinen SK, Hance N, El Meziane A, Juhola MK, Juhola KM, Karhu R, et al. Genotypic stability, segregation and selection in heteroplasmic human cell lines containing np 3243 mutant mtDNA. Genetics 2000;154:363-80.

[56] Santra S, Gilkerson RW, Davidson M, Schon EA. Ketogenic treatment reduces deleted mitochondrial DNAs in cultured human cells. Ann Neurol 2004;56:662-9.

[57] Durigon R, Mitchell AL, Jones AW, Manole A, Mennuni M, Hirst EM, et al. LETM1 couples mitochondrial DNA metabolism and nutrient preference. EMBO Mol Med 2018;10.

[58] Moreno-Loshuertos R, Acin-Perez R, Fernandez-Silva P, Movilla N, Perez-Martos A, Rodriguez de Cordoba S, et al. Differences in reactive oxygen species production explain the phenotypes associated with common mouse mitochondrial DNA variants. Nat Genet 2006;38:1261-8.

[59] Hori A, Yoshida M, Shibata T, Ling F. Reactive oxygen species regulate DNA copy number in isolated yeast mitochondria by triggering recombination-mediated replication. Nucleic Acids Res 2009;37:749-61.

[60] Holt IJ. The Jekyll and Hyde character of RNase H1 and its multiple roles in mitochondrial DNA metabolism. DNA Repair 2019;102630.

[61] Chinnery PF, Thorburn DR, Samuels DC, White SL, Dahl HM, Turnbull DM, et al. The inheritance of mitochondrial DNA heteroplasmy: random drift, selection or both? Trends Genet: TIG 2000;16:500-5.

[62] Elson JL, Samuels DC, Turnbull DM, Chinnery PF. Random intracellular drift explains the clonal expansion of mitochondrial DNA mutations with age. Am J Hum Genet 2001;68:802-6.

[63] Kowald A, Kirkwood TB. Mitochondrial mutations and aging: random drift is insufficient to explain the accumulation of mitochondrial deletion mutants in short-lived animals. Aging Cell 2013;12:728-31.

[64] Yoneda M, Chomyn A, Martinuzzi A, Hurko O, Attardi G. Marked replicative advantage of human mtDNA carrying a point mutation that causes the MELAS encephalomyopathy. Proc Natl Acad Sci USA 1992;89:11164-8.

[65] Hayashi J, Ohta S, Kikuchi A, Takemitsu M, Goto Y, Nonaka I. Introduction of disease-related mitochondrial DNA deletions into HeLa cells lacking mitochondrial DNA results in mitochondrial dysfunction. Proc Natl Acad Sci USA 1991;88:10614-18.

[66] Srivastava S, Barrett JN, Moraes CT. PGC-1alpha/beta upregulation is associated with improved oxidative phosphorylation in cells harboring nonsense mtDNA mutations. Hum Mol Genet 2007;16:993-1005.

[67] Viscomi C, Bottani E, Civiletto G, Cerutti R, Moggio M, Fagiolari G, et al. In vivo correction of COX deficiency by activation of the AMPK/PGC-1alpha axis. Cell Metab 2011;14:80-90.

[68] Dillon LM, Williams SL, Hida A, Peacock JD, Prolla TA, Lincoln J, et al. Increased mitochondrial biogenesis in muscle improves aging phenotypes in the mtDNA mutator mouse. Hum Mol Genet 2012;21:2288-97.

[69] Pickles S, Vigie P, Youle RJ. Mitophagy and quality control mechanisms in mitochondrial maintenance. Curr Biol 2018;28:R170-85.

[70] Hamalainen RH, Manninen T, Koivumaki H, Kislin M, Otonkoski T, Suomalainen A. Tissue- and celltype-specific manifestations of heteroplasmic mtDNA 3243A > G mutation in human induced pluripotent stem cell-derived disease model. Proc Natl Acad Sci USA 2013;110:E3622-3630.

[71] Suen DF, Narendra DP, Tanaka A, Manfredi G, Youle RJ. Parkin overexpression selects against a deleterious mtDNA mutation in heteroplasmic cybrid cells. Proc Natl Acad Sci USA 2010;107:11835-40.

[72] Malena A, Pantic B, Borgia D, Sgarbi G, Solaini G, Holt IJ, et al. Mitochondrial quality control: celltype-dependent responses to pathological mutant mitochondrial DNA. Autophagy 2016;12:2098-112.

[73] Nissanka N, Minczuk M, Moraes CT. Mechanisms of mitochondrial DNA deletion formation. Trends Genet: TIG 2019;35:235-44.

[74] Raap AK, Jahangir Tafrechi RS, van de Rijke FM, Pyle A, Wahlby C, Szuhai K, et al. Non-random mtDNA segregation patterns indicate a metastable heteroplasmic segregation unit in m.3243A > G cybrid cells. PLoS One 2012;7:e52080.

[75] Wei W, Tuna S, Keogh MJ, Smith KR, Aitman TJ, Beales PL, et al. Germline selection shapes human mitochondrial DNA diversity. Science 2019;364:eaau6520.

[76] Nishino I, Spinazzola A, Hirano M. Thymidine phosphorylase gene mutations in MNGIE, a human mitochondrial disorder. Science 1999;283:689-92.

[77] Spinazzola A, Marti R, Nishino I, Andreu AL, Naini A, Tadesse S, et al. Altered thymidine metabolism due to defects of thymidine phosphorylase. J Biol Chem 2002;277:4128-33.

[78] Bourdon A, Minai L, Serre V, Jais JP, Sarzi E, Aubert S, et al. Mutation of RRM2B, encoding p53-controlled ribonucleotide reductase (p53R2), causes severe mitochondrial DNA depletion. Nat Genet 2007;39:776-80.

[79] Almannai M, El-Hattab AW, Scaglia F. Mitochondrial DNA replication: clinical syndromes. Essays Biochem 2018;62:297-308.

[80] Spinazzola A, Viscomi C, Fernandez-Vizarra E, Carrara F, D'Adamo P, Calvo S, et al. MPV17 encodes an inner mitochondrial membrane protein and is mutated in infantile hepatic mitochondrial DNA depletion. Nat Genet 2006;38:570-5.

[81] Dalla Rosa I, Camara Y, Durigon R, Moss CF, Vidoni S, Akman G, et al. MPV17 loss causes deoxynucleotide insufficiency and slow DNA replication in mitochondria. PLoS Genet 2016;12:e1005779.

[82] Blakely EL, Butterworth A, Hadden RD, Bodi I, He L, McFarland R, et al. MPV17 mutation causes neuropathy and leukoencephalopathy with multiple mtDNA deletions in muscle. Neuromuscl Disord 2012;22:587-91.

[83] Wong-Staal F, Mendelsohn J, Goulian M. Ribonucleotides in closed circular mitochondrial DNA from HeLa cells. Biochem Biophys Res Commun 1973;53:140-8.

[84] Grossman LI, Watson R, Vinograd J. The presence of ribonucleotides in mature closed-circular mitochondrial DNA. Proc Natl Acad Sci USA 1973;70:3339-43.

[85] Moss CF, Dalla Rosa I, Hunt LE, Yasukawa T, Young R, Jones AWE, et al. Aberrant ribonucleotide incorporation and multiple deletions in mitochondrial DNA of the murine MPV17 disease model. Nucleic Acids Res 2017;45:12808-15.

[86] Kasiviswanathan R, Copeland WC. Ribonucleotide discrimination and reverse transcription by the human mitochondrial DNA polymerase. J Biol Chem 2011; 286: 31490-500.

[87] Song S, Pursell ZF, Copeland WC, Longley MJ, Kunkel TA, Mathews CK. DNA precursor asymmetries in mammalian tissue mitochondria and possible contribution to mutagenesis through reduced replication fidelity. Proc Natl Acad Sci USA 2005;102:4990-5.

[88] Forslund JME, Pfeiffer A, Stojkovic G, Wanrooij PH, Wanrooij S. The presence of rNTPs decreases the speed of mitochondrial DNA replication. PLoS Genet 2018; 14: e1007315.

[89] Turner CJ, Granycome C, Hurst R, Pohler E, Juhola MK, Juhola MI, et al. Systematic segregation to mutant mitochondrial DNA and accompanying loss of mitochondrial DNA in human NT2 teratocarcinoma cybrids. Genetics 2005;170:1879-85.

[90] Vergani L, Rossi R, Brierley CH, Hanna M, Holt IJ. Introduction of heteroplasmic mitochondrial DNA (mtDNA) from a patient with NARP into two human rho degrees cell lines is associated either with selection and maintenance of NARP mutant mtDNA or failure to maintain mtDNA. Hum Mol Genet 1999;8:1751-5.

[91] Pyle A, Taylor RW, Durham SE, Deschauer M, Schaefer AM, Samuels DC, et al. Depletion of mitochondrial DNA in leucocytes harbouring the 3243A- > G mtDNA mutation. J Med Genet 2007;44:69-74.

[92] Albring M, Griffith J, Attardi G. Association of a protein structure of probable membrane derivation with HeLa cell mitochondrial DNA near its origin of replication. Proc Natl Acad Sci USA 1977;74:1348-52.

[93] He J, Mao CC, Reyes A, Sembongi H, Di Re M, Granycome C, et al. The AAA + protein ATAD3 has displacement loop binding properties and is involved in mitochondrial nucleoid organization. J Cell Biol 2007;176:141-6.

[94] Rajala N, Gerhold JM, Martinsson P, Klymov A, Spelbrink JN. Replication factors transiently associate with mtDNA at the mitochondrial inner membrane to facilitate replication. Nucleic Acids Res 2014;42:952-67.

[95] Desai R, Frazier AE, Durigon R, Patel H, Jones AW, Dalla Rosa I, et al. ATAD3 gene cluster deletions cause cerebellar dysfunction associated with altered mitochondrial DNA and cholesterol metabolism. Brain: J Neurol 2017;140:1595-610.

[96] Gerhold JM, Cansiz-Arda S, Lohmus M, Engberg O, Reyes A, van Rennes H, et al. Human mitochondrial DNA-protein complexes attach to a cholesterol-rich membrane structure. Sci Rep 2015;5:15292.

[97] He J, Cooper HM, Reyes A, Di Re M, Sembongi H, Litwin TR, et al. Mitochondrial nucleoid interacting proteins support mitochondrial protein synthesis. Nucleic Acids Res 2012;40:6109-21.

[98] He J, Cooper HM, Reyes A, Di Re M, Kazak L, Wood SR, et al. Human C4orf14 interacts with the mitochondrial nucleoid and is involved in the biogenesis of the small mitochondrial ribosomal subunit. Nucleic Acids Res 2012;40:6097-108.

[99] Dalla Rosa I, Durigon R, Pearce SF, Rorbach J, Hirst EM, Vidoni S, et al. MPV17L2 is required for ribosome assembly in mitochondria. Nucleic Acids Res 2014;42:8500-15.

[100] Peralta S, Goffart S, Williams SL, Diaz F, Garcia S, Nissanka N, et al. ATAD3 controls mitochondrial cristae structure in mouse muscle, influencing mtDNA replication and cholesterol levels. J Cell Sci 2018;131.

[101] Cooper HM, Yang Y, Ylikallio E, Khairullin R, Woldegebriel R, Lin KL, et al. ATPase-deficient mitochondrial inner membrane protein ATAD3A disturbs mitochondrial dynamics in dominant hereditary spastic paraplegia. Hum Mol Genet 2017;26:1432-43.

[102] Harel T, Yoon WH, Garone C, Gu S, Coban-Akdemir Z, Eldomery MK, et al. Recurrent de novo and biallelic variation of ATAD3A, encoding a mitochondrial membrane protein, results in distinct neurological syndromes. Am J Hum Genet 2016;99:831-45.

[103] Almalki A, Alston CL, Parker A, Simonic I, Mehta SG, He L, et al. Mutation of the human mitochondrial phenylalanine-tRNA synthetase causes infantile-onset epilepsy and cytochrome c oxidase deficiency. Biochim Biophys Acta 2014;1842:56-64.

[104] Bartok A, Weaver D, Golenar T, Nichtova Z, Katona M, Bansaghi S, et al. IP3 receptor isoforms differently regulate ER-mitochondrial contacts and local calcium transfer. Nat Commun 2019;10:3726.

[105] Reyes A, He J, Mao CC, Bailey LJ, Di Re M, Sembongi H, et al. Actin and myosin contribute to mammalian mitochondrial DNA maintenance. Nucleic Acids Res 2011;39:5098-108.

[106] Malena A, Loro E, Di Re M, Holt IJ, Vergani L. Inhibition of mitochondrial fission favours mutant over wild-type mitochondrial DNA. Hum Mol Genet 2009;18:3407-16.

[107] Holt IJ. The mitochondrial R-loop. Nucleic Acids Res 2019;47:5480-9.

[108] Kowald A, Kirkwood TB. Transcription could be the key to the selection advantage of mitochondrial deletion mutants in aging. Proc Natl Acad Sci USA 2014;111:2972-7.

[109] Bleazard W, McCaffery JM, King EJ, Bale S, Mozdy A, Tieu Q, et al. The dynamin-related GTPase Dnm1 regulates mitochondrial fission in yeast. Nat Cell Biol 1999;1:298-304.

[110] Ban-Ishihara R, Ishihara T, Sasaki N, Mihara K, Ishihara N. Dynamics of nucleoid structure regulated by mitochondrial fission contributes to cristae reformation and release of cytochrome c. Proc Natl Acad Sci USA 2013;110:11863-8.

[111] Parone PA, Da Cruz S, Tondera D, Mattenberger Y, James DI, Maechler P, et al. Preventing mitochondrial fission impairs mitochondrial function and leads to loss of mitochondrial DNA. PLoS One 2008;3: e3257.

[112] Lewis SC, Uchiyama LF, Nunnari J. ER-mitochondria contacts couple mtDNA synthesis with mitochondrial division in human

cells. Science 2016;353:aaf5549.

[113] Murley A, Lackner LL, Osman C, West M, Voeltz GK, Walter P, et al. ER-associated mitochondrial division links the distribution of mitochondria and mitochondrial DNA in yeast. Elife 2013;2:e00422.

[114] Korobova F, Ramabhadran V, Higgs HN. An actin-dependent step in mitochondrial fission mediated by the ER-associated formin INF2. Science 2013;339:464-7.

[115] De la Casa-Fages B, Fernandez-Eulate G, Gamez J, Barahona-Hernando R, Moris G, Garcia-Barcina M, et al. Parkinsonism and spastic paraplegia type 7: expanding the spectrum of mitochondrial Parkinsonism. Mov Disord Off J Mov Disord Soc 2019;34:1547-61.

[116] Amati-Bonneau P, Valentino ML, Reynier P, Gallardo ME, Bornstein B, Boissiere A, et al. OPA1 mutations induce mitochondrial DNA instability and optic atrophy "plus" phenotypes. Brain: J Neurol 2008;131:338-51.

[117] Rouzier C, Bannwarth S, Chaussenot A, Chevrollier A, Verschueren A, Bonello-Palot N, et al. The MFN2 gene is responsible for mitochondrial DNA instability and optic atrophy "plus" phenotype. Brain: J Neurol 2012;135:23-34.

[118] Lieber T, Jeedigunta SP, Palozzi JM, Lehmann R, Hurd TR. Mitochondrial fragmentation drives selective removal of deleterious mtDNA in the germline. Nature 2019;570:380-4.

[119] Latorre-Pellicer A, Lechuga-Vieco AV, Johnston IG, Hamalainen RH, Pellico J, Justo-Mendez R, et al. Regulation of mother-to-offspring transmission of mtDNA heteroplasmy. Cell Metab 2019;30:1120-1130.e5.

[120] Herbert M, Turnbull D. Progress in mitochondrial replacement therapies. Nat Rev Mol Cell Biol 2018;19:71-2.

线粒体 DNA 突变与衰老
Mitochondrial DNA mutations and aging

Karolina Szczepanowska   Aleksandra Trifunovic   著

刘雅静   丁思敏   译

mtDNA 完整性破坏伴随着线粒体功能的逐渐下降是衰老的标志之一。大多数人在体细胞组织中携带可检测水平的 mtDNA 突变，这些突变的负荷随着年龄的增长而增加。因此，mtDNA 突变与衰老之间的因果关系就出现了，等待进一步的严格检验。尽管人们在过去的几十年里已经进行了大量的研究并建立了许多实验模型，但在衰老过程中 mtDNA 突变的起源和确切时间仍然存在争议。本章回顾了体细胞 mtDNA 突变的可能来源，以及它们在衰老过程中扩展的机制，还讨论了根据现有证据 mtDNA 突变与衰老之间的联系是否可信。

一、关于衰老的新旧线粒体理论——mtDNA 的变化是如何导致衰老的

衰老是细胞功能逐渐退化导致机体缓慢崩溃的过程。虽然我们的细胞中有多种分子通路似乎与衰老有关，但线粒体功能障碍无疑是机体因年龄而衰退的最明显标志之一。线粒体在衰老中的含义最初是由 Harman 在他的《自由基衰老理论》（*Free Radical Theory of Aging*）中提出的，该理论假定线粒体源性氧化损伤是年龄相关性恶化的主要力量[1, 2]。这一理论被其他人重新定义，他们认为整个过程的突变成分强调 mtDNA 是衰老过程中自由基最关键的靶点[3, 4]。这种自我加速

机制被称为"恶性循环"，由于线粒体 DNA 损伤呈指数级累积而刺激氧化损伤，从而进一步扩展了这种机制（图 10-1）[5]。根据这些理论，线粒体变化，特别是与年龄相关的线粒体基因组的变化，似乎可以作为我们细胞的一种"衰老时钟"。事实上，mtDNA 的复制是独立的，而且比核基因组的复制（被称为"松弛型复制"的现象）更频繁。因此，与细胞核内的遗传信息比，线粒体基因组可能更好地指示细胞有丝分裂后的"磨损和撕裂"事件❶。同时，体细胞 mtDNA 突变的频率比在核基因组中检测到的突变频率高出几个数量级[6]。因此，现如今，尽管它的一些概念在实验数据中并没有得到很大的支持，线粒体衰老突变假说仍然具有吸引力。例如，线粒体 ROS 与衰老之间的明显联系缺乏证据[7, 8]，尽管在衰老组织和衰老细胞中反复检测到氧化损伤积累的痕迹[9, 10]。线粒体 DNA 中的氧化损伤也不能决定线虫线粒体突变体的寿命[11]。此外，生理水平的 ROS 通过有丝

---

❶ "磨损"概念是衰老最基本和长期的存在理论之一。它指出，衰老是因为我们的身体在一生中积累了无法有效修复的损伤，因此我们的身体会"随着时间的流逝而磨损"。从社会学的角度来看，"磨损"概念的原则是牢固确立的。此外，生命系统的许多组成部分遵循热力学的规律，因为它们的熵在老化期间增加，支持磨损和撕裂的概念。

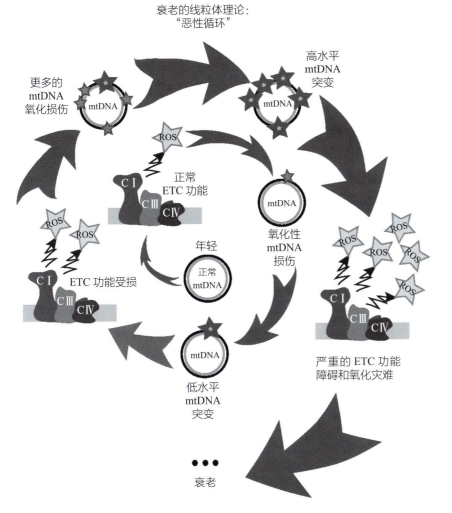

衰老的线粒体理论：
"恶性循环"

高水平
mtDNA
突变

更多的
mtDNA
氧化损伤

ROS

正常
ETC 功能

C I
C III
C IV

年轻

正常
mtDNA

氧化性
mtDNA
损伤

ROS
ROS

ROS
ROS
ROS

ROS

ETC 功能受损

C I
C III
C IV

C I
C III
C IV

mtDNA

低水平
mtDNA
突变

严重的 ETC 功能
障碍和氧化灾难

• • •
衰老

◀ 图 10-1　旧 的 线 粒 体 衰
老——"恶性循环"理论
在衰老过程中，线粒体电子传
递链（ETC）产生的自由基会引
起 mtDNA 氧化损伤，从而导致
mtDNA 突变。这反过来会导致不
完美的电子呼吸链复合体的产生，
从而进一步刺激活性氧的产生，加
速 mtDNA 突变的产生，从而导致
最终的线粒体功能障碍、能量危机
和氧化损伤

分裂 ❶ 现象发挥信号分子的作用，被证明对长寿
命相当有益 [12, 13]。然而，仍有大量证据支持体细
胞（自发）mtDNA 突变与衰老过程之间的因果
关系。

---

❶ "有丝分裂"是一种剂量依赖的双阶段生物系统反
应，是一种重要的抗衰老范式。该剂量概念表明，
低水平的应激会刺激细胞（有机体）的适应性反
应，这反过来将增加机体的抗应激能力，从而延长
整体寿命。在有丝分裂的情况下，应激主要被定义
为活性氧，而适应性应激反应则被定义为细胞抗氧
化防御能力的增强。然而，除了增强抗氧化反应外，
活性氧、过氧化氢，由于其作为次级信使的重要作
用，还可能激活额外的信号通路。有丝分裂现象是
限制热量摄入和体育锻炼的促长寿机制的基础，也
可能是轻度至中度线粒体功能障碍诱导长寿的主要
原因。

二、从衰老的角度看线粒体遗传学

线粒体遗传学的几个基本原理决定了在衰老
过程中 mtDNA 突变的发生。mtDNA 突变的年
龄相关增殖需要克隆扩展和有丝分裂分离，而突
变转化为表型则遵循阈值效应和异质性 / 同质性
原则。这些概念在本书的其他部分作了详尽的
解释。

两种常见的突变类型影响 mtDNA，即大规
模基因组重排和点突变。基因组重排是 mtDNA
的显著缺失导致较小的环状 mtDNA 分子形成的
结果。点突变包括核苷酸替换、碱基缺失或插
入。从本质上说，这两种类型的变化都是随着年
龄的增长，人体和动物的许多组织，包括骨骼
肌、心脏、脑、肝和结肠中，都会发生这两种类

型的变化[14-19]。鉴于 mtDNA 突变的独特性质，它们在衰老过程中的增殖，以及对年龄相关病理的影响可能具备不同的机制。因此，将在下文分别讨论这些问题。

三、线粒体 DNA 缺失与衰老

（一）线粒体 DNA 缺失的起源

大规模缺失是最常见的体细胞 mtDNA 突变，可能是由于检测单个点突变的技术困难。众所周知，老年人的 mtDNA 缺失量显著增加，尤其是骨骼肌、心、肝、脑、视网膜、卵巢和精子等高能量需求的组织和细胞类型[19-27]。线粒体基因组中的缺失最有可能是由于复制叉的滑动或停滞导致线粒体 DNA 复制异常而自发形成的，从而导致双链断裂的形成[28-31]。最近对缺失形成机制的更新揭示了整个过程的高度复杂性[32]。双链断裂的高度不稳定的线性副产物似乎在衰老过程中不起任何关键作用[33]，尽管最近的研究结果表明它们可以进一步促进 mtDNA 缺失的形成[32, 34]。虽然人工和有效的诱变剂可以刺激 mtDNA 的双链断裂，但在生理条件下，氧化损伤直接参与 mtDNA 缺失是推测性的[32, 35, 36]。

（二）线粒体 DNA 缺失在衰老过程中是如何扩展的

mtDNA 缺失通常表现为斑块状和细胞类型特异性分布，在单个细胞中达到较高水平，而在整个组织中总体丰度较低[19, 23, 37]。这种镶嵌特征可归因于细胞群体中 mtDNA 缺失扩增的机制。值得注意的是，mtDNA 缺失是如何在衰老过程中传播的，以及这一过程是否涉及任何阳性选择或随机行为，目前尚不清楚。克隆扩增可能为缺失的较小 mtDNA 分子所青睐，基于他们的复制优势，因为较短的 DNA 比野生型基因组的复制速度更快，因此复制频率更高[38, 39]。然而，这一假设受到了挑战，因为观察到 mtDNA 在复制上花费的时间与 mtDNA 分子的平均半衰期相比是不相关的[40]，计算模型进一步证明了这一点[39]。事实上，在肌纤维中，mtDNA 缺失长度与氧化

磷酸化缺乏水平之间没有相关性[37]。最近，有人提出了一种新的基于选择的 mtDNA 缺失克隆扩增机制。该机制基于复制和转录之间的密切联系，并暗示更高的转录率将导致更高的复制起始率[41]。如果过量的产物抑制线粒体转录，那么 mtDNA 中缺失的一些基因就会给缺失的分子提供复制优势，并促使他们在野生型核仁表面进行复制[41]。然而，这一机制仍有待于进一步的实验评估。

另一种假说认为，mtDNA 缺失可以通过随机遗传漂移的方式进行克隆性扩展，不需要任何正向选择[42]。在这种情况下，"松弛型 mtDNA 复制"所赋予的足够多的世代可以使特定的缺失突变在偶然情况下支配整个种群[42]（图 10-2），这种解释对于长寿物种（包括人类）尤其正确，计算模拟证实了这一点[42]。然而，在用计算机模型进行测试时，那些衰老过程中积累 mtDNA 缺失的短寿命啮齿类动物却逃脱了遗传漂移的原则[43]。

以上，只描述了几种可能与 mtDNA 变异体的扩增和选择有关的假定机制，特别是那些与衰老同时导致突变负荷增加的机制。突变扩展进一步的机制在本书的其他地方全面介绍和讨论。

（三）线粒体 DNA 缺失是否在衰老中起作用

mtDNA 缺失的积累与衰老相关组织功能恶化的进展之间的联系是否真的有因果关系仍存在争议。mtDNA 缺失的克隆积累似乎与肌肉纤维的进行性丢失有关，这是衰老的常见表现[19, 23, 44, 45]。同样，mtDNA 缺失的克隆增殖伴随着年龄相关的黑质病理学改变[46, 47]。mtDNA 缺失在帕金森病患者的神经元中也被检测到，但在阿尔茨海默病患者的神经元中却没有发现[48, 49]。相反，在阿尔茨海默病患者的海马体中，检测到较高水平的 mtDNA 点突变[50, 51]。

动物模型中因果关系的研究不支持从患者样本中获得的相关数据。虽然不同的动物模型证明，mtDNA 缺失的积累与呼吸能力的逐渐下降导致强烈的能量危机有着不可分割的联系[30, 52]，但它们并没有显示加速衰老的迹象。此外，最近

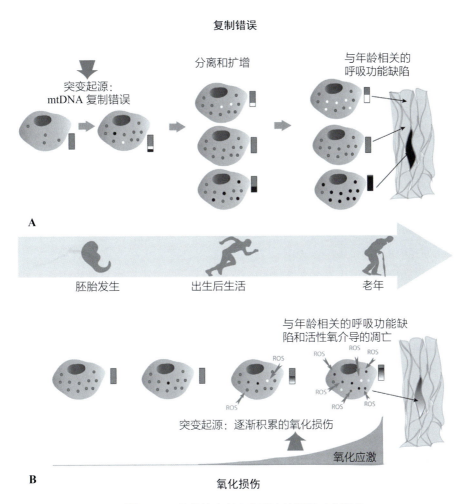

复制错误

突变起源:
mtDNA 复制错误

分离和扩增

与年龄相关的
呼吸功能缺陷

A

胚胎发生 　　　 出生后生活 　　　 老年

与年龄相关的呼吸功能缺陷和活性氧介导的凋亡

ROS

突变起源:逐渐积累的氧化损伤

氧化应激

B 　　　 氧化损伤

▲ 图 10-2　线粒体衰老突变理论的两种对立观点

mtDNA 点突变可能源于复制错误（A）或氧化 DNA 损伤（B）。A. 复制错误出现在生命早期,并在生命期内通过有丝分裂分离和克隆扩增,达到突变阈值和老年个体相关的镶嵌线粒体缺陷；B. mtDNA 突变发生在生命过程中,是 DNA 氧化损伤的结果,随着年龄的增长,氧化应激增加,突变负担显著加重。老化细胞中的 mtDNA 突变的数量代表了低水平个体异质性的高负荷突变。显性突变是老年人线粒体缺陷和细胞凋亡的原因。条形代表异质性的水平。ROS. 活性氧

描述的 MGME1 缺乏的小鼠模型具有较高水平的 mtDNA 缺失,携带多个缺失的 mtDNA 分子和线性 mtDNA 片段,并未显示出早衰的迹象[53]。尽管动物模型的数据截然相反,根据人类组织的证据,mtDNA 缺失对衰老过程的贡献仍然应予以考虑,特别是关于特定有丝分裂后组织（如肌纤维和某些大脑区域）与年龄相关退化。

四、线粒体 DNA 点突变

（一）线粒体 DNA 点突变在衰老过程中发生

最近在技术上的突破提高了测序方法的敏感性,这证明了 mtDNA 点突变是普遍存在的,我们大多数人携带低水平的异质性[54-56]。值得注意的是,似乎至少有 20% 的个体携带 mtDNA 突变,这些突变已经与不同的疾病有关[54]。与 mtDNA 缺失一样,点突变也倾向于在主要受年龄相关疾病影响的组织中以年龄依赖的方式积累[15, 17, 57-60]。

（二）衰老过程中体细胞线粒体 DNA 点突变的起源:复制错误

体细胞 mtDNA 点突变的来源及其对衰老的影响在过去几十年中引起了激烈的争论。考虑到

mtDNA 点突变与衰老之间的因果关系是真实的，突变源的适当分配对于理解衰老过程中控制其扩增的机制，以及选择相关的抗衰老疗法和潜在的预防干预措施至关重要。

细胞的整体突变负荷由几个因素决定，包括 DNA 复制事件的执行和准确性、充分的 DNA 抗突变保护、DNA 修复装置对局部环境突变特征的适应性，以及 DNA 环境中的危险损伤率。评估线粒体环境中哪些因素是安全的，有助于判断 mtDNA 是否更容易通过氧化损伤而发生突变，或者更容易发生自发复制错误。准确评估突变源可能具有挑战性。然而，大多数诱变损伤在 DNA 中留下了特定的突变特征，可以用来确定每个点突变的真正来源。一般来说，单核苷酸替换可分为颠换和转换。颠换代表嘧啶与嘌呤的交换，反之亦然，而转换是指一种嘧啶或嘌呤被另一种相同类型的核苷酸取代。

（三）氧化损伤

DNA 中的氧化损伤是通过自由基对碱基或糖基的作用而产生的，从而导致碱基和糖基的修饰。在下一轮 DNA 复制过程中，这种修饰的碱基可能不会正确配对，最终导致持续的核苷酸亚结构，从而导致点突变（图 10-3）。虽然一些氧化损伤可能导致转换的产生，但一般认为，其中大多数损伤会导致颠换[61]。8- 氧代鸟嘌呤（8-oxoguanine，8-oxoG）是 DNA 最常见的氧化损伤，包括 mtDNA，其通常作为 DNA 氧化损伤的通用标志[62]。如果不修复，8-oxoG 将导致体内转运物的优先形成[63]。其他常见的氧化性 DNA 损伤，如 2- 羟基腺嘌呤或甲酰胺嘧啶，也会导致横向断裂的产生[61, 64]。

（四）DNA 聚合酶

与氧化损伤相似，DNA 聚合酶也有其突变特征，这意味着由于其结构和生化特性，它们往往会出现特定的错误。值得注意的是，DNA 复制的保真度是决定细胞中遗传信息稳定性的关键因素，而 DNA 聚合酶决定了这一过程的准确性（图 10-4）。DNA POLγ 是整个动物体中唯一的

A. 预防：ROS 清除剂和包裹 mtDNA

颠换　转换
B. 修复：BER 介导的氧化损伤修复

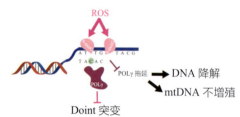

Doint 突变
C. 克服：错误忽略的逆转损伤的 DNA 合成或复制停滞

▲ 图 10-3　线粒体中 mtDNA 氧化损伤的防御
线粒体对 mtDNA 氧化损伤及其突变后果形成了多层防御。A. 线粒体基因组通过坚固的蛋白涂层（TFAM）和一组有效的活性氧清除剂（包括 SOD2）保护免受氧化损伤；B. 尽管碱基切除修复机制对清除氧化损伤的重要性仍不明确，但哺乳动物线粒体拥有几种碱基切除修复酶（如 OGG1 和 UNG1），这些酶能够消除广泛的氧化 mtDNA 加合物（如 8-oxoG 或胞嘧啶脱氨产物尿嘧啶）；C. 氧化损伤一旦出现，就不转化为突变，而是可被复制机制（POLγ）忽略，或导致复制停滞，最终丢失损坏的 mtDNA 分子

mtDNA 复制酶，负责线粒体内所有可能的 DNA 合成事件。DNA POLγ 的总体准确性主要来自三个基本特征：对 dNTP 的选择性、良好配对的新生链的优先延伸，以及切除错误配对碱基的能力（称为校对活动）。后者将人类 DNA POLγ 的准确性提高了至少 20 倍，这表明 95% 的聚合酶错误是通过自我校正机制被修复的[65]。大量研究表明，DNA POLγ 表现出的转换相比颠换更具有普遍性的特征[66-68]。这与从年轻人和老年人获得的大脑样本的观察结果基本一致，在这些样本中，其中转换是这些活检中最常见的突变，包括主要的 C：G 到 T：A 替换[17, 57]。老年啮齿动物[69] 和

阿尔茨海默病患者的海马组织中观察到了相似的模式[50]。此外，全球人群中自然发生的 mtDNA 多态性和导致疾病的体细胞突变也强烈倾向于转换。根据这些发现，只有线粒体基因组中的突变的初步检测表明，在衰老过程中，大多数常见的氧化损伤对 mtDNA 突变负荷的影响最小。与细菌祖先或酵母线粒体相比，哺乳动物线粒体没有典型的错配修复（mismatch repair，MMR）机制[70]。相反，最初的报道表明线粒体错配修复活性可能是由 YB-1 因子介导的，这与核碱基切除修复途径有关[71]。尽管如此，哺乳动物线粒体中稳定错配修复的进一步证据尚不清楚。因此，由于 mtDNA 复制不完全而导致的 mtDNA 突变可能无法被有效识别和修正，从而增加其在 mtDNA 库中进一步扩增的机会（图 10-4）。

（五）线粒体 DNA 是否易受氧化损伤

在一个生命周期中，是否会发生促进转化的氧化损伤但可通过专门修复机制有效清除？mtDNA 中的氧化损伤是否转化为点突变？尽管几十年来人们一直认为线粒体基因组的氧化损伤率是核 DNA 的 10 倍，但更严谨的研究表明，以前的计算被高估了，实际差别很小[7, 72]。同样的研究表明，受试个体的年龄不会影响 mtDNA 氧化损伤的水平。针对氧化损伤的第一层防御是由线粒体基质中的一组有效的 ROS 清除剂提供的，ROS 清除剂能有效地清除自由基，使其无法与 mtDNA 接触（图 10-3）。此外，与传统的观点不同，mtDNA 不是裸露的，而是被蛋白（TFAM）精心包覆，并被包裹在类核中，提供了一种类似组蛋白的遗传信息屏蔽，以抵御自由基的直接作用[73]（图 10-3）。此外，线粒体具有功能性碱基切除修复机制（与核共享），这将促进被破坏的高光谱碱基修复，防止最终的碱基替换[74]（图 10-3）。然而，最近有研究表明，线粒体碱基切除复制对保持 mtDNA 的完整性可能并非不可缺少。OGG1 和 MUTYH 组分的基因失活去除 8-oxoG 损伤并防止颠换，*UNG1* 基因的失活可去除胞嘧啶脱氨酶并防止突变，这些基因失活并没

有增强小鼠 mtDNA 的突变[75-77]。这表明，与氧化损伤的性质无关，它们干扰 mtDNA 完整性的可能性很小。最后，一些体外研究表明，当线粒体 DNA POLγ 在 DNA 复制过程中遇到氧化损伤时，它会趋于停滞，或者引入了抑制损伤的正确核苷酸[78-80]（图 10-3）。总之，mtDNA 似乎不会在衰老过程中积累大量的氧化损伤，如果发生一些氧化损伤，线粒体已经衍生出多种途径来减少 mtDNA 的突变。

（六）线粒体 DNA 突变的起源——来自动物模型的证据

衰老的自由基理论在一项研究中得到了支持，该研究表明，将过氧化氢酶（一种抗氧化酶）靶向到线粒体中会延长小鼠的寿命，并与减少氧化损伤、降低 mtDNA 缺失水平和延迟心功能退化有关[81]。令人惊讶的是，小鼠体内的许多其他抗氧化酶的过度表达，包括线粒体超氧化物歧化酶（superoxide dismutase，SOD2）和谷胱甘肽过氧化物酶（glutathione peroxidase，GPX4）的线粒体亚型，尽管氧化应激减少并对细胞生理产生了一些有益影响，但却未能再现寿命的延长[82]。

相反，在线粒体泛醌生物合成的单倍体缺乏的 MCKL1（*Mclk1*⁺/⁻）突变体中刺激氧化应激，尽管细胞 DNA 的氧化损伤没有改变，但可提高动物的寿命[83]。同样地，尽管心脏特异性 SOD2 缺乏症表现为扩张型心肌病，并伴有严重的氧化应激症状，但在这些动物的 mtDNA 中没有检测到突变负荷的增加，无论是在颠换还是在转换中[76]。OGG1 灭活进一步抑制同一小鼠模型 mtDNA 氧化损伤的修复，不会刺激小鼠的 mtDNA 突变[76]。在线粒体碱基切除修复的许多其他组分的基因失活方面也有类似的发现，此外还揭示了哺乳动物缺乏氧化损伤修复与年龄相关表型之间没有实质性的关系（见参考文献 [84]）。

与氧化损伤模型不同，携带线粒体 DNA 聚合酶校对缺陷型的小鼠，即所谓的 mtDNA 突变者，积累了大量与明显的早衰样表型相关的 mtDNA 突变[85, 86]。mtDNA 突变小鼠表现出寿命

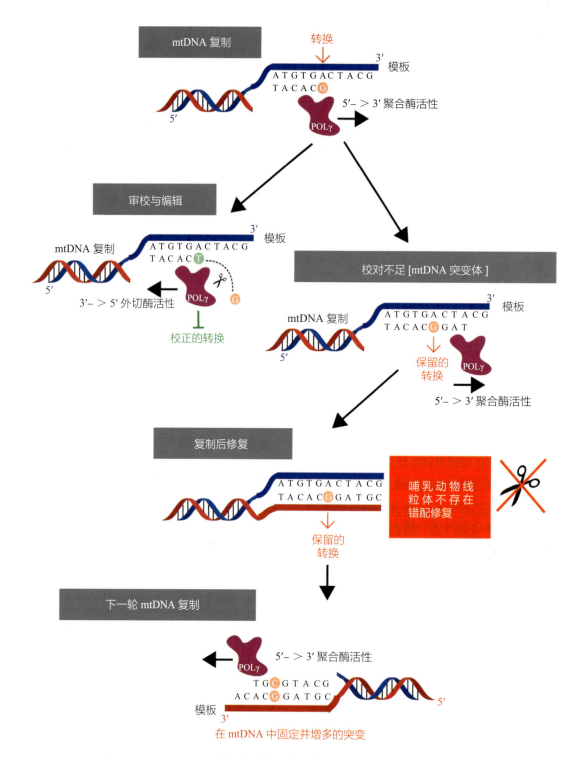

▲ 图 10-4　mtDNA 复制的保真度不理想可能是衰老过程中 mtDNA 突变的来源

DNA 聚合酶是决定复制保真度的主要因素。线粒体 DNA POLγ 具有内在的 3′->5′ 核酸外核酶活性，可以校正 mtDNA 复制过程中产生的错误。由于聚合酶的不完全性，某些类型的核苷酸错配（主要是转换）可以逃避 DNA POLγ 介导的校对编辑和复制。在哺乳动物线粒体中缺乏典型的错配修复机制，它质疑由 DNA POLγ 产生的错配是否能被有效地识别和消除。如果是这样的话，错配修复的缺乏将导致在下一轮轻松的线粒体 DNA 复制过程中固定 mtDNA 突变。mtDNA 在生命早期经历了广泛的复制（卵子发生和胚胎发生）。因为 mtDNA 合成保真度不全，这些频繁的 DNA 合成事件可以提供一个强大的突变源，并有助于形成在老化过程中克隆扩增突变库（图 10-2）

缩短、骨质疏松、肌肉萎缩、进行性听力丧失、贫血、生育能力降低、头发灰白和脱发，这些特征显著再现了人类衰老的迹象。与克隆扩增原理一致，小鼠 mtDNA 发生点突变主要在胚胎发育期间，而突变表型在很久之后才能观察到，只有在个体突变克隆扩增超过一定阈值时，才会导致明显的呼吸链缺乏症 [85]。携带突变等位基因的杂合子母鼠的卵母细胞中积累的 mtDNA 突变可传递给后代，导致野生型后代的轻度衰老表型 [87]。除了点突变，mtDNA 突变小鼠还携带大的线性缺失 mtDNA 片段，这些片段可能不会导致衰老表型 [32, 33]。以 mtDNA 突变小鼠作为 mtDNA 衰老理论模型的主要批评者指出，mtDNA 突变体的负荷远高于衰老动物的观察值，而且杂合突变小鼠虽然突变水平较高，但并未表现出加速衰老 [88]。尽管如此，mtDNA 突变体对于 mtDNA 复制模式、mtDNA 突变的不同病理表型，以及在干细胞中的作用等方面的许多重要发现起到了重要的作用，这一点将在后面讨论。同样无可争议的是，在 mtDNA 突变小鼠中所观察到的表型的复杂性与人类的衰老表型相似。

（七）点突变何时产生的，它们是如何扩增的

一般来说，驱动点突变扩展的机制与缺失相似。图 10-2 介绍了根据两种相反的线粒体衰老假说生成和扩增 mtDNA 突变的原理。假设点突变大多是由不准确的复制事件引起的随机误差产生的，它们可以在整个生命周期中产生，因此在衰老过程中会显著积累。因此，由于随机遗传漂变，我们生命早期产生的突变可能能够在单细胞中达到非常高的异质性水平。这将导致细胞呈斑片状、镶嵌状分布，是潜在的突变危险。异质性水平对 mtDNA 突变表型输出极为重要。绝大多数 mtDNA 点突变需要存在于高比例的 mtDNA 分子中（高异质性），才能对细胞产生有害影响。因此，目前尚不清楚在生命后期产生的可能存在低异质性的突变是否对细胞健康产生决定性影响。实验证据支持这些观点，因为它表明，与晚年 mtDNA 变化相比，早期到中年的体细胞点

突变对年龄相关的身体功能下降更为关键 [15, 42]。mtDNA 突变似乎不会像果蝇 [89] 或蛔虫 [90] 那样对短命后生动物的衰老产生影响。这表明长寿物种的衰老经历了不同的调控机制，同时也反映了突变克隆扩展所需的时间。

活跃分裂细胞和有丝分裂后细胞的点突变扩展机制也存在差异。在增殖的组织中，如在血细胞或胚胎中，异质性的变化可能主要是通过线粒体向子细胞的分离而产生的，这一过程被称为营养分离。细胞器池的这种划分可以是随机的，也可以是由选择性压力驱动的，从而为特定的突变类型提供了快速选择的机会，如血液干细胞 [91]。在有丝分裂后细胞中，如神经元或心肌细胞，异质性的变化主要是通过与松弛型 mtDNA 复制相关的过程发生的。它们可以经历随机的遗传漂移或在选择压力下保持活力，如在 mtDNA 控制区的突变所示，这些突变导致阳性复制选择 [92-94]。因此，点突变克隆扩增的时间是非常独特的，不仅取决于组织类型，而且还取决于特定突变的性质。

最后，OXPHOS 缺陷细胞的镶嵌分布在主要受 mtDNA 点突变的年龄相关性积累影响的组织中是明显的，如肌纤维或结肠隐窝 [95, 96]，提供了高异型突变的存在与其生理效应之间的重要联系。此外，最近的一项群体研究显示，mtDNA 遗传变异 m3243A>G 转变的异质性升高，在受影响的个体中表现为多种衰老结果，包括力量、认知、代谢和心血管功能下降，以及死亡风险增加 [97]。总之，这些发现强调了克隆扩增在与年龄相关组织退化中的重要性。

五、体细胞线粒体 DNA 突变如何导致衰老

哺乳动物 mtDNA 编码呼吸链复合体的一组成分，以及在线粒体中表达这些亚单位所需要的核糖体 RNA 和转运 RNA。因此，任何 mtDNA 突变的主要缺陷，包括与衰老有关的缺陷，都会反映呼吸链的功能，最终导致呼吸缺陷。在这方面，与许多其他方面一样，导致衰老的体

细胞 mtDNA 突变模拟了与线粒体疾病相关的突变。在这两种情况下，mtDNA 突变都会发生克隆扩增，从而导致不同程度的异质性和表型表现，而这些表现取决于每个突变的不同阈值。引起线粒体疾病的 mtDNA 突变与衰老相关突变之间的显著区别在于，前者通常是由高水平的单一突变引起的，而后者表现出不同 mtDNA 突变的类型和水平的高度多样性。因此，当达到特定的阈值时，与特定疾病相关的 mtDNA 突变将对细胞生理产生更加一致的影响。相比之下，衰老相关的 mtDNA 突变会在受影响组织的细胞中积累，但不是在所有细胞中积累，从而产生高度镶嵌的线粒体功能异常的模式。此外，mtDNA 突变小鼠的结果表明，蛋白质编码基因的高水平有害突变是导致过早衰老表型的一个可能原因。值得注意的是，由于线粒体疾病患者具有强烈的负性选择压力，在他们的体内很少观察到这种突变[98, 99]。蛋白质编码的亚基的点突变可显著降低或完全消除特定呼吸复合体的活性，导致受影响的亚基和特定呼吸复合体的不稳定性，甚至通过超复合体的不稳定导致其他复合体的丢失。在一些罕见的情况下，这些点突变也可以通过呼吸复合体刺激大量的活性氧生成，并导致受影响细胞的迅速丢失[100]。相反，RNA 编码基因的点突变通常只会导致受影响的 RNA 种类的轻微不稳定，而且只有在极少数情况下才会导致翻译保真度的丧失，甚至整个线粒体基因表达的丧失。最显著的后果可归因于 D-loop 中的点突变，其可能影响 mtDNA 复制并导致 mtDNA 耗竭[17]。值得注意的是，有人提出，mtDNA 控制区中的一些点突变有可能驱动复制进行正向选择，并加速突变分子的克隆扩增[101]。总之，mtDNA 点突变并不总是导致比 mtDNA 缺失影响更小的表型，因此它们在与年龄相关表型中的作用不应被低估。

环状 mtDNA 缺失分子通常缺乏编码呼吸复合体亚基和不同 RNA 分子的几个基因。因此，mtDNA 的大规模缺失的影响通常是显著的，因为任何线粒 rRNA 或 tRNA 的缺失都将使线粒体

基因表达消失，并导致线粒体 DNA 编码复合体（Ⅰ、Ⅲ、Ⅳ和Ⅴ）的减少。

衰老过程中线粒体 DNA 突变的组织特异性后果

如本章开头所述，mtDNA 突变在器官（包括肌肉或神经元）的衰老过程中积累起来，并且可能具有非常特殊的后果，这取决于它们所影响的组织。虽然呼吸缺陷可能只发生在一小部分老化纤维中，但它们对整个肌肉生理的影响可能是有害的，从常见的与年龄有关的肌肉无力到肌细胞减少症[23]。同样地，呼吸衰竭心肌细胞的镶嵌分布可导致心律失常和心力衰竭，这也是常见的年龄相关疾病[102, 103]。此外，有人提出，老年个体黑质神经元中发现的 mtDNA 缺失和耗竭，可能在帕金森病的发病机制中起重要作用[48, 104]。也有人提出，大脑某些部位的嵌合性呼吸缺陷会导致局部能量损耗和神经元网络的信号转导问题，进而导致与年龄相关的痴呆[30]。在老年人的结肠隐窝中经常观察到明显的嵌合性呼吸缺陷。在这种情况下，这一现象可以通过干细胞的老化来解释，干细胞的老化导致结肠上皮细胞的再生，与之前的试验相反，干细胞的老化归因于增殖细胞的老化[15, 96]。

六、线粒体 DNA 突变与干细胞老化

干细胞对于细胞库的再生至关重要，在组织的再生和维持中起着核心作用。随着年龄的增长，生物体的再生能力会下降，干细胞的减少会导致增殖组织和有丝分裂后组织的老化[105]。mtDNA 突变可以通过干细胞传播，mtDNA 完整性在年龄相关性干细胞功能下降中起着重要作用，这一假说近年来引起了人们的广泛关注。线粒体呼吸功能和干细胞分裂过程中线粒体的充分分配被证明与干细胞的适应性和分化能力密切相关[106, 107]。

干细胞可以显著促进增殖组织中 mtDNA 变异的克隆扩增，如人结肠隐窝和胃组织[108, 109]。诱导多能干细胞中的 mtDNA 突变负荷随着年龄

的增长而增加，并在人血和皮肤细胞中体细胞 mtDNA 突变的扩增中发挥作用[110]。对 mtDNA 突变小鼠的研究，尤其是对其造血系统的研究，可以揭示控制干细胞衰老的几种机制。造血功能的严重衰竭，表现为进行性贫血和淋巴细胞减少，是 mtDNA 突变小鼠类早衰表型的标志之一[85, 86]。奇怪的是，这些动物造血的恶化在胚胎发生期间已经开始[111]。突变小鼠肠道中也存在干细胞缺陷，mtDNA 点突变的积累导致营养吸收问题、肠道形态异常、隐窝中细胞周期失调和显著的凋亡[112]。对 mtDNA 突变小鼠的神经干细胞和心脏干细胞进行了类似的观察，表明有丝分裂后组织的再生能力受到 mtDNA 突变负荷的调控[59, 111]。心脏干细胞突变负荷的增加破坏了线粒体功能，损害了细胞的分化，导致大量细胞死亡[59]。有趣的是，线粒体内的氧化还原平衡可能在调节干细胞衰老过程中起关键作用。用 N- 乙酰 -L- 半胱氨酸 [一种能促进细胞硫醇（如谷胱甘肽），降低细胞的整体氧化水平的分子] 治疗，改善了 mtDNA 突变小鼠中干细胞的适应性，这表明造血干细胞中点突变的积累对其氧化还原平衡产生了一个小而重要的影响，可以在治疗上加以控制[111]。在多能干细胞中也有类似的发现，mtDNA 突变的增加会影响细胞的重编程和干细胞性，这种效应可以通过药理学上增加氧化还原能力而得到实质性逆转[113]。值得注意的是，在干细胞中氧化还原平衡似乎受到非常严格的调控，因为特定抗氧化剂（MitoQ）水平的升高已被证明对多能干细胞有毒害作用，特别是神经干细胞[113]。综上所述，这些证据表明 mtDNA 突变在细胞干性的年龄递进性下降和随之而来的机体再生能力的退化中起着至关重要的作用。mtDNA 的完整性似乎对干细胞的分化能力至关重要，这似乎高度依赖于严格控制的氧化还原平衡。

小结

尽管 mtDNA 仅编码人类中存在的少数基因，但线粒体基因组的完整性与我们生物体的衰老之间存在密切的联系。值得注意的是，即使经过多年的深入研究，也尚未确定这种关系是真正的因果关系或仅仅是相关关系。在这里，我们概述了主要假设旨在解释 mtDNA 突变负荷与衰老之间的复杂相互作用，并用实验证据来证明它们。目前的知识水平不允许我们对 mtDNA 点突变和缺失是否在同样程度上导致衰老做出最终结论。然而，越来越清楚的是，大多数 mtDNA 点突变很可能来源于复制错误，而不是氧化损伤。强有力的实验数据还表明，新的体细胞 mtDNA 突变需要足够早地出现，以便能够扩展到适合表型表现和随之而来的线粒体功能障碍的水平。mtDNA 突变的扩增可以经历多层调控，这使得整个现象更加复杂。我们也不清楚环境因素能否调节 mtDNA 突变扩增的动态过程，因为整体仅仅受内在因素调节。然而，线粒体功能衰竭似乎在很大程度上限制了我们的健康寿命，因此成为抗衰老干预的一个值得关注的目标。

声明

这项研究得到了欧洲研究理事会（ERC-StG-2012–310700 和 ERC-2018-PoC-813169）、德国联邦科学院（DFG，德国研究基金会）–SFB 1218-Projektnummer 69925409 和科隆大学分子医学中心（54-RP）的资助。作者声明，他们没有与这份手稿相关的相互竞争的经济利益。

研究展望

尽管 21 世纪前 20 年在线粒体遗传学领域开始了广泛的研究，但我们仍未完全了解mtDNA 突变及如何导致衰老。mtDNA 突变小鼠不仅为衰老的线粒体理论提供了一个新的视角，而且也让许多新问题浮出水面，同时引发了关于 mtDNA 氧化损伤在机体衰老相关衰退中的作用的长期争论。尽管如此，我们仍然缺少直接证据证明氧化损伤是 mtDNA 突变和潜在缺陷的直接原因。对这些机制的掌握将极大地受益于动物模型研究，这些动物模型通过提高线粒体在体内的复制保真度来避免与年龄相关的 mtDNA 突变积累，例如，通过最终生成 mtDNA 抗突变小鼠。最终，显示早发和晚发 mtDNA 突变增加的替代模型可以揭示整个过程的复杂性。尽管衰老 mtDNA 突变在生命早期的发生是可信的，并且与计算模型分析相一致，但仍然缺乏关于这些突变与生命后期出现的突变之间的相关性更高的决定性实验证据。我们也不知道衰老过程中突变的扩展是随机发生的，还是容易受到选择性压力，或者根据突变或组织特异性环境将这两种机制结合起来。改善干细胞中 mtDNA 的完整性（如通过靶向调节氧化还原能力）可能为年龄相关疾病带来新的治疗视角。最后，评估内在和环境变化如何调节长寿物种的 mtDNA 突变负荷是有必要的。

参考文献

[1] Harman D. Aging: a theory based on free radical and radiation chemistry. J Gerontol 1956;11:298-300.

[2] Harman D. The biologic clock: the mitochondria? J Am Geriatr Soc 1972;20:145-7.

[3] Linnane AW, Marzuki S, Ozawa T, Tanaka M. Mitochondrial DNA mutations as an important contributor to ageing and degenerative diseases. Lancet 1989;642-5.

[4] Miquel J. An update on the oxygen stress-mitochondrial mutation theory of aging: genetic and evolutionary implications. Exp Gerontol 1998;33:113-26.

[5] Bandy B, Davison AJ. Mitochondrial mutations may increase oxidative stress: implications for carcinogenesis and aging? Free Radic Biol Med 1990;8:523-39.

[6] Nachman MW, Crowell SL. Estimate of the mutation rate per nucleotide in humans. Genetics 2000;156:297-304.

[7] Lim KS, Jeyaseelan K, Whiteman M, Jenner A, Halliwell B. Oxidative damage in mitochondrial DNA is not extensive. Ann N Y Acad Sci 2005;1042:210-20.

[8] Sanz A, Fernandez-Ayala DJ, Stefanatos RK, Jacobs HT. Mitochondrial ROS production correlates with, but does not directly regulate lifespan in Drosophila. Aging (Albany NY) 2010; 2:200-23.

[9] Halliwell B. Biochemistry of oxidative stress. Biochem Soc Trans 2007;35:1147-50.

[10] Cadenas E, Davies KJ. Mitochondrial free radical generation, oxidative stress, and aging. Free Radic Biol Med 2000; 29:222-30.

[11] Ng LF, Ng LT, van Breugel M, Halliwell B, Gruber J. Mitochondrial DNA damage does not determine C. elegans lifespan. Front Genet 2019;10:311.

[12] Yang W, Hekimi S. A mitochondrial superoxide signal triggers increased longevity in Caenorhabditis elegans. PLoS Biol 2010;8:e1000556.

[13] Lapointe J, Hekimi S. When a theory of aging ages badly. Cell Mol Life Sci 2009;67:1-8.

[14] Cortopassi GA, Arnheim N. Using the polymerase chain reaction to estimate mutation frequencies and rates in human cells. Mutat Res 1992;277:239-49.

[15] Greaves LC, Nooteboom M, Elson JL, Tuppen HA, Taylor GA, Commane DM, et al. Clonal expansion of early to mid-life mitochondrial DNA point mutations drives mitochondrial dysfunction during human ageing. PLoS Genet 2014; 10:e1004620.

[16] Katayama M, Tanaka M, Yamamoto H, Ohbayashi T, Nimura Y, Ozawa T. Deleted mitochondrial DNA in skeletal muscle of aged individuals. Biochem Int 1991;25:47-56.

[17] Kennedy SR, Salk JJ, Schmitt MW, Loeb LA. Ultra-sensitive sequencing reveals an age-related increase in somatic mitochondrial mutations that are inconsistent with oxidative damage. PLoS Genet 2013;9:e1003794.

[18] Piko L, Hougham AJ, Bulpitt KJ. Studies of sequence heterogeneity of mitochondrial DNA from rat and mouse tissues: evidence for an increased frequency of deletions/ additions with aging. Mech Ageing Dev 1988;43:279-93.

[19] Bua E, Johnson J, Herbst A, Delong B, McKenzie D, Salamat S, et al. Mitochondrial DNA-deletion mutations accumulate intracellularly to detrimental levels in aged human skeletal muscle fibers. Am J Hum Genet 2006; 79: 469-80.

[20] Yen TC, Pang CY, Hsieh RH, Su CH, King KL, Wei YH. Age-dependent 6kb deletion in human liver mitochondrial DNA. Biochem Int 1992;26:457-68.

[21] Corral-Debrinski M, Shoffner JM, Lott MT, Wallace DC. Association of mitochondrial DNA damage with aging and coronary atherosclerotic heart disease. Mutat Res 1992;275:169-80.

[22] Cortopassi GA, Arnheim N. Detection of a specific mitochondrial DNA deletion in tissues of older humans. Nucleic Acids Res 1990;18:6927-33.

[23] Herbst A, Wanagat J, Cheema N, Widjaja K, McKenzie D, Aiken JM. Latent mitochondrial DNA deletion mutations drive muscle fiber loss at old age. Aging Cell 2016;15:1132-9.

[24] Kao SH, Chao HT, Wei YH. Mitochondrial deoxyribonucleic acid 4977-bp deletion is associated with diminished fertility and motility of human sperm. Biol Reprod 1995;52:729-36.

[25] Brossas JY, Barreau E, Courtois Y, Treton J. Multiple deletions in mitochondrial DNA are present in senescent mouse brain.

Biochem Biophys Res Commun 1994;202:654-9.

[26] Simonetti S, Chen X, DiMauro S, Schon EA. Accumulation of deletions in human mitochondrial DNA during normal aging: analysis by quantitative PCR. Biochim Biophys Acta 1992;1180:113-22.

[27] Taylor SD, Ericson NG, Burton JN, Prolla TA, Silber JR, Shendure J, et al. Targeted enrichment and high-resolution digital profiling of mitochondrial DNA deletions in human brain. Aging Cell 2014;13:29-38.

[28] Damas J, Samuels DC, Carneiro J, Amorim A, Pereira F. Mitochondrial DNA rearrangements in health and disease—a comprehensive study. Hum Mutat 2014;35:1-14.

[29] Dong DW, Pereira F, Barrett SP, Kolesar JE, Cao K, Damas J, et al. Association of G-quadruplex forming sequences with human mtDNA deletion breakpoints. BMC Genomics 2014; 15:677.

[30] Fukui H, Moraes CT. Mechanisms of formation and accumulation of mitochondrial DNA deletions in aging neurons. Hum Mol Genet 2009;18:1028-36.

[31] Krishnan KJ, Reeve AK, Samuels DC, Chinnery PF, Blackwood JK, Taylor RW, et al. What causes mitochondrial DNA deletions in human cells? Nat Genet 2008;40:275-9.

[32] Nissanka N, Minczuk M, Moraes CT. Mechanisms of mitochondrial DNA deletion formation. Trends Genet 2019; 35: 235-44.

[33] Kauppila TE, Kauppila JH, Larsson NG. Mammalian mitochondria and aging: an update. Cell Metab 2017;25:57-71.

[34] Nissanka N, Moraes CT. Mitochondrial DNA damage and reactive oxygen species in neurodegenerative disease. FEBS Lett 2018;592:728-42.

[35] Dumont P, Burton M, Chen QM, Gonos ES, Frippiat C, Mazarati JB, et al. Induction of replicative senescence biomarkers by sublethal oxidative stresses in normal human fibroblast. Free Radic Biol Med 2000;28:361-73.

[36] Prithivirajsingh S, Story MD, Bergh SA, Geara FB, Ang KK, Ismail SM, et al. Accumulation of the common mitochondrial DNA deletion induced by ionizing radiation. FEBS Lett 2004;571:227-32.

[37] Campbell G, Krishnan KJ, Deschauer M, Taylor RW, Turnbull DM. Dissecting the mechanisms underlying the accumulation of mitochondrial DNA deletions in human skeletal muscle. Hum Mol Genet 2014;23:4612-20.

[38] Wallace DC. Mitochondrial genetics: a paradigm for aging and degenerative diseases? Science 1992;256:628-32.

[39] Kowald A, Dawson M, Kirkwood TB. Mitochondrial mutations and ageing: can mitochondrial deletion mutants accumulate via a size based replication advantage? J Theor Biol 2014;340:111-18.

[40] Kowald A, Kirkwood TB. Transcription could be the key to the selection advantage of mitochondrial deletion mutants in aging. Proc Natl Acad Sci USA 2014;111:2972-7.

[41] Kowald A, Kirkwood TBL. Resolving the enigma of the clonal expansion of mtDNA deletions. Genes (Basel) 2018;9.

[42] Elson JL, Samuels DC, Turnbull DM, Chinnery PF. Random intracellular drift explains the clonal expansion of mitochondrial DNA mutations with age. Am J Hum Genet 2001; 68:802-6.

[43] Kowald A, Kirkwood TB. Mitochondrial mutations and aging: random drift is insufficient to explain the accumulation of mitochondrial deletion mutants in short-lived animals. Aging Cell 2013;12:728-31.

[44] Wanagat J, Cao Z, Pathare P, Aiken JM. Mitochondrial DNA deletion mutations colocalize with segmental electron transport system abnormalities, muscle fiber atrophy, fiber splitting, and oxidative damage in sarcopenia. FASEB J 2001; 15:322-32.

[45] Cao Z, Wanagat J, McKiernan SH, Aiken JM. Mitochondrial

DNA deletion mutations are concomitant with ragged red regions of individual, aged muscle fibers: analysis by laser-capture microdissection. Nucleic Acids Res 2001;29:4502-8.

[46] Kraytsberg Y, Kudryavtseva E, McKee AC, Geula C, Kowall NW, Khrapko K. Mitochondrial DNA deletions are abundant and cause functional impairment in aged human substantia nigra neurons. Nat Genet 2006;38:518-20.

[47] Reeve AK, Krishnan KJ, Elson JL, Morris CM, Bender A, Lightowlers RN, et al. Nature of mitochondrial DNA deletions in substantia nigra neurons. Am J Hum Genet 2008;82:228-35.

[48] Bender A, Krishnan KJ, Morris CM, Taylor GA, Reeve AK, Perry RH, et al. High levels of mitochondrial DNA deletions in substantia nigra neurons in aging and Parkinson disease. Nat Genet 2006;38:515-17.

[49] Nido GS, Dolle C, Flones I, Tuppen HA, Alves G, Tysnes OB, et al. Ultradeep mapping of neuronal mitochondrial deletions in Parkinson's disease. Neurobiol Aging 2018; 63: 120-7.

[50] Hoekstra JG, Hipp MJ, Montine TJ, Kennedy SR. Mitochondrial DNA mutations increase in early stage Alzheimer disease and are inconsistent with oxidative damage. Ann Neurol 2016;80:301-6.

[51] Lin MT, Simon DK, Ahn CH, Kim LM, Beal MF. High aggregate burden of somatic mtDNA point mutations in aging and Alzheimer's disease brain. Hum Mol Genet 2002;11:133-45.

[52] Tyynismaa H, Mjosund KP, Wanrooij S, Lappalainen I, Ylikallio E, Jalanko A, et al. Mutant mitochondrial helicase Twinkle causes multiple mtDNA deletions and a late-onset mitochondrial disease in mice. Proc Natl Acad Sci USA 2005;102:17687-92.

[53] Matic S, Jiang M, Nicholls TJ, Uhler JP, Dirksen-Schwanenland C, Polosa PL, et al. Mice lacking the mitochondrial exonuclease MGME1 accumulate mtDNA deletions without developing progeria. Nat Commun 2018; 9: 1202.

[54] Ye K, Lu J, Ma F, Keinan A, Gu Z. Extensive pathogenicity of mitochondrial heteroplasmy in healthy human individuals. Proc Natl Acad Sci USA 2014;111:10654-9.

[55] Payne BA, Wilson IJ, Yu-Wai-Man P, Coxhead J, Deehan D, Horvath R, et al. Universal heteroplasmy of human mitochondrial DNA. Hum Mol Genet 2013;22:384-90.

[56] Stewart JB, Larsson NG. Keeping mtDNA in shape between generations. PLoS Genet 2014;10:e1004670.

[57] Williams SL, Mash DC, Zuchner S, Moraes CT. Somatic mtDNA mutation spectra in the aging human putamen. PLoS Genet 2013;9:e1003990.

[58] Coxhead J, Kurzawa-Akanbi M, Hussain R, Pyle A, Chinnery P, Hudson G. Somatic mtDNA variation is an important component of Parkinson's disease. Neurobiol Aging 2016;38 217 e211-216.

[59] Orogo AM, Gonzalez ER, Kubli DA, Baptista IL, Ong SB, Prolla TA, et al. Accumulation of mitochondrial DNA mutations disrupts cardiac progenitor cell function and reduces survival. J Biol Chem 2015;290:22061-75.

[60] Pinto M, Moraes CT. Mechanisms linking mtDNA damage and aging. Free Radic Biol Med 2015;85:250-8.

[61] Evans MD, Dizdaroglu M, Cooke MS. Oxidative DNA damage and disease: induction, repair and significance. Mutat Res 2004;567:1-61.

[62] Radak Z, Boldogh I. 8-Oxo-7,8-dihydroguanine: links to gene expression, aging, and defense against oxidative stress. Free Radic Biol Med 2010;49:587-96.

[63] Ohno M, Sakumi K, Fukumura R, Furuichi M, Iwasaki Y, Hokama M, et al. 8-oxoguanine causes spontaneous de novo germline mutations in mice. Sci Rep 2014;4:4689.

[64] Yasui M, Kanemaru Y, Kamoshita N, Suzuki T, Arakawa T,

Honma M. Tracing the fates of sitespecifically introduced DNA adducts in the human genome. DNA Repair (Amst) 2014;15:11-20.

[65] Longley MJ, Nguyen D, Kunkel TA, Copeland WC. The fidelity of human DNA polymerase gamma with and without exonucleolytic proofreading and the p55 accessory subunit. J Biol Chem 2001;276:38555-62.

[66] Zheng W, Khrapko K, Coller HA, Thilly WG, Copeland WC. Origins of human mitochondrial point mutations as DNA polymerase gamma-mediated errors. Mutat Res 2006;599:11-20.

[67] Itsara LS, Kennedy SR, Fox EJ, Yu S, Hewitt JJ, Sanchez-Contreras M, et al. Oxidative stress is not a major contributor to somatic mitochondrial DNA mutations. PLoS Genet 2014; 10:e1003974.

[68] Spelbrink JN, Toivonen JM, Hakkaart GA, Kurkela JM, Cooper HM, Lehtinen SK, et al. In vivo functional analysis of the human mitochondrial DNA polymerase POLG expressed in cultured human cells. J Biol Chem 2000; 275: 24818-28.

[69] Stewart JB, Chinnery PF. The dynamics of mitochondrial DNA heteroplasmy: implications for human health and disease. Nat Rev Genet 2015;16:530-42.

[70] Foury F, Hu J, Vanderstraeten S. Mitochondrial DNA mutators. Cell Mol Life Sci 2004;61 (22):2799-811. Available from: https://doi.org/10.1007/s00018-004-4220-y.

[71] de Souza-Pinto NC, Maynard S, Hashiguchi K, Hu J, Muftuoglu M, Bohr VA. The recombination protein RAD52 cooperates with the excision repair protein OGG1 for the repair of oxidative lesions in mammalian cells. Mol Cell Biol 2009;29(16):4441-54. Available from: https://doi.org/10.1128/MCB.00265-09.

[72] Anson RM, Hudson E, Bohr VA. Mitochondrial endogenous oxidative damage has been overestimated. FASEB J 2000;14:355-60.

[73] Kukat C, Wurm CA, Spahr H, Falkenberg M, Larsson NG, Jakobs S. Super-resolution microscopy reveals that mammalian mitochondrial nucleoids have a uniform size and frequently contain a single copy of mtDNA. Proc Natl Acad Sci USA 2011;108:13534-9.

[74] Szczepanowska K, Trifunovic A. Origins of mtDNA mutations in ageing. Essays Biochem 2017;61:325-37.

[75] Halsne R, Esbensen Y, Wang W, Scheffler K, Suganthan R, Bjoras M, et al. Lack of the DNA glycosylases MYH and OGG1 in the cancer prone double mutant mouse does not increase mitochondrial DNA mutagenesis. DNA Repair (Amst) 2012;11:278-85.

[76] Kauppila JHK, Bonekamp NA, Mourier A, Isokallio MA, Just A, Kauppila TES, et al. Base-excision repair deficiency alone or combined with increased oxidative stress does not increase mtDNA point mutations in mice. Nucleic Acids Res 2018; 46:6642-69.

[77] Nilsen H, Steinsbekk KS, Otterlei M, Slupphaug G, Aas PA, Krokan HE. Analysis of uracil-DNA glycosylases from the murine Ung gene reveals differential expression in tissues and in embryonic development and a subcellular sorting pattern that differs from the human homologues. Nucleic Acids Res 2000;28:2277-85.

[78] Graziewicz MA, Bienstock RJ, Copeland WC. The DNA polymerase gamma Y955C disease variant associated with PEO and parkinsonism mediates the incorporation and translesion synthesis opposite 7,8-dihydro-8-oxo-2' -deoxyguanosine. Hum Mol Genet 2007;16:2729-39.

[79] Pinz KG, Shibutani S, Bogenhagen DF. Action of mitochondrial DNA polymerase gamma at sites of base loss or oxidative damage. J Biol Chem 1995;270:9202-6.

[80] Stojkovic G, Makarova AV, Wanrooij PH, Forslund J, Burgers PM, Wanrooij S. Oxidative DNA damage stalls the human mitochondrial replisome. Sci Rep 2016;6:28942.

[81] Schriner SE, Linford NJ, Martin GM, Treuting P, Ogburn CE, Emond M, et al. Extension of murine life span by overexpression of catalase targeted to mitochondria. Science 2005; 308:1909-11.

[82] Lei XG, Zhu JH, Cheng WH, Bao Y, Ho YS, Reddi AR, et al. Paradoxical roles of antioxidant enzymes: basic mechanisms and health implications. Physiol Rev 2016; 96: 307-64.

[83] Liu X, Jiang N, Hughes B, Bigras E, Shoubridge E, Hekimi S. Evolutionary conservation of the clk-1-dependent mechanism of longevity: loss of mclk1 increases cellular fitness and lifespan in mice. Genes Dev 2005;19:2424-34.

[84] Szczepanowska K, Trifunovic A. Different faces of mitochondrial DNA mutators. Biochim Biophys Acta 2015; 1847: 1362-72.

[85] Trifunovic A, Wredenberg A, Falkenberg M, Spelbrink JN, Rovio AT, Bruder CE, et al. Premature ageing in mice expressing defective mitochondrial DNA polymerase. Nature 2004;429:417-23.

[86] Kujoth GC, Hiona A, Pugh TD, Someya S, Panzer K, Wohlgemuth SE, et al. Mitochondrial DNA mutations, oxidative stress, and apoptosis in mammalian aging. Science 2005; 309:481-4.

[87] Ross JM, Coppotelli G, Hoffer BJ, Olson L. Maternally transmitted mitochondrial DNA mutations can reduce lifespan. Sci Rep 2014;4:6569.

[88] Khrapko K, Turnbull D. Mitochondrial DNA mutations in aging. Prog Mol Biol Transl Sci 2014;127:29-62.

[89] Kauppila TES, Bratic A, Jensen MB, Baggio F, Partridge L, Jasper H, et al. Mutations of mitochondrial DNA are not major contributors to aging of fruit flies. Proc Natl Acad Sci USA 2018;115: E9620-9.

[90] Lakshmanan LN, Yee Z, Ng LF, Gunawan R, Halliwell B, Gruber J. Clonal expansion of mitochondrial DNA deletions is a private mechanism of aging in long-lived animals. Aging Cell 2018;17: e12814.

[91] Rajasimha HK, Chinnery PF, Samuels DC. Selection against pathogenic mtDNA mutations in a stem cell population leads to the loss of the 3243A-- > G mutation in blood. Am J Hum Genet 2008;82:333-43.

[92] He Y, Wu J, Dressman DC, Iacobuzio-Donahue C, Markowitz SD, Velculescu VE, et al. Heteroplasmic mitochondrial DNA mutations in normal and tumour cells. Nature 2010;464:610-14.

[93] Li M, Schroder R, Ni S, Madea B, Stoneking M. Extensive tissue-related and allele-related mtDNA heteroplasmy suggests positive selection for somatic mutations. Proc Natl Acad Sci USA 2015;112:2491-6.

[94] Samuels DC, Li C, Li B, Song Z, Torstenson E, Boyd Clay H, et al. Recurrent tissue-specific mtDNA mutations are common in humans. PLoS Genet 2013;9:e1003929.

[95] Mueller-Hocker J. Cytochrome-c-oxidase deficient cardiomyocytes in the human heart—an age-related phenomenon. Am J Pathol 1989;134:1167-73.

[96] Taylor RW, Barron MJ, Borthwick GM, Gospel A, Chinnery PF, Samuels DC, et al. Mitochondrial DNA mutations in human colonic crypt stem cells. J Clin Invest 2003; 112: 1351-60.

[97] Tranah GJ, Katzman SM, Lauterjung K, Yaffe K, Manini TM, Kritchevsky S, et al. Mitochondrial DNA m.3243A . G heteroplasmy affects multiple aging phenotypes and risk of mortality. Sci Rep 2018;8:11887.

[98] Edgar D, Shabalina I, Camara Y, Wredenberg A, Calvaruso MA, Nijtmans L, et al. Random point mutations with major effects

on protein-coding genes are the driving force behind premature aging in mtDNA mutator mice. Cell Metab 2009;10:131-8.

[99] Stewart JB, Freyer C, Elson JL, Wredenberg A, Cansu Z, Trifunovic A, et al. Strong purifying selection in transmission of mammalian mitochondrial DNA. PLoS Biol 2008; 6:e10.

[100] Fan W, Waymire KG, Narula N, Li P, Rocher C, Coskun PE, et al. A mouse model of mitochondrial disease reveals germline selection against severe mtDNA mutations. Science 2008;319:958-62.

[101] Michikawa Y, Mazzucchelli F, Bresolin N, Scarlato G, Attardi G. Aging-dependent large accumulation of point mutations in the human mtDNA control region for replication. Science 1999;286:774-9.

[102] Zhang D, Mott JL, Farrar P, Ryerse JS, Chang SW, Stevens M, et al. Mitochondrial DNA mutations activate the mitochondrial apoptotic pathway and cause dilated cardiomyopathy. Cardiovasc Res 2003;57:147-57.

[103] Baris OR, Ederer S, Neuhaus JF, von Kleist-Retzow JC, Wunderlich CM, Pal M, et al. Mosaic deficiency in mitochondrial oxidative metabolism promotes cardiac arrhythmia during aging. Cell Metab 2015;21:667-77.

[104] Dolle C, Flones I, Nido GS, Miletic H, Osuagwu N, Kristoffersen S, et al. Defective mitochondrial DNA homeostasis in the substantia nigra in Parkinson disease. Nat Commun 2016;7:13548.

[105] Goodell MA, Rando TA. Stem cells and healthy aging. Science 2015;350:1199-204.

[106] Anso E, Weinberg SE, Diebold LP, Thompson BJ, Malinge S, Schumacker PT, et al. The mitochondrial respiratory chain is essential for haematopoietic stem cell function. Nat Cell Biol 2017;19:614-25.

[107] Katajisto P, Dohla J, Chaffer CL, Pentinmikko N, Marjanovic N, Iqbal S, et al. Stem cells. Asymmetric apportioning of aged mitochondria between daughter cells is required for stemness. Science 2015;348:340-3.

[108] Gutierrez-Gonzalez L, Deheragoda M, Elia G, Leedham SJ, Shankar A, Imber C, et al. Analysis of the clonal architecture of the human small intestinal epithelium establishes a common stem cell for all lineages and reveals a mechanism for the fixation and spread of mutations. J Pathol 2009;217:489-96.

[109] McDonald SA, Greaves LC, Gutierrez-Gonzalez L, Rodriguez-Justo M, Deheragoda M, Leedham SJ, et al. Mechanisms of field cancerization in the human stomach: the expansion and spread of mutated gastric stem cells. Gastroenterology 2008;134:500-10.

[110] Kang E, Wang X, Tippner-Hedges R, Ma H, Folmes CD, Gutierrez NM, et al. Age-related accumulation of somatic mitochondrial DNA mutations in adult-derived human iPSCs. Cell Stem Cell 2016;18:625-36.

[111] Ahlqvist KJ, Hamalainen RH, Yatsuga S, Uutela M, Terzioglu M, Gotz A, et al. Somatic progenitor cell vulnerability to mitochondrial DNA mutagenesis underlies progeroid phenotypes in Polg mutator mice. Cell Metab 2012; 15:100-9.

[112] Fox RG, Magness S, Kujoth GC, Prolla TA, Maeda N. Mitochondrial DNA polymerase editing mutation, PolgD257A, disturbs stem-progenitor cell cycling in the small intestine and restricts excess fat absorption. Am J Physiol Gastrointest Liver Physiol 2012;302:G914-24.

[113] Hamalainen RH, Ahlqvist KJ, Ellonen P, Lepisto M, Logan A, Otonkoski T, et al. mtDNA mutagenesis disrupts pluripotent stem cell function by altering redox signaling. Cell Rep 2015;11:1614-24.

第 11 章

识别线粒体 DNA 变异的方法
Methods for the identification of mitochondrial DNA variants

Claudia Calabrese   Aurora Gomez–Duran   Aurelio Reyes   Marcella Attimonelli   著

邹薇薇 译

一、人类线粒体 DNA 变异检测概述

人类线粒体 DNA（mtDNA）在线粒体中以多个拷贝的形式存在，在细胞和组织中，mtDNA 拷贝数根据细胞的能量需求发生动态变化[1, 2]。由于这种生理上的多倍性，多种序列不同的 mtDNA 可以存在于单个线粒体中或单个细胞内[3]，这种现象被称为 mtDNA 异质性。与之相对应的，所有 mtDNA 拷贝的序列都是相同的，则称为 mtDNA 同质性[4]。mtDNA 异质性长期被认为是一种罕见的，并且是线粒体疾病所特有的现象[5]。然而，早期的一些证据对这一假设提出了质疑，即来自健康个体的头发[6]和大脑[7]中的 mtDNA 控制区存在异质性变异。此外，某一特定致病突变的比例必须达到一定阈值才能引起疾病[8]，这一阈值在不同类型的突变中也有差异[9]。

自 20 世纪 60 年代初发现 mtDNA 以来，对 mtDNA 变异（群体性或致病性）和异质性的检测得到迅速发展[10]。传统上，线粒体变异是通过结合分子生物学技术进行研究的（见下文"基于聚合酶链式反应的方法和 mtDNA 重排检测"）。然而，这些方法通常局限于单一和特定的变异检测[11]，因此无法检测到 mtDNA 上其他位置是否存在致病突变[12]。由于在一名已经诊断为线粒体疾病的患者中发现了第二个突变[13]，以及对线粒体群体遗传学的研究兴趣日益浓厚[14]，促使绝大多数实验室使用 Sanger 测序对整个 mtDNA 分子进行检测（见下文"Sanger 测序"）。这当中的大多数技术（包括 Sanger 测序）都是耗时、非定量且容易出错的[15]。因此，尽管它们提供了有价值的信息，但其应用仅限于小样本，并不能保证对 mtDNA 异质性水平做到准确评估。

机器人和纳米技术的进步带动了现代 DNA 微阵列技术的发展[16]。微阵列技术将 mtDNA 临床研究和群体遗传学推进到大规模基因组研究，可以在多个个体中对单核苷酸变异进行高通量检测（见下文"微阵列"）。同样，微阵列只能检测已知变异，这一缺点局限了其应用于未知变异的研究。

二代测序（next-generation sequencing，NGS）技术的应用（见下文"二代测序"）极大地提高了对线粒体点突变[17]和 mtDNA 重排（包括大小片段的缺失和重复[18, 19]）的检测、描述和定量。此外，对 NGS 生成的大量序列的分析证实了 20 世纪 90 年代的初步观察结果，即 mtDNA 异质性是"普遍的"，因为它存在于健康个体的多个组织中[20-22]，并且不完全与线粒体疾病有关。此外，NGS 技术还被用于其他几个 mtDNA 相关领域，如 mtDNA 置换技术中的 mtDNA 残留的定量[23, 24]，癌症的线粒体基因组变异分析[25, 26]，神经退行性疾病特征描述[27-29]，大规模群体研究[30, 31]，诱导多能干细胞生成和分化[32, 33]，以及单细胞谱系的追踪[34]。

目前，所谓的三代测序技术掀起了基因组学的又一场革命，对 mtDNA 分析也有可预测的影响。这些新技术能够对长片段进行测序，包括整个小基因组和长 DNA 片段（>10kbp）[35]，因此特别适用于大的基因组重排的检测和定量，例如大片段 mtDNA 缺失和复制（见下文"三代测序"）。测序技术的这些进步需要更专业的实验室技术来提取具有更低核 DNA 残留的 mtDNA（见下文"mtDNA 分离"），并要求开发特殊的生物信息学方法，以确保准确检测 mtDNA 变异和进行异质性定量（见下文"四、检测线粒体变体和异质性的生物信息学策略"）。本章稍后将讨论这两方面的内容。

二、线粒体变异检测技术

完整的人类 mtDNA 序列发表于 1981 年[36, 37]，仅 2 年后，就有研究报道了 mtDNA 异质性现象[38]。很快（见下文"mtDNA 分离"），第一批与病理表型相关的 mtDNA 变异被识别出来。短短几年内，科学家们相继报道在了线粒体肌病患者肌肉中发现的 mtDNA 缺失[39]，以及导致 LHON[40] 和肌阵挛性癫痫伴肌肉破碎红纤维综合征（myoclonic epilepsy with ragged red fibers，MERRF ）[5, 41] 的 mt.11778A>G 和 m.8344A>G 变异。从此，越来越多的 mtDNA 变异被发现，部分原因是快速发展的 mtDNA 分析新方法的应用。在此，简要介绍全世界各地实验室中使用最广泛的 mtDNA 变异检测技术。

（一）基于聚合酶链式反应的方法和 mtDNA 重排检测

PCR 是一种可以合成 DNA 特定区域并将其增加至数十亿份拷贝的方法。从 20 世纪 80 年代 Kary Mullis 发明 PCR 方法之后，该方法使科学发生了革命性的变化[42, 43]。采用 PCR 检测单个和大片段 mtDNA 变异的方法包括限制性片段长度多态性（restriction fragment length polymorphism，RFELP）PCR[39]、长链 PCR（long-range PCR，LR-PCR ）[44-46]、实时定量 PCR（real-time quantitative PCR，qPCR ）、扩增阻碍突变系统 qPCR（amplification refractory mutation system qPCR，ARMS-qPCR ）[47]、单分子 PCR（single-molecule PCR，smPCR ）[48]、焦磷酸测序[49, 50] 和数字 PCR（digital PCR，dPCR ）[51, 52]。RFLP-PCR、LR-PCR 和 qPCR 是最常用的方法，因为它们的成本低、可塑性强且设备要求小。然而，其他像焦磷酸测序、smPCR 和 dPCR 技术具有更高的灵敏度。具体如下所述。

1. 限制性片段长度多态性聚合酶链反应　RFLP 技术利用了这样一个现象：一些遗传变异会导致限制性位点的丢失或出现，当用适当的限制性内切酶进行酶切时，会产生等位基因特异性 DNA 片段（图 11-1A）。然后将这些消化的 DNA 产物加载到琼脂糖或丙烯酰胺凝胶上，并通过电泳按长度分离。DNA 显影需要使用荧光染色（如溴化乙啶、SYBR Green 或 Eva Green ）或肉眼可见的染料（如亚甲蓝或银染色）来染色。接下来，捕获电泳凝胶图像，并通过密度分析来定量突变型和野生型 mtDNA 的相对比例[5, 39]。RFLP 是传统上检测 mtDNA 点突变最常用的方法。然而，在异质性定量中，它的灵敏度仅为 5%～10%[53]。原因在于 RFELP 依赖于新的限制性内切酶位点的产生或丢失，而其经常出现与内切酶酶切不完全相关的问题，并且不能排除异源双链 DNA 的形成。双链 DNA 通常是在 PCR 扩增过程中来自不同模板的单链 PCR 产物在退火过程中产生的，这种异源双链 DNA 的产生限制了 RFLP 在 mtDNA 异质性定量中的应用[5]。

为了减少异源双链 DNA 的形成并提高检测的灵敏度，科学家们设计了诸如末次高温循环 PCR（last hot-cycle PCR ）[54] 和荧光 PCR[55] 之类的替代方案。在末次高温循环 PCR 中，将 [α-^{32}P]-dCTP 添加到最后一个 PCR 循环中，以避免对异质性的低估[56]。接下来，用电泳法将 PCR 片段酶切并按长度分离，然后干燥凝胶，在 -80℃暗盒的中将其至于 X 线胶片下暴露 24h。与常见的 RFLP[5, 39] 类似，突变型和野生型

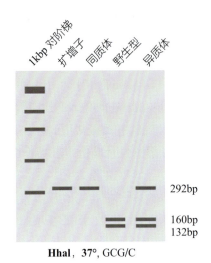

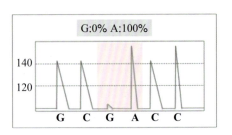

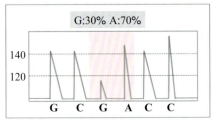

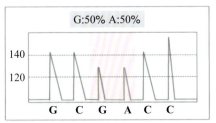

Hhal，37°，GCG/C

WT（野生型）：AAGC**G**CCACCCTAGCAATAT

Mutated（突变型）：AAGC**A**CCACCCTAGCAATAT

PCR 扩增子：292bp

A

B

▲ 图 11-1　基于 PCR 的方法

A. PCR-RFLP，m.9055G＞A/MT-ATP6 变异的检测示例。使用正向引物（GCCCTAGCCCAC T TCTTAC）和反向引物（AGAGGC T TACTAGAAGTG）对样本进行扩增，按照以下标准条件（95℃ 45s、95℃ 45s、63℃ 45s、72℃ 1min 循环 35 次，最后 72℃ 5min 的延伸时间）进行 PCR 反应，产生 292bp 的扩增子。替代的等位基因 m.9055A 导致 Hhal 酶一个限制位点的缺失（37℃，GCG/C）。如果存在异质性变异，则仅酶切部分扩增产物。B. 焦磷酸测序，对 m.9055G＞A 变异的同质性和异质性的检测示例

mtDNA 的相对比例通过密度分析进行定量。在应用荧光 PCR 时，在 PCR 的最后一个循环中使用荧光标记 3′ 寡核苷酸，随后经历如上所述的酶切和凝胶电泳步骤后直接对产物进行定量。

2. Southern 印迹法和长链聚合酶链反应　限制性内切酶和基于 PCR 的方法（如 Southern 印迹法和 LR-PCR）通常被用于检测 mtDNA 重排而不是单核苷酸变异。在 Southern 印迹法中，来自非分裂细胞（如肌肉活检[39]）的基因组 DNA 被限制性内切酶线性化，这些限制性内切酶在人类 mtDNA 中只酶切一次（如 Pvu Ⅱ 和 BamH Ⅰ）。将酶切的 DNA 片段在 0.6%～0.8% 琼脂糖凝胶上电泳分离并转移到膜上。然后使用放射性标记、荧光或显色染料探针进行杂交，以识别特定的 DNA 产物。这些探针来自于放射性标记的纯化的完整 mtDNA 的随机引物，或者来自于含 D 环区域的 PCR 扩增片段[39, 56]。如果存在 mtDNA 重排，则突变样本中的 DNA 片段的移动方式会与野生型有差异，会以较小（缺失）或较大（重复）片段的形式移动。Southern 印迹法可以用于半定量，但是当应用于异质性缺失的精确定量时，重要的是要确保探针仅与基因组区域的未缺失或重复区域杂交，以便检测到两个基因组之间的比例（如野生型和缺失型）。Southern 印迹法需要大量的 DNA（1～5μg），对于神经退行性病变和衰老中观察到的小片段缺失，分辨率较低。近期，有人报道了一种高分辨率方法，即使用 5% 的聚丙烯酰胺代替 0.6% 的琼脂糖凝胶，以确保更好地分离变异[57]。

LR-PCR 在 20 世纪 80 年代后期首次被提出，

它利用了高变区在部分缺失和复制的 mtDNA 分子中高度保守的现象。因此，与该区域结合的引物可用于扩增几乎整个 mtDNA 序列 [44, 45]。由于 PCR 优先扩增较短的基因组而不是较长的基因组，因此缺失基因组的扩增将优于较长的野生型 mtDNA，从而使其识别更加容易。相比之下，LR-PCR 也可以检测携带重复的基因组，但不如检测缺失的基因组有效。通过电泳法将 PCR 产物根据其大小进行分离，并如前所述进行染色以便显影。如果存在缺失或重复，凝胶中将分别观察到比野生型 DNA 更小或更大的片段。LR-PCR 常用于扩增较小的缺失基因组；但是，它需要高质量的 mtDNA 以避免在扩增过程中可能产生的 PCR 介导的假阳性缺失。此外，它还受到引物数量和缺失位置可变性的限制（更详尽的知识请见参考文献 [56]）。近期，一种高级版本的 smPCR 被研发出来，以便于进行 LR-PCR 分析（见下文"二代测序"）。

3. 焦磷酸测序　焦磷酸测序的原理是基于检测 DNA 延伸过程中释放的焦磷酸盐以便进行实时 DNA 测序。一对特定的 PCR 引物，其中一个引物被生物素标记，用于生成含有大约 200 个 bp 的位点特异性扩增子，而另一个测序引物用于对感兴趣区域进行测序和异质性水平定量。该过程要求对双链 PCR 产物进行变性，并使用链霉亲和素包被磁珠来分离生物素连接的单链，以用作焦磷酸测序的模板。在测序引物退火后，将核苷酸一次性添加到反应混合物中。如果互补核苷酸被用于合成新生的延伸链，焦磷酸会释放，并被 ATP 磺酰化酶转化为 ATP。荧光素酶利用 ATP 和氧气将荧光素转化为氧化荧光素，反应产生光并释放焦磷酸盐。产生的光与结合的核苷酸量成比例，并呈现为一个焦谱峰，可用于异质性水平的定量（图 11-1B）。这种方法的主要缺点是检测灵敏度仅为 5% 的异质性水平 [58]，并且由于其是基于 PCR 的一种技术，因此需要非常特殊的设备，导致单次反应的成本非常昂贵。焦磷酸测序的另一个缺点是其在同聚体拉伸过程中的低保真

度，从而出现其变异未识别率较高的报道 [59]。由于这一原因及其高昂的成本，除了一些特殊情况，这种技术在诊断实验室中并不常用 [23, 58, 60]。然而，焦磷酸测序经常被用于 mtDNA 变异小鼠异质性分离的研究中 [61-63]。

4. 定量聚合酶链式反应　qPCR，也称为实时聚合酶链反应，因为它实时监测 DNA 的扩增，是一种基于定量 PCR 的技术，以测量 DNA/ 等位基因数量。定量是基于使用非特异性荧光染料（如 SYBR Green）和（或）序列特异性 DNA 探针（如 Taqman）。qPCR 实验的设计和指南在其他文献中有详细的介绍 [64]。为了通过 qPCR 得到准确的 mtDNA 变异的定量，扩增必须发生在每个反应的线性指数增加阶段内，并且需要对一个包含已知突变和野生型 DNA 拷贝数的标准曲线进行平行扩增。这种人工 DNA 标准通常是通过克隆每个等位基因 [5, 56]，并将它们以不同的已知数量混合在一起而产生的。然后通过将循环阈值（Ct 值）与从人工标准曲线 [47] 中获得的值进行比较，来计算异质性水平。qPCR 已经成功应用于 mtDNA 异质性的检测。Kurelac 及其同事采用这种方法确定了异质性检测的极限约为 75%[59]。其他课题组已经使用类似的方法来检测核苷酸多态性 [65] 并定量分裂细胞中的单倍型竞争 [66]。

ARMS-qPCR 是一种检测如单碱基变化或小的缺失等变异的简单方法。ARMS-qPCR 使用一个带有 1 个或 2 个错配核苷酸的引物，错配核苷酸与目标变异直接在 5′ 端相连。在 PCR 扩增过程中，这种修饰增加了与目标变异的结合特异性，但不会增加替代变异的结合特异性 [67]。因此，2 种不同的正向引物（一个用于野生型，一个用于替代变异）与一种常见的反向引物结合使用，如前所述，通过 qPCR 进行定量。单个变异的异质性检测对于 ARMS-qPCR 的极限设定为 0.5% 异质性 [68]，但这可能不适用于每一个变异，因为引物的设计和扩增高度依赖于序列背景。同样地，两个独立的反应和低特异性 SYBR Green 染料的使用局限了其应用。

qPCR 也可以用于线粒体重排的定量。实际上，qPCR 是最常见的 mtDNA 拷贝数定量方法[18,69]。在对 mtDNA 缺失进行定量时，qPCR 通过扩增常见的缺失的线粒体基因来实现。在 85% 的病例中，是对 mtDNA 环较大的部分[70]（如 MT-ND4）、未缺失线粒体基因（如 MT-ND1）和（或）核基因（如 B2M）进行扩增。线性指数扩增在每个基因反应中得到验证，而定量则基于使用序列稀释（1:10 000～1:10）基因组 DNA、纯化 PCR 片段或每个基因的克隆 DNA，来平行检测标准曲线。然后，缺失的比例表示为缺失拷贝的绝对定量（根据标准推断）或缺失 / 未缺失的比例[69]。与其他技术如 Southern 印迹法相比，qPCR 有许多优势，因为它需要的 DNA 量较少（约 10ng），并且通过多种基因的探针组合可以检测单个和多个 mtDNA 缺失。此外，它对低丰度 mtDNA 缺失具有更高的敏感性[51]。近期，一种单分子 qPCR 的高级版本 dPCR（见下文"二代测序"）已经被开发出来，用于分析 mtDNA 缺失。

这些技术虽然可以对缺失 DNA 分子的数量进行定量，但没有提供确切的断裂位点信息。缺失位点的确定仍然相当耗时，因为这通常意味着需要使用多对引物进行 PCR 扩增，然后进行 Sanger 测序[71,72]。高通量长片段 mtDNA 测序目前是检测大规模 mtDNA 重排的有效替代方法，尤其是当其与专业的计算方法结合时，如本章后面所述。

5. 基于单分子的检测技术　dPCR 是一种更先进的 qPCR 技术，其可以对 mtDNA 拷贝数和缺失进行绝对定量且无须任意标准曲线。dPCR 技术是基于 smPCR 的使用。在 smPCR 中，DNA 模板被稀释到每个扩增反应接收 0～1 个 mtDNA 分子，以减少错误的发生[48,73]。然后通过荧光检测对扩增的单分子进行定量，类似于 qPCR[51,52]。

（二）全线粒体基因组变异的广谱检测技术

到目前为止，上面所提到的技术提供了非常有用的信息。然而，其中许多技术仅限于检测少量样本，或容易出错，或仅限于一个"已知"变异；它们需要人工标准曲线来确定异质性水平，并且不能对误差进行精确估计。目前，已经有数种技术被开发出来，以克服这些问题并增加可检测的变异数量。其中一些技术包括多重 PCR/等位基因特异性寡核苷酸[74]、多重竞争性引物延伸[75]，以及多重 PCR 结合质谱检测的改良版本[76,77]、单链构象多态性（single-strand conformation polymorphism，SSCP）[78]、变性梯度凝胶电泳[79]、变性高效液相色谱法（denaturing high-performance liquid chromatography，DHPLC）[80]、核酸酶测定法[81]。其中，SSCP 和 DHPLC 在人群和法医学研究中得到了广泛的应用，下面将对其进行简要介绍。

1. 单链构象多态性　SSCP 可根据电泳迁移率的差异，在大量样本中同时检测多个基因组变异。SSCP 通常用于检测 DNA 中的碱基替换、小片段缺失或插入。SSCP 的原理是将 200～350bp 的放射性标记的 PCR 片段变性，并通过未变性聚丙烯酰胺凝胶电泳分离单链 DNA，随后通过 DNA 迁移率的变化进行检测[82]。一种用于 mtDNA 多态性检测的改良 SSCP 同样使用半自动电泳系统，随后进行银染[78]。然而，这种方法信息量不大，因为它需要通过 DNA 测序进行补充确认以识别变异，并且敏感性较低。

2. 变性高效液相色谱法　DHPLC 是变性梯度凝胶电泳的改良版本[53]，采用色谱法检测 DNA 中的碱基替换、小片段缺失或插入。DHPLC 的主要特点是固相对双链和单链 DNA 具有不同亲和力并且可以自动化处理数据[53]。虽然 DHPLC 被广泛应用于群体遗传学[83]，但在其他领域的应用较少。在 mtDNA 分析中，全部或部分 mtDNA 被扩增并被限制性内切酶酶切。这些酶切片段随后被变性和复性，从而形成异源双链（不匹配的双链 DNA），之后再次被酶切为更小的片段，根据实验的目的，这些片段的大小在 90～560bp。然后，这些酶切产物以一组适宜的温度通过疏水柱，经过液相色谱法解析，以分离异源双链和同源双链 DNA。由于异源双链的热稳定性低于其相应的同源双链，且疏水柱对单链 DNA 的亲和力较低，因此与同源双链体相比，异源双链的峰值将在较短的停留时间内得到解析。通过紫外线检测每个洗脱的 DNA 片段，并根据变异的存在和片段的数量生成具有不同峰的色谱图。之后，通过对所得峰进行定量分析确定变异及其异质性百分比[80, 84]。DHPLC 的异质性检测极限为 2%[59]。

3. Sanger 测序　mtDNA 全长测序的金标准技术是 Sanger 测序，由 Sanger 等于 1967 年发明，是一种体外合成来自特定模板的多个单链 DNA 拷贝（如今通常可以通过 PCR 实现）的技术[85]。DNA 合成是在体外将 DNA 聚合酶，以及所有必要的辅助因子，包括 dNTP，添加到反应中（图 11-2A）进行的。DNA 聚合酶将 dNTP 结合到与单链 DNA 模板互补的放射性标记引物的游离 3′- 羟基（3′-OH）上。少量 2′，3′- 双脱氧核苷酸（2′，3′-dideoxynucleotide，ddNTP）（比 dNTP 少 100 倍），即缺乏 3′-OH 的化学修饰 dNTP（图 11-2B），也被添加入反应中，以防止与加入的 dNTP 形成磷酸二酯键来终止链的延伸（图 11-2C 和 D）。新合成的 DNA 片段经过热变性并通过凝胶电泳按大小进行分离。凝胶干燥后，通过放射自显影检测放射性碎片[86]（图 11-2E）。DNA 序列是直接从每四个反应中（每个核苷酸 /ddNTP）产生的片段推断出来的。该技术被用来对整个人类 mtDNA 序列进行测序[36]。不久之后，Leroy Hood 实验室使用荧

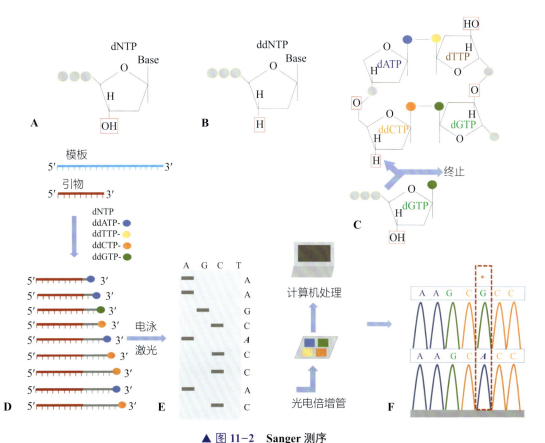

▲ 图 11-2　**Sanger 测序**

A. 脱氧核苷酸（dNTP）；B. 缺少 3′-OH 二脱氧核苷酸（ddNTP）的化学修饰 dNTP；C 和 D.DNA 合成过程中加入核苷酸。由于缺少 3′-OH，ddNTP 的加入可防止与进入的 dNTP 形成磷酸二酯键；E. 同质 mtDNA 变异 m.9055G＞A/MT-ND6 的电泳检测呈现为单倍体 U；F.m.9055G＞A 变异的电泳图谱检测。上面的序列和电泳图代表 rCRS 线粒体参考基因组（m.9055G），下面的电泳图对应于携带 m.9055A 变异的相关 DNA 序列

光标记的 ddNTP 对该方法进行了改进，每一种 ddNTP 都有不同的发射波长，因此它们可以混合在单个反应中，并由计算机直接获取序列信息[87]。从此，Sanger 测序得到了极大的发展。然而，这项技术在反应终止、染料亲和力方面存在局限性，可能会导致色谱图（测序读出）中的峰高不同（图 11-2F），因而可能影响异质性识别。这方面缺陷已通过使用亮度更高的染料（如 Big Dye 化学物）得到改进，能够从低 DNA 量获得良好的结果和更好的电泳峰图，从而简化了数据分析和异质性检测过程[88]。如今，DNA Sanger 测序是通过毛细管电泳进行的[89]，实现了更高的通量，并能在 1~3h、多达 96 个样本中产生超过 1000 个碱基的序列。这项技术产生了 GenBank 和其他核苷酸数据库中的大部分完整 mtDNA 和控制区的序列。这些序列已通过 FASTA 文件格式[90]上传到数据库中，但是这些数据缺乏关于测序质量和 mtDNA 异质性的信息。然而，对原始数据（电泳色谱图）的分析将 Sanger 测序异质性检测的极限设定在 10%~20%[91]。

4. 微阵列 微阵列是一种高通量的 DNA 检测方法，其通过将目标 DNA 与固定在固体载体上的一组已知序列的核苷酸探针（如玻璃或硅，Affymetrix）或微磁珠（Illumina）进行杂交。碱基识别可以通过荧光、化学发光或银染对探针强度进行定量，以反映杂交等位基因的丰度。用于人类 mtDNA 分析的微阵列芯片很少，而且主要是基于荧光。2004 年，MitoChip 阵列（Affymetrix）研发成功，它可以捕获几乎整个人类 mtDNA 的两条链[92]。新版本的 Afymetrix 基因芯片线粒体重测序阵列（GeneChip Mitochondrial Resequencing Array）[93]可以通过与 rCRS（修订的剑桥参考序列）互补的寡核苷酸探针杂交，实现对整个人类线粒体基因组的检测（图 11-3A）。Illumina 阵列使用的是磁珠芯片技术，因此当寡核苷酸附着在阵列载体微孔内的二氧化硅磁珠上时，经过阵列的目标 DNA 片段会与其杂交。

商业软件可用于线粒体碱基检出分析和质量过滤，也可用于定制生物信息学方法[94, 95]。尽管一些研究试图使用等位基因特异性探针的相对强度来开发算法定量异质性[94, 96]，但是基于微阵列的技术仍然不适合精确的异质性定量，因为其无法区分荧光信号的噪声和真正的低水平异质性（<40%）[96]（图 11-3B）。同样，这项技术也不能用于小片段的插入、缺失、同聚区或紧密相连的多态性区域的检测[97]。

根据所需应用的类型（如临床或群体规模研究），微阵列可以检测多个个体不同数量的已知常见或罕见的同质 mtDNA 单核苷酸变异（约 140~300）。因此，目前已经有数项研究在广泛地应用这项技术，从 mtDNA 人群分类[98-100]用于筛查非综合征性耳聋[101]、精神分裂症[102]、人类免疫缺陷病毒（human immunodeficiency virus，HIV）生物标志物[103]，或研究线粒体疾病和常见病[104]中 mtDNA 变异的发生率。

5. 二代测序 自 2005 年以来，随着 NGS 的出现和 Roche/454、Solexa 和 Illumina 测序，以及后来发展的其他技术，如 Ion Torrent 测序的商业化，高通量检测技术得到了极大的改进。NGS 以相对较小的成本、大规模的平行化反应，能够获得巨大的测序产量[35, 105, 106]。虽然化学原理可能会大不相同，但所有 NGS 技术都依赖相似的工作流程，即它们从每个单一靶 DNA 分子中产生具有克隆扩增的空间聚集扩增子。这些附着在固体载体上的分子簇被回收后用于合成测序法[107]，图 11-3C 为 Illumina 技术的流程。用于读取每个分子簇序列的方法，根据每个供应商使用化学成分的不同而有所差别，也就是说，每次加入一种新的核苷酸时，标记的 dNTP（Illumina 和 454 技术）会发出荧光，或 pH 会因为释放的质子变化（Ion Torrent 技术）[106]。

NGS 的结果是长度可变的数字短序列（35~700bp，也称为"读长"），具体长度取决于形成 *FASTQ* 格式的技术[106]。*FASTQ* 是一种基于文本的格式，用于存储核苷酸序列和相应的用类 Phred 的公式表示的质量分数[108]（图 11-3D）。

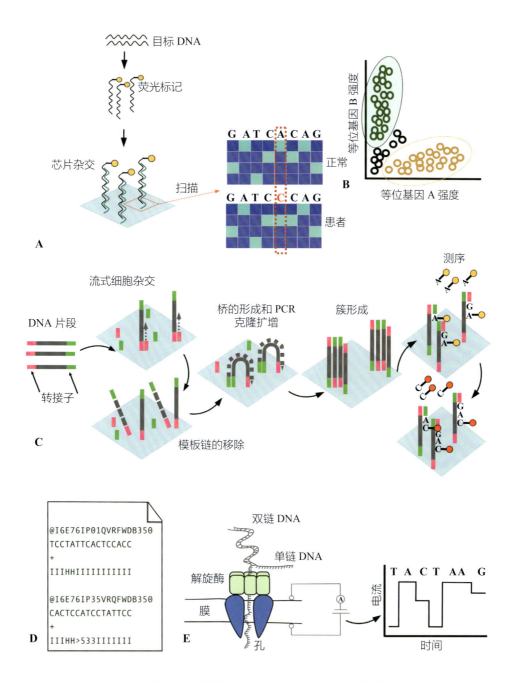

▲ 图 11-3　微阵列、Illumina 和 Nanopore 技术

A 和 B. 微阵列检测 mtDNA 变异。A 显示了芯片的两个放大部分：一个来自健康对照（正常；顶部矩形）和一个来自患者（底部矩形）。在 MitoChip 和 GeneChip 阵列中，每个 mtDNA 位点都经过附着在芯片上的四个寡核苷酸（对应于每个矩形的四行）的确认，这些寡核苷酸的位置不同，而芯片携带所有四种可能的核苷酸。较亮的方块表示靶 mtDNA 与互补探针杂交时发出的荧光。较暗的方块表示没有杂交。在患者 mtDNA 的第五个位点检测到不同的线粒体等位基因。B. 线粒体等位基因强度聚类图示例。横轴和纵轴分别显示线粒体双等位基因位置的等位基因 A 和 B（云内）的荧光强度。每个点代表在阵列上检测到的每个个体的同质等位基因。两个云外的点表示荧光信号不属于等位基因 A 或 B 中的任何一个，而是由于异质性或噪声信号而产生。C.Illumina 测序。将目标 DNA 片段连接到 Illumina 转接子上并在流式细胞杂交。使用杂交 DNA 作为模板合成互补片段，然后将杂交 DNA 洗掉（虚线）。剩余的单链通过双链桥的形成进行克隆扩增。初始模板的克隆拷贝群被创建并用作基于荧光标记核苷酸的合成测序化学的模板。D. 显示 *FASTQ* 文件的两个读长。每个条目由四行组成：读长 id、核苷酸序列、分隔符（＋）和由 ASCII 字符表示的单碱基质量分数字符串。E.Nanopore 测序。附着在 DNA 片段上的解旋酶蛋白与嵌入合成膜中的纳米孔结合，导致双链 DNA 变性。单链 DNA 通过小孔，导致离子流中断，并随时间的推移记录为电流。电流被软件解读为核苷酸序列

Phred 分数与碱基识别错误概率 P 呈对数相关，与错误率呈负相关，即分数越高对应的碱基识别越准确。这是该技术最大的成就之一，因为其首次提供了测序数据质量的衡量标准。此外，NGS 保证了高度的可扩展性，能够在单个实验中对大量样本进行同时测序。为此，每个样本都添加了单独的"条形码"序列，以便在数据分析过程中对其进行区分。用于 DNA 测序最常见的 NGS 方法是全外显子组测序（whole exome sequencing，WES）和全基因组测序（whole genome sequencing，WGS）。

WES 通过将基因组 DNA 与覆盖整个人类外显子组的生物素化的寡核苷酸进行 DNA 杂交来捕获编码区，随后通过链霉亲和素磁珠的牵拉富集目标区域，之后进行测序。目前有几种商业外显子组富集平台，各个平台的目标选择、寡核苷酸的长度、密度和用于捕获的分子类型不同[109-111]。由于寡核苷酸与核内线粒体序列（nuclear mitochondrial sequence，NumtS）的交叉杂交或 NumtS 的随机非特异性捕获，WES 已被证明可以将 mtDNA 作为脱靶序列进行检索[25, 112-114]。事实上，即使对 mtDNA 没有特异性，脱靶 WES 提供的读长深度和覆盖度也足以（约 $100\times$）进行每种形式的 mtDNA 单变量识别和异质性定量[30, 115]，具体取决于阵列平台。研究表明，低密度平台可确保 mtDNA 比核 DNA 富集度更高[113, 114]。此外，WES 读长深度还取决于特定样本中存在的 mtDNA 分子的相对数量，使用富含线粒体的组织（如肌肉、心脏和肝脏）可以确保 mtDNA 的富集倍数更高[114]。

WES 针对的是核 DNA 的特定区域，而 WGS 针对的是整个核基因组。WGS 不需要事先了解目标序列，起始材料是经过随机片段或随机引物扩增的全基因组 DNA[116]。WGS 研究表明，有可能检索到足够数量的 mtDNA 来进行变异识别和异质性识别[30]。然而，为了在 mtDNA 测序中获得高测序深度（$>1000\times$），更具成本效益的方法是制备直接靶向 mtDNA 的 PCR 扩增文库。结合 NGS 技

术（如 Illumina）的靶向文库确实能够准确地估计异质性水平（低至 1%）[117, 118]，并能更准确地进行误差评估，具体取决于测序深度[21]。

由于采用的化学成分或靶 DNA 的序列背景，NGS 技术存在固有的错误率，这可能会局限其定量 mtDNA 异质性的准确性。例如，Illumina Miseq 使用的边合成边测序技术更容易出现 A 和 C 碱基的替换错误，因为这两种碱基都由最高强度的荧光团标记并通过相同的通道识别[119]。相反，在离子半导体技术（用于 Torrent 平台）中，信号与序列延伸过程中结合的碱基数量成正比。因此，这些方法在对重复核苷酸（同聚物）的 DNA 片段进行测序时往往非常容易出错，从而导致假的插入和缺失[59, 107, 120]。除了测序错误外，由于 DNA 聚合酶的校对活性丧失，在 PCR 扩增步骤中还会出现大量的错误识别。这些错误可以在文库制备或簇形成过程中发生，因为这两个过程都预设了基于 PCR 的克隆扩增步骤；或在测序过程中发生，因为它们仅存在于一条 DNA 链中[21]。目前，NGS 技术的预计错误率在 1/1000～1/100bp，具体取决于使用何种测序技术[121]。为了控制二代测序中的测序和 PCR 错误率，可以使用特殊的生物信息学方法，如下文"四、检测线粒体变体和异质性的生物信息学策略"所述。

6. 三代测序　最近，第三代技术 [如 PacBio 和 Oxford Nanopore technologies（ONT）] 代表了短读长 NGS 的有效替代方案，其能够通过实时测序检测单分子[106]。这些技术为在单一反应中全长 mtDNA 测序提供了绝佳机会。长读取（long-read）技术更可能通过捕获整个 mtDNA 序列而不是 NumtS 来增加线粒体变异的特异性。然而，覆盖整个 mtDNA 的 NumtS 也已有报道（详见第 6 章），因此长读取技术仍然存在 NumtS 污染的风险。

此外，这些方法能够对无 PCR 文库进行测序，因此有望提高 mtDNA 变异检测的准确性，尤其是低水平异质性的检测，因为它们避免了 PCR 错误。尽管如此，无 PCR 方案需要相当数

量的 DNA 模板量（1～5µg）才能达到合理的读长深度。值得强调的是，第三代技术还可以确保变异的准确分期，而不需要基因组组装（短 DGS 读取是必要的）[116]；因此，它们可以用来研究异质性变异之间可能的联系。

PacBio 的核心技术是基于单分子实时测序（single-molecule real-time sequencing，SMRT），其中 DNA 靶分子被连接到发夹衔接子，并加载到纳米级观察腔中[122, 123]。每个腔室捕获一个 DNA 分子，DNA 聚合酶将退火的引物延伸至衔接子，并结合荧光标记的核苷酸[122, 123]，从而进行测序。已经有研究证明 SMRT 技术在检测新鲜冷冻肿瘤组织中的低异质性 mtDNA 变异（低至 0.1% 异质性）方面具有极高的灵敏度（91%）[124]。ONT 测序是基于核酸通过蛋白质纳米孔引起的电流变化[125]（图 11-3E）的一种技术。然而，这种方法仍然存在较高的错误率，特别是在同聚区域，它显示出更多错误的短插入和缺失数量增加[126]。因此，目前 ONT 不太适合线粒体单变异的检测和异质性定量，但更适合用于识别长 mtDNA 重排[127]。

三、线粒体变异研究领域的挑战

为了准确检测 mtDNA 变异并进行异质性定量，首先，至关重要的是富集线粒体基因组，而不是核 DNA[128]。由于 mtDNA 提取效率低下和（或）存在 NumtS 共扩增导致残留的核 DNA 污染是线粒体变异研究的一个重要挑战，也是一个必须解决的问题。在这里，简要讨论了分离 mtDNA 和降低 NumtS 污染风险的不同方法。

（一）mtDNA 分离

有数种方法可用于 mtDNA 分离，其中最合适的方法的选择通常取决于原始材料的数量和类型。粗线粒体部分可以通过一系列不同的差速离心法从组织或细胞匀浆中提取，在此过程中污染物被洗掉[129, 130]。通过这些方案可以从不同的哺乳动物组织和细胞中获得高产量、完整的和功能较强的线粒体，这些线粒体可进一步用于生物遗

传学研究[129]。然而，高速离心的特性导致了核膜和线粒体膜的破坏，可能会造成 mtDNA 富集的稳定性降低和核 DNA 污染[131]。在改良方案中，在线粒体裂解和 mtDNA 提取之前，先在梯度蔗糖溶液中进一步纯化粗线粒体和（或）使用 DNase I 处理，可以提高 mtDNA 的富集度[132]。这些方法非常费力、昂贵，并且通常存在不良反应，比如需要大量的原始材料[128]。

一些替代的方法被设计出来从基因组 DNA 中提纯 mtDNA。使用氯化铯（cesium chloride，CsCl）进行密度梯度富集是第一种用于从核中分离 mtDNA 的方法[133, 134]。通过 CsCl 建立的梯度离心法，DNA 分子可以根据其浮力密度得到分离[133]。或者，也可以通过酶促法去除核 DNA，如使用 Exonuclease V 提前去除线性核 DNA，仅留下完整的环形 mtDNA[135]。使用该方法已成功地从新鲜冷冻肿瘤组织中分离出 mtDNA[124]。用于 mtDNA 富集的另一种新的方法是通过最初为质粒超螺旋 DNA 设计的 DNA 提取试剂盒（Plasmid Miniprep kits 被稍微修改后重新命名为 mtDNA isolation kits）直接捕获 mtDNA 基因组[136]。为了实现更高通量的富集，还可以使用 DNA 或 RNA 探针与互补线粒体片段杂交的捕获方法，在溶液中或固体表面进行 mtDNA 捕获[128]。捕获方法在远古 DNA 和法医学研究中非常有效，因为 DNA 可以被降解并以短片段形式存在（<100bp）[137, 138]。然而，探针捕获方法可能表现出低特异性[137]，但是可以通过 PCR 扩增分离来提高特异性。

基于 PCR 的方法使用与 mtDNA 基因组序列互补的多个重叠的引物对，以触发扩增反应并生成线粒体双链扩增子（通常为 100～2000bp 长）[114, 139]。然而，靶序列的核苷酸组成、PCR 反应条件，以及引物结合位点上多态性的存在，可能会导致 mtDNA 分子的不均匀覆盖。克服这一问题的另一种策略是 LR-PCR。在初始阶段，采用 LR-PCR 方法用一对引物来扩增整个 mtDNA[140]，而最新的方法还设想使用两个长且略微重叠的扩

增子[141]。总体而言，LR-PCR 方法提供了更均匀分布的覆盖度，这在与高通量测序结合时非常有用，尤其是与长读长测序技术相结合时[142]。

最后，为克服基于 PCR 的方法引入的错误最新开发的一项技术是滚环扩增 [也被称为多重置换扩增（multiple displacement amplification，MDA）]，该技术使用 Phi29 聚合酶（一种高度加工的酶）来触发单个启动事件，以生成包含数个首尾相连的 mtDNA 拷贝（环形模板）的单 DNA 分子。与基于 PCR 的方法相比，该策略已被证明能够高度富集 mtDNA 而非核 DNA，并提高 mtDNA 扩增的准确性[143]。

（二）核内线粒体序列污染

分离 mtDNA 的方法，如捕获阵列和 PCR 扩增，可能会受到 NumtS 共纯化的影响，这可能会混淆异质性定量，导致假阳性。鉴于核 DNA 中存在 700 多个 NumtS[144-148]，测序数据的比对很容易错误地将核读长错误地分配给 mtDNA。因此，mtDNA 分析中的一个关键步骤是通过浏览 UCSC NumtS Tracks[147] 或应用 Primer-Blast[149]，核对这些序列与 NumtS 核苷酸的相似性，来准确地设计探针和引物对。此外，靶向 mtDNA 的引物对首先应该在缺乏 mtDNA（rho0）[150]的细胞系上进行测试，以确保它们不会与 NumtS 交叉杂交。Santibanez-Koref 及其同事观察到，相对于 LR-PCR 扩增子和组织匀浆的方案，在采用短 PCR 扩增子和混合细胞的方案中，假异质性的风险增加[142]。短扩增子的低性能可能是由于原始材料的差异、错误 PCR 导致 NumtS 共扩增，或者是由于短读长比对到参考基因组的不确定性增加。为了克服这个问题，有必要进一步优化生物信息学分析，如下文所述。

四、检测线粒体变体和异质性的生物信息学策略

（一）读长比对和基因组组装

mtDNA 变异分析的第一步是读长比对（也称为读长映射）和基因组组装。仅在 mtDNA 或

核 DNA 上比对短读长是一种容易在线粒体变异识别中产生错误对比和假阳性的方法[96, 142]。相反，推荐同时在 mtDNA 和核 DNA 参考基因组上比对读长（尤其是通过短扩增子生成的读长），以检测和去除可能的 NumtS[113, 142]（图 11-4A）。这些方法被用于 mtDNA 测序分析的多个生物信息学方法中，如 MToolBox[151]。

应该考虑使用不同的方法来比对大片段 mtDNA 缺失和结构重排。MitoDel pipeline[152] 使用 BLAT 算法[153] 来识别"拆分"读长，即将读长拆分为片段并与参考 mtDNA 上的不同位置进行比对（图 11-4B）。然而，与 BWA[154] 和其他专门为 NGS 数据设计的比对软件不同的是，BLAT 的使用带来了巨大的计算成本，但长度较短的 mtDNA 可以消除部分计算成本[152]。另一种检测大片段 mtDNA 缺失的方法是 eKLIPse[155]，其中 BLAT 分析用于识别从"软剪接"读长开始的断点位置。"软剪接"指的是读长的剪接末端无法比对到参考基因组（图 11-4B）。大的软剪接可能是 NGS 设计的算法，用来比对包含缺失位点的读长，代价是剪切读长的其中一个端点。

上述所有方法都被认为是基因参考序列引导方法，即通过比对参考序列将读长分配至 mtDNA。或者，可以利用基因组从头组装，以便在无参考序列的情况下重建线粒体序列（图 11-4A）。例如，Novoplasty pipeline[156, 157] 从多个位点开始组装基因组，这些位点双向扩展、延伸直到环形基因组被重建出来。虽然从头组装方法有助于组装与参考序列完全不同的基因组，但其中过多的错配可能会干扰参考序列引导的比对，该过程本身也可能会因核苷酸重复和同聚区中存在的测序错误而停止[156, 157]。

基因参考序列引导和基因组从头组装法的 NGS 输入数据通常是带有原始读长的文件，称为 *FASTQ*（图 11-3D），包括序列和单碱基质量分数，如上所述。输出文件通常包括存储在 BAM（Binary Alignment Map）或 SAM（Sequence Alignment Map）文件中的比对读长[158]。表 11-1

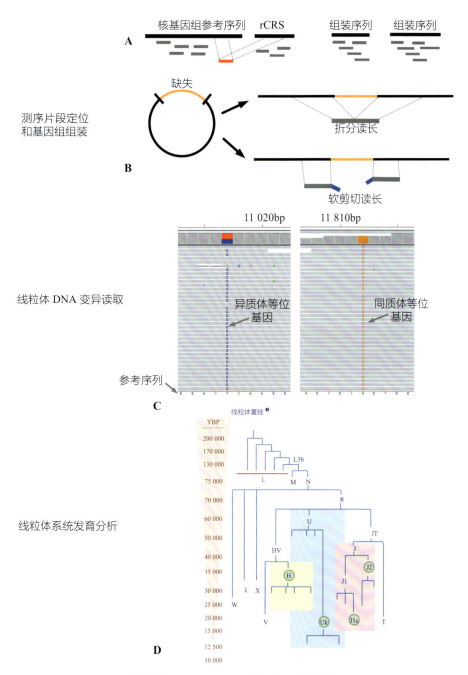

▲ 图 11-4　mtDNA 分析的生物信息流程

A. 基因参考序列引导基因组组装：读长均同时与核基因组和线粒体基因组（rCRS）参考序列进行比对（左图）。这一步骤有助于识别那些可能属于 NumtS（用虚线连接到参考序列的矩形）而非真正 mtDNA（灰色矩形）的多个比对位点。重叠读长（灰色矩形）可以用于基因组从头组装来重建正确的原始 DNA 序列（右图），而不需要参考序列。B. 当读长包含大的线粒体缺失（环形和线性基因组中的高亮部分）时，线粒体参考序列上的拆分读长和软剪接读长比对示例。软剪接读长悬垂的末端就无法比对到参考序列上。C. 使用 Integrative Genome Viewer 软件[166]追踪显示人类 mtDNA 样本中包含异质等位基因(m.11017T＞C/MT-ND4；左图）和同质等位基因（m.11812A＞G/MT-ND4；右图）的测序读长。用于读长比对的参考序列显示在图最下面。D. 人类线粒体多基因的表征，包括不同线粒体 DNA 单倍群的出现年龄（YBP）。主要的欧洲单倍群 H、U 和 J 用矩形高亮出来，它们的一些亚单倍群用绿色圆圈突出显示。rCRS. 修订的剑桥参考序列（引自 Chinnery PF, Gomez-Duran A. Oldies but goldies mtDNA population variants and neurodegenerative diseases. Front Neurosci 2018; 12:682. https:j/doi.org/10.3389/fnins.2018.00682[167]. ）

❶　译者注：指所有现代人类线粒体 DNA 的共同女性祖先

表 11-1 用于 mtDNA 测序数据计算机分析的主要生物信息学工具列表

工具（可在线使用）	输入	输出	读长比对和基因组组装		线粒体变异识别			多基因分析
			参考序列引导基因组组装	基因组从头组装	单个 mtDNA 变异[a]	mtDNA 重排	异质性定量	单倍群预测
LoFreq[168] https://csb5.github.io/lofreq/	BAM	• 带有已识别变异和变异等位基因部分的 VCF			✓		✓	
MitoSeek[160] https://github.com/riverlee/MitoSeek	BAM	• 带有已识别变体和异质性负荷的 TEXT 文件 • 带有已识别变异的 MPILEUP 文件 • 显示结果的 PNG 图片			✓	✓	✓	✓
MToolBox[151] https://github.com/mitoNGS/MToolBox	• FASTA • FASTQ • BAM • SAM	• 带有已识别变体和异质性负荷的 VCF • 带有已识别变体和功能注释的 CSV 表格 • 已组装共有重叠序列的 FASTA • 带有单倍群预测的 TEXT 文件	✓		✓		✓	✓
Phy-Mer[169] https://github.com/MEEIBioinfrmaticsCenter/phy-mer	• FASTA • FASTQ • BAM	• 单倍群定义变异的 CSV 文件 • 已组装共有序列的 FASTA						✓
mtDNA-Server[159] https://mtdna-server.uibk.ac.at/index.html	• FASTQ • SAM • BAM	• 总结所有发现的交互式 HTML 报告：已识别的变异、异质性负荷、预测的单倍群	✓		✓		✓	
Novoplasty[156, 157] https://github.com/ndierckx/NOVOPlasty	• FASTA • FASTQ	• 已组装共有重叠序列的 FASTA 或 TEXT 文件 • 带有已识别变异和异质性比率的 VCF • 带有假定 NumtS 的 FASTA 或 TEXT 文件 • circos 图的 TEXT 文件		✓	✓	✓	✓	
Mito Del[152] http://mendel.gene.cwru.edu/laframboiselab/	FASTQ	• AXT 文件包括覆盖率、断点核苷酸注释和质量筛选分数 • CIRCOS 图	✓		✓	✓		
eKUPse[155] https://github.com/dooguypapua/eKLIPse	• BAM • SAM	• 带有断点核苷酸注释、缺失片段大小和异质性负荷的 CSV 表	✓			✓	✓	
Haplogrep2[170, 171] http://haplogrep.uibk.ac.at/about.html	VCF	• 带有单倍群 QC 报告的 TEXT 文本 • 所有输入人样本的多基因分析图						✓

a. 点突变、小插入和小缺失

概述了线粒体基因组比对和组装的主要工具。

（二）线粒体变异识别

变异识别通常是读长比对之后的步骤，其目的是识别 mtDNA 变异并定量其特异性（图 11-4）。有数种生物信息学工具可以用于变异识别，如表 11-1 所示。这些方法采用不同的质量程序用于线粒体读长比对和 mtDNA 异质性变异的有效识别。表 11-2 中列出了进行准确的变异识别的一些建议。异质性的计算方法通常为等位基因测序深度和每个位点的总测序深度之间的比值（图 11-4C）。用于变异识别的截断值是很随意的，并且在不同方法之间有所不同。例如，mtDNA-Server 工具[159] 去除了每条链测序深度 <10 的位点上的 mtDNA 变异识别。只有当变异的异质性比例≥1%，并且每条链上至少有 3 个碱基支持时，变异才会被进一步保留。MToolBox 方法[151] 采用了一些默认的测序深度值和单个碱基质量分数，在这些值以上（分别为 5 和 25）的变异被保留下来。MToolBox 还排除了靠近读长末端（<5bp 或更多）发生的插入和缺失，因为对这些位置的测序质量较低。类似于 MToolBox 法，MitoSeek[160] 可以指定异质性截断值，从而在输出中只报告筛选出的变异。虽然在 mtDNA

变异分析中并没有已经界定好的异质性阈值的标准，但是测序指标，如测序读长深度，可以帮助选择最合适的异质性截断值。通常，极高的测序深度（>1000×）可以获得更高的灵敏度，因而可能检测到极低异质值（如 1%）。然而，即使经过严格的质量检查[142, 161]，在比对步骤中未排除的罕见未被发现的 NumtS 和（或）未能通过质量过滤的测序错误，仍然可能作为假低异质性存在。因此，尽管不可避免地会导致真正的低频变异被遗漏[96]，更高的异质性截断值（如>1% 或>5%）依旧是减少假阳性的更佳方案。实际上，忽略质量控制步骤的研究更易受到错误数据的影响[162]。

在 NGS 研究中，可以使用不同的输出来报告变异识别。这些基于文本的格式，通常是 PILEUP 文件[158]，包含每个读长中每个变异的信息；或者是 VCF（Variant Call Format）文件，其报道至少观察到一个次要等位基因变异的所有位置。VCF 还包含其他元信息（例如，基因型的数量、读长深度和每个位置观察到的平均质量分数）。这些用于识别 mtDNA 变异和异质性的生物信息学工具提供了不同的输出文件格式。表 11-1 全面概述了不同变异识别方法生成的输出文件。

（三）线粒体多基因分析

线粒体变异研究的另一个重要步骤是使用同质性变异对每个被分析的基因组进行多基因分析[163]，目的是预测个体单倍群（图 11-4D）。通常，可以使用 Phylotree human phylogeny 进行多基因分析[164]（见第 5 章）。这种多基因分析有助于识别在样品制备过程中的污染[163, 165]，例如在同一个体中检测到多个单倍型，或在母子对之间检测到不匹配的单倍型。此外，还有一些计算机自动化工作流程可用于在高通量测序或 Sanger 测序数据中进行单倍群分析，如表 11-1 所示。

表 11-2　高通量测序数据线粒体变异识别的一般分析步骤

- 去除重复读长（比对到参考基因组中相同方向相同位置的读长）
- 去除 Phred 质量分数较差的 mtDNA 识别（如< 20～30）
- 去除表现出单链偏倚的 mtDNA 变异，同时仅保留两条链都存在的变异
- 去除接近读长末端的变异
- 优化复杂区域中的读长比对和（或）最终排除发生在易出错序列中的变异（如同聚物延伸或重复）
- 去除多个样本中出现的异质性变异（当队列中有多个个体时）
- 根据测序指标（如读长深度）去除低于某个异质性阈值（如＜ 1% 或＜ 5%）的异质性变异

研究展望

虽然传统用于基因组变异识别的方法为发现人类进化和疾病中的 mtDNA 变异奠定了基础，但深度测序在线粒体研究中引发了一场"基因组革命"，现代检测技术具有足够的灵敏度来检测低异质性 mtDNA 的变化。这揭示了一种存在于健康和病理条件下的"普遍异质性"，从而改变了 mtDNA 致病性变异的标准，并强调了整个线粒体基因组测序在诊断应用中的重要性。同样，长读长测序技术有望在检测和定量大片段 mtDNA 基因组重排，以及异质等位基因分型等方面取得重大进展。尽管如此，此处讨论的 mtDNA 变异检测和异质性定量所带来的挑战，需要标准化的分析工作流程和建立异质性识别的标准。随着测序数据量的不断增加，也需要不断开发专门的数据库和资源来收集、共享线粒体基因组数据，从而提高对病理学和人群中线粒体基因组变异的理解。

参考文献

[1] Lightowlers RN, Chinnery PF, Turnbull DM, Howell N. Mammalian mitochondrial genetics: heredity, heteroplasmy and disease. Trends Genet: TIG 1997;13(11):450-5. Available from: https://doi.org/ 10.1016/s0168-9525(97)01266-3.

[2] Chinnery PF, Hudson G. Mitochondrial genetics. Br Med Bull 2013;106:135-59. Available from: https:// doi.org/10.1093/bmb/ldt017.

[3] DiMauro S, Schon EA, Carelli V, Hirano M. The clinical maze of mitochondrial neurology. Nat Rev Neurol 2013;9(8):429-44. Available from: https://doi.org/10.1038/nrneurol.2013.126.

[4] Stewart JB, Chinnery PF. The dynamics of mitochondrial DNA heteroplasmy: implications for human health and disease. Nat Rev Genet 2015;16(9):530-42. Available from: https://doi.org/10.1038/nrg3966.

[5] Shoffner JM, Lott MT, Lezza AM, Seibel P, Ballinger SW, Wallace DC. Myoclonic epilepsy and raggedred fiber disease (MERRF) is associated with a mitochondrial DNA tRNA(Lys) mutation. Cell 1990;61 (6):931-7. Available from: https://doi.org/10.1016/0092-8674(90)90059-n.

[6] Comas D, Pääbo S, Bertranpetit J. Heteroplasmy in the control region of human mitochondrial DNA. Genome Res 1995;5(1):89-90. Available from: https://doi.org/10.1101/gr.5.1.89.

[7] Jazin EE, Cavelier L, Eriksson I, Oreland L, Gyllensten U. Human brain contains high levels of heteroplasmy in the noncoding regions of mitochondrial DNA. Proc Natl Acad Sci U S A 1996;93 (22):12382-7.

[8] Rossignol R, Faustin B, Rocher C, Malgat M, Mazat J-P, Letellier T. Mitochondrial threshold effects. Biochemical J 2003;370(Pt 3):751-62. Available from: https://doi.org/10.1042/BJ20021594.

[9] Wilson IJ, Carling PJ, Alston CL, et al. Mitochondrial DNA sequence characteristics modulate the size of the genetic bottleneck. Hum Mol Genet 2016;25(5):1031-41. Available from: https://doi.org/10.1093/hmg/ddv626.

[10] Nass MMK, Nass S. Intramitochondrial fibers with DNA characteristics: I. Fixation and electron staining reactions. J Cell Biol 1963;19(3):593-611. Available from: https://doi.org/10.1083/jcb.19.3.593.

[11] Finsterer J, Harbo HF, Baets J, et al. EFNS guidelines on the molecular diagnosis of mitochondrial disorders. Eur J Neurol 2009;16(12):1255-64.

[12] Montoya J, López-Gallardo E, Díez-Sánchez C, López-Pérez MJ, Ruiz-Pesini E. 20 years of human mtDNA pathologic point mutations: carefully reading the pathogenicity criteria. Biochim Biophys Acta 2009;1787(5):476-83. Available from: https://doi.org/10.1016/j.bbabio.2008.09.003.

[13] McFarland R, Elson JL, Taylor RW, Howell N, Turnbull DM. Assigning pathogenicity to mitochondrial tRNA mutations: when "definitely maybe" is not good enough. Trends Genet: TIG 2004;20(12):591-6. Available from: https://doi.org/10.1016/j.tig.2004.09.014.

[14] Kogelnik AM, Lott MT, Brown MD, Navathe SB, Wallace DC. MITOMAP: a human mitochondrial genome database. Nucleic Acids Res 1996;24(1):177-9. Available from: https://doi.org/10.1093/nar/24.1.177.

[15] Forster P. To err is human. Ann Hum Genet 2003;67(Pt 1):2-4. Available from: https://doi.org/10.1046/ j.1469-1809.2003.00002.x.

[16] Bumgarner R. Overview of DNA microarrays: types, applications, and their future. Curr Protoc Mol Biol 2013;. Available from: https://doi.org/10.1002/0471142727.mb2201s101 Chapter 22:Unit 22.1.

[17] Cui H, Li F, Chen D, et al. Comprehensive next-generation sequence analyses of the entire mitochondrial genome reveal new insights into the molecular diagnosis of mitochondrial DNA disorders. Genet Med J Am Coll Med Genet 2013;15(5):388-94. Available from: https://doi.org/10.1038/gim.2012.144.

[18] Rygiel KA, Tuppen HA, Grady JP, et al. Complex mitochondrial DNA rearrangements in individual cells from patients with sporadic inclusion body myositis. Nucleic Acids Res 2016;44(11):5313-29. Available from: https://doi.org/10.1093/nar/gkw382.

[19] Bosworth CM, Grandhi S, Gould MP, LaFramboise T. Detection and quantification of mitochondrial DNA deletions from next-generation sequence data. BMC Bioinforma 2017;18(Suppl 12):407. Available from: https://doi.org/10.1186/s12859-017-1821-7.

[20] Payne BAI, Wilson IJ, Yu-Wai-Man P, et al. Universal heteroplasmy of human mitochondrial DNA. Hum Mol Genet 2013;22(2):384-90. Available from: https://doi.org/10.1093/hmg/dds435.

[21] Li M, Schönberg A, Schaefer M, Schroeder R, Nasidze I, Stoneking M. Detecting heteroplasmy from high-throughput sequencing of complete human mitochondrial DNA genomes. Am J Hum Genet 2010;87 (2):237-49. Available from: https://doi.org/10.1016/j.ajhg.2010.07.014.

[22] He Y, Wu J, Dressman DC, et al. Heteroplasmic mitochondrial DNA mutations in normal and tumour cells. Nature 2010;464(7288):610-14. Available from: https://doi.org/10.1038/nature08802.

[23] Hyslop LA, Blakeley P, Craven L, et al. Towards clinical application of pronuclear transfer to prevent mitochondrial DNA disease. Nature 2016;534(7607):383-6. Available from: https://doi.org/10.1038/ nature18303.

[24] Hudson G, Takeda Y, Herbert M. Reversion after replacement of mitochondrial DNA. Nature 2019;574 (7778):E8-11. Available from: https://doi.org/10.1038/s41586-019-1623-3.

[25] Larman TC, DePalma SR, Hadjipanayis AG, et al. Spectrum of somatic mitochondrial mutations in five cancers. Proc Natl Acad Sci U S A 2012;109(35):14087-91. Available from: https://doi.org/10.1073/pnas.1211502109.

[26] Ju YS, Alexandrov LB, Gerstung M, et al. Origins and functional consequences of somatic mitochondrial DNA mutations in human cancer. eLife 2014;3. Available from: https://doi.org/10.7554/eLife.02935.

[27] Coxhead J, Kurzawa-Akanbi M, Hussain R, Pyle A, Chinnery P, Hudson G. Somatic mtDNA variation is an important component of Parkinson's disease. Neurobiol Aging 2016;38(217):e1-217.e6. Available from: https://doi.org/10.1016/j.neurobiolaging.2015.10.036.

[28] Dölle C, Flønes I, Nido GS, et al. Defective mitochondrial DNA homeostasis in the substantia nigra in Parkinson disease. Nat Commun 2016;7:13548. Available from: https://doi.org/10.1038/ncomms13548.

[29] Wei W, Keogh MJ, Wilson I, et al. Mitochondrial DNA point mutations and relative copy number in 1363 disease and control human brains. Acta Neuropathol Commun 2017;5(1):13. Available from: https:// doi.org/10.1186/s40478-016-0404-6.

[30] Diroma MA, Calabrese C, Simone D, et al. Extraction and annotation of human mitochondrial genomes from 1000 Genomes Whole Exome Sequencing data. BMC Genomics 2014;15(Suppl 3):S2. Available from: https://doi.org/10.1186/1471-2164-15-S3-S2.

[31] Wei W, Tuna S, Keogh MJ, et al. Germline selection shapes human mitochondrial DNA diversity. Science (New York, NY) 2019;364(6442). Available from: https://doi.org/10.1126/science.aau6520.

[32] Deuse T, Hu X, Agbor-Enoh S, et al. De novo mutations in mitochondrial DNA of iPSCs produce immunogenic neoepitopes in mice and humans. Nat Biotechnol 2019;37(10):1137-44. Available from: https:// doi.org/10.1038/s41587-019-0227-7.

[33] Perales-Clemente E, Cook AN, Evans JM, et al. Natural underlying mtDNA heteroplasmy as a potential source of intra-person hiPSC variability. EMBO J 2016;35(18):1979-90. Available from: https://doi.org/ 10.15252/embj. 201694892.

[34] Ludwig LS, Lareau CA, Ulirsch JC, et al. Lineage tracing in humans enabled by mitochondrial mutations and single-cell genomics. Cell 2019;176(6):1325-1339.e22. Available from: https://doi.org/10.1016/j. cell.2019.01.022.

[35] van Dijk EL, Jaszczyszyn Y, Naquin D, Thermes C. The third revolution in sequencing technology. Trends Genet: TIG 2018;34(9):666-81. Available from: https://doi.org/10.1016/j.tig.2018.05.008.

[36] Anderson S, Bankier AT, Barrell BG, et al. Sequence and organization of the human mitochondrial genome. Nature 1981;290(5806):457-65. Available from: https://doi.org/10.1038/290457a0.

[37] Andrews RM, Kubacka I, Chinnery PF, Lightowlers RN, Turnbull DM, Howell N. Reanalysis and revision of the Cambridge reference sequence for human mitochondrial DNA. Nat Genet 1999;23(2):147. Available from: https://doi.org/10.1038/13779.

[38] Greenberg BD, Newbold JE, Sugino A. Intraspecific nucleotide sequence variability surrounding the origin of replication in human mitochondrial DNA. Gene 1983;21(1-2):33-49. Available from: https://doi. org/10.1016/0378-1119(83)90145-2.

[39] Holt IJ, Harding AE, Morgan-Hughes JA. Deletions of muscle mitochondrial DNA in patients with mitochondrial myopathies. Nature 1988;331(6158):717-19. Available from: https://doi.org/10.1038/331717a0.

[40] Wallace DC, Singh G, Lott MT, et al. Mitochondrial DNA mutation associated with Leber's hereditary optic neuropathy. Science (New York, NY) 1988;242(4884):1427-30. Available from: https://doi.org/ 10.1126/science. 3201231.

[41] Wallace DC, Zheng XX, Lott MT, et al. Familial mitochondrial encephalomyopathy (MERRF): genetic, pathophysiological, and biochemical characterization of a mitochondrial DNA disease. Cell 1988;55 (4):601-10. Available from: https://doi.org/10.1016/0092-8674(88) 90218-8.

[42] Saiki RK, Scharf S, Faloona F, et al. Enzymatic amplification of beta-globin genomic sequences and restriction site analysis for diagnosis of sickle cell anemia. Science (New York, NY) 1985;230 (4732):1350-4. Available from: https://doi.org/10.1126/science.2999980.

[43] Saiki RK, Gelfand DH, Stoffel S, et al. Primer-directed enzymatic amplification of DNA with a thermostable DNA polymerase. Science (New York, NY) 1988;239(4839):487-91. Available from: https://doi.org/10.1126/science.2448875.

[44] Tengan CH, Moraes CT. Detection and analysis of mitochondrial DNA deletions by whole genome PCR. Biochemical Mol Med 1996;58(1):130-4. Available from: https://doi.org/10.1006/bmme.1996.0040.

[45] Fromenty B, Manfredi G, Sadlock J, Zhang L, King MP, Schon EA. Efficient and specific amplification of identified partial duplications of human mitochondrial DNA by long PCR. Biochim Biophys Acta 1996;1308(3):222-30. Available from: https://doi.org/10.1016/0167-4781(96) 00110-8.

[46] Zeviani M, Bresolin N, Gellera C, et al. Nucleus-driven multiple large-scale deletions of the human mitochondrial genome: a new autosomal dominant disease. Am J Hum Genet 1990;47(6):904-14.

[47] Bai R-K, Wong L-JC. Detection and quantification of heteroplasmic mutant mitochondrial DNA by real-time amplification refractory mutation system quantitative PCR analysis: a single-step approach. Clin Chem 2004;50(6):996-1001. Available from: https://doi.org/10.1373/ clinchem. 2004.031153.

[48] Van Haute L, Spits C, Geens M, Seneca S, Sermon K. Human embryonic stem cells commonly display large mitochondrial DNA deletions. Nat Biotechnol 2013; 31(1): 20-3. Available from: https://doi.org/ 10.1038/nbt.2473.

[49] Ronaghi M, Uhlén M, Nyrén P. A sequencing method based on real-time pyrophosphate. Science (New York, NY)

1998;281(5375):363-5. Available from: https://doi.org/10.1126/science.281.5375.363.

[50] Andréasson H, Asp A, Alderborn A, Gyllensten U, Allen M. Mitochondrial sequence analysis for forensic identification using pyrosequencing technology. Biotechniques 2002;32(1):124-6. Available from: https:// doi.org/10.2144/02321rr01 128, 130-133.

[51] Belmonte FR, Martin JL, Frescura K, et al. Digital PCR methods improve detection sensitivity and measurement precision of low abundance mtDNA deletions. Sci Rep 2016; 6:25186. Available from: https:// doi.org/10.1038/srep25186.

[52] Trifunov S, Pyle A, Valentino ML, et al. Clonal expansion of mtDNA deletions: different disease models assessed by digital droplet PCR in single muscle cells. Sci Rep 2018;8(1):11682. Available from: https:// doi.org/10.1038/s41598-018-30143-z.

[53] Wong L-JC, Boles RG. Mitochondrial DNA analysis in clinical laboratory diagnostics. Clin Chim Acta Int J Clin Chem 2005;354(1-2):1-20. Available from: https://doi.org/10.1016/j.cccn.2004.11.003.

[54] Blok RB, Gook DA, Thorburn DR, Dahl HH. Skewed segregation of the mtDNA nt 8993 (T--> G) mutation in human oocytes. Am J Hum Genet 1997;60(6):1495-501. Available from: https://doi.org/10.1086/ 515453.

[55] Gigarel N, Ray PF, Burlet P, et al. Single cell quantification of the 8993T > G NARP mitochondrial DNA mutation by fluorescent PCR. Mol Genet Metab 2005;84(3):289-92. Available from: https://doi.org/10.1016/j.ymgme. 2004.10.008.

[56] Moraes CT, Atencio DP, Oca-Cossio J, Diaz F. Techniques and pitfalls in the detection of pathogenic mitochondrial DNA mutations. J Mol Diagn 2003;5(4):197-208.

[57] Nicholls TJ, Zsurka G, Peeva V, et al. Linear mtDNA fragments and unusual mtDNA rearrangements associated with pathological deficiency of MGME1 exonuclease. Hum Mol Genet 2014;23(23):6147-62. Available from: https://doi.org/10.1093/hmg/ddu336.

[58] White HE, Durston VJ, Seller A, Fratter C, Harvey JF, Cross NCP. Accurate detection and quantitation of heteroplasmic mitochondrial point mutations by pyrosequencing. Genet Test 2005;9(3):190-9. Available from: https://doi.org/10.1089/gte.2005.9.190.

[59] Kurelac I, Lang M, Zuntini R, et al. Searching for a needle in the haystack: comparing six methods to evaluate heteroplasmy in difficult sequence context. Biotechnol Adv 2012;30(1):363-71. Available from: https://doi.org/10.1016/j.biotechadv.2011.06.001.

[60] Ng YS, Hardy SA, Shrier V, et al. Clinical features of the pathogenic m.5540G > A mitochondrial transfer RNA tryptophan gene mutation. Neuromuscul Disord 2016; 26(10): 702-5. Available from: https://doi.org/10.1016/j.nmd. 2016.08.009.

[61] Kauppila JHK, Baines HL, Bratic A, et al. A phenotype-driven approach to generate mouse models with pathogenic mtDNA mutations causing mitochondrial disease. Cell Rep 2016;16(11):2980-90. Available from: https://doi.org/10. 1016/j.celrep.2016.08.037.

[62] Gammage PA, Viscomi C, Simard M-L, et al. Genome editing in mitochondria corrects a pathogenic mtDNA mutation in vivo. Nat Med 2018;24(11):1691-5. Available from: https://doi.org/10.1038/s41591-018-0165-9.

[63] Pan J, Wang L, Lu C, et al. Matching mitochondrial DNA haplotypes for circumventing tissue-specific segregation bias. iScience 2019;13:371-9. Available from: https://doi.org/10.1016/j.isci.2019.03.002.

[64] Bustin SA, Benes V, Garson JA, et al. The MIQE guidelines: minimum information for publication of quantitative real-time PCR experiments. Clin Chem 2009;55(4):611-22. Available from: https://doi.org/10.1373/clinchem. 2008. 112797.

[65] Niederstätter H, Coble MD, Grubwieser P, Parsons TJ, Parson W. Characterization of mtDNA SNP typing and mixture ratio assessment with simultaneous real-time PCR quantification of both allelic states. Int J Leg Med 2006;120(1):18-23. Available from: https://doi.org/10.1007/s00414-005-0024-3.

[66] Gómez-Durán A, Pacheu-Grau D, López-Gallardo E, et al. Unmasking the causes of multifactorial disorders: OXPHOS differences between mitochondrial haplogroups. Hum Mol Genet 2010;19(17):3343-53. Available from: https://doi.org/10.1093/hmg/ddq246.

[67] Newton CR, Graham A, Heptinstall LE, et al. Analysis of any point mutation in DNA. The amplification refractory mutation system (ARMS). Nucleic Acids Res 1989; 17(7):2503-16. Available from: https://doi. org/10. 1093/nar/17.7.2503.

[68] Biffi S, Bortot B, Carrozzi M, Severini GM. Quantification of heteroplasmic mitochondrial DNA mutations for DNA samples in the low picogram range by nested real-time ARMS-qPCR. Diagn Mol Pathol Am J Surg Pathol Part B 2011;20(2):117-22. Available from: https://doi.org/10.1097/PDM.0b013e3181efe2c6.

[69] He L, Chinnery PF, Durham SE, et al. Detection and quantification of mitochondrial DNA deletions in individual cells by real-time PCR. Nucleic Acids Res 2002;30(14):e68. Available from: https://doi.org/ 10.1093/nar/gnf067.

[70] Pitceathly RDS, Rahman S, Hanna MG. Single deletions in mitochondrial DNA—molecular mechanisms and disease phenotypes in clinical practice. Neuromuscul Disord 2012;22(7):577-86. Available from: https://doi.org/10.1016/j.nmd.2012.03.009.

[71] Moslemi AR, Melberg A, Holme E, Oldfors A. Autosomal dominant progressive external ophthalmoplegia: distribution of multiple mitochondrial DNA deletions. Neurology 1999;53(1):79-84. Available from: https://doi.org/10.1212/wnl.53.1.79.

[72] Yakes FM, Van Houten B. Mitochondrial DNA damage is more extensive and persists longer than nuclear DNA damage in human cells following oxidative stress. Proc Natl Acad Sci U S A 1997;94(2):514-19. Available from: https://doi.org/10.1073/pnas.94.2.514.

[73] Osborne A, Reis AH, Bach L, Wangh LJ. Single-molecule LATE-PCR analysis of human mitochondrial genomic sequence variations. PLoS One 2009;4(5):e5636. Available from: https://doi.org/10.1371/journal. pone.0005636.

[74] Wong LJ, Senadheera D. Direct detection of multiple point mutations in mitochondrial DNA. Clin Chem 1997; 43(10): 1857-61.

[75] Fauser S, Wissinger B. Simultaneous detection of multiple point mutations using fluorescence-coupled competitive primer extension. Biotechniques 1997;22(5):964-8. Available from: https://doi.org/10.2144/ 97225rr05.

[76] Elliott HR, Samuels DC, Eden JA, Relton CL, Chinnery PF. Pathogenic mitochondrial DNA mutations are common in the general population. Am J Hum Genet 2008;83(2):254-60. Available from: https://doi. org/10.1016/j.ajhg.2008.07.004.

[77] Cerezo M, Bandelt H-J, Martín-Guerrero I, et al. High mitochondrial DNA stability in B-cell chronic lymphocytic leukemia. PLoS One 2009;4(11). Available from: https://doi.org/10.1371/journal.pone.0007902.

[78] Barros F, Lareu MV, Salas A, Carracedo A. Rapid and enhanced

detection of mitochondrial DNA variation using single-strand conformation analysis of superposed restriction enzyme fragments from polymerase chain reaction-amplified products. Electrophoresis 1997;18(1):52-4. Available from: https://doi. org/ 10.1002/elps.1150180110.

[79] Sternberg D, Danan C, Lombès A, et al. Exhaustive scanning approach to screen all the mitochondrial tRNA genes for mutations and its application to the investigation of 35 independent patients with mitochondrial disorders. Hum Mol Genet 1998;7(1):33-42. Available from: https://doi.org/10.1093/ hmg/7.1.33.

[80] van Den Bosch BJ, de Coo RF, Scholte HR, et al. Mutation analysis of the entire mitochondrial genome using denaturing high performance liquid chromatography. Nucleic Acids Res 2000;28(20):E89. Available from: https://doi.org/10.1093/ nar/28.20.e89.

[81] Bannwarth S, Procaccio V, Paquis-Flucklinger V. Surveyor Nuclease: a new strategy for a rapid identification of heteroplasmic mitochondrial DNA mutations in patients with respiratory chain defects. Hum Mutat 2005;25(6):575-82. Available from: https://doi.org/10.1002/humu.20177.

[82] Suomalainen A, Ciafaloni E, Koga Y, Peltonen L, DiMauro S, Schon EA. Use of single strand conformation polymorphism analysis to detect point mutations in human mitochondrial DNA. J Neurological Sci 1992;111(2):222-6. Available from: https://doi.org/10.1016/0022-510x (92)90074-u.

[83] Underhill PA, Jin L, Lin AA, et al. Detection of numerous Y chromosome biallelic polymorphisms by denaturing high-performance liquid chromatography. Genome Res 1997;7(10):996-1005. Available from: https://doi.org/ 10.1101/ gr.7.10.996.

[84] Lim KS, Naviaux RK, Wong S, Haas RH. Pitfalls in the denaturing high-performance liquid chromatography analysis of mitochondrial DNA mutation. J Mol Diagn 2008;10(1):102-8. Available from: https:// doi.org/10.2353/jmoldx.2008.070081.

[85] Sanger F, Nicklen S, Coulson AR. DNA sequencing with chain-terminating inhibitors. Proc Natl Acad Sci U S A 1977;74(12):5463-7. Available from: https://doi.org/ 10.1073/ pnas.74.12.5463.

[86] Maxam AM, Gilbert W. A new method for sequencing DNA. Proc Natl Acad Sci U S A 1977;74 (2):560-4. Available from: https://doi.org/10.1073/pnas.74.2.560.

[87] Smith LM, Sanders JZ, Kaiser RJ, et al. Fluorescence detection in automated DNA sequence analysis. Nature 1986;321(6071):674-9. Available from: https://doi. org/10.1038/321674a0.

[88] Rosenblum BB, Lee LG, Spurgeon SL, et al. New dye-labeled terminators for improved DNA sequencing patterns. Nucleic Acids Res 1997;25(22):4500-4.

[89] Karger BL, Guttman A. DNA sequencing by CE. Electrophoresis 2009;30(Suppl 1):S196-202. Available from: https://doi.org/10.1002/elps.200900218.

[90] Pearson WR, Lipman DJ. Improved tools for biological sequence comparison. Proc Natl Acad Sci U S A 1988;85(8):2444-8. Available from: https://doi.org/10.1073/ pnas.85.8.2444.

[91] Just RS, Irwin JA, Parson W. Mitochondrial DNA heteroplasmy in the emerging field of massively parallel sequencing. Forensic Sci Int Genet 2015;18:131-9. Available from: https://doi. org/10.1016/j. fsigen.2015.05.003.

[92] Maitra A, Cohen Y, Gillespie SED, et al. The Human MitoChip: a high-throughput sequencing microarray for mitochondrial mutation detection. Genome Res 2004;14(5):812-19. Available

from: https://doi. org/10.1101/gr. 2228504.

[93] GeneChip® Human Mitochondrial Resequencing Array 2.0:2.

[94] Xie HM, Perin JC, Schurr TG, et al. Mitochondrial genome sequence analysis: a custom bioinformatics pipeline substantially improves Affymetrix MitoChip v2.0 call rate and accuracy. BMC Bioinforma 2011;12(402). Available from: https://doi.org/10.1186/1471-2105-12-402.

[95] Zhao S, Jing W, Samuels DC, Sheng Q, Shyr Y, Guo Y. Strategies for processing and quality control of Illumina genotyping arrays. Brief Bioinforma 2017;19(5):765-75. Available from: https://doi.org/ 10.1093/bib/bbx012.

[96] Zhang P, Samuels DC, Lehmann B, et al. Mitochondria sequence mapping strategies and practicability of mitochondria variant detection from exome and RNA sequencing data. Brief Bioinforma 2016;17 (2):224-32. Available from: https://doi. org/10.1093/bib/bbv057.

[97] Vallone PM, Just RS, Coble MD, Butler JM, Parsons TJ. A multiplex allele-specific primer extension assay for forensically informative SNPs distributed throughout the mitochondrial genome. Int J Leg Med 2004;118(3):147-57. Available from: https://doi.org/10.1007/s00414-004-0428-5.

[98] Sigurdsson S, Hedman M, Sistonen P, Sajantila A, Syvänen A-C. A microarray system for genotyping 150 single nucleotide polymorphisms in the coding region of human mitochondrial DNA. Genomics 2006; 87(4):534-42. Available from: https:// doi.org/10.1016/j. ygeno.2005.11.022.

[99] Hartmann A, Thieme M, Nanduri LK, et al. Validation of microarray-based resequencing of 93 worldwide mitochondrial genomes. Hum Mutat 2009;30(1):115-22. Available from: https://doi.org/10.1002/ humu.20816.

[100] Bybjerg-Grauholm J, Hagen CM, Gonc,alves VF, et al. Complex spatio-temporal distribution and genomic ancestry of mitochondrial DNA haplogroups in 24,216 Danes. PLoS One 2018;13(12):e0208829. Available from: https://doi. org/10.1371/journal.pone.0208829.

[101] Lévêque M, Marlin S, Jonard L, et al. Whole mitochondrial genome screening in maternally inherited non-syndromic hearing impairment using a microarray resequencing mitochondrial DNA chip. Eur J Hum Genet 2007;15(11):1145-55. Available from: https://doi.org/10. 1038/sj.ejhg.5201891.

[102] Rollins B, Martin MV, Sequeira PA, et al. Mitochondrial variants in schizophrenia, bipolar disorder, and major depressive disorder. PLoS One 2009;4(3):e4913. Available from: https://doi.org/10.1371/journal. pone.0004913.

[103] Samuels DC, Kallianpur AR, Ellis RJ, et al. European mitochondrial DNA haplogroups are associated with cerebrospinal fluid biomarkers of inflammation in HIV infection. Pathog Immun 2016;1 (2):330-51. Available from: https://doi.org/10.20411/pai.v1i2.156.

[104] Mitchell AL, Elson JL, Howell N, Taylor RW, Turnbull DM. Sequence variation in mitochondrial complex I genes: mutation or polymorphism? J Med Genet 2006;43(2):175-9. Available from: https://doi. org/10.1136/jmg.2005. 032474.

[105] Metzker ML. Sequencing technologies—the next generation. Nat Rev Genet 2010;11(1):31-46. Available from: https://doi. org/10.1038/nrg2626.

[106] Goodwin S, McPherson JD, McCombie WR. Coming of age: ten years of next-generation sequencing technologies. Nat Rev Genet 2016;17(6):333-51. Available from: https://doi. org/10.1038/nrg.2016.49.

[107] Shendure J, Ji H. Next-generation DNA sequencing. Nat Biotechnol 2008;26(10):1135-45. Available from: https://doi. org/10.1038/nbt1486.

[108] Ewing B, Hillier L, Wendl MC, Green P. Base-calling of automated sequencer traces using phred. I. Accuracy assessment. Genome Res 1998;8(3):175-85. Available from: https://doi.org/10.1101/gr.8.3.175.

[109] Chilamakuri CSR, Lorenz S, Madoui M-A, et al. Performance comparison of four exome capture systems for deep sequencing. BMC Genomics 2014;15:449. Available from: https://doi.org/10.1186/1471-2164-15-449.

[110] Clark MJ, Chen R, Lam HYK, et al. Performance comparison of exome DNA sequencing technologies. Nat Biotechnol 2011;29(10):908-14. Available from: https://doi.org/10.1038/nbt.1975.

[111] Sulonen A-M, Ellonen P, Almusa H, et al. Comparison of solution-based exome capture methods for next generation sequencing. Genome Biol 2011;12(9):R94. Available from: https://doi.org/10.1186/gb-2011-12-9-r94.

[112] Samuels DC, Han L, Li J, et al. Finding the lost treasures in exome sequencing data. Trends Genet 2013;29(10):593-9. Available from: https://doi.org/10.1016/j.tig.2013.07.006.

[113] Picardi E, Pesole G. Mitochondrial genomes gleaned from human whole-exome sequencing. Nat Methods 2012;9(6):523-4. Available from: https://doi.org/10.1038/nmeth.2029.

[114] Griffin HR, Pyle A, Blakely EL, et al. Accurate mitochondrial DNA sequencing using off-target reads provides a single test to identify pathogenic point mutations. Genet Med J Am Coll Med Genet 2014;16 (12): 962-71. Available from: https://doi.org/10.1038/gim.2014.66.

[115] Wei W, Keogh MJ, Aryaman J, et al. Frequency and signature of somatic variants in 1461 human brain exomes. Genet Med J Am Coll Med Genet 2019;21(4):904-12. Available from: https://doi.org/10.1038/s41436-018-0274-3.

[116] Bentley DR, Balasubramanian S, Swerdlow HP, et al. Accurate whole human genome sequencing using reversible terminator chemistry. Nature 2008;456(7218):53-9. Available from: https://doi.org/10.1038/nature07517.

[117] Floros VI, Pyle A, Dietmann S, et al. Segregation of mitochondrial DNA heteroplasmy through a developmental genetic bottleneck in human embryos. Nat Cell Biol 2018;20(2):144-51. Available from: https://doi.org/10.1038/s41556-017-0017-8.

[118] Liu C, Fetterman JL, Liu P, et al. Deep sequencing of the mitochondrial genome reveals common heteroplasmic sites in NADH dehydrogenase genes. Hum Genet 2018;137(3):203-13. Available from: https://doi.org/10. 1007/ s00439-018-1873-4.

[119] Schirmer M, Ijaz UZ, D'Amore R, Hall N, Sloan WT, Quince C. Insight into biases and sequencing errors for amplicon sequencing with the Illumina MiSeq platform. Nucleic Acids Res 2015;43(6):e37. Available from: https://doi.org/10.1093/nar/gku1341.

[120] Feng W, Zhao S, Xue D, et al. Improving alignment accuracy on homopolymer regions for semiconductor-based sequencing technologies. BMC Genomics 2016;17(Suppl 7). Available from: https://doi.org/10.1186/s12864-016-2894-9.

[121] Salk JJ, Schmitt MW, Loeb LA. Enhancing the accuracy of next-generation sequencing for detecting rare and subclonal mutations. Nat Rev Genet 2018;19(5):269-85. Available from: https://doi.org/10.1038/nrg.2017.117.

[122] Ardui S, Ameur A, Vermeesch JR, Hestand MS. Single molecule real-time (SMRT) sequencing comes of age: applications and utilities for medical diagnostics. Nucleic Acids Res 2018;46(5):2159-68. Available from: https://doi.org/10.1093/nar/gky066.

[123] Eid J, Fehr A, Gray J, et al. Real-time DNA sequencing from single polymerase molecules. Science (New York, NY) 2009;323(5910):133-8. Available from: https://doi.org/10.1126/science.1162986.

[124] Weerts MJA, Timmermans EC, Vossen RHAM, et al. Sensitive detection of mitochondrial DNA variants for analysis of mitochondrial DNA-enriched extracts from frozen tumor tissue. Sci Rep 2018;8(1):1-12. Available from: https://doi.org/10.1038/s41598-018-20623-7.

[125] Branton D, Deamer DW, Marziali A, et al. The potential and challenges of nanopore sequencing. Nat Biotechnol 2008;26(10):1146-53. Available from: https://doi.org/10.1038/nbt.1495.

[126] Bowden R, Davies RW, Heger A, et al. Sequencing of human genomes with nanopore technology. Nat Commun 2019; 10(1):1869. Available from: https://doi.org/10.1038/s41467-019-09637-5.

[127] Wood E, Parker MD, Dunning MJ, et al. Clinical long-read sequencing of the human mitochondrial genome for mitochondrial disease diagnostics. bioRxiv 2019;597187. Available from: https://doi.org/ 10.1101/597187 April.

[128] Duan M, Tu J, Lu Z. Recent advances in detecting mitochondrial DNA heteroplasmic variations. Mol Basel Switz 2018;23(2). Available from: https://doi.org/10.3390/molecules23020323.

[129] Fernández-Vizarra E, López-Pérez MJ, Enriquez JA. Isolation of biogenetically competent mitochondria from mammalian tissues and cultured cells. Methods San Diego Calif 2002;26(4):292-7. Available from: https://doi.org/10.1016/S1046-2023(02)00034-8.

[130] Lang BF, Burger G. Purification of mitochondrial and plastid DNA. Nat Protoc 2007;2(3):652-60. Available from: https://doi.org/10.1038/nprot.2007.58.

[131] Gould MP, Bosworth CM, McMahon S, Grandhi S, Grimerg BT, LaFramboise T. PCR-free enrichment of mitochondrial DNA from human blood and cell lines for high quality next-generation DNA sequencing. PLoS One 2015;10(10). Available from: https://doi.org/10.1371/journal.pone.0139253.

[132] Reyes A, He J, Mao CC, et al. Actin and myosin contribute to mammalian mitochondrial DNA maintenance. Nucleic Acids Res 2011;39(12):5098-108. Available from: https://doi.org/10.1093/nar/gkr052.

[133] Hudson B, Vinograd J. Sedimentation velocity properties of complex mitochondrial DNA. Nature 1969;221(5178):332-7. Available from: https://doi.org/10.1038/221332a0.

[134] Tobler H, Gut C. Mitochondrial DNA from 4-cell stages of Ascaris lumbricoides. J Cell Sci 1974;16 (3):593-601.

[135] Jayaprakash AD, Benson EK, Gone S, et al. Stable heteroplasmy at the single-cell level is facilitated by intercellular exchange of mtDNA. Nucleic Acids Res 2015;43(4):2177-87. Available from: https://doi. org/10.1093/nar/gkv052.

[136] Quispe-Tintaya W, White RR, Popov VN, Vijg J, Maslov AY. Fast mitochondrial DNA isolation from mammalian cells for next-generation sequencing. Biotechniques 2013;55(3):133-6. Available from: https://doi.org/10.2144/ 000114077.

[137] Shih SY, Bose N, Gonç,alves ABR, Erlich HA, Calloway CD. Applications of probe capture enrichment next generation sequencing for whole mitochondrial genome and 426 nuclear SNPs for forensically challenging samples. Genes 2018;9(1). Available from: https://doi.org/10.3390/genes9010049.

[138] Hofreiter M, Serre D, Poinar HN, Kuch M, Pääbo S. Ancient DNA. Nat Rev Genet 2001;2(5):353-9. Available from: https://

doi.org/10.1038/35072071.

[139] Fendt L, Zimmermann B, Daniaux M, Parson W. Sequencing strategy for the whole mitochondrial genome resulting in high quality sequences. BMC Genomics 2009;10(1):139. Available from: https://doi. org/10.1186/ 1471-2164-10-139.

[140] Zhang W, Cui H, Wong LJC. Comprehensive one-step molecular analyses of mitochondrial genome by massively parallel sequencing. Clin Chem 2012;58(9):1322-31. Available from: https://doi.org/10.1373/ clinchem. 2011. 181438.

[141] Kang E, Wu J, Gutierrez NM, et al. Mitochondrial replacement in human oocytes carrying pathogenic mitochondrial DNA mutations. Nature 2016; 540(7632): 270-5. Available from: https://doi.org/10.1038/nature 20592.

[142] Santibanez-Koref M, Griffin H, Turnbull DM, Chinnery PF, Herbert M, Hudson G. Assessing mitochondrial heteroplasmy using next generation sequencing: a note of caution. Mitochondrion 2019;46:302-6. Available from: https://doi. org/10.1016/j.mito.2018.08.003.

[143] Marquis J, Lefebvre G, Kourmpetis YAI, et al. MitoRS, a method for high throughput, sensitive, and accurate detection of mitochondrial DNA heteroplasmy. BMC Genomics 2017;18(1):326. Available from: https://doi.org/10.1186/ s12864-017-3695-5.

[144] Mishmar D, Ruiz-Pesini E, Brandon M, Wallace DC. Mitochondrial DNA-like sequences in the nucleus (NUMTs): insights into our African origins and the mechanism of foreign DNA integration. Hum Mutat 2004;23(2):125-33. Available from: https://doi.org/10.1002/ humu.10304.

[145] Lascaro D, Castellana S, Gasparre G, Romeo G, Saccone C, Attimonelli M. The RHNumtS compilation: features and bioinformatics approaches to locate and quantify Human NumtS. BMC Genomics 2008;9:267. Available from: https:// doi.org/10.1186/1471-2164-9-267.

[146] Hazkani-Covo E, Zeller RM, Martin W. Molecular poltergeists: mitochondrial DNA copies (NumtS) in sequenced nuclear genomes. PLoS Genet 2010; 6(2):e1000834. Available from: https://doi.org/10.1371/journal.pgen.1000834.

[147] Simone D, Calabrese FM, Lang M, Gasparre G, Attimonelli M. The reference human nuclear mitochondrial sequences compilation validated and implemented on the UCSC genome browser. BMC Genomics 2011;12:517. Available from: https:// doi.org/10.1186/1471-2164-12-517.

[148] Li M, Schroeder R, Ko A, Stoneking M. Fidelity of capture-enrichment for mtDNA genome sequencing: influence of NUMTs. Nucleic Acids Res 2012;40(18):e137. Available from: https://doi.org/10.1093/nar/gks499.

[149] Ye J, Coulouris G, Zaretskaya I, Cutcutache I, Rozen S, Madden TL. Primer-BLAST: a tool to design target-specific primers for polymerase chain reaction. BMC Bioinforma 2012;13:134. Available from: https://doi.org/10.1186/1471-2105-13-134.

[150] King MP, Attardi G. Human cells lacking mtDNA: repopulation with exogenous mitochondria by complementation. Science (New York, NY) 1989; 246 (4929): 500-3. Available from: https://doi.org/10.1126/science.2814477.

[151] Calabrese C, Simone D, Diroma MA, et al. MToolBox: a highly automated pipeline for heteroplasmy annotation and prioritization analysis of human mitochondrial variants in high-throughput sequencing. Bioinforma Oxf Engl 2014;30(21):3115-17. Available from: https://doi.org/10.1093/ bioinformatics/btu483.

[152] Bosworth CM, Grandhi S, Gould MP, LaFramboise T. Detection and quantification of mitochondrial DNA deletions from next-generation sequence data. BMC Bioinforma 2017;18(Suppl 12):407. Available from: https://doi. org/10.1186/s12859-017-1821-7.

[153] Kent WJ. BLAT—the BLAST-like alignment tool. Genome Res 2002;12(4):656-64. Available from: https://doi. org/10.1101/gr.229202.

[154] Li H, Durbin R. Fast and accurate long-read alignment with Burrows-Wheeler transform. Bioinforma Oxf Engl 2010;26(5):589-95. Available from: https://doi.org/10.1093/ bioinformatics/btp698.

[155] Goudenège D, Bris C, Hoffmann V, et al. eKLIPse: a sensitive tool for the detection and quantification of mitochondrial DNA deletions from next-generation sequencing data. Genet Med J Am Coll Med Genet 2019; 21(6):1407-16. Available from: https://doi.org/ 10.1038/ s41436-018-0350-8.

[156] Dierckxsens N, Mardulyn P, Smits G. Unraveling heteroplasmy patterns with NOVOPlasty. NAR Genomics Bioinforma 2020;2(1). Available from: https://doi.org/10.1093/nargab/ lqz011.

[157] Dierckxsens N, Mardulyn P, Smits G. NOVOPlasty: de novo assembly of organelle genomes from whole genome data. Nucleic Acids Res 2017;45(4):e18. Available from: https://doi. org/10.1093/nar/gkw955.

[158] Li H, Handsaker B, Wysoker A, et al. The sequence alignment/ map format and SAMtools. Bioinforma (Oxford, Engl) 2009;25(16):2078-9. Available from: https://doi.org/10.1093/ bioinformatics/btp352.

[159] Weissensteiner H, Forer L, Fuchsberger C, et al. mtDNA-Server: next-generation sequencing data analysis of human mitochondrial DNA in the cloud. Nucleic Acids Res 2016;44:W64-9. Available from: https://doi.org/10.1093/nar/ gkw247 Web Server issue.

[160] Guo Y, Li J, Li C-I, Shyr Y, Samuels DC. MitoSeek: extracting mitochondria information and performing high-throughput mitochondria sequencing analysis. Bioinforma (Oxford, Engl) 2013;29(9):1210-11. Available from: https://doi.org/10.1093/ bioinformatics/btt118.

[161] Pyle A, Hudson G, Wilson IJ, et al. Extreme-depth re-sequencing of mitochondrial DNA finds no evidence of paternal transmission in humans. PLoS Genet 2015; 11(5):e1005040. Available from: https://doi. org/10.1371/ journal. pgen.1005040.

[162] Just RS, Irwin JA, Parson W. Questioning the prevalence and reliability of human mitochondrial DNA heteroplasmy from massively parallel sequencing data. Proc Natl Acad Sci U S A 2014;111(43): E4546-4547. Available from: https://doi. org/10.1073/pnas.1413478111.

[163] Bandelt HJ, Lahermo P, Richards M, Macaulay V. Detecting errors in mtDNA data by phylogenetic analysis. Int J Leg Med 2001;115(2):64-9.

[164] van Oven M, Kayser M. Updated comprehensive phylogenetic tree of global human mitochondrial DNA variation. Hum Mutat 2009;30(2):E386-394. Available from: https://doi. org/10.1002/humu.20921.

[165] Salas A, Carracedo A, Macaulay V, Richards M, Bandelt H-J. A practical guide to mitochondrial DNA error prevention in clinical, forensic, and population genetics. Biochemical Biophysical Res Commun 2005;335(3):891-9. Available from: https://doi.org/10.1016/j.bbrc.2005.07.161.

[166] Robinson JT, Thorvaldsdóttir H, Winckler W, et al. Integrative genomics viewer. Nat Biotechnol 2011; 29(1): 24-6. Available from: https://doi.org/10.1038/nbt.1754.

[167] Chinnery PF, Gomez-Duran A. Oldies but goldies mtDNA

population variants and neurodegenerative diseases. Front Neurosci 2018;12:682. Available from: https://doi.org/10.3389/fnins.2018.00682.

[168] Wilm A, Aw PPK, Bertrand D, et al. LoFreq: a sequence-quality aware, ultra-sensitive variant caller for uncovering cell-population heterogeneity from high-throughput sequencing datasets. Nucleic Acids Res 2012;40(22): 11189-201. Available from: https://doi.org/10.1093/nar/gks918.

[169] Navarro-Gomez D, Leipzig J, Shen L, et al. Phy-Mer: a novel alignment-free and reference-independent mitochondrial haplogroup classifier. Bioinforma Oxf Engl 2015;31(8):1310-12. Available from: https:// doi.org/10.1093/bioinformatics/btu825.

[170] Weissensteiner H, Pacher D, Kloss-Brandstätter A, et al. HaploGrep 2: mitochondrial haplogroup classification in the era of high-throughput sequencing. Nucleic Acids Res 2016;44(W1):W58-63. Available from: https://doi.org/10.1093/nar/gkw233.

[171] Kloss-Brandstätter A, Pacher D, Schönherr S, et al. HaploGrep: a fast and reliable algorithm for automatic classification of mitochondrial DNA haplogroups. Hum Mutat 2011;32(1):25-32. Available from: https://doi.org/10.1002/humu.21382.

人类线粒体 DNA 的生物信息学资源、数据库和工具

Bioinformatics resources, databases, and tools for human mtDNA

第12章

Marcella Attimonelli　Roberto Preste　Ornella Vitale　Marie T. Lott　Vincent Procaccio　Zhang Shiping　Douglas C. Wallace　著

苏天红　尹　涛　译

一、人类 mtDNA 变异性概述（Wallace D.C，Attimonelli M）

与功能相当的核 DNA 编码基因相比，人类 mtDNA 的一个独特特征是它的高突变率[1-5]。mtDNA 突变存在 3 种临床相关类型：祖先多态性、近期有害突变和体细胞突变[3]。由于 mtDNA 为母系遗传[6,7]，突变的积累只能沿着母系发散出去，形成一个全球范围内的种系生成树。这棵树在距今 15 万～20 万年前起源于非洲，其中两个 mtDNA 谱系在距今约 65 000 年时离开非洲散布到世界的其他区域[8]。虽然大多数古老的线粒体变异都是中性的，仍有约 1/3 的变异是功能相关的，mtDNA 树的每个新分支都是由区域选择的几个功能变体之一构建的，这些变体产生了相关的区域组单倍型，称为单倍体群[9-11]（见第 5 章）。这些古老的"具有适应性"的 mtDNA 变异可能并不适应其他环境，并可能导致一系列常见的代谢和退行性疾病、癌症和衰老[10]。除了这些全球性的 mtDNA 变体，mtDNA 中还在不断出现新的突变，其中一部分会严重损害线粒体功能并导致母系遗传疾病。由于 mtDNA 的高拷贝数，新的突变最初是异质性的，通过有丝分裂或减数分裂复制，突变 mtDNA 的占比可变化浮动，如果有害突变达到足够高的异质性水平，则可能损害细胞或线粒体功能[1,3,12-14]。临床确定的 mtDNA 疾病的频率约为 1/5000[15,16]。最后，mtDNA 突变也发生在发育过程和体细胞中。这些突变通常是异质性的，与衰老（见第 10 章），以及成人疾病的延迟发病和进展有关[3]。

涉及临床和进化的 mtDNA 变体范围十分广泛，这可能使在确定某一 mtDNA 变异是否与临床或进化相关时困难重重[9,10,12,17]。因此，为了确定线粒体变异的优先次序，有 4 种公认的标准来协助识别人类线粒体变体。

（1）关于多态性中性本质的背景知识。

（2）变异在保守位点或重要功能位点上造成的影响。

（3）变异体的异质性特征。

（4）与症状严重性相关的异质性程度[12]。

在这种情况下，测序技术的到来让对人群、患者和组织中 mtDNA 变异的详细分析成为可能。第一个 mtDNA 序列是 1981 年英格兰剑桥桑格研究所产出的[18]。随后该序列被重新检查和校正，成了修订后的剑桥参考序列（revised Cambridge reference sequence，rCRS）[19]。该序列已被作为参考序列广泛用于分析和描述新的 mtDNA 序列。然

而，rCRS 来自西欧，因此是在人类迁出非洲后才出现的。为了更加合乎 mtDNA 变异生成的逻辑，一个基于假设的创始人 mtDNA 序列诞生了"重建的智人参考序列"（reconstructed sapiens reference sequence，RSRS）[20]。由于 rCRS 的历史优先性，它在临床研究中仍为常用的参考序列 [21]。然而，RSRS 也已被认可作为人类 mtDNA 进化研究的根序列。

自从 30 年前第一个 mtDNA 序列发表以来，人们积累了大量的 mtDNA 序列变异信息，包含了与人类起源相关的 [22, 23]（见第 5 章）、与法医样本分析相关的 [24, 25] 和与临床 mtDNA 分类相关的各类信息 [10, 26]。

为了对基因组和变异体进行注释和分类，人们开发了数个生物信息学系统去管理和分析这庞大的信息。

本章旨在帮助医生、科学家、历史学家和个人逐步了解 mtDNA 序列变异的复杂性。本章全面概述了评估线粒体变异致病性标准的基本概念，以及生物信息学数据库和工具。

二、人类线粒体 DNA 基因组和变体

（一）主要数据库：GenBank/ENA/DDBJ（Attimonelli M）

如本章引言中所述，测序技术使完整或部分人类 mtDNA 序列的出现成为可能，根据国际协议，这些序列可以而且必须由作者提交给主要由核苷酸数据库 GenBank[27]、EMBL/ENA[28] 和 DDBJ[29] 共同组成的"国际核苷酸序列数据库合作组织"（International Nucleotide Sequence Database Collaboration，INSDC）（http://www.insdc.org）。最终提交的内容在数据库中登记为一项记录或"条目"，其格式允许编辑有关序列主要信息、样本描述、序列作者身份、基因位置，以及提交序列上的任何其他功能特征。数据由获得登录号的作者负责，登录号作为作者身份，以及虚假或错误结果的保证。错误总是可以通过进一步提交来纠正。然而，考虑到人

类 mtDNA 测序的目的是识别可作为群体或疾病标记物的特异位点的等位基因，有关每个基因组变异性的信息并未存储在原始数据库内人类的 mtDNA 条目中；只有将以 FASTA 格式提取的序列与参考基因组（rCRS 或 RSRS）进行配对比对 [30]，才能对变体进行注释。为此，报告序列数据、变体及其特征的特殊数据库和资源被设计出来，并已得到了应用。下文将描述最新和信息最丰富的人类线粒体基因组数据库，即 MitoMap（本章"MITOMAP"部分）和 HmtDB 及其衍生的 HmtVar 和 HmtPhenome 数据库，即 Human MitoCompendium（本章"人类线粒体纲要"部分）。基因组的单倍型参考资源，Phylotree[31] 在第 5 章中进行了描述。此外，本章"其他专业的人类线粒体数据库"部分简要叙述了其他资源。

（二）MITOMAP（Lott M.T、Procaccio V 和 Zhang S）

MITOMAP（https://mitomap.org）包含了关键的背景信息，可以在用户开始进行变异分析前强化线粒体特异性的基本要素。1996 年，MITOMAP 数据库成为第一个精心运营的人类 mtDNA 变体的在线汇编，其中包含 582 个一般变体和 55 个被已发表文献报告为可能或确定与疾病相关的突变 [32]。近 25 年后，MITOMAP 现在包含超过 14 000 个观察到的变异，包括 730 个报告的致病突变。2013 年，MITOMAP 扩展为包含 18 000 个 GenBank mtDNA 序列的存储库。截至 2019 年 9 月，数据库已增至包含 49 135 个全长和 72 235 个控制区的人类 mtDNA 序列。这些序列代表了迄今为止已知的几乎所有线粒体单倍型（https://mitomap.org/MITOMAP/GBFreqInfo），对专业数据库的认真管理是确保其价值和准确性的必要条件。MITOMAP 每周会收录目前同行评议的出版物和临床报告，并将报告的变体手工索引导入数据库中。任何已发表的可能与疾病相关的变异报告都会被记录下来。GenBank 序列全年定期更新。根据序列标题或索引出版物中包含的信息，序列根据其来源被分为多个大类（一

般、古老 DNA、癌症 / 肿瘤 / 异常组织和细胞系）。所有的新序列在被添加到数据库之前都要进行单倍型分析并提取其变体。MITOMAP 包含 MITOMASTER，一种人类 mtDNA 序列的全面分析工具。MITOMAP 所有的 120 000 多个序列和变异都被预装在 MITOMASTER 工具中，为用户的变异和序列分析提供一个大型的比较集。此外，它还提供了氨基酸翻译和基因位点表，以及带有注释的 rCRS、RSRS 变异的摘要和从 GenBank 中提取线粒体序列的简单链接。经典的插图包括 mtDNA 的疾病图、祖先单倍群迁徙的世界地图和基本的种系发生关系树。

MITOMAP 的核心是其注释列表，它列出了多年来在普通人群和线粒体病患者中积累的 14 000 多个 mtDNA 变异。所有变体都显示了基因位点、核苷酸变化、翻译产物、GenBank 频率和序列及参考文献（图 12-1）。每个变体的 GenBank 频率都会与完整的序列表相关联，包括 Accession ID 链接、PubMed 链接、单倍型和单倍群的特定频率。此外，源于古老 DNA、癌症或细胞系的序列会被标记出来（图 12-2）。

MITOMAP 的 MITOMASTER 引擎被用来分析这些单核苷酸多态性和序列(参见本章"MITOMAP"部分)。平台为大容量用户提供应用程序编程接口（application programming interface，API），以便他们直接从自己的应用程序访问 MITOMAP 数据库，并向公众提供完整的数据库转储。

1. MITOMAP 中的变体状态　被文献报告为可能与疾病相关的变异仅被标注为"已报告"状态，直到 MITOMAP 进一步评估确认后才会更改为致病状态（图 12-3）。对于 MITOMAP 来说，必须有足够的符合文献 [33-36] 中罗列标准的报告，才能判定变异体为确认（Cfrm）状态。这些标准包括：①两个或以上无关家庭的独立报告中存在相似疾病的证据；②核苷酸（对于 RNA 变体）或氨基酸（对于编码变体）的进化保守性；③存在异质性；④某些突变的突变负荷与疾病有关，而变体与这些突变的表型 / 分离存在相关性；⑤一个或多个组织中呼吸链复合体 Ⅰ、Ⅲ 或Ⅳ的生化缺陷；⑥研究证实与突变分离对应的功能缺陷（细胞杂交或单个肌纤维研究）；⑦有线粒体疾病的组织化学证据；⑧对于致命的或严重的临

Allele Search - Search the Mitomap database for quick variant information

Enter a single nucleotide position in the **Start** box or use both **Start** and **End** boxes to enter a range (up to 101 bps).

Start: 6680　　　End: 6683　　　[Search]

Searched nucleotide position (s):6680–6683

MITOMAP: mtDNA Coding Region Sequence Variants

Nucleotide Position	Locus	Nucleotide Change	Codon Number	Codon Position	Amino Acid Change♦	GB Freq‡	GB Sequences total (subsets)*	References
6680	MT-CO1	T-C	259	3	syn:T-T	2.3%🔊	FL:1112 (1095/1/16)	references
6681	MT-CO1	T-C	260	1	non-syn:Y-N	0.0%	FL:18(17/0/1)	references
6683	MT-CO1	C-T	260	3	syn:Y-Y	0.0%	FL:17(17/0/0)	references

▲ 图 12-1　在 MITOMAP 中等位基因搜索的结果示例

GenBank Record for Coding Variant G- > A at rCRS position 3380

click hyperlink to view GenBank Record, PubMed Reference, and Mitomaster running results

GenBank ID	Seq Type*	PubMed Reference	Predicted haplogroup (HG) branch	# in HG branch with variant	Total # HG branch seqs	Frequency in HG branch (%)	MITOMASTER Results
AY195771.1	FL.Main	12509511	A5b	1	25	4.00	view
KC990651.1	FL.Main		M3c	1	46	2.17	view
MF588827.1	FL.aDNA	29033326	D2a	1	63	1.59	view

*Footnotes:

Full Length (FL) sequences are now classified into three subsets: **aDNA** for ancient DNA, **CancerCL** for cancer, tumor, other abnormal tissues, or cell line studies, and **Main** for the rest.

The current sequence counts are from two sets of human mitochondrial sequences collected from GenBank on **Sep 01, 2019**. These sets consist of:

- 49 135 Full Length (FL) sequences (> 15.4kbp)
  - FL.Main:47 487
  - FL.aDNA:954
  - FL.CancerCL:693 (602 cancer + 91 cell lines)
- 72 235 Control Region (CR) only sequences (0.14~1.6kbp)

▲ 图 12-2 MITOMAP 中变体相关信息的网络页面示例

床表型，大型 mtDNA 序列数据库中没有或极少出现该变体。截至发表日期，在 730 个被报告可能致病的变异中，只有 88 个具有已确认的致病状态。目前 MITOMAP 已确认的致病性突变可在该网址中获得：https://mitomap.org/MITOMAP/ConfirmedMutations。

2. MITOMAP 中的单倍群分配 MITOMAP 着重于频率和单倍群分布的注释，以支持单倍型在患者 mtDNA 分析中的使用。对变异频率的认识可以减少对无所不在变体致病性的误判 [37-40]。这些极其常见的变体大多是遍布于整个种系发育树上的古老突变。然而，有些变体可能在 3 个主要品系（L、M、N）的一两个品系中出现的频率高达 99%，但却几乎不出现在另一个品系中。MITOMAP 在 https://mitomap.org/MITOMAP/TopVariants 中汇编了最常见的变体及其分布。此外，很重要的一点是，虽然在某些单倍群中发现的高频率变异通常被认为是良性的，但偶尔当背景单倍群不同时，这些变异可以改变患者的表型 [41-43]。

为了更好地评估变异的致病性，MITOMAP 最近为其数据库中在顶级单倍型群（top-level haplogroup）或分支中高频出现的每个变异都添加了一个醒目的注释。当一个变体在 MITOMAP 的 49 000 多个 GenBank 序列中的总频率≥0.5% 且在所属单倍群分支中的频率≥50% 时，它就会携带"高频警报"的标记（标记见图 12-1 和图 12-3，单倍群详情见图 12-4）。所有的单倍群分配都是在 MITOMASTER 中通过 HaploGrep2 和 Phylotree 17 计算的。

此外，平台会定期应用 MITOMAP 的全长度序列集评估所有顶级单倍群（A~Z、L_0~L_6、HV）的标记频率。标记变体频率>80% 乃至>50% 的变体将会被平台通报。这些

Mitomap Frequency Annotation Example, with and without a High Frequency Haplogroup Flag

Positon	Locus	Disease	Allele	Nucleotide Change	Amino Acid Change	Homo-plasmy	Hetero-plasmy	Status	GB Freq	GB Seqs	References
14568	MT-ND6	LHON	C14568T	C-T	G-S	+	–	Cfrm	0.0%	6	9
14577	MT-ND6	MIDM	T14577C	T-C	I-V	–	+	Reported	1.8%	411	1

▲ 图 12-3 MITOMAP 中具有"确认"和"报告"致病状态的变体和 GenBank（GB）频率注释中带有或不带有"高频单倍体组"标志的示例

High Frequency Haplogroups ℹ

m.10086A > G: 418 sequences (0.9% overall)

Lineage	Top Level HG	Top Level HG Branch (Itr-num)	HG Branch (Itr-num-Itr)
L 396 (6.6%)	L3	L3	L3B 396 (100.0%)
N 19 (0.1%)	W	W1	W1b 17 (81.0%)

▲ 图 12-4　MITOMAP 中高频率单倍群详细信息的页面示例

标记频率可在 MITOMAP 主页轻松查找，也可直接访问网址 https://mitomap.org/MITOMAP/HaplogroupMarkers。平台还为用户生成的特定单倍群频率查询提供了"标记查找器"工具。其他相关工具也正在开发中（https://mitomap.org/MITOMAP/ToolLaunchpad）。

3. MITOMAP 的等位基因搜索功能　等位基因搜索是快速、简便地获取变体信息的最常用工具之一（http://mitomap.org/MITOMAP/SearchAllele）（图 12-1）。当输入位点或距位点 100bp 以内的位置范围后，平台会显示 MITOMAP 数据库中该位置所有变体的等位基因及其基本数据，如核苷酸变化、氨基酸变化（如果属于编码序列）、同质和（或）异质性状态和精选参考文献。平台还可显示携带该变体的全长 GenBank 序列，并将序列计数进一步关联到一个完整的表格，其中包括登录号、序列单倍型和每个单倍群中的频率。高频警报标志，如前所述，最近也已被整合入等位基因搜索的功能中。在评估患者携带变体的致病性时，该变体在患者单倍体群和全球其他单倍群中的频率在致病性评估中起着重要作用。

4. 使用 MITOMASTER 分析线粒体 DNA 的变异性　MITOMAP 的核心是 MITOMASTER 序列分析引擎（https://mitomap.org/foswiki/bin/view/MITOMASTER/WebHome）。这个强大的工具可以分析与 rCRS、用户提供的序列和 GenBank 标识符相关的单核苷酸变体。通过基于 Phylotree 的

Haplogrep2 引擎[44, 45]，MITOMASTER 可对携带变体的不同序列进行单倍体分型，并计算它们在数据库完整全长序列中的数量、频率和分布。它还可计算用户选择的物种集之内的变异保守性。

5. MitoTIP　整合到 MITOMASTER 中的 MitoTIP（线粒体 tRNA 信息学预测器）是一种可预测新型 tRNA 变体致病性的计算机分析工具[46]。tRNA 变体的 Mito TIP 评分是致病性评估的起点。它可以根据变体的保守性、结构破坏性及其在 tRNA 三叶草结构中的位置进行评分，旨在成为新变体的初步指南。变体的致病性根据评分的四分位数被划分为"有可能良性"，"很可能良性"，"有可能致病"和"很可能致病"。一旦 MITOMAP 证实了某变体的致病性，该变体的 MitoTIP 标签会被更改为"致病"。关于 MitoTIP 评分的更多信息可见于：https://mitomap.org/MITOMAP/MitoTipInfo

三、人类线粒体纲要：HmtDB、HmtVar 和 HmtPhenome（Attimonelli M、Preste R、Vitale O）

（一）HmtDB

HmtDB[47, 48] 是一个基于网络的人类线粒体数据库，收集来自主要核苷酸数据库的所有人类 mtDNA 序列，并根据标准进一步注释和结构化，以便用户浏览和提取有关人类线粒体系统发育和疾病的信息。与 MITOMAP 不同的是，HmtDB 最初的主要目的是收集可用的人类线粒体基因组，从而注释它们的变体；MITOMAP 的初衷则是收集已报告的可能存在致病性的 mtDNA 突变。

HmtDB 的第一个版本发布于 2005 年，旨在报告与参考线粒体基因组比较后检测到的任何可用人类线粒体基因组（当时 1255 个）的变异列表。截至 2019 年 7 月，HmtDB 已注释了 50 871 个线粒体基因组，其中 1427 个线粒体基因组是由千人基因组计划[50]生成的外显子组数据[49]重建的脱靶序列。

这些序列被收纳在代表着健康和疾病表型个

体的两个数据集中。报告为"健康"的样本主要来自人群研究或临床研究中的对照组，而"病理"基因组则来自受线粒体疾病或其他临床症状影响的个体。在此必须强调的是，"健康"特征仅涉及研究报告中提供该特定序列的内容，这意味着临床研究中对照组的受试者被报告为健康的基础是没有某特定的病理特征，而不是没有任何疾病。同样，如果在研究中没有考虑到这一点，那么人群研究中的受试者也不一定没有疾病，从而在缺乏更具体细节的情况下被报告为"健康"。"健康"和"病理"这两个集合都在特定大陆的子集中（AF：非洲；AM：美洲；AS：亚洲；EU：欧洲；OC：大洋洲；XX：未定义大陆）。

HmtDB 平台为确保数据库的及时更新会定期运行自动更新系统。

每个基因组都有注释，这些注释来自于包括在主要数据库和相关出版物中报告的样本信息，以及应用资源中用于估计变异性和种系发育性的特定工具所获得的数据（表 12-1）。

表 12-1　每个 HmtDB 基因组的相关信息

样本信息
- 人口资料（大陆、国家、民族＞亚群）
- 年龄、性别、健康状态（健康或病态因大陆而异）
- 作者分配的单倍群
- 作者和机构提交者
- PubMed 参考文献

变体和变异性
- 相对于 RSRS 参考基因组的位置和变异
- 核苷酸特定位点的变异性
  - 通过 SiteVar 获得的变体的等位基因频率
  - 人类种系内部和哺乳动物间的氨基酸变异性
- 单倍群预测

HmtDB 中的变体确认基于与 RSRS 参考基因组的比较。整个健康和病理基因组，以及各大洲的子集，包括 RSRS，都是通过自动程序进行多重比对的。通过应用算法 SiteVar，HmtDB 平台可将每个数据集进行多重比对，以估计核苷酸特定位点的变异性[51]：变异性得分范围在 0~1 分之间，得分越高，位点的变异性就越大。图 12-5 展示了 SiteVar 应用程序的输出结果界面，除了可变性数值，该程序还报告了特定位置每个核苷酸的频率。此外，通过应用 MitVarProt 算法估算目前人类基因组的 13 个编码蛋白质基因[52]，HmtDB 平台还提供了人类种系内部和哺乳动物间氨基酸变异性的数据。进一步说，分数越高（范围 0~1），位点的功能限制越小。

尽管主数据库中的基因组可能会报告作者指定的单倍群，但 HmtDB 为了报告最新的单倍群，每个基因组的单倍型分析都是在最新植入的 Phylotree 基础上通过特别执行线路进行的。如遇见没有完全组装的基因组，该工具会给出具有相同可能性的单倍群结果。

HmtDB 可在以下位置访问：https://www.hmtdb.uniba.it，也可以使用其查询页面访问信息（https://www.hmtdb.uniba.it/query）（表 12-2）。

如果该基因组已经发表（超链接到 PubMed），查询页面的结果将会是 HmtDB 基因组标识符列表，以及主要数据库登录号（超链接 vsGenBank）和完整参考。点击 HmtDB 标识符可显示基因组卡（https://www.hmtdb.uniba.it/genomeCard/20726）。

用户可下载所选基因组的多重比对，每个数据集包含的项目可通过统计窗口 https://www.

site	nucleotide	variability	A	C	G	T	gap	others
3243	A	0.000438	0.936111	0.000000	0.000095	0.000000	0.063699	0.000095
3308	T	0.019271	0.000000	0.008536	0.000143	0.927408	0.063699	0.000214

▲ 图 12-5　应用 SiteVar 算法对最近一次 HmtDB 更新（2019 年 7 月）中存储的完整基因组行多重比对后，3243 和 3308 参考位点的变异性和等位基因频率的示例

表 12-2　HmtDB 的查询条件列表

查询标准	说　明
HmtDB 基因组标识符	选择 HmtDB 基因组标识符已知的基因组
参考数据库标识符	选择已知 INSDC 登录号的基因组
地域来源	选择相关主体属于特定大陆 / 国家的基因组
单倍群	选择已在相关论文中确定的与特定宏单倍群相匹配的基因组
完整基因组或编码区域	选择完整的基因组或不包括 D-loop 区域的基因组
SNP 位点	所选基因组出现突变的 rCRS 参考序列位置
变体类型	搜索具有特定变异的基因组（转换、颠换、插入、缺失）
年龄和性别	选择相关主体在采样时具有特定年龄和（或）性别的基因组
DNA 来源	选择来自于特定组织样本的基因组
个体类型	从健康或病理数据集或与特定疾病相关的表型中选择基因组
参考文献	选择与特定论文（具有给定的 PMID）/ 特定作者在特定期刊上发表的论文相关的基因组

hmtdb.uniba.it/stats 获得。在此处会显示世界地图，提供每个大陆数据库中注释的基因组和变体数量的直观视图，后衔接基因组类型的详细信息。

HmtDB 应用程序编程接口　HmtDB 还提供了一个 API，用来以编程的方式访问数据，并将其整合到分析通路中。用户还可以通过查询网络页面访问相同的信息，但这次用户不是使用图形界面，而是通过 http 地址发出请求，之后结果会以一种人类和机器都可读的类字典格式反馈回来。此外，RD-Connect，一个连接涉及罕见疾病研究的生物信息学数据库、登记处和生物库的平台，也采用了 HmtDB 的 API，以从 HmtDB 获得线粒体疾病的信息扩充该平台的数据。

（二）HmtVar（Preste R、Vitale O、Attimonelli M）

HmtVar 是一个人类线粒体变异的在线数据库[53]。这些变异主要是从人类线粒体基因组内发现的变异中收集而来，并在 HmtDB 中被完整地测序过（这与缺少 D-loop 或基因组其他部分的变异相反）[47]。考虑到 rCRS 参考序列中与编码序列和 tRNA 基因座有关的每个位点上的每一种可能的单核苷酸变异，这组观察到的变异进一步丰富了未在 HmtDB 的基因组中检测到的潜在变异。

HmtVar 中的每个变体都注释了各种信息，包含了 HmtDB 中估算的变异性和等位基因频率（图 12-5），最后一次 Phylotree 构件中报告的变异在单倍群中的参与情况，根据第 12 章第三部分第二节第一点描述的标准进行的致病性评估，以及从第三方资源，如 ClinVar、MITOMAP、OMIM 和 dbSNP 中收集的其他数据。

HmtVar 的访问网址为 https://www.hmtvar.uniba.it，其信息可以通过查询页面（https://www.hmtvar.uniba.it/query）进行搜索（表 12-3），该页面允许用户使用许多搜索参数查询数据库，（从较宽的标准到较窄的标准），从而产生一个满足用户要求的变体列表。当从查询结果中选择特定变体时，其详细信息会显示在变体卡中，该卡收集有关该变体的所有可用信息。这些数据根据下列的信息类型排列在不同的标签页中。

- 主要信息：基本信息如位置，密码子位置和因变异（如果适用）、相关单倍群（如果有）

表 12-3　HmtVar 中可执行的查询条件说明

查询条件	描　述
位点类型	查询整个数据库或限制在 CDS、rRNA、tRNA 或调控序列
变异	搜索不同格式的特定突变
位置	搜索出现在一个或多个特定位置的变体
位点	搜索出现在特定线粒体位点上的变异
密码子	搜索所有或特定密码子位置的变体
氨基酸变化	搜索同义、无义或非同义突变
疾病评分	搜索具有指定疾病评分的变体
tRNA 模型	搜索属于特定 tRNA 模型的变体
致病性	搜索具有特定预测的致病性的变体
Nt 变异性	搜索具有符合定义的健康个体或患者核苷酸变异性的变体
Aa 变异性	搜索具有符合定义的健康个体或患者氨基酸变异性的变体

和致病性引起的氨基酸变化。

- 变异性：健康和患病个体，以及大陆特异性的核苷酸和氨基酸变异性及等位基因频率。

- 根据本章第五部分描述的标准实施、源自不同的预测工具的（MutPred [54]、Panther [55]、PhD-SNP [56]、SNPs&GO [57]、Polyphen-2 [58]）致病性预测。

- 外部资源：来自侧重于疾病和人口研究的第三方资源的信息，即 dbSNP（https://www.ncbi.nlm.nih.gov/snp/）[59]、OMIM、人类孟德尔遗传在线数据库（https://www.omim.org）[60]、MITOMAP（参见本章第二部分）和 ClinVar（https://www.ncbi.nlm.nih.gov/clinvar/）[61]。ClinVar [61] 是一个报告人类变异和表现型间关系的数据库，以及支持这些报告的可用实验证据。dbSNP、OMIM 和 ClinVar 存储了有关细胞核和 mtDNA 多态变异（dbSNP）和临床变异（OMIM 和 ClinVar）的数据。

用户可通过 Download Data 选项卡下载 HmtVar 中各变体相关的所有信息。

需要 HmtVar 数据的应用程序可以运行其 API。该 API 允许以编程方式和标准化格式访问信息，以便进行进一步的数据分析。HmtVar 旨在建立一个专门研究人类线粒体变异的独特聚合数据库，以满足研究人员和临床医生查询人类 mtDNA 功能障碍相关致病性信息的需求。

HmtVar 变体的致病性评估（Attimonelli M、Vitale O）　随着文献的日益增多，现有各式各样的工具和方法去诠释与线粒体基因座相关的新变异和罕见变异 [62]。对临床护理具有重要意义的变异被分为两大类：影响线粒体蛋白质合成的变异和位于蛋白编码基因中的变异 [12]。目前对它们致病性的评估主要基于预测算法和发病率评分的应用 [9, 62]（本章 "MITOMAP 中的变体状态" 和 "MitoTIP" 部分）。目前文献中描述的对蛋白质编码基因致病性评估的一般方法是基于致病性预测工具的单独使用或基于这些算法与核苷酸特定位点的变异性 [63] 或等位基因频率的组合 [53]。主要的计算预测工具，如 MutPred [64]、Polyphen-2 [58]、SNP&GO、PhD-SNP [57] 和 Panther [65]，是通过综合分析多重因素评估变体的致病性的，包括反映蛋白质结构效应和动力学的特征、生化特性，以及通过多重对比分析评估出的特定位点的进化保守性[66]。这些算法的输出结果是以定量分数和（或）定性标记的形式发布的。考虑到这些预测工具是基于不再更新的线粒体数据集，而且没有考虑线粒体变体的真实变异性，单独使用以上预测工具均易产生偏差，因此目前提出的最佳做法是使用预测方法共识[66]。在评价变异对线粒体蛋白质合成的影响时，需得区分 tRNA 和 rRNA 线粒体变异。众所周知，线粒体 tRNA 点突变由于涉及 DNA 的转录和翻译，有时比编码蛋白质的突变危害更大。考虑到这一点，评估这些位点线粒体变异的致病性便可通过把传统预测手段整合到如 MitoTIP[46]、Pon-tRNA[87] 的特定工具中，再者就是致病性评分系统[34, 67]。尽管 tRNA 变体工具已考虑了变体的保守性、结构和生化效应等特征，但致病性评分系统纳入了更多标准，包含了如分子遗传学分析，生化和组织化学检测，转线粒体杂交和单个肌纤维细胞研究等功能研究[34, 49]。与这一概念一致的是，一些学者应用了强大的统计方法评估了非同义变体的致病性，该方法结合了来自致病性预测方法共识（即疾病评分）的信息和 HmtDB 和 HmtVar 不断更新的等位基因频率值[47, 53, 68]。该评估方法包含了 Santorsola 等所述方法的优化改进[63]，其中特定位点的核苷酸变异性与疾病评分值相结合，而非与评估变体效果时更具特异性的等位基因频率结合[53]。因此，疾病评分值由氨基酸替换可能影响基因或蛋白质功能的概率的加权平均值组成，并纳入了上述六种算法的预测结果。应用疾病评分将潜在的有害线粒体变体与中性多态性区分开来需依靠一个称为疾病评分阈值（disease score threshold，DS_T；固定为 0.43）的参数，它是由评估来自健康个体的 15 385 个完整基因组训练数据集的疾病评分得出的。此外，还有一种基于变体等位基因频率值的经验累积分布的统计方法，适用于疾病评分超过 DS_T 的变体，该途径确定的等位基因频率阈值（allele frequency threshold，AF_T）固

定为 0.003264。表 12-4 展示了如何利用这两个阈值对蛋白质编码变体的致病性等级进行评估，以赋予它们临床意义并将其分类到特定等级中。目前，类似的统计方法已经被用来推导 tRNA 变体的阈值和等级，在这种情况下，疾病评分值是通过参考文献中报告的致病性标准来估算的[34]。

（三）HmtPhenome（Preste R、Attimonelli M）

网络资源 HmtPhenome[69] 是一个整合了细胞核和线粒体基因组基因和相关变体，以及任何与线粒体功能相关的表型和疾病的知识网络。它为充分理解线粒体综合征和疾病的病理机制提供了有力的帮助；用户可以利用变体位置、所在基因、相关表型或疾病查询，通过该集成网络检索所有相关信息。

由于每次查询涉及大量资源和数据，因此所有必要信息都是在查询时从外部资源收集的，只有少量数据实际存储在本地数据库中。用于收集数据的第三方资源包括 Human Phenotype

表 12-4　非同义变异及 tRNA 和 mtRNA 变体的致病性等级

层　级	疾病评分范围	等位基因频率范围
一般规则		
多态的	DS < DS_T	AF > AF_T
很可能为多态	DS < DS_T	AF ≤ AF_T
很可能为致病	DS ≥ DS_T	AF > AF_T
致病的	DS ≥ DS_T	AF ≤ AF_T
非同义变体		
多态的	DS < 0.43	AF > 0.003264
很可能为多态	DS < 0.43	AF ≤ 0.003264
很可能为致病	DS ≥ 0.43	AF > 0.003264
致病的	DS ≥ 0.43	AF ≤ 0.003264
tRNA 变体		
多态的	DS < 0.35	AF > 0.005020
很可能为多态	DS < 0.35	AF ≤ 0.005020
很可能为致病	DS ≥ 0.35	AF > 0.005020
致病的	DS ≥ 0.35	AF ≤ 0.005020

Ontology（HPO，https://hpo.jax.org/app），Experimental Factor Ontology（EFO，https://www.ebi.ac.uk/efo/）[70]，Ensembl（https://www.ensembl.org/），BioMart（https://www.ensembl.org/biomart/martview）[71]，OMIM（https://www.omim.org）[60]和 Orphanet（https://www.orpha.net/consor/cgi-bin/index.php）[72]。在其他经典资源（如 HmtVar）中，数据会在每次更新时被转储在数据库中，而在 HmtPhenome 中，由于信息是在查询时从外部 API 调取的，因此它提供的信息始终是最新的。然而不是所有的外部资源都能提供合适的 API；在这种情况下，平台会建立一个自动化协议来获取所需的数据并将其存储在本地数据库中。

HmtPhenome 的网址是 https://www.hmtphenome.uniba.it，图 12-6 为搜索结果示例。除此网络视图之外，用户还可通过表格视图中的超链接通往

第三方网站获取更多数据结果；这些外部服务网站包括：推荐用于变体的 dbSNP（https://www.ncbi.nlm.nih.gov/snp）[59] 和 HmtVar（Roberto[53]），推荐用于基因的 Ensembl[73]，推荐用于疾病的 UMLS（https://www.nlm.nih.gov/research/umls/index.html）[74] 和推荐用于表型的 HPO[75]。查询结果也可导出为表格文件，以便用户使用下游软件进行进一步的数据分析。

四、MSeqDR——线粒体疾病序列数据资源联合（Lott M）

MSeqDR（https://MSeqDR.org/）是一个专注于线粒体疾病的协作型数据中心，其广泛的数据资源和生物信息学工具支持对 mtDNA 变体的挖掘和注释，以及为线粒体病量身定做的基于临床表型的外显子组数据分析[76, 77]。MSeqDR

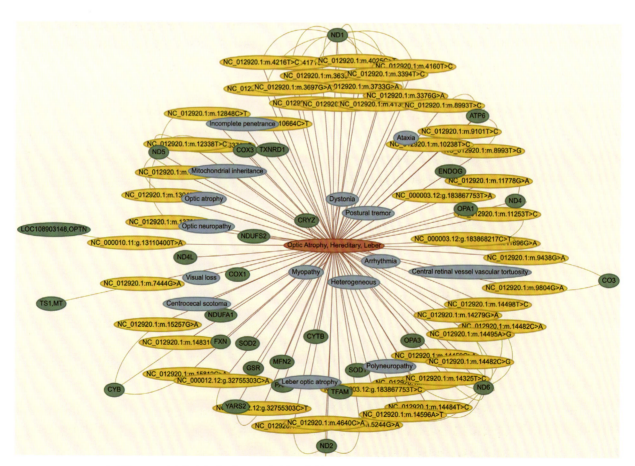

▲ 图 12-6　用疾病名称"Leber 视神经萎缩"（OMIM：535000）查询后的结果展示

门户汇集了多个专业数据库的数据输入，例如 MITOMAP（https://www.mitomap.org）、HmtDB（http://www.hmtdb.uniba.it）、ClinVar（https://www.ncbi.nlm.nih.gov/clinvar/）、ClinGen（https://clinicalgenome.org）、LeighMap（https://www.vmh.life/#leighmap）、Genesis[78] 和 PhenoTips（https://phenotips.org）。MSeqDR 的参考数据囊括了来自 MITOMAP、GeneDx（https://www.genedx.com）、同行评审出版物和测序项目（如 1000 Genomes）的大约 9 万个线粒体基因组[79]。作为合作的贡献之一，MSeqDR 还包括 Leigh 综合征和 Leigh 样综合征（Leigh-like syndrome，LS/LLS）的"伪"病例登记。

MSeqDR 内存在一个精选数据库——MSeqDR-LSDB（Locus Specific DataBase），位点特异的数据库，目前该数据库包含已评估的与 280 多种线粒体疾病相关的超过 15 000 个变体。通过此数据库，MSeqDR 构建了一个安全的大规模数据共享资源。研究人员可提交 mtDNA 变体入 MSeqDR 数据库。这些变体会获得一个永久 ID，用于满足许多期刊在稿件发表前要求将变体提交到在线数据库的规定。用户可使用批准的 ClinVar 模板进入半自动化的变体数据提交流程。研究人员还可整合共享的变体和基因组，从而获得更深层的数据集用于临床分析。MSeqDR 还为用户汇集了一系列工具组件的访问通道，用户可直接通过这些通道链接访问大量的网络工具，以进行变量、基因组或外显子组数据集的分析处理。这些工具包括单倍群和变异的注释工具 Phy-Mer、MtoolBox 和 MITOMASTER（参见本章"使用 MITO-MASTER 分析线粒体 DNA 的变异体"）。最近，MSegDR 还为 mtDNA 变体新增了一个全新的功能强大的工具 MvTool[80]（参见本章"MvTool"）。

用户可使用 GBrowse 工具浏览 MSegDR 中的数据，并在 Quick-Mitome 平台进行注释。Quick-Mitome 通过 Exomiser 自动进行快速的线上全外显子组或基因组变异评估（https://hpo.jax.org/app/tools/exomiser）；对候选变体周详的注释来自所有可用的协作数据轨道信息。QuickMitome 还可统一提供包括摘要、排序和交叉链接的报告。此外，用户还可以通过 MSeqDR 中心访问疾病和 HPO 表型浏览器。另外，基因的表达数据可以通过 AwSomics Gene Explorer（AwSomicsGE，http://52.90.192.24:3838）获得。目前 MSeqDR 正在开发一个新的平台——MSeq-OpenCGA（http://mseq.org），该平台将会被用于大规模交互式的变体存储、分析和优先级排序。

MvTool

MvTool 网址为 https://mseqdr.org/mvtool.php。[80]

MSeqDRmvTool 接受多种格式的 mtDNA 变体，通过应用特定的转换器，将它们转换成需要的输出格式，如 HGVS、Ensembl 和 Mutalyzer 命名法。该工具还可以在 MSeqDR 基础和外部资源的支持下，用于注释一个或多个变体。支持的外部资源包括 MitoMap、HmtDB、GeneDx（https://www.genedx.com）和 1000 Genomes Project。注释包括致病性数据、群体频率和单倍群分配。MvTool 可直接通过网页界面或 API 使用。网页界面允许用户提交变体列表来获得 HTML 表格形式的注释，并可将其下载为 Excel 格式的文件；如使用 API，用户则可以提交传统的和 HGVS 格式的变体，以及 VCF 文件中的变体，来获得 JSON 格式的注释或带注释的 VCF 文件。

五、其他专业的人类线粒体数据库（Attimonelli M、Preste R）

世界范围内存在各类储存人类 mtDNA 数据的数据库。一些数据库已经不再更新，而另一些则报告了具体的非冗余信息，对上述数据库进行了补充。表 12-5 归纳了这些数据库的简介、网页链接和参考文献。

六、变体注释工具（Attimonelli M、Preste R）

如上所述，人类 mtDNA 测序的主要目标是

表 12–5　较小但有明确重点的人类 mtDNA 数据库列表

数据库名称	数据库简介	数据库超链接	参考文献
AmtDB ——古老 mtDNA 数据库	* 发表来自古老 DNA（aDNA）的 mtDNA	https://amtdb.org/	[81]
MitoBreak —— mtDNA 重排数据库	* 断裂位点的列表来自于： • 环形的存在缺失的 mtDNA（缺失） • 环形的部分重复的 mtDNA（重复） • 线性 mtDNA	http://mitobreak.portugene.com/cgi-bin/Mitobreak_home.cgi	[82]
MitoAge	* 收录大量与动物寿命相关联的动物 mtDNA 信息，提供用于比较分析 mtDNA 的基本工具，关注点是动物的寿命	http://www.mitoage.info/	[83]
Mamit-tRNA	汇编了哺乳动物线粒体 tRNA 基因的信息，报告了它们的结构特征以助于研究与点突变相关的人类疾病	http://mamit-trna.u-strasbg.fr/	[84]

*. 最新状态

用户可在各种可用工具中选择一种注释变体。以下描述了最新、最有效广泛使用的注释工具。

全面了解其在健康和疾病方面的变异度。因此，mtDNA 一旦被测序，接下来便是通过应用特定的工具检测变体，然后对它们进行注释。为了达成这一目标，重要的是了解一个变体如何影响基因的功能，进而了解相关的代谢过程，以及该变体对 mtDNA 单倍型的贡献程度。

人类 mtDNA 测序的目的是检测特定样本中的变体，以确定其在健康和疾病中的作用。因此，注释变体的相关过程是人类 mtDNA 研究的核心。注释意味着完善变体的各类信息，包括变体所在位点的功能作用，变体在不同群体中的频率，变体在种内和种间的保守性，以及它们的致病性和疾病相关分数。

（一）HmtNote

HmtNote 软件通过利用 HmtVar 数据库上的现有数据标注人类线粒体变体[53]。从输入带有人类线粒体变体的 VCF 文件开始，在 HmtVar 上搜索每个变体，以获取所有可用数据。VCF 文件可以在任何变体调用软件中生成。根据提供的信息类型，这些注释被分为四组。

• 变体的基本数据（位点、氨基酸变化、HmtVar 致病性评估和疾病评分）。

• 来自 ClinVar ID[61]、dbSNP ID[59]、OMIM ID[60] 和以 MITOMAP[85] 为根据的相关疾病的交叉参考信息。

• 变异度和等位基因频率（健康和患病个体的核苷酸和氨基酸变异性及等位基因频率）。

• 来自外部资源的致病性预测（参考本章第三部分第二节）。

用户可以自行决定使用所有这些注释或者一个或多个特定的注释组；HmtNote 还支持注释数据库的本地下载，以便在离线情况下也能进行注释。注释过的 VCF 文件还可以被转换成 CSV 格式，以便更好地对数据进行可视化检查。

（二）HaploGrep

HaploGrep[45] 是一个基于 Phylotree 资源的网络程序（http://haplogrep.uibk.ac.at/index.html），它可以对全部或部分 mtDNA 进行单倍型分析。对于每一个输入的样本，它都会显示搜索内容的前 10 个结果，以及相应单倍群的种系生成位置，从而详细解释这些单倍群是为何及如何获得的优先排名。HaploGrep 会生成交互式的可视化数据结果，并就应该额外分析哪些多态性以获得更准确的结果提出建议。HaploGrep 是免费的，而且无需登录使用。值得一提的是，最后一次 Phylotree 更新时间是在 2016 年 9 月。然而，考虑到 Phylotree 已经纳入了大量基因组的单倍型分析，使用 Haplogrep 或基于 Phylotree 的其他工具获得的结果的准确性，仍足以评估 mtDNA 序列的质量。Haplogrep 也可以通过 GitHub 下载到用户的客户端使用。

（三）MitImpact3D

MitImpact（http://mitimpact.css-mendel.it/description）是对所有可能导致人类线粒体蛋白编码基因非同义替换的核苷酸变化进行预病性预测的预计算集合。新版本 3 极大地更新了 Castellana 等[86] 发布的工具（PMID：25516408），该版本包含了新的预测工具和蛋白质信息。查询关于预测工具和数据库的详细信息，可访问 http://mitimpact.css-mendel.it/description # annotations。

（四）PON-mt-tRNA[87]

PON-mt-tRNA（http://structure.bmc.lu.se/PON-mt-tRNA/）是一种基于后验概率的线粒体 tRNA 变体的分类方法，它集成了基于人工智能和基于循证的致病性概率来预测致病性的后验概率。在缺乏证据支持的情况下，它根据人工智能的结果对变异度进行分类。根据 Yarham 等的研究，它已经被分类为"绝对致病"和"绝对中性"的变体上进行了训练和测试[34]。

七、核基因编码的线粒体基因数据库（Vitale O、Attimonelli M）

由于线粒体参与诸多的细胞功能，线粒体蛋白激起了临床医生和研究人员的广泛兴趣[88]。线粒体中的蛋白质由核基因和线粒体基因共同编码，其中少量编码蛋白的线粒体基因，由大量被输注到线粒体中的核基因编码蛋白供给维持功能。细胞核和线粒体之间的这种相互联系反映了两个基因组之间的亲密对话，形成了线粒体相互作用组。虽然这些关键知识可以阐明线粒体在健康和疾病中的角色和作用，但该网络的结构和相互作用至今仍未被完全解析。关于线粒体蛋白质组和相互作用组的数据存储在几个专注于线粒体相关蛋白质网络的数据库中。人类线粒体蛋白质组相关的主要数据库有 Mitocarta[90]、MitoMiner[88] 和 MitoProteome[91]，而相互作用组相关的数据库主要有 MitoInteractome[89]、PSICQUIC[92] 和 Mentha[93]。

MitoCarta[90] 是一个线粒体定位蛋白编码基因的综合清单，在 MitoCarta2.0 的版本中，包含一个迄今为止囊括了 1158 个基因的人类线粒体网络。这些基因来自不同来源的证据，如文献、抗坏血酸过氧化物酶的质谱分析、绿色荧光标记显微镜，并通过贝叶斯方法进行了整合。MitoCarta[90] 是研究线粒体蛋白的一个很好的资源，尽管它存在一些限制，例如缺乏定期更新导致的静止状态；线粒体中心性，即特定条件下没有与线粒体相互作用的蛋白质；最后是关于蛋白质仅在双膜内的知识。

MitoMiner[88] 是一个用于存储和分析蛋白质组学数据的线粒体数据库，这些数据整合了生物学信息。这个数据库包含了综合线粒体蛋白指数（integrated mitochondrial protein index，IMPI），它由一组编码线粒体定位蛋白的基因集合组成。IMPI 列表整合了来自多种资源和证据的数据，包括 Mitocarta[90]，来自 KEGG[94] 的关于人类线粒体蛋白质组、同源关系、代谢模型和途径的新数据，来自 Human Protein Atlas 的抗体数据[95]，来自 GeneOntology 的数据[96]，来自 OMIM 的临床信息[97]，以及基于绿色荧光蛋白标记和质谱分析的实验证据。所有这些数据通过机器学习分类器 InterMine 组合起来。该分类器集成、存储和分类证据，生成由 1626 个已知或预测的线粒体定位的人类基因组成的 IMPI 数据集。

MitoProteome[91] 是一个综合的线粒体数据库和注释系统，包含 847 条人类线粒体蛋白质序列，这些序列来自文献整理、质谱研究和多种外部资源的广泛交联数据，如 Entrez、KEGG[94]、OMIM[97]、MINT[98]、DIP[99]、PFAM[100]、

InterPro[102]、PRINTS[101]、SWISS-PROT[103]、PDB[104]、PMD[105]和分类数据。除了列出线粒体定位基因和蛋白的蛋白组学数据库外，还有如MitoInteractome[89]、PSICQUIC[92]和Mentha[93]等专注于蛋白质相互作用（protein-protein interaction，PPI）的资源。MitoInteractome[89]是线粒体蛋白协作组的主要数据库，包含从SWISS-PROT[102]、MitoP2[105]、MitoProteome[91]和HPRD[107]中提取的6549条蛋白序列，并通过Gene Ontology[96]数据库进行注释。此外，MitoInteractome[89]整合了蛋白质相互作用、物化特性、dbSNP[59]中蛋白质的基因编码多态性（由Polyphen[58]算法预估），OMIM中涉及线粒体基因改变的线粒体病[97]，来自KEGG的代谢途径[94]和来自BRENDA[108]数据库的线粒体酶信息。所有这些数据的整合是基于两种计算机算法：PSIMAP（蛋白质结构相互作用组MAP）和PEIMAP（蛋白质实验相互作用组MAP）。PSIMAP是一种基于结构相互作用的预测方法，基于PDB数据库信息，用于评估蛋白质结构域间的欧氏距离。PEIMAP是一种基于实验的预测工具，在"同源交互"的概念下，它结合了MINT[98]和HPDR[107]中可用的交互数据。PSICQUIC[92]是一个EMBL的网络服务，它能够同时访问多个关于蛋白质相互作用的资源，包

含约1600万个来自不同提供者的互动关系，其中有2 750 019个被发现是适用于现代智人相互作用组的二元相互作用。该数据库的优点是基于IMEx策略和限定术语的对分子相互作用数据集的标准化访问[109]。同样，Mentha[93]作为另一个蛋白质相互作用的资源，收集了不同的与IMEx联盟链接的蛋白相互作用的主要数据库的数据。Mentha包含了大约19 300个人类蛋白质和340 916个相关的相互作用网络，这些信息基于限定的术语词典，并通过应用PSICQUIC标准协议定期更新。

研究展望

改进检测人类mtDNA变体的NGS软件在未来将势在必得，这会使该技术有效避免测序伪影，并在变体比例很低时也能检测到正确的变体。此外，在变体注释方面，相关人员势必考虑使用标准命名法和参考序列，以避免对变体解释的误解。最后，考虑到功能研究信息对评估致病性的重要性，认证实验室通过应用数种技术获取人类线粒体变体致病性的经验证据以增加认证度也是尤为重要的。

参考文献

[1] Tuppen HAL, Blakely EL, Turnbull DM, Taylor RW. Mitochondrial DNA mutations and human disease. Biochim Biophys Acta Bioenerg 2010;1797:113-28. Available from: https://doi.org/10.1016/j. bbabio.2009.09.005.

[2] Wallace DC, et al. Sequence analysis of cDNAs for the human and bovine ATP synthase b-subunit: mitochondrial DNA genes sustain seventeen times more mutations. Curr Genet 1987; 12(2): 81-90.

[3] Brown WM, George M, Wilson AC. Rapid evolution of animal mitochondrial DNA. Proc Natl Acad Sci USA 1979;76(4):1967-71.

[4] Brown WM, Prager EM, Wan A, Wilson AC. Mitochondrial DNA sequences in primates: tempo and mode of evolution. J Mol Evol 1982;18(4):225-39.

[5] Neckelmann N, Li K, Wade RP, Shuster R, Wallace DC. cDNA sequence of a human skeletal muscle ADP/ATP translocator:

lack of a leader peptide, divergence from a fibroblast translocator cDNA, and coevolution with mitochondrial DNA genes. Proc Natl Acad Sci USA 1987;84(21):7580-4.

[6] Giles RE, Blanc H, Cann HM, Wallace DC. Maternal inheritance of human mitochondrial DNA. Proc Natl Acad Sci USA 1980; 77(11): 6715-19.

[7] Sato M, Sato K. Maternal inheritance of mitochondrial DNA by diverse mechanisms to eliminate paternal mitochondrial DNA. Biochim Biophys Acta Mol Cell Res 2013;1833:1979-84. Available from: https://doi. org/10.1016/j.bbamcr.2013.03.010.

[8] Mishmar D, et al. Natural selection shaped regional mtDNA variation in humans. Proc Natl Acad Sci USA 2003;100(1):171-6.

[9] Wang J, Schmitt ES, Landsverk ML, Zhang VW, Li F-Y, Graham BH, et al. An integrated approach for classifying mitochondrial DNA variants: one clinical diagnostic laboratory's experience.

Genet Med 2012;14:620-6. Available from: https://doi.org/10.1038/ gim.2012.4.

[10] Wallace DC. Mitochondrial DNA variation in human radiation and disease. Cell 2015;163:33-8. Available from: https://doi.org/10.1016/j.cell.2015.08.067.

[11] Ruiz-Pesini E, Wallace DC. Evidence for adaptive selection acting on the tRNA and rRNA genes of the human mitochondrial DNA. Hum Mutat 2006;27(11):1072-81.

[12] DiMauro S, Schon EA. Mitochondrial DNA mutations in human disease. Am J Med Genet 2001;106:18-26. Available from: https://doi.org/10.1002/ajmg.1392.

[13] Chinnery PF, Hudson G. Mitochondrial genetics. Br Med Bull 2013;106:135-59. Available from: https:// doi.org/10.1093/bmb/ldt017.

[14] Wallace DC, Ruiz-Pesini E, Mishmar D. mtDNA variation, climatic adaptation, degenerative diseases, and longevity. Cold Spring Harb Symp Quant Biol 2003;68:471-8. Available from: https://doi.org/10.1101/sqb.2003.68.471.

[15] Gorman GS, et al. Prevalence of nuclear and mitochondrial DNA mutations related to adult mitochondrial disease. Ann Neurol 2015;77(5):753-9.

[16] Lightowlers RN, Taylor RW, Turnbull DM. Mutations causing mitochondrial disease: what is new and what challenges remain? Science 2015;349(6255):1494-9.

[17] Wallace DC. Mitochondrial genetic medicine. Nat Genet 2018;50(12):1642-9.

[18] Anderson S, Bankier AT, Barrell BG, de Bruijn MH, Coulson AR, Drouin J, et al. Sequence and organization of the human mitochondrial genome Nature 1981;290(5806):457-65Apr 9; PubMed PMID. Available from: 7219534.

[19] Andrews RM, Kubacka I, Chinnery PF, Lightowlers RN, Turnbull DM, Howell N. Reanalysis and revision of the Cambridge reference sequence for human mitochondrial DNA Nat Genet 1999;23 (2):147PubMed PMID. Available from: 10508508.

[20] Behar DM, van Oven M, Rosset S, Metspalu M, Loogväli EL, Silva NM, et al. "Copernican" reassessment of the human mitochondrial DNA tree from its root Am J Hum Genet 2012;90(4):675-84. Available from: https://doi.org/10.1016/j.ajhg.2012.03.002Erratum in: Am J Hum Genet. 2012 May 4;90(5):936. PubMed PMID. Available from: 22482806 PubMed Central PMCID: PMC3322232.

[21] Bandelt HJ, Kloss-Brandstätter A, Richards MB, Yao YG, Logan I. The case for the continuing use of the revised Cambridge reference sequence (rCRS) and the standardization of notation in human mitochondrial DNA studies J Hum Genet 2014;59(2):66-77. Available from: https://doi.org/10.1038/jhg.2013.120Epub 2013 Dec 5. Review. PubMed PMID. Available from: 24304692.

[22] Wallace DC. The mitochondrial genome in human adaptive radiation and disease: on the road to therapeutics and performance enhancement. Gene 2005;354:169-80.

[23] Pakendorf B, Stoneking M. Mitochondrial DNA and human evolution. Annu Rev Genomics Hum Genet 2005;6:165-83. Available from: https://doi.org/10.1146/annurev.genom.6.080604.162249.

[24] Parson W, Brandstätter A, Alonso A, Brandt N, Brinkmann B, Carracedo A, et al. The EDNAP mitochondrial DNA population database (EMPOP) collaborative exercises: organisation, results and perspectives. Forensic Sci Int 2004;139:215-26. Available from: https://doi.org/10.1016/j.forsciint.2003.11.008.

[25] Salas A, Carracedo A, Macaulay V, Richards M, Bandelt H-J. A practical guide to mitochondrial DNA error prevention in clinical, forensic, and population genetics. Biochem Biophys

Res Commun 2005;335:891-9. Available from: https://doi.org/10.1016/j.bbrc.2005.07.161.

[26] Chinnery PF, Gomez-Duran A. Oldies but goldies mtDNA population variants and neurodegenerative diseases. Front Neurosci 2018;12:682. Available from: https://doi.org/10.3389/fnins.2018.00682.

[27] Sayers EW, Cavanaugh M, Clark K, Ostell J, Pruitt KD, Karsch-Mizrachi I. GenBank. Nucleic Acids Res 2019;47(D1):D94-9. Available from: https://doi.org/10.1093/nar/gky989.

[28] Harrison PW, Alako B, Amid C, Cerdeño-Tárraga A, Cleland I, Holt S, et al. The European nucleotide archive in 2018. Nucleic Acids Res 2019;47(D1):D84-8. Available from: https://doi.org/10.1093/nar/gky1078.

[29] Kodama Y, Mashima J, Kosuge T, Ogasawara O. DDBJ update: the Genomic Expression Archive (GEA) for functional genomics data. Nucleic Acids Res 2019;47(D1):D69-73. Available from: https://doi.org/10.1093/nar/gky1002.

[30] Pearson WR, Lipman DJ. Improved tools for biological sequence comparison. Proc Natl Acad Sci U S A 1988; 85(8): 2444-8.

[31] van Oven M, Kayser M. Updated comprehensive phylogenetic tree of global human mitochondrial DNA variation. Hum Mutat 2009;30(2):E386-94. Available from: https://doi.org/10.1002/humu.20921. Available from: http://www.phylotree.org.

[32] Kogelnik AM, Lott MT, Brown MD, Navathe SB, Wallace DC. MITOMAP: a human mitochondrial genome database. Nucleic Acids Res 1996;24(1):177-9.

[33] Wong LJ. Pathogenic mitochondrial DNA mutations in protein-coding genes. Muscle Nerve 2007;36 (3):279-93.

[34] Yarham JW, Al-Dosary M, Blakely EL, Alston CL, Taylor RW, Elson JL, et al. A comparative analysis approach to determining the pathogenicity of mitochondrial tRNA mutations. Hum Mutat 2011; 32: 1319-25. Available from: https://doi.org/10.1002/humu.21575.

[35] González-Vioque E, Bornstein B, Gallardo ME, Fernández-Moreno MÁ , Garesse R. The pathogenicity scoring system for mitochondrial tRNA mutations revisited. Mol Genet Genomic Med 2014;2:107-14. Available from: https://doi.org/10.1002/mgg3.47.

[36] Mitchell AL, Elson JL, Howell N, Taylor RW, Turnbull DM. Sequence variation in mitochondrial complex I genes: mutation or polymorphism? J Med Genet 2006;43(2):175-9.

[37] Aikhionbare FO, Khan M, Carey D, Okoli J, Go R. Is cumulative frequency of mitochondrial DNA variants a biomarker for colorectal tumor progression? Mol Cancer 2004;3(30):7.

[38] Houshmand M, et al. Is 8860 variation a rare polymorphism or associated as a secondary effect in HCM disease? Arch Med Sci 2011;7(2):242-6.

[39] Koh H, et al. Mitochondrial mutations in cholestatic liver disease with biliary atresia. Sci Rep 2018;8(1):905.

[40] Roshan M, et al. Analysis of mitochondrial DNA variations in Indian patients with congenital cataract. Mol Vis 2012;18:181-93.

[41] Chalkia D, et al. Mitochondrial DNA associations with East Asian metabolic syndrome. Biochim Biophys Acta 2018; 1859 (9): 878-92.

[42] Ji F, et al. Mitochondrial DNA variant associated with Leber hereditary optic neuropathy and high-altitude Tibetans. Proc Natl Acad Sci USA 2012;109(19):7391-6.

[43] Kang L, et al. MtDNA analysis reveals enriched pathogenic mutations in Tibetan highlanders. Sci Rep 2016;6:31083.

[44] van Oven M. PhyloTree Build 17: growing the human mitochondrial DNA tree. Forensic Sci Int: Genet Suppl Ser 2015;5:e392-4.

[45] Weissensteiner H, Pacher D, Kloss-Brandstätter A, Forer L, Specht G, Bandelt H-J, et al. HaploGrep 2: mitochondrial haplogroup classification in the era of high-throughput sequencing. Nucleic Acids Res 2016;. Available from: https:// doi.org/10.1093/nar/gkw233 2016 Apr 15.

[46] Sonney S, Leipzig J, Lott MT, Zhang S, Procaccio V, Wallace DC, et al. Predicting the pathogenicity of novel variants in mitochondrial tRNA with MitoTIP. PLoS Comput Biol 2017;13. Available from: https:// doi.org/10.1371/journal.pcbi.1005867.

[47] Clima R, Preste R, Calabrese C, Diroma MA, Santorsola M, Scioscia G, et al. HmtDB 2016: data update, a better performing query system and human mitochondrial DNA haplogroup predictor. Nucleic Acids Res 2017;45:D698-706. Available from: https://doi.org/10.1093/nar/gkw1066.

[48] Attimonelli M, Accetturo M, Santamaria M, Lascaro D, Scioscia G, Pappadà G, et al. HmtDB, a human mitochondrial genomic resource based on variability studies supporting population genetics and biomedical research. BMC Bioinform 2005;6:S4. Available from: https://doi.org/10.1186/1471-2105-6-S4-S4.

[49] Diroma MA, Lubisco P, Attimonelli M. A comprehensive collection of annotations to interpret sequence variation in human mitochondrial transfer RNAs. BMC Bioinform 2016;17:338. Available from: https:// doi.org/10.1186/s12859-016-1193-4.

[50] Consortium, T. 1000 G.P. An integrated map of genetic variation from 1,092 human genomes. Nature 2012;491:56-65.

[51] Pesole G, Saccone C. A novel method for estimating substitution rate variation among sites in a large dataset of homologous DNA sequences. Genetics 2001;157(2):859-65.

[52] Horner DS, Pesole G. The estimation of relative site variability among aligned homologous protein sequences. Bioinformatics 2003;19:600-6. Available from: https://doi.org/10.1093/bioinformatics/btg063.

[53] Preste R, Clima R, Attimonelli M, 2019. Human mitochondrial variant annotation with HmtNote. bioRxiv 600619. 10.1101/600619

[54] Pejaver V, Urresti J, Lugo-Martinez J, Pagel KA, Lin GN, Nam H-J, et al., 2017. MutPred2: inferring the molecular and phenotypic impact of amino acid variants. bioRxiv 134981. 10.1101/134981

[55] Mi H, Muruganujan A, Thomas PD. PANTHER in 2013: modeling the evolution of gene function, and other gene attributes, in the context of phylogenetic trees. Nucleic Acids Res 2013;41:D377-86. Available from: https://doi.org/10.1093/nar/gks1118.

[56] Capriotti E, Calabrese R, Casadio R. Predicting the insurgence of human genetic diseases associated to single point protein mutations with support vector machines and evolutionary information. Bioinformatics 2006;22:2729-34. Available from: https://doi.org/10.1093/bioinformatics/btl423.

[57] Capriotti E, Calabrese R, Fariselli P, Martelli PL, Altman RB, Casadio R. WS-SNPs&GO: a web server for predicting the deleterious effect of human protein variants using functional annotation. BMC Genom 2013;14:S6. Available from: https://doi.org/10.1186/1471-2164-14-S3-S6.

[58] Adzhubei I, Jordan DM, Sunyaev SR. 2013. Predicting functional effect of human missense mutations using PolyPhen-2. Curr Protoc Hum Genet 0 7, Unit7.20. 10.1002/0471142905.hg0720s76

[59] Sherry ST, Ward M-H, Kholodov M, Baker J, Phan L, Smigielski EM, et al. dbSNP: the NCBI database of genetic variation. Nucleic Acids Res 2001;29:308-11.

[60] Amberger JS, Bocchini CA, Schiettecatte F, Scott AF, Hamosh A. OMIM.org: Online Mendelian Inheritance in Man (OMIM®), an online catalog of human genes and genetic disorders. Nucleic Acids Res 2015;43:D789-98. Available from: https://doi.org/10.1093/nar/gku1205.

[61] Landrum MJ, Lee JM, Benson M, Brown G, Chao C, Chitipiralla S, et al. ClinVar: public archive of interpretations of clinically relevant variants. Nucleic Acids Res 2016;44:D862-8. Available from: https://doi. org/10.1093/nar/gkv1222.

[62] Bris C, Goudenege D, Desquiret-Dumas V, Charif M, Colin E, Bonneau D, et al. Bioinformatics tools and databases to assess the pathogenicity of mitochondrial DNA variants in the field of next generation sequencing. Front Genet 2018;9. Available from: https://doi.org/10.3389/fgene.2018.00632.

[63] Santorsola M, Calabrese C, Girolimetti G, Diroma MA, Gasparre G, Attimonelli M. A multi-parametric workflow for the prioritization of mitochondrial DNA variants of clinical interest. Hum Genet 2016;135:121-36. Available from: https://doi.org/10.1007/s00439-015-1615-9.

[64] Li B, Krishnan VG, Mort ME, Xin F, Kamati KK, Cooper DN, et al. Automated inference of molecular mechanisms of disease from amino acid substitutions. Bioinformatics 2009;25:2744-50. Available from: https://doi.org/10.1093/bioinformatics/btp528.

[65] Mi H, Huang X, Muruganujan A, Tang H, Mills C, Kang D, et al. PANTHER version 11: expanded annotation data from Gene Ontology and Reactome pathways, and data analysis tool enhancements. Nucleic Acids Res 2017;45:D183-9. Available from: https://doi.org/10.1093/nar/gkw1138.

[66] Ohanian M, Otway R, Fatkin D. Heuristic methods for finding pathogenic variants in gene coding sequences. J Am Heart Assoc 2012;1:e002642. Available from: https://doi.org/10.1161/JAHA.112.002642.

[67] McFarland R, Elson JL, Taylor RW, Howell N, Turnbull DM. Assigning pathogenicity to mitochondrial tRNA mutations: when "definitely maybe" is not good enough. Trends Genet 2004;20:591-6. Available from: https://doi.org/10.1016/j.tig.2004.09.014.

[68] Preste R, Vitale O, Clima R, Gasparre G, Attimonelli M. HmtVar: a new resource for human mitochondrial variations and pathogenicity data. Nucleic Acids Res 2019;47:D1202-10. Available from: https:// doi.org/10.1093/nar/gky1024.

[69] Preste R, Attimonelli M, 2019. Integration of genomic variation and phenotypic data using HmtPhenome. bioRxiv 660282. 10.1101/660282

[70] Malone J, Holloway E, Adamusiak T, Kapushesky M, Zheng J, Kolesnikov N, et al. Modeling sample variables with an Experimental Factor Ontology. Bioinformatics 2010;26:1112-18. Available from: https://doi.org/10.1093/bioinformatics/btq099.

[71] Kinsella RJ, Kähäri A, Haider S, Zamora J, Proctor G, Spudich G, et al. Ensembl BioMarts: a hub for data retrieval across taxonomic space. Database 2011;2011. Available from: https://doi.org/10.1093/database/bar030 bar030.

[72] Weinreich SS, Mangon R, Sikkens JJ, Teeuw MEEN, Cornel MC. Orphanet: a European database for rare diseases. Ned Tijdschr Geneeskd 2008;152:518 19.

[73] Zerbino DR, Achuthan P, Akanni W, Amode MR, Barrell D, Bhai J, et al. Ensembl 2018. Nucleic Acids Res 2018;46:D754-61. Available from: https://doi.org/10.1093/nar/gkx1098.

[74] Bodenreider O. The Unified Medical Language System (UMLS): integrating biomedical terminology. Nucleic Acids Res 2004;32:D267-70. Available from: https://doi.org/10.1093/nar/gkh061.

[75] Köhler S, Carmody L, Vasilevsky N, Jacobsen JOB, Danis D, Gourdine J-P, et al. Expansion of the Human Phenotype Ontology (HPO) knowledge base and resources. Nucleic

Acids Res 2019;47: D1018-27. Available from: https://doi. org/10.1093/nar/gky1105.

[76] Shen L, et al. MSeqDR: a centralized knowledge repository and bioinformatics web resource to facilitate genomic investigations in mitochondrial disease. Hum Mutat (Online) 2016;37(6):540-8.

[77] Falk MJ, et al. Mitochondrial Disease Sequence Data Resource (MSeqDR): a global grass-roots consortium to facilitate deposition, curation, annotation, and integrated analysis of genomic data for the mitochondrial disease clinical and research communities. Mol Genet Metab 2015;114 (3):388-96.

[78] Gonzalez M, et al. Innovative genomic collaboration using the GENESIS (GEM.app) platform. Hum Mutat 2015;36(10):950-6.

[79] 1000 Genomes Project C, et al. A global reference for human genetic variation. Nature 2015;526 (7571):68-74.

[80] Shen L, et al. MSeqDR mvTool: a mitochondrial DNA web and API resource for comprehensive variant annotation, universal nomenclature collation, and reference genome conversion. Hum Mutat 2018;39 (6):806-10.

[81] Ehler E, Novotný J, Juras A, Chylenski M, Moravcík O, Paces J. AmtDB: a database of ancient human mitochondrial genomes. Nucleic Acids Res 2019;47(D1):D29-32. Available from: https://doi.org/ 10.1093/nar/gky843.

[82] Damas J, Carneiro J, Amorim A, Pereira F. MitoBreak: the mitochondrial DNA breakpoints database. Nucleic Acids Res 2014;42(D1):D1261-8. Available from: https://doi.org/10.1093/nar/gkt982.

[83] Toren D, Barzilay T, Tacutu R, Lehmann G, Muradian KK, Fraifeld VE. MitoAge: a database for comparative analysis of mitochondrial DNA, with a special focus on animal longevity. Nucleic Acids Res 2016;44(D1):D1262-5.

[84] Pütz J, Dupuis B, Sissler M, Florentz C. Mamit-tRNA, a database of mammalian mitochondrial tRNA primary and secondary structures. RNA 2007;13(8):1184-90.

[85] Lott MT, Leipzig JN, Derbeneva O, Xie HM, Chalkia D, Sarmady M, et al., 2013. mtDNA variation and analysis using MITOMAP and MITOMASTER. Curr. Protoc. Bioinforma. Ed. Board Andreas Baxevans Al 1, 1.23.1-1.23.26. 10. 1002/ 0471250953. bi0123s44

[86] Castellana S, Rónai J, Mazza T. MitImpact: an exhaustive collection of pre-computed pathogenicity predictions of human mitochondrial non-synonymous variants. Hum Mutat 2015;36(2):E2413-22. Available from: https://doi.org/10.1002/humu.22720.

[87] Niroula A, Vihinen M. PON-mt-tRNA: a multifactorial probability-based method for classification of mitochondrial tRNA variations. Nucleic Acids Res 2016;44:2020-7. Available from: https://doi.org/10.1093/nar/gkw046.

[88] Smith AC, Robinson AJ. MitoMiner v3.1, an update on the mitochondrial proteomics database. Nucleic Acids Res 2016;44:D1258-61. Available from: https://doi.org/10.1093/nar/gkv1001.

[89] Reja R, Venkatakrishnan A, Lee J, Kim B-C, Ryu J-W, Gong S, et al. MitoInteractome: mitochondrial protein interactome database, and its application in "aging network" analysis. BMC Genom 2009;10: S20. Available from: https://doi.org/10.1186/1471-2164-10-S3-S20.

[90] Calvo SE, Clauser KR, Mootha VK. MitoCarta2.0: an updated inventory of mammalian mitochondrial proteins. Nucleic Acids Res 2016;44(D1):D1251-7. Available from: https://doi.org/10.1093/nar/gkv1003 Epub 2015 Oct 7.

[91] Cotter D. MitoProteome: mitochondrial protein sequence database and annotation system. Nucleic Acids Res 2004; 32: 463D-7D. Available from: https://doi.org/10.1093/nar/gkh048.

[92] Aranda B, Blankenburg H, Kerrien S, Brinkman FSL, Ceol A,

Chautard E, et al. PSICQUIC and PSISCORE: accessing and scoring molecular interactions. Nat Methods 2011;8:528-9. Available from: https://doi.org/10.1038/nmeth.1637.

[93] Calderone A, Castagnoli L, Cesareni G. mentha: a resource for browsing integrated protein-interaction networks. Nat Methods 2013; 10: 690 1. Available from: https://doi.org/10.1038/nmeth.2561.

[94] Kanehisa M, Goto S. KEGG: kyoto encyclopedia of genes and genomes. Nucleic Acids Res 2000;28:27-30.

[95] Pontén F, Jirström K, Uhlen M. The Human Protein Atlas—a tool for pathology. J Pathol 2008;216:387-93. Available from: https://doi.org/10.1002/path.2440.

[96] Ashburner M, Ball CA, Blake JA, Botstein D, Butler H, Cherry JM, et al. Gene ontology: tool for the unification of biology. Nat Genet 2000;25:25-9. Available from: https://doi.org/10.1038/75556.

[97] Hamosh A, Scott AF, Amberger JS, Bocchini CA, McKusick VA. Online Mendelian Inheritance in Man (OMIM), a knowledgebase of human genes and genetic disorders. Nucleic Acids Res 2005;33:D514-17. Available from: https://doi.org/10.1093/nar/gki033.

[98] Chatr-aryamontri A, Ceol A, Palazzi LM, Nardelli G, Schneider MV, Castagnoli L, et al. MINT: the Molecular INTeraction database. Nucleic Acids Res 2007;35:D572-4. Available from: https://doi.org/ 10.1093/nar/gkl950.

[99] Xenarios I, Rice DW, Salwinski L, Baron MK, Marcotte EM, Eisenberg D. DIP: the database of interacting proteins. Nucleic Acids Res, 28. 2000. p. 289-91.

[100] Finn RD, Bateman A, Clements J, Coggill P, Eberhardt RY, Eddy SR, et al. Pfam: the protein families database. Nucleic Acids Res 2014;42:D222-30. Available from: https://doi.org/10.1093/nar/ gkt1223.

[101] Attwood TK, Coletta A, Muirhead G, et al. The PRINTS database: a fine-grained protein sequence annotation and analysis resource-its status in 2012. Database (Oxford) 2012; 2012. Available from: https://doi. org/10.1093/database/bas019. Published 2012 Apr 15.

[102] Hunter S, Apweiler R, Attwood TK, Bairoch A, Bateman A, Binns D, et al. InterPro: the integrative protein signature database. Nucleic Acids Res 2009;37:D211-15. Available from: https://doi.org/10.1093/ nar/gkn785.

[103] Bairoch A, Apweiler R. The SWISS-PROT protein sequence database and its supplement TrEMBL in 2000. Nucleic Acids Res 2000;28:45-8.

[104] Parasuraman S. Protein data bank. J Pharmacol Pharmacother 2012;3:351-2. Available from: https://doi. org/10.4103/0976-500X.103704.

[105] Xu Z, Huang L, Zhang H, Li Y, Guo S, Wang N, et al. PMD: a resource for archiving and analyzing protein microarray data. Sci Rep 2016;6. Available from: https://doi.org/10.1038/srep19956.

[106] Prokisch H, Ahting U. MitoP2, an integrated database for mitochondrial proteins. Methods Mol Biol 2007;372:573-86. Available from: https://doi.org/10.1007/978-1-59745-365-3_39.

[107] Prasad AS. Zinc: role in immunity, oxidative stress and chronic inflammation. Curr Opin Clin Nutr Metab Care 2009;12:646-52. Available from: https://doi.org/10.1097/MCO.0b013 e3283312956.

[108] Schomburg I, Chang A, Schomburg D. BRENDA, enzyme data and metabolic information. Nucleic Acids Res 2002;30:47-9.

[109] Orchard S, et al. Protein interaction data curation: the International Molecular Exchange (IMEx) consortium. Nat Methods 2012;9:345-50.

拓展阅读

[1] Bannwarth S, Procaccio V, Lebre AS, Jardel C, Chaussenot A, Hoarau C, et al. Prevalence of rare mitochondrial DNA mutations in mitochondrial disorders. J Med Genet 2013;50:704-14. Available from: https://doi.org/ 10.1136/jmedgenet-2013-101604.

[2] Barros F, Lareu MV, Salas A, Carracedo A. Rapid and enhanced detection of mitochondrial DNA variation using single-strand conformation analysis of superposed restriction enzyme fragments from polymerase chain reaction-amplified products. Electrophoresis 1997;18:52-4. Available from: https://doi.org/10.1002/ elps.1150180110.

[3] Brownlee GG, Sanger F, Barrell BG. Nucleotide sequence of 5S-ribosomal RNA from Escherichia coli Nature 1967; 215(5102): 735 6PubMed PMID:. Available from: 4862513.

[4] Diroma MA, Calabrese C, Simone D, Santorsola M, Calabrese FM, Gasparre G, et al. Extraction and annotation of human mitochondrial genomes from 1000 Genomes Whole Exome Sequencing data. BMC Genom 2014;15(Suppl. 3):S2.

[5] Keshava Prasad TS, Goel R, Kandasamy K, Keerthikumar S, Kumar S, Mathivanan S, et al. Human Protein Reference Database—2009 update. Nucleic Acids Res 2009;37:D767-72. Available from: https://doi.org/10.1093/nar/gkn892.

[6] Maxam AM, Gilbert W. A new method for sequencing DNA Proc Natl Acad Sci USA 1977;74(2):560-4. Available from: https:// doi.org/10.1073/pnas.74.2.560PubMed PMID. Available from: 265521 PubMed Central.

[7] McCormick EM, et al. Standards and guidelines for mitochondrial DNA variant interpretation. In: United Mitochondrial Disease Foundation (UMDF) Symposium—Mitochondrial Medicine 2019 (Washington, D. C.), 2019a.

[8] McCormick EM, et al. Specifications of the ACMG/AMP standards and guidelines for mitochondrial DNA variant interpretation. Preprint server TBD, 2019b, in preparation.

[9] Murakami K, Sugita M. Evaluation of database annotation to determine human mitochondrial proteins. IJBBB 2018;8:210-17. Available from: https://doi.org/10.17706/ijbbb.2018.8.4.210-217.

[10] Parson W, Dür A. EMPOP—a forensic mtDNA database. Forensic Sci Int Genet 2007;1:88-92. Available from: https:// doi.org/10.1016/j.fsigen.2007.01.018.

[11] Richards S, et al. Standards and guidelines for the interpretation of sequence variants: a joint consensus recommendation of the American College of Medical Genetics and Genomics and the Association for Molecular Pathology. Genet Med 2015;17(5):405-24.

[12] Rossignol R, Faustin B, Rocher C, Malgat M, Mazat J-P, Letellier T. Mitochondrial threshold effects. Biochem J 2003;370:751-62. Available from: https://doi.org/10.1042/ BJ20021594.

[13] Ruiz-Pesini E, Mishmar D, Brandon M, Procaccio V, Wallace DC. Effects of purifying and adaptive selection on regional variation in human mtDNA. Science 2004;303(5655):223-6.

[14] Smith PM, Elson JL, Greaves LC, Wortmann SB, Rodenburg RJT, Lightowlers RN, et al. The role of the mitochondrial ribosome in human disease: searching for mutations in 12S mitochondrial rRNA with high disruptive potential. Hum Mol Genet 2014;23:949-67. Available from: https://doi.org/10.1093/ hmg/ddt490.

[15] Torroni A, Huoponen K, Francalacci P, Petrozzi M, Morelli L, Scozzari R, et al. Classification of European mtDNAs from an analysis of three European populations. Genetics 1996; 144: 1835-50.

[16] Torroni A, Wallace DC. Mitochondrial DNA variation in human populations and implications for detection of mitochondrial DNA mutations of pathological significance. J Bioenerg Biomembr 1994;26:261-71. Available from: https://doi.org/ 10.1007/ bf00763098.

[17] Wallace DC, Chalkia D. Mitochondrial DNA genetics and the heteroplasmy conundrum in evolution and disease. Cold Spring Harb Perspect Biol 2013;5:a021220. Available from: https://doi. org/10.1101/cshperspect. a021220.

[18] Wallace DC. Bioenergetics in human evolution and disease: implications for the origins of biological complexity and the missing genetic variation of common diseases. Philos Trans R Soc Lond B Biol Sci 2013;368:20120267. Available from: https://doi.org/10.1098/rstb.2012.0267.

关于线粒体 DNA 突变功能的方法和模型的研究

Methods and models for functional studies on mtDNA mutations

Luisa Iommarini　Anna Ghelli　Francisca Diaz　著

刘雅静　时灵鸽　译

第13章

线粒体医学时代始于 20 世纪 80 年代末，当时 mtDNA 的缺失和点突变被确定为神经肌肉疾病的一种遗传病因，现在这种缺失和突变被称为线粒体疾病 [1, 2]。在这些早期的研究中，mtDNA 改变（点突变、插入、缺失或拷贝数变异）不仅涉及罕见的线粒体疾病，而且还涉及其他人类疾病，包括糖尿病、心血管疾病和神经退行性疾病、癌症和老化等疾病 [3]。线粒体相关病因引发的人类疾病的发现，极大地促进了该领域的研究。这促进了几个体外和体内模型的创建，并优化了不同的方法来评估 mtDNA 改变的功能影响。早期研究主要依赖于患者来源的活检组织和原代细胞培养。组织学分析结合经典酶学方法和分子生物学技术，可以证明某些 mtDNA 的改变是导致功能失调的 OXPHOS 的原因，也会导致病理表型的出现。这些实验主要在骨骼肌标本或从受影响组织分离的线粒体上进行。患者的细胞培养主要用于获得生化分析所需的线粒体数量，特别是当骨骼肌活检不可用或骨骼肌未受影响的线粒体疾病时。随着研究的进行，这些第一代方法逐渐演变成更复杂、更精确的技术，并开发出反映人类病理学的模型。拥有合适的模型来研究线粒体缺陷，对于取代侵入性诊断程序和减少所需生物材料的数量至关重要。为了阐明线粒体疾病发病机制中所有尚未阐明的方面，建立可靠的实验模型，并确定可能的治疗方案，我们已经做出了许多努力。来自患者成纤维细胞的胞质杂交体细胞（cybrid）和诱导多能干细胞促进了对 mtDNA 突变的致病作用和线粒体疾病的组织特异性的理解 [4, 5]。体内模型也已经产生，但相对较少，因为直接操作 mtDNA 受到技术障碍的影响 [6, 7]。本章总结了目前有关体外和体内模型和技术的知识，用于研究 mtDNA 改变对 OXPHOS 复合物功能和结构的影响。

一、线粒体 DNA 突变研究的模型：体外模型

来自患者肌肉活检或外周血细胞的材料数量较少，这限制了 mtDNA 的改变对细胞代谢影响的研究。因此，有必要创建高度增殖的细胞模型，并提供生物样本的可再生来源。解决这个问题的一个办法是利用来自患者、杂交细胞或酵母的细胞系建立体外模型。

（一）人原代细胞系

自首次发现与人类疾病相关的致病性 mtDNA 突变以来，培养的淋巴母细胞、成肌细胞和皮肤成纤维细胞已被用于 OXPHOS 缺陷的诊断。常规检测包括检查细胞的氧化还原状态、

呼吸链复合物的酶活性，以及透性化细胞或分离线粒体的腺苷三磷酸（adenosine triphosphate，ATP）合成[8-11]。然而，原代细胞在体外培养时寿命有限，增殖能力下降。经过有限数量的分裂后，它们进入了一个永久的静止状态[12]。为了避免这个问题，可以通过用 Epstein-Barr（EB）病毒转化外周血 B 淋巴细胞来建立免疫化的淋巴母细胞系[13]。类似地，患者肌原细胞或成纤维细胞可以通过引入病毒癌基因 / 癌蛋白而永生化[14-16]。

（二）胞质杂合体

来自同一家系的相同致病 mtDNA 变异的细胞，由于其核 DNA 的不同，可能表现出不同的线粒体功能。为了消除核背景的干扰，1989 年，King 和 Attardi 提出了 "cybrid 模型"，其中，患者来源的去核线粒体供体细胞系与缺乏线粒体 DNA 的永生化细胞（Rho0 细胞）融合（图 13-1A）。在最初的出版物中，Rho0 细胞是通过接触溴化乙啶获得的，溴化乙啶是一种抑制线粒体 DNA 复制而不影响核 DNA 复制的 DNA 置换化合物[17]。Rho0 细胞是从人骨肉瘤细胞系 143B.*TK⁻* 中产生的。在一个添加 50ng/ml 溴化乙啶和 50μg/ml 尿苷的生长培养基的条件下，细胞的线粒体 DNA 被耗尽，10～15 天因尿苷和丙酮酸不足而营养不良。这种依赖尿苷的生化基础存在于二氢乳酸脱氢酶催化的从头嘧啶合成途径的关键步骤中。这种酶将乳清酸氧化为二氢乳清酸还原辅酶 Q，而辅酶 Q 又被线粒体呼吸链氧化。mtDNA 的耗尽和随后的呼吸链衰竭会破坏这种嘧啶合成途径[18]。此外，缺乏线粒体 DNA 的细胞依靠糖酵解产生 ATP，并需要补充丙酮酸以促进生成乳酸的 NAD⁺ 的形成以进行糖酵解[4]。

Rho0 细胞的生成需要两个步骤：阻断 mtDNA 复制和细胞复制引起的 mtDNA 稀释。基于这一理论，已经开发出其他技术，使用其他 mtDNA 复制抑制剂[19-21] 或灭活 mtDNA Polγ[22] 来耗尽 mtDNA。使用杂交方法，可以在不同的核 DNA 背景[23]下研究 mtDNA 突变，但应该注意的是，这些抑制剂的浓度和暴露时间甚至对

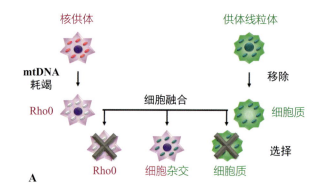

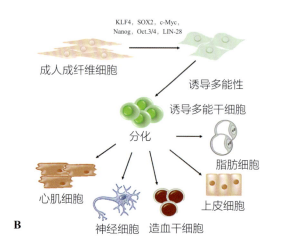

▲ 图 13-1　胞质杂合体的实验设计

A. 杂交后代的实验设计。核供体细胞系（八角细胞）经溴化乙啶处理后产生 Rho0 细胞。如正文所述，将线粒体供体细胞系（十角细胞）去核，然后与 Rho0 细胞进行细胞融合。经过适当的选择，去除亲本细胞系，只保留和扩大杂交细胞（暗线粒体的八角细胞）进行细胞培养。B. 诱导多能干细胞产生和分化的实验设计。来自分化组织的细胞（如成纤维细胞）被引入特定的基因编码转录因子，将成年细胞转化为诱导多能干细胞。在适当的刺激诱导下，利用细胞因子和生长因子的特定组合，诱导多能干细胞可以分化成几种类型的细胞

相同来源的细胞也可能不同，这种方法需要优化[24]。为了确认 Rho0 细胞中没有 mtDNA，必须应用分子技术（如 PCR 或定量实时 PCR）或选择性培养基中的细胞增殖检测[23]。此外，Rho0 细胞需要一种隐性核标志物，如胸苷激酶突变（*TK⁻*），以选择 Rho0 细胞与外源性线粒体重新种群后的真正的杂合体[4, 17]。

来自线粒体供体细胞的细胞质可以通过细胞松弛素 B 处理细胞获得，这种处理可以破坏细

胞骨架，并允许通过离心机械去核[17]。另一种方法是用放线菌素 D 化学去核，它不可逆地失活 mtDNA 供体细胞[25]的核转录和复制。Chomyn 和他的同事展示了利用人类血小板作为线粒体供体来重新培养 Rho0 细胞的可能性。使用血小板简化了线粒体移植过程，因为血小板不含细胞核，也不需要去核[26]。

在 Rho0 细胞与细胞质融合的各种方法中，最常用的是聚乙二醇 1500（PEG 1500）[4]。线粒体直接显微注射和细胞电融合也被采用[17, 24]。融合后，细胞在缺乏尿苷和丙酮酸的培养基中进行选择，以消除 mtRNA 供体细胞相关的 Rho0 细胞，并与排除 mtDNA 供体细胞的治疗相关。5-溴 -2- 脱氧尿嘧啶核苷（5-bromo-2'-deoxyuridine，BrdU）处理是从 *TK* 细胞中筛选胞质杂交细胞最常用的方法之一。mtDNA 供体中存在 Thymidine 激酶活性，该酶能够磷酸化 BrdU，使其插入核 DNA，进而，抑制核 DNA 复制并防止线粒体供体细胞的增殖，而不影响 *TK* 缺陷的胞质杂交细胞增殖[4, 17]。选择胞质杂交细胞的另一种方法是使用缺乏鸟嘌呤次黄嘌呤磷酸核糖转移酶活性的 Rho0 细胞，从而抵抗 6- 硫鸟嘌呤或 8- 氮杂鸟嘌呤的处理[27]。此外，如果核供体中没有耐药性，则可以在细胞融合之前，通过使用含有耐药性基因的商用转染载体，人工引入对另一种药物（即新霉素）的耐药性[28]。

杂交的主要目的是了解与疾病相关的 mtDNA 突变的致病机制[23]。然而，它们也有助于阐明致病性突变的阈值效应，以研究不同线粒体单倍型群与疾病易感性、药物反应、衰老和气候适应之间的关系[29-32]。此外，杂交细胞还被用于了解线粒体对神经退行性疾病如帕金森病和阿尔茨海默病[23]的作用，或研究线粒体 DNA 突变在肿瘤进展、化疗耐药和转移形成中的作用（见第 17 章 "癌症中的线粒体 DNA 突变"）。

（三）患者特异性诱导多能干细胞

尽管上述细胞模型对理解线粒体疾病的分子基础做出了巨大贡献，但它们是否准确反映了受影响组织的真实功能和特征仍存在争议。T 细胞的线粒体 DNA 突变显示出高度的组织特异性，并且这些细胞模型可能与来自受影响组织的细胞在形态、结构和功能上有显著差异。将分化细胞重新编程为诱导多能干细胞的新技术因其维持原始核 DNA 和线粒体 DNA 的能力而成为线粒体疾病的新模型，引起了广泛关注[11, 33]。该程序的方案见图 13-1B，而患者细胞重新编程的标准方案则在别处描述[34]。

关于从携带 mtDNA 突变的患者身上使用诱导多能干细胞的第一项研究报告了来自两名糖尿病患者[35]的 m.3243A＞G/MTTL1 异质突变细胞的产生和特性。建立具有不同异质性程度的诱导多能干细胞的能力表明，它们有助于研究异质性与线粒体功能障碍之间的相关性[35]。随后，Cherry 及其同事报道了一位 Pearson 综合征患者体内携带 2.5kbp 异质 mtDNA 缺失的诱导多能干细胞的产生和表征[5]。造血祖细胞分化后，诱导多能干细胞维持线粒体缺陷，重现 Pearson 综合征的病理特征。这项研究表明，重编程和分化的过程改变了细胞的异质性，并强调了诱导多能干细胞作为研究异质性转移的分子基础模型的能力。其他研究报告了携带异质性突变的诱导多能干细胞的产生和特征，导致 MELAS（线粒体脑肌病、乳酸酸中毒和卒中样发作），如 m.13513G＞A/MT-ND5[36]、m.3242A＞G/MT-TL1 和 m.5541C＞T/MT-TW[37-41]。总的来说，这些研究表明诱导多能干细胞是一种优秀的研究线粒体疾病组织特异性的工具，这与突变负荷有关。此外，有人观察到，在重编程过程中，诱导多能干细胞经历了线粒体 DNA 拷贝数的减少，类似于早期胚胎发生过程中发生的情况，称为瓶颈效应。因此，诱导多能干细胞也可能是研究这一现象的有用工具，这对于理解突变线粒体 DNA 遗传机制，以及不同组织呈现不同异质性的原因至关重要[37]。在 LHON 患者的细胞中也产生了诱导多能干细胞，并分化为视网膜神经节细胞，这些细胞在人类病理中受到影响，从而证实了在其他

LHON 细胞模型中已经观察到的生化缺陷[42, 43]。患者来源的携带 mtDNA 突变的同源诱导多能干细胞（iPSC）的建立似乎是阐明特定受影响组织中线粒体疾病分子机制的一种有前景的方法，也是个性化药物发现的工具。也有人提出诱导多能干细胞在未来可以用于自体细胞移植治疗，尽管这些方法的安全性还需要进一步的研究。

（四）酵母菌

面包酵母、酿酒酵母构成了一个方便的大型基因和药物筛选研究模型。该模型具有几个优点，包括 OXPHOS 复合物的高度进化保守性和线粒体功能与哺乳动物对应物的高度进化保守性；微生物的处理简单且相对便宜；线粒体 DNA 的广泛注释，以及直接操纵线粒体基因组的几乎独一无二的可能性[44]。酵母也适合通过基因敲除方法直接操纵其基因组来模拟线粒体 DNA 突变，这包括用 DNA 包被颗粒射击细胞，然后通过特定的遗传标记进行选择[45, 46]。尽管线粒体转化体的产量很低，但这种方法允许产生携带同质线粒体 DNA 突变的菌株，这些突变是在出芽期间通过线粒体分子分离积累的[47]。此外，当 OXPHOS 功能失调时，酵母具有利用可发酵碳源（如葡萄糖）生长的能力。因此，可维持导致严重功能障碍的致病性突变。

在酵母中模拟了导致不同线粒体疾病的多个 tRNA 致病性突变，形成同源质体[48-50]。这些突变的缺陷表型包括非发酵碳源的生长减少和呼吸受损，这取决于所用菌株和突变类型。与在人类细胞中观察到的相同，酵母中致病 MELAS 对应的突变在氨基酰化方面具有相同的缺陷[49, 51]。酵母也被用来确定 mtDNA 突变对细胞色素 bc1 的 Q_i 和 Q_o 位点的影响，包括复合物Ⅲ（complexⅢ，CⅢ）组装、结构稳定性、催化功能和对抑制剂的敏感性[52-55]。这些模型还用于识别抑制致病表型[56]或被认为是多态性的 mtDNA 变体的功能影响[57]的补偿突变。同样，酵母也被用于研究呼吸链复合物Ⅳ mtDNA 编码基因的突变，从而区分致病变异和沉默多态性[58-60]。在酵母中建立了 atp6 基因发生致病性突变导致神经源性肌无力、共济失调、色素性视网膜炎（neuropathy，ataxia，and retinitis pigmentosa，NARP）、Leigh 综合征或双侧纹状体病变的模型[61-66]。这些研究揭示了这些突变的异质性，其中一些突变明显影响了线粒体 F_1F_o ATPase（呼吸链复合物 V）的结构稳定性[62, 64]，而另一些突变则导致了复合物的功能缺陷[61, 63, 66]。这些突变菌株已被用于阐明酶功能障碍背后的分子机制[67, 68]或用于快速筛选药物库，以确定线粒体失调可能的治疗药物[69-71]。

总之，这些研究突出了酵母作为 mtDNA 突变功能影响研究模型的价值。面包酵母作为一种理想的哺乳动物线粒体疾病模型的一个主要缺点是缺乏呼吸链复合物Ⅰ，这确实是一些线粒体疾病的突变热点，特别是 LHON。在这种背景下，使用含有呼吸链复合物Ⅰ的酵母品种（如脂解耶氏酵母）的新模型的发展是值得的。

二、动物模型

体外研究使我们对线粒体 DNA 改变产生的生化缺陷有了重要的了解，但对动物模型的研究需要对其表型后果有更多的了解。基因编辑技术的进步极大地提高了线粒体疾病动物模型的生产，但其中只有少数携带 mtDNA 改变。有报道描述了动物自然发生的突变，也就是喜乐蒂牧羊犬和澳大利亚牧羊犬。这两个品种被描述为由 m.G14474A/MT-CYB 引起的遗传性海绵状白质脑病在细胞色素 b 中产生 p.V98M 变化的突变[72]。本节简要描述了用于研究 mtDNA 缺失和突变的动物模型（表 13-1），用于模拟人类病理的物种 mtDNA 组织的比较（图 13-2）。

（一）秀丽隐杆线虫

园林线虫秀丽隐杆线虫（Caenorhabditis elegans）是一种广泛应用于神经生物学、衰老和发育研究的线虫。这种生物模型的好处包括分化的器官和组织、短的生命周期、易于遗传操作和高繁殖率。雌雄同体的蠕虫利用自体受精使其

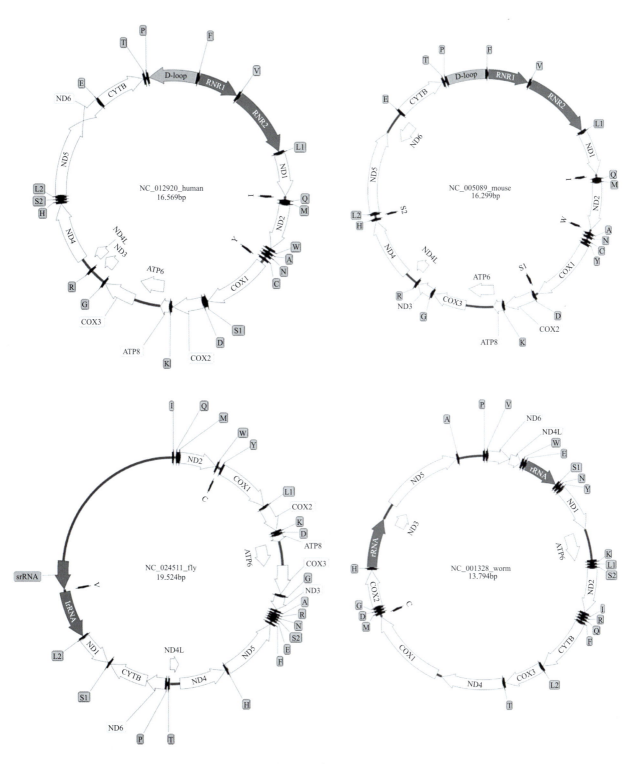

▲ 图 13-2　模拟人类病理的物种 **mtDNA** 组织比较的动物模型

线粒体基因组在人类、老鼠、苍蝇和蠕虫等动物模型的 mtDNA 突变的相关疾病。参考序列已用于构建图谱，并以 GenBank 登录号表示。编码序列为白箭头，tRNA 为深灰箭头，rRNA 为浅灰箭头，调控区域为灰箭头。使用 SnapGene v.4.3.11 生成图

易于繁殖纯合子生物，并有助于分离和维持突变株。

与酵母相似，这种线虫是大型药物或基因筛选的优秀工具。它也允许在完全相同的个体和受控条件下，在整个有机体水平上研究作用机制。秀丽隐杆线虫已被广泛用于模拟人类病理，包括线粒体疾病[73]。线粒体蛋白核编码基因中的突变株已经产生和被研究，因此我们对线粒体疾病分子基础的认识有了显著的进步[73，74]，但迄今为止还没有 mtDNA 突变模型。有趣的是，线粒体功能障碍与线虫寿命延长有关，尽管 ATP 含量和耗氧量较低证明了线虫的生物能衰竭[75，76]。根据衰老的自由基理论，线粒体功能障碍的长寿蠕虫应该产生和暴露于降低水平的活性氧。然而，线粒体功能障碍和生理速率缓慢的菌株并没有表现出氧化应激的降低，这表明寿命的延长主要与代谢活性的降低有关，而不是与活性氧的产生有关[75，77]。mtDNA 缺失的年龄依赖性积累也被考虑在内。有趣的是，在衰老的线虫中也有线粒体DNA 缺失和线粒体功能下降的报道[78]，但最近的一项研究表明，这种改变很少见，而且与衰老无关，表明它们不太可能导致年龄依赖的功能衰退，并削减秀丽隐杆线虫作为此类表型研究模型的价值[79]。

（二）黑腹果蝇

近年来，由于通过表达线粒体靶向限制性内切酶识别独特的切割位点，以一种组织特异性的方式操纵 mtDNA，黑腹果蝇可能成为 mtDNA 相关疾病的动物模型，引起了人们的广泛关注。Moraes 的团队在人类细胞中发明了这种方法，然后将其应用于果蝇[80，81]。尽管这种方法具有极高的毒性，但一些携带限制位点突变的逃脱者存活下来，会导致突变株的产生。该方法的局限性在于线粒体基因组中存在少数几个独特的限制位点，而且产生的核苷酸变异可能不会引起表型[82]。除了易于处理、生命周期短和繁殖率高的一般优点外，黑腹果蝇作为线粒体疾病的动物模型还有几个优点，特别是 mtDNA 编码的基因在

两种物种之间，以及 mtDNA 复制、转录和翻译、线粒体生物发生和动力学方面都高度保守[83]。果蝇具有线粒体疾病和核突变影响的所有器官和组织的症状，如大脑退化、心肌病和耳聋[84]。到目前为止，具有 4 种 mtDNA 突变的黑腹果蝇品系已被发现阐明并且与核 DNA 相关的模型也已可获取（表 13-1）和包括那些参与 mtDNA 复制和维护的核 DNA 编码基因所表达的蛋白质在内的多种模型是可用的[110]。早在 20 世纪 90 年代初，人们就发现了一株携带自发异质 mtDNA 大缺失（约 5kbp）的亚种果蝇，并将其用于 mtDNA 基因组的分离研究。由于该蝇株缺乏所有病理表型，因此尚未被认为是线粒体的模型神经疾病[111]。

1. ATP6 突变体　第一个果蝇 mtDNA 突变模型被发现是一个母系遗传的 $sesB^1$ 增强子，它是 ANT1 的同源物，具有一个自发的点突变，诱导呼吸链复合物 V 的 ATP6 亚基的氨基酸变化 p.G116E[88]。在 $sesB^1$ 突变背景下，$mt{:}ATP6^1$ 突变发生并在极高的异质性下保持稳定，而在 $sesB^+$ 突变背景下则向野生型转移并得到纯化。突变体反映了 LS 的关键特征，因为它们显示了短寿命，进行性肌肉退化和运动障碍，有条件的瘫痪，癫痫发作，神经功能障碍[88]。$mt{:}ATP6^1$ 突变体果蝇的线粒体呼吸速率与野生型果蝇相当，但它们的呼吸链复合物 V 活性几乎消失。该突变被预测会影响 ATP 合酶二聚体，事实上线粒体嵴是紊乱的。该果蝇模型显示，在年轻个体中，代偿代谢向糖酵解和生酮转变，并被用来证明高脂肪 / 生酮饮食可减少癫痫发作的发生[112，113]。

2. CoI 突变体　通过表达线粒体靶向 XhoI（mito-XhoI）酶，分离到 4 株携带 mt:CoI 基因同质变异的菌株，分别为 $mt{:}CoI^{A302T}$、$mt{:}CoI^{R301L}$、$mt{:}CoI^{R301S}$ 和 $mt{:}CoI^{T300I}$[81，86]。虽然前两个突变果蝇是健康的，但 $mt{:}CoI^{R301S}$ 菌株表现出生长迟缓、寿命缩短、与年龄相关的神经退行性变和由呼吸链复合物 IV 缺乏引起的肌病。相反，$mt{:}CoI^{T300I}$ 突变体是一个温度敏感菌株。在 29℃时不能闭

合的成熟敏感应变显示出严重的呼吸链复合物Ⅳ缺陷[114]。该模型已被用于研究卵子发生过程中mtDNA变异的增殖，并分析当该变异在眼睛中特异性表达时导致神经变性的分子机制[84]。

3. ND2 突变体　将相同的方法应用于 mito-BglⅡ 限制性内切酶，得到了呼吸链复合物Ⅰ ND2 亚基的两个突变体[81, 85]。*mt:ND2^{ins1}* 菌株在 189 位有一个框内插入 3 个核苷酸，在表型上与对照菌株相当，而 *mt:ND2^{del1}* 突变株在 186—188 位有一个 9 个核苷酸的缺失，删除了 3 个氨基酸。后者突变株呼吸链复合物Ⅰ活性降低，电子转移到质子泵的耦合效率低下，导致线粒体膜电位（$\Delta\Psi_m$）降低，能量产生减少[85]。变异果蝇也与 LS 的几种症状相似，包括应激性癫痫、进行性神经退行性变和寿命缩短。

4. CoⅡ 突变体　携带同质 *mt:CoⅡ^{G177S}* 低形态突变的果蝇模型显示精子中的呼吸链复合物Ⅳ活性下降。这种生物的能量缺陷与精子发育和运动障碍引起的男性不育有关，但不影响果蝇的一般生理[87]。病理表型在某些核遗传背景下被完全改变，表明核基因组可以调节某些 mtDNA 突变的表现。

（三）小鼠

多年来，一些线粒体疾病小鼠模型的产生极大地提高了对其发病机制的认识，并为测试治疗提供了少数工具[115-117]。大多数的模型是基于核编码基因的缺陷，这是由于已经提到过在操纵哺乳动物 mtDNA 技术上存在困难。本节总结了携带线粒体 DNA 改变的小鼠模型（表 13-1）。

1. 线粒体 DNA 缺失　第一个出现大规模 mtDNA 缺失的小鼠是"有丝分裂小鼠"，该小鼠是将含有 4696bp 缺失（nt 7759—12454）的去核杂交细胞的细胞质与原核期小鼠胚胎电融合，然后移植到假妊娠的雌性小鼠体内[89]。选择携带该异质缺失的嵌合后代进行育种，并将该缺失遗传到 F2 代。线粒体 DNA 缺失的积累在肌肉和肾脏线粒体功能障碍的一些组织中达到85%～94%，小鼠早死于肾衰竭[89]。

Moraes 团队建立 mtDNA 缺失动物模型的另一种方法是产生 mtDNA 双链断裂。第一个模型是在骨骼肌中表达线粒体靶向 PstI（mito-PstI）限制性内切酶的转基因小鼠，该酶在小鼠 mtDNA 的两个位点上切割[90]。转基因先证者小鼠表现出生长迟缓，在 6—7 月龄时，它们出现了严重的肌肉肌病。肌肉切片分析显示破催碎红纤维，COX 阴性纤维嵌合体，SDH 染色增加，线粒体肿胀，嵴断裂。在分子水平上，由 mito-PstI 产生的双链断裂导致 mtDNA 显著缺失，但剩余的一些分子由于 PstI 位点之一和 D-loop 控制区 3′ 末端的重组而形成大规模缺失[90]。因为在衰老过程中 mtDNA 缺失的积累与衰老有关，Moraes 的小组创造了一个诱导的 Tet-Off 系统，在成人神经元中表达 mito-PstI[91]。在不同的诱导模式下，转基因小鼠优先在神经元中积累大量的 mtDNA 缺失，这表明小 mtDNA 具有复制优势。该模型证明了线粒体双链断裂修复系统的存在[91]，并证明了某些神经元群体更容易受到由 mtDNA 缺失引起的 OXPHOS 功能障碍的影响[92, 93]，少突胶质细胞 mtDNA 缺失引起神经系统炎症和轴突损伤[94]，mtDNA 全身性损伤产生早衰表型，导致肌肉减少症[95]。

2. mt-Co1　在 2006 年，第一个携带 m.6589T＞C/mt-Co1 错义突变的线粒体模型是，通过将 mtDNA 缺失的女性胚胎干细胞（embryonic stem，ES）细胞与携带同质突变的无核小鼠细胞系融合而产生的[96]。在选择成功融合后，将胚胎干细胞引入 8 个细胞胚胎中，并培育嵌合的创始细胞，以获得突变 mtDNA 传递给下一代。F6 代在所有组织中都有 100% 的 mtDNA 突变，并显示出呼吸链复合物Ⅳ活性下降和血液中乳酸增加，导致生长迟缓的情况。

3. mt-Nd6　使用同样的技术，Wallace 的小组创造了另一个线粒体小鼠模型来测试严重 mtDNA 突变的后果[97]。线粒体供体是一个小鼠细胞系，该细胞系含有先前描述的 m.6589T＞C/mt-Co1，导致呼吸链复合物Ⅳ活性下降，以及新的 m.13885InsC/mt-Nd6 帧移位突变，该突变暴露了一个过早的终止密码子，导致严重的呼吸链复合物Ⅰ缺陷。这些细胞被去核并融合到 LMEB4 Rho0 细胞中，生成胞质，随后去核并融合到 Rho0 胚胎干细胞，获得多个克隆并进行分析。将对 mt-Co1 具有同源性且对 mt-Nd6 突变具有 96% 异质性的 EC77 克隆注射到囊胚中获得嵌合体。仅获得 3 个嵌合体，并进行繁殖，以确定突变 mtDNA 在连续母系代中的传代。在 F1 中，从尾部提取的 mtDNA 中只有 1 个 mt-Co1 突变是同质的，而有 47% 的 mt-Nd6 突变是异质的。小鼠没有表现出任何明显的表型，但在 11 月龄时，分子分析显示，大脑积累了高水平的 mt-Nd6 突变。脑、心脏、骨骼肌和肝脏呼吸链复合物Ⅰ活性下降 10%～33%，呼吸链复合物Ⅳ活性下降 19%～56%。这只雌性小鼠进行了交配，并分析了它 6 次妊娠的后代中基因突变的传播。有趣的是，这种突变在每一窝中都会减少，直到第四次妊娠时才消失。它的后代中的雌性也进行了交配，mt-Nd6 突变再次在第二次妊娠时丢失，这表明严重的呼吸链复合物Ⅰ突变是在卵子发生纯化。相反，即使 mt-Co1 突变引起了肌病和心肌病，它也会在几代人中保存下来[97]。

Wallace 的团队还创造了一只携带 m.13997G>A/mt-Nd6 的小鼠，该小鼠与人类 m.14600G>A/MT-ND6 相对应，在患有严重脑肌病的儿童中发现该小鼠同质性，在其患 LHON 的姨妈中发现异质性[99]。尽管在小鼠中呼吸链复合物Ⅰ活性的全身降低，该突变诱导了一种类似于 LHON 的病理表型，局限于视神经和小的视网膜纤维的丧失。视网膜神经节细胞轴突肿胀，氧化应激增加。到目前为止，这仍然是一个独特的模型来研究线粒体视神经病变的发病机制和测试抗氧化疗法。在另一个小鼠品系中建立了相同的突变模型，用于研究肿瘤的发展和转移形成[98]。年轻的 Nd6 突变小鼠仅表现出血液中呼吸链复合物Ⅰ+Ⅲ活性轻度降低和乳酸中度增加，但是是健康的。随着时间的推移，动物没有表现出任何神经或眼科的改变，但出现了年龄相关的疾病，如血糖升高和 B 细胞淋巴瘤。

4. mt-tK（tRNA^Lys） 通过多次亚克隆 P29 小鼠肺癌细胞系，Shimizu 及其同事发现了一个携带异质 m.7731G>A/mt-tK 突变的克隆[100]，与线粒体疾病患者中报道的 m.8328G>A/MT-TK 突变相对应。如前所述，线粒体小鼠被创造出来，F5 代携带不同水平的异质性，但没有一个后代具有超过 85% 的突变异质性，因为在更高的异质性中，它在卵子发生过程中被纯化。突变负荷高的小鼠体型较小，肌肉无力。在分子水平上，它们表现为线粒体呼吸减少。小鼠仅在 4 月龄时进行分析，而表型如何随年龄增长没有被研究[100]。

5. mt-tA（tRNA^Ala） Stewart 和 Larsson 的小组使用一种相对简单和聪明的方法，制造了携带 m.5024C>T/mt-tA 突变的异质小鼠模型[101]。该模型是通过利用杂合突变小鼠（稍后描述）在一系列策略育种后产生和选择体细胞 mtDNA 突变而创建的。他们将一只雄性 PolgA^{+/mut} 与一只野生型雌性杂交。将第一代杂合子雌性 PolgA^{+/mut} 与野生型雄性杂交。从这第二代开始，雌性将拥有野生型核基因组，但预计会从母系遗传 mtDNA 突变。建立 12 个谱系，通过 COX/SDH 染色在结肠隐窝中筛选建立者 OXPHOS 缺乏症。如果体细胞 mtDNA 突变无性系扩展超过其突变阈值，则应在受影响的细胞中产生 COX 缺乏症。通过这种方法，作者确定了一只先证者具有较高的含有 m.5024C>T/mt-tA 突变的异质性水平，与 1 例单纯肌病患者[118]和 1 例脑肌病患者[119]发现的人 m.5650G>A/MT-TA 相对应。人类的突变在 tRNA^Ala 的氨基酸臂中产生一个摆动的碱基对，而在小鼠中，它会导致不匹配，影响 tRNA 分子的稳定性，导致线粒体蛋白合成障碍[101]。与对照组相比，雌性突变小鼠没有任何明显的表型，而雄性小鼠的体重和脂肪含量则有所下降。5 月龄时，结肠隐窝上皮细胞出现呼吸链复合物Ⅳ缺陷，10 月龄时，结肠平滑肌和部分心肌细胞也出现呼吸链复合物Ⅳ缺陷。虽然该小鼠模型的异质性水平不高，但它对了解 mtDNA 突变的分离和测试治疗干预非常有用。

6. PolgA　哺乳动物 mtDNA 的复制是由聚合酶 γ 驱动的，聚合酶是由一个催化亚基（*PolgA*）和一个 DNA 结合附属亚基（*Polg2*）组成的异源二聚体。Polγ 是一种具有 3′–5′ 外切酶活性的催化亚基聚合酶。*POLG* 突变是线粒体疾病最常见的原因之一[120]。为了诱导 mtDNA 突变的积累，我们通过在特定的组织中表达一个带有 D181A 突变的 *PolgA* 突变转基因小鼠模型，该突变消除了外切酶的活性，而不改变 DNA 聚合酶的活性[102-104]。第一个转基因模型设计表达心脏特异性 α– 肌球蛋白重链下的 D181A 突变[102]。在不影响 mtDNA 拷贝数的情况下，转基因小鼠心脏中可以观察到 mtDNA 突变和缺失的快速积累。线粒体呼吸没有受损，但 mtDNA 突变的积累导致了进展性心肌病的发展，从 4—5 周开始，一个在 CaMKIIα 启动子下表达 D181A 突变的神经元特异性模型显示出大脑中 mtDNA 缺失和突变的积累，并出现类似于一些慢性进行性外眼肌麻痹患者情绪障碍的行为异常[104]。在第三个转基因模型中，*PolgA* D181A 转基因在大鼠胰岛素启动子下，在胰岛 B 细胞中表达突变聚合酶。该模型还积累 mtDNA 缺失和突变，导致细胞死亡，所引起的胰岛素不足和糖尿病表型的发展[103]。

其他 3′–5′ 外切酶校对缺陷 PolgA 小鼠模型是由 Larsson 和 Prolla 团队通过敲入该基因独立创建的[106, 107]。为了构建 KI 小鼠，将携带第二外切酶域 D257A 突变的等位基因引入胚胎干细胞，获得同源重组。在杂交小鼠后，他们产生了纯合子 *PolgA^{mut/mut}*KI 小鼠，命名为"突变体"[107]。突变小鼠发育正常，直到大约 6 月龄时开始出现早衰迹象[107]。一个类似的早衰表型观察 D257A 小鼠模型，该模型也描述在 9 月龄时出现听力损失和肌少症[106]。这 2 只老鼠都在 12—15 月龄的时候过早死亡。在分子水平上，在大脑、肝脏和心脏中观察到 mtDNA 缺失和体细胞点突变的积累。

总的来说，这些小鼠被认为是研究 mtDNA 改变在衰老中的作用的优秀模型。

7. Twnk　在哺乳动物中，线粒体解旋酶 Twinkle 解开 mtDNA，使其在复制过程中能够接触 Polγ 和单链 mtDNA 结合蛋白，这对 mtDNA 的维持和拷贝数控制是必需的[121]。*TWNK* 突变导致常染色体显性进行性眼外肌麻痹，其原因是复制缺陷引起 mtDNA 不稳定[122]。两种过表达不同类型的 Twinkle 突变体的转基因小鼠（*Twnk^{A360T}* 和 *Twnk^{dup353-365}*）被普遍存在的 β– 肌动蛋白启动子驱动，通常被称为"缺失小鼠"[108]。在 1 岁以上的小鼠中，闪烁突变产生 mtDNA 缺失和多个缺失的积累，但没有观察到点突变。与突变体不同，尽管在肌肉和大脑中观察到晚发型和进行性线粒体功能障碍，但缺失体小鼠并未表现出早衰表型[108]。在多巴胺能神经元中过表达 *Twnk^{dup353-365}* 的转基因小鼠也被开发用于研究帕金森病中 mtDNA 缺失积累的影响[123]。转基因小鼠没有表现出任何明显的表型，但显示出与年龄相关的 mtDNA 缺失水平增加，以及神经退行性变和肌病的迹象。

8. Mgme1　MGME1 是一种核酸酶，处理复制过程中产生的单链 mtDNA 5′ 末端。这种蛋白的突变会导致人类严重的线粒体多系统紊乱。临床表现包括进行性眼外肌麻痹、扩张型心肌病、小头症、智力迟钝、肌肉萎缩和胃肠道症状[124, 125]。这些患者表现为 mtDNA 缺失、多重缺失和 11kbp mtDNA 线性片段的高水平积累[125]。*Mgme1* 小鼠全身 KO 模型和心脏和骨骼肌特异性条件 KO 模型已经被建立[109]。在 18 月龄的时候，这些老鼠没有明显的表现型，看起来很健康，而且有生育能力。与缺失小鼠相似，Mgme1 缺失产生 mtDNA 的缺失，这是由于复制停滞而没有点突变的积累。最丰富的缺失也是一个 11kbp 的线性片段，它不包含 mtDNA 的小弧区（重链 O_H 和轻链 O_L 的复制起点之间的区域）。有趣的是，尽管存在上述所有的改变，OXPHOS 复合物的结构和功能似乎没有受到影响。

表 13-1 mtDNA 改变的动物模型

基 因	线粒体功能	基因操作	表 型		参考文献
黑腹果蝇					
ND2	呼吸链复合物 I 的结构亚基	线粒体靶向 *Bg*/ II（mito-*Bg*/ II）的表达	mt:*ND2*^(ins1)	健康	[85]
			mt:*ND2*^(del1)	降低呼吸链复合物 I 活性、Δ *Ψ*_m 和能量生产。应激性癫痫、神经变性和寿命缩短	
CoI	呼吸链复合物 IV 的结构和催化亚基	线粒体定向表达 *Xho*I（mito-*Xho*I）	mt:*CoI*^(A302T)	健康	[81, 86]
			mt:*CoI*^(R301L)	健康	
			mt:*CoI*^(R301S)	生长迟缓、寿命缩短、老年神经退行性变和肌病，呼吸链复合物 IV 活动减少	
			mt:*CoI*^(T300I)	29℃ 不能关闭，严重的呼吸链复合物 IV 缺陷	
CoII	呼吸链复合物 IV 的结构和催化亚基	自发突变	精子中呼吸链复合物 IV 活性降低，男性不育		[87]
ATP6	呼吸链复合物 V 的结构亚基	在 *sesB*^l 背景中发现自发突变体	寿命短，进行性肌肉退化运动障碍，癫痫发作，呼吸链复合物 V 活性丧失，线粒体嵴紊乱		[88]
小鼠肌肉					
常见的缺失	包含 tRNA 和呼吸链复合物 I、IV、V 的 7 个结构基因	原核期胚胎与无核细胞质的电融合 ΔmtDNA 杂交	呼吸链复合物 IV 阴性纤维在心脏和肌肉中的镶嵌模式；血液乳酸性酸中毒；肾衰竭		[89]
mtDNA 耗尽和大缺失 mt-Co1	OXPHOS 的多个亚基配合物结构和呼吸链复合物 IV 催化亚基	线粒体定向表达 *Pst* I（mito-*Pst* I）	破碎红纤维，呼吸链复合物 IV 嵌合体，线粒体肿胀，嵴断裂		[90–95]
	呼吸链复合物 IV 的结构和催化亚基	携带 6589T > C 突变的细胞质与 Rho0 胚胎干细胞融合	大脑、心脏、肝脏和骨骼肌发育迟缓和呼吸链复合物 IV 缺乏。无运动或神经表型线粒体肌病和心肌病；大脑、肝脏、心脏和骨骼肌的呼吸链复合物 IV 活性降低；破碎红纤维。没有运动或神经表型		[96]
mt-Co1 *mt-Nd6*	呼吸链复合物 IV 和呼吸链复合物 I 的结构亚基	携带 6589T > C 和 13885InsC 突变的细胞质与 Rho0 ES 细胞融合	线粒体肌病和心肌病；大脑、肝脏、心脏和骨骼肌中呼吸链复合物 IV 活性降低；破碎红纤维。无运动或神经表型		[97]
Nd6	呼吸链复合物 I 的结构亚基	含有 13997G > A 突变体的细胞与 Rho0 胚胎干细胞融合	多组织呼吸链复合物 I + III 缺损。年龄相关疾病的长期观察		[98]
		携带 13997G > A 突变体的去核细胞系与 Rho0 胚胎干细胞融合	视网膜反应减弱，视神经轴突肿胀；肝脑呼吸链复合物 I 缺乏；大脑中活性氧含量很高		[99]

（续表）

基　因	线粒体功能	基因操作	表　型	参考文献
mt-tK	tRNA^{Lys}	在雌性 Rho0 胚胎干细胞中引入体细胞 7731G＞A 突变	异质小鼠（85% 突变）表现为短体长、肌肉无力和破碎红纤维。骨骼肌呼吸链缺陷和活性氧产生升高	[100]
mt-tA	tRNA^{Ala}	在突变小鼠中发现的自发突变体，随后被选中	女性健康，男性体重和脂肪含量降低。结肠隐窝上皮、平滑肌和心肌细胞的年龄依赖性呼吸链复合物Ⅳ缺乏	[101]
Polg	mtDNA 复制（DNA 聚合酶）	*Polg*^{D181A} 在心脏的表达	心脏肿大，mtDNA 突变和缺失	[102]
		Polg^{D181A} 在胰岛 B 细胞中的表达	早期糖尿病，mtDNA 突变和缺失	[103]
		Polg^{D181A} 在神经元中的表达	5 月龄后的神经元功能障碍，mtDNA 突变和缺失	[104, 105]
		敲入 *Polg*^{D257A}	寿命缩短，过早衰老，mtDNA 突变和缺失	[106, 107]
Twnk	mtDNA 复制（解旋酶）	*Twinkle*$^{dup353-365}$ 的表达	迟发性肌病，mtDNA 删除和缺失	[108]
		Twinkle^{A360T} 的表达	迟发性肌病，mtDNA 删除和缺失	
Mgme1	mtDNA 复制（核酸酶）	全身系统性及心脏和骨骼肌特异性条件 KO 模型	mtDNA 删除和缺失，无明显表型	[109]

三、线粒体 DNA 改变引起的功能缺陷的评估方法

　　线粒体基因组编码属于 OXPHOS 系统复合物的亚单位，该复合物提供从分解代谢反应中产生的还原等量物（NADH 和 FADH2）生成 ATP 的功能。哺乳动物 OXPHOS 系统由 5 个多蛋白复合物（复合物Ⅰ～Ⅴ）和 2 个可移动的电子载体（泛素酮和细胞色素 c）嵌入内部的脂质双分子层线粒体膜。复合物Ⅰ～Ⅳ允许电子从 NADH 和 FADH2 转移到分子氧，同时产生跨越线粒体内膜的质子梯度，通过复合物Ⅴ合成 ATP。因此，mtDNA 的改变可能会影响 OXPHOS 系统的功能，已经建立了几种生化方法来确定其功能和结构状态。在科学文献中可以找到各种详细介绍这种分析原理和方案的报告。本节将描述最受欢迎的产品，强调它们的优点和局限性，但不会描述引用具体参考文献的详细协议。

（一）氧化磷酸化复合物的活性

　　1. 分光光度测定法　氧化磷酸化复合物活性可以在匀浆、富含线粒体的部分或从组织和细胞分离的纯化线粒体中测量[126]。在研究线粒体疾病的生化影响方面存在的一个问题是，实际上每个实验室都使用自己的方案来制备样品和进行酶分析。缓冲液组成、样品渗透方法、氧化还原受体和试剂浓度的差异使得几乎不可能对结果进行比较[127]。一些技术细节见表 13-2 和框 13-1。

　　（1）样品制备：Pallotti 和 Lenaz 详细描述了从动物组织和培养细胞系中分离线粒体的方法[137]。分离线粒体的一般步骤包括细胞间连接、细胞壁和（或）细胞膜的破裂方法、分离介质的选择、差异离心和样品的储存。最常用的样品均质方法是机械方法，如使用组织搅拌器（Waring，UltraTurrax）、Dounce/Potter-Elvehjem 均质器或化学方法（如溶菌酶或洋地黄皂苷）[137]。组织或细

表 13-2　OXPHOS 配合物活性分光光度测定的实验设置

分　析	缓　冲	基　板	条　件	参考文献
复合物 Ⅰ	20～25mmol/L KH$_2$PO$_4$ 或 20～25mmol/L Tris-HCl pH 7.2～8 补充：2～5mmol/L MgCl$_2$ 0.2%～0.5% BSA 1～2mmol/L KCN 1～3μmol/L 抗霉素 A	50～200μmol/L NADH 10～100μmol/LDB 或 CoQ1	温度：30～37℃ 持续搅拌：λ=340nm； 380nm 作为参考	[126, 128–136]
复合物 Ⅱ	10～50mmol/L KH$_2$PO$_4$ pH 7.2 1mmol/L EDTA 2μmol/L 抗霉素 A 1～3μmol/L 鱼藤酮 1～2mmol/L KCN	5～20mmol/L 琥珀酸钠 50～100μmol/L 癸基苯醌	温度：30～37℃ 持续搅拌：癸基 苯　醌　λ=280nm 或 DCPIP 600nm	[126, 133, 135, 136]
复合物 Ⅲ	10–50mmol/L KH$_2$PO$_4$ 或 250mmol/L 蔗糖 50mM Tris-HCl pH 7.4 补充：1mmol/L EDTA 0.1% BSA 1～2mmol/L KCN 1μmol/L 鱼藤酮 5mmol/L 丙二酸盐	15～50μmol/L cytc 50μmol/L DBH$_2$	温度：30～37℃ 持续搅拌：λ=550nm	[126, 132–136]
复合物 Ⅳ	10～50mmol/L KH$_2$PO$_4$ pH 7.4 可选择 0.1% BSA		温度：30～37℃ 持续搅拌：λ=550nm	[133]
复合物 Ⅰ + Ⅲ	50mmol/L KH$_2$PO$_4$ pH 7.4 2mmol/L KCN	80μmol/L 细胞色素 c 100μmol/L NADH	温度：30～37℃ 持续搅拌：λ=550nm	[126]
复合物 Ⅱ + Ⅲ	40～50mmol/L KH$_2$PO$_4$ pH 7.4 0.5～1mmol/L KCN 10～20mmol/L 琥珀酸酯孵育 10min	30～50μmol/L 细胞色素 c	温度：30～37℃ 持续搅拌：λ=550nm	[126]
复合物 Ⅴ	40～50mmol/L Tris-HCl pH 8 0.5～0.25mmol/L NADH 2～2.5mmol/L PEP 5mmol/L MgCl$_2$ 20UI 或 50μg/ml 乳酸脱氢酶 20UI 或 50μg/ml 丙酮酸激酶	0.5～2.5mmol/L ATP	λ=340nm	[133, 135]

胞破坏必须在适当的分离溶液中进行，通常含有 0.25mol/L 的糖，如不同比例的蔗糖、甘露醇，或山梨糖醇，100～150mmol/L KCl 保持细胞离子力和缓冲系统保持生理 pH 值（通常 5～20mmol/L Tris-HCl 或 Tris-acetate）。此外，分离液还含有 EDTA 或 EGTA，可结合 Ca^{2+} 离子（1mmol/L），0.1%～1% 的牛血清白蛋白（bovine serum albumin,

BSA），从而淬灭细胞蛋白酶的蛋白水解活性，并去除保持线粒体膜完整性的游离脂肪酸，以及蛋白酶抑制剂的混合物。在组织和细胞分裂后，通过两步离心分离法分离和收集线粒体。需要低速离心（600～1000g）去除完整的细胞，细胞碎片，细胞核。上清液高速离心（8000～10 000g），得到线粒体馏分："粗线粒体"。该微球被认为适

框 13-1　OXPHOS 配合物活性分光光度法的数据分析

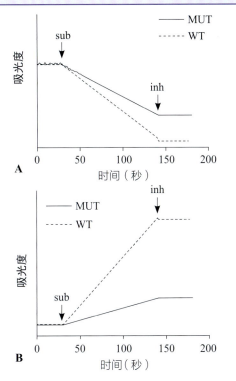

A. 显示一个假想的酶学检测复合物 I、II、IV或V，其中被还原（即 DCIP）或被氧化（即 NADH 或被还原的细胞色素 c）的发色团在固定波长下降低其吸光度。在开始反应的底物加入之前，吸光度应该是稳定的。底物加入后，吸光度下降，直到与特定抑制剂（如鱼藤酮、丙二酸、KCN 或寡霉素）停止反应；化验详情见表 13-2。根据朗伯 - 比尔定律，以 1min 内底物浓度的变化来计算反应速率。如正文所述，减去非酶活性的最佳选择是在反应开始时在特定抑制剂的存在下进行平行测定。然而，当样品量不足时，唯一的可能是在反应过程中加入抑制剂，并减去残留的抑制活性。虚线表示对照样品（WT）中的酶活性速率，而全线表示从假设的 mtDNA 突变体（MUT）中提取的样品的酶活性，该突变体会影响实验中涉及的酶。B. 显示了一个假设的复合物III或柠檬酸合酶的酶学分析，在此过程中，在固定波长下，色素减少（即细胞色素 c 或 DTNB）增加其吸光度。加入还原癸基苯醌（DBH₂）后，细胞色素 c 减少，检测复合物III活性。复合物III检测的非特异性活性是在平行实验中存在抗霉素 A 或在检测过程中添加抑制剂后测量的，如图所示。柠檬酸合酶活性测定通常将加入草酰乙酸前 1min 的吸光度变化斜率作为非特异性柠檬酸合酶活性来进行。特定酶活性的速率是减去添加草酰乙酸之前的活性减去底物存在下的速率来计算的。如图 A 所示，虚线表示对照样品（WT）的酶活性速率，全线表示假设突变样品（MUT）的酶活性

用于酶分析，但也可以进行进一步的纯化步骤，使用不连续梯度（蔗糖、Ficoll 等）。然后，将线粒体制剂重悬在最小体积的分离缓冲液中，以保持较高的蛋白浓度，并在 -80℃下冷冻保存。

(2) NADH——泛素氧化还原酶活性（呼吸链复合物 I 活性）：由于 NADH 的氧化部位在线粒体基质的一侧，因此呼吸链复合物 I 分光光度活性的测量被认为是困难的，而且并不总是可靠的；因此，它需要完全渗透内部线粒体膜，以允许基质进入。此外，电子辅酶 Q 的内源性受体在水介质中不溶，需要一种溶解性更好的泛素酮类似物，即癸基苯醌（decylbenzoquinone，DB）。根据线粒体制备和来源的不同，呼吸链复合物 I 检测可能会由于其他 NADH 脱氢酶的存在而出现非特异性活性[128]。尽管文献中描述的方法存在差异，但可靠的分析方法必须考虑的真正关键因素是电子受体底物、测定鱼藤酮敏感性的方法和线粒体渗透程序。很少有研究对这些问题进行剖析，并比较不同方法之间的差异[128-131]。线粒体渗透最流行的方法是基于 1~2 个冷冻 / 解冻循环，随后可能会出现低渗休克。在某些情况下，0.1%~0.5% 的洋地皂苷可用于透膜，或将新鲜制备的线粒体直接添加到实验低渗缓冲液中[126, 128-136]。大多数的测试是基于在 340nm 处 NADH 氧化的测量；然而，有些方法是基于对醌在 272nm[126] 或 2，6- 二氯吲哚酚（2, 6-dichloroindophenol，DCIP）在 600nm[130, 136] 的还原量的测量。由于 DCIP 的消光系数是 NADH 的 3 倍，因此由被还原醌产生的电子还原 DCIP 是非常有用的。因此，信号被放大，可以测量非常低的呼吸链复合物 I 活动[130, 136]。计算鱼藤酮敏感性的最佳方法是在底物成瘾前用样品中的鱼藤酮进行平行测定。事实上，当底物不存在时，鱼藤酮对酶的抑制作用更好，这可能是因为它与醌竞争。然而，有几种方法表明鱼藤酮可以通过添加到相同的检测中来使用，特别是在诊断样本有限的情况下[128]。

(3) 琥珀酸——泛素氧化还原酶活性（呼吸链复合物 II 活性）：复合物 II 是呼吸链中唯一

完全由核基因编码的酶；因此，与柠檬酸合酶（citrate synthase，CS）一样，其活性的测量经常被用作线粒体数量的标记。反应开始时，在待测培养基中预孵育 10min 后加入 50～100μmol/L DB 激活复合物Ⅱ。癸基苯醌的减少可以在 280nm 处直接测量产生的喹啉信号[135]，或在 600nm 处降低 50～80μmol/L DCIP[126, 133]。加入 5mmol/L 丙二酸酯（复合物Ⅱ的一种特异性抑制剂）后，非特异性反应可被测量、测定，并可减去加入的丙二酸酯总活性。

(4) 泛素——细胞色素 c 氧化还原酶活性（复合物Ⅲ活性）：在 550nm 处，细胞色素 c 减少引起吸光度增加，然后测量复合物Ⅲ活性。加入 1～2μmol/L 抗霉素 A（antimycin A，aA）后计算抗霉素敏感性比活性。如复合物Ⅰ所述，抗霉素 A 敏感性应在反应开始时与抑制剂进行平行测定。DBH2 可以通过硼氢化物晶体[126]或二亚硫酸钠晶体[133, 138]还原癸基苯醌得到。

(5) 细胞色素 c 氧化还原酶活性（复合物Ⅳ活性）：在 550nm 处还原的细胞色素 c 消失后测量反应[126, 132-135]。测定通常在 pH 7.4 的 10～50mmol/L KH_2PO_4 缓冲液中进行，置于试管中，控制温度为 30℃或 37℃。在一些方案中，缓冲液中也含有 0.1% 的牛血清白蛋白[133]，在加入 1～2mmol/L KCN 后，除去 KCN 的不敏感活性后，反应的特异性被测量。细胞色素 c 还原的方法在其他方面也有准确的描述[126]。

(6) NADH——细胞色素 c 氧化还原酶（复合物Ⅰ+Ⅲ活性）：在细胞匀浆中，复合物Ⅰ+Ⅲ活性的测量遭受高水平鱼藤酮不敏感影响（在总活性的 30%～80%），而它被认为是可靠的线粒体馏分。这一测量提供了关于电子通过内源性辅酶 Q 而不是外源性醌运输的两个复合物的综合活性的信息。在 550nm 波长下测定细胞色素 c 还原后的酶活性。在加入底物之前，用 1μmol/L 鱼藤酮和 1μmol/L 抗霉素 A 与样品孵育，在平行测定法中测定的残留活性减去该反应的特异性。

(7) 琥珀酸——细胞色素 c 氧化还原酶（复合物Ⅱ+Ⅲ活性）：复合物Ⅱ+Ⅲ活性是通过加入琥珀酸钠后细胞色素 c 减少来测定的。经典缓冲区如表 13-2 所示。一些调整包括 0.1% 牛血清白蛋白、1mmol/L ATP（复合物Ⅱ的激活剂）和 1mmol/L EDTA[135]。以 30～50μmol/L 细胞色素 c 开始反应，计算反应的特异性，减去平行测定中存在 1μmol/L 抗霉素 A 和 5mmol/L 丙二酸的残留活性。

(8) ATP 合酶水解活性（复合物Ⅴ活性）：复合物Ⅴ的测定采用反方向（ATP 水解）的方法，如文献所述[135]，通过丙酮酸激酶（pyruvate kinase，PK）和乳酸脱氢酶（lactate dehydrogenase，LDH）的偶联反应将 ATP 水解与 NADH 的氧化联系起来。通过测量 340nm 处的吸光度来监测 NADH 的氧化速率。在平行试验中加入 1～10μmol/L 寡霉素 A 以评估反应的特异性。另外，ATP 水解活性可以使用终点法进行监测，其中反应在含有 125mmol/L 蔗糖、65mmol/L KCl、2.5mmol/L $MgCl_2$、50mmol/L pH 为 7.2 的 Hepes 和 2.5mmol/L ATP 的缓冲液中进行，在 30℃下反应 10min。然后，在 0.5mmol/L KH_2PO_4、10N H_2SO_4 中加入等体积的 40% TCA、10% 钼酸盐终止反应。由 ATP 水解得到的无机磷酸盐（inorganic phosphate，Pi）与钼酸盐反应，形成着色的溶液，最大吸光度为 600nM，用 Pi 在 0～500nmol 范围内的标准曲线来定量生成 Pi[136]。

(9) 柠檬酸合酶活性：与复合物Ⅱ一样，柠檬酸合酶活性被用来规范样品线粒体含量上的 OXPHOS 复合物活性。在乙酰辅酶 A 和草酰乙酸酯缩合过程中，将 5, 5'- 二硫代二硝基苯甲酸 [5, 5'-dithiobis（2-nitrobenzoic acid），DTNB] 还原为柠檬酸合酶产生的辅酶 A（coenzyme-A，CoA）。用于柠檬酸合酶活性的试验缓冲液在 125～200mmol Tris-HCl[126, 136] 和 50mmol KH_2PO_4[135] 之间选择。虽然缓冲系统的类型似乎对该试验并不重要，但应该注意的是，不同的方法使用的 pH 从 7.4 到 8。pH 越靠后越接近线粒体基质的 pH，越有利于酶活性的提高。一些方法还包括检测缓冲液 0.1% Triton-X100，以确保线粒体膜的完全增溶和柠檬酸合酶的释放[135, 136]。反应混合物中还含有 50～300μmol/L 乙酰辅酶 A、0.1mmol/L DTNB，以 0.1～0.5mmol/L 草酰乙酸开始，在 30～37℃，412nm 波长下测量 DTNB 的还原率[126, 135, 136]。

2. 基于免疫捕获的分析　最近，商业上可获得的检测呼吸复合物酶活性的试剂盒已经被开发出来，该试剂盒基于其免疫捕获到包被的微孔板上。它们可以与来自细胞培养、分离线粒体或各种来源的组织样本（包括人类、小鼠、大鼠和牛）一起使用。

这些套件提供了方便，当需要分析大量样品时，当筛选可能影响 OXPHOS 功能的化合物时，或当这些测量是零星进行时，都是一种方便、经济、省时的方法。其缺点是，它们只能测量复合物Ⅰ、Ⅱ或Ⅴ酶活性。整个过程非常简单。用洗涤剂溶液从样品中提取蛋白质，与预先包覆的微孔板孵育 2～3h，然后清洗以消除未结合的物质。只有感兴趣的呼吸复合体在微孔板上保持固定。然后加入含有底物和染料的溶液，用平板读取仪记录吸光度随时间的变化。重要的是在分析中始终包括阳性和阴性对照，并通过适当的收集和储存样品来确保酶活性的保存。

对于复合物Ⅰ的测定，所提供的底物允许通过 NADH 氧化来测量其透照酶型活性，所提供染料的还原量以 450nm 处的吸光度的增加来衡量。该方法不依赖于泛素，因此不受鱼藤酮的抑制。在复合物Ⅱ检测中，反应是基于泛素的产生和 DCIP 的减少。这是通过在 600nm 处的吸光度下降来测量的。2- 烯酰三氟丙酮（2-thenoyltrifluoroacetone，TTFA）是一种复合物Ⅱ抑制剂，可用于测定信号的特异性。复合物Ⅳ检测是基于在 550nm 处的吸光度下降所测量的还原细胞色素 c 的氧化。对于经典的分光光度法，呼吸复合物的活性结果应根据蛋白质含量和（或）线粒体含量进行归一化，或以柠檬酸合酶的活性作为参考。有一种叫作试纸法的免疫捕获试剂盒可用来检测复合物和复合物Ⅳ，其中针对特定复合物的抗体被放置在一条硝化纤维素膜中，一个芯垫将样本拉向抗体。然后将棒浸入含有底物和染料的溶液中，颜色显现并沉淀在棒条上。随后，可以用成像系统对棒进行分析，以确定沉淀染料的信号强度。

（二）耗氧量

1. 经典克拉克型电极方法　有几种技术可用来测量耗氧量，但经典的克拉克型电极仍被广泛使用，并被认为是可靠的。Clark 电极由一个带有磁性搅拌器的温度控制的培养室和一个氧电极组成，氧电极插入并通过一个透氧特氟隆膜与样品分离[139]。该腔室包含一个明确定义的介质体积，并由一个塞子关闭，以保持样品与空气隔离。底物 / 抑制剂的添加是通过注射器在塞子内的一个小端口完成的[139]。电极连续测量室中的氧浓度，并产生电信号进行记录。几种用于测量不同生物样本的耗氧量的方法已经被发表，如分离的线粒体、完整或渗透的细胞、细菌，甚至整个生物体[139-143]。

完整细胞的氧气消耗通常在不含血清的培养基中进行，并根据与线粒体呼吸相关的代谢途径补充葡萄糖（1～30mmol/L）、谷氨酰胺（0.5～2mmol/L）、丙酮酸（0.5～2mmol/L）或棕榈酸酯（100～600nmol/L）。在这些条件下，呼吸受到来自不同分解代谢途径的细胞内底物的生产和细胞能量需求的调节。在细胞渗透或线粒体分离后，底物和刺激器 / 抑制剂的添加可以调节呼吸，并获得一些参数，这些参数可以测量呼吸链中的缺陷，底物氧化和磷酸化之间的耦合 [呼吸控制比（respiratory control ratio，RCR）] 或线粒体 OXPHOS 效率（ADP/O 指数）[139-142]。最流行的细胞渗透方法是在适当优化的条件下使用洗涤剂（如洋地黄皂苷和皂苷）[139, 140, 142]。缓冲液的组成可能不同，但至关重要的是保持培养基的渗透压在 250～300mOsm，以保持线粒体膜完整。

使用渗透细胞或分离线粒体，可以通过解剖

呼吸复合体对氧气消耗的不同贡献来测量呼吸。在复合物Ⅰ+Ⅲ+Ⅳ驱动下，可以添加 5mmol/L 苹果酸盐和 5mmol/L 谷氨酸盐或 10mmol/L 丙酮酸盐，这些底物被产生 NADH 的脱氢酶氧化。相反，在用 1μmol/L 鱼藤酮抑制复合物Ⅰ后，加入琥珀酸盐或甘油 –3– 磷酸（glycerol-3-phosphate，G3P）会导致醌的减少，并允许测量依赖于复合物Ⅱ+Ⅲ+Ⅳ 或 G3P 脱氢酶 + 复合物Ⅲ+Ⅳ 的呼吸。1μmol/L 抗霉素 A 抑制复合物Ⅲ后，N，N，N′，N′– 四甲基对苯二胺（N，N，N′，N′–tetramethyl-p-phenylenediamine，TMPD）和抗坏血酸盐的加入直接降低细胞色素 c，为复合物Ⅳ提供电子。这样，就有可能揭示呼吸链是否存在缺陷及缺陷在哪里发生[140]。

在渗透细胞或分离线粒体中，可以测量总 RCR 和 ADP/O 指数，RCR 定义为状态 3 和状态 4 呼吸的比值。状态 3 是 ADP 在底物（如苹果酸、谷氨酸或丙酮酸，琥珀酸，抗坏血酸 /TMPD）存在下刺激的最大呼吸速率，分别为复合物Ⅰ驱动呼吸、复合物Ⅱ和复合物Ⅳ驱动呼吸。状态 4 是同一样品中 ADP 完全转化为 ATP 后测得的耗氧速率，呼吸变慢，呼吸链仅用于维持载体和质子泄漏耗散的线粒体膜电位。通常，RCR 值反映线粒体制备的质量。复合物Ⅰ基质的 RCR 值在 6～8，复合物Ⅱ底物 RCR 值为 2～4，抗坏血酸 /TMPD 的 RCR 值为 1.5～2，这表明线粒体制备良好。ADP/O 指数表示线粒体磷酸化系统的效率。该指数的计算方法为加入系统的 ADP 的 nmol 数除以状态 3 呼吸过程中消耗的氧原子数[139, 142]。

2. 高分辨率呼吸运动计量法　Oroboros O2K 仪器是一种高分辨率呼吸计，设计用于研究线粒体生理学，使用完整或渗透细胞、分离线粒体、组织匀浆，甚至渗透组织[144]。Oroboros O2K 是非常敏感的，能够以温度控制方式检测低至 0.5pmolO₂/（s·ml）的氧气流量。该仪器的更新版本将高分辨率呼吸计与荧光计结合，提供了同时测量氧气消耗和过氧化氢产生、线粒体膜电位、Ca²⁺ 通量或 ATP 产生的功能，使用

各自的荧光探针 Amplex Red、四甲基罗丹明甲酯（tetramethylrhodamine methylester，TMRM）、Ca²⁺ 流或镁绿染料（magnesium green dye）[145-148]。此外，还集成了包含离子选择性电极的模块，可以测量膜电位和 pH 的变化。该模块包含一个安培计，可以测量一氧化氮、硫化氢，以及过氧化氢的产生。Oroboros O2K 具有广泛的功能和灵敏度，是研究线粒体生物学和功能的首选仪器。但是，它有一个局限性，即只有两个样品室。这限制了高通量方法（如基于多孔板格式的方法）的流线化，这些方法适用于筛选大量样品，但灵敏度低，在实验方案（注射次数和测量类型）方面灵活性有限。

3. 微孔板微量呼吸测定法　进行实验所需的样品数量的增加是基于电极的方法测量氧气消耗的主要限制之一，对样品必须进行的长时间搅拌，可能会干扰细胞和线粒体的适合度。然而，基于荧光和磷光的氧传感器的发展，促进了方便的多孔板格式测量单分子贴壁细胞耗氧量这一方法的发展[149, 150]。这些方法的优点是减少所需的生物材料数量，允许在不同的实验条件下进行多次测量，并保持细胞处于接近其生理状态的状态。此外，它们还可以与其他测量相结合，如 pH 量化、代谢通量评估[151] 或蛋白质组学方法[152]，以确定细胞的代谢环境。然而，它们不如高分辨率方法那么灵敏，毕竟它们是为高通量实验设计的，比如评估多重突变体或药物筛选。有趣的是，这些方法已被开发用于测量完整细胞或分离线粒体的耗氧量[153]，但它们也被应用于三维细胞模型、微生物、整个组织，甚至小生物体，如蠕虫或斑马鱼胚胎[154-158]。这些传感器可从安捷伦以可溶形式（MitoXpress）或更流行的固定在塑料支架上的形式（Seahorse XF）购买。特别是，Seahorse XF 系统由于优化的方案和试剂而获得了极大的普及，这些方案和试剂允许快速、轻松地评估线粒体和细胞代谢。Seahorse XF 分析仪测量呼吸 [耗氧率（oxygen consumption rate，OCR）] 和细胞外 pH[细胞外

酸化率（extracellular acidification rate，ECAR）]，以提供有关线粒体功能和活细胞代谢状态的实时信息[153]。技术细节、工作原理，以及 OCR 和 ECAR 数学校正在制造商网站上，由 Gerencser 及其同事介绍[149]。简单地说，荧光生物传感器的 pH 和 O_2 被固定在一个一次性的墨盒上，并与光纤波导耦合。OCR 和 ECAR 测量是在缺少碳酸盐/碳酸氢盐缓冲液的介质中，通过多孔板和滤盒形成的瞬态微腔实时进行的。在实验过程中，最多可以进行 4 次注射，允许增加浓度相同的化合物或不同的处理，已经设计了若干现成的工具包，以涵盖能量代谢的各个方面。MitoStress Test kit 利用 OXPHOS 复合物抑制药（寡霉素、鱼藤酮和抗霉素）和解耦联药三氟甲氧基苯腙羰基氰化物（cyanide-p-trifluoromethoxyphenylhydrazone，FCCP）来测定基础呼吸、ATP 产生耦合呼吸、最大值和储备能力及非线粒体呼吸。这是一种经典的检测方法，用于鉴别细胞间线粒体功能的差异，以及测试药物、基因操作或呼吸作用的效果，更多详情见框 13-2。糖酵解应激试验和糖酵解速率试验已被设计用于研究糖酵解。第一种方法测量细胞的糖酵解能力和储备能力，并研究细胞提高其糖酵解活性以响应生物能量需求的能力。第二个参数决定了在基础条件下和呼吸链受到抑制时的糖酵解速率，该参数已被证明与细胞外乳酸积累直接相关，为细胞对代谢应激的反应提供了宝贵的信息。其他优化的方案和试剂允许测定脂肪酸氧化和 ATP 合成或呼吸链的优先燃料来源[159-161]。值得注意的是，这些试剂盒仅仅代表可以进行的一些检测。实验设计可以修改，以测试不干扰氧和 pH 传感器的所有化合物。然而，正确的数据解释、适当的 OCR/ECAR 归一化，以及大量的统计量，是获得丰富的信息、可靠的结果所必需的[153, 162]。当使用细胞进行这些实验时，一个重要的参数是设置接种，因为细胞必须在孔中汇合但不能过度生长。此外，必须通过实验确定渗透剂的最佳浓度（洋地黄苷或重组产气荚膜溶解素 O，由安捷伦公司提供，作为 XF 质

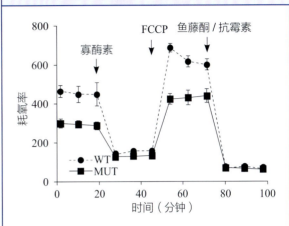

框 13-2　用丝裂应激试验对耗氧率进行数据分析（SeaHorse XF Analyzer）

在基本条件或特定化合物刺激下，完整细胞、分离线粒体和其他标本的耗氧率（OCR）可以确定。在这张图中，是用 SeaHorse XF 分析仪进行的一个假想实验，使用野生型（虚线，圆形）（WT）或 mtDNA 突变（实线，方形）（MUT）完整细胞。理想情况下，mtDNA 的突变可以在基本条件下诱导 OCR 减少，如本例所示。然而，在这种类型的实验中，可以计算出几个参数，并可以推断出有关线粒体活性的多种信息。添加寡霉素（oligo）后，残余呼吸和基础呼吸之间的差异是 ATP 的产生的一个指示，而非特异性 OCR（鱼藤酮和抗霉素 A 注射后）减去残余呼吸是质子泄漏的测量。此外，通过添加解耦器 FCCP，可以计算出最大呼吸量和最大备用呼吸量减去基础呼吸量。鱼藤酮（Rote）抑制复合物Ⅰ和抗霉素 A 抑制复合物Ⅲ后的残留呼吸，可用于估计非线粒体 OCR 以进行数据归一化。对于可以通过多种方法（包括细胞计数、蛋白质或 DNA 数量或细胞荧光检测）确定的细胞密度，必须对数据进行校正

膜渗透剂），以研究底物的利用，从而允许线粒体底物的摄取而不使细胞从孔中脱离[163, 164]。本文描述了从不同小鼠组织中分离出渗透细胞[163]或线粒体[165]的详细方案。

（三）线粒体膜电位的测定

根据 Mitchell 的化学渗透理论，线粒体电子传递链与复合物Ⅰ、Ⅲ和Ⅳ产生的质子梯度耦合，并被复合物Ⅴ耗散，以催化 ATP 的产生。电化学电位由跨线粒体内膜的 pH 差给出的 ΔpH 和线粒体膜电位的电组分（Δψ_m）组成。在

37℃时，这两个分量之间的关系由下式定义。

$$\Delta p（mV）= \Delta \psi - 61 \Delta pH$$

其中 Δp 表示质子动力[166]，生理条件下，$\Delta \psi_m$ 值为 150mV，ΔpH 为负 0.5 个单位，Δp 值约为 180mV（线粒体基质带负电荷）[166]。几种亲脂性细胞阳离子荧光染料已被开发，以测定 $\Delta \psi_m$ 在不同的协议中的值。由于它们带正电荷，根据 Nernst 方程[166]，它们在极化的线粒体中积累，这些分子包括已经提到的 TMRM、四甲基罗丹明乙基（tetramethylrhodamine ethyl，TMRE）酯、罗丹明 123（rhodamine，Rh123）、3，30–二己基氯卡碳菁碘化物 [3，30-dihexyloxac-arbocyanine iodide，DiOC6（3）] 和 5，50，6，60–四氯 –1，10，3，30–四乙基苯并咪唑基碳菁碘化物（JC-1）。关于这些测定方法的半定量性质、实验设置，以及数据分析和解释的提示和深刻分析可以在其他地方找到 [167, 168]。JC-1 是一种阳离子比例染料，以一种依赖的方式在线粒体内积累。在低浓度时，染料以单体形式存在，并发出绿色荧光（$\lambda_{em}=525nm$），而当积累产生 J–聚集体时，荧光转移到红色（$\lambda_{em}=590nm$）[169]。该探针适用于共聚焦显微镜和流式细胞术，可以分析完整细胞和分离的线粒体[170]。碳青氨酸 DiOC6（3）是一种绿色荧光亲脂染料，当使用低浓度（<100nmol/L）时，选择性地在线粒体内积累，但当使用较高浓度时，也染色内质网。Rh123、TMRM 和 TMRE 也广泛用于 $\Delta \psi_m$ 的测定，可用于"淬灭"模式（高浓度 1～20μmol/L）或非淬灭模式（nmol/L 浓度范围）[167]。其中，TRMR 被发现表现出最低的非特异性定位，相对无毒，并且不影响线粒体呼吸[171]。该染料可用于流式细胞术和荧光显微术，包括高通量筛查[172]，并可与其他荧光探针同时使用[173-175]。框 13–3 报道了一个在荧光显微镜下的非终止模式下解释基于 TRMR 的分析的例子。新的潜在敏感的荧光探针和方法已被报道，以改善这些检测的特异性和敏感性，并扩大在体内模

框 13-3   基于 TRMR 的线粒体膜电位检测数据分析

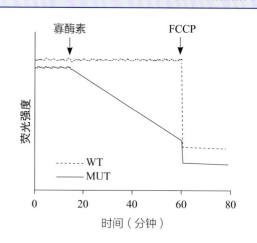

该图表示使用荧光显微镜（即非淬灭模式下的 TRMR）测定完整细胞线粒体膜电位的实验假设结果。荧光强度随时间变化而变化。在本例中，虚线代表野生型细胞（WT），而实线则是呼吸复合体基因中的 mtDNA 突变体（MUT），该突变体诱导线粒体膜电位产生障碍。在这种类型的实验中，细胞被种在一个玻璃底培养皿或一个玻璃的生长培养基上。24h 后，除去培养基，将细胞置于含有 20nmol/L TRMR 的缓冲溶液中，在 37℃条件下孵育 30min，使染料根据线粒体膜的极化情况在线粒体和细胞质之间达到平衡。然后在显微镜下观察细胞，选择细胞较少的区域（视细胞类型而定，一般为 2～6），获得时间 0 对应的一张图片。线粒体区域与不包含细胞的背景区域一起被选择来归一化数据。然后在加入抑制剂或其他化合物后的一段时间内测量该区域的荧光强度。基线荧光在两个细胞系之间可以相同，也可以不同；这并不是线粒体膜电位差异的直接指示，必须对染料进行校准（见下面的描述）。为了评估 mtDNA 突变对线粒体膜电位产生的影响，可以进行一个简单的实验，记录两种细胞系（野生型和突变型）的基线荧光至少 5min，然后用 2μmol/L 寡霉素（oligo）孵育细胞以抑制复合物 V 活性，并在时间（至少 30min）内跟随荧光强度。如果线粒体膜电位是由呼吸性复合物 I、III 和 IV 介导的质子转位产生的，则荧光强度在一段时间内将保持不变或增加，因为复合物 V 不能消散产生 ATP 的梯度。相反，注射寡霉素后 TRMR 强度降低，说明线粒体膜电位是由复合物 V 的反向活性维持的，复合物 V 将 ATP 水解为 ADP 以维持电化学梯度。在实验结束时，需要注入解耦器 FCCP（通常为 1μmol/L）来校准系统。事实上，它有助于数据归一化，特别是当分析的细胞系之间的初始强度不同时。这种类型的实验是半定量的，因为它可以用来比较多种实验条件，但不允许测量电化学梯度的电成分。可以同时使用一个独立的质膜电位阴离子指示剂（见正文）

型中 $\Delta \psi_m$ 的测定[176-180]。

（四）腺苷三磷酸的产生

已经发展了几种方法来量化由完整或通透性细胞或分离线粒体产生的ATP[181]，一些方法是基于荧光测定[26]或[32P]Pi，另一种可以在分离线粒体和渗透细胞中测定ATP的快速、可靠的方法是使用萤火虫荧光素 – 荧光素酶。使用该系统，可以通过在不同终点停止平行反应，随后测量样品中ATP含量[182]或通过测量ATP的生成速率、线粒体ATP的连续合成[183]。

Manfredi 等发表了一种用于携带 mtDNA 突变的渗透成纤维细胞或杂交细胞的最常用方法[183]。在这种方法中，连续测量洋地皂苷渗透细胞中ATP的合成速率，并测定复合物Ⅰ（苹果酸和丙酮酸）或复合物Ⅱ（琥珀酸）底物驱动的ATP合成速率。同样的方法也被用于测量 G3P 和 DBH₂ 驱动的ATP合成，以评估复合物Ⅲ和复合物Ⅳ分别形成复合物Ⅰ或复合物Ⅱ对ATP合成的贡献[184, 185]。框 13–4 中报道了解释这类实验的一个例子。

（五）活性氧种类的测定

线粒体是细胞中活性氧和活性氮的主要来源之一。各种线粒体酶都能产生自由基，包括复合物Ⅰ、复合物Ⅱ、复合物Ⅲ、α- 酮戊二酸脱氢酶、单胺氧化酶、乌头酶、p66SHC 和 NADP 氧化酶[186, 187]。自由基存在时间短，在细胞信号传导中起重要作用；然而，过量的话，它们会产生氧化应激和损伤。评估线粒体功能障碍的一种方法是确定自由基的产生[188]。过氧化氢、超氧化物和过氧亚硝酸盐是最丰富的自由基，可以用小分子探针检测到。使用最广泛的小分子荧光探针有 Amplex Red、二氢乙硫、MitoSox、二氯二氢荧光素二醋酸酯（DCFH-DA）和二氢丹明[189, 190]。使用这些荧光探针需要大量的标准化、详细的实验设计和适当的控制，以确保荧光信号的特异性。有多个参数需要考虑，如负载、探针的光敏感性、氧化或光还原，以及内源性过氧化物酶的水平，这些酶可以影响探针的荧光，而不依赖于

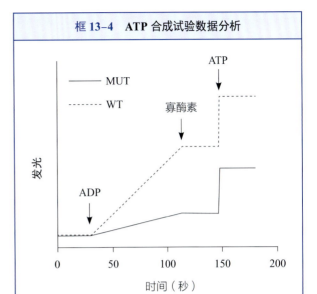

框 13–4　ATP 合成试验数据分析

洋地皂苷渗透细胞 ATP 合成的动力学测定。使用荧光素 / 荧光素酶试验（如文本所述），在呼吸链的不同底物存在时，在单管光度计中记录发光曲线：苹果酸 / 丙酮酸（复合物Ⅰ）、琥珀酸（复合物Ⅱ）、甘油 -3- 磷酸（G3P 脱氢酶）或 DBH₂（复合物Ⅲ）。ADP 在寡霉素（oligo）存在时停止。在同一比色皿中加入已知量的 ATP 作为标准品，进行相应 ATP 浓度的发光信号校准。虚线为对照细胞（WT）合成 ATP 的典型实验，实线为携带 mtDNA 突变（MUT）影响氧化磷酸化的细胞合成 ATP 的实验，反应从加成开始

活性氧的产生。因此，需要其他方法来确认得到的结果[189, 191]。

活性氧测量通常在与上述染料之一孵育的培养细胞中进行，然后通过平板读取仪、荧光光谱仪、高效液相色谱、流式细胞术或荧光显微镜来测定荧光随时间的变化。最近，基于荧光蛋白的活性氧指标已经被开发出来。这些基因编码的生物传感器在体内的应用非常实用，可以根据启动子以细胞类型特定的方式表达，并且可以针对特定的细胞室。这些生物传感器的一些例子是氧化还原敏感绿色荧光蛋白（redox sensitive green fluorescent protein，RoGFP）和用于 H₂O₂ 测定的名为 HyPer 的嵌合蛋白[189]。另一种在体内评估线粒体基质 H₂O₂ 水平的方法已经被开发出来，该方法使用探针 MitoB 与三苯基磷结合，驱动其

在线粒体内积累。与 H_2O_2 反应，MitoB 形成一种叫作 MitoP 的分子；因此，通过使用液相色谱 / 质谱法测量 MitoP/MitoB 比值，就有可能评估产生的 H_2O_2 存在于线粒体、活细胞、组织和器官中的情况[192]。另外，许多科学家也使用了活性氧产生和氧化应激的替代标志物。这些替代方法包括使用 Oxyblot 检测蛋白质氧化，检测蛋白质加合物的脂质过氧化，检测 4- 羟基壬烯醛和丙二醛水平及硝基酪氨酸水平。此外，细胞抗氧化剂如谷胱甘肽、SOD1、SOD2、谷胱甘肽的稳态水平或活性的改变、氧化酶和谷胱甘肽还原酶可作为氧化应激的指标。

（六）蓝色天然聚丙烯酰胺凝胶电泳

蓝色天然聚丙烯酰胺凝胶电泳（blue native polyacrylamide gel electrophoresis，BN-PAGE）是一种在过去 10 年中获得流行的方法，用于研究线粒体疾病患者的样本，并补充其他分析，如线粒体呼吸和酶活性。BN-PAGE 被用来确定呼吸复合物的稳态水平，它们的组装、酶活性和它们的相互作用形成超复合物。该技术最初由 Shägger 和 von Jagow 描述，通过凝胶电泳分离呼吸复合物的天然分子量[193]。用温和的洗涤剂提取蛋白质，并将其暴露在考马斯亮蓝染料中，这种染料会结合带有负电荷的蛋白质，通过这种方式，蛋白质可以在不改变自身构象的情况下通过电场迁移。根据使用的洗涤剂，可以检测单个呼吸复合物或它们与超复合物的关联。十二烷基麦芽糖苷通常用于检测单个复合物，而洋地黄苷用于保存超复杂结构。月桂基麦糖苷是一种非离子糖苷洗涤剂，对疏水蛋白增溶有效，可增溶和破坏呼吸复合物之间的相互作用，但需要足够温和，以维持其多聚体组成。洋地黄皂苷是一种非离子型甾体糖苷洗涤剂，在溶解过程中不会引起蛋白质变性，已知与膜中的胆固醇相互作用。洋地黄皂苷是一种比十二烷基麦芽糖苷温和得多的洗涤剂，不破坏呼吸复合体之间的相互作用，留下完整的超复合体。呼吸复合物可通过考马斯染

色凝胶或其他蛋白染色、如果蛋白质转移到硝化纤维素或 PVDF 膜上，可以通过蛋白印迹检测，或通过凝胶活性（IGA）染色检测。由于配合物在电泳后保持其固有构象，凝胶可以与适当的底物孵育，并通过形成颜色沉淀来检测酶的活性。IGA 已经开发了检测复合物 Ⅰ、Ⅱ、Ⅳ 和 Ⅴ 的方法，但这些染色是半定量的[194]。可以在 SDS-PAGE 中运行第二个维度来分析每个复合体的单个组件。对于第一个维度，运行 BN-PAGE，然后切割每个凝胶槽，与 SDS 和还原剂孵育使天然蛋白质变性，将其置于 SDS- 聚丙烯酰胺凝胶之上，并在其周围倒上堆积凝胶。在第二个维度，蛋白质在变性条件下分离，并通过免疫印迹分析复合物的单个亚基。BN-PAGE 的一个优点是它可以同时筛查各种呼吸复合物上的缺陷，如果其他方法检测到的酶活性缺陷是由于呼吸复合物的稳态水平下降而造成的，它可以提供信息。BN-PAGE 的详细协议见文献 [194–197]，结果示例如图 13-3 所示。

> **研究展望**
>
> mtDNA 突变在细胞生物学中的作用仍未被完全解释。线粒体 DNA 突变引起的细胞代谢重编程和异质转移的调控等问题尚未解决。了解这些机制将为基础生物学过程提供新知识，并增强我们发现与 mtDNA 突变有关疾病的新疗法能力。在这种情况下，诱导多能干细胞技术可能有助于阐明细胞分化不同阶段 mtDNA 突变的参与和影响。此外，获得类器官的能力的增加，将为理解线粒体在受 mtDNA 突变影响的特别器官中的特定功能 / 功能障碍铺平道路。最后，仍需要新的基因编辑方法来操纵 mtDNA，以产生更可靠的动物模型，并测试线粒体疾病的基因治疗策略。

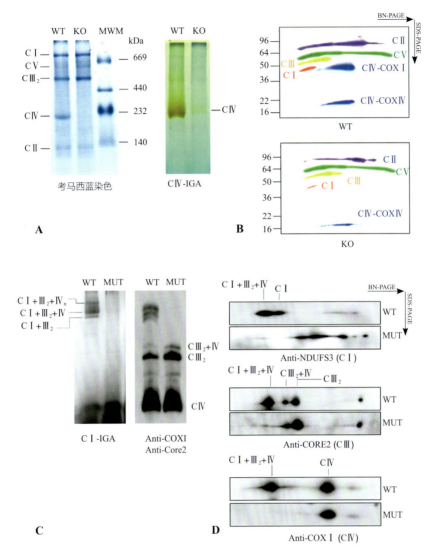

▲ **图 13–3**　**分离的 OXPHOS 复合物和超复合物的 BN-PAGE 及 2D-PAGE 结果的例子**

A. 利用 BN-PAGE 分析野生型（WT）和 $Cox10^{KO}$（KO）小鼠模型骨骼肌的 CIV 缺陷[198]。Cox10 是一种复合物Ⅳ组装因子，是 Cox1 成熟和稳定所必需的。从野生型和 KO 小鼠肌肉中分离线粒体，然后用十二烷基麦芽糖苷处理，提取呼吸复合物。样品用 3%～13% 的丙烯酰胺天然凝胶进行 BN-PAGE 分离，蛋白质用考马西蓝染色或参考文献 [194] 中报道的复合物Ⅳ活性（复合物 Ⅳ –IGA）染色。值得注意的是，与 WT 相比，KO 中没有完全组装的 C Ⅳ。B. 一方面，从相同的 WT 和 KO 小鼠皮肤成纤维细胞 中分离线粒体，用十二烷基麦芽糖苷提取，然后像（A）一样用 BN-PAGE 分离。另一方面是通过切割 BN-PAGE 凝胶条，并在变 性 SDS-PAGE 中分离蛋白质，蛋白质转移到 PVDF 膜上，用抗 OXPHOS 复合物各种亚基的抗体进行免疫检测。用化学发光法产生 信号。对于复合物Ⅰ，我们分别使用抗 –NDUFA9、抗复合物Ⅱ、抗 –SDHA、抗复合物Ⅲ、抗 Core2、抗复合物Ⅴ、抗 ATPaseβ、 抗复合物Ⅳ、抗 COX Ⅰ和抗 COX Ⅳ抗体。抗体依次加入到相同的印迹中。印迹的信号用不同的颜色编码，并合并成图形。注意 在 KO 样本中 COX Ⅰ信号的缺失和 COX Ⅳ水平的下降（蓝色）。C. 使用 BN-PAGE 分析携带同质移码突变 m.3571insC/MT-ND1 （MUT）和相应的对照（WT）的人杂交体的超复合物。该突变在 ND1 中产生一个提前终止密码子，导致该蛋白的缺失[199]。从 WT 和 MUT 细胞中分离线粒体，然后用洋地黄皂苷处理，提取呼吸复合物和超复合物（复合物 Ⅰ + Ⅲ ₂+ Ⅳ；复合物 Ⅰ + Ⅲ ₂；复 合物Ⅲ ₂+ Ⅳ）。样品分离的 3%～13% 丙烯酰胺凝胶和蛋白质染色复合物 Ⅰ 活动（复合物 Ⅰ –IGA）或转移到 PVDF 膜和免疫检测 利用抗体 COX Ⅰ（复合物Ⅳ）和 Core2（复合物Ⅲ），能够突出所有的超复合物和孤立的复合物Ⅲ ₂和复合物Ⅳ。注意突变细胞 系（MUT）中没有含有复合物Ⅰ的超复合物。D. 从（C）中相同的 WT 和 MUT 杂交细胞株中分离的线粒体。呼吸超复合物分别 用 BN-PAGE 和变性 SDS-PAGE 分离。将蛋白质转移到 PVDF 膜上，用抗 OXPHOS 复合物各种亚基的抗体进行免疫检测。用化学 发光法产生信号。对于复合物Ⅰ，我们分别使用抗 NDUFS3 抗体、复合物Ⅲ、抗 Core2 抗体和复合物Ⅳ抗 COX Ⅰ抗体。抗体依 次加入到相同的印迹中。注意 MUT 样品中没有含有复合物Ⅰ的超复合物，存在 NDUFS3（亚复合物）的低分子量染色

参考文献

[1] Wallace DC, Singh G, Lott MT, Hodge JA, Schurr TG, Lezza AM, et al. Mitochondrial DNA mutation associated with Leber's hereditary optic neuropathy. Science 1988;242:1427-30.

[2] Holt IJ, Harding AE, Morgan-Hughes JA. Deletions of muscle mitochondrial DNA in patients with mitochondrial myopathies. Nature 1988;331:717-19.

[3] Picard M, Wallace DC, Burelle Y. The rise of mitochondria in medicine. Mitochondrion 2016;30:105-16.

[4] King MP, Attardi G. Human cells lacking mtDNA: repopulation with exogenous mitochondria by complementation. Science 1989;246:500-3.

[5] Cherry ABC, Gagne KE, McLoughlin EM, Baccei A, Gorman B, Hartung O, et al. Induced pluripotent stem cells with a mitochondrial DNA deletion. Stem Cell 2013;31:1287-97.

[6] Wallace DC, Fan W. The pathophysiology of mitochondrial disease as modeled in the mouse. Genes Dev 2009;23:1714-36.

[7] Farrar GJ, Chadderton N, Kenna PF, Millington-Ward S. Mitochondrial disorders: aetiologies, models systems, and candidate therapies. Trends Genet 2013;29:488-97.

[8] King MP, Attardi G. Isolation of human cell lines lacking mitochondrial DNA. Methods Enzymol 1996;264:304-13.

[9] Robinson BH. Use of fibroblast and lymphoblast cultures for detection of respiratory chain defects. Methods Enzymol 1996; 264: 454-64.

[10] Dumoulin R, Mandon G, Collombet JM, Blond JL, Carrier H, Godinot C, et al. Human cultured myoblasts: a model for the diagnosis of mitochondrial diseases. J Inherit Metab Dis 1993; 16: 545-7.

[11] Hu S-Y, Zhuang Q-Q, Qiu Y, Zhu X-F, Yan Q-F. Cell models and drug discovery for mitochondrial diseases. J Zhejiang Univ Sci B 2019;20:449-56.

[12] Hayflick L, Moorhead PS. The serial cultivation of human diploid cell strains. Exp Cell Res 1961;25:585-621.

[13] Amoli MM, Carthy D, Platt H, Ollier WER. EBV Immortalization of human B lymphocytes separated from small volumes of cryo-preserved whole blood. Int J Epidemiol 2008;37(Suppl 1):i41-5.

[14] Robin JD, Wright WE, Zou Y, Cossette SC, Lawlor MW, Gussoni E. Isolation and immortalization of patient-derived cell lines from muscle biopsy for disease modeling. J Vis Exp 2015; 52307.

[15] Ozer HL, Banga SS, Dasgupta T, Houghton J, Hubbard K, Jha KK, et al. SV40-mediated immortalization of human fibroblasts. Exp Gerontol 1996;31:303-10.

[16] Wang Y, Chen S, Yan Z, Pei M. A prospect of cell immortalization combined with matrix microenvironmental optimization strategy for tissue engineering and regeneration. Cell Biosci 2019;9:7.

[17] King MP, Attadi G. Mitochondria-mediated transformation of human rho(0) cells. Methods Enzymol 1996;264:313-34.

[18] Grégoire M, Morais R, Quilliam MA, Gravel D. On auxotrophy for pyrimidines of respiration-deficient chick embryo cells. Eur J Biochem 1984;142:49-55.

[19] Nelson I, Hanna MG, Wood NW, Harding AE. Depletion of mitochondrial DNA by ddC in untransformed human cell lines. Somat Cell Mol Genet 1997;23:287-90.

[20] Ashley N, Harris D, Poulton J. Detection of mitochondrial DNA depletion in living human cells using PicoGreen staining. Exp Cell Res 2005;303:432-46.

[21] Inoue K, Takai D, Hosaka H, Ito S, Shitara H, Isobe K, et al. Isolation and characterization of mitochondrial DNA-less lines from various mammalian cell lines by application of an anticancer drug, ditercalinium. Biochem Biophys Res Commun 1997; 239:257-60.

[22] Jazayeri M, Andreyev A, Will Y, Ward M, Anderson CM, Clevenger W. Inducible expression of a dominant negative DNA polymerase-gamma depletes mitochondrial DNA and produces a rho0 phenotype. J Biol Chem 2003;278:9823-30.

[23] Wilkins HM, Carl SM, Swerdlow RH. Cytoplasmic hybrid (cybrid) cell lines as a practical model for mitochondriopathies. Redox Biol 2014;2:619-31.

[24] Sazonova MA, Sinyov VV, Ryzhkova AI, Galitsyna EV, Melnichenko AA, Postnov AY, et al. Cybrid models of pathological cell processes in different diseases. Oxid Med Cell Longev 2018; 2018:4647214.

[25] Bayona-Bafaluy MP, Manfredi G, Moraes CT. A chemical enucleation method for the transfer of mitochondrial DNA to rho(o) cells. Nucleic Acids Res 2003;31:e98.

[26] Chomyn A. Platelet-mediated transformation of human mitochondrial DNA-less cells. Methods Enzymol 1996;264:334-9.

[27] Hayashi J, Ohta S, Kikuchi A, Takemitsu M, Goto Y, Nonaka I. Introduction of disease-related mitochondrial DNA deletions into HeLa cells lacking mitochondrial DNA results in mitochondrial dysfunction. Proc Natl Acad Sci U S A 1991; 88: 10614-18.

[28] Ishikawa K, Hayashi J-I. Generation of mtDNA-exchanged cybrids for determination of the effects of mtDNA mutations on tumor phenotypes. Methods Enzymol 2009;457:335-46.

[29] Rossignol R, Faustin B, Rocher C, Malgat M, Mazat J-P, Letellier T. Mitochondrial threshold effects. Biochem J 2003;370:751-62.

[30] Kenney MC, Chwa M, Atilano SR, Falatoonzadeh P, Ramirez C, Malik D, et al. Molecular and bioenergetic differences between cells with African versus European inherited mitochondrial DNA haplogroups: implications for population susceptibility to diseases. Biochim Biophys Acta 1842;2014:208-19.

[31] Wallace DC. Bioenergetics in human evolution and disease: implications for the origins of biological complexity and the missing genetic variation of common diseases. Philos Trans R Soc Lond B Biol Sci 2013;368:20120267.

[32] Wallace DC. Mitochondrial DNA variation in human radiation and disease. Cell 2015;163:33-8.

[33] Prigione A. Induced pluripotent stem cells (iPSCs) for modeling mitochondrial DNA disorders. Methods Mol Biol 2015; 1265: 349-56.

[34] Hämäläinen RH, Suomalainen A. Generation and characterization of induced pluripotent stem cells from patients with mtDNA mutations. Methods Mol Biol 2016;1353:65-75.

[35] Fujikura J, Nakao K, Sone M, Noguchi M, Mori E, Naito M, et al. Induced pluripotent stem cells generated from diabetic patients with mitochondrial DNA A3243G mutation. Diabetologia 2012;55:1689-98.

[36] Folmes CDL, Nelson TJ, Martinez-Fernandez A, Arrell DK, Lindor JZ, Dzeja PP, et al. Somatic oxidative bioenergetics transitions into pluripotency-dependent glycolysis to facilitate nuclear reprogramming. Cell Metab 2011;14:264-71.

[37] Hämäläinen RH, Manninen T, Koivumäki H, Kislin M,

Otonkoski T, Suomalainen A. Tissue- and celltype-specific manifestations of heteroplasmic mtDNA 3243A > G mutation in human induced pluripotent stem cell-derived disease model. Proc Natl Acad Sci U S A 2013;110:E3622-30.

[38] Kodaira M, Hatakeyama H, Yuasa S, Seki T, Egashira T, Tohyama S, et al. Impaired respiratory function in MELAS-induced pluripotent stem cells with high heteroplasmy levels. FEBS Open Bio 2015;5:219-25.

[39] Hatakeyama H, Katayama A, Komaki H, Nishino I, Goto Y-I. Molecular pathomechanisms and cell-typespecific disease phenotypes of MELAS caused by mutant mitochondrial tRNA(Trp). Acta Neuropathol Commun 2015;3:52.

[40] Ma H, Folmes CDL, Wu J, Morey R, Mora-Castilla S, Ocampo A, et al. Metabolic rescue in pluripotent cells from patients with mtDNA disease. Nature 2015;524:234-8.

[41] Lin D-S, Huang Y-W, Ho C-S, Hung P-L, Hsu M-H, Wang T-J, et al. Oxidative insults and mitochondrial DNA mutation promote enhanced autophagy and mitophagy compromising cell viability in pluripotent cell model of mitochondrial disease. Cells 2019;8.

[42] Wu Y-R, Wang A-G, Chen Y-T, Yarmishyn AA, Buddhakosai W, Yang T-C, et al. Bioactivity and gene expression profiles of hiPSC-generated retinal ganglion cells in MT-ND4 mutated Leber's hereditary optic neuropathy. Exp Cell Res 2018;363:299-309.

[43] Lu H-E, Yang Y-P, Chen Y-T, Wu Y-R, Wang C-L, Tsai F-T, et al. Generation of patient-specific induced pluripotent stem cells from Leber's hereditary optic neuropathy. Stem Cell Res 2018; 28: 56-60.

[44] Lasserre J-P, Dautant A, Aiyar RS, Kucharczyk R, Glatigny A, Tribouillard-Tanvier D, et al. Yeast as a system for modeling mitochondrial disease mechanisms and discovering therapies. Dis Model Mech 2015;8:509-26.

[45] Butow RA, Henke RM, Moran JV, Belcher SM, Perlman PS. Transformation of Saccharomyces cerevisiae mitochondria using the biolistic gun. Methods Enzymol 1996;264:265-78.

[46] Bonnefoy N, Remacle C, Fox TD. Genetic transformation of Saccharomyces cerevisiae and Chlamydomonas reinhardtii mitochondria. Methods Cell Biol 2007;80:525-48.

[47] Okamoto K, Perlman PS, Butow RA. The sorting of mitochondrial DNA and mitochondrial proteins in zygotes: preferential transmission of mitochondrial DNA to the medial bud. J Cell Biol 1998;142:613-23.

[48] Feuermann M, Francisci S, Rinaldi T, De Luca C, Rohou H, Frontali L, et al. The yeast counterparts of human 'MELAS' mutations cause mitochondrial dysfunction that can be rescued by overexpression of the mitochondrial translation factor EF-Tu. EMBO Rep 2003;4:53-8.

[49] Montanari A, Besagni C, De Luca C, Morea V, Oliva R, Tramontano A, et al. Yeast as a model of human mitochondrial tRNA base substitutions: investigation of the molecular basis of respiratory defects. RNA 2008;14:275-83.

[50] De Luca C, Zhou Y, Montanari A, Morea V, Oliva R, Besagni C, et al. Can yeast be used to study mitochondrial diseases? Biolistic tRNA mutants for the analysis of mechanisms and suppressors. Mitochondrion 2009;9:408-17.

[51] Börner GV, Zeviani M, Tiranti V, Carrara F, Hoffmann S, Gerbitz KD, et al. Decreased aminoacylation of mutant tRNAs in MELAS but not in MERRF patients. Hum Mol Genet 2000; 9: 467-75.

[52] Blakely EL, Mitchell AL, Fisher N, Meunier B, Nijtmans LG, Schaefer AM, et al. A mitochondrial cytochrome b mutation causing severe respiratory chain enzyme deficiency in humans and yeast. FEBS J 2005;272:3583-92.

[53] Fisher N, Castleden CK, Bourges I, Brasseur G, Dujarrin G, Meunier B. Human disease-related mutations in cytochrome b studied in yeast. J Biol Chem 2004;279:12951-8.

[54] Fisher N, Bourges I, Hill P, Brasseur G, Meunier B. Disruption of the interaction between the Rieske iron-sulfur protein and cytochrome b in the yeast bc1 complex owing to a human disease-associated mutation within cytochrome b. Eur J Biochem 2004;271:1292-8.

[55] Kessl JJ, Ha KH, Merritt AK, Lange BB, Hill P, Meunier B, et al. Cytochrome b mutations that modify the ubiquinol-binding pocket of the cytochrome bc1 complex and confer anti-malarial drug resistance in Saccharomyces cerevisiae. J Biol Chem 2005;280:17142-8.

[56] Meunier B, Fisher N, Ransac S, Mazat J-P, Brasseur G. Respiratory complex III dysfunction in humans and the use of yeast as a model organism to study mitochondrial myopathy and associated diseases. Biochim Biophys Acta 2013;1827:1346-61.

[57] Song Z, Laleve A, Vallières C, McGeehan JE, Lloyd RE, Meunier B. Human mitochondrial cytochrome b variants studied in yeast: not all are silent polymorphisms. Hum Mutat 2016;37:933-41.

[58] Bratton M, Mills D, Castleden CK, Hosler J, Meunier B. Disease-related mutations in cytochrome c oxidase studied in yeast and bacterial models. Eur J Biochem 2003;270:1222-30.

[59] Meunier B. Site-directed mutations in the mitochondrially encoded subunits I and III of yeast cytochrome oxidase. Biochem J 2001;354:407-12.

[60] Meunier B, Taanman J-W. Mutations of cytochrome c oxidase subunits 1 and 3 in Saccharomyces cerevisiae: assembly defect and compensation. Biochim Biophys Acta 2002;1554:101-7.

[61] Rak M, Tetaud E, Duvezin-Caubet S, Ezkurdia N, Bietenhader M, Rytka J, et al. A yeast model of the neurogenic ataxia retinitis pigmentosa (NARP) T8993G mutation in the mitochondrial ATP synthase-6 gene. J Biol Chem 2007;282:34039-47.

[62] Kucharczyk R, Rak M, di Rago J-P. Biochemical consequences in yeast of the human mitochondrial DNA 8993T > C mutation in the ATPase6 gene found in NARP/MILS patients. Biochim Biophys Acta 1793;2009:817-24.

[63] Kucharczyk R, Ezkurdia N, Couplan E, Procaccio V, Ackerman SH, Blondel M, et al. Consequences of the pathogenic T9176C mutation of human mitochondrial DNA on yeast mitochondrial ATP synthase. Biochim Biophys Acta Bioenerg 2010; 1797: 1105-12.

[64] Kucharczyk R, Salin B, di Rago J-P. Introducing the human Leigh syndrome mutation T9176G into Saccharomyces cerevisiae mitochondrial DNA leads to severe defects in the incorporation of Atp6p into the ATP synthase and in the mitochondrial morphology. Hum Mol Genet 2009;18:2889-98.

[65] Kabala AM, Lasserre J-P, Ackerman SH, di Rago J-P, Kucharczyk R. Defining the impact on yeast ATP synthase of two pathogenic human mitochondrial DNA mutations, T9185C and T9191C. Biochimie 2014;100:200-6.

[66] Kucharczyk R, Giraud M-F, Brèthes D, Wysocka-Kapcinska M, Ezkurdia N, Salin B, et al. Defining the pathogenesis of human mtDNA mutations using a yeast model: the case of T8851C. Int J Biochem Cell Biol 2013;45:130-40.

[67] Kucharczyk R, Dautant A, Gombeau K, Godard F, Tribouillard-Tanvier D, di Rago J-P. The pathogenic MT-ATP6 m8851T > C mutation prevents proton movements within the n-side hydrophilic cleft of the membrane domain of ATP synthase. Biochim Biophys Acta Bioenerg 1860;2019:562-72.

[68] Skoczeń N, Dautant A, Binko K, Godard F, Bouhier M, Su X, et al. Molecular basis of diseases caused by the mtDNA mutation m8969G > A in the subunit a of ATP synthase. Biochim Biophys Acta Bioenerg 2018;1859:602-11.

[69] Couplan E, Aiyar RS, Kucharczyk R, Kabala A, Ezkurdia N, Gagneur J, et al. A yeast-based assay identifies drugs active against human mitochondrial disorders. Proc Natl Acad Sci U S A 2011; 108:11989-94.

[70] Aiyar RS, Bohnert M, Duvezin-Caubet S, Voisset C, Gagneur J, Fritsch ES, et al. Mitochondrial protein sorting as a therapeutic target for ATP synthase disorders. Nat Commun 2014;5:5585.

[71] Garrido-Maraver J, Cordero MD, Moñino ID, Pereira-Arenas S, Lechuga-Vieco AV, Cotán D, et al. Screening of effective pharmacological treatments for MELAS syndrome using yeasts, fibroblasts and cybrid models of the disease. Br J Pharmacol 2012; 167:1311-28.

[72] Li FY, Cuddon PA, Song J, Wood SL, Patterson JS, Shelton GD, et al. Canine spongiform leukoencephalomyelopathy is associated with a missense mutation in cytochrome b. Neurobiol Dis 2006;21:35-42.

[73] Maglioni S, Ventura N. C. elegans as a model organism for human mitochondrial associated disorders. Mitochondrion 2016; 30:117-25.

[74] Rea SL, Graham BH, Nakamaru-Ogiso E, Kar A, Falk MJ. Bacteria, yeast, worms, and flies: exploiting simple model organisms to investigate human mitochondrial diseases. Dev Disabil Res Rev 2010;16:200-18.

[75] Lee SS, Lee RYN, Fraser AG, Kamath RS, Ahringer J, Ruvkun G. A systematic RNAi screen identifies a critical role for mitochondria in C. elegans longevity. Nat Genet 2003;33:40-8.

[76] Dillin A, Hsu A-L, Arantes-Oliveira N, Lehrer-Graiwer J, Hsin H, Fraser AG, et al. Rates of behavior and aging specified by mitochondrial function during development. Science 2002;298:2398-401.

[77] Van Raamsdonk JM, Meng Y, Camp D, Yang W, Jia X, Bénard C, et al. Decreased energy metabolism extends life span in Caenorhabditis elegans without reducing oxidative damage. Genetics 2010;185:559-71.

[78] Melov S, Lithgow GJ, Fischer DR, Tedesco PM, Johnson TE. Increased frequency of deletions in the mitochondrial genome with age of Caenorhabditis elegans. Nucleic Acids Res 1995;23:1419-25.

[79] Lakshmanan LN, Yee Z, Ng LF, Gunawan R, Halliwell B, Gruber J. Clonal expansion of mitochondrial DNA deletions is a private mechanism of aging in long-lived animals. Aging Cell 2018; 17:e12814.

[80] Bayona-Bafaluy MP, Blits B, Battersby BJ, Shoubridge EA, Moraes CT. Rapid directional shift of mitochondrial DNA heteroplasmy in animal tissues by a mitochondrially targeted restriction endonuclease. Proc Natl Acad Sci U S A 2005; 102: 14392-7.

[81] Xu H, DeLuca SZ, O'Farrell PH. Manipulating the metazoan mitochondrial genome with targeted restriction enzymes. Science 2008;321:575-7.

[82] Sen A, Cox RT. Fly models of human diseases: Drosophila as a model for understanding human mitochondrial mutations and disease. Curr Top Dev Biol 2017;121:1-27.

[83] Garesse R, Kaguni LS. A Drosophila model of mitochondrial DNA replication: proteins, genes and regulation. IUBMB Life 2005;57:555-61.

[84] Chen Z, Zhang F, Xu H. Human mitochondrial DNA diseases and Drosophila models. J Genet Genomics 2019;46:201-12.

[85] Burman JL, Itsara LS, Kayser E-B, Suthammarak W, Wang AM, Kaeberlein M, et al. A Drosophila model of mitochondrial disease caused by a complex I mutation that uncouples proton pumping from electron transfer. Dis Model Mech 2014;7:1165-74.

[86] Hill JH, Chen Z, Xu H. Selective propagation of functional

mitochondrial DNA during oogenesis restricts the transmission of a deleterious mitochondrial variant. Nat Genet 2014;46:389-92.

[87] Patel MR, Miriyala GK, Littleton AJ, Yang H, Trinh K, Young JM, et al. A mitochondrial DNA hypomorph of cytochrome oxidase specifically impairs male fertility in Drosophila melanogaster. eLife 2016;5:e16923.

[88] Celotto AM. Mitochondrial encephalomyopathy in Drosophila. J Neurosci 2006;26:810-20.

[89] Inoue K, Nakada K, Ogura A, Isobe K, Goto Y, Nonaka I, et al. Generation of mice with mitochondrial dysfunction by introducing mouse mtDNA carrying a deletion into zygotes. Nat Genet 2000;26:176-81.

[90] Srivastava S, Moraes CT. Double-strand breaks of mouse muscle mtDNA promote large deletions similar to multiple mtDNA deletions in humans. Hum Mol Genet 2005;14:893-902.

[91] Fukui H, Moraes CT. Mechanisms of formation and accumulation of mitochondrial DNA deletions in aging neurons. Hum Mol Genet 2009;18:1028-36.

[92] Pickrell AM, Pinto M, Hida A, Moraes CT. Striatal dysfunctions associated with mitochondrial DNA damage in dopaminergic neurons in a mouse model of Parkinson's disease. J Neurosci 2011;31:17649-58.

[93] Pickrell AM, Fukui H, Wang X, Pinto M, Moraes CT. The striatum is highly susceptible to mitochondrial oxidative phosphorylation dysfunctions. J Neurosci 2011;31:9895-904.

[94] Madsen PM, Pinto M, Patel S, McCarthy S, Gao H, Taherian M, et al. Mitochondrial DNA doublestrand breaks in oligodendrocytes cause demyelination, axonal injury, and CNS inflammation. J Neurosci 2017;37:10185-99.

[95] Wang X, Pickrell AM, Rossi SG, Pinto M, Dillon LM, Hida A, et al. Transient systemic mtDNA damage leads to muscle wasting by reducing the satellite cell pool. Hum Mol Genet 2013;22:3976-86.

[96] Kasahara A, Ishikawa K, Yamaoka M, Ito M, Watanabe N, Akimoto M, et al. Generation of transmitochondrial mice carrying homoplasmic mtDNAs with a missense mutation in a structural gene using ES cells. Hum Mol Genet 2006;15:871-81.

[97] Fan W, Waymire KG, Narula N, Li P, Rocher C, Coskun PE, et al. A mouse model of mitochondrial disease reveals germline selection against severe mtDNA mutations. Science 2008;319:958-62.

[98] Hashizume O, Shimizu A, Yokota M, Sugiyama A, Nakada K, Miyoshi H, et al. Specific mitochondrial DNA mutation in mice regulates diabetes and lymphoma development. Proc Natl Acad Sci U S A 2012;109:10528-33.

[99] Lin CS, Sharpley MS, Fan W, Waymire KG, Sadun AA, Carelli V, et al. Mouse mtDNA mutant model of Leber hereditary optic neuropathy. Proc Natl Acad Sci U S A 2012;109:20065-70.

[100] Shimizu A, Mito T, Hayashi C, Ogasawara E, Koba R, Negishi I, et al. Transmitochondrial mice as models for primary prevention of diseases caused by mutation in the tRNA(Lys) gene. Proc Natl Acad Sci U S A 2014;111:3104-9.

[101] Kauppila JHK, Baines HL, Bratic A, Simard ML, Freyer C, Mourier A, et al. A phenotype-driven approach to generate mouse models with pathogenic mtDNA mutations causing mitochondrial disease. Cell Rep 2016;16:2980-90.

[102] Zhang D, Mott JL, Chang S-W, Denniger G, Feng Z, Zassenhaus HP. Construction of transgenic mice with tissue-specific acceleration of mitochondrial DNA mutagenesis. Genomics 2000;69:151-61.

[103] Bensch KG, Mott JL, Chang SW, Hansen PA, Moxley MA, Chambers KT, et al. Selective mtDNA mutation accumulation

results in beta-cell apoptosis and diabetes development. Am J Physiol Endocrinol Metab 2009;296:E672-80.

[104] Kasahara T, Kubota M, Miyauchi T, Noda Y, Mouri A, Nabeshima T, et al. Mice with neuron-specific accumulation of mitochondrial DNA mutations show mood disorder-like phenotypes. Mol Psychiatry 2006;11:577-93.

[105] Kong YXG, Van Bergen N, Trounce IA, Bui BV, Chrysostomou V, Waugh H, et al. Increase in mitochondrial DNA mutations impairs retinal function and renders the retina vulnerable to injury: mitochondrial DNA mutations lead to neuronal vulnerability. Aging Cell 2011;10:572-83.

[106] Kujoth GC. Mitochondrial DNA mutations, oxidative stress, and apoptosis in mammalian aging. Science 2005; 309: 481-4.

[107] Trifunovic A, Wredenberg A, Falkenberg M, Spelbrink JN, Rovio AT, Bruder CE, et al. Premature ageing in mice expressing defective mitochondrial DNA polymerase. Nature 2004;429:417-23.

[108] Tyynismaa H, Mjosund KP, Wanrooij S, Lappalainen I, Ylikallio E, Jalanko A, et al. Mutant mitochondrial helicase Twinkle causes multiple mtDNA deletions and a late-onset mitochondrial disease in mice. Proc Natl Acad Sci U S A 2005;102:17687-92.

[109] Matic S, Jiang M, Nicholls TJ, Uhler JP, Dirksen-Schwanenland C, Polosa PL, et al. Mice lacking the mitochondrial exonuclease MGME1 accumulate mtDNA deletions without developing progeria. Nat Commun 2018;9:1202.

[110] Foriel S, Willems P, Smeitink J, Schenck A, Beyrath J. Mitochondrial diseases: *Drosophila melanogaster* as a model to evaluate potential therapeutics. Int J Biochem Cell Biol 2015; 63:60-5.

[111] Alziari S, Petit N, Lefai E, Beziat F, Lecher P, Touraille S, et al. A heteroplasmic strain of *D. subobscura* an animal model of mitochondrial genome rearrangement. In: Lestienne P, editor. Mitochondrial diseases: models and methods. Berlin, Heidelberg: Springer Berlin Heidelberg; 1999. p. 197-208.

[112] Celotto AM, Chiu WK, Van Voorhies W, Palladino MJ. Modes of metabolic compensation during mitochondrial disease using the drosophila model of ATP6 dysfunction. PLoS One 2011;6:e25823.

[113] Fogle KJ, Hertzler JI, Shon JH, Palladino MJ. The ATP-sensitive K channel is seizure protective and required for effective dietary therapy in a model of mitochondrial encephalomyopathy. J Neurogenet 2016;30:247-58.

[114] Chen Z, Qi Y, French S, Zhang G, Covian Garcia R, Balaban R, et al. Genetic mosaic analysis of a deleterious mitochondrial DNA mutation in Drosophila reveals novel aspects of mitochondrial regulation and function. Mol Biol Cell 2015;26:674-84.

[115] Torraco A, Peralta S, Iommarini L, Diaz F. Mitochondrial diseases part I : Mouse models of OXPHOS deficiencies caused by defects in respiratory complex subunits or assembly factors. Mitochondrion 2015;21:76-91.

[116] Iommarini L, Peralta S, Torraco A, Diaz F. Mitochondrial diseases part II : Mouse models of OXPHOS deficiencies caused by defects in regulatory factors and other components required for mitochondrial function. Mitochondrion 2015; 22: 96-118.

[117] Peralta S, Torraco A, Iommarini L, Diaz F. Mitochondrial diseases part Ⅲ : Therapeutic interventions in mouse models of OXPHOS deficiencies. Mitochondrion 2015;23:71-80.

[118] McFarland R, Swalwell H, Blakely EL, He L, Groen EJ, Turnbull DM, et al. The m5650G ＞ A mitochondrial tRNAAla mutation is pathogenic and causes a phenotype of pure myopathy. Neuromuscul Disord 2008;18:63-7.

[119] Finnilä S, Tuisku S, Herva R, Majamaa K. A novel mitochondrial DNA mutation and a mutation in the Notch3 gene in a patient with myopathy and CADASIL. J Mol Med 2001; 79:641-7.

[120] Rahman S, Copeland WC. POLG-related disorders and their neurological manifestations. Nat Rev Neurol 2019;15:40-52.

[121] Tyynismaa H, Sembongi H, Bokori-Brown M, Granycome C, Ashley N, Poulton J, et al. Twinkle helicase is essential for mtDNA maintenance and regulates mtDNA copy number. Hum Mol Genet 2004;13:3219-27.

[122] Spelbrink JN, Li FY, Tiranti V, Nikali K, Yuan QP, Tariq M, et al. Human mitochondrial DNA deletions associated with mutations in the gene encoding Twinkle, a phage T7 gene 4-like protein localized in mitochondria. Nat Genet 2001; 28: 223-31.

[123] Song L, Shan Y, Lloyd KCK, Cortopassi GA. Mutant Twinkle increases dopaminergic neurodegeneration, mtDNA deletions and modulates Parkin expression. Hum Mol Genet 2012; 21: 5147-58.

[124] Kornblum C, Nicholls TJ, Haack TB, Scholer S, Peeva V, Danhauser K, et al. Loss-of-function mutations in MGME1 impair mtDNA replication and cause multisystemic mitochondrial disease. Nat Genet 2013;45:214-19.

[125] Nicholls TJ, Zsurka G, Peeva V, Scholer S, Szczesny RJ, Cysewski D, et al. Linear mtDNA fragments and unusual mtDNA rearrangements associated with pathological deficiency of MGME1 exonuclease. Hum Mol Genet 2014; 23: 6147-62.

[126] Trounce IA, Kim YL, Jun AS, Wallace DC. Assessment of mitochondrial oxidative phosphorylation in patient muscle biopsies, lymphoblasts, and transmitochondrial cell lines. Methods Enzymol 1996;264:484-509.

[127] Connolly NMC, Theurey P, Adam-Vizi V, Bazan NG, Bernardi P, Bolaños JP, et al. Guidelines on experimental methods to assess mitochondrial dysfunction in cellular models of neurodegenerative diseases. Cell Death Differ 2018;25:542-72.

[128] Oliveira KK, Kiyomoto BH, Rodrigues ADS, Tengan CH. Complex I spectrophotometric assay in cultured cells: detailed analysis of key factors. Anal Biochem 2013;435:57-9.

[129] Chretien D, Bénit P, Chol M, Lebon S, Rötig A, Munnich A, et al. Assay of mitochondrial respiratory chain complex I in human lymphocytes and cultured skin fibroblasts. Biochem Biophys Res Commun 2003;301:222-4.

[130] Janssen AJM, Trijbels FJM, Sengers RCA, Smeitink JAM, van den Heuvel LP, Wintjes LTM, et al. Spectrophotometric assay for complex I of the respiratory chain in tissue samples and cultured fibroblasts. Clin Chem 2007;53:729-34.

[131] de Wit LEA, Sluiter W. Chapter 9 Reliable assay for measuring complex I activity in human blood lymphocytes and skin fibroblasts. Methods Enzymol 2009;456:169-81.

[132] Barrientos A, Fontanesi F, Díaz F. Evaluation of the mitochondrial respiratory chain and oxidative phosphorylation system using polarography and spectrophotometric enzyme assays. Curr Protoc Hum Genet 2009; Chapter 19, Unit19.3.

[133] Bénit P, Goncalves S, Philippe Dassa E, Brière J-J, Martin G, Rustin P. Three spectrophotometric assays for the measurement of the five respiratory chain complexes in minuscule biological samples. Clin Chim Acta 2006;374:81-6.

[134] Kirby DM, Thorburn DR, Turnbull DM, Taylor RW. Biochemical assays of respiratory chain complex activity. Methods Cell Biol 2007;80:93-119.

[135] Frazier AE, Thorburn DR. Biochemical analyses of the electron transport chain complexes by spectrophotometry. Methods Mol Biol 2012;837:49-62.

[136] Teodoro JS, Palmeira CM, Rolo AP. Determination of oxidative phosphorylation complexes activities. Methods Mol Biol 2015;1241:71-84.

[137] Pallotti F, Lenaz G. Isolation and subfractionation of mitochondria from animal cells and tissue culture lines. Methods Cell Biol 2007;80:3-44.

[138] Rieske JS. [44] Preparation and properties of reduced coenzyme Q-cytochrome c reductase (complex III of the respiratory chain). Methods Enzymol 1967;10:239-45.

[139] Silva AM, Oliveira PJ. Evaluation of respiration with Clark-type electrode in isolated mitochondria and permeabilized animal cells. Methods Mol Biol 1782;2018:7-29.

[140] Hofhaus G, Shakeley RM, Attardi G. Use of polarography to detect respiration defects in cell cultures. Methods Enzymol 1996; 264:476-83.

[141] Li Z, Graham BH. Measurement of mitochondrial oxygen consumption using a Clark electrode. Methods Mol Biol 2012; 837: 63-72.

[142] Simonnet H, Vigneron A, Pouysségur J. Conventional techniques to monitor mitochondrial oxygen consumption. Methods Enzymol 2014;542:151-61.

[143] Palikaras K, Tavernarakis N. Measuring oxygen consumption rate in Caenorhabditis elegans. Bio Protoc 2016;6.

[144] Doerrier C, Garcia-Souza LF, Krumschnabel G, Wohlfarter Y, Meszaros AT, Gnaiger E. High-resolution FluoRespirometry and OXPHOS protocols for human cells, permeabilized fibers from small biopsies of muscle, and isolated mitochondria. Methods Mol Biol 1782;2018:31-70.

[145] Makrecka-Kuka M, Krumschnabel G, Gnaiger E. High-resolution respirometry for simultaneous measurement of oxygen and hydrogen peroxide fluxes in permeabilized cells, tissue homogenate and isolated mitochondria. Biomolecules 2015;5:1319-38.

[146] Krumschnabel G, Fontana-Ayoub M, Sumbalova Z, Heidler J, Gauper K, Fasching M, et al. Simultaneous high-resolution measurement of mitochondrial respiration and hydrogen peroxide production. Methods Mol Biol 2015;1264:245-61.

[147] Elustondo PA, Negoda A, Kane CL, Kane DA, Pavlov EV. Spermine selectively inhibits high-conductance, but not low-conductance calcium-induced permeability transition pore. Biochim Biophys Acta 1847;2015:231-40.

[148] Chinopoulos C, Kiss G, Kawamata H, Starkov AA. Measurement of ADP-ATP exchange in relation to mitochondrial transmembrane potential and oxygen consumption. Methods Enzymol 2014;542:333-48.

[149] Gerencser AA, Neilson A, Choi SW, Edman U, Yadava N, Oh RJ, et al. Quantitative microplate-based respirometry with correction for oxygen diffusion. Anal Chem 2009;81:6868-78.

[150] Dmitriev RI, Papkovsky DB. Optical probes and techniques for O_2 measurement in live cells and tissue. Cell Mol Life Sci 2012; 69:2025-39.

[151] Nonnenmacher Y, Palorini R, Hiller K. Determining compartment-specific metabolic fluxes. Methods Mol Biol 2019;1862:137-49.

[152] Walheim E, Wiśniewski JR, Jastroch M. Respiromics—an integrative analysis linking mitochondrial bioenergetics to molecular signatures. Mol Metab 2018;9:4-14.

[153] Divakaruni AS, Paradyse A, Ferrick DA, Murphy AN, Jastroch M. Analysis and interpretation of microplate-based oxygen consumption and pH data. Methods Enzymol 2014;547:309-54.

[154] Leek R, Grimes DR, Harris AL, McIntyre A. Methods: using three-dimensional culture (spheroids) as an in vitro model of tumour hypoxia. Adv Exp Med Biol 2016;899:167-96.

[155] Dwyer DJ, Belenky PA, Yang JH, MacDonald IC, Martell JD, Takahashi N, et al. Antibiotics induce redoxrelated physiological alterations as part of their lethality. Proc Natl Acad Sci U S A 2014;111:E2100-9.

[156] Eichenlaub T, Villadsen R, Freitas FCP, Andrejeva D, Aldana BI, Nguyen HT, et al. Warburg effect metabolism drives neoplasia in a Drosophila genetic model of epithelial cancer. Curr Biol 2018;28:3220-8 e6.

[157] Koopman M, Michels H, Dancy BM, Kamble R, Mouchiroud L, Auwerx J, et al. A screening-based platform for the assessment of cellular respiration in Caenorhabditis elegans. Nat Protoc 2016;11:1798-816.

[158] Bond ST, McEwen KA, Yoganantharajah P, Gibert Y. Live metabolic profile analysis of zebrafish embryos using a seahorse XF 24 extracellular flux analyzer. Methods Mol Biol 2018;1797:393-401.

[159] Rogers GW, Nadanaciva S, Swiss R, Divakaruni AS, Will Y. Assessment of fatty acid beta oxidation in cells and isolated mitochondria. Curr Protoc Toxicol 2014;60:1-19 25.3.

[160] Divakaruni AS, Hsieh WY, Minarrieta L, Duong TN, Kim KKO, Desousa BR, et al. Etomoxir inhibits macrophage polarization by disrupting CoA homeostasis. Cell Metab 2018;28:490-503 e7.

[161] Mookerjee SA, Gerencser AA, Nicholls DG, Brand MD. Quantifying intracellular rates of glycolytic and oxidative ATP production and consumption using extracellular flux measurements. J Biol Chem 2017;292:7189-207.

[162] Yépez VA, Kremer LS, Iuso A, Gusic M, Kopajtich R, Koňaříková E, et al. OCR-Stats: robust estimation and statistical testing of mitochondrial respiration activities using seahorse XF analyzer. PLoS One 2018;13:e0199938.

[163] Divakaruni AS, Rogers GW, Murphy AN. Measuring mitochondrial function in permeabilized cells using the seahorse XF analyzer or a Clark-type oxygen electrode. Curr Protoc Toxicol 2014;60:1-16 25.2.

[164] Clerc P, Polster BM. Investigation of mitochondrial dysfunction by sequential microplate-based respiration measurements from intact and permeabilized neurons. PLoS One 2012;7:e34465.

[165] Iuso A, Repp B, Biagosch C, Terrile C, Prokisch H. Assessing mitochondrial bioenergetics in isolated mitochondria from various mouse tissues using seahorse XF96 analyzer. Methods Mol Biol 2017;1567:217-30.

[166] Nicholls DG, Ward MW. Mitochondrial membrane potential and neuronal glutamate excitotoxicity: mortality and millivolts. Trends Neurosci 2000;23:166-74.

[167] Nicholls DG. Fluorescence measurement of mitochondrial membrane potential changes in cultured cells. Methods Mol Biol 1782;2018:121-35.

[168] Perry SW, Norman JP, Barbieri J, Brown EB, Gelbard HA. Mitochondrial membrane potential probes and the proton gradient: a practical usage guide. BioTechniques 2011;50:98-115.

[169] Smiley ST, Reers M, Mottola-Hartshorn C, Lin M, Chen A, Smith TW, et al. Intracellular heterogeneity in mitochondrial membrane potentials revealed by a J-aggregate-forming lipophilic cation JC-1. Proc Natl Acad Sci U S A 1991; 88: 3671-5.

[170] De Biasi S, Gibellini L, Cossarizza A. Uncompensated polychromatic analysis of mitochondrial membrane potential using JC-1 and multilaser excitation. Curr Protoc Cytom 2015; 72: 1-11 7.32.

[171] Scaduto RC, Grotyohann LW. Measurement of mitochondrial membrane potential using fluorescent rhodamine derivatives.

Biophys J 1999;76:469-77.

[172] Iannetti EF, Smeitink JAM, Beyrath J, Willems PHGM, Koopman WJH. Multiplexed highcontent analysis of mitochondrial morphofunction using live-cell microscopy. Nat Protoc 2016;11:1693-710.

[173] Zhang X, Lemasters JJ. Translocation of iron from lysosomes to mitochondria during ischemia predisposes to injury after reperfusion in rat hepatocytes. Free Radic Biol Med 2013; 63: 243-53.

[174] McKenzie M, Duchen MR. Impaired cellular bioenergetics causes mitochondrial calcium handling defects in MT-ND5 mutant cybrids. PLoS One 2016;11:e0154371.

[175] Nicholls DG. Simultaneous monitoring of ionophore- and inhibitor-mediated plasma and mitochondrial membrane potential changes in cultured neurons. J Biol Chem 2006; 281: 14864-74.

[176] Wang C, Wang G, Li X, Wang K, Fan J, Jiang K, et al. Highly sensitive fluorescence molecular switch for the ratio monitoring of trace change of mitochondrial membrane potential. Anal Chem 2017;89:11514-19.

[177] Chen Y, Qi J, Huang J, Zhou X, Niu L, Yan Z, et al. A nontoxic, photostable and high signal-to-noise ratio mitochondrial probe with mitochondrial membrane potential and viscosity detectivity. Spectrochim Acta A Mol Biomol Spectrosc 2018;189:634-41.

[178] Li J, Kwon N, Jeong Y, Lee S, Kim G, Yoon J. Aggregation-induced fluorescence probe for monitoring membrane potential changes in mitochondria. ACS Appl Mater Interfaces 2018;10:12150-4.

[179] Logan A, Pell VR, Shaffer KJ, Evans C, Stanley NJ, Robb EL, et al. Assessing the mitochondrial membrane potential in cells and in vivo using targeted click chemistry and mass spectrometry. Cell Metab 2016;23:379-85.

[180] Springett R. Novel methods for measuring the mitochondrial membrane potential. Methods Mol Biol 2015;1264:195-202.

[181] Vázquez-Memije ME, Shanske S, Santorelli FM, Kranz-Eble P, DeVivo DC, DiMauro S. Comparative biochemical studies of ATPases in cells from patients with the T8993G or T8993C mitochondrial DNA mutations. J Inherit Metab Dis 1998;21:829-36.

[182] Ouhabi R, Boue-Grabot M, Mazat JP. Mitochondrial ATP synthesis in permeabilized cells: assessment of the ATP/O values in situ. Anal Biochem 1998;263:169-75.

[183] Manfredi G, Yang L, Gajewski CD, Mattiazzi M. Measurements of ATP in mammalian cells. Methods 2002; 26: 317-26.

[184] Zanna C, Ghelli A, Porcelli AM, Karbowski M, Youle RJ, Schimpf S, et al. OPA1 mutations associated with dominant optic atrophy impair oxidative phosphorylation and mitochondrial fusion. Brain 2008;131:352-67.

[185] Ghelli A, Tropeano CV, Calvaruso MA, Marchesini A, Iommarini L, Porcelli AM, et al. The cytochrome b p278Y

> C mutation causative of a multisystem disorder enhances superoxide production and alters supramolecular interactions of respiratory chain complexes. Hum Mol Genet 2013;22:2141-51.

[186] Giorgio M, Migliaccio E, Orsini F, Paolucci D, Moroni M, Contursi C, et al. Electron transfer between cytochrome c and p66Shc generates reactive oxygen species that trigger mitochondrial apoptosis. Cell 2005;122:221-33.

[187] Bedard K, Krause KH. The NOX family of ROS-generating NADPH oxidases: physiology and pathophysiology. Physiol Rev 2007;87:245-313.

[188] Cadenas E, Davies KJ. Mitochondrial free radical generation, oxidative stress, and aging. Free Radic Biol Med 2000;29:222-30.

[189] Wang X, Fang H, Huang Z, Shang W, Hou T, Cheng A, et al. Imaging ROS signaling in cells and animals. J Mol Med (Berl) 2013; 91:917-27.

[190] Dikalov SI, Harrison DG. Methods for detection of mitochondrial and cellular reactive oxygen species. Antioxid Redox Signal 2014;20:372-82.

[191] Dikalov S, Griendling KK, Harrison DG. Measurement of reactive oxygen species in cardiovascular studies. Hypertension 2007;49:717-27.

[192] Cochemé HM, Quin C, McQuaker SJ, Cabreiro F, Logan A, Prime TA, et al. Measurement of H2O2 within living Drosophila during aging using a ratiometric mass spectrometry probe targeted to the mitochondrial matrix. Cell Metab 2011;13:340-50.

[193] Schagger H, von Jagow G. Blue native electrophoresis for isolation of membrane protein complexes in enzymatically active form. Anal Biochem 1991;199:223-31.

[194] Diaz F, Barrientos A, Fontanesi F. Evaluation of the mitochondrial respiratory chain and oxidative phosphorylation system using blue native gel electrophoresis. Curr Protoc Hum Genet 2009; Chapter 19, Unit19 4.

[195] Wittig I, Braun HP, Schagger H. Blue native PAGE. Nat Protoc 2006;1:418-28.

[196] Nijtmans LG, Henderson NS, Holt IJ. Blue Native electrophoresis to study mitochondrial and other protein complexes. Methods 2002;26:327-34.

[197] Calvaruso MA, Smeitink J, Nijtmans L. Electrophoresis techniques to investigate defects in oxidative phosphorylation. Methods 2008;46:281-7.

[198] Diaz F, Thomas CK, Garcia S, Hernandez D, Moraes CT. Mice lacking COX10 in skeletal muscle recapitulate the phenotype of progressive mitochondrial myopathies associated with cytochrome c oxidase deficiency. Hum Mol Genet 2005; 14: 2737-48.

[199] Iommarini L, Ghelli A, Tropeano CV, Kurelac I, Leone G, Vidoni S, et al. Unravelling the effects of the mutation m3571insC/MT-ND1 on respiratory complexes structural organization. Int J Mol Sci 2018;19.

第四篇
线粒体 DNA 决定的疾病和治疗
mtDNA-determined duseases and therapies

线粒体 DNA 大片段缺失和点突变相关的疾病

Mitochondrial DNA–related diseases associated with single large-scale deletions and point mutations

Robert D. S. Pitceathly Shamima Rahman 著

纪冬梅 张智康 译

一、与单个大片段缺失和点突变相关线粒体 DNA 疾病的临床综合征

1963 年首次发现脊椎动物中存在线粒体 DNA（mtDNA）[1]。随后，对人类 mtDNA 母系遗传[2] 的论证，以及具有明显母系遗传的 LHON 和 MERRF 的大家系观察提示，mtDNA 突变可能与人类疾病有关。1988 年发现了导致 MERRF 和 LHON 的 mtDNA 点突变，证实了这一猜测[3, 4]。同年，在线粒体肌病患者的肌肉中发现了单一的 mtDNA 大片段缺失（single large-scale mtDNA deletion，SLSMD）[5]。从最初的这些发现开始，已报道了超过 250 种不同的可能的致病性 mtDNA 变异（https://www.mitomap.org/），与一系列不同的临床表型相关。在本章中，将讨论引起典型综合征的 mtDNA 突变，这些综合征通常按照一系列临床特征来进行分类。然而，应该注意的是，许多受累个体表现为两个或多个线粒体疾病综合征重叠，一些患者复杂表型与已知的综合征都不太匹配；另外一些患者可能孤立地累及单个器官。对于本章讨论的与 mtDNA 点突变相关的每种临床综合征（表 14-1），我们报告了所涉及的基因、最常见的突变，以及这些突变是典型的异质性突变还是同质性突变，然后进行了简

要的临床描述。在"突变"这一列，我们列出了在 MitoMap 数据库中被确认致病性变异（https://www.mitomap.org/）。对于已报道的与特定表型相关但尚未被确认具有致病性的其他变异，读者可以参考 MitoMap 数据库。图 14-1 在人类 mtDNA 分子的概念图上显示了已证实的突变的位置，包括本章讨论的 SLSMD 高频区，以及相关的临床综合征。

（一）运动不耐受

基因：*MT-CYB*。

突变：m.14849T＞C。

异质性。

患病率：罕见。

运动不耐受（exercise intolerance，EI）是线粒体肌病常见的临床表现；超过 20% 的线粒体疾病患者有运动不耐受，当患者具有特定基因型且细胞色素 c 氧化酶（cytochrome c oxidase，COX）阴性和破碎红纤维（RRF）存在时，运动不耐受发病率更高[6]。1996 年首次报道 *MT-CYB* 致病性变异是运动不耐受的病因[7]，之后在散发病例中报道了运动不耐受与近端肌无力和横纹肌溶解有关[8]。*MT-CYB* 唯一被证实的突变是 m.14849T＞C，在 1 例 18 岁男性运动不耐受伴疲劳、肌痛、静息性乳酸酸中毒患者的肌肉 mtDNA 中检测到

表 14-1　与单个大片段缺失和点突变相关的 **mtDNA** 相关疾病的临床症状

临床症状 / 疾病	基　因	突　变
运动不需受	*MT-CYB*	m.14849T > C
Kearns-Sayre 综合征	多个基因删除	SLSMD
Leber– 肌张力障碍	*MT-ND6*	m.14459G > A
Leber 遗传性视神经病	*MT-ND1, MT-ND4, MT-ND6*	m.11778G > A，m.3460G > A 和 m.14484T > C（约占病例的 95%），m.3376G > A，m.3635G > A，m.3697G > A，m.3700G > A，m.3733G > A，m.4171C > A，m.10197G > A，m.10663T > C，m.13051G > A，m.13094T > C，m.14459G > A，m.14482C > A，m.14482C > G，m.14495A > G，m.14502T > C，m.14568C > T
母系遗传性糖尿病和耳聋	*MT-TL1*	m.3243A > G
母系遗传性 Leigh 综合征	*MT-ATP6, MT-ND1, MT-ND3, MT-ND4, MT-ND5, MT-ND6, MT-TL1, MT-TK, MT-TV, MT-TW*	m.8993T > G，m.8993T > C，m.9176T > C，m.9176T > G，m.9185T > C，m.3697G > A，m.10158T > C，m.10191T > C，m.10197G > A，m.11777C > A，m.12706T > C，m.13513G > A，m.14459G > A，m.14487T > C
线粒体脑肌病伴乳酸酸中毒和卒中样发作	*MT-TL1, MT-TF, MT-TQ, MT-ND1, MT-ND5*	m.3243A > G（约占病例的 80%），m.3256C > T，m.3271T > C，m.3291T > C，m.583G > A，m.4332G > A，m.3697G > A，m.13513G > A，m.13514A > G
线粒体肌病和心肌病	*MT-TL1, MT-TI*	m.3260A > G，m.3303C > T，m.4300A > G
肌阵挛性癫痫伴不规则红色纤维	*MT-TK, MT-TH*	m.8344A > G（约占病例的 80%），m.8356T > C，m.8363G > A，m.12147G > A
神经源性肌无力，共济失调，色素性视网膜炎	*MT-ATP6*	m.8993T > G，m.8993T > C，m.9185T > C
非综合征感音性神经性耳聋	*MT-RNR1, MT-TS1*	m.1555A > G，m.1494C > T，m.7445A > G，m.7511T > C
Pearson 骨髓胰腺综合征	多个基因删除	SLSMD
进行性眼外骨麻痹（PEO）/PEO⁺	多个基因删除，*MT-TL1, MT-TI, MT-TN, MT-TL2*	SLSMD，m.3243A > G，m.3243A > T，m.4298G > A，m.4308G > A，m.5690A > G，m.5703G > A，m.12276G > A，m.12294G > A，m.12315G > A，m.12316G > A
可逆性婴儿线粒体肌病	*MT-TE*	m.14674T > C，m.14674T > G

SLSMD. 单一大片段 mtDNA 缺失

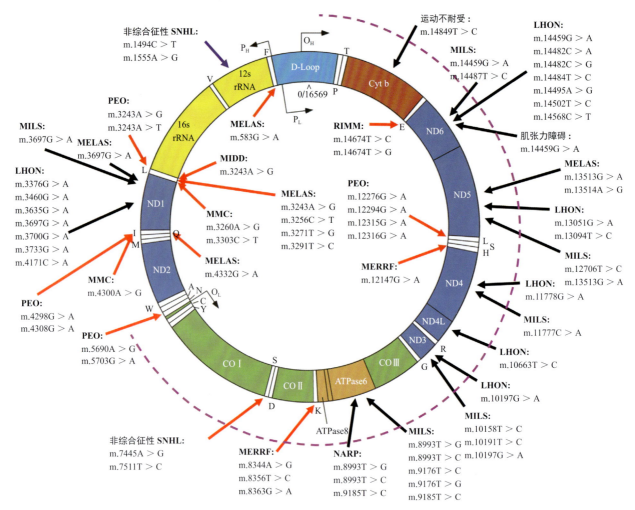

▲ 图 14-1　人类 mtDNA 分子注释了高频缺失区并证实了致病点突变及相关的临床综合征 / 疾病（箭），如 MitoMap 数据库（https://www.mitomap.org/）所示

外围或内圈的字母表示 tRNA 基因相关氨基酸。黑箭表示蛋白质编码基因突变；红箭表示 tRNA 基因突变；紫箭表示 rRNA 基因突变；虚线表示高频缺失区。LHON.Leber 遗传性视神经病；MELAS. 线粒体脑肌病伴乳酸酸中毒和卒中样发作；MERRF. 肌阵挛性癫痫伴破碎红纤维综合征；MIDD. 母亲遗传糖尿病伴耳聋；MILS. 母系遗传 Leigh 综合征；MMC. 母系遗传性肌病伴心肌病；NARP. 神经源性肌无力、共济失调、色素性视网膜炎；PEO. 进行性眼外肌麻痹；RIMM. 可逆性婴儿线粒体肌病；SNHL. 感音神经性听力丧失

85% 的 m.14849T＞C 突变[9]。肌肉组织中检测到 COX 阳性的破碎红纤维，以及复合物Ⅲ酶活性降低。然而，在个别家系中也报道了其他的新生突变[10]。

（二）Kearns-Sayre 综合征

基因：多个基因缺失。

突变：单个大片段 mtDNA 缺失。

异质性。

患病率：罕见。

Kearns-Sayre 综合征（Kearns-Sayre syndrome, KSS）是由 20 岁前发病的进行性外眼肌麻痹三联征，并具有以下一种或多种临床特征：色素性视网膜病变、小脑共济失调、心脏传导阻滞和（或）脑脊液（cerebrospinal fluid，CSF）蛋白升高（＞100mg/dl）[11]。其他体征包括感音神经性耳聋（sensorineural hearing loss，SNHL）、认知障碍、癫痫、肾小管性酸中毒、身材矮小和内分泌紊乱（糖尿病、甲状旁腺功能减退症和

生长激素缺乏）。KSS 与 MELAS 或 MERRF 也可能存在重叠。临床过程是进行性的，患者常发展为进行性骨骼肌病，并因心脏传导缺陷而需要起搏器。具有中枢神经系统和（或）心脏并发症的患者往往在 30—40 岁死亡。KSS 通常是散发的，由母亲卵母细胞中出现的 SLSMD 引起。

（三）Leber 肌张力障碍

基因：MT-$ND6$。

突变：m.14459G＞A。

异质性。

患病率：罕见。

最初报道的一些导致 LHON 的点突变，尤其是影响呼吸链复合物 I 的 ND6 亚基的点突变，随后被证实导致 LHON– 肌张力障碍重叠综合征。母系遗传性 LHON 伴肌张力障碍于 1994 年由 Doug Wallace 等首次报道，与 MT-$ND6$ 基因上的 m.14459A＞G 异质性突变相关[12]。其临床表现多样，但肌张力障碍通常在儿童早期开始，可能严重致残且难以治疗。可选的治疗方案包括巴氯芬、苯海索和肉毒毒素注射。深部脑刺激治疗这种疾病尚未见报道。其他临床特征包括上睑下垂和眼肌麻痹。神经影像显示双侧壳核和尾状核对称的 T_2 加权高信号病变。现在这种表型被认为是 Leigh 综合征谱系的一部分，详见本章。

（四）Leber 遗传性视神经病

基因：MT-$ND1$、MT-$ND4$、MT-$ND6$。

突变：m.11778G＞A，m.3460G＞A，and m.14484T＞C 占所有病例的 95%；更罕见明确的突变包括 m.3376G＞A，m.3635G＞A，m.3697G＞A，m.3700G＞A，m.3733G＞A，m.4171C＞A，m.10197G＞A，m.10663T＞C，m.13051G＞A，m.13094T＞C，m.14459G＞A，m.14482C＞A，m.14482C＞G，m.14495A＞G，m.14502T＞C 和 m.14568C＞T。

同质性。

患病率：3.7/100 000[13]。

LHON 最初是由 Theodore Leber 在 1871 年

定义的[14]。临床上，LHON 的特征是单眼亚急性、无痛性中心视力丧失，大多数在 6 个月时出现双眼受累。约 25% 的患者发病时双眼视力丧失。发病高峰年龄在 20—30 岁，95% 的患者在 60 岁之前丧失视力，95% 的 LHON 致病基因为 3 种：MT-$ND1$ 基 因 的 m.3460G＞A 突 变[15, 16]，MT-$ND4$ 基因的 m.11778G＞A 突变[4] 和 MT-$ND6$ 基因的 m.14484T＞C 突变[17]，这些突变通常以同质水平存在。虽然视力丧失通常是严重且永久性的，但不同的基因型恢复水平不同；m.3460G＞A 突变携带者与视力预后可能最差，而 m.14484T＞C 突变携带者往往能够长期维持最佳的视力[18]。LHON 具有明显的性别差异和低外显性；携带致病性突变的 50% 男性和 90% 女性不会出现失明。吸烟和饮酒被认为是携带致病性 LHON 突变患者发病的潜在诱因。LHON 患者也可能发展为多发性硬化（multiple sclerosis，MS）样疾病，表现为弥漫性中枢神经系统脱髓鞘、典型的放射性白质病变和不匹配的脑脊液寡克隆条带（称为 "Harding 综合征"）[19]。

（五）母系遗传性糖尿病和耳聋

基因：MT-$TL1$。

突变：m.3243A＞G。

异质性。

患病率：m.3243A＞G 突变患病率为 3.5/100 000[13]（30% m.3243A＞G 突变携带者表现为母系遗传性糖尿病和耳聋[20]）。

m.3243A＞G 突变是最初报道的导致 MELAS 综合征的突变（见上文），母系遗传性糖尿病和耳聋（maternally inherited diabetes and deafness，MIDD）是其最常见的表型。MIDD 是由成年期 SNHL 和糖尿病定义的，但也可能伴有其他神经系统和非神经系统特征，包括进行性眼外肌麻痹、上睑下垂、肌病、小脑性共济失调、前庭功能障碍、偏头痛、心肌病、视网膜病和慢性肾脏疾病等。

（六）母系遗传性 Leigh 综合征

基 因：MT-$ATP6$、MT-$ND1$、MT-$ND3$、MT-

ND4、*MT-ND5*、*MT-ND6*、*MT-TL1*、*MT-TK*、*MT-TV*、*MT-TW*。

突变：m.8993T>G，m.8993T>C，m.9176T>C，m.9176T>G，m.9185T>C，m.3697G>A，m.10158T>C，m.10191T>C，m.10197G>A，m.11777C>A，m.12706T>C，m.13513G>A，m.14459G>A，m.14487T>C。

异质性（通常突变负荷很高，>95%）。

患病率：大约 1/300 000（占约 Leigh 综合征的 10%）[18]。

母系遗传性 Leigh 综合征（maternally inherited Leigh syndrome，MILS）最常见的原因是 *MT-ATP6* 基因编码 ATP 合成酶亚单位（复合体 V）的同一核苷酸的两种突变：m.8993T>G 和 m.8993T>C。这两种突变约占 Leigh 综合征的 10%[21]。Leigh 综合征是一种亚急性神经退行性疾病，最初在神经病理学上定义为脑干、中脑和基底节区的对称性局灶性病变，其特征是海绵样变伴髓鞘空泡化、神经元不完全缺失、脱髓鞘、胶质增生和毛细血管增生[22]。目前认为 Leigh 综合征谱包含一系列临床表现，包括发育延迟和（或）倒退，伴有与基底节和（或）脑干功能障碍相关的神经体征，神经影像学异常（脑干、中脑、丘脑和基底节区的对称性局灶性 T_2 高信号），以及血和（或）脑脊液中乳酸升高，或者其他线粒体功能障碍的生化证据。Leigh 综合征的基因型范围很大，至少 89 个基因的致病性突变与这一临床症候群有关，其中大多数是核基因，但包括 14 个线粒体基因（10 个已证实，见上文列表）[23]。Leigh 综合征的遗传方式有母系遗传、隐性遗传、X 连锁遗传和散发性遗传。MILS 可能由一系列 *MT-ATP6* 基因突变引起，也可能是由编码 tRNA 和复合体 I 亚基的线粒体基因突变引起[24]。有意思的是，m.8993 突变在不同卵母细胞中存在明显的偏态分布；母亲通常没有临床症状，但可能会产生非常高或低突变负荷的卵子。

Leigh 综合征多在婴儿期或幼儿期表现为失代偿后的发育倒退和乳酸酸中毒，某些情况下可能由并发感染或其他代谢应激因素（如禁食、麻醉或手术）诱发。Leigh 综合征的也有在成年发病，但发生率要低得多。神经学特征包括肌张力低、共济失调、肌张力障碍、运动障碍和癫痫发作。可能会发生多种多系统并发症，包括心肌病和肾小管病等。

（七）线粒体脑肌病伴高乳酸血症和卒中样发作

基因：*MT-TL1*、*MT-TF*、*MT-TQ*、*MT-ND1*、*MT-ND5*。

突变：m.3243A>G（约占 80%），m.3256C>T，m.3271T>C，m.3291T>C，m.583G>A，m.4332G>A，m.3697G>A，m.13513G>A，m.13514A>G。

异质性。

患病率：m.3243A>G 突变患病率为 3.5/100 000[13]（10% 的 m.3243A>G 突变会表现为 MELAS[20]）。

MELAS 是典型的线粒体综合征之一，早在 1984 年就首次确定为临床疾病[25]。80% 的病例是由相同的 mtDNA 点突变——*MT-TL1* 基因上的 m.3243A>G 引起的。然而，应该承认大多数 m.3243A>G 携带者并不表现为 MELAS。事实上，只有 10% 有临床症状的 m.3243A>G 突变携带者表现为 MELAS 综合征[20]。m.3243A>G 突变是人群中最常见的致病性变异之一，估计频率为 1/400[26]。大多数携带此突变的人患有 MIDD（见上文）、具有许多其他临床表现（如孤立性肾病、胃肠动力障碍、心律失常引起的猝死）或无症状。另一个难题是 MELAS 和其他典型线粒体综合征（尤其是 MERRF）之间的重叠（见下文）[27, 28]。

MELAS 的临床表现通常为与局灶性运动性发作相关的偏头痛发展为全身性发作，以及可能包括偏盲、偏瘫或失语的卒中样发作，但在数周至数月内消失。卒中样发作通常在 10 岁左右出现，但成人发病相对频繁，首次卒中样发作可能在 40 岁以内的任何时间发生。MELAS 的临床演变伴着反复卒中样发作，尽管可能存在持续数年的稳定期，MELAS 的临床演变一般伴着反复卒中样发作。相关的临床特征包括 SNHL、视神经萎缩、厌食、身材矮小、共济失调、癫痫发作和进行性认知能力下降。神经影像学检查显示顶枕部卒中样病变不局限于血管区域，之后在后续的影像学检查中消失。肌肉活检特征包括破碎红纤维和孤立的复合体 I 缺乏症或复合体 I 和 IV 的联合缺陷。

（八）线粒体肌病和心肌病

基因：*MT-TL1*、*MT-TI*。

突变：m.3260A＞G、m.3303C＞T、m.4300A＞G。

异质性（偶尔同质性）。

患病率：极罕见。

分别编码亮氨酸和异亮氨酸的线粒体 tRNA 的 *MT-TL1* 和 *MT-TI* 基因（见上文）的 3 个突变，尤其与成年出现的母系遗传性肌病伴心肌病（maternally inherited myopathy with cardiomyopathy，MMC）综合征相关[29-31]。据报道，*MT-TI* 和其他线粒体 tRNA 编码基因的一些突变会导致婴儿心肌病，但其致病性从未得到证实（https://www.mitomap.org/）。需要注意的是，婴儿线粒体心肌病通常与一系列核基因的双等位基因突变有关，这些核基因包括编码复合物 I（如 NDUFAF1）[32] 和复合物 IV（如 SCO2）[33] 组装因子的基因及线粒体翻译因子的基因。一种特殊的组织细胞样心肌病综合征与编码复合物 I 亚单位的 X– 连锁核基因 *NDUFB11* 突变有关[34]。

（九）肌阵挛性癫痫伴肌肉破碎红纤维

基因：*MT-TK*、*MT-TH*。

突变：m.8344A＞G（约占 80%）、m.8356T＞C、m.8363G＞A、m.12147G＞A。

异质性。

患病率：0.7/100 000[13]。

MERRF 是另一种典型的线粒体综合征，在其遗传机制被了解前几十年就被临床定义[3, 35]。典型的发病在 10—20 岁，临床表现多样，包括共济失调、肌阵挛和 SNHL 等。MERRF 的独

特特征是多发性对称性脂肪增多症，其发病机制尚不清楚。MERRF 患者的其他临床特征可能包括视神经萎缩、色素性视网膜病变、眼肌瘫痪、运动不耐受、乳酸酸中毒、心肌病和精神症状。一些携带与 MERRF 更典型相关突变的个体可能出现与 MELAS 综合征重叠的临床特征，包括卒中样发作[36, 37]。反之，那些 MELAS 相关的 m.3243A＞G 突变也可能表现出 MERRF 的特征，而不会发展为卒中样发作[28]。与 m.3243A＞G 突变一样，许多 m.8344A＞G 突变患者的临床特征不典型，或可能是少症状或无症状[38]。

（十）神经源性肌无力、共济失调、色素性视网膜炎

基因：*MT-ATP6*。

突变：m.8993T＞G、m.8993T＞C、m.9185T＞C。

异质性。

患病率：罕见。

神经源性肌无力、共济失调和色素性视网膜炎（neurogenic muscle weakness, ataxia, and retinitis pigmentosa，NARP）是由 *MT-ATP6* 基因上的（m.8993T＞C/G 和 m.9185T＞C）的 3 个突变引起的。这些突变也可导致 MILS（见上文）。一般来说，对于最常见的 m.8993T＞G 突变，突变负荷为 70%～90% 时会导致 NARP，而突变达到 90% 时会发生 MILS[39]。m.8993T＞C 突变致病性较弱，只有当突变比例达 90% 时，才会出现临床症状。NARP 的特征是近端神经源性肌肉无力、感觉神经病变、小脑性共济失调、身材矮小、SNHL、进行性外眼肌麻痹、心脏传导缺陷、色素视网膜病变、癫痫、学习困难和痴呆症[24]。这些症状的发生，尤其是小脑性共济失调和学习困难在儿童期即可出现。NARP 可能遵循复发—缓解交替的病程，由代谢应激源（例如病毒性疾病）触发失代偿。

（十一）非综合征感音性神经性耳聋

基因：*MT-RNR1*、*MT-TS1*。

突变：m.1555A＞G、m.1494C＞T、m.7445A＞G、m.7511T＞C。

同质性（偶见异质性突变）。

患病率：m.1555A＞G 突变携带者中为 1/500[40,41]。

SNHL 通常与以下线粒体基因突变有关：*MT-RNR1*、*MT-TS1*、*MT-TL1* 和 *MT-TK*。线粒体功能障碍所致的听力损失可能是典型综合征的一部分，如 MELAS 或 MERRF，或者较罕见的症状群，如与 *MT-TS1* 突变相关的听力损失—共济失调—肌阵挛（hearing loss-ataxia-myoclonus, HAM）[42]。然而，它也可能是非综合征性的，即无其他临床特征的孤立性听力损失。后者尤其适用于 *MT-RNR1* 基因上的 m.1555A＞G 突变，该突变与氨基糖苷类药物引起的听力损失的高度敏感性相关。这种突变的发生率特别高，在欧洲白人人群中估计携带率至少有 1/500[40,41]。目前认为，与 m.1555A＞G 突变相关的表型严重程度可能由核基因变异所介导，包括编码 tRNA 修饰因子的 *TRMU* 和编码线粒体单链 DNA 结合蛋白的 *SSBP1* 基因杂合变异[43,44]。

（十二）Pearson 骨髓胰腺综合征

基因：多种基因缺失。

突变：单一大片段 mtDNA 缺失。

异质性。

患病率：罕见。

Pearson 骨髓胰腺综合征于 1979 年首次报道，是一组顽固性铁粒母细胞贫血伴有骨髓前体空泡化和胰腺外分泌功能障碍综合征[45]。然而直到报道 10 年后，才在患者中发现了 mtDNA SLSMD，其遗传学基础才被发现[46]。Pearson 综合征患儿在婴儿期（平均 2.5 个月，范围从出生至 16 个月）出现输血依赖性贫血，通常伴有乳酸酸中毒和生长迟缓，并有可能包括中性粒细胞减少、血小板减少、生长迟缓、发育迟缓、肾小管病变和胰腺外分泌功能不全等多种其他临床特征[47]。骨髓检查显示有环状铁粒母细胞和空泡化的髓样前体细胞。Pearson 综合征的死亡率非常高，最严重的患者在出生后几年内死于肝衰竭或失代偿（接近 60% 的人在 4 岁前死亡，只有 22% 的人能活到 18 岁）[47,48]。幸存的患儿通常在 2 岁左右不再需要输血，但总是会发展为具有多系统特征的 KSS[49]。目前认为，两种表型之间发生这种转换的原因是 SLSMD 从快速分裂的血细胞中被清除，而在未分裂的组织如肌肉和脑中却逐渐积累。

（十三）进行性眼外肌麻痹/超（plus）进行性眼外肌麻痹

基因：多种基因片段缺失，如 *MT-TL1*、*MT-TI*、*MT-TN*、*MT-TL2*。

突变：单一大片段 mtDNA 缺失，m.3243A＞G/T、m.4298G＞A、m.4308G＞A、m.5690A＞G、m.5703G＞A、m.12276G＞A、m.12294G＞A、m.12315G＞A、m.12316G＞A。

异质性。

患病率：罕见（尤其是对于单一症状的进行性眼外肌麻痹）[50]。

孤立性进行性眼外肌麻痹是一种遗传异质性的线粒体综合征，其特征是缓慢进展的双侧上睑下垂和继发于眼外肌无力的眼球运动受限[11]。SLSMD 是引起进行性眼外肌麻痹的最常见原因，占全部病例的 2/3[50]。参与 mtDNA 维持的核编码线粒体基因突变也是常染色体显性和隐性类型进行性眼外肌麻痹的重要原因，常与 mtDNA 复制受损导致多重（多克隆）mtDNA 缺失有关。mtDNA 点突变是进行性眼外肌麻痹的一个相对少见的原因，约占 10%，其中大多数是由于 *MT-TL1* 基因的 m.3243A＞G 突变[50]。相反，12% 的 m.3243A＞G 突变患者的部分临床症状包括进行性眼外肌麻痹[20]。与单个 mtDNA 缺失不同，mtDNA 点突变很少导致孤立的进行性眼外肌麻痹而不伴有其他神经系统和非神经系统受累[20]或作为典型线粒体综合征（如 MELAS）的一部分。进行性眼外肌麻痹常伴有其他肌肉相关症状，包括近端肌病、运动不耐受和疲劳。最常见的肌肉外表现包括 SNHL、糖尿病、小脑共济失调、帕金森综合征和周围神经病变[50]；如果存在这些症状，这种综合征被称为超（plus）进行性眼外肌麻痹综合征。

（十四）可逆性婴儿线粒体肌病

基因：*MT-TE*。

突变：m.14674T＞C，m.14674T＞G。

同质性。

患病率：罕见。

20 世纪 80 年代初首次报道了一种随年龄增长而好转的婴儿线粒体肌病，最初被称为良性可逆性 COX 缺乏症[51, 52]。后来人们认识到这是一种与多个呼吸链酶缺陷有关的可逆性肌病，而不是孤立的 COX 缺陷，随后发现该疾病与编码谷氨酸 tRNA 基因中的两个同质 mtDNA 点突变有关[53, 54]。受累婴儿通常经过一段无症状的间歇期，在几周大时出现进行性肌肉无力和乳酸酸中毒进而导致喂养困难，在某些情况下出现呼吸衰竭，需要长达 18 个月的有创通气。此后，肌肉力量逐渐恢复，但会伴有轻度无力症状直到成年期。即使在同一家系中，并非所有携带同质性 *MT-TE* 突变的个体都有肌无力，因此可能是其他基因变异改变了表型。

二、线粒体 DNA 大片段缺失和点突变的分子遗传学研究

（几乎）普遍的共识都认为 mtDNA 遵循母系遗传。但有一例令人困惑的 mtDNA 突变明显父系遗传的案例[55]，以及最近关于人类 mtDNA 双亲遗传的双亲遗传报道[56]。然而，后一种现象在其他研究中没有观察到[57]，可能由于所谓的巨型核内 mtDNA 片段（NUMT）[58] 的存在。

mtDNA 点突变是母系遗传的，但也可能是受累个体的自发突变。相反，SLSMD 通常是非遗传性的散发事件，但一项回顾性研究表明，家系中每 24 名新生儿就有 1 例可能存在复发风险，置信区间（confidence interval，CI）很宽（95%CI 1/117～1/9）[59]。同质性 mtDNA 突变通常通过多代母系遗传，但外显率往往不同。例如，在所有 LHON 突变中，男性失明的风险为 46%[60]，大约是女性的 5 倍。多年来，人们认为 X 染色体上一定存在一个编码修饰因子的基因。然而，确定这种修饰基因的基因定位策略被证明是无效的，性别差异似乎可以解释为雌激素的保护作用[61]。

异质性 mtDNA 突变也可能是母系遗传的，并可能存在异质性水平（突变负荷）的巨大差异，甚至在一级母系亲属之间也是如此。在某些情况下，mtDNA 点突变似乎是新发的。这在与 MILS 有关的 m.8993T＞G/C 突变最常被报道，但在与运动耐受性不良相关的 *MT-CO1-3* 和 MTCYB 基因中的一些突变也出现了这种情况[8, 10]。大多数 mtDNA 点突变是功能隐性的。因此，对于异质性 mtDNA 突变，当突变负荷超过线粒体的生化功能受损的临界阈值时，可观察到临床表型。然而，一些 mtDNA 突变似乎对线粒体功能具有明显的负面影响，例如在融合细胞中，*MT-TW* 基因的异质性 m.5545C＞T 突变的生化阈值仅为 4%～8%[62]。

mtDNA 相关疾病临床表现不同的一个主要原因是突变 mtDNA 在不同组织类型之间的分离不可预测且似乎是随机的；突变 mtDNA 在女性卵母细胞和体细胞组织中都是分离的。mtDNA 异质性的快速分离也可能通过遗传瓶颈发生，当女性原始生殖细胞中 mtDNA 分子（每个卵原细胞大约 200 个 mtDNA 分子）数量暂时减少，然后在卵母细胞成熟期间快速复制，从而可能大大增加代际遗传漂移的速率[63]。mtDNA 异质性的遗传漂移也是在成年期研究突变 mtDNA 时需要考虑的一个重要因素。在快速分裂的组织（例如血白细胞）中，可以观察到突变 mtDNA 随着时间的推移而减少，特别是某些致病性突变[64]。这一现象的机制尚不清楚，有人提出了对野生型 mtDNA 的选择压力和（或）细胞在没有呼吸链缺陷的情况下进行分裂的一般性适应。因此，重要的是，线粒体疾病的诊断是基于对一种以上组织类型（如必要时对骨骼肌等有丝分裂后组织）的遗传分析，以避免假阴性结果。

三、与单个大片段缺失和点突变相关线粒体 DNA 疾病的诊断方法

当临床怀疑线粒体疾病时，通常要进行下列

有针对性的检查才能最终确诊。传统上，肌肉活检一直是诊断的重要组成部分，但 NGS 法提高了诊断灵敏度，可以检测到低水平的异质性，因此，合理的做法可能是首先在血液中进行基因检测，并在必要时行肌肉活检进行确认。但需要强调的是，血液中没有 mtDNA 突变并不能排除 mtDNA 相关的线粒体疾病，可能需要从尿路上皮细胞、骨髓抽吸物（Pearson 骨髓胰腺综合征中的 SLSMD）和（或）肌肉组织中提取的 mtDNA 进行检测以避免误诊。

（一）实验室检查

线粒体代谢检测包括血清肌酸激酶、乳酸和丙酮酸、血浆酰基肉碱、血浆和尿氨基酸、尿有机酸，如有中枢神经系统受累，还包括脑脊液乳酸和丙酮酸。对怀疑 KSS 的患者，应在补充叶酸之前测定脑脊液蛋白和 5- 甲基四氢叶酸（5-methyltetrahydrofolate，5MTHF）水平，以支持诊断和确认存在脑叶酸缺乏。线粒体肌病患者血清肌酸激酶通常正常或轻度升高。此外，乳酸和乳酸 / 丙酮酸比值正常不能排除线粒体疾病，特别是在成年人群中；mtDNA 相关疾病常伴有静息血乳酸水平正常或轻度升高，但运动时显著升高。mtDNA 相关疾病患者血游离肉碱水平降低，部分酰基肉碱相对升高。

（二）神经影像学检查

神经影像学检查的应用，特别是脑磁共振成像（magnetic resonance imaging，MRI），极大地方便了累及中枢神经系统的线粒体疾病的检测。脑萎缩在患有线粒体疾病的儿童中很常见。卒中样发作的症状与不符合血管的解剖范围影像学损病变（通常在顶枕区）的相关性有助于 MELAS 的诊断。Leigh 综合征的特征性表现为基底神经节、丘脑和（或）脑干在 T_2 加权和液体衰减反转恢复（fluid-attenuated inversion recovery，FLAIR）MRI 的双侧高信号。KSS 最常见的 MRI 表现包括大脑和小脑萎缩伴双侧皮质下白质、丘脑、基底节及脑干对称性高信号病变。基底节钙化是线粒体疾病的一个相对常见的特征，尤其是

在 KSS，但在 MRI 扫描上可能不明显；可能需要计算机断层扫描（computed tomography，CT）来确认这一发现。进行性眼外肌麻痹患者眼外肌 T_2 信号增高，且与眼球运动呈负相关，可定量评估疾病严重程度[65]。^{1}H 磁共振波谱（magnetic resonance spectroscopy，MRS）可以检测脑脊液和大脑特定区域的乳酸蓄积，而正电子发射断层显像（positron emission tomography，PET）则通过放射性同位素标记代谢物识别患者的代谢异常，这些代谢异常与生物能量学研究有关。

（三）骨骼肌组织化学、电子显微镜、呼吸链生物化学检测

如果在血液中未检测到 mtDNA 突变，肌肉活检可能是一种有用的诊断测试以进一步研究 mtDNA 相关线粒体疾病患病的可能性。

组织化学技术包括 Gomori 三色染色，红色突出了肌膜下的线粒体堆积，即所谓的破碎红纤维，而琥珀酸脱氢酶（succinate dehydrogenase，SDH）染色突出了类似的现象，即所谓的破碎蓝纤维。COX 和 SDH 联合染色（COX/SDH）是突出 COX 阴性纤维的有用工具，COX 阴性纤维高度提示潜在的 mtDNA 突变，特别是当出现马赛克样模式时提示异质性。图 14-2 显示骨骼肌切片的组织化学染色结果，并显示其结果与线粒体肌病一致。

在我们看来，如果将组织化学、生化和遗传学研究结合起来，肌肉组织的电子显微镜（electron microscopy，EM）检测并不能显著提高诊断效率。但电镜下可见肌膜下和肌原纤维间线粒体增生，肌纤维内存在异常线粒体。线粒体增大、拉长、不规则、哑铃状，伴有嵴发育不良和营养不良，以及类结晶包涵体，提示线粒体功能障碍。然而这些发现是非特异性的，也可以出现在其他神经肌肉疾病中。

肌肉匀浆（新鲜或冷冻）可用于特异性呼吸链复合物的酶法测定。这对患有 mtDNA 相关疾病的儿童特别有用，因为这些儿童的肌肉组织化学可能看起来正常。mtDNA tRNA 突变可导致多

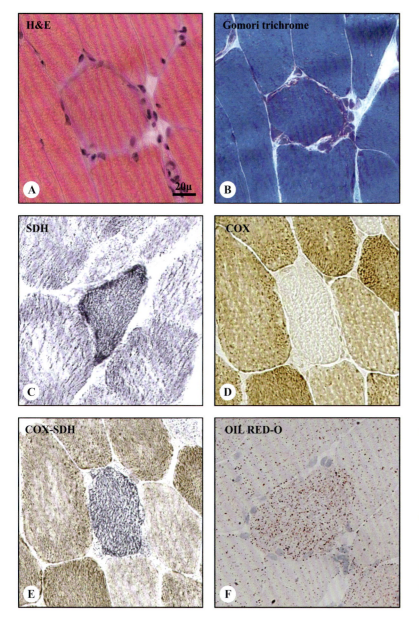

◀ **图 14-2**　骨骼肌切片组织化学染色结果与线粒体肌病相一致

A. 明显的内部线粒体，包括肌膜下线粒体聚集；B. 这些纤维被称为"破碎红"纤维，通常在 Gomori 三色组织化学中最清晰可见；C. 在氧化染色尤其是琥珀酸脱氢酶（SDH）染色中，显示显示"破碎蓝"纤维变化；D. 细胞色素 c 氧化酶（COX）缺乏是重要的诊断特征；E. 通过 COX-SDH 联合染色进一步突出；F. 如油红 -O（Oil red-O）染色所示，纤维内部也可能出现过量的脂滴

种呼吸链酶缺陷（例如，m.3243A＞G 突变），而个别缺陷提示蛋白质编码基因功能障碍，尽管这些规则并没有被普遍遵守。

（四）遗传检测

可以从血液、尿沉渣、骨骼肌或其他受累组织中提取 DNA，对疑似线粒体疾病进行遗传学研究。采用长链 PCR 和 Southern 印迹法（Southern blot）遗传学技术检测线粒体基因组中的 SLSMD。mtDNA 点突变的基因检测可以包括筛查 3243、8344 和 8993 等常见突变，或者对整个线粒体基因组进行 NGS。由于 mtDNA 拷贝数高，外显子组和基因组二代测序都能很好地捕获 mtDNA 序列，因此在某些情况下，当临床未怀疑 mtDNA 疾病时，可以通过其中一种方法检测到 mtDNA 突变。确认一种新的 mtDNA 变异的发病机制可能具有挑战性。致病性标准包括突变负荷的表型分离（因此检测母系亲属可能有帮助）、健康对照缺失、进化保守性，以及变异对 OXPHOS 功能产生影响的证据。功能研究可能包括单纤维 PCR，以确定突变是否在 COX 阴性纤维或破碎红纤维中处于较高水平，或者证明生化缺陷与线粒体杂交细胞的线粒体基因组一起传递。后者被认为是一种从功能上确认新的 mtDNA 突变致病性的"金标准"，但这一项费时费力的检测，只有在专业实验室才能提供。

四、线粒体 DNA 大片段缺失和点突变相关疾病的处理

（一）支持疗法

线粒体疾病患者及其家人需要多学科临床团队的支持性治疗。这项工作通常由线粒体疾病临床专家（成人或儿童）协调，并与其他医学学科密切联系，包括神经科医生、心脏科医生、呼吸科医生、内分泌科医生、眼科医生、消化科医生、五官科医生、康复科医生、理疗师、职业治疗师、言语和语言治疗师及心理学家等。虽然目前没有特异性治疗方法来阻止或逆转潜在 OXPHOS 疾病进展，但监测和治疗疾病引起的并发症对于维持患者生活自理改善生活质量和降低发病率至关重要。

（二）维生素和辅助因子治疗

许多维生素和辅助因子已被提出用于线粒体疾病，旨在支持线粒体功能。这些维生素 / 辅助因子包括辅酶 Q10、核黄素和烟酰胺，但目前缺乏这些药物疗效的证据[66]，因此这里不进行详细讨论。脑脊液 5MTHF 缺乏在 KSS 中相对常见，与白质疾病和癫痫发作有不同程度的相关性，并报道了在一些患者中补充叶酸是有临床反应的[67]。叶酸在这种疾病中是禁忌的，因为它与 5MTHF 竞争转运通过血 – 脑脊液屏障，从而加剧大脑叶酸缺乏。

（三）新兴疗法

目前尚无治疗 mtDNA 点突变疾病的有效方法，开发新的治疗方法是全球研究的重点。新兴疗法大致可分为药理学和遗传学方法[68, 69]。前者包括抗氧化剂（如辅酶 Q10 和维生素 E 衍生物），促进线粒体生物发生的药物，可稳定线粒体脂质膜的小分子药物，以及通过抑制 mTOR 靶

向线粒体自噬的西罗莫司。特异性靶向 mtDNA 的遗传学方法包括使用转录激活物样效应核酸酶（transcription activator-like effector nuclease, TALEN）或锌指核酸酶选择性地破坏突变的 mtDNA。这些方法在细胞和动物模型中的研究结果展示了初步的应用前景[70, 71]，本书将讨论其中一些方法。对于 mtDNA 蛋白编码基因的突变，另一种选择是使用核遗传密码重新编码基因，这样就可以使用病毒载体传递基因，并在细胞核表达基因。编码的蛋白质随后在胞质核糖体上合成，并且由于载体包括线粒体靶向信号，因此被导入线粒体。该方法目前正在用于 LHON 的临床试验中[72]。

（四）生殖选择

mtDNA 点突变只能由在卵母细胞中携带突变的女性传递；这些女性包括患者和无症状携带者。这些人都应该接受有线粒体遗传学经验的遗传学家的专业遗传咨询。这些女性的生殖选择包括：①产前诊断：适用于某些异质性突变，已知卵母细胞突变负荷明显偏向同质性的野生型或突变型 mtDNA（例如，与 MILS 和 NARP 相关的

> **研究展望**
>
> 尽管基因组医学取得了重大进展，但目前对许多不同的 mtDNA 点突变与其临床表现之间因果关系的了解仍不完全，而与人类疾病相关 mtDNA 点突变的数量仍在不断增加。然而，国际上正努力建立包括经遗传学确认的 mtDNA 相关疾病患者的队列，以促进帮助解决这些基本问题，同时明晰基因型 – 表型相关性，从而更好地理解疾病发展史，并制订循证管理指南。此外，针对 mtDNA 缺失和点突变的基因疗法正处于临床前研究阶段，这提高了治疗潜在分子缺陷（而非其导致的临床症状）获批疗法的可能性。

m.8993T＞G 突变)[73, 74]；②胚胎植入前遗传学诊断（仅适用于有可能产生低突变负荷卵母细胞的异质性 mtDNA 突变)[75]；③ mtDNA 置换 [76]；④供卵；⑤领养；⑥自愿放弃生育。

声明

我们非常感谢 Ashirwad Merve 博士和 Rahul Phadke 博士为本章提供了具有代表性的肌肉切片染色图像。

参考文献

[1] Nass MM, Nass S. Intramitochondrial fibers with DNA characteristics. I. Fixation and electron staining reactions. J Cell Biol 1963;19:593-611.

[2] Giles RE, Blanc H, Cann HM, Wallace DC. Maternal inheritance of human mitochondrial DNA. Proc Natl Acad Sci U S A 1980; 77: 6715-19.

[3] Wallace DC, et al. Familial mitochondrial encephalomyopathy (MERRF): genetic, pathophysiological, and biochemical characterization of a mitochondrial DNA disease. Cell 1988;55:601-10.

[4] Wallace DC, et al. Mitochondrial DNA mutation associated with Leber's hereditary optic neuropathy. Science 1988;242:1427-30.

[5] Holt IJ, Harding AE, Morgan-Hughes JA. Deletions of muscle mitochondrial DNA in patients with mitochondrial myopathies. Nature 1988;331:717-19.

[6] Mancuso M, et al. Fatigue and exercise intolerance in mitochondrial diseases. Literature revision and experience of the Italian Network of mitochondrial diseases. Neuromuscul Disord 2012;22(Suppl. 3): S226-9.

[7] Dumoulin R, et al. A novel gly290asp mitochondrial cytochrome b mutation linked to a complex III deficiency in progressive exercise intolerance. Mol Cell Probes 1996;10:389-91.

[8] Andreu AL, et al. Exercise intolerance due to mutations in the cytochrome b gene of mitochondrial DNA. N Engl J Med 1999; 341: 1037-44.

[9] Massie R, Wong L-JC, Milone M. Exercise intolerance due to cytochrome b mutation. Muscle Nerve 2010;42:136-40.

[10] Rahman S, et al. A missense mutation of cytochrome oxidase subunit II causes defective assembly and myopathy. Am J Hum Genet 1999;65:1030-9.

[11] Pitceathly RDS, Rahman S, Hanna MG. Single deletions in mitochondrial DNA—molecular mechanisms and disease phenotypes in clinical practice. Neuromuscul Disord 2012; 22: 577-86.

[12] Jun AS, Brown MD, Wallace DC. A mitochondrial DNA mutation at nucleotide pair 14459 of the NADH dehydrogenase subunit 6 gene associated with maternally inherited Leber hereditary optic neuropathy and dystonia. Proc Natl Acad Sci U S A 1994;91:6206-10.

[13] Gorman GS, et al. Prevalence of nuclear and mitochondrial DNA mutations related to adult mitochondrial disease. Ann Neurol 2015;77:753-9.

[14] Leber T. Ueber hereditäre und congenital-angelegte Sehnervenleiden. Albrecht Von Graefes Arch Für Ophthalmol 1871; 17:249-91.

[15] Huoponen K, Vilkki J, Aula P, Nikoskelainen EK, Savontaus ML. A new mtDNA mutation associated with Leber hereditary optic neuroretinopathy. Am J Hum Genet 1991;48:1147-53.

[16] Howell N, et al. Leber hereditary optic neuropathy: identification of the same mitochondrial ND1 mutation in six pedigrees. Am J Hum Genet 1991;49:939-50.

[17] Johns DR, Neufeld MJ, Park RD. An ND-6 mitochondrial DNA mutation associated with Leber hereditary optic neuropathy. Biochem Biophys Res Commun 1992;187:1551-7.

[18] Spruijt L, et al. Influence of mutation type on clinical expression of Leber hereditary optic neuropathy. Am J Ophthalmol 2006; 141: 676-82.

[19] Harding AE, et al. Occurrence of a multiple sclerosis-like illness in women who have a Leber's hereditary optic neuropathy mitochondrial DNA mutation. Brain J Neurol 1992;115(Pt 4): 979-89.

[20] Nesbitt V, et al. The UK MRC Mitochondrial Disease Patient Cohort Study: clinical phenotypes associated with the m.3243A > G mutation—implications for diagnosis and management. J Neurol Neurosurg Psychiatry 2013;84:936-8.

[21] Rahman S, et al. Leigh syndrome: clinical features and biochemical and DNA abnormalities. Ann Neurol 1996;39:343-51.

[22] Leigh D. Subacute necrotizing encephalomyelopathy in an infant. J Neurol Neurosurg Psychiatry 1951;14:216-21.

[23] Rahman J, Noronha A, Thiele I, Rahman S. Leigh map: a novel computational diagnostic resource for mitochondrial disease. Ann Neurol 2017;81:9-16.

[24] Thorburn DR, Rahman J, Rahman S. Mitochondrial DNA-associated Leigh syndrome and NARP. In: Adam MP, et al., editors. GeneReviews®. Seattle: University of Washington; 1993.

[25] Pavlakis SG, Phillips PC, DiMauro S, De Vivo DC, Rowland LP. Mitochondrial myopathy, encephalopathy, lactic acidosis, and stroke-like episodes: a distinctive clinical syndrome. Ann Neurol 1984;16:481-8.

[26] Manwaring N, et al. Population prevalence of the MELAS A3243G mutation. Mitochondrion 2007;7:230-3.

[27] Liolitsa D, Rahman S, Benton S, Carr LJ, Hanna MG. Is the mitochondrial complex I ND5 gene a hotspot for MELAS causing mutations? Ann Neurol 2003;53:128-32.

[28] Verma A, Moraes CT, Shebert RT, Bradley WG. A MERRF/PEO overlap syndrome associated with the mitochondrial DNA 3243 mutation. Neurology 1996;46:1334-6.

[29] Zeviani M, et al. Maternally inherited myopathy and cardiomyopathy: association with mutation in mitochondrial DNA tRNA(Leu)(UUR). Lancet Lond Engl 1991;338:143-7.

[30] Sweeney MG, Brockington M, Weston MJ, Morgan-Hughes JA, Harding AE. Mitochondrial DNA transfer RNA mutation Leu(UUR)A-- > G 3260: a second family with myopathy and cardiomyopathy. Q J Med 1993;86:435-8.

[31] Casali C, et al. A novel mtDNA point mutation in maternally inherited cardiomyopathy. Biochem Biophys Res Commun 1995;213:588-93.

[32] Fassone E, et al. Mutations in the mitochondrial complex I assembly factor NDUFAF1 cause fatal infantile hypertrophic cardiomyopathy. J Med Genet 2011;48:691-7.

[33] Papadopoulou LC, et al. Fatal infantile cardioencephalomyopathy

with COX deficiency and mutations in SCO2, a COX assembly gene. Nat Genet 1999;23:333-7.

[34] Shehata BM, et al. Exome sequencing of patients with histiocytoid cardiomyopathy reveals a de novo NDUFB11 mutation that plays a role in the pathogenesis of histiocytoid cardiomyopathy. Am J Med Genet A 2015;167A:2114-21.

[35] Fukuhara N, Tokiguchi S, Shirakawa K, Tsubaki T. Myoclonus epilepsy associated with ragged-red fibres (mitochondrial abnormalities): disease entity or a syndrome? Light-and electron-microscopic studies of two cases and review of literature. J Neurol Sci 1980;47:117-33.

[36] Zeviani M, et al. A MERRF/MELAS overlap syndrome associated with a new point mutation in the mitochondrial DNA tRNA(Lys) gene. Eur J Hum Genet 1993;1:80-7.

[37] Miyahara H, et al. Autopsied case with MERRF/MELAS overlap syndrome accompanied by stroke-like episodes localized to the precentral gyrus. Neuropathol J Jpn Soc Neuropathol 2019;39:212-17.

[38] Mancuso M, et al. Phenotypic heterogeneity of the 8344A > G mtDNA 'MERRF' mutation. Neurology 2013;80:2049-54.

[39] Claeys KG, et al. Novel genetic and neuropathological insights in neurogenic muscle weakness, ataxia, and retinitis pigmentosa (NARP). Muscle Nerve 2016;54:328-33.

[40] Bitner-Glindzicz M, et al. Prevalence of mitochondrial 1555A- - > G mutation in European children. N Engl J Med 2009; 360: 640-2.

[41] Vandebona H, et al. Prevalence of mitochondrial 1555A-- > G mutation in adults of European descent. N Engl J Med 2009; 360: 642-4.

[42] Pulkes T, et al. New phenotypic diversity associated with the mitochondrial tRNA(SerUCN) gene mutation. Neuromuscul Disord 2005;15:364-71.

[43] Guan M-X, et al. Mutation in TRMU related to transfer RNA modification modulates the phenotypic expression of the deafness-associated mitochondrial 12S ribosomal RNA mutations. Am J Hum Genet 2006;79:291-302.

[44] Kullar PJ, et al. Heterozygous SSBP1 start loss mutation co-segregates with hearing loss and the m.1555A > G mtDNA variant in a large multigenerational family. Brain J Neurol 2018; 141: 55-62.

[45] Pearson HA, et al. A new syndrome of refractory sideroblastic anemia with vacuolization of marrow precursors and exocrine pancreatic dysfunction. J Pediatr 1979;95:976-84.

[46] Rotig A, et al. Mitochondrial DNA deletion in Pearson's marrow/pancreas syndrome. Lancet Lond Engl 1989;1:902-3.

[47] Broomfield A, et al. Paediatric single mitochondrial DNA deletion disorders: an overlapping spectrum of disease. J Inherit Metab Dis 2015;38:445-57.

[48] Rötig A, Bourgeron T, Chretien D, Rustin P, Munnich A. Spectrum of mitochondrial DNA rearrangements in the Pearson marrow-pancreas syndrome. Hum Mol Genet 1995;4:1327-30.

[49] McShane MA, et al. Pearson syndrome and mitochondrial encephalomyopathy in a patient with a deletion of mtDNA. Am J Hum Genet 1991;48:39-42.

[50] Horga A, et al. Peripheral neuropathy predicts nuclear gene defect in patients with mitochondrial ophthalmoplegia. Brain J Neurol 2014;137:3200-12.

[51] DiMauro S, et al. Benign infantile mitochondrial myopathy due to reversible cytochrome c oxidase deficiency. Trans Am Neurol Assoc 1981;106:205-7.

[52] DiMauro S, et al. Benign infantile mitochondrial myopathy due to reversible cytochrome c oxidase deficiency. Ann Neurol 1983; 14:226-34.

[53] Horvath R, et al. Molecular basis of infantile reversible cytochrome c oxidase deficiency myopathy. Brain J Neurol 2009; 132: 3165-74.

[54] Chen T-H, Tu Y-F, Goto Y-I, Jong Y-J. Benign reversible course in infants manifesting clinicopathological features of fatal mitochondrial myopathy due to m.14674 T > C mt-tRNAGlu mutation. QJM Mon J Assoc Physicians 2013;106:953-4.

[55] Schwartz M, Vissing J. Paternal inheritance of mitochondrial DNA. N Engl J Med 2002;347:576-80.

[56] Luo S, et al. Biparental inheritance of mitochondrial DNA in humans. Proc Natl Acad Sci U S A 2018;115:13039-44.

[57] Rius R, et al. Biparental inheritance of mitochondrial DNA in humans is not a common phenomenon. Genet Med J Am Coll Med Genet 2019;21:2823-6. Available from: https://doi.org/10.1038/s41436-019-0568-0.

[58] Balciuniene J, Balciunas D. A nuclear mtDNA concatemer (Mega-NUMT) could mimic paternal inheritance of mitochondrial genome. Front Genet 2019;10:518.

[59] Chinnery PF, et al. Risk of developing a mitochondrial DNA deletion disorder. Lancet Lond Engl 2004;364:592-6.

[60] Fraser JA, Biousse V, Newman NJ. The neuro-ophthalmology of mitochondrial disease. Surv Ophthalmol 2010;55:299-334.

[61] Giordano C, et al. Oestrogens ameliorate mitochondrial dysfunction in Leber's hereditary optic neuropathy. Brain J Neurol 2011;134:220-34.

[62] Sacconi S, et al. A functionally dominant mitochondrial DNA mutation. Hum Mol Genet 2008;17:1814-20.

[63] Jenuth JP, Peterson AC, Fu K, Shoubridge EA. Random genetic drift in the female germline explains the rapid segregation of mammalian mitochondrial DNA. Nat Genet 1996;14:146-51.

[64] Rahman S, Poulton J, Marchington D, Suomalainen A. Decrease of 3243 A-- > G mtDNA mutation from blood in MELAS syndrome: a longitudinal study. Am J Hum Genet 2001;68:238-40.

[65] Pitceathly RDS, et al. Extra-ocular muscle MRI in genetically-defined mitochondrial disease. Eur Radiol 2016;26:130-7.

[66] Pfeffer G, Majamaa K, Turnbull DM, Thorburn D, Chinnery PF. Treatment for mitochondrial disorders. Cochrane Database Syst Rev 2012;. Available from: https://doi.org/10.1002/14651858. CD004426.pub3 CD004426.

[67] Quijada-Fraile P, et al. Follow-up of folinic acid supplementation for patients with cerebral folate deficiency and Kearns-Sayre syndrome. Orphanet J Rare Dis 2014;9:217.

[68] Rahman J, Rahman S. Mitochondrial medicine in the omics era. Lancet Lond Engl 2018;391:2560-74.

[69] Hirano M, Emmanuele V, Quinzii CM. Emerging therapies for mitochondrial diseases. Essays Biochem 2018;62:467-81.

[70] Bacman SR, et al. MitoTALEN reduces mutant mtDNA load and restores tRNAAla levels in a mouse model of heteroplasmic mtDNA mutation. Nat Med 2018;24:1696-700.

[71] Gammage PA, et al. Genome editing in mitochondria corrects a pathogenic mtDNA mutation in vivo. Nat Med 2018;24:1691-5.

[72] Guy J, et al. Gene therapy for Leber hereditary optic neuropathy: low-and medium-dose visual results. Ophthalmology 2017; 124: 1621-34.

[73] Harding AE, Holt IJ, Sweeney MG, Brockington M, Davis MB. Prenatal diagnosis of mitochondrial DNA8993 T----G disease. Am J Hum Genet 1992;50:629-33.

[74] Blok RB, Gook DA, Thorburn DR, Dahl HH. Skewed segregation of the mtDNA nt 8993 (T-- > G) mutation in human oocytes. Am J Hum Genet 1997;60:1495-501.

[75] Sallevelt SCEH, et al. Preimplantation genetic diagnosis for mitochondrial DNA mutations: analysis of one blastomere suffices. J Med Genet 2017;54:693-7.

[76] Pickett SJ, et al. Mitochondrial donation—which women could benefit? N Engl J Med 2019;380:1971-2.

线粒体 DNA 基因表达的核遗传障碍

Nuclear genetic disorders of mitochondrial DNA gene expression

第 15 章

Ruth I. C. Glasgow Albert Z. Lim Thomas J. Nicholls Robert McFarland

Robert W. Taylor Monika Oláhová 著

梁 丹 濮治馨 王梦瑶 译

虽然线粒体基因组编码 13 个 OXPHOS 蛋白和线粒体翻译所需的所有 RNA 分子，但大多数线粒体蛋白是由核基因组编码的。目前估计核遗传来源的线粒体蛋白约 1158 种（MitoCarta 2.0），参与 mtDNA 基因表达的核基因中发现的致病变异数量继续增加[1]。与 mtDNA 基因表达缺陷相关的临床特征及由此导致的 OXPHOS 缺陷是多种多样的。临床疾病的谱系包括多系统和孤立的器官功能障碍，导致一系列的"综合征"表现。然而，许多患者并不符合这些经典的综合征原型，表现在生命的不同阶段，具有明显不同的疾病严重程度和结局。具有高能量需求的组织被认为对 ATP 合成缺陷最敏感，因此心脏、脑和骨骼肌是最常受到影响的组织。然而，携带相同基因中相同致病变异的患者可能出现截然不同的病理，而具有相似临床特征的患者可能有不同的遗传病因。这种广泛的临床和遗传异质性使得线粒体疾病的识别、表征和诊断具有挑战性。更复杂的是，线粒体疾病的临床特征经常与其他神经或系统疾病重叠。

随着高通量 NGS 在诊断途径中的应用日益增多，全外显子组测序和全基因组测序在罕见疾病中得到了广泛的应用，从而彻底改变了线粒体疾病的基因诊断。在候选或靶向基因诊断方法依赖于整齐的表型 – 基因型相关性的地方，全外显子组测序 / 全基因组测序是无偏见的测序工具，当与生物信息筛选管道一起使用时，已被证明在诊断如此复杂的表型谱方面非常有效，一些中心在很高比例的病例中实现了成功诊断[2, 3]。一旦鉴定出新的或以前未报道的变异体，研究环境中的功能特征对于病源性的分配和基因诊断的确认至关重要[4]。

在已报道的导致线粒体疾病的核缺陷中，超过 1/3 的线粒体致病核缺陷存在于编码参与 mtDNA 基因表达的蛋白质基因中，这些蛋白质在线粒体 DNA 基因表达中起作用，使线粒体 DNA 维持和复制通过线粒体转录和翻译进行[4]。

当线粒体 DNA 表达的这些机制（图 15-1；也可参见本书第 1 章和第 2 章）受到干扰时，会产生什么后果？下面概述了已报道的突变的功能影响和与每个疾病基因相关的临床表型的一些相关例子。图 15-2 提供了迄今为止已确定的 mtDNA 表达疾病基因的列表。

一、线粒体 DNA 复制机制的研究进展

在所有线粒体的基质中，有 1~15 个 mtDNA 分子；然而，这个数字是动态的，并受

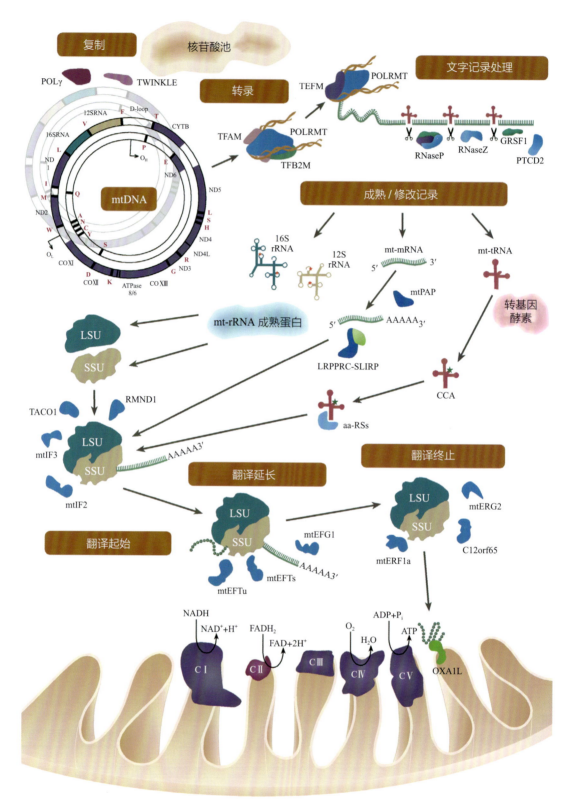

▲ 图 15-1 线粒体 DNA 基因表达示意图

图中显示每一主要步骤中涉及的一些关键核编码线粒体基因产物。线粒体基因组的复制和转录依赖于一组可用核苷酸。在转录和加工之后，mt-rRNA、mt-mRNA 和 mt-tRNA 在许多成熟和修饰酶的促进下经历了一系列转录后修饰步骤。线粒体大亚基（LSV）和小亚基（SSV）共同合成 13 个线粒体编码的氧磷多肽，然后作为复合体 I、III、IV和V（C I、C III、C IV和 C V）插入线粒体内膜

mtDNA 复制
DNA2, MGME1, POLG, POLG2, RNASEH1, SSBP1, TOP3A, TWNK

dNTP 池维护
ABAT, DGUOK, MPV17, RRM2B, SAMHD1, SUCLA2, SUCLG1, TK2, TYMP

mtDNA 转录
TFAM, TFB2M

mtRNA 成熟修饰
ELAC2, ERAL1, DHX30, FASTKD2, GTPBP3, HSD17B10, LRPPRC, MTO1, MTPAP, MRM2, MTFMT, NSUN3, PRORP, PNPT1, PUS1, TRMT10C, TRIT1, TRMU, TRMT5, TRNT1

线粒体 aa-RS
AARS2, CARS2, DARS2, EARS2, FARS2, GARS, GATB, GATC, HARS2, IARS2, KARS, LARS2, MARS2, NARS2, PARS2, QRSL1, RARS2, SARS2, TARS2, VARS2, WARS2, YARS2

线粒体亚基
MRPS2, MRPS7, MRPS14, MRPS16, MRPS22, MRPS23, MRPS25, MRPS28, MRPS34, MRPS39, MRPL3, MRPL12, MRPL44

线粒体的翻译
C12orf65, C12orf62, COA3, GFM1, GFM2, GUF1, OXA1L, RMND1, TACO1, TSFM, TUFM

▲ 图 15-2　迄今为止与线粒体 DNA 基因表达缺陷相关的核编码线粒体疾病基因列表
基因是根据其功能分类的。数据截至 2020 年 4 月

细胞类型特定的拷贝数控制机制的影响[5, 6]。环状双链线粒体基因组全长 16 569bp，编码 37 个基因。在这些基因中，13 个编码多肽，它们都是 OXPHOS 复合体Ⅰ、Ⅲ、Ⅳ和Ⅴ的核心亚基。其余的基因编码 22 个 tRNA 和 2 个 rRNA，16S 和 12S 分别是大的和小的有丝分裂体亚单位的组成部分。线粒体 DNA 的两条链被称为重链（H 链）和轻链（L 链）。

　　一个可靠的线粒体 DNA 复制系统对于维持线粒体基因组及其基因的表达至关重要。复制的两个主要起源已被描述：位于线粒体基因组非编码区的 H 链复制的起源（the origin of H-strand replication，O_H）和位于 O_H 下游约 2/3 的 tRNA 簇的 L 链复制的起源（the origin of L-strand replication，O_L）。线粒体 RNA 聚合酶（polymerase，POLRMT）合成了线粒体 DNA 复制所需的 RNA 引物[7, 8]。线粒体特异性 DNA 聚合酶 γ（Polγ）是由 POLGA 编码的一个催化亚基和 POLGB 编码的同源二聚体辅助亚基组成的杂三聚体，它通过增加 POLγ 与 DNA 的亲和力而使其具有加工性。Polγ 通过增加其与 DNA 的亲

和力[9]。为了使 Polγ 继续进行，必须在复制叉处解开两条线粒体 DNA 链，六聚体线粒体解旋酶 Twinkle（TWNK）通过破坏链之间的氢键发挥作用[10]。线粒体单链 DNA 结合蛋白还增强了 Polγ 和 Twinkle 的活性[11]。除了这些线粒体特异性蛋白质外，还有一些具有双核和线粒体功能的蛋白参与 mtDNA 复制，包括 DNA 连接酶Ⅲ、核糖核酸酶 H1（RNase H1）、FEN1 和 TOP3α[12-14]。终止复制需要几个具有核酸酶活性的因素来进行引物去除、处理和再连接。RNA 引物的加工可通过多种方式进行，通常包括 RNase H1 部分降解退火的引物，随后 Polγ 置换剩余核苷酸以产生不同长度的"瓣"。随后该皮瓣可被 FEN1、DNA2 或 MGME1 切割和清除[15]。为了完成每次复制，必须分离两个新合成的 mtDNA 分子。研究表明蛋白质 TOP3α 对相互连接的线粒体 DNA 进行去乙酰化，释放出的每个线粒体 DNA 分子形成其最终紧密的类核结构[14]。线粒体维持着持续的 DNA 复制周期，在活跃增殖和有丝分裂后的细胞中独立于更广泛的细胞周期运行[16, 17]。线粒体 DNA L 链和 H 链的复制是高度异步的，在滞后

链模板是由 mtSSB 包裹（"链置换模型"）还是与 RNA 杂交（"靴带模型"）之间存在争议。在线粒体中也观察到类似于链耦联复制产物的完全双链复制中间产物 [18-20]。有关 mtDNA 维持和复制的更详细说明，请参见第 1 章。

二、线粒体 DNA 复制缺陷

（一）*POLG* 基因突变

编码 DNA Polγ 催化亚单位的基因 *POLG* 中的致病变异是遗传性线粒体疾病最常见的单基因原因 [21]。在澳大利亚的一个队列中，*POLG* 突变占成人病例的 10% [22]。目前，超过 300 种不同的致病性 *POLG* 变体已存入人类 DNA 聚合酶 γ 突变数据库（https://tools.niehs.nih.gov/polg/）。这些突变跨越了 *POLG* 的整个氨基酸序列，有些是常染色体隐性遗传，有些是常染色体显性遗传。从功能上讲，这些 *POLG* 缺陷可导致 Polγ 活性降低和复制叉处停滞。这种线粒体 DNA 合成缺陷的结果可能是线粒体 DNA 缺失、线粒体 DNA 多重缺失或两者的结合 [23]。*POLG* 基因突变可表现在一组包含连续重叠表型的疾病中 [24, 25]。

Alpers-Huttenlocher 综合征（Alpers-Huttenlocher syndrome，AHS）以进行性神经退行性变、难治性癫痫、运动障碍、神经病变和肝衰竭为特征，是儿童 *POLG* 相关疾病最常见的表型，死亡率较高 [24, 26]。*POLG* 突变携带者的发病时间通常为 2～4 年 [27, 28]，第二次发病高峰为 17～24 年 [29, 30]。进展迅速，发病 4 年内死亡 [29, 31]。与复合杂合变异体相比，位于 *POLG* 基因连接域的纯合变体与发病年龄晚和存活时间长相关 [32, 33]。

继发于 *POLG* 突变的神经退行性疾病的另一种表型是儿童肌萎缩肝病谱，其特征为肌张力降低、肌病、发育退化、肝衰竭、胰腺炎、周期性呕吐和肾小管酸中毒 [34]。这些特征通常在几个月大时变得明显，与 AHS 不同的是癫痫是一个不太明显的特征 [32, 34]。

肌阵挛性癫痫肌病感觉性共济失调（myoclonic epilepsy myopathy sensory ataxia，MEMSA）是另一种与 *POLG* 相关的线粒体疾病，是指一系列伴有癫痫、肌病和共济失调而不伴有眼肌麻痹的疾病，现在还包括以前所称的脊髓小脑共济失调伴癫痫（spinocerebellar ataxia with epilepsy，SCAE）[24]。共济失调神经病变谱（ataxia neuropathy spectrum，ANS）是一组与 *POLG* 相关疾病，患者存在协调困难，同时伴有神经功能障碍 [24]。该谱还包括感觉性共济失调、神经病变、构音障碍和眼肌麻痹（sensory ataxia, neuropathy, dysarthria, and ophthalmoplegia，SANDO），以及线粒体隐性共济失调综合征（mitochondrial recessive ataxia syndrome，MIRAS）[35]。

常染色体显性进行性眼外肌麻痹（autosomal dominant progressive externalophthalmoplegia，AdPEO）*POLG* 相关疾病通常出现在成年期，表现为进行性眼外肌无力，导致双侧上睑下垂和（或）复视。大多数患者也有全身性肌病，感音神经性听力损失、轴索神经病变、共济失调、帕金森病、白内障、卵巢早衰、心肌病和胃肠运动障碍均有报道 [36, 37]。相反，常染色体隐性进行性眼外肌麻痹很少有系统性受累 [38]。

（二）*TWNK* 基因突变

与 *POLG* 缺陷一样，编码线粒体 DNA 解旋酶 Twinkle 的基因 *TWNK* 中的双等位基因突变会导致复制停滞，并可能导致以线粒体 DNA 缺失或数量上的线粒体 DNA 耗竭缺陷的形式出现质量缺陷 [39]。最近对 TWNK 相关疾病的分子基础研究表明，突变型 Twinkle 无法通过野生型 Twinkle 与 DNA 相互作用时产生的正常构象变化进行寡聚 [40]。

TWNK 相关线粒体 DNA 维持缺陷最常见的表型是常染色体显性进行性眼外肌麻痹。几乎所有患有 *TWNK* 单等位基因致病性变异的患者都会出现上睑下垂和眼肌麻痹。除了这些近乎普遍的眼科检查结果外，其他经常报道的特征（尽管一般较轻）包括疲劳、近端肌病、肌痛和运动不耐受 [41-43]。从儿童期到成年后期，疾病的发病可能有所不同，平均发病时间为第 40 年 [42]。

TWNK 中的双等位基因致病性变异并不常见。受影响的个体在生命早期出现进行性和生命受限状况。继发于 *TWNK* 突变的婴儿期起病的肝脑型线粒体 DNA 缺失通常表现为肝病、乳酸酸中毒、精神运动迟滞和张力减退[44-46]。芬兰的一个遗传隔离人群报告了 *TWNK* 相关的脊髓小脑共济失调，发病时间约为 1 年[44, 47]。这些婴儿表现为锥体外系症状、低声调和与小脑白质改变相关的抑郁反射。另一种罕见的与 *TWNK* 突变相关的是 Perrault 综合征，其特征是听力损失和卵巢功能障碍[48, 49]。

（三）*DNA2* 基因突变

在线粒体 DNA 维持解旋酶 *DNA2* 基因中发现了常染色体显性和常染色体隐性突变，导致两种不同的疾病表现。常染色体显性 *DNA2* 疾病导致明显的线粒体 DNA 维持缺陷和肌病表型，通常在青春期表现为上睑下垂、眼肌麻痹、近端肌无力、肌肉萎缩和疲劳。*DNA2* 核酸酶域内的杂合错义变异被认为会干扰 RNA 引物和瓣中间物的去除，并阻碍线粒体 DNA 的合成[50]。隐性 *DNA2* 变异与 Seckel 综合征有关，该综合征的特征是宫内生长迟缓、侏儒症、小头症并伴有智力迟钝及典型的"鸟头"面部外观[51, 52]。

（四）*MGME1* 突变

MGME1 基因的常染色体隐性突变（纯合无义突变和纯合错义突变）在三个家族中均有报道，导致线粒体 DNA 缺失和多重缺失。在所有受影响患者中发现的线粒体 DNA 重排明显大于 *POLG* 相关线粒体 DNA 保留缺陷的特征缺失，并包括大量重复[53]。在患者的成纤维细胞和肌肉组织中也发现 7S DNA（D-loop 区域的线性成分）水平异常升高，表明 *MGME1* 在 7S DNA 周转中起着重要作用[54]。

全外显子组测序在一名患有早发性小脑共济失调、言语迟缓、小头畸形和小脑萎缩的儿童中发现 *MGME1* 纯合移码缺失导致基因产物提前终止[39]。*MGME1* 移码缺失变异具有更严重的表型，并扩展了先前报道的线粒体 DNA 缺失综合征 11

例患者的临床谱。这些患者通常在儿童期或成年早期出现上睑下垂、眼肌麻痹、易疲劳、运动不耐受、进行性近端肌无力、肌肉萎缩和体重减轻[54]。胸壁肌肉受累可导致呼吸困难，进而导致呼吸衰竭，需要无创通气。其他常见的报道特征是脊柱后凸、智力障碍和共济失调[54]。

三、脱氧核糖核苷三磷酸池的维护

核基因组和线粒体基因组的复制和修复都需要稳定可用的脱氧核糖核苷三磷酸（deoxyribonucleoside triphosphate，dNTP）。调节 dNTP 向线粒体供应的 2 个主要途径是补救和从头合成途径。后者在细胞质中起作用，其中参与 dNTP 合成的关键酶是核糖核苷酸还原酶（ribonucleotide reductase，RNR）和胸苷酸合成酶（thymidylate synthase，TS）。RNR 负责将核糖核苷酸还原为脱氧核糖核苷[55, 56]。特定的线粒体载体，如 MPV17，则有助于细胞溶质 dNTP 运输到基质中，因为线粒体不具备核苷酸的重头合成途径，这些分子也不能因其电荷而渗透到线粒体内膜（inner mitochondrial membrane，IMM）[57]。

独特的线粒体 dNTP 补救途径不断将由 DNA 转变的已经存在于线粒体基质中的前脱氧核苷酸转化为 dNTP[58]。线粒体胸苷激酶 2（thymidine kinase 2，TK2）是嘧啶核苷酸补救途径的关键驱动因素，因为它执行嘧啶前体的初始磷酸化[59]。类似地，嘌呤核苷酸补救的初级磷酸化步骤由线粒体脱氧鸟苷激酶（deoxyguanosine kinase，DGK）[60] 执行。随后，通过核苷酸一磷酸激酶（nucleotide monophosphate kinase，NMPK）和核苷酸二磷酸激酶（nucleotide diphosphate kinase，NDPK）执行两个额外的磷酸化步骤，从而将每个脱氧核糖核苷一磷酸（deoxyribonucleoside monophosphate，dNMP）转化为 dNTP[61]。为了使 NMPK 执行每个核苷酸的最终磷酸化，它必须与 4- 氨基丁酸转氨酶（4-aminobutyrate transaminase，ABAT）和琥珀酰辅酶 a 连接酶（succinyl CoA ligase，SUCL）形成复合物[62, 63]。

四、脱氧核糖核苷三磷酸补救途径和核苷酸代谢的缺陷

（一）*TK2* 基因突变

TK2 基因的功能缺失突变现在是线粒体 DNA 维持缺陷的一个众所周知的原因。由于线粒体 TK2 在嘧啶核苷酸补救途径的第一步中的作用，这些突变极大地影响线粒体内的核苷酸库，并导致线粒体 DNA 严重缺失[64]。*TK2* 相关线粒体疾病出现在婴儿期、儿童期（青少年）或成人期，具有显著的肌病特征[65-67]。伴有线粒体 DNA 缺失的婴儿型 *TK2* 相关疾病是最严重的一种疾病，通常与额外的中枢神经系统受累有关，如果不治疗，会迅速发展到因呼吸衰竭而过早死亡。经历青少年期症状起病的这种基因突变的携带者预后较好，但仍发展为进行性中重度全身无力，平均生存期约为 13 岁[66]。*TK2* 相关线粒体疾病的成人发病肌病通常进展较慢，平均生存期超过 20 年[66-68]。这些成年患者通常有眼病和面部无力。他们的肌肉活检常常显示出多个线粒体 DNA 缺失，而不是耗尽[69]。越来越多的证据表明，核苷酸或核苷治疗可以改变 *TK2* 相关线粒体疾病的病程，早期开始治疗似乎是有利的[70-72]。

（二）*RRM2B* 突变

RRM2B 基因的致病性突变与线粒体 DNA 损耗和缺失表型有关，它编码了胞质 dNTP 补救酶 RNR 的 p53 诱导小亚基。许多报道认为 *RRM2B* 突变位于高度保守的 α 螺旋区域内，并被认为中断了分子内相互作用[55]。*RRM2B* 相关线粒体疾病表现为 3 种典型表型：线粒体 DNA 缺失综合征（脑肌病型伴有肾小管病变）、线粒体神经胃肠道脑病和多发性线粒体 DNA 缺失的慢性进行性眼外肌麻痹[73-79]。常染色体显性变异通常表现为进行性眼外肌麻痹、轻度肌病、延髓功能障碍，以及与骨骼肌活检中发现多个线粒体 DNA 缺失相关的疲劳[73, 80]。纯合或复合杂合携带者往往有更严重的多系统性疾病，并且比单一杂合携带者更早出现（平均年龄 7 岁 vs. 46 岁）[73, 81]。具

有隐性 *RRM2B* 突变的婴儿通常表现为严重肌病、张力减退、胃肠运动障碍、近端肾小管病变，以及严重的中枢神经系统受累，伴有癫痫性脑病和弥漫性脑萎缩。青春期或成年早期发病较晚，表现为进行性眼外肌麻痹、上睑下垂和近端肌病，其次是感音神经性耳聋、延髓功能障碍、感觉性共济失调和胃肠运动障碍。迄今为止，已报道的 *RRM2B* 基因诊断近 100 人[81]。

（三）*MPV17* 基因突变

线粒体内膜蛋白 MPV17 已被证明可以形成一个非选择性通道，并通过核苷酸补救途径在 dNTP 稳态中发挥作用[82, 83]。据报道，*MPV17* 基因的常染色体隐性突变是婴儿期多系统线粒体 DNA 缺失疾病的一个原因，该疾病涉及肝脏和神经系统[84, 85]。在青少年和成人发病的线粒体 DNA 缺失病例中也发现了 *MPV17* 突变，这些病例可导致多系统疾病和孤立性轴索感觉运动神经病变[86-88]。通过补充脱氧核苷挽救静止期患者成纤维细胞中的线粒体 DNA 缺失，表明 dNTP 不足是这些线粒体 DNA 缺失综合征致病性的驱动因素[83]。

五、线粒体转录的机制

线粒体转录机制是完全由核编码的，充分证据说明线粒体转录可以在只有 3 种蛋白质存在的情况下在体外重建：POLRMT、TFAM 和线粒体转录因子 B2（transcription factor B2，TFB2M）[89, 90]。POLRMT 是一种与噬菌体 T7 RNA 聚合酶（T7 RNA polymerase，T7 RNAP）相关的单亚单位 RNA 聚合酶，也是线粒体转录的驱动因子。POLRMT 的转录活性是线粒体基因组所特有的[91]。POLRMT 需要另外两个辅因子 TFAM 和 TFB2M，以在转录起始期间识别和融合启动子[92]。

哺乳动物 TFAM 是一种多功能蛋白，在线粒体转录起始、将线粒体 DNA 包装成紧密的类核，以及调节线粒体 DNA 拷贝数方面起着重要作用。TFAM 能够与启动子位点上游 10～15bp 的高亲

和力结合位点结合，并在结合的线粒体 DNA 中发生 180° 弯曲，从而允许 POLRMT 招募到启动子 DNA 以形成起始前复合物[92]。最后，TFB2M 向起始前复合物的补充引入了 POLRMT 中的结构变化，该变化驱动启动子融合并允许起始核苷酸进入 POLRMT 的催化位点，从而完成起始并允许开始延伸。

在从起始到延伸的过渡过程中，TFB2M 解离，并形成一种新的蛋白质组合，即延伸复合物。线粒体转录延伸因子 TEFM 二聚体化并结合到先前由 TFB2M 占据的 POLRMT 位点，形成滑动钳结构[93]。TEFM 通过增加 POLRMT-mtDNA 相互作用来驱动延伸，极大地增强了 POLRMT 沿着 mtDNA 链的加工能力，并防止过早终止或停滞[89, 94]。

线粒体转录终止的确切机制尚不清楚。MTERF1 是一种已知在转录终止中起关键作用的蛋白质[95]。MTERF1 沿着 16S rRNA 基因 3′ 端的线粒体 DNA 主沟结合，并诱导双螺旋的弯曲、部分解旋和 3 个核苷酸的外翻，以稳定这种相互作用[96]。MTERF1 表现出极性转录终止活性，这与终止仅来源于 L 链启动子的转录的作用一致[95]。与 H 链启动子转录终止相关的等效蛋白质尚待鉴定。有关线粒体转录的更深入描述，请参见第 2 章。

六、线粒体转录缺陷

核编码的线粒体 DNA 维持机制的突变是遗传性线粒体疾病的常见原因。例如，仅在 mtDNA 聚合酶 POLG 中就发现了 300 多个致病突变[25]。相比之下，线粒体转录机制中的致病性变异仍然相对未知，到目前为止，只在线粒体转录因子 TFAM 和 TFB2M 中发现了单一致病性变异。

（一）*TFAM* 基因突变

TFAM（编码线粒体转录因子 A 的基因，是线粒体转录起始和类核线粒体 DNA 包装所必需的）的致病突变，仅在一个家族中发现，两个受影响的兄弟姐妹各自携带纯合错义 c.533C＞T，p.Pro178Leu 变异（RefSeq: NM_003201.2）。这两个兄弟姐妹表现为宫内生长受限和低血糖，并伴有肝功能异常。他们迅速发展为肝衰竭和婴儿期死亡。肝脏活检标本显示肝硬化、胆汁淤积和脂肪变性。在培养的成纤维细胞和受影响的组织中存在线粒体 DNA 的缺失，并伴有复合体Ⅰ、Ⅱ、Ⅲ和Ⅳ的 OXPHOS 缺陷。成纤维细胞中的类核数量减少，可以观察到异常的类核聚集[97]。

（二）*TFB2M* 基因突变

在 2 名患有线粒体疾病韩国同胞的病理中，仅报道了 *TFB2M* 基因 c.790C＞T，p.His264Tyr（RefSeq: NM_022366.3）的纯合子错义突变。该变异似乎不影响 *TFB2M* 的表达，但反而可能通过一种功能增益效应引起疾病。患者成纤维细胞中 *MT-ND4L*、*MT-ND5*、*MT-CYB*、*MT-CO1* 和 *MT-ATP6* 转录本水平显著升高，随着相对线粒体膜电位的急剧增加，ATP 和活性氧显著增加。线粒体功能的整体增强被认为是在大脑发育过程中通过活性氧提高氧化应激，从而导致临床表现特征与自闭症谱系障碍的诊断相一致。这两个韩国同胞在语言和社会发展方面有明显的滞后，并伴有刻板的重复讲话及智力残疾[98]。

七、转录本处理

线粒体转录的长多顺反子产物在线粒体翻译之前经过必要的转录后加工和修饰步骤。大多数编码蛋白质的线粒体 DNA 基因，连同两个 mt-rRNA 基因，被单独的 mt-tRNA 基因分开。mt-tRNA 作为核内溶解性切除的向导，因此每一个侧面的 mRNA 和 rRNA 转录本的释放是一个被称为"tRNA 间断模型"的结构系统[99]。每个 tRNA 的分裂分别由核糖核酸酶 P（ribonuclease P，RNaseP）和 ElaC 核糖核酸酶 Z 2（ElaC ribonuclease Z 2，ELAC2）在 5′ 端和 3′ 端进行。虽然这个模型可以解释大多数个体转录本的释放，但也有一些蛋白质编码基因两边都没有

tRNA 覆盖。有人认为，其余 3 种未被 tRNA 侧翼覆盖的前体需要两种蛋白质中的一种来进行加工，即 GRSF1 或 PTCD2[100-102]。

八、前线粒体 RNA 成熟缺陷

（一）RNaseP 复合体突变（MRPP1、2、3）

线粒体 RNaseP 复合体由线粒体 RNaseP 蛋白 I ～ III（MRPP1、2、3）组成，这 3 种蛋白都与线粒体疾病有关。MRPP1 和 MRPP2 除了作为 RNaseP 成分的作用外，还形成了一个复合体，负责 mt-tRNA 的 9 号位置的甲基化[103]。

在两个出生时出现乳酸酸中毒、张力减退、耳聋、喂养困难的无关受试者中，已经发现了影响编码 MRPP1 的 TRMT10C 基因保守残基的错义变异[104]。复合杂合子 c.542G>T，p.Arg181Leu；c814A>G；p.THr272Ala，以及纯合子 c.542G>T，Arg181Leu（RefSeq: NM_017819.3）的变化，导致 MRPP1 蛋白稳态水平下降，进而损害线粒体 tRNA 加工。这导致了患者成纤维细胞中观察到的线粒体翻译的缺陷和影响复合体 I 和IV的 OXPHOS 缺陷[104]。

迄今为止，编码 RNaseP 的 MRPP2 亚基的 HSD17B10 基因的错义变异已在 20 多个家族中被发现。MRPP2 在异亮氨酸代谢中作为脱氢酶，独立于其在 tRNA 修饰和 5′ 转录本加工中的作用。已有报道的变异被证明可以在不同程度上破坏 RNaseP 活性和 MRPP1/2 复合物所实现的 mt-tRNA 的甲基化，以及 MRPP2 的脱氢酶活性[105, 106]。所描述的 HSD17B10 相关线粒体疾病的临床病程的特点是在出生第一年正常发育，随后持续进展的进行性神经退行性疾病。典型的表现是发育减退，伴有语言和运动技能的丧失，以及共济失调和运动障碍。病情恶化可能因扩张型心肌病的发展而进一步复杂化，导致在 2 岁左右死亡。代谢性酸中毒、高乳酸血症、低血糖和高氨血症是这些患者共同的生化特征。神经影像学通常表现为额颞叶或全身性皮质萎缩和基底节区病变[105]。

RNaseP 的第三个组成部分 MRPP3 是由 PRORP 基因编码的。在一个单独的 Perrault 综合征家族病例中发现了 PRORP 中纯合错义 c.1454C>T，p.Ala485val 变异（RefSeq: NM_014672.3）。该变异影响了 MRPP3 蛋白的稳定性，减少了 RNaseP 复合体进行的 5′mt-tRNA 加工量减少了 35%～45%，导致未加工转录本的积累和合并 OXPHOS 缺陷[107]。

（二）RNaseZ（ELAC2）基因突变

负责 3′mt-tRNA 加工的核酸外切酶由 ELAC2 基因编码，其中许多致病变体已被报道[108-112]。带有患者突变的 ELAC2 体外模型显示 RNaseZ 活性受损。几乎所有报道的病例都有新生儿和儿童早期发病的心肌病，既有肥厚型又有扩张型。在一些病例中，同种异型心脏移植是成功的[112]，在大多数情况下，患者组织中可观察到未处理的 mt-tRNA 的积累，并伴有线粒体翻译缺陷和联合 OXPHOS 缺陷[112]。

九、线粒体信使 RNA 的成熟和周转

在每个多顺反子的核溶解过程之后，除了一个 mt-mRNA 转录本外，所有的 mt-mRNA 转录本都在其 3′ 端发生腺苷酸化。除 MT-ND6 转录本外，大多数 mt-mRNA 都与 Poly（A）尾发生聚腺苷化[113]。Poly（A）尾的合成由 Poly（A）聚合酶完成，该酶定位于线粒体 RNA 颗粒[114]。Poly（A）尾的一个基本功能是提供 mt-mRNA 转录本一个完整的"停止"密码子。在 13 个线粒体开放阅读框中，有 7 个有不完整的终止密码子（"U"或"UA"），如果没有多聚或寡聚腺苷酸修饰成"UAA"，就不会导致线粒体翻译的终止[113]。

mtDNA 基因表达的一个重要调控因子是"线粒体降解体"，它作用于基质中 RNA 的周转。RNA 降解体装置由线粒体特异性解旋酶 hSuv3p 和 PNPT1 基因编码的多核苷酸磷酸化酶（polynucleotide phosphorylase，PNPase）组成，hSuv3p 可以解开双链 DNA、双链 RNA 和 DNA-RNA 杂交[115]，PNPase 具有多聚（a）聚合酶

（PAP）和 3′–5′ 外切核糖核酸酶活性。hSuv3p 和 PNPase 已被证明形成一个稳定的复合体，在线粒体基质中反义、异常或受损的 RNA 转录本，以及正常处理的成熟转录本的去除中发挥作用[116, 117]。PNPase 在膜间隙（intermembrane space，IMS）显示了额外的定位，在那里它被认为有助于核编码的 RNA 输入到基质中[118]。第三种被认为在线粒体 RNA 降解中起作用的蛋白质是 RNA 外切酶 2（RNA exonuclease 2，REXO2）。在 3′ → 5′ 方向降解的 REXO2 底物是在 hSuv3p-PNPase 或其他核酸酶降解 RNA 转录物期间产生的二核苷酸[119, 120]。

LRPPRC 和茎环相互作用 RNA 结合蛋白（stem-loop interacting RNA-binding protein，SLIRP）都是参与 mt-mRNA 稳定性调节的线粒体 RNA 结合蛋白。已经证明，LRPPRC-SLIRP 复合物通过阻断 PNPase 通路和帮助结合 mRNA 的 3′ 末端的聚腺苷酸化来向 mt-mRNA 传递稳定性[121]。

十、线粒体信使 RNA 成熟和周转缺陷

目前，编码 PNPase 的基因 *PNPT1* 是线粒体降解体中唯一与疾病有关的成员。越来越多的 *PNPT1* 双等位基因变异患者呈现出广泛的临床表型，被认为是双链 RNA 分子积累的结果[122]。

（一）*MTPAP* 基因突变

一个罕见的始祖突变 c.1432A＞G，p.Asn478Asp（RefSeq：NM_018109.3）导致 *MTPAP* 基因高度保守残基的纯合错义改变，在一个大的旧秩序 Amish 家系中被确认为导致儿童进行性神经变性表型的致病变异。mtPAP 蛋白由 *MTPAP* 编码，负责 mt-mRNA 转录物的多聚腺苷化。从患者血液中提取的 RNA 显示 mt-mRNA 转录物 poly（A）尾部严重截断[123]。患者成纤维细胞表现出严重的 OXPHOS 缺乏，影响复合体 I 和 IV，并对 mt-mRNA 的稳定性产生转录特异性影响[124]。

（二）*LRPPRC* 基因突变

在 *LRPPRC* 基因中发现的第一个致病变异

体，编码一种与 mt-mRNA 维持和稳定有关的基因产物，是在一种独特类型的 Leigh 综合征中发现的始祖突变，该综合征的特征是在法裔加拿大人群中发现的组织特异性细胞色素 c 氧化酶缺乏。在 Leigh 综合征患者队列中，发现 56 例中有 55 例携带 c.1061C＞T，p.Ala354Val 变体的患者以纯合状态存在法裔加拿大型[125, 126]。最近，全外显子组测序在另外 10 个不同种族背景的患者中发现了新的致病 *LRPPRC* 变异，这些患者在成纤维细胞和骨骼肌组织中表现为多种 OXPHOS 缺陷[127]。虽然在最初的研究中，LSFC 患者的生化缺陷被限制在复合体IV，但进一步的研究表明，*LRPPRC* 变体会导致组织特异性的多种生化 OXPHOS 缺陷，LRPPRC 的水平似乎决定了 OXPHOS 缺陷的性质[127]。

十一、线粒体转运 RNA 成熟

mt-tRNA 从初级多顺反子转录本释放后，会经历一系列不同的转录后成熟和修饰步骤，这是形成稳定且功能完全的 tRNA 结构所必需的[128, 129]。许多不同的核编码 tRNA 修饰酶负责每个线粒体 tRNA 的不同位点的化学修饰，其中一些也修饰核 tRNA[130]。最终的成熟步骤包括将 CCA 核苷酸添加到 mt-tRNA 的 3′ 端，然后由正确的氨基酰基 –tRNA 合成酶（aminoacyl-tRNA synthetase，aa-RS）进行氨基酰基化。19 aa-RS 是线粒体翻译所必需的[131]。在胞质和线粒体中产生氨基酰基 –tRNA 偶联物的 aa-RS 通常由两个不同的基因编码，但甘氨酰 –ARS（glycyl-ARS，GARS）和赖氨酰 –ARS（lysyl-ARS，LARS）这两种 aa-RS 同时作用于胞质和线粒体系统，这是通过选择性起始点或剪接来包涵或排除线粒体靶向序列来实现的[132, 133]。

十二、线粒体转运 RNA 成熟和修饰的缺陷

（一）*TRNT1* 基因突变

tRNA 核苷酸转移酶 CCA-adding 1（TRNT1）

催化 3'CCA 三核苷酸加成到 tRNA 分子上。3'-CCA 是一种必要的修饰，因为它促进了所有 tRNA（胞质和线粒体）的正确氨基酰化[134]。TRNT1 基因突变患者的临床表现多种多样，但一些特征，如自身炎症和免疫缺陷，是常见的。TRNT1 疾病在儿童期可表现为严重的铁粒幼细胞贫血、B 细胞免疫缺陷、发热和发育迟缓（severe sideroblastic anemia，B-cell immunodeficiency，fever，and developmental delay，SIFD），通常还伴有其他多器官病变，如色素性视网膜炎和感觉神经性耳聋[135, 136]。据报道，在较轻微的疾病表型中，TRNT1 突变也可见于以成人起病的视网膜色素变性为唯一表型或合并轻度免疫学异常或贫血的患者[137]。在 2 例复合杂合移码和错义 TRNT1 突变患者的成纤维细胞中，观察到 mt-tRNA^{Cys} 和 mt-tRNA^{His} 的 3'-CCA 缺失[138]。携带错义 TRNT1 突变的患者成纤维细胞表现出核和 mtDNA 编码的 OXPHOS 蛋白稳态水平下降，并伴有明显的耗氧缺陷[139]。

（二）PUS1 基因突变

PUS1 基因编码伪尿嘧啶酸合成酶 1（pseudouridylate synthase 1，PUS1），与以线粒体肌病、乳酸酸中毒和铁粒幼细胞贫血（mitochondrial myopathy，lactic acidosis，and sideroblastic anemia，MLASA）为特征的罕见疾病有关。PUS1 是一种 tRNA 修饰酶，可在核源和线粒体源的 tRNA 中将尿苷转化为伪尿苷[140]。迄今为止，已经报道了 9 个具有致病性 PUS1 变异的家族存在误义、剪接位点和截断突变[140-146]。除 1 例 PUS1 患者外，所有患者均出现 MLASA，唯一的例外是患有慢性铁粒幼细胞贫血、腹泻、小头畸形和发育不良的成年患者[143]。然而，在不同的 MLASA 病例之间可以观察到一定程度的临床变异，即使在家庭中，小头畸形、认知障碍和生长激素缺乏症等特征也表现不同[140, 144]。在一些携带 PUS1 突变的患者的成纤维细胞中发现了线粒体翻译缺陷和联合 OXPHOS 缺陷。有趣的是，这些 OXPHOS 缺陷影响了完整的核编码复合体Ⅱ，表明存在胞

质翻译缺陷。胞质翻译受到影响的程度，以及线粒体翻译缺陷，可能是在不同 PUS1 疾病中观察到的一些临床异质性的部分原因[140]。

（三）MTO1 和 GTPBP3 基因突变

线粒体翻译优化 1（mitochondrial translation optimization 1，MTO1）蛋白由 MTO1 基因编码，形成一个异源二聚体酶的亚基，负责五个线粒体 tRNA 在摆动尿苷碱基处的 5- 牛磺酸甲基化。MTO1 突变的患者被广泛报道，最常见的临床特征是乳酸酸中毒、肥厚型心肌病和整体发育迟缓。一种更严重、有时是致命的表型出现在含有一个截断变异而不是两个错义突变的患者中。MTO1 疾病的特征是多种 OXPHOS 呼吸酶（复合体Ⅰ、Ⅲ和Ⅳ）活性缺陷[147-149]。线粒体 GTP 结合蛋白 3（GTP-binding protein 3，GTPBP3）也参与了相同的 5- 牛嘌呤甲基尿嘧啶修饰的产生。据报道，GTPBP3 基因突变出现在以肥厚型心肌病、乳酸酸中毒和脑病为特征的类 Leigh 综合征患者中[150]。

（四）TRMU 基因突变

tRNA5- 甲氨甲基 -2- 硫代吡啶甲基转移酶（tRNA 5-methylaminomethyl-2-thiouridylate methyltransferase，TRMU）由同名基因编码，催化 mt-tRNA^{Lys}、mt-tRNA^{Glu} 和 mt-tRNA^{Gln}[151] 的摆动碱基上的硫脲基化反应。这个过程依赖于来自 L- 半胱氨酸的硫，L- 半胱氨酸是婴幼儿早期产生半胱氨酸所必需的一种氨基酸，而半胱氨酸酶是生产半胱氨酸所需的酶[152]。迄今为止，至少报道了 30 例患者 TRMU 基因的常染色体隐性突变，主要表现为婴儿肝衰竭。TRMU 缺乏症患者的疾病表型被证明是短暂的，在大多数急性肝病生存期的患者中逆转。最近，L- 半胱氨酸从出生时就补充被证明可以减轻单一 TRMU 基因杂合性错义突变患者的肝功能障碍[153]。

（五）TRIT1 基因突变

由 TRIT1 基因编码的 tRNA 异戊烯基转移酶（tRNA iso-pentenyltransferase，TRIT1）催化胞液和线粒体 tRNA A37 位的 i^{6}A 修饰，被认为在

正确的密码子 – 反密码子相互作用中发挥重要作用[154]。*TRIT1* 的常染色体隐性变异已在 5 个无关的家系中被报道，在这些家系中，受影响的个体表现出非常相似的临床特征，包括小头畸形、发育迟缓、癫痫和脑异常。神经影像显示广泛性轻度萎缩，主要受累于额叶，突出的轴外积液，胼胝体部分缺失，宽隔透明，侧脑室前角小[155]。患者成纤维细胞在稳态水平表现出减少的 i^6A 修饰，翻译缺陷和合并 OXPHOS 缺陷[155-157]。

（六）线粒体氨基酰 – 转运 RNA 合成酶的突变

所有 19 种线粒体氨基酰 –tRNA 合成酶（mtRNA aa-RS）的病理机制已被报道，具有各种不同的临床表现。第一个被报道为疾病基因的线粒体氨基酰 –tRNA 合成酶是 DARS2，编码天冬氨酸 tRNA 合成酶。来自 30 个患有脑干和脊髓受损伤和乳酸升高的白质脑病家庭的患者进行了连锁定位和候选基因测序，以确定 *DARS2* 基因的一系列致病变异，尽管患者成纤维细胞没有表现出任何明显的线粒体功能障碍[158]。由 mt-tRNA aa-RS 基因突变引起的疾病通常以损害中枢神经系统为特征，如白质营养不良（*AARS2*、*DARS2*、*EARS2*、*MARS2*）、脑病（*RARS2*、*NARS2*、*CARS2*、*IARS2*、*FARS2*、*PARS2*、*TARS2*、*VARS2*）、耳聋或听力损失（*NARS2*、*PARS2*、*MARS2*），或 Perrault 综合征（*HARS2*、*LARS2*）[159, 160]。请参阅文献 [131, 161]。然而，mt-tRNA aa-RS 病也会出现非中枢神经系统和孤立的病理改变。在 *GARS*、*KARS*、*YARS2* 和 *AARS2* 的致病性变异患者中已经有心肌病的报道[162-165]，而两种不同的综合征，MLASA 和高尿酸血症、肺动脉高压、婴儿期肾衰竭和碱中毒（hyperuricemia, pulmonary hypertension, renal failure in infancy, and alkalosis, HUPRA），可能分别由 *YARS2* 和 *SARS2* 基因突变引起[166, 167]。除了不同 mt-tRNA aa-RS 疾病基因之间的临床异质性外，单个 aa-RS 基因（如 *AARS2*）的疾病表现也存在巨大差异。通过全外显子组测序，*AARS2* 基因的致病性突变首先在 1 名患有致死性肥厚型心肌病的婴儿中被报道[168]，然后在另外 2 个具有婴儿期心肌病临床表现的家族中被报道[165]，这与最初关于 *AARS2* 疾病的报道一致。然而，在 *AARS2* 突变患者中发现了第二种不同的疾病表型，在女性患者中以白质脑病和卵巢早衰为特征[169]。报告的所有 19 种 mt-tRNA aaRS 酶的突变在核心结构域或进化保守残基的变异位置上似乎没有遵循任何一般趋势。这一点，再加上 mt-tRNA aa-RS 组内和组间临床表现的多样性，提示这一广泛的疾病组存在多种潜在的病理机制[131]。

十三、线粒体核糖体 RNA 成熟

和 mt-tRNA 一样，12S mt-rRNA 和 16S mt-rRNA 都经历了一系列的核苷酸修饰，被认为能传递稳定性和促进有丝分裂体的生物生成。12S mt-rRNA 分别被甲基转移酶 NSUN4 和二甲基转移酶 TFBIM 蛋白使 841 位的胞苷甲基化，936 和 937 位的邻近腺嘌呤二甲基化[170, 171]。最近发现的 METTL15 蛋白在 12S mtrRNA 的 839 位引入了一个 N-4 甲基胞苷，据信可以稳定折叠[172]。

16S mt-rRNA 经过一次由 1397 位的假尿苷合酶 RPUSD4 进行的假尿苷化[173]。在 16S mt-rRNA 上也有几个甲基化位点。TRMT61B 蛋白是一种已知的 tRNA 修饰酶，被证明可以在 16S mt-rRNA 的 947 位引入一个甲基腺苷。从结构上说，这种修饰位于线粒体大亚基（mt-LSU）和小亚基（mt-SSU）的界面，可能需要维持核丝核糖体的结构和功能[174]。MRM1、MRM2 和 MRM3 三个蛋白是一组 2′-O- 核糖甲基转移酶，每个蛋白都被认为修饰 16S mt-rRNA 的肽基转移酶活性中心（peptidyl transferase center，PTC）内的特定碱基（Gm1145、Um1369 和 Gm1370）[175-177]。

十四、线粒体核糖体 RNA 成熟、修饰和稳定性的缺陷

（一）*MRM2* 基因突变

迄今为止，唯一与人类疾病相关的 mt-rRNA

修饰酶是 2′-O- 核糖甲基转移酶 MRM1，它负责修饰 U1369 位的 16S mt-rRNA。在 1 例儿童期起病和卒中样发作的患者中，发现了一个影响高度保守残基的纯合错义突变 c.567G＞A，p.Gly189Arg；（RefSeq：NM_013393）。培养患者的成纤维细胞没有表现出任何 U1369 甲基化的丢失，也没有表现出线粒体翻译的减少或 OXPHOS 缺陷。患者细胞中未见明显线粒体功能障碍归因于患者疾病表现的强烈组织特异性，并且相同突变的酵母模型支持了所鉴定变异的致病性[178]。

（二）*FASTKD2* 基因突变

FASTKD2 蛋白是 FAS 活化的丝氨酸 / 苏氨酸激酶 RNA 结合蛋白家族的成员之一，在 16S rRNA 和 MT-ND6 mRNA 的稳定性，以及丝核糖体组装中发挥作用[179]。纯合错义突变 c.1246C＞T，p.Arg416*；（RefSeq: NM_014929）的 *FASTKD* 第一次被报道为早发性脑病的原因，并在 2 例受病同胞中细胞色素氧化酶 c 活性降低[180]。最近，复合杂合突变 [c.613C＞T，p.Arg205* 和 c.764T＞C，p.Leu255Pro；（RefSeq: NM_014929.3）] 在一种较温和的迟发性 MELAS 样病中报道[181]。

十五、线粒体翻译机制

线粒体的翻译机制反映了它们的 α 蛋白细菌起源，它更类似于原核生物的蛋白质合成系统，而不是真核生物的胞质翻译[182]。与转录不同的是，线粒体翻译尚未在体外成功重组，因此不像细菌或真核细胞的细胞质翻译那样具有良好的特征。线粒体翻译的核心驱动是有丝分裂体。人类核丝核体由一个小（28S）亚基（SSU）和一个大（39S）亚基（LSU）组成，包含 80 个核编码蛋白、两个 mt-RNA（12S 和 16S）和一个 mt-tRNA^Val，它们组装形成 55S 单体[183, 184]。线粒体翻译过程可分为 3 个主要阶段：起始、延伸和终止。

线粒体翻译的起始需要将线粒体 mRNA 转录本招募到有丝分裂体的 SSU 上。当 SSU 在翻译中不活跃时，它会被线粒体起始因子 3（mitochondrial initiation factor 3，mtIF3）结合，而 mtIF3 会阻止 SSU 与 LSU 的关联，从而阻止 55S 的形成[185]。含 PPR 的 mS39 蛋白可促进 SSU 的 mRNA 入口通道上 mRNA 转录本的结合[186]。当 mt-mRNA 的起始密码子进入 SSU 入口位点时，甲基化 tRNA^Met（tRNA^fMet）被线粒体起始因子 2 在其 GTP 结合状态（mtIF2: GTP）下募集，与 SSU 形成起始复合物[187]。tRNA^fMet 通过密码子—反密码子相互作用结合，触发 LSU 的招募形成单体，随后 mtIF2:GTP 水解为 mtIF2:GDP，导致 mtIF2 和 mtIF3 从 SSU 释放。单体可以进入线粒体翻译的延伸阶段。

延伸阶段开始于 GTP 结合的线粒体延伸因子 Tu（mtEFTu:GTP）与 aa-tRNA 结合，其将 aa-tRNA 引导至线粒体的 A 位点。在结合的 mt-mRNA 转录物和 a 位点中的 aa-tRNA 之间形成正确匹配的密码子：反密码子触发 mtEFTu:GTP 水解成 mtEFTu:GDP，然后从线粒体释放[188]。这种 GTP 水解催化在 Asite 内的 aa-tRNA 和相邻肽 tRNA 位点（P 位点）的氨基酸之间的 PTC 处形成肽键。结果，占据 P 位点的 tRNA 发生脱酰化，然后由于线粒体延长因子 G1（mitochondrial elongation factor G1，MtEFG1）的水解导致双肽 tRNA 从 A 位点移位到 P 位点而被取代。mtEFTu:GDP 的再生是通过线粒体延伸因子 Ts（mitochondrial elongation factor Ts，mtEFTS）实现的，使这一过程循环，肽链延伸[189]。

当"终止"密码子进入核丝虫体的 A 位点时，线粒体翻译释放因子 a（mitochondrial translation release factor A，mtRF1a）被招募[190]。mtRF1a 催化占据 A 位的肽基 tRNA 与完整的新生多肽的末端氨基酸之间的酯键的水解。这种依赖于 GTP 的切割导致全长多肽通过 LSU 的出口通道释放[191]。释放后，有丝核糖体必须经过回收过程，才能返回到可用于启动新翻译事件的独立大小亚基，还释放它们的 RNA 模板和最终终止的 tRNA。两种蛋白质，线粒体核糖体释放因子（mitochondrial ribosome release factor，mtRRF）和线粒体延伸因子 G2（mitochondrial elongation factor G2，mtEFG2），以 GTP 依赖性方式促进线粒体亚基的解离[192]。核糖体依赖的肽链 RNA 水解酶 ICT1 被认为是 LSU 的结构成分，C12orf65 被认为促进了任何停滞的有丝分裂体中过早终止的肽链的水解和释放[193]。线粒体翻译的机制和结构见第 2 章。

十六、有丝核糖体蛋白突变

第一个与疾病相关的有丝核糖体蛋白是 MRPS16，该蛋白出现在伴有新生儿乳酸酸中毒、胼胝体发育不全和畸形的患者身上。患者的成纤维细胞表现出严重的线粒体翻译缺陷和合并 OXPHOS 缺乏，后者也在患者的肌肉和肝脏组织匀浆中均可观察到[194]。在过去的 15 年里，在有丝分裂体 SSU 的另外 9 种蛋白质的基因中报道了引起疾病的变异：*MRPS2*、*MRPS7*、*MRPS14*、*MRPS22*、*MRPS23*、*MRPS25*、*MRPS28*、*MRPS34* 和 *MRPS39*（也称为 *PTCD3*）[195-203]，以及 LSU 中的 3 个：*MRPL3*、*MRPL12*、*MRPL44*[204-206]，使报道的 MRP 疾病基因总数达到 13 个。尽管在临床表现上有显著差异，但在 MRP 病例中有一些共同特征。疾病的发病始终发生在生命的早期（新生儿或婴儿），几乎所有患者都表现出从轻到重 / 致命的乳酸酸中毒[195, 197]，这可能解释了少数患者携带迄今已确定的 80 种有丝核糖体蛋白的致病变异。

十七、翻译起始的缺陷

（一）*MTFMT* 基因突变

线粒体翻译的起始依赖于 fMet-tRNA^{Met} 对 mtIF2 的招募。*MTFMT* 基因编码的蛋白甲硫酰 –tRNA 甲酰基转移酶（methionyl-tRNA formyltransferase，MTFMT）对一般 Met-tRNA^{Met} 池中严格调控的部分进行甲酰化，为线粒体翻译的启动和延伸提供 Met-tRNA[207]。*MTFMT* 基因的常染色体隐性变异首先在 2 例 Leigh 综合征中被确认为致病基因[208]，但此后与一系列 Leigh 样脑肌病的表现有关，还有 1 例神经功能障碍的复发——缓解性发作更像是脱髓鞘疾病[209, 210]。

MTFMT 相关的 Leigh 综合征发病年龄在 1 岁左右，表现为发育迟缓，影响粗大运动功能。MTFMT 突变患者的头颅 MRI 表现包括对称性基底节改变、脑室周围和皮质下白质异常及脑干病变。几乎所有研究的患者成纤维细胞都显示稳态 MTFMT 蛋白严重减少或完全丧失，导致翻译缺陷和单独的复合体 I 缺陷或复合体 I 和 IV 联合缺陷[209, 211]。

（二）*RMND1* 基因突变

RMND1 位于线粒体内膜上，负责 mt-mRNA 成熟位点附近有丝分裂体的锚定和稳定。结合和分离的 OXPHOS 缺陷均在 *RMND1* 患者中观察到，伴随有丝核糖体蛋白稳态水平下降和线粒体翻译缺陷[212, 213]。*RMND1* 变异的临床疾病范围从伴有乳酸性酸中毒的致命性脑肌病到发育迟缓、感音神经性耳聋、张力减退和肾病[212, 214, 215]。该病的发病情况各不相同，从以死亡告终的严重婴儿脑肌病，到生存期较长的轻度儿童发病肾病[212, 214]。

十八、翻译延伸的缺陷

（一）*GFM1* 基因突变

GFM1 是第一个被发现与线粒体翻译缺陷相关的核疾病基因[216]，*GFM1* 编码延伸因子 mtEFG1。*GFM1* 的隐性变异在 17 例早发线粒体疾病患者中已被报道。许多早期的 *GFM1* 病例在 2 岁半之前就进展迅速并致命[216-221]。脑影像学典型表现为胼胝体发育不全，白质内对称囊性病变和基底神经节受累。然而，更多的 *GFM1* 疾病的近期病例显示其在儿童期的长期生存，临床表现较轻[222, 223]。GFM1 中描述的功能缺失突变导致线粒体翻译的普遍缺陷，导致结合 OXPHOS 缺失。在每个病例中，OXPHOS 缺乏的严重程度似乎与 mtEFG1 表达的残留量相关。mtEFG1 残余稳态水平较高的患者往往表现出较轻的 OXPHOS 缺陷[222]。

（二）*TSFM* 基因突变

编码延伸因子 EF-Ts 的 *TSFM* 基因的隐性突

变，已经在许多导致婴儿早期死亡的早发线粒体疾病，或进展较慢的儿童期起病心肌病伴共济失调和神经表型病例中被描述[224-227]。大多数报道的 *TSFM* 变异位于核心区域的C- 亚域内，该区域介导 EF-Ts 和 EF-Tu 的适当相互作用[228]。最近在 1 例成人起病的线粒体心肌病中发现了 *TSFM* 的复合杂合变异，在移植的心脏组织中观察到 EF-Ts 的表达减少，这似乎导致 EF-Tu 的稳定性降低，并伴有 OXPHOS 缺陷[229]。

十九、翻译终止和有丝分裂体再循环的缺陷

（一）*C12orf65* 基因突变

由 *C12orf65* 基因编码的蛋白质被认为是一种肽释放因子，在线粒体翻译的延伸阶段需要从停滞的有丝核糖体中释放出肽。*C12orf65* 基因突变会干扰线粒体翻译，导致合并 OXPHOS 缺失。已经报道了一些患有线粒体疾病的早期儿童患者的变异，这些变异很大程度上与 Behr 综合征（视神经萎缩、痉挛性瘫痪和周围神经病变）的临床诊断相一致[230]。一例在 50 岁时出现 Leigh 综合征的成人患者被发现携带与先前报道的儿童患者具有相同的移码突变（c.210delA，p.Gly72Alafs*13），尽管其表型更为温和[231,232]。

（二）*GFM2* 基因突变

迄今为止，已经在 4 个家族中报道了编码线粒体再循环因子 mtEFG2 的 *GFM2* 基因的隐性变异，具有多种临床表现包括 Leigh 综合征、脑回简化型小头畸形和胰岛素依赖型糖尿病，以及全身发育迟缓的病例[233-235]。影响 mtEFG2 稳定性的错义突变和移码突变，已被证明会导致患者成纤维细胞和骨骼肌中的 OXPHOS 联合缺陷[235]。

二十、翻译激活与耦合的缺陷

（一）*TACO1* 基因突变

TACO1 基因编码 COX I 蛋白的翻译激活因子，被认为通过促进起始密码子识别或通过在合成过程中稳定 COX I 多肽来特异性促进 MT-CO1

的翻译。迄今为止，仅报道了 *TACO1* 基因的一种致病变异 [c.472insC，p.His158Pfs*8；（RefSeq: NM_016360.4）]，在一个表现为迟发性 Leigh 综合征的大型土耳其血缘家系中的 5 名患者中发现，移码突变导致终止密码子的提前引入，并导致 TACO1 蛋白完全丢失。因此，患者成纤维细胞表现出一种仅针对 COX I 翻译的缺陷，导致 COX II 亚基不稳定，以及完全组装的复合体Ⅳ水平严重下降[236,237]。

（二）*COA3* 和 *C12orf62* 基因突变

另外两种蛋白 COX 组装因子 3（COX assembly factor 3，COA3）和 C12orf62 也在调控 COX I 蛋白的特异性合成及其与复合体Ⅳ组装的偶联中发挥作用。这两个基因的致病变异会导致严重的复合体Ⅳ组装缺陷，但似乎只对 COX I 的翻译有害[238,239]。

二十一、线粒体 DNA 编码的氧化磷酸化蛋白的线粒体内膜插入

13 个线粒体 DNA 编码的 OXPHOS 蛋白在有丝核糖体合成后被插入到线粒体内膜中。新生的多肽被认为是由一个家族的插入酶的协助下正确嵌入线粒体内膜。执行这一作用的一种主要的人类插入酶 OXA1L 是酵母 Oxa1p 的同源物，被认为在许多线粒体编码的亚基的膜插入的协同翻译中很重要。

OXA1L 基因突变

OXA1L 基因的第一个致病变异，编码一种同名的膜插入酶，最近在一名表现为脑病、张力减退和发育迟缓，5 岁死亡的患者中被描述。患者的成纤维细胞表现出由有丝分裂体合成的新生多肽的不稳定性和复合体Ⅰ、Ⅳ和Ⅴ的缺乏。OXA1L 已被证明与 13 个线粒体 DNA 编码的多肽和 OXPHOS 复合物的其他核编码辅助亚基中的至少 9 个直接相互作用，以帮助新合成的蛋白质插入到线粒体内膜中。这些数据证实了人们长期以来认为的 OXA1L 在将新合成的线粒体 DNA 编码的 OXPHOS 蛋白插入线粒体内膜中的作用[240]。

研究展望

NGS 技术在鉴定新线粒体致病基因方面的能力可能会在几年内继续增长。NGS 技术的整合和分析方法的改进，变异体数据库的共享，以及包括转录组和蛋白质组分析在内的组学研究将继续揭示一系列线粒体疾病基因，其中很大一部分在线粒体 DNA 的表达中起着关键作用。随后，患者细胞和组织的功能表征对于这些基因中新的致病变异的识别和有助于阐明这些疾病的病理机制至关重要。在某些情况下，这些研究让对线粒体基因表达通路相关基因（如 *TRMT10C*、*ELAC2* 或 *TACO1*）的详细分子特征和疾病病理的理解得以实现。在其他情况下，如在 *TK2* 缺陷患者中，它使潜在核苷底物增强治疗得以发展，以加重疾病的临床症状[71, 241]。我们对线粒体核遗传疾病的概述强调了 mtDNA 维护和复制、转录和翻译缺陷的广泛临床和遗传异质性，强调了无偏倚基因型驱动方法在孟德尔病诊断中的重要性。

声明

我们实验室的工作得到了 Wellcome 线粒体研究中心（203105/Z/16/Z），医学研究委员会（MRC）神经肌肉疾病基因组医学国际中心，纽卡斯尔大学衰老和活力中心（由生物技术和生物科学研究委员会和医学研究委员会资助（G016354/1），英国国立卫生研究院年龄和年龄相关疾病生物医学研究中心奖授予纽卡斯尔泰恩医院 NHS 基金会、MRC/ESPRC 纽卡斯尔分子病理学节点、英国国家卫生服务高度专门服务罕见线粒体疾病和 Lily 基金会的支持。RICG 由 Lily 基金会的一名博士生资助。TIN 是由 Wellcome 信托基金和皇家学会联合资助的 Henry Dale 爵士奖学金（213464/Z/18/Z）和玫瑰树和石门信托基金研究奖学金（M811）的获得者。

参考文献

[1] Calvo SE, Clauser KR, Mootha VK. MitoCarta2.0: an updated inventory of mammalian mitochondrial proteins. Nucleic Acids Res 2016;44(D1):D1251-7.

[2] Pronicka E, et al. New perspective in diagnostics of mitochondrial disorders: two years' experience with whole-exome sequencing at a national paediatric centre. J Transl Med 2016;14(1).

[3] Taylor RW, et al. Use of whole-exome sequencing to determine the genetic basis of multiple mitochondrial respiratory chain complex deficiencies. JAMA 2014;312(1):68.

[4] Thompson K, et al. Recent advances in understanding the molecular genetic basis of mitochondrial disease. J Inherit Metab Dis 2019;.

[5] Clay Montier LL, Deng JJ, Bai Y. Number matters: control of mammalian mitochondrial DNA copy number. J Genet Genomics 2009; 36(3):125-31.

[6] Satoh M, Kuroiwa T. Organization of multiple nucleoids and DNA molecules in mitochondria of a human cell. Exp Cell Res 1991;196(1) 137-40.

[7] Fusté JM, et al. Mitochondrial RNA polymerase is needed for activation of the origin of light-strand DNA replication. Mol Cell 2010; 37(1):67-78.

[8] Kuhl I, et al. POLRMT regulates the switch between replication primer formation and gene expression of mammalian mtDNA. Sci Adv 2016;2(8):e1600963.

[9] Lee Y-S, Kennedy WD, Yin YW. Structural insight into processive human mitochondrial DNA synthesis and disease-related polymerase mutations. Cell 2009;139(2):312-24.

[10] Milenkovic D, et al. TWINKLE is an essential mitochondrial helicase required for synthesis of nascent D-loop strands and complete mtDNA replication. Hum Mol Genet 2013; 22(10): 1983-93.

[11] Oliveira MT, Kaguni LS. Functional roles of the N- and C-terminal regions of the human mitochondrial single-stranded DNA-binding protein. PLoS One 2010;5(10):e15379.

[12] Cerritelli SM, et al. Failure to produce mitochondrial DNA results in embryonic lethality in Rnaseh1 null mice. Mol Cell 2003;11(3):807-15.

[13] Ruhanen H, Ushakov K, Yasukawa T. Involvement of DNA ligase III and ribonuclease H1 in mitochondrial DNA replication in cultured human cells. Biochim Biophys Acta Mol Basis Dis 2011;1813 (12):2000-7.

[14] Nicholls TJ, et al. Topoisomerase 3alpha is required for decatenation and segregation of human mtDNA. Mol Cell 2018;69(1):9-23 e6.

[15] Uhler JP, Falkenberg M. Primer removal during mammalian mitochondrial DNA replication. DNA Repair 2015;34:28-38.

[16] Korr H, et al. Mitochondrial DNA synthesis studied autoradiographically in various cell types in vivo. Braz J Med Biol Res 1998;31(2):289-98.

[17] Magnusson J, et al. Replication of mitochondrial DNA occurs throughout the mitochondria of cultured human cells. Exp Cell Res 2003;289(1):133-42.

[18] Robberson DL, Kasamatsu H, Vinograd J. Replication of mitochondrial DNA. circular replicative intermediates in mouse L cells. Proc Natl Acad Sci U S A 1972;69(3):737-41.

[19] Clayton DA. Replication of animal mitochondrial DNA. Cell 1982;28(4):693-705.

[20] Falkenberg M. Mitochondrial DNA replication in mammalian cells: overview of the pathway. Essays Biochem 2018; 62(3): 287-96.

[21] Hikmat O, et al. The clinical spectrum and natural history of early-onset diseases due to DNA polymerase gamma mutations. Genet Med 2017;19(11):1217-25.

[22] Woodbridge P, et al. POLG mutations in Australian patients with mitochondrial disease. Intern Med J 2013;43(2):150-6.

[23] El-Hattab AW, Craigen WJ, Scaglia F. Mitochondrial DNA maintenance defects. Biochim Biophys Acta Mol Basis Dis 2017; 1863(6):1539-55.

[24] Cohen BH, Chinnery PF, Copeland WC. POLG-related disorders. In: Adam MP, et al., editors. GeneReviews((R)). Seattle: WA; 1993.

[25] Rahman S, Copeland WC. POLG-related disorders and their neurological manifestations. Nat Rev Neurol 2019;15(1):40-52.

[26] Darin N, et al. The incidence of mitochondrial encephalomyopathies in childhood: clinical features and morphological, biochemical, and DNA abnormalities. Ann Neurol 2001;49(3):377-83.

[27] Harding BN. Progressive neuronal degeneration of childhood with liver disease (Alpers-Huttenlocher syndrome): a personal review. J Child Neurol 1990;5(4):273-87.

[28] Horvath R, et al. Phenotypic spectrum associated mutant mitochondrial polymerase gamma gene. Brain 2006;129(Pt 7):1674-84.

[29] Wiltshire E, et al. Juvenile Alpers disease. Arch Neurol 2008; 65(1): 121-4.

[30] Uusimaa J, et al. Homozygous W748S mutation in the POLG1 gene in patients with juvenile-onset Alpers syndrome and status epilepticus. Epilepsia 2008;49(6) 1038-45.

[31] Harding BN, et al. Progressive neuronal degeneration of childhood with liver disease (Alpers' disease) presenting in young adults. J Neurol Neurosurg Psychiatry 1995;58(3):320-5.

[32] Anagnostou ME, et al. Epilepsy due to mutations in the mitochondrial polymerase gamma (POLG) gene: a clinical and molecular genetic review. Epilepsia 2016;57(10):1531-45.

[33] Farnum GA, Nurminen A, Kaguni LS. Mapping 136 pathogenic mutations into functional modules in human DNA polymerase gamma establishes predictive genotype-phenotype correlations for the complete spectrum of POLG syndromes. Biochim Biophys Acta 2014;1837(7):1113-21.

[34] Wong LJ, et al. Molecular and clinical genetics of mitochondrial diseases due to POLG mutations. Hum Mutat 2008;29(9):E150-72.

[35] Fadic R, et al. Sensory ataxic neuropathy as the presenting feature of a novel mitochondrial disease. Neurology 1997; 49(1): 239-45.

[36] Luoma P, et al. Parkinsonism, premature menopause, and mitochondrial DNA polymerase gamma mutations: clinical and molecular genetic study. Lancet 2004;364(9437):875-82.

[37] Pagnamenta AT, et al. Dominant inheritance of premature ovarian failure associated with mutant mitochondrial DNA polymerase gamma. Hum Reprod 2006;21(10):2467-73.

[38] Lamantea E, et al. Mutations of mitochondrial DNA polymerase gamma A are a frequent cause of autosomal dominant or recessive progressive external ophthalmoplegia. Ann Neurol 2002;52(2):211-19.

[39] Hebbar M, et al. Homozygous c.359del variant in MGME1 is associated with early onset cerebellar ataxia. Eur J Med Genet 2017;60(10):533-5.

[40] Peter B, et al. Structural basis for adPEO-causing mutations in the mitochondrial TWINKLE helicase. Hum Mol Genet 2019;28(7):1090-9.

[41] Paradas C, et al. Longitudinal clinical follow-up of a large family with the R357P Twinkle mutation. JAMA Neurol 2013;70(11):1425-8.

[42] Van Hove JLK, et al. Finding twinkle in the eyes of a 71-year-old lady: a case report and review of the genotypic and phenotypic spectrum of TWINKLE-related dominant disease. Am J Med Genet Part A 2009;149A(5):861-7.

[43] Kiferle L, et al. Twinkle mutation in an Italian family with external progressive ophthalmoplegia and parkinsonism: a case report and an update on the state of art. Neurosci Lett 2013; 556: 1-4.

[44] Nikali K, et al. Infantile onset spinocerebellar ataxia is caused by recessive mutations in mitochondrial proteins Twinkle and Twinky. Hum Mol Genet 2005;14(20):2981-90.

[45] Hakonen AH, et al. Infantile-onset spinocerebellar ataxia and mitochondrial recessive ataxia syndrome are associated with neuronal complex I defect and mtDNA depletion. Hum Mol Genet 2008;17 (23):3822-35.

[46] Sarzi E, et al. Twinkle helicase (PEO1) gene mutation causes mitochondrial DNA depletion. Ann Neurol 2007;62(6):579-87.

[47] Hakonen AH, et al. Recessive Twinkle mutations in early onset encephalopathy with mtDNA depletion. Brain 2007; 130(11): 3032-40.

[48] Demain LAM, et al. Expanding the genotypic spectrum of Perrault syndrome. Clin Genet 2017;91(2):302-12.

[49] Ołdak M, et al. Novel neuro-audiological findings and further evidence for TWNK involvement in Perrault syndrome. J Transl Med 2017;15(1):25.

[50] Ronchi D, et al. Mutations in DNA2 link progressive myopathy to mitochondrial DNA instability. Am J Hum Genet 2013; 92(2): 293-300.

[51] Shanske A, et al. Central nervous system anomalies in Seckel syndrome: report of a new family and review of the literature. Am J Med Genet 1997;70(2):155-8.

[52] Shaheen R, et al. Genomic analysis of primordial dwarfism reveals novel disease genes. Genome Res 2014;24(2):291-9.

[53] Nicholls TJ, et al. Linear mtDNA fragments and unusual mtDNA rearrangements associated with pathological deficiency of MGME1 exonuclease. Hum Mol Genet 2014;23(23):6147-62.

[54] Kornblum C, et al. Loss-of-function mutations in MGME1 impair mtDNA replication and cause multisystemic mitochondrial disease. Nat Genet 2013;45(2):214-19.

[55] Penque BA, et al. A homozygous variant in RRM2B is associated with severe metabolic acidosis and early neonatal death. Eur J Med Genet 2018;.

[56] Pontarin G, et al. Ribonucleotide reduction is a cytosolic process in mammalian cells independently of DNA damage. Proc Natl Acad Sci U S A 2008;105(46):17801-6.

[57] Dahout-Gonzalez C. Molecular, functional, and pathological aspects of the mitochondrial ADP/ATP carrier. Physiology (Bethesda) 2006;21(4):242-9.

[58] Aaron, Minczuk M. Mitochondrial transcription and translation: overview. Essays Biochem 2018;62 (3):309-20.

[59] Johansson M, Karlsson A. Cloning of the cDNA and chromosome localization of the gene for human thymidine kinase 2. J Biol Chem 1997;272(13):8454-8.

[60] Johansson M, Karlsson A. Cloning and expression of human deoxyguanosine kinase cDNA. Proc Natl Acad Sci U S A 1996;93(14):7258-62.

[61] Wang L. Mitochondrial purine and pyrimidine metabolism and beyond. Nucleosides Nucleotides Nucleic Acids 2016;35(10-12):578-94.

[62] Besse A, et al. The GABA transaminase, ABAT, is essential for mitochondrial nucleoside metabolism. Cell Metab 2015; 21(3): 417-27.

[63] Kowluru A, Tannous M, Chen H-Q. Localization and characterization of the mitochondrial isoform of the nucleoside diphosphate kinase in the pancreatic β cell: evidence for its complexation with mitochondrial succinyl-CoA synthetase. Arch Biochem Biophys 2002;398(2):160-9.

[64] Martín-Hernández E, et al. Myopathic mtDNA depletion syndrome due to mutation in TK2 gene. Pediatr Dev Pathol 2017; 20(5):416-20.

[65] Adam M, et al. TK2-related mitochondrial DNA maintenance defect, myopathic form. In: GeneReviews®.

[66] Garone C, et al. Retrospective natural history of thymidine kinase 2 deficiency. J Med Genet 2018;55 (8):515-21.

[67] Wang J, et al. Clinical and molecular spectrum of thymidine kinase 2-related mtDNA maintenance defect. Mol Genet Metab 2018; 124(2):124-30.

[68] Wang J, El-Hattab AW, Wong LJC. TK2-related mitochondrial DNA maintenance defect, myopathic form. In: Adam MP, et al., editors. GeneReviews((R)). Seattle: University of Washington; 1993. University of Washington, Seattle. GeneReviews is a registered trademark of the University of Washington, Seattle. All rights reserved: Seattle (WA).

[69] Poulton J, et al. Collated mutations in mitochondrial DNA (mtDNA) depletion syndrome (excluding the mitochondrial gamma polymerase, POLG1). Biochim Biophys Acta 2009; 1792(12): 1109-12.

[70] Garone C, et al. Deoxypyrimidine monophosphate bypass therapy for thymidine kinase 2 deficiency. EMBO Mol Med 2014; 6(8):1016-27.

[71] Lopez-Gomez C, et al. Deoxycytidine and deoxythymidine treatment for thymidine kinase 2 deficiency. Ann Neurol 2017;81(5):641-52.

[72] Dominguez-Gonzalez C, et al. Deoxynucleoside therapy for thymidine kinase 2-deficient myopathy. Ann Neurol 2019; 86(2): 293-303.

[73] Pitceathly RD, et al. Adults with RRM2B-related mitochondrial disease have distinct clinical and molecular characteristics. Brain 2012;135(Pt 11):3392-403.

[74] Takata A, et al. Exome sequencing identifies a novel missense variant in RRM2B associated with autosomal recessive progressive external ophthalmoplegia. Genome Biol 2011; 12(9): R92.

[75] Spinazzola A, et al. Clinical and molecular features of mitochondrial DNA depletion syndromes. J Inherit Metab Dis 2009; 32(2):143-58.

[76] Shaibani A, et al. Mitochondrial neurogastrointestinal encephalopathy due to mutations in RRM2B. Arch Neurol 2009;66(8) 1028-32.

[77] Kollberg G, et al. A novel homozygous RRM2B missense mutation in association with severe mtDNA depletion. Neuromuscul Disord 2009;19(2):147-50.

[78] Acham-Roschitz B, et al. A novel mutation of the RRM2B gene in an infant with early fatal encephalomyopathy, central hypomyelination, and tubulopathy. Mol Genet Metab 2009;98 (3):300-4.

[79] Bornstein B, et al. Mitochondrial DNA depletion syndrome due to mutations in the RRM2B gene. Neuromuscul Disord 2008;18(6):453-9.

[80] Fratter C, et al. RRM2B mutations are frequent in familial PEO with multiple mtDNA deletions. Neurology 2011;76(23):2032-4.

[81] Gorman GS, Taylor RW. RRM2B-related mitochondrial disease. In: Adam MP, et al., editors. GeneReviews((R)). Seattle: University of Washington; 1993. University of Washington, Seattle. GeneReviews is a registered trademark of the University of Washington, Seattle. All rights reserved.: Seattle (WA).

[82] Antonenkov VD, et al. The human mitochondrial DNA depletion syndrome gene MPV17 encodes a nonselective channel that modulates membrane potential. J Biol Chem 2015; 290(22): 13840-61.

[83] Dalla Rosa I, et al. MPV17 loss causes deoxynucleotide insufficiency and slow DNA replication in mitochondria. PLOS Genet 2016;12(1):e1005779.

[84] Karadimas CL, et al. Navajo neurohepatopathy is caused by a mutation in the MPV17. Gene. 2006;79 (3):544-8.

[85] Spinazzola A, et al. MPV17 encodes an inner mitochondrial membrane protein and is mutated in infantile hepatic mitochondrial DNA depletion. Nat Genet 2006;38(5):570-5.

[86] Blakely EL, et al. MPV17 mutation causes neuropathy and leukoencephalopathy with multiple mtDNA deletions in muscle. Neuromuscul Disord 2012;22(7):587-91.

[87] Garone C, et al. MPV17 mutations causing adult-onset multisystemic disorder with multiple mitochondrial DNA deletions. Arch Neurol 2012;69(12):1648.

[88] Baumann M, et al. MPV17 mutations in juvenile- and adult-onset axonal sensorimotor polyneuropathy. Clin Genet 2018;.

[89] Posse V, et al. TEFM is a potent stimulator of mitochondrial transcription elongation in vitro. Nucleic Acids Res 2015; 43(5): 2615-24.

[90] Falkenberg M, et al. Mitochondrial transcription factors B1 and B2 activate transcription of human mtDNA. Nat Genet 2002; 31(3): 289-94.

[91] Kuhl I, et al. POLRMT does not transcribe nuclear genes. Nature 2014;514(7521):E7 11.

[92] Hillen HS, Temiakov D, Cramer P. Structural basis of mitochondrial transcription. Nat Struct Mol Biol 2018; 25(9): 754-65.

[93] Hillen HS, et al. Mechanism of transcription anti-termination in human mitochondria. Cell 2017;171 (5):1082-93 e13.

[94] Posse V, et al. The amino terminal extension of mammalian mitochondrial RNA polymerase ensures promoter specific transcription initiation. Nucleic Acids Res 2014;42(6):3638-47.

[95] Terzioglu M, et al. MTERF1 binds mtDNA to prevent transcriptional interference at the light-strand promoter but is dispensable for rRNA gene transcription regulation. Cell Metab 2013; 17 (4):618-26.

[96] Asin-Cayuela J, et al. The human mitochondrial transcription termination factor (mTERF) is fully active in vitro in the non-phosphorylated form. J Biol Chem 2005;280(27):25499-505.

[97] Stiles AR, et al. Mutations in TFAM, encoding mitochondrial transcription factor A, cause neonatal liver failure associated with mtDNA depletion. Mol Genet Metab 2016;119(1-2):91-9.

[98] Park CB, et al. Identification of a rare homozygous c.790C > T variation in the TFB2M gene in Korean patients with autism spectrum disorder. Biochem Biophys Res Commun 2018;507(1-

4):148-54.

[99] Ojala D, Montoya J, Attardi G. tRNA punctuation model of RNA processing in human mitochondria. Nature 1981; 290 (5806): 470-4.

[100] Jourdain AA, et al. GRSF1 regulates RNA processing in mitochondrial RNA granules. Cell Metab 2013;17(3):399-410.

[101] Antonicka H, et al. The mitochondrial RNA-binding protein GRSF1 localizes to RNA granules and is required for posttranscriptional mitochondrial gene expression. Cell Metab 2013; 17(3):386-98.

[102] Xu F, et al. Disruption of a mitochondrial RNA-binding protein gene results in decreased cytochrome b expression and a marked reduction in ubiquinol-cytochrome c reductase activity in mouse heart mitochondria. Biochem J 2008;416(1):15-26.

[103] Vilardo E, et al. A subcomplex of human mitochondrial RNase P is a bifunctional methyltransferase—extensive moonlighting in mitochondrial tRNA biogenesis. Nucleic Acids Res 2012. 40(22):11583-93.

[104] Metodi, et al., Recessive mutations in TRMT10C cause defects in mitochondrial RNA processing and multiple respiratory chain deficiencies. Am J Hum Genet 2016;98(5):993-1000.

[105] Zschocke J. HSD10 disease: clinical consequences of mutations in the HSD17B10 gene. J Inherit Metab Dis 2012; 35(1): 81-9.

[106] Oerum S, et al. Novel patient missense mutations in the HSD17B10 gene affect dehydrogenase and mitochondrial tRNA modification functions of the encoded protein. Biochim Biophys Acta Mol Basis Dis 2017;1863(12):3294-302.

[107] Hochberg I, et al. A homozygous variant in mitochondrial RNase P subunit PRORP is associated with Perrault syndrome characterized by hearing loss and primary ovarian insufficiency. bioRxiv 2017;168252.

[108] Tobias et al. ELAC2 mutations cause a mitochondrial RNA processing defect associated with hypertrophic cardiomyopathy. Am J Hum Genet 2013;93(2):211-23.

[109] Shinwari ZMA, et al. The phenotype and outcome of infantile cardiomyopathy caused by a homozygous ELAC2 mutation. Cardiology 2017;137(3):188-92.

[110] Akawi NA, et al. A homozygous splicing mutation in ELAC2 suggests phenotypic variability including intellectual disability with minimal cardiac involvement. Orphanet J Rare Dis 2016;11(1):139.

[111] Kim YA, et al. The First Korean case of combined oxidative phosphorylation deficiency-17 diagnosed by clinical and molecular investigation. Korean J Pediatr 2017;60(12):408-12.

[112] Saoura M, et al. Mutations in ELAC2 associated with hypertrophic cardiomyopathy impair mitochondrial tRNA 3′-end processing. Hum Mutat 2019;40(10):1731-48.

[113] Temperley RJ, et al. Human mitochondrial mRNAs—like members of all families, similar but different. Biochim Biophys Acta 2010;1797(6-7):1081-5.

[114] Bai Y, et al. Structural basis for dimerization and activity of human PAPD1, a noncanonical poly(A) polymerase. Mol Cell 2011; 41(3):311-20.

[115] Minczuk M, et al. Localisation of the human hSuv3p helicase in the mitochondrial matrix and its preferential unwinding of dsDNA. Nucleic Acids Res 2002;30(23):5074-86.

[116] Borowski LS, et al. Human mitochondrial RNA decay mediated by PNPase-hSuv3 complex takes place in distinct foci. Nucleic Acids Res 2013;41(2):1223-40.

[117] Szczesny RJ, et al. Human mitochondrial RNA turnover caught in flagranti: involvement of hSuv3p helicase in RNA surveillance. Nucleic Acids Res 2010;38(1):279-98.

[118] Shepherd DL, et al. Exploring the mitochondrial microRNA import pathway through Polynucleotide Phosphorylase (PNPase). J Mol Cell Cardiol 2017;110:15-25.

[119] Bruni F, et al. REXO2 is an oligoribonuclease active in human mitochondria. PLoS One 2013;8(5): e64670.

[120] Nicholls TJ, et al. Dinucleotide degradation by REXO2 maintains promoter specificity in mammalian mitochondria. Mol Cell 2019;76(5):784-796.e6.

[121] Chujo T, et al. LRPPRC/SLIRP suppresses PNPase-mediated mRNA decay and promotes polyadenylation in human mitochondria. Nucleic Acids Res 2012;40(16):8033-47.

[122] Rius R, et al. Clinical spectrum and functional consequences associated with bi-allelic pathogenic PNPT1 variants. J Clin Med 2019;8(11).

[123] Crosby AH, et al. Defective mitochondrial mRNA maturation is associated with spastic ataxia. Am J Hum Genet 2010; 87(5): 655-60.

[124] Wilson WC, et al. A human mitochondrial poly(A) polymerase mutation reveals the complexities of post-transcriptional mitochondrial gene expression. Hum Mol Genet 2014; 23(23): 6345-55.

[125] Mootha VK, et al. Identification of a gene causing human cytochrome c oxidase deficiency by integrative genomics. Proc Natl Acad Sci U S A 2003;100(2):605-10.

[126] Debray FG, et al. LRPPRC mutations cause a phenotypically distinct form of Leigh syndrome with cytochrome c oxidase deficiency. J Med Genet 2011;48(3):183-9.

[127] Oláhová M, et al. LRPPRC mutations cause early-onset multisystem mitochondrial disease outside of the French-Canadian population. Brain 2015;138(12):3503-19.

[128] Salinas-Giege T, Giege R, Giege P. tRNA biology in mitochondria. Int J Mol Sci 2015;16(3):4518-59.

[129] Suzuki T, Suzuki T. A complete landscape of post-transcriptional modifications in mammalian mitochondrial tRNAs. Nucleic Acids Res 2014;42(11):7346-57.

[130] Suzuki T, Nagao A, Suzuki T. Human mitochondrial tRNAs: biogenesis, function, structural aspects, and diseases. Annu Rev Genet 2011;45(1):299-329.

[131] Sissler M, Gonzalez-Serrano LE, Westhof E. Recent advances in mitochondrial aminoacyl-tRNA synthetases and disease. Trends Mol Med 2017;23(8):693-708.

[132] Tolkunova E, et al. The human lysyl-tRNA synthetase gene encodes both the cytoplasmic and mitochondrial enzymes by means of an unusual alternative splicing of the primary transcript. J Biol Chem 2000;275(45):35063-9.

[133] Echevarria L, et al. Glutamyl-tRNAGln amidotransferase is essential for mammalian mitochondrial translation in vivo. Biochem J 2014;460(1):91-101.

[134] Hou Y-M, CCA addition to tRNA: implications for tRNA quality control. IUBMB Life 2010;62 (4):251-60.

[135] Chakraborty PK, et al. Mutations in TRNT1 cause congenital sideroblastic anemia with immunodeficiency, fevers, and developmental delay (SIFD). Blood 2014;124(18):2867-71.

[136] Kumaki E, et al. Atypical SIFD with novel TRNT1 mutations: a case study on the pathogenesis of B-cell deficiency. Int J Hematol 2019;109(4):382-9.

[137] Deluca AP, et al. Hypomorphic mutations in TRNT1 cause retinitis pigmentosa with erythrocytic microcytosis. Hum Mol Genet 2016;25(1):44-56.

[138] Wedatilake Y, et al. TRNT1 deficiency: clinical, biochemical and molecular genetic features. Orphanet J Rare Dis 2016; 11(1): 90.

[139] Liwak-Muir U, et al. Impaired activity of CCA-adding enzyme TRNT1 impacts OXPHOS complexes and cellular respiration in SIFD patient-derived fibroblasts. Orphanet J Rare Dis

2016;11 (1):79.

[140] Fernandez-Vizarra E, et al. Nonsense mutation in pseudouridylate synthase 1 (PUS1) in two brothers affected by myopathy, lactic acidosis and sideroblastic anaemia (MLASA). J Med Genet 2006;44 (3):173-80.

[141] Bykhovskaya Y, et al. Missense mutation in pseudouridine synthase 1 (PUS1) causes mitochondrial myopathy and sideroblastic anemia (MLASA). Am J Hum Genet 2004; 74(6): 1303-8.

[142] Zeharia A, et al. Mitochondrial myopathy, sideroblastic anemia, and lactic acidosis: an autosomal recessive syndrome in Persian Jews caused by a mutation in the PUS1 gene. J Child Neurol 2005;20 (5):449-52.

[143] Metodiev MD, et al. Unusual clinical expression and long survival of a pseudouridylate synthase (PUS1) mutation into adulthood. Eur J Hum Genet 2015;23(6):880-2.

[144] Cao M, et al. Clinical and molecular study in a long-surviving patient with MLASA syndrome due to novel PUS1 mutations. Neurogenetics 2016;17(1):65-70.

[145] Kasapkara CS, et al. A myopathy, lactic acidosis, sideroblastic anemia (MLASA) case due to a novel PUS1 mutation. Turk J Haematol 2017;34(4):376-7.

[146] Tesarova M, et al. Sideroblastic anemia associated with multisystem mitochondrial disorders. Pediatr Blood Cancer 2019;66(4):e27591.

[147] O'Byrne JJ, et al. The genotypic and phenotypic spectrum of MTO1 deficiency. Mol Genet Metab 2018;123(1):28-42.

[148] Ghezzi D, et al. Mutations of the mitochondrial-tRNA modifier MTO1 cause hypertrophic cardiomyopathy and lactic acidosis. Am J Hum Genet 2012;90(6):1079-87.

[149] Baruffini E, et al. MTO1 mutations are associated with hypertrophic cardiomyopathy and lactic acidosis and cause respiratory chain deficiency in humans and yeast. Hum Mutat 2013; 34(11):1501-9.

[150] Kopajtich R, et al. Mutations in GTPBP3 cause a mitochondrial translation defect associated with hypertrophic cardiomyopathy, lactic acidosis, and encephalopathy. Am J Hum Genet 2014;95(6) 708-20.

[151] Zeharia A, et al. Acute infantile liver failure due to mutations in the TRMU gene. Am J Hum Genet 2009;85(3):401-7.

[152] Sturman JA, Gaull G, Raiha NC. Absence of cystathionase in human fetal liver: is cystine essential? Science 1970; 169(3940): 74-6.

[153] Soler-Alfonso C, et al. L-Cysteine supplementation prevents liver transplantation in a patient with TRMU deficiency. Mol Genet Metab Rep 2019;19:100453.

[154] Schweizer U, Bohleber S, Fradejas-Villar N. The modified base isopentenyladenosine and its derivatives in tRNA. RNA Biol 2017;14(9):1197-208.

[155] Kernohan KD, et al. Matchmaking facilitates the diagnosis of an autosomal-recessive mitochondrial disease caused by biallelic mutation of the tRNA isopentenyltransferase (TRIT1) gene. Hum Mutat 2017;38 (5):511-16.

[156] Yarham JW, et al. Defective i6A37 modification of mitochondrial and cytosolic tRNAs results from pathogenic mutations in TRIT1 and its substrate tRNA. PLoS Genet 2014;10(6):e1004424.

[157] Takenouchi T, et al. Noninvasive diagnosis of TRIT1-related mitochondrial disorder by measuring i^6 A37 and ms ^{2}i^6 A37 modifications in tRNAs from blood and urine samples. Am J Med Genet Part A 2019;179 (8):1609-14.

[158] Scheper GC, et al. Mitochondrial aspartyl-tRNA synthetase deficiency causes leukoencephalopathy with brain stem and spinal cord involvement and lactate elevation. Nat Genet 2007;39(4):534-9.

[159] Webb BD, et al. Novel, compound heterozygous, single-nucleotide variants in MARS2 associated with developmental delay, poor growth, and sensorineural hearing loss. Hum Mutat 2015;36 (6):587-92.

[160] Mizuguchi T, et al. PARS2 and NARS2 mutations in infantile-onset neurodegenerative disorder. J Hum Genet 2017; 62(5): 525-9.

[161] Fine AS, Nemeth CL, Kaufman ML, Fatemi A. Mitochondrial aminoacyl-tRNA synthetase disorders: an emerging group of developmental disorders of myelination. J. Neurodev. Disord 2019;11:29.

[162] McMillan HJ, et al. Compound heterozygous mutations in glycyl-tRNA synthetase are a proposed cause of systemic mitochondrial disease. BMC Med Genet 2014;15(1):36.

[163] Verrigni D, et al. Novel mutations in KARS cause hypertrophic cardiomyopathy and combined mitochondrial respiratory chain defect. Clin Genet 2017;91(6):918-23.

[164] Riley LG, et al. Phenotypic variability and identification of novel YARS2 mutations in YARS2 mitochondrial myopathy, lactic acidosis and sideroblastic anaemia. Orphanet J Rare Dis 2013;8(1):193.

[165] Sommerville EW, et al. Instability of the mitochondrial alanyl-tRNA synthetase underlies fatal infantileonset cardiomyopathy. Hum Mol Genet 2018;28(2):258-68.

[166] Nakajima J, et al. A novel homozygous YARS2 mutation causes severe myopathy, lactic acidosis, and sideroblastic anemia 2. J Hum Genet 2014;59(4):229-32.

[167] Belostotsky R, et al. Mutations in the mitochondrial seryl-tRNA synthetase cause hyperuricemia, pulmonary hypertension, renal failure in infancy and alkalosis, HUPRA syndrome. Am J Hum Genet 2011;88 (2):193-200.

[168] Gotz A, et al. Exome sequencing identifies mitochondrial alanyl-tRNA synthetase mutations in infantile mitochondrial cardiomyopathy. Am J Hum Genet 2011;88(5):635-42.

[169] Dallabona C, et al. Novel (ovario) leukodystrophy related to AARS2 mutations. Neurology 2014;82 (23):2063-71.

[170] Metodiev MD, et al. NSUN4 is a dual function mitochondrial protein required for both methylation of 12S rRNA and coordination of mitoribosomal assembly. PLoS Genet 2014; 10(2): e1004110.

[171] Metodiev MD, et al. Methylation of 12S rRNA is necessary for in vivo stability of the small subunit of the mammalian mitochondrial ribosome. Cell Metab 2009;9(4):386-97.

[172] Haute LV, et al. METTL15 introduces N4-methylcytidine into human mitochondrial 12S rRNA and is required for mitoribosome biogenesis. Nucleic Acids Res 2019;.

[173] Zaganelli S, et al. The pseudouridine synthase RPUSD4 is an essential component of mitochondrial RNA granules. J Biol Chem 2017;292(11):4519-32.

[174] Bar-Yaacov D, et al. Mitochondrial 16S rRNA is methylated by tRNA methyltransferase TRMT61B in all vertebrates. PLoS Biol 2016;14(9):e1002557.

[175] Rorbach J, et al. MRM2 and MRM3 are involved in biogenesis of the large subunit of the mitochondrial ribosome. Mol Biol Cell 2014;25(17) 2542-55.

[176] Lee KW, Bogenhagen DF. Assignment of 2′-O-methyltransferases to modification sites on the mammalian mitochondrial large subunit 16S ribosomal RNA (rRNA). J Biol Chem 2014;289(36):24936-42.

[177] Lee KW, et al. Mitochondrial ribosomal RNA (rRNA) methyltransferase family members are positioned to modify nascent rRNA in foci near the mitochondrial DNA nucleoid. J Biol Chem 2013;288 (43):31386-99.

[178] Garone C, et al. Defective mitochondrial rRNA methyltransferase MRM2 causes MELAS-like clinical syndrome. Hum Mol Genet 2017;26(21):4257-66.

[179] Popow J, et al. FASTKD2 is an RNA-binding protein required for mitochondrial RNA processing and translation. RNA 2015;21(11):1873-84.

[180] Ghezzi D, et al. FASTKD2 nonsense mutation in an infantile mitochondrial encephalomyopathy associated with cytochrome c oxidase deficiency. Am J Hum Genet 2008;83(3):415-23.

[181] Yoo DH, et al. Identification of FASTKD2 compound heterozygous mutations as the underlying cause of autosomal recessive MELAS-like syndrome. Mitochondrion 2017;35:54-8.

[182] Smits P, Smeitink J, van den Heuvel L. Mitochondrial translation and beyond: processes implicated in combined oxidative phosphorylation deficiencies. J Biomed Biotechnol 2010;2010:737385.

[183] Chrzanowska-Lightowlers Z, Rorbach J, Minczuk M. Human mitochondrial ribosomes can switch structural tRNAs—but when and why? RNA Biol 2017;14(12):1668-71.

[184] Amunts A, et al. Ribosome. The structure of the human mitochondrial ribosome. Science 2015;348 (6230):95-8.

[185] Christian BE, Spremulli LL. Evidence for an active role of IF3mt in the initiation of translation in mammalian mitochondria. Biochemistry 2009;48(15):3269-78.

[186] Greber BJ, et al. Ribosome. The complete structure of the 55S mammalian mitochondrial ribosome. Science 2015; 348(6232): 303-8.

[187] Christian BE, Spremulli LL. Preferential selection of the 50-terminal start codon on leaderless mRNAs by mammalian mitochondrial ribosomes. J Biol Chem 2010;285(36):28379-86.

[188] Cai YC, et al. Interaction of mitochondrial elongation factor Tu with aminoacyl-tRNA and elongation factor Ts. J Biol Chem 2000;275(27):20308-14.

[189] Mai N, Chrzanowska-Lightowlers ZMA, Lightowlers RN. The process of mammalian mitochondrial protein synthesis. Cell Tissue Res 2017;367(1):5-20.

[190] Christian BE, Spremulli LL. Mechanism of protein biosynthesis in mammalian mitochondria. Biochim Biophys Acta 2012;1819(9-10):1035-54.

[191] Lightowlers RN, Chrzanowska-Lightowlers ZM. Terminating human mitochondrial protein synthesis: a shift in our thinking. RNA Biol 2010;7(3):282-6.

[192] Tsuboi M, et al. EF-G2mt is an exclusive recycling factor in mammalian mitochondrial protein synthesis. Mol Cell 2009;35(4):502-10.

[193] Richter R, et al. A functional peptidyl-tRNA hydrolase, ICT1, has been recruited into Hum mitochondrial ribosome. EMBO J 2010;29(6):1116-25.

[194] Miller C, et al. Defective mitochondrial translation caused by a ribosomal protein (MRPS16) mutation. Ann Neurol 2004; 56(5): 734-8.

[195] Gardeitchik T, et al. Bi-allelic mutations in the mitochondrial ribosomal protein MRPS2 cause sensorineural hearing loss, hypoglycemia, and multiple OXPHOS complex deficiencies. Am J Hum Genet 2018;102(4):685-95.

[196] Menezes MJ, et al. Mutation in mitochondrial ribosomal protein S7 (MRPS7) causes congenital sensorineural deafness, progressive hepatic and renal failure and lactic acidemia. Hum Mol Genet 2015;24 (8):2297-307.

[197] Jackson CB, et al. A variant in MRPS14 (uS14m) causes perinatal hypertrophic cardiomyopathy with neonatal lactic acidosis, growth retardation, dysmorphic features and neurological involvement. Hum Mol Genet 2019;28(4):639-49.

[198] Saada A, et al. Antenatal mitochondrial disease caused by mitochondrial ribosomal protein (MRPS22) mutation. J Med Genet 2007;44(12):784-6.

[199] Kohda M, et al. A comprehensive genomic analysis reveals the genetic landscape of mitochondrial respiratory chain complex deficiencies. PLoS Genet 2016;12(1):e1005679.

[200] Lake NJ, et al. Biallelic mutations in MRPS34 lead to instability of the small mitoribosomal subunit and Leigh syndrome. Am J Hum Genet 2017;101(2):239-54.

[201] Borna NN, et al. Mitochondrial ribosomal protein PTCD3 mutations cause oxidative phosphorylation defects with Leigh syndrome. Neurogenetics 2019;20(1):9-25.

[202] Bugiardini E, et al. MRPS25 mutations impair mitochondrial translation and cause encephalomyopathy. Hum Mol Genet 2019; 28(16):2711-19.

[203] Pulman J, et al. Mutations in the MRPS28 gene encoding the small mitoribosomal subunit protein bS1m in a patient with intrauterine growth retardation, craniofacial dysmorphism and multisystemic involvement. Hum Mol Genet 2019;28(9):1445-62.

[204] Galmiche L, et al. Exome sequencing identifies MRPL3 mutation in mitochondrial cardiomyopathy. Hum Mutat 2011; 32(11): 1225-31.

[205] Serre V, et al. Mutations in mitochondrial ribosomal protein MRPL12 leads to growth retardation, neurological deterioration and mitochondrial translation deficiency. Biochim Biophys Acta 2013;1832 (8):1304-12.

[206] Carroll CJ, et al. Whole-exome sequencing identifies a mutation in the mitochondrial ribosome protein MRPL44 to underlie mitochondrial infantile cardiomyopathy. J Med Genet 2013; 50(3):151-9.

[207] Takeuchi N, et al. Mammalian mitochondrial methionyl-tRNA transformylase from bovine liver. Purification, characterization, and gene structure. J Biol Chem 1998;273(24):15085-90.

[208] Tucker EJ, et al. Mutations in MTFMT underlie a human disorder of formylation causing impaired mitochondrial translation. Cell Metab 2011;14(3):428-34.

[209] Haack TB, et al. Phenotypic spectrum of eleven patients and five novel MTFMT mutations identified by exome sequencing and candidate gene screening. Mol Genet Metab 2014; 111(3): 342-52.

[210] Pena JA, et al. Methionyl-tRNA formyltransferase (MTFMT) deficiency mimicking acquired demyelinating disease. J Child Neurol 2016;31(2):215-9.

[211] Hayhurst H, et al. Leigh syndrome caused by mutations in MTFMT is associated with a better prognosis. Ann Clin Transl Neurol 2019;6(3):515-24.

[212] Janer A, et al. RMND1 deficiency associated with neonatal lactic acidosis, infantile onset renal failure, deafness, and multiorgan involvement. Eur J Hum Genet 2015;23(10):1301-7.

[213] Ng YS, et al. The clinical, biochemical and genetic features associated with RMND1-related mitochondrial disease. J Med Genet 2016;53(11):768-75.

[214] Garcia-Diaz B, et al. Infantile encephaloneuromyopathy and defective mitochondrial translation are due to a homozygous RMND1 mutation. Am J Hum Genet 2012;91(4):729-36.

[215] Casey JP, et al. Periventricular calcification, abnormal pterins and dry thickened skin: expanding the clinical spectrum of RMND1? JIMD Rep 2016;26:13-19.

[216] Coenen MJ, et al. Mutant mitochondrial elongation factor G1 and combined oxidative phosphorylation deficiency. N Engl J

Med 2004;351(20):2080-6.

[217] Smits P, et al. Mutation in subdomain G' of mitochondrial elongation factor G1 is associated with combined OXPHOS deficiency in fibroblasts but not in muscle. Eur J Hum Genet 2011; 19(3):275-9.

[218] Balasubramaniam S, et al. Infantile progressive hepatoencephalomyopathy with combined OXPHOS deficiency due to mutations in the mitochondrial translation elongation factor gene GFM1. JIMD Rep 2012;5:113-22.

[219] Galmiche L, et al. Toward genotype phenotype correlations in GFM1 mutations. Mitochondrion 2012;12 (2):242-7.

[220] Antonicka H, et al. The molecular basis for tissue specificity of the oxidative phosphorylation deficiencies in patients with mutations in the mitochondrial translation factor EFG1. Hum Mol Genet 2006;15 (11):1835-46.

[221] Valente L, et al. Infantile encephalopathy and defective mitochondrial DNA translation in patients with mutations of mitochondrial elongation factors EFG1 and EFTu. Am J Hum Genet 2007;80 (1):44-58.

[222] Brito S, et al. Long-term survival in a child with severe encephalopathy, multiple respiratory chain deficiency and GFM1 mutations. Front Genet 2015;6.

[223] Simon MT, et al. Activation of a cryptic splice site in the mitochondrial elongation factor GFM1 causes combined OXPHOS deficiency. Mitochondrion 2017;34:84-90.

[224] Smeitink JAM, et al. Distinct clinical phenotypes associated with a mutation in the mitochondrial translation elongation factor EFTs. Am J Hum Genet 2006;79(5):869-77.

[225] Vedrenne V, et al. Mutation in the mitochondrial translation elongation factor EFTs results in severe infantile liver failure. J Hepatol 2012;56(1):294-7.

[226] Calvo SE, et al. Molecular diagnosis of infantile mitochondrial disease with targeted next-generation sequencing. Sci Transl Med 2012;4(118):118ra10.

[227] Emperador S, et al. Molecular-genetic characterization and rescue of a TSFM mutation causing childhood-onset ataxia and nonobstructive cardiomyopathy. Eur J Hum Genet 2017; 25(1): 153-6.

[228] Scala M, et al. Novel homozygous TSFM pathogenic variant associated with encephalocardiomyopathy with sensorineural hearing loss and peculiar neuroradiologic findings. Neurogenetics 2019;20 (3):165-72.

[229] Perli E, et al. Novel compound mutations in the mitochondrial translation elongation factor (TSFM) gene cause severe cardiomyopathy with myocardial fibro-adipose replacement. Sci Rep 2019;9(1).

[230] Pyle A, et al. Behr's syndrome is typically associated with disturbed mitochondrial translation and mutations in the C12orf65 gene. J Neuromuscul Dis 2014;1(1):55-63.

[231] Wesolowska M, et al. Adult onset Leigh syndrome in the intensive care setting: a novel presentation of a C12orf65 related mitochondrial disease. J Neuromuscul Dis 2015; 2(4): 409-19.

[232] Antonicka H, et al. Mutations in C12orf65 in patients with encephalomyopathy and a mitochondrial translation defect. Am J Hum Genet 2010;87(1):115-22.

[233] Dixon-Salazar TJ, et al. Exome sequencing can improve diagnosis and alter patient management. Sci Transl Med 2012;4(138):138ra78.

[234] Fukumura S, et al. Compound heterozygous GFM2 mutations with Leigh syndrome complicated by arthrogryposis multiplex congenita. J Hum Genet 2015;60(9):509-13.

[235] Glasgow RIC, et al. Novel GFM2 variants associated with early-onset neurological presentations of mitochondrial disease and impaired expression of OXPHOS subunits. Neurogenetics 2017;18(4):227-35.

[236] Weraarpachai W, et al. Mutation in TACO1, encoding a translational activator of COX I, results in cytochrome c oxidase deficiency and late-onset Leigh syndrome. Nat Genet 2009;41(7):833-7.

[237] Seeger J, et al. Clinical and neuropathological findings in patients with TACO1 mutations. Neuromuscul Disord 2010; 20(11): 720-4.

[238] Ostergaard E, et al. Mutations in COA3 cause isolated complex IV deficiency associated with neuropathy, exercise intolerance, obesity, and short stature. J Med Genet 2015;52(3):203-7.

[239] Weraarpachai W, et al. Mutations in C12orf62, a factor that couples COX I synthesis with cytochrome c oxidase assembly, cause fatal neonatal lactic acidosis. Am J Hum Genet 2012; 90(1): 142-51.

[240] Thompson K, et al. OXA1L mutations cause mitochondrial encephalopathy and a combined oxidative phosphorylation defect. EMBO Mol Med 2018;e9060.

[241] Hirano M, Emmanuele V, Quinzii CM. Emerging therapies for mitochondrial diseases. Essays Biochem 2018;62(3):467-81.

第 16 章　线粒体 DNA 的维持：疾病和治疗

mtDNA maintenance: disease and therapy

Corinne Quadalti　Caterina Garone　著

纪冬梅　彭　洁　张　颖　译

mtDNA 除了在细胞能量产生装置中起主要作用外，在细胞的多能性、分化和发育中也发挥重要作用。每个细胞 mtDNA 的相对数量以组织特异性的方式变化，因为必须维持足够数量的mtDNA 拷贝以支持有氧呼吸和满足细胞的能量需求。mtDNA 拷贝数也调控 mtDNA 的分离率[1, 2]。

原始生殖细胞群体都具有较低的 mtDNA 拷贝数。在卵子发生过程中，mtDNA 拷贝数从原始生殖细胞的 200 个拷贝增加到成熟卵母细胞的 20 万～30 万个拷贝。在早期发育阶段，多能干细胞具有较低的 mtDNA 拷贝数。它们建立mtDNA 设定点来促进细胞增殖，以便让每个特定的谱系获得适当数量的 mtDNA 拷贝，以满足其分化为特定的细胞的能量需求[2]。这一过程是由线粒体特异性聚合酶催化亚基外显子 2 的 DNA甲基化所介导[1]。在体细胞中，mtDNA 拷贝数介于 200～10 000 个拷贝 / 细胞[2]。

不同于调控 mtDNA 复制的核复制机制，mtDNA 拷贝数的维持需要一组蛋白，包括核苷酸的供应、一些调节因子，以及将 mtDNA 包装成类核的蛋白[3]。

mtDNA 维持缺陷的标志特征是 mtDNA 的定性（点突变、多重缺失）或定量（拷贝数减少）分子遗传缺陷，伴有多重 OXPHOS 缺陷的生化功能障碍，以及线粒体网络的形态学改变。在遗传学方面，通过 NGS 进行大样本无偏倚因测序，

越来越多的常染色体显性或隐性致病变异被发现。临床上，它们表现为从婴儿多系统和快速进展性疾病到儿童或成人组织特异性疾病的连续谱（表 16-1）。

一、线粒体 DNA 复制体缺陷

线粒体复制体由负责 mtDNA 新分子合成与校对碱基修复的 Polγ 和参与 mtDNA 复制起始、加工或终止过程的其他蛋白组成。它们包括由 TWNK 编码的 Twinkle（以前称为 C10orf2）、线粒体拓扑异构酶 I、线粒体 RNA 聚合酶（mitochondrial RNA polymerase，mtRNAP）、RNase H1（RNASEH1 编码）、线粒体基因组维持核酸外切酶 1（由 MGME1 编码）、单链 DNA 结合蛋白（mtSSB）、DNA 连接酶 III、DNA 解旋酶 /核酸酶 2（DNA2 编码）、RNA 和 DNA 旁侧内切核酸酶 1（flap endonuclease，FEN1）[3]。

在这里，我们概述了 mtDNA 复制体缺陷引起的临床综合征。本文主要介绍了 POLG、DNA2、MGME1、TWNK 基因的缺陷，而 mtDNA基因表达的核遗传疾病仅在下面的章节重点介绍其关键的功能。

POLG 相关疾病是由核编码基因的致病性变异引起的线粒体疾病的最常见原因[30]。近 10年来，有超过 1000 例患者携带染色体 15q25 上POLG 编码的催化亚基的致病性变异，另有少数

表 16-1 **mtDNA 维持中已知致病基因的临床形式总结**

		复制体			
基　因	**功　能**		**疾　病**		
POLG	mtDNA Polγ	发病	婴儿	儿童	成人
		遗传	AR	AR	AR/AD
		临床表型	Alpers-Huttenlocher 综合征 肝病性脊髓灰质炎	童年肌脑肝病谱 线粒体胃肠道神经脑肌病	进行性眼外肌麻痹 感觉失调性神经病，构音障碍，眼肌麻痹，偶有小脑体征，肌阵挛，癫痫发作 神经病变，共济失调无肌病，偶见进行性眼外肌麻痹 癫痫、肌病和共济失调，无眼肌麻痹
		mtDNA	缺失	缺失	多重缺失
POLG2	Polγ 辅助亚基	发病	婴儿	—	成人
		遗传	AR	—	AD
		临床表型	致命性肝衰竭	—	进行性眼外肌麻痹
		mtDNA	缺失	—	多重缺失
TWNK	mtDNA 解旋酶	发病	婴儿	—	成人
		遗传	AR	—	AD
		临床表型	脊髓小脑性共济失调，伴手足徐动症，反射障碍，肌张力减退，严重癫痫	—	进行性眼外肌麻痹
		mtDNA	缺失	—	多重缺失
TFAM	mtDNA 合成启动	发病	婴儿	—	—
		遗传	AR	—	—
		临床表型	肝脑综合征	—	—
		mtDNA	缺失	—	—
RNASEH1	核糖核酸酶 H1	发病	—	—	成人
		遗传	—	—	AR
		临床表型	—	—	肌病 / 进行性眼外肌麻痹
		mtDNA	—	—	缺失
MGME1	mtDNA 剪切	发病	—	—	成人
		遗传	—	—	AR

（续表）

复制体				
基　因	功　能	疾　病		
MGME1	mtDNA 剪切	临床表型	—	—	肌病 /PEO
		mtDNA	—	—	缺失 / 多重缺失
DNA2	DNA 解旋酶 /核酸酶 2	发病	婴儿	儿童	成人
		遗传	AR	AD	AD
		临床表型	Seckel 综合征	进行性眼外肌麻痹	肌病 / 进行性眼外肌麻痹
		mtDNA	未知	多重缺失	缺失
SSBP1	线粒体单链DNA结合蛋白	发病	—	儿童	成人
		遗传	—	AR/AD	AR/AD
		临床表型	—	视神经萎缩，视网膜黄斑营养不良，感音神经性耳聋，线粒体肌病，肾衰竭	视神经萎缩，视网膜黄斑营养不良，感音神经性耳聋，线粒体肌病，肾衰竭
		mtDNA	—	缺失	缺失

线粒体核苷酸池平衡				
基　因	功　能	疾　病		
TK2	线粒体胸腺嘧啶激酶 2	发病	婴儿	儿童	成人
		遗传	AR	AR	AR
		临床表型	快速进行性肌病	肌病	缓慢进行性肌病
		mtDNA	缺失	缺失 / 多重缺失	多重缺失
DGUOK	线粒体脱氧鸟苷激酶	发病	婴儿	—	成人
		遗传	AR	—	AD
		临床表型	肝脑综合征	—	肌病 / 进行性眼外肌麻痹
		mtDNA	缺失	—	多重缺失
SUCLG1	线粒体琥珀酰辅酶 A 连接酶（GDP-形成）亚基 α	发病	婴儿	—	—
		遗传	AR	—	—
		临床表型	肝脑综合征	—	—
		mtDNA	缺失	—	—
SUCLA2	线粒体琥珀酰辅酶 A 连接酶（GDP-形成）亚基 β	发病	婴儿	儿童	—
		遗传	AR	AR	—
		临床表型	伴有 / 不伴有甲基丙二酸尿的脑肌病	伴有 / 不伴有甲基丙二酸尿的脑肌病	—
		mtDNA	缺失	缺失	—

（续表）

线粒体核苷酸池平衡					
基　因	功　能		疾　病		
ABAT	编码线粒体 γ- 氨基丁酸转氨酶（GABAT 酶）	发病	婴儿	—	—
		遗传	AR	—	—
		临床表型	脑肌病伴 γ- 氨基丁酸升高	—	—
		mtDNA	缺失	—	—
TYMP	胸苷磷酸化酶	发病	—	儿童	成人
		遗传	—	AR	AR
		临床表型	—	线粒体胃肠道神经脑肌病	线粒体胃肠道神经脑肌病
		mtDNA	—	缺失 / 多重缺失	缺失 / 多重缺失
RRM2B	核糖核苷酸二磷酸还原酶亚单位 M2 B	发病	婴儿	—	成人
		遗传	AR	—	AD
		临床表型	脑肌病伴肾衰竭、线粒体胃肠道神经脑肌病样综合征	—	进行性眼外肌麻痹
		mtDNA	缺失	—	缺失
SLC25A4（*ANT1*）	腺嘌呤核苷酸转运体的线粒体肌特异性亚型	发病	婴儿	儿童	成人
		遗传	AD	AR	AD
		临床表型	肌病 / 心肌病	肌病 / 心肌病	进行性眼外肌麻痹
		mtDNA	缺失	多重缺失	多重缺失
AGK	线粒体酰基甘油激酶	发病	婴儿	—	—
		遗传	AR	—	—
		临床表型	Sengers 综合征	—	—
		mtDNA	缺失	—	—
MPV17	编码一种功能未知的线粒体内膜小蛋白	发病	婴儿	—	成人
		遗传	AR	—	AR
		临床表型	肝脑综合征	—	肌病 / 进行性眼外肌麻痹 / 帕金森病
		mtDNA	缺失	—	多重缺失
DTYMK	核编码脱氧胸苷酸激酶	发病	婴儿	—	—
		遗传	AR	—	—
		临床表型	脑病	—	—
		mtDNA	—	—	—

（续表）

线粒体动力学					
基 因	功 能	疾 病			
OPA1	线粒体动力蛋白样 120kDa 蛋白	发病	婴儿	儿童	成人
		遗传	AR	AD	—
		临床表型	脑病伴/不伴心肌病 Behr 综合征	视神经萎缩伴 Behr 综合征	视神经萎缩
		mtDNA	—	缺失	—
MFN2	线粒体融合蛋白 2	发病	—	儿童	
		遗传	—	AD	
		临床表型	—	腓骨肌萎缩症、轴突型、2A2A 型或 2A2B 型遗传性运动和感觉神经病变	
		mtDNA	—	多重缺失	
FBXL4	富含亮氨酸序列的 F-box 蛋白	发病	婴儿	—	—
		遗传	AR	—	—
		临床表型	多系统特征脑肌病	—	—
		mtDNA	缺失	—	—
DNM1L		发病	婴儿	儿童	成人
		遗传	AR/AD	AD	AD
		临床表型	脑病	视神经萎缩	视神经萎缩
		mtDNA	缺失	—	—
MSTO1	胞质线粒体融合蛋白 MISATO 同源物 1	发病	—	儿童	
		遗传	—	AR	
		临床表型	—	肌营养不良，皮质脊髓束功能障碍，早发性非进行性小脑萎缩	
		mtDNA	—	缺失	
类 核					
基 因	功 能	疾 病			
TFAM		发病	婴儿	—	—
		遗传	AR	—	—
		临床表型	肝脑综合征	—	—

（续表）

类 核					
基　因	功　能		疾　病		
TFAM		mtDNA	—	—	—
ATAD3A		发病	婴儿	儿童	
		遗传	AR/AD	AR/AD	
		临床表型	脑病伴心肌病重度先天性小脑萎缩	痉挛性截瘫小脑共济失调	—
		mtDNA	—	—	—

AR. 常染色体隐性遗传；AD. 常染色体显性遗传

患者携带染色体 17q 上 POLG2 编码的辅助亚基致病性变异。临床上，POLG 相关疾病表现为 5 种主要的临床综合征，并以脑和肝组织特异性为主[31]。

POLG2 缺陷可表现为常染色体隐性遗传早发致死性肝衰竭（#618528）或常染色体显性遗传成年发病的进行性眼外肌麻痹（#610131），并伴有心脏传导障碍、肌病和肌酸激酶升高[32, 33]。

TWNK 编码在复制叉上作为解旋酶的运动蛋白 TWINKLE。Twinkle 相关疾病（#271245、#609286）的组织特异性表现为普遍存在的锥体外束和小脑特征，婴儿期起病的帕金森综合征、运动障碍、共济失调主要表现为虚弱症状，成年期起病的超（plus）进行性眼外肌麻痹综合征。在最严重的病例中也有肾和肝功能障碍的报道。散发病例表现为 Perrault 综合征（#616138）（感音神经性听力损失和卵巢发育不全），神经系统受累程度较轻。

MGME1 编码一种线粒体 RecB 型外切酶。我们仅在来自 3 个不相关家系的 6 例患者中发现了致病性变异（#615084），这些患者共同的特征是上睑下垂、进行性眼外肌麻痹、肌无力和萎缩、重度消瘦，以及肌肉无力导致的呼吸功能不全[34]。

DNA2（#615156）和 RNASEH1（#616479）分别编码核 / 线粒体解旋酶 / 核酸酶和核酸内切酶，在缺陷时表现出眼肌组织特异性，主要表现为进行性眼外肌麻痹和其他肌病特征[35, 36]。当 DNA2 基因纯合变异时，其致病性变异可引起 Seckel 综合征，伴有宫内发育迟缓、侏儒症、小头畸形伴智力障碍及特征性的"鸟头"面容[37]。

SSBP1（#N/A）编码的单链结合蛋白 1，是稳定单链 mtDNA（stabilize single-stranded mtDNA，ssmtDNA）并通过 POLG 刺激 DNA 合成所必需的。SSBP1 基因缺陷主要累及视神经和（或）视网膜，其最初和主要的临床表型是视神经萎缩和失明。5 个无亲缘关系的家系中有 25 名患者表现为孤立性视神经萎缩，4 个无亲缘关系的家系中有 7 名患者表现为复杂的视神经萎缩和严重的肾功能障碍并导致器官移植。仅 1 例患者为纯合隐性突变，其临床表型更为严重，表现为早发性失明、耳聋，并伴有肥厚型心肌病、共济失调、生长发育障碍等[38-40]。

二、线粒体核苷酸池平衡缺陷

mtDNA 的复制需要一定量的三磷酸脱氧核苷，它们是新合成的 mtDNA 的组成部分。如前所述（本节将进一步详细介绍），一种复杂的生化途径通过从头合成或挽救途径，以组织特异性和个体发生的方式调节 dNTP 在细胞质和线粒体之间的合成和交换。细胞质和线粒体中的酶有重叠底物特异性。此外，核苷类和核苷酸类通过一些专用的转运体在两个场所不断交换[41]。在生理条件下，核苷酸池的数量可以通过增强或抑制产物转化来调节酶的活性。编码核苷 / 核苷酸合成代谢酶或分解代谢酶的基因致病性变异或会扰乱 dNTP 池平衡，并导致 mtDNA 耗竭、多重缺失或点突变。具体而言，在挽救途径中，线粒体嘌呤代谢受到脱氧鸟苷激酶（deoxyguanosine kinase，DGUOK）基因的致病变异的干扰，该基因编码脱氧鸟苷（deoxyguanosine，dGuo）激酶，dGuo 激酶是一种线粒体酶，能够将 dGuo 和脱氧腺苷（deoxyadenosine，dAdo）转化为它们的单磷酸；而线粒体嘧啶代谢受 TK2 基因致病变异体的干扰，该基因编码胸苷激酶，负责将脱氧胸腺嘧啶核苷（deoxythymidine，dThd）和脱氧胞苷（deoxycytidine，dCtd）转化为它们的单磷酸腺苷。在这两种情况下，酶活性的缺乏会导致新合成的 mtDNA 中相应的三磷酸核苷减少。临床上，TK2 缺乏症（#609560）表现为一个表型谱，包括 3 种主要临床表现：婴儿期（＜1 岁）起病的肌病迅速进展至早期死亡（中位生存期 20 个月）；儿童期（＞1 岁和＜12 岁）发病的肌病，生存期较长（＞9 年）；迟发性缓慢进展性肌病，中位生存期为 50 年[42, 43]。同样，dGK 缺乏症表现为婴儿期起病的肝衰竭和脑病（#251880），儿童期起病的肌病，转氨酶升高或晚发的成人进行性眼外肌麻痹、肌病和帕金森综合征（#617070）[44]。由 TYMP 基因编码的胸苷磷酸化酶（thymidine phosphorylase，TP）是一种胞质酶，负责将 dThd 和 dU 转化为胸腺嘧啶和尿嘧啶。TP 缺乏导致 dU 和 dThd 的毒性蓄积，从而改变线粒体核苷酸池平衡，导致 dTTP 过量和 dCTP 继发性耗竭[45]。临床上，TYMP 的致病性变异与 MNGIE 相关，其特征是平均发病年龄为 18.5 岁，表现为进行性眼外肌麻痹、脱髓鞘性周围神经病变、白质脑病、胃肠道运动障碍。在健康杂合子携带者中，TP 活性降低高达 25%，而在患者中低于 15%，导致 dThd 和 dU 在血浆和组织中的毒性蓄积和在

尿液中异常排泄[14]。过量的 dThd 和 dU 会导致线粒体核苷酸池失衡，并且在复制过程中从数量和质量上影响 mtDNA，导致 mtDNA 耗竭、多重缺失和点突变[46]。RRM2B 基因编码的核糖核苷酸还原酶调节 TP53 可诱导亚基（R1-p53R2）的突变，导致胞质核糖核苷酸代谢的改变，在从头合成中不能转化为脱氧核苷。因此，R1-p53R2 活性的缺乏导致嘌呤和嘧啶代谢失衡。临床上，RRM2B 缺陷可导致婴儿型脑肌病伴有肾小管病变（#612075）、MNGIE 样综合征（#613077）或儿童期 / 成人型进行性眼外肌麻痹发作。

最近，在 DTYMK（#N/A）基因中发现了可能具有损伤性的复合杂合变异，该基因编码脱氧胸苷酸激酶，一种负责将脱氧 –TMP 磷酸化为脱氧 –TDP 的酶[47]。患者是一个 4 人家系的兄弟姐妹，表现为肌张力减退、小头畸形和严重智力障碍。然而，我们没有进行功能研究来证实变异的因果关系[48]。

SUCLG1、SUCLA2、ABAT、ANT1、AGK 和 MPV17 中的致病性变体可能会扰乱核苷酸池平衡，并导致与 mtDNA 缺失或多重缺失相关的临床综合征。详情见表 16-1。

三、线粒体动力学缺陷

线粒体是高度动态的细胞器，通过协调的分裂和融合周期来维持其形状、分布和大小，这一过程称为线粒体动力学。线粒体分裂是指一个线粒体分裂成两个子线粒体，而线粒体融合是指两个线粒体结合形成一个线粒体。线粒体动力学的核心机制是由属于动力蛋白家族的大 GTPase 蛋白组成。线粒体的收缩和切断是由动力相关蛋白 1（dynamin-related/like protein 1，drp1）和动力蛋白 2（dynamin 2，dnm2）执行的。线粒体融合由线粒体融合蛋白 1 和 2 及视神经萎缩 1（optic atrophy 1，OPA1）组成，它们分别介导线粒体外膜和内膜融合[49]。

视网膜神经节细胞似乎特别容易受线粒体动力学功能障碍的影响，可以通过 OPA1（#165500；

#125250）和动力蛋白样 1 蛋白（dynamin-like 1 protein，**DNM1L**）（#610708）的常染色体显性遗传缺陷得到证实，二者均表现为视神经萎缩和周围神经系统受累。

OPA1（#165500）的致病变异是最常见的与常染色体显性遗传线粒体相关的视神经萎缩的原因，该病由视网膜神经节细胞变性引起，表现为双侧视力丧失、中央暗点、颞部视盘萎缩、色觉障碍（ADOA），20% 的患者伴有其他症状（ADOA plus，#125250），如感音神经性耳聋、共济失调、肌病、周围神经病变和进行性眼外肌麻痹[50]。最近更新的 OPA1 数据库报告了共 831 例患者：697 例为孤立性显性视神经萎缩（dominant optic atrophy，DOA），47 例为 DOA plus，83 例为无症状或未分类的 DOA[51]。

然而，当致病变异发生复合杂合或纯合时，其临床严重程度和复杂性可能不同，从共济失调和伴有严重婴儿心肌病的视神经萎缩[52]或儿童多器官衰竭或周围神经病变[50, 53]（#616896），到以早发性视神经病变伴脊髓小脑变性、锥体束体、周围神经病变、胃肠道运动障碍和发育迟缓为特征的 Behr 综合征（#210000）[54, 55]。OPA1 基因其他罕见的相关疾病也有报道，包括痉挛性截瘫[50]、多发性硬化样综合征[56]、帕金森综合征和痴呆[57, 58]。

同样，DRP1 基因显性负突变或常染色体隐性突变可影响神经发育，表现为早发性脑病或儿童癫痫性脑病[49, 59, 60]。

当 MFN2 杂合变异，临床表型为 Charot-Marie-Tooth 病、轴索型、2A2A 型（#609260）或 2A2B 型（#617087）或遗传性运动和感觉神经病变 VIA（#601152）时，已被描述为一种主要影响周围神经系统的组织特异性疾病[61]。

相反，Fbxl4 和 MSTO1 基因的常染色体隐性缺陷与一种更复杂和多系统的表型相关。

根据在缺陷人类细胞中观察到的 mtDNA 耗竭和线粒体网络碎片，**FBXL4** 编码的富含亮氨酸的 f-box 蛋白被认为该蛋白在线粒体动力学中发挥作用。然而，其确切的功能仍然未知。

对 94 例具有 FBXL4 常染色体隐性致病变异的临床综合征（#615471）患者进行描述，其临床特征为生长发育落后、显著的神经发育迟缓、脑病、脑萎缩、全身肌张力低下和持续性乳酸中毒。其他特征包括喂养困难、生长障碍、小头畸形、高氨血症、癫痫、肥厚型心肌病、肝脏转氨酶升高、反复感染、多种面容、白质异常和神经影像学发现的脑萎缩[62, 63]。

MSTO1（#617675）编码线粒体分布和形态的调控因子 MISATO1，与外膜相关，在线粒体融合中发挥重要作用。缺陷可引起儿童期起病的肌营养不良伴近端肌无力、皮质脊髓束功能障碍（包括张力增加、痉挛发作、阵挛和深部肌腱反射增加），以及早发性非进行性小脑萎缩（表现为运动障碍、共济失调和构音障碍）。其他症状包括语言发育迟缓、学习障碍和一些患者的视网膜色素病变[64-68]。

四、拟核蛋白缺陷

TFAM（#617156）参与 mtDNA 在拟核中的压缩和组织，并通过产生 mtDNA 复制所需的 RNA 引物间接调节 mtDNA 拷贝数[3]。TFAM 的缺陷仅在两个兄妹中被描述，表现为胎儿宫内发育迟缓、转氨酶升高、结合性高胆红素血症和低血糖，迅速进展为肝衰竭并在婴儿早期死亡[69]。

ATAD3A 被认为是 mtDNA 拟核的一部分，并在包括 mtDNA 维持和翻译在内的在多种细胞功能中发挥作用，但具体机制细节尚不清楚。人类 ATAD3 基因家族包括 3 个串联排列在染色体 1p36.33 上的同源序列，似乎是最近通过在单个祖先基因上的复制而进化而来。在 ATAD3 缺陷中已经描述了 4 种不同的神经代谢综合征：ATAD3 的复发性新发变异（p.Arg528Trp）与严重发育迟缓、肌张力低下、视神经萎缩、周围神经病变和心肌病相关；显性遗传 ATAD3A 变异导致痉挛性截瘫；ATAD3A 双等位基因变异引起小脑萎缩、共济失调、先天性白内障和癫痫发作；3 个同源基因的大片段重排导致先天性脑病伴小脑萎缩、癫痫发作和呼吸衰竭[70-72]。

五、实验性治疗

线粒体遗传学帮助我们设计了靶向线粒体疾病机制的疗法。"一般作用（general action）"疗法作用于关键代谢感受器的功能，产生大量的下游效应，最终引起线粒体生物发生（产生新的线粒体）或线粒体自噬（选择性地清除受损线粒体）或能量代谢的转移。这些疗法可能适用于所有线粒体疾病。另外，"针对疾病（disease-tailored）"疗法替代野生型基因或蛋白，或改变它们的生化途径。以上 2 种方法可以基于药物或基因治疗。作为 mtDNA 维持障碍的"一般作用"治疗，体内和体外研究利用了抑制 mtTOR（一种调节细胞和机体生长的营养传感酶）的效果[73]，以及通过激活过氧化物酶体增殖体激活受体 α（peroxisome proliferator-activated receptor alpha，PPAR-α）轴破坏线粒体生物发生的效果[74]。相反，"针对疾

病"的治疗包括补充核苷类药物、清除有毒代谢物、酶替代疗法和基因治疗。并且，其临床前的疗效和安全性证据充分，足以支持将其中一些疗法转入临床试验（图 16-1 和图 16-2、表 16-2）。

六、一般药理学途径

（一）靶向线粒体生物发生

线粒体的生物发生可以通过细胞代谢的关键调节因子——过氧化物酶体增殖物激活受体 -γ 共激活因子 1-α（peroxisome proliferator-activated receptor gamma coactivator 1-alpha，PGC1α）来激活，该因子是细胞代谢的关键调节因子，能够调节线粒体功能和能量产生所必需的多种转录因子的激活 [如雌激素相关受体 α（estrogen-related receptor alpha，ERRα）、PPARα、核呼吸因子（nuclear respiratory factor，NRF）NRF1 和 NRF2 等][75-77]。

烟酰胺腺嘌呤二核苷酸（nicotinamide adenine dinucleotide，NAD）通过 Sirtuin1

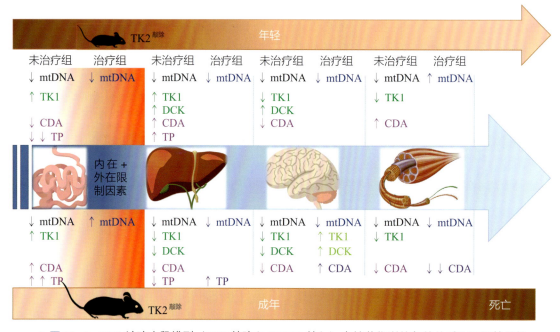

▲ 图 16-1　TK2 缺陷小鼠模型（TK2 敲除和 H126N 敲入）中核苷代谢的年龄关系和组织特异性
该图代表了内在因素（分解代谢和合成代谢酶活性及其个体和组织特异性）和外部因素（核苷的可用性和给药途径）在不同生命阶段影响核苷补充效果的。用彩色编码字体表示未治疗（黑色：第一列）或治疗（蓝色：第二列）小鼠在 12 天（幼年）或 29 天（成年）时的合成代谢酶（绿色：TK1 和 DCK）和分解代谢酶（紫色：CDA 和 TP）及 mtDNA 水平

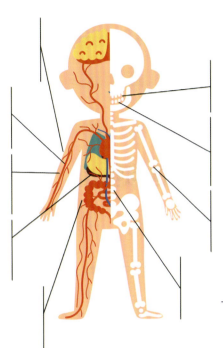

血小板输注
酶替代疗法
多次静脉输注

红细胞包埋的胸苷磷酸化酶
酶替代疗法
多次静脉输注

血液透析
有毒代谢物的清除
多次干预

原位肝移植
酶替代疗法
一次性治疗的潜在解决方案

腹膜透析
有毒代谢物的清除
多次干预

核苷补充
每日口头管理

药理学方法一般作用
西罗莫司 /NR
每日口头管理

基因疗法
单次静脉注射慢病毒 /AAV 制剂
潜在的消肿药

异基因造血干细胞移植
酶替代疗法
一次性治疗的潜在解决方案

▲ 图 16-2　迄今为止 mtDNA 维持障碍相关疾病的不同治疗方法的示意图

表 16-2　mtDNA 维持疾病实验性治疗的临床前（体内和体外）和临床研究

疗　法	治疗途径	疾　病	临床试验阶段	治　疗	局限性	参考文献
NR	线粒体生物发生激活剂	dGK 缺乏症、RRM2B 缺乏	—	口服		[4]
西罗莫司	改变新陈代谢	TK2 缺乏症	—	口服	对发病率无影响；严重恶病质	[5]
核苷补充	旁路分子治疗、底物增强	TK2 缺乏症、RRM2B、dGK、MNGIE、Plog	第 1/2 阶段 NCT03639701	口服	长期疗效不明	[6-11]
腹膜透析	血浆核苷清除率	MNGIE	—	多重干预	瞬态效应	[12]
血液透析	血浆核苷清除率	MNGIE	—	多重干预	瞬态效应；多重治疗	[13]
血小板输注	酶替代疗法	MNGIE	—	多重干预	瞬态效应	[14, 15]
异基因造血干细胞移植	酶替代疗法	MNGIE		一次性治疗		[16]
异基因造血干细胞移植 ± 血小板输注 ± 腹膜透析	多重疗法	MNGIE	第 1 阶段 NCT02427178	多种途径	高死亡率	[17, 18]
红细胞包埋胸苷磷酸化酶（EE-TP）	酶替代疗法	MNGIE	第 2 阶段 NCT03866954	多次静脉输液	免疫反应，疗效有限	[19]

（续表）

疗　法	治疗途径	疾　病	临床试验阶段	治　疗	局限性	参考文献
原位肝移植	酶替代疗法、器官置换	MNGIE、dGK 缺乏、Alpers 病	—	一次性治疗	长期疗效不明，对胃肠道症状无影响	[20–24]
基因疗法	酶替代疗法、基因置换（慢病毒）	MNGIE	—	一次性治疗	诱变风险、成本高昂	[25–29]

注：详细介绍了其作用机制和给药途径，特别指出了过去和正在进行的临床试验及每种方法最明显的局限性

（Sirt1）[78, 79] 介导的 PGC1α 去乙酰化促进线粒体生物发生。NAD 毒性极小，但体内生物利用度差，在小肠被迅速水解[80, 81]。因此，作为 NAD 前体的烟酰胺核糖苷（nicotinamide riboside，NR）被认为具有更好的药物代谢动力学和生物利用度[82]。

NR 能增加骨骼肌和棕色脂肪组织[83]中的 NAD[+]，并能穿过血脑屏障[84]，增加脑内 NAD 水平。NR 的有效性和安全性已经在 OXPHOS 缺陷的线粒体疾病小鼠模型中得到证实，最近的研究将 NR 的潜在应用扩大到在 mtDNA 维持失调中，有可能挽救肌肉和神经症状[4, 74, 83, 85]。

为了确定 mtDNA 维持障碍的潜在新药，利用诱导多能干细胞产生 DGUOK 缺陷类肝细胞，并使用 "SPECTRUM" 进行检测，"SPECTRUM" 是一个可以改善线粒体 ATP 生成和线粒体再利用的药物库。研究发现，NAD 通过激活 PGC1α 改善 DGUOK 缺乏的肝细胞样细胞的线粒体功能。为证实 NAD 和 NR 的有效性和安全性，分别在 DGUOK 缺陷型诱导多能干细胞来源的肝细胞样细胞和 DGUOK 敲除大鼠体内进行了检测。结果显示 ATP 水平和 OXPHOS 活性升高。此外，在 DGUOK 缺失的诱导多能干细胞来源的肝细胞样细胞中，NAD 能够提高 2- 脱氧 -D- 葡萄糖应激细胞系的细胞活力，增加所有线粒体编码的电子传递链基因的表达，通过增加线粒体基质密度和正常的嵴结构恢复正常的膜电位和线粒体形态。长期暴露于 NAD 治疗的分化肝细胞证实了其有效性和安全性。这种改善与 mtDNA 拷贝数无关，

实际上 mtDNA 拷贝数仍是减少的，这表明对不同代谢途径的促进作用。与 dGK 缺失模型类似，通过 CRISPR/Cas9 技术产生的 RRM2B 敲除诱导多能干细胞中，NAD 处理证实了对 ATP 产生的积极作用[4]。

基于这些临床前数据，NR 治疗也是 mtDNA 复制障碍的有效选择。目前，一项针对线粒体肌病患者的临床试验（NCT03432871）正在进行中，为进一步将该治疗方法应用于其他线粒体疾病提供了可能。

（二）靶向哺乳动物西罗莫司靶蛋白途径

西罗莫司通过抑制哺乳动物西罗莫司靶蛋白（mammalian target of rapamycin，mTOR）通路的活性，进而改变多个代谢途径，包括核苷酸和脂类合成、蛋白质翻译、自噬、糖代谢和溶酶体生物合成。

西罗莫司用于线粒体疾病的理论基础是基于耦合自噬与溶酶体生物发生的能力，从而诱导功能障碍线粒体的选择性自噬[86, 87]。西罗莫司治疗已在多个小鼠模型中进行实验，证明其具有延长小鼠寿命和改善临床表型的作用[5, 83, 86, 88–90]。然而，西罗莫司在线粒体和其他代谢途径上的特征并不是单一的。在 Ndfus4[-/-] 基因敲除（KO）小鼠模型中，其临床表型和生化表型均再现了因复合物 I 缺陷导致的 Leigh 综合征，西罗莫司的每日给药首次获得了体内疗效的证据。西罗莫司治疗能延长寿命，改善生长曲线，预防脑部损伤的出现，延缓神经功能减退。同样，发病后口服给药延缓了脑病的发展[88]。然而，没有观察到对自

噬和线粒体功能的影响，因此向氨基酸分解代谢转变和糖酵解分解代谢减少被证明是表型疗效的原因[89]。低剂量西罗莫司已在 TK2 H126N 基因敲入小鼠（TK2 缺乏的疾病模型，由于 mtDNA 缺失综合征所致的人婴类婴儿脑肌病）中进行了测试[5]。该治疗在出生前和出生后每天进行，显示寿命延长，但对发病率或 mtDNA 拷贝数和 OXPHOS 活性减少没有影响。通过代谢组学和转录组学分析，在代谢谱中发现了组织特异性和系统性的变化，具体设计结合氨基酸和脂质代谢的特异性。在携带线粒体解旋酶 Twinkle 显性突变的 Deletor 小鼠中，西罗莫司下调 mtISR 的几个成分，改善了线粒体肌病并阻止了致病性进展，但没有诱导线粒体生物发生[83, 91]。

基于作为免疫抑制剂的主要适应证，以及在体内外模型中令人鼓舞的初步数据，西罗莫司已首次在 4 名接受肾脏移植的 MELAS/MIDD 综合征患者中被用于治疗线粒体疾病。在筛选患者成纤维细胞对西罗莫司的反应后，患者在移植后免疫抑制期间从钙调磷酸酶抑制药切换到 mTOR 抑制药，报告称随着体重增加，患者全身乏力和厌食症有所改善。随着一般情况的改善，代谢标志物显示葡萄糖血清 3- 硝基 - 酪氨酸（氧化应激标志物）和骨骼分崩解的 1- 和 3- 甲基组氨酸（骨骼分崩解标志物）降低，同时游离脂肪酸水平、三羧酸中间体和循环葡萄糖水平升高[92]。这些结果证实了先前在 Ndufs4−/− 敲除模型中的发现。

另有 1 例早发型 MELAS 婴儿患者和 1 例 Leigh 综合征的儿童患者在同情用药（compassionate use）下使用西罗莫司治疗，报告了不同结果。虽然西罗莫司能够显著改善 Leigh 综合征患者的临床状况，但治疗并不能改变 MELAS 患者的临床病程，患者在 79 个月时死亡[93]。使用西罗莫司的不同结局可能有不同的解释：成人与儿童、婴儿患者的反应可能不同，成人患者中疗效更高；临床病程的时间会影响对治疗的反应，对早期治疗的患者更有效；基因诊断和因此强调的线粒体疾病路径也可能起作用。后

者被在临床前研究中观察到的不同代谢特征所支持。

目前，一项使用 ABI-009（Nab- 西罗莫司）治疗遗传学确诊的 Leigh 或 Leigh 样综合征患者中的 2a 期、开放标记研究正在进行中，目的是评估其安全性、耐受性和临床疗效（NCT03747328）。有必要在体内模型中进行更多的临床前研究，以潜在地扩展对其他线粒体疾病（包括 mtDNA 维持障碍）的治疗。

七、针对疾病的治疗

（一）核苷（酸）补充疗法

在体内和体外模型中，核苷或核苷酸补充已被证明是安全有效的绕过酶缺乏症或增强酶活性的治疗方法。

初步研究表明，在 DGUOK 缺陷的人成纤维细胞中单独补充 dGuo，在人 TP- 缺陷细胞和 Tymp/Uppl 双敲除小鼠 MNGIE 病模型中添加 dCtd 和四氢尿苷，能够防止 mtDNA 耗竭[8]。同样，在 RRM2B 缺失的人类成纤维细胞，补充嘧啶和嘌呤核苷可挽救缺乏中 mtDNA 拷贝数的水平。相反，它们的单磷酸盐形式未能纠正 RRM2B 缺乏的人类肌细胞的耗竭[9, 10]。在 TK2 敲入 H126N 和 TK2 敲除小鼠模型中测试了补充核苷对 TK2 缺乏的影响[94, 95]。虽然遗传上不同，但这两种模型具有相同的生化、分子遗传学和临床表型，即受影响的组织中 TK2 显著减少。分子旁路疗法首次在 TK2 H126N 敲入小鼠模型中进行了测试，该模型重现了人类婴儿脑脊髓病：突变小鼠出活产，在出生后第 8～10 天出现生长衰竭、剧烈震颤、共济失调，并在第 12～14 天迅速进展至死亡。从生物化学的角度来看，它们在所有组织中都缺乏酶活性，其中大脑和肌肉受到的影响最大。口服 dThd 和 dCtd 单磷酸盐能够改善表型，延长寿命，延缓发病，提高 mtDNA 水平和线粒体呼吸链酶活性。疗效与剂量相关，最高剂量 400mg/（kg·d），平均生存期为 44 天，无不良反应的报道[6]。由于单磷酸盐在肠道和靶

组织的细胞质中的快速分解代谢，通过给 TK2 缺陷小鼠口服 dCtd+dThd，证明核苷（dCtd+dThd）是活性产物[7]。分子旁路疗法和底物增强疗法在 TK2 敲除模型的治疗中被证实是安全有效的[11]。然而，它们并不代表最好的治疗方法。事实上，在两种小鼠模型中，在第 29 天时，除小肠之外的所有分析组织中均出现 mtDNA 耗竭。化合物的生物利用度受到内在和外在因素的限制，这解释了补充核苷疗效降低的原因[11, 43]。外在因素表现为治疗途径和核苷可用性。当通过静脉注射、腹腔内注射和口服给药治疗时，血浆核苷水平较高。此外，内脏组织中的组织浓度高于大脑，解释了早期 mtDNA 拷贝数的不同水平。然而，腹腔内给予核苷既没有延缓疾病的发生，也没有改善生存时间，这表明大脑是疾病进展的主要原因。

此外，研究表明，dThd 的生物利用度高于 dCtd，且与给药途径无关，提示单独使用 dThd 可以有效地改变临床和分子遗传学缺陷。dThd 能延长小鼠的生存时间，正向改变脑组织 mtDNA 拷贝数水平，但对肝脏和肌肉 mtDNA 水平没有影响，证实 dCtd 对肝脏和肌肉至关重要。因此，dThd 和 dCtd 都是获得最大的核苷补充反应的必要条件。

给予相同剂量的 dThd 和 dCtd，29 日龄的小鼠血浆中这些化合物的水平明显低于 12—13 日龄的小鼠，这是由于组织特异性合成代谢 [TK1 和 dCK 对分解 TP 和胞苷脱氨酶（cytidine deaminase，CDA）] 活性所代表的内在因素所致。在发育过程中，TK1 和 dCK 的活性在所有组织的发育过程中均被下调，无论每种核苷的剂量或生物利用度如何，这些组织都无法对 dCtd+dThd 治疗产生反应。大脑 TK1 水平在出生后第 4 天开始降低，第 29 天无法检测到，这解释了 TK2 缺陷小鼠出生后第 13 天大脑中 mtDNA 耗竭的现象。对 3 例成人和 1 例婴儿肌肉中 TK1 活性的研究表明，与小鼠肌肉相比，人肌肉 TK1 的下调较轻，因此后者比前者更容易对 dCtd+dThd 治疗产生反应。

与合成代谢酶相反，TK2 缺陷小鼠在发育过程中，分解代谢酶 TP 和 CDA 活性在小肠中增加，在肝脏中减少，而在大脑中保持不变。此外，CDA 活性高于 TP。事实上，尽管亲本治疗后血浆中的 dThd 和 dCtd 浓度相似，但大脑中的 dThd 水平比 dCtd 高 10 倍。

这些具体的内源性和外源性因素可能是改善核苷补充治疗效果的靶点，因此也是进一步研究的主题。

根据美国食品药品管理局（Food and Drug Administration，FDA）的紧急新药研究（Investigational New Drug，IND）和当地伦理委员会的批准，使用核苷酸和单磷酸核苷的治疗已经转为人类抚恤性治疗，用于 28 例 TK2 缺乏症患者。Dominguez-Gonzalez 等[96]对其中 16 例进行了回顾性分析。患者接受高达 300～400mg/kg 的 dCtd+dThd 治疗 6～36 个月。5 例患者出现 Garone 等所定义的早发性严重肌病[42]，其他 11 例进展较慢。治疗能够改变疾病的自然病程，改善运动和呼吸功能及患者的一般情况。未接受治疗的早发 TK2 患者的生存年龄范围为 0.17～0.45 岁，而接受治疗的患者为 2.1～6.3 年。6min 步行试验（6 minute walking test，6MWT）表明，基础症状越严重的患者运动功能改善更大（治疗 1 年后平均增加 171.9m）。2 例早发性严重肌病患者和 1 例儿童期发病已丧失行走能力的患者在治疗后重新获得独立行走能力。治疗 12 个月后呼吸功能保持稳定或部分改善。1 例患者在治疗开始后 18 个月内撤去了机械通气。所有患者生长曲线均得到改善并停止肠道喂养。生长分化因子 15（growth differentiation factor 15，GDF15）是一种线粒体生物标志物，在所有患者中都有所改善，而肌酸激酶水平在升高 5～10 倍的患者中恢复正常。治疗是安全的，在 8 例患者观察到的唯一不良反应是腹泻，大多数情况下是剂量依赖性和短暂性的，没有导致任何患者停止治疗。仅 1 例患者出现轻微的一过性腹痛。治疗前，1 例患者转氨酶升高，归因于 TK2 缺乏，并在 dCtd+dThd 治疗 1 年后恢复正常。除报道的 16 例患者外，还有 12 例患者启动了 dCtd+dThd 治疗。2 名成人在治疗 3～4 个月后出现转氨酶和 γ- 谷氨酰基转移酶升高，胆红素和碱性磷酸酶水平正常。这两个病例停药 3 个月后转氨酶恢复正常。两项临床试验已获批准用于分析核苷补充疗法治疗 TK2 缺陷的安全性和有效性：①回顾性研究（NCT03701568），分析接受同情用药治疗患者的回顾性数据；②持续治疗的开放试验研究（NCT03845712），分析药品生产质量管理规范（good manufacturing practice，GMP）级核苷类产品前瞻性数据。

在生理和病理条件下，线粒体核苷酸池的大小会影响 mtDNA 的复制速率。最近，研究表明，在 Polγ 缺陷细胞系（患者成纤维细胞）中添加 4 种核苷和 dAdo 分解代谢抑制剂红 -9-（2-羟基 -3- 壬基）腺嘌呤，能够从溴化乙啶引起的 mtDNA 耗竭中恢复[97]。因此，在其他的 mtDNA 复制障碍中，核苷补充可能是一种治疗选择，因为缺陷蛋白并不主要参与 mtDNA 核苷酸池平衡。

（二）清除有毒代谢物

酶活性的缺乏可引起有毒代谢物的积累，这是导致疾病发病的原因。在 MNGIE 中，过量的 dThd 和 dU 会导致线粒体核苷酸池失衡，并在复制过程中从数量和质量上影响 mtDNA，导致 mtDNA 耗竭、多重缺失和点突变。因此，MNGIE 的治疗方法是针对酶缺乏或毒性循环核苷的生化效应设计的。分别尝试通过血液透析和腹膜透析从 4 例和 3 例确诊 MNGIE 患者的血液中清除 dThd 和 dU[12, 13, 15, 17]。这两种方法都对核苷水平产生了短暂和部分的影响，表明只有持续清除核苷才能使其水平永久性降低。透析能将血浆和尿液中 dThd 和 dU 的水平降低 50%，但生化效应仅持续数小时。对一名 29 岁接受 1 年血液透析治疗（前 6 个月为 3 次 / 周，后 6 个月为 4 次 / 周）的患者进行了疗效评估。对疾病进展进行了纵向生化和临床随访，结果提示神经或胃肠道症状无改善[13]。相反，2 名患者经长期腹膜透析治疗后，临床疗效得到证实[12]。

（三）酶替代疗法

酶替代疗法代表了核苷酸池代谢从头或补救途径中酶缺乏的一种选择。理论上，纯合突变与严重的酶缺乏，以及严重的临床表型有关；而在大多数疾病中，杂合突变能够编码 35%～50% 的活性酶，与健康的携带者状态或非常轻微的表型相关。因此，酶活性的部分恢复可能会纠正通路中的生化和代谢缺陷，从而改善临床表型。使用血小板、干细胞或肝脏作为酶的来源等不同方法的酶替代疗法已被用于治疗 MNGIE 疾病。

（四）血小板输注

在 2 例年龄分别为 23 岁和 16 岁的确诊为 MNGIE 患者中，血小板输注为酶替代疗法提供了原理证明。多次增加浓度的血小板输注表明，TP 活性水平及相应的血、尿中 dU 和 dThd 水平下降与血小板输注数量直接相关。然而代谢效应是短暂的，在生物体液中注射 dThd 和 dU 不到 1 周时间就回到输注前水平。因此，该治疗方法可以恢复 dThd 和 dU 的分解代谢，但需要反复定期输注血小板以维持 TP 的正常水平，并观察其潜在的临床疗效。此外，此种疗法可能对 mtDNA 复制有积极的影响，但不太可能逆转有丝分裂后体细胞中 mtDNA 点突变的存在。因此，治疗应在疾病的早期阶段开始，以防止线粒体损伤[14]。

（五）造血干细胞移植

为了恢复酶的活性，造血干细胞可以作为移植的酶源。2006 年，Hirano 等首次对两名 MNGIE 患者进行了低强度同种异体干细胞移植（allogeneic stem cell transplantation，alloSCT）。首例患者是一名 21 岁男性，患有晚期 MNGIE。该患者坐在轮椅上，需要肠外营养来治疗胃肠道运动障碍和恶病质。除了周围神经病变、上睑下垂和眼肌瘫痪外，他还有肝大。考虑到身体状况和缺少家庭供体，他接受了适当风险的低强度 alloSCT，其供体来源为 4/6 匹配的人类白细胞抗原（human leukocyte antigen，HLA）。该患者原始的供体细胞未能植入，恢复为自体细胞，移植后 86 天死于疾病进展引发的败血症和呼吸衰竭。第二例患者是一名 30 岁的女性，患有明显的腹胀、上睑下垂、轻度眼瘫、听力受损、近端肢体无力、袜套样感觉丧失和反射消失。她接受了相同的 alloSCT 方案治疗，她的 6/6 HLA 匹配的兄弟作为供体，但移植前和移植后免疫抑制方案没有那么强。她实现了混合供体嵌合（随访 5 个月时为 26%），恢复了白细胞层 TP 的部分活性[181nmol/（h·mg）蛋白质]，并降低了循环核苷水平（dThd 检测不到，dU 0.2μmol/L）。临床上，在移植后 6.5 个月，观察到腹痛、吞咽能力和周围神经病变改善，手脚麻木程度减轻，并能诱发肌腱反射[98]。

MNGIE 患者的造血干细胞移植指南是在 2011 年的一次共识会议上制订的。为了最大限度地发挥治疗效果，降低并发症和死亡率，建议：①所有患者均应接受移植前后的评估；②应在疾病的早期考虑移植，以达到最佳恢复，并将并发症的风险降至最低；③ HLA 匹配的同胞应是首选的供体。如果没有，则为 10/10 HLA 匹配的非亲缘供体；④骨髓是推荐的来源，因为移植物抗宿主病的复发较少；⑤移植前应考虑自体造血干细胞的备份，以便在发生排斥反应时进行抢救；⑥推荐使用氟达拉滨和白消安作为调理药物，环磷酰胺和甲氨蝶呤作为免疫抑制方案[99]。

24 例患者治疗成功率为 37.5%（24 例中有 9 例），其中 7 例患者（29%）的体重指数、胃肠道表现和周围神经病变均有所改善，移植后存活 2 年以上。存活率与共病危险因素相关，如移植前肝脏和胃肠道症状的严重程度，以及谨慎选择供体。5 例无血缘关系脐血移植的患者死亡，证实了 HLA 相同或 10/10 HLA 抗原匹配应作为首选供体。7 例患者的死亡归因于移植相关原因，2 例患者死于第二次造血干细胞移植后的移植相关毒性，6 例患者死于胃肠道并发症（肠穿孔、肝胰衰竭）或感染（肺炎、败血症）或多器官衰竭[16]。

在一些病例报告中，已考虑将造血干细胞移植与其他治疗方法，如血小板输注[18]或腹膜透析[17]相结合，作为降低条件相关风险的选择，以改善移植前患者的临床状况，并在移植后维持 TP 活性。

目前，一项临床试验正在招募，以评估使用 10/10 HLA 匹配个体的干细胞进行异基因造血干细胞移植的安全性（NCT02427178）。

（六）红细胞包埋胸苷磷酸化酶

红细胞包埋胸苷磷酸化酶（erythrocytes encapsulated thymidine phosphorylase，EE-TP）治疗是将高纯度的重组大肠埃希菌 TP 酶体外包埋到患者的自体红细胞中。该疗法的基本原理是将红细胞作为 TP 的来源，来替代酶缺乏症，并通过在红细胞胞质中分解 dThd 和 dU，来清除患者血浆中有毒的循环 dThd 和 dU。胸腺嘧啶核苷和脱氧尿嘧啶核苷能够通过 ENT1（即平衡核苷转运体）穿过红细胞膜。重组 TP 将它们分解为尿嘧啶和胸腺嘧啶，随着红细胞释放到循环中，在循环中进一步分解代谢。制备包裹的红细胞需要从患者体内取出预定体量的血液。在低渗条件下，红细胞膨胀并形成孔，允许重组 TP 进入胞质。当等渗条件重新建立时，红细胞的膜孔关闭，TP 仍被包埋在细胞内。该疗法的优点是潜在的免疫影响低，延长了酶的循环半衰期[100-102]。

2013 年，第 1 例患者在同情用药下接受了 EE-TP 治疗，该病例报告的结果证实了 EE-TP 用于人类的安全性和有效性。患者 28 岁，表现为感觉运动多神经病、外眼肌麻痹、轻度肠道动力障碍和行走困难（步行距离 1km）。治疗剂量从 17U/kg 逐步增加到 46U/kg，持续治疗 27 个月，效果显著，血浆 dThd 和 dU 水平分别从 20.5 和 30.6mmol/L 降至 8.1 和 12.6mmol/L，尿 dThd 水平从 421mmol/24h 变为 192～282mmol/24h，而尿 dU 水平从 324mmol/24h 变为 0～184mmol/24h。临床表现为步态、平衡、感觉性共济失调、精细手指功能和体重方面逐步改善。患者在 23 个月后报告的结果包括能够在没有帮助的情况下步行 10km 和爬楼梯、系鞋带，在沙滩上行走时能感受到沙子在脚上的感觉，手脚麻木也得到了缓解[103]。该治疗方案是安全的，仅有轻微不良反应，如面部和颈部红斑，输液后 5min 出现咳嗽。术前使用抗组胺药和糖皮质激素，以及使用高度纯化的酶可防止症状的进一步出现。在剂量递增治疗研究中，她与其他两名患者一起接受了额外49 个月的治疗[104]。第一个报告的患者在肌无力和神经病变方面有重大临床改善，第二例患者有轻微的变化，证实了 EE-TP 的潜在疗效。

根据 2007 年《药品制造商规则和指南》（*Rules and Guidance for Pharmaceutical manufacturers 2007*，MHRA），在 St.George 医疗信托药房持有的特殊许可证下，使用由研究团队生产的 EE-TP，以及无菌一次性材料和试剂进行初始实验后，在药房洁净室（pharmacy clean room）内的 A 级隔离器中，使用自动化红细胞加载装置，按照《药品管理规范》（*Good Manual Practice*）进行 EE-TP 治疗[104, 105]。一项 2 期、多中心、多剂量、无对照的开放试验（NCT03866954）已被批准用于研究 EE-TP 作为酶替代疗法治疗 MNGIE 的应用。在 30 天的第一个筛查阶段后，将对患者的临床和生化指标进行为期 90 天的观察，以确定患者最严重致残症状的严重程度，以便将这些参数作为对照来监测治疗效果。患者将开始每21 天 4 个周期的治疗，并逐步增加剂量，直到实现代谢纠正。然后，他们将进入一项开放试验研究，在该研究中，治疗剂量将以灵活剂量每 2～4 周给药一次，持续 24 个月，之后进行 90 天的随访剂量。主要终端目标是确定多剂量 EE-TP 的安全性、耐受性、药效学和疗效。次要目的是评估多次给药后 EE-TP 的免疫原性和临床评估的变化，以及临床评估中 EE-TP 的药效学[19]。

（七）肝移植：组织特异性疾病和酶替代的来源

mtDNA 维持缺陷可影响肝功能，表现为转氨酶轻度升高或严重肝功能不全。在由 39 名 2 岁之前发病的急性肝衰竭患者组成的队列中，经遗传学诊断 mtDNA 耗竭综合征发生率为

17%[106]。主要的肝功能障碍被描述为由 MPV17、TWNK、TFAM 缺陷引起的肝脑综合征，婴儿或儿童 dGK 缺乏症，以及 POLG 基因突变引起的儿童肌脑肝病谱系（myocerebrohepatopathy spectrum，MCHS）和 Alpers-Huttenlocher 综合征[44]。肝硬化也被证明是 MNGIE 患者的一种罕见并发症，可能是由于毒性中间产物在肝脏中的蓄积。因此，肝移植被认为是治疗线粒体疾病的一种选择，因为该器官普遍存在组织特异性，从而导致严重的肝性脑病。肝移植治疗对线粒体疾病具有良好的耐受性，成功率高达 90%，对单个器官衰竭的患者可能是解决问题的方法。然而，它不能阻止神经系统症状的进一步出现，对于 POLG 基因缺陷导致的紊乱应谨慎考虑[20-22]。肝脏除了代表对肝损伤的治疗外，还可代表用于 TP 替代治疗的重要酶来源。以 TP 为例，肝脏中的 TP 值为（0.5 ± 0.07）ng/μg（范围 0.5～0.75ng/μg）总蛋白，广泛分布于肝细胞（细胞核、细胞质）和肝窦内衬细胞中。这些数值比正常的绒毛和肠黏膜高 2～3 倍，比骨髓高 6 倍[107]。

因此，考虑到 MNGIE 的潜在肝脏并发症和肝移植在治疗神经代谢紊乱中的高成功率，肝移植被认为是一种潜在的酶替代治疗来源，以预防核苷类药物引起损伤和治疗神经肌肉症状。这一治疗方案已经在 2 例患者身上使用，患者为 21 岁和 25 岁的年轻人，随访期分别为 18 个月和 90 天，移植后生化指标显示两名患者血液中核苷水平快速正常化。临床上，MNGIE 患者的神经功能和脑乳酸水在 MRS 检查中有所改善，而对 MNGIE 表现更衰弱的胃肠道症状没有影响。后者可能通过原位肝移植的时机和既往损伤的存在来解释[23, 24]。

为证实这种治疗方案的安全性和有效性，需要在大样本患者中进行进一步研究。

（八）基因疗法

腺相关病毒或慢病毒介导的基因治疗是治疗罕见遗传病最有希望和最有效的方法。

慢病毒转导的干细胞移植已被考虑用于

MNGIE 的治疗。尽管取得了良好的临床和生化结果，但仍存在对于潜在突变的安全性的担忧。因此，需要在临床前水平进行进一步研究。

腺相关病毒（adeno-associated viruses，AAV）或慢病毒介导的基因治疗已经在不同的小鼠模型中进行了临床前研究，用于治疗包括 mtDNA 维持性疾病在内的罕见遗传疾病。除了证明其疗效以外，临床前研究还必须解决基因治疗的突变风险、细胞内持久性、最低有效剂量，以及基因治疗对人类的转化、多效性或组织特异性。AAV 基因治疗被认为是目前的最佳选择，因其插入突变风险低，在细胞中能长期存活，并且在首次使用 AAV9 治疗脊髓性肌萎缩症的临床试验中获得了良好的结果，即与疾病的自然病史相比，接受治疗的患者病情显著好转[74, 108, 109]。在 mtDNA 耗竭和肝脑综合征的 Mpv17 基因敲除小鼠模型中对肝靶向 AAV（AAV2、8 载体）进行了实验[27]。通过重新表达野生型基因，载体能够挽救 mtDNA 耗竭，防止生酮饮食所导致的肝脏脂肪变性。在 MNGIE 的 Tp⁻/⁻ 和 Upp⁻/⁻ 双敲除小鼠模型中也使

研究展望

目前，mtDNA 维持障碍的治疗方案可用于临床前水平，也可用于同情用药或对照临床试验。尽管它们能够改变疾病的自然病史，但它们并不是一种最好的治疗方法。需要进一步研究以了解其作用机制，评估联合治疗方法（如核苷清除和酶替代疗法或 MNGIE 中的联合酶替代治疗），并确定更有效和安全的治疗方法。

用了类似的方法[25, 26, 28, 29]。

尽管临床前研究取得了非常有希望的结果，但由于生产成本极高、疾病罕见，以及存在监管规定，目前尚未安排临床试验。

声明

我们的工作得到了意大利教育和研究部长 Rita Levi Montalcini Programma Rientro Cervelli 的支持。

参考文献

[1] Kelly RD, Mahmud A, McKenzie M, Trounce IA, St John JC. Mitochondrial DNA copy number is regulated in a tissue specific manner by DNA methylation of the nuclear-encoded DNA polymerase gamma A. Nucleic Acids Res 2012;40(20):10124-38. Available from: https://doi.org/10.1093/nar/gks770.

[2] Lee WT, St John J. The control of mitochondrial DNA replication during development and tumorigenesis. Ann N Y Acad Sci 2015;1350:95-106. Available from: https://doi.org/10.1111/nyas. 12873.

[3] Gustafsson CM, Falkenberg M, Larsson NG. Maintenance and expression of mammalian mitochondrial DNA. Annu Rev Biochem 2016;85:133-60. Available from: https://doi.org/ 10.1146/ annurev-biochem-060815-014402.

[4] Jing R, Corbett JL, Cai J, Beeson GC, Beeson CC, Chan SS, et al. A screen using iPSC-derived hepatocytes reveals NAD(1) as a potential treatment for mtDNA depletion syndrome. Cell Rep 2018;25 (6):1469-1484 e1465. Available from: https://doi. org/10.1016/j.celrep.2018.10.036.

[5] Siegmund SE, Yang H, Sharma R, Javors M, Skinner O, Mootha V, et al. Low-dose rapamycin extends lifespan in a mouse model of mtDNA depletion syndrome. Hum Mol Genet 2017;26(23):4588-605. Available from: https://doi.org/10.1093/ hmg/ddx341.

[6] Garone C, Garcia-Diaz B, Emmanuele V, Lopez LC, Tadesse S, Akman HO, et al. Deoxypyrimidine monophosphate bypass therapy for thymidine kinase 2 deficiency. EMBO Mol Med 2014;6(8):1016-27. Available from: https://doi.org/10.15252/ emmm.201404092.

[7] Lopez-Gomez C, Levy RJ, Sanchez-Quintero MJ, Juanola-Falgarona M, Barca E, Garcia-Diaz B, et al. Deoxycytidine and deoxythymidine treatment for thymidine kinase 2 deficiency. Ann Neurol 2017;81 (5):641-52. Available from: https://doi. org/10.1002/ana.24922.

[8] Camara Y, Gonzalez-Vioque E, Scarpelli M, Torres-Torronteras J, Caballero A, Hirano M, et al. Administration of deoxyribonucleosides or inhibition of their catabolism as a pharmacological approach for mitochondrial DNA depletion syndrome. Hum Mol Genet 2014;23(9):2459-67. Available from: https://doi.org/10.1093/hmg/ddt641.

[9] Bulst S, Holinski-Feder E, Payne B, Abicht A, Krause S, Lochmuller H, et al. In vitro supplementation with deoxynucleoside monophosphates rescues mitochondrial DNA depletion. Mol Genet Metab 2012;107 (1-2):95-103. Available from: https://doi.org/10.1016/j.ymgme.2012.04.022.

[10] Pontarin G, Ferraro P, Bee L, Reichard P, Bianchi V. Mammalian ribonucleotide reductase subunit p53R2 is required for mitochondrial DNA replication and DNA repair in quiescent

cells. Proc Natl Acad Sci U S A 2012;109(33):13302-7. Available from: https://doi.org/10.1073/pnas.1211289109.

[11] Blazquez-Bermejo C, Molina-Granada D, Vila-Julia F, Jimenez-Heis D, Zhou X, Torres-Torronteras J, et al. Age-related metabolic changes limit efficacy of deoxynucleoside-based therapy in thymidine kinase 2-deficient mice. EBioMedicine 2019;46:342-55. Available from: https://doi.org/10.1016/j.ebiom.2019.07.042.

[12] Yavuz H, Ozel A, Christensen M, Christensen E, Schwartz M, Elmaci M, et al. Treatment of mitochondrial neurogastrointestinal encephalomyopathy with dialysis. Arch Neurol 2007;64(3):435-8. Available from: https://doi.org/10.1001/archneur.64.3.435.

[13] Roeben B, Marquetand J, Bender B, Billing H, Haack TB, Sanchez-Albisua I, et al. Hemodialysis in MNGIE transiently reduces serum and urine levels of thymidine and deoxyuridine, but not CSF levels and neurological function. Orphanet J Rare Dis 2017;12(1):135. Available from: https://doi.org/10.1186/s13023-017-0687-0.

[14] Lara MC, Weiss B, Illa I, Madoz P, Massuet L, Andreu AL, et al. Infusion of platelets transiently reduces nucleoside overload in MNGIE. Neurology 2006;67(8):1461-3. Available from: https://doi.org/10.1212/01.wnl.0000239824.95411.52.

[15] Spinazzola A, Marti R, Nishino I, Andreu AL, Naini A, Tadesse S, et al. Altered thymidine metabolism due to defects of thymidine phosphorylase. J Biol Chem 2002;277(6):4128-33. Available from: https:// doi.org/10.1074/jbc.M111028200.

[16] Halter JP, Michael W, Schupbach M, Mandel H, Casali C, Orchard K, et al. Allogeneic haematopoietic stem cell transplantation for mitochondrial neurogastrointestinal encephalomyopathy. Brain 2015;138(Pt 10):2847-58. Available from: https://doi.org/10.1093/brain/awv226.

[17] Ariaudo C, Daidola G, Ferrero B, Guarena C, Burdese M, Segoloni GP, et al. Mitochondrial neurogastrointestinal encephalomyopathy treated with peritoneal dialysis and bone marrow transplantation. J Nephrol 2015;28(1):125-7. Available from: https://doi.org/10.1007/s40620-014-0069-9.

[18] Hussein E. Non-myeloablative bone marrow transplant and platelet infusion can transiently improve the clinical outcome of mitochondrial neurogastrointestinal encephalopathy: a case report. Transfus Apher Sci 2013;49(2):208-11. Available from: https://doi.org/10.1016/j.transci.2013.01.014.

[19] Bax BE, Levene M, Bain MD, Fairbanks LD, Filosto M, Kalkan Ucar S, et al. Erythrocyte encapsulated thymidine phosphorylase for the treatment of patients with mitochondrial neurogastrointestinal encephalomyopathy: study protocol for a multi-centre, multiple dose, open label trial. J Clin Med 2019;8(8). Available from: https://doi.org/10.3390/jcm8081096.

[20] Grabhorn E, Tsiakas K, Herden U, Fischer L, Freisinger P, Marquardt T, et al. Long-term outcomes after liver transplantation for deoxyguanosine kinase deficiency: a single-center experience and a review of the literature. Liver Transpl 2014;20(4):464-72. Available from: https://doi.org/10.1002/lt.23830.

[21] Hynynen J, Komulainen T, Tukiainen E, Nordin A, Arola J, Kalviainen R, et al. Acute liver failure after valproate exposure in patients with POLG1 mutations and the prognosis after liver transplantation. Liver Transpl 2014;20(11):1402-12. Available from: https://doi.org/10.1002/lt.23965.

[22] Parikh S, Karaa A, Goldstein A, Ng YS, Gorman G, Feigenbaum A, et al. Solid organ transplantation in primary mitochondrial disease: proceed with caution. Mol Genet Metab 2016;118(3):178-84. Available from: https://doi.org/10.1016/j.ymgme.2016.04.009.

[23] De Giorgio R, Pironi L, Rinaldi R, Boschetti E, Caporali L, Capristo M, et al. Liver transplantation for mitochondrial neurogastrointestinal encephalomyopathy. Ann Neurol 2016;80(3):448-55. Available from: https://doi.org/10.1002/ana.24724.

[24] D'Angelo R, Rinaldi R, Pironi L, Dotti MT, Pinna AD, Boschetti E, et al. Liver transplant reverses biochemical imbalance in mitochondrial neurogastrointestinal encephalomyopathy. Mitochondrion 2017;34:101-2. Available from: https://doi.org/10.1016/j.mito.2017.02.006.

[25] Torres-Torronteras J, Gomez A, Eixarch H, Palenzuela L, Pizzorno G, Hirano M, et al. Hematopoietic gene therapy restores thymidine phosphorylase activity in a cell culture and a murine model of MNGIE. Gene Ther 2011;18(8):795-806. Available from: https://doi.org/10.1038/gt.2011.24.

[26] Torres-Torronteras J, Viscomi C, Cabrera-Perez R, Camara Y, Di Meo I, Barquinero J, et al. Gene therapy using a liver-targeted AAV vector restores nucleoside and nucleotide homeostasis in a murine model of MNGIE. Mol Ther 2014;22(5):901-7. Available from: https://doi.org/10.1038/mt.2014.6.

[27] Bottani E, Giordano C, Civiletto G, Di Meo I, Auricchio A, Ciusani E, et al. AAV-mediated liver-specific MPV17 expression restores mtDNA levels and prevents diet-induced liver failure. Mol Ther 2014;22 (1):10-17. Available from: https://doi.org/10.1038/mt.2013.230.

[28] Torres-Torronteras J, Cabrera-Perez R, Barba I, Costa C, de Luna N, Andreu AL, et al. Long-term restoration of thymidine phosphorylase function and nucleoside homeostasis using hematopoietic gene therapy in a murine model of mitochondrial neurogastrointestinal encephalomyopathy. Hum Gene Ther 2016;27 (9):656-67. Available from: https://doi.org/10.1089/hum.2015.160.

[29] Yadak R, Cabrera-Perez R, Torres-Torronteras J, Bugiani M, Haeck JC, Huston MW, et al. Preclinical efficacy and safety evaluation of hematopoietic stem cell gene therapy in a mouse model of MNGIE. Mol Ther Methods Clin Dev 2018;8:152-65. Available from: https://doi.org/10.1016/j.omtm.2018.01.001.

[30] Gorman GS, Chinnery PF, DiMauro S, Hirano M, Koga Y, McFarland R, et al. Mitochondrial diseases. Nat Rev Dis Prim 2016;2:16080. Available from: https://doi.org/10.1038/nrdp.2016.80.

[31] Stumpf JD, Saneto RP, Copeland WC. Clinical and molecular features of POLG-related mitochondrial disease. Cold Spring Harb Perspect Biol 2013;5(4):a011395. Available from: https://doi.org/10.1101/ cshperspect.a011395.

[32] Varma H, Faust PL, Iglesias AD, Lagana SM, Wou K, Hirano M, et al. Whole exome sequencing identifies a homozygous POLG2 missense variant in an infant with fulminant hepatic failure and mitochondrial DNA depletion. Eur J Med Genet 2016;59(10):540-5. Available from: https://doi.org/10.1016/j.ejmg.2016.08.012.

[33] Viscomi C, Zeviani M. MtDNA-maintenance defects: syndromes and genes. J Inherit Metab Dis 2017;40 (4):587-99. Available from: https://doi.org/10.1007/s10545-017-0027-5.

[34] Kornblum C, Nicholls TJ, Haack TB, Scholer S, Peeva V, Danhauser K, et al. Loss-of-function mutations in MGME1 impair mtDNA replication and cause multisystemic mitochondrial disease. Nat Genet 2013;45 (2):214-19. Available from: https://doi.org/10.1038/ng.2501.

[35] Reyes A, Melchionda L, Nasca A, Carrara F, Lamantea E, Zanolini A, et al. RNASEH1 mutations impair mtDNA replication and cause adult-onset mitochondrial encephalomyopathy. Am J Hum Genet 2015;97 (1):186-93. Available from: https://doi.org/10.1016/j.ajhg.2015.05.013.

[36] Ronchi D, Di Fonzo A, Lin W, Bordoni A, Liu C, Fassone E, et al. Mutations in DNA2 link progressive myopathy to mitochondrial DNA instability. Am J Hum Genet 2013;92(2):293-300. Available from: https://doi.org/10.1016/j.ajhg. 2012.12.014.

[37] Shaheen R, Faqeih E, Ansari S, Abdel-Salam G, Al-Hassnan ZN, Al-Shidi T, et al. Genomic analysis of primordial dwarfism reveals novel disease genes. Genome Res 2014;24(2):291-9. Available from: https:// doi.org/10.1101/gr.160572.113.

[38] Del Dotto V, Ullah F, Di Meo I, Magini P, Gusic M, Maresca A, et al. SSBP1 mutations cause mtDNA depletion underlying a complex optic atrophy disorder. J Clin Invest 2019. Available from: https://doi.org/ 10.1172/JCI128514.

[39] Miralles Fuste J, Shi Y, Wanrooij S, Zhu X, Jemt E, Persson O, et al. In vivo occupancy of mitochondrial single-stranded DNA binding protein supports the strand displacement mode of DNA replication. PLoS Genet 2014;10(12):e1004832. Available from: https://doi.org/10.1371/journal.pgen.1004832.

[40] Piro-Megy C, Sarzi E, Tarres-Sole A, Pequignot M, Hensen F, Quiles M, et al. Dominant mutations in mtDNA maintenance gene SSBP1 cause optic atrophy and foveopathy. J Clin Invest 2019. Available from: https://doi.org/10.1172/JCI128513.

[41] Saada A. Fishing in the (deoxyribonucleotide) pool. Biochem J 2009;422(3):e3-6. Available from: https://doi.org/10.1042/BJ20091194.

[42] Garone C, Taylor RW, Nascimento A, Poulton J, Fratter C, Dominguez-Gonzalez C, et al. Retrospective natural history of thymidine kinase 2 deficiency. J Med Genet 2018;55(8):515-21. Available from: https://doi.org/10.1136/jmedgenet-2017-105012.

[43] Lopez-Gomez C, Hewan H, Sierra C, Akman HO, Sanchez-Quintero MJ, Juanola-Falgarona M, et al. Bioavailability and cytosolic kinases modulate response to deoxynucleoside therapy in TK2 deficiency. EBioMedicine 2019;46:356-67. Available from: https://doi.org/10.1016/j.ebiom.2019.07.037.

[44] Almannai M, El-Hattab AW, Scaglia F. Mitochondrial DNA replication: clinical syndromes. Essays Biochem 2018; 62(3): 297-308. Available from: https://doi.org/10.1042/EBC20170101.

[45] Gonzalez-Vioque E, Torres-Torronteras J, Andreu AL, Marti R. Limited dCTP availability accounts for mitochondrial DNA depletion in mitochondrial neurogastrointestinal encephalomyopathy (MNGIE). PLoS Genet 2011; 7(3): e1002035. Available from: https://doi.org/10.1371/journal.pgen.1002035.

[46] Garone C, Tadesse S, Hirano M. Clinical and genetic spectrum of mitochondrial neurogastrointestinal encephalomyopathy. Brain 2011;134(Pt 11):3326-32. Available from: https://doi.org/10.1093/brain/awr245.

[47] Huang SH, Tang A, Drisco B, Zhang SQ, Seeger R, Li C, et al. Human dTMP kinase: gene expression and enzymatic activity coinciding with cell cycle progression and cell growth. DNA Cell Biol 1994;13 (5):461-71. Available from: https://doi.org/10.1089/dna.1994.13.461.

[48] Lam CW, Yeung WL, Ling TK, Wong KC, Law CY. Deoxythymidylate kinase, DTYMK, is a novel gene for mitochondrial DNA depletion syndrome. Clin Chim Acta 2019;496:93-9. Available from: https://doi.org/10.1016/j.cca.2019.06.028.

[49] Tilokani L, Nagashima S, Paupe V, Prudent J. Mitochondrial dynamics: overview of molecular mechanisms. Essays Biochem 2018;62(3):341-60. Available from: https://doi.org/10.1042/EBC20170104.

[50] Yu-Wai-Man P, Griffiths PG, Gorman GS, Lourenco CM, Wright AF, Auer-Grumbach M, et al. Multisystem neurological disease is common in patients with OPA1 mutations. Brain 2010;133(Pt 3):771-86. Available from: https://doi.org/10.1093/brain/awq007.

[51] Le Roux B, Lenaers G, Zanlonghi X, Amati-Bonneau P, Chabrun F, Foulonneau T, et al. OPA1: 516 unique variants and 831 patients registered in an updated centralized Variome database. Orphanet J Rare Dis 2019;14(1):214. Available from: https://doi.org/10.1186/s13023-019-1187-1.

[52] Spiegel R, Saada A, Flannery PJ, Burte F, Soiferman D, Khayat M, et al. Fatal infantile mitochondrial encephalomyopathy, hypertrophic cardiomyopathy and optic atrophy associated with a homozygous OPA1 mutation. J Med Genet 2016;53(2):127-31. Available from: https://doi.org/10.1136/jmedgenet- 2015-103361.

[53] Schaaf CP, Blazo M, Lewis RA, Tonini RE, Takei H, Wang J, et al. Early-onset severe neuromuscular phenotype associated with compound heterozygosity for OPA1 mutations. Mol Genet Metab 2011;103 (4):383-7. Available from: https://doi.org/10.1016/j.ymgme.2011.04.018.

[54] Bonneau D, Colin E, Oca F, Ferre M, Chevrollier A, Gueguen N, et al. Early-onset Behr syndrome due to compound heterozygous mutations in OPA1. Brain 2014;137(Pt 10):e301. Available from: https://doi.org/10.1093/brain/awu184.

[55] Carelli V, Sabatelli M, Carrozzo R, Rizza T, Schimpf S, Wissinger B, et al. 'Behr syndrome' with OPA1 compound heterozygote mutations. Brain 2015;138(Pt 1):e321. Available from: https://doi.org/10.1093/brain/awu234.

[56] Verny C, Loiseau D, Scherer C, Lejeune P, Chevrollier A, Gueguen N, et al. Multiple sclerosis-like disorder in OPA1-related autosomal dominant optic atrophy. Neurology 2008;70(13 Pt 2):1152-3. Available from: https://doi.org/10.1212/01.wnl.0000289194.89359.a1.

[57] Carelli V, Musumeci O, Caporali L, Zanna C, La Morgia C, Del Dotto V, et al. Syndromic parkinsonism and dementia associated with OPA1 missense mutations. Ann Neurol 2015;78(1):21-38. Available from: https://doi.org/10.1002/ana.24410.

[58] Lynch DS, Loh SHY, Harley J, Noyce AJ, Martins LM, Wood NW, et al. Nonsyndromic Parkinson disease in a family with autosomal dominant optic atrophy due to OPA1 mutations. Neurol Genet 2017;3(5): e188. Available from: https://doi.org/10.1212/NXG.0000000000000188.

[59] Vanstone JR, Smith AM, McBride S, Naas T, Holcik M, Antoun G, et al. DNM1L-related mitochondrial fission defect presenting as refractory epilepsy. Eur J Hum Genet 2016;24(7):1084-8. Available from: https://doi.org/10.1038/ejhg.2015.243.

[60] Yoon G, Malam Z, Paton T, Marshall CR, Hyatt E, Ivakine Z, et al. Lethal disorder of mitochondrial fission caused by mutations in DNM1L. J Pediatr 2016;171:313-16. Available from: https://doi.org/ 10.1016/j.jpeds.2015.12.060 e311-312.

[61] Stuppia G, Rizzo F, Riboldi G, Del Bo R, Nizzardo M, Simone C, et al. MFN2-related neuropathies: clinical features, molecular pathogenesis and therapeutic perspectives. J Neurol Sci 2015;356(1-2):7-18. Available from: https://doi.org/10.1016/j.jns.2015.05.033.

[62] El-Hattab AW, Dai H, Almannai M, Wang J, Faqeih EA, Al Asmari A, et al. Molecular and clinical spectra of FBXL4 deficiency. Hum Mutat 2017;38(12):1649-59. Available from: https://doi.org/10.1002/humu.23341.

[63] Ballout RA, Al Alam C, Bonnen PE, Huemer M, El-Hattab AW, Shbarou R. FBXL4-related mitochondrial DNA depletion syndrome 13 (MTDPS13): a case report with a comprehensive mutation review. Front Genet 2019;10:39. Available from: https://doi.org/10.3389/fgene.2019.00039.

[64] Donkervoort S, Sabouny R, Yun P, Gauquelin L, Chao KR, Hu Y, et al. MSTO1 mutations cause mtDNA depletion, manifesting as muscular dystrophy with cerebellar involvement. Acta Neuropathol 2019;138 (6):1013-31. Available from: https://doi.org/10.1007/s00401-019-02059-z.

[65] Ardicli D, Sarkozy A, Zaharieva I, Deshpande C, Bodi I, Siddiqui A, et al. A novel case of MSTO1 gene related congenital muscular dystrophy with progressive neurological involvement. Neuromuscul Disord 2019;29(6):448-55. Available from: https://doi.org/10.1016/j.nmd.2019.03.011.

[66] Gal A, Balicza P, Weaver D, Naghdi S, Joseph SK, Varnai P, et al. MSTO1 is a cytoplasmic promitochondrial fusion protein, whose mutation induces myopathy and ataxia in humans. EMBO Mol Med 2017;9(7):967-84. Available from: https://doi.org/10.15252/emmm.201607058.

[67] Li K, Jin R, Wu X. Whole-exome sequencing identifies rare compound heterozygous mutations in the MSTO1 gene associated with cerebellar ataxia and myopathy. Eur J Med Genet 2019;103623. Available from: https://doi.org/10.1016/j.ejmg.2019.01.013.

[68] Nasca A, Scotton C, Zaharieva I, Neri M, Selvatici R, Magnusson OT, et al. Recessive mutations in MSTO1 cause mitochondrial dynamics impairment, leading to myopathy and ataxia. Hum Mutat 2017;38 (8):970-7. Available from: https://doi.org/10.1002/humu.23262.

[69] Stiles AR, Simon MT, Stover A, Eftekharian S, Khanlou N, Wang HL, et al. Mutations in TFAM, encoding mitochondrial transcription factor A, cause neonatal liver failure associated with mtDNA depletion. Mol Genet Metab 2016;119(1-2):91-9. Available from: https://doi.org/10.1016/j. ymgme.2016.07.001.

[70] Cooper HM, Yang Y, Ylikallio E, Khairullin R, Woldegebriel R, Lin KL, et al. ATPase-deficient mitochondrial inner membrane protein ATAD3A disturbs mitochondrial dynamics in dominant hereditary spastic paraplegia. Hum Mol Genet 2017;26(8):1432-43. Available from: https://doi.org/10.1093/hmg/ddx042.

[71] Desai R, Frazier AE, Durigon R, Patel H, Jones AW, Dalla Rosa I, et al. ATAD3 gene cluster deletions cause cerebellar dysfunction associated with altered mitochondrial DNA and cholesterol metabolism. Brain 2017;140(6):1595-610. Available from: https://doi.org/10.1093/brain/awx094.

[72] Harel T, Yoon WH, Garone C, Gu S, Coban-Akdemir Z, Eldomery MK, et al. Recurrent de novo and biallelic variation of ATAD3A, encoding a mitochondrial membrane protein, results in distinct neurological syndromes. Am J Hum Genet 2016;99(4):831-45. Available from: https://doi.org/10.1016/j.ajhg.2016.08.007.

[73] Manning BD. Game of TOR—the target of rapamycin rules four kingdoms. N Engl J Med 2017;377 (13):1297-9. Available from: https://doi.org/10.1056/NEJMcibr1709384.

[74] Garone C, Viscomi C. Towards a therapy for mitochondrial disease: an update. Biochem Soc Trans 2018;46(5):1247-61. Available from: https://doi.org/10.1042/BST20180134.

[75] Vega RB, Huss JM, Kelly DP. The coactivator PGC-1 cooperates with peroxisome proliferator-activated receptor alpha in transcriptional control of nuclear genes encoding mitochondrial fatty acid oxidation enzymes. Mol Cell Biol 2000;20(5):1868-76. Available from: https://doi.org/10.1128/mcb.20.5.1868-1876.2000.

[76] Wu Z, Puigserver P, Andersson U, Zhang C, Adelmant G, Mootha V, et al. Mechanisms controlling mitochondrial biogenesis and respiration through the thermogenic coactivator PGC-1. Cell 1999;98 (1):115-24. Available from: https://doi.org/10.1016/S0092-8674(00)80611-X.

[77] Schreiber SN, Knutti D, Brogli K, Uhlmann T, Kralli A. The transcriptional coactivator PGC-1 regulates the expression and activity of the orphan nuclear receptor estrogen-related receptor alpha (ERRalpha). J Biol Chem 2003;278(11):9013-18. Available from: https://doi.org/10.1074/jbc.M212923200.

[78] Mouchiroud L, Houtkooper RH, Moullan N, Katsyuba E, Ryu D, Canto C, et al. The NAD(1)/sirtuin pathway modulates longevity through activation of mitochondrial UPR and FOXO Signaling. Cell 2013;154 (2):430-41. Available from: https://doi.org/10.1016/j.cell.2013.06.016.

[79] Nemoto S, Fergusson MM, Finkel T. SIRT1 functionally interacts with the metabolic regulator and transcriptional coactivator PGC-1{alpha}. J Biol Chem 2005;280(16):16456-60. Available from: https://doi. org/10.1074/jbc.M501485200.

[80] Conze DB, Crespo-Barreto J, Kruger CL. Safety assessment of nicotinamide riboside, a form of vitamin B3. Hum Exp Toxicol 2016;35(11):1149-60. Available from: https://doi.org/10.1177/0960327115626254.

[81] Billington RA, Travelli C, Ercolano E, Galli U, Roman CB, Grolla AA, et al. Characterization of NAD uptake in mammalian cells. J Biol Chem 2008;283(10):6367-74. Available from: https://doi.org/10.1074/ jbc.M706204200.

[82] Trammell SA, Schmidt MS, Weidemann BJ, Redpath P, Jaksch F, Dellinger RW, et al. Nicotinamide riboside is uniquely and orally bioavailable in mice and humans. Nat Commun 2016; 7:12948. Available from: https://doi.org/10.1038/ncomms12948.

[83] Khan NA, Nikkanen J, Yatsuga S, Jackson C, Wang L, Pradhan S, et al. mTORC1 regulates mitochondrial integrated stress response and mitochondrial myopathy progression. Cell Metab 2017;26(2):419-428 e415. Available from: https://doi.org/10.1016/j.cmet.2017.07.007.

[84] Spector R, Johanson CE. Vitamin transport and homeostasis in mammalian brain: focus on vitamins B and E. J Neurochem 2007;103(2):425-38. Available from: https://doi.org/10.1111/j.1471-4159.2007.04773.x.

[85] Cerutti R, Pirinen E, Lamperti C, Marchet S, Sauve AA, Li W, et al. NAD(+)-dependent activation of Sirt1 corrects the phenotype in a mouse model of mitochondrial disease. Cell Metab 2014;19(6):1042-9. Available from: https://doi.org/10.1016/ j.cmet.2014.04.001.

[86] Civiletto G, Dogan SA, Cerutti R, Fagiolari G, Moggio M, Lamperti C, et al. Rapamycin rescues mitochondrial myopathy via coordinated activation of autophagy and lysosomal biogenesis. EMBO Mol Med 2018;10(11). Available from: https://doi.org/10.15252/emmm.201708799.

[87] Dai Y, Zheng K, Clark J, Swerdlow RH, Pulst SM, Sutton JP, et al. Rapamycin drives selection against a pathogenic heteroplasmic mitochondrial DNA mutation. Hum Mol Genet 2014;23(3):637-47. Available from: https://doi.org/10.1093/hmg/ddt450.

[88] Felici R, Buonvicino D, Muzzi M, Cavone L, Guasti D, Lapucci A, et al. Post onset, oral rapamycin treatment delays development of mitochondrial encephalopathy only at supramaximal doses. Neuropharmacology 2017;117:74-84. Available from: https://doi.org/10.1016/j.neuropharm. 2017. 01. 039.

[89] Johnson SC, Yanos ME, Kayser EB, Quintana A, Sangesland M, Castanza A, et al. mTOR inhibition alleviates mitochondrial disease in a mouse model of Leigh syndrome. Science 2013;342(6165):1524-8. Available from: https://doi.org/10.1126/science.1244360.

[90] Peng M, Ostrovsky J, Kwon YJ, Polyak E, Licata J, Tsukikawa M, et al. Inhibiting cytosolic translation and autophagy improves health in mitochondrial disease. Hum Mol Genet 2015;24(17):4829-47. Available from: https://doi.org/10.1093/

hmg/ddv207.

[91] Suomalainen A, Battersby BJ. Mitochondrial diseases: the contribution of organelle stress responses to pathology. Nat Rev Mol Cell Biol 2018;19(2):77-92. Available from: https://doi.org/10.1038/nrm.2017.66.

[92] Johnson SC, Martinez F, Bitto A, Gonzalez B, Tazaerslan C, Cohen C, et al. mTOR inhibitors may benefit kidney transplant recipients with mitochondrial diseases. Kidney Int 2019;95(2):455-66. Available from: https://doi.org/10.1016/j.kint.2018.08.038.

[93] Sage-Schwaede A, Engelstad K, Salazar R, Curcio A, Khandji A, Garvin Jr. JH, et al. Exploring mTOR inhibition as treatment for mitochondrial disease. Ann Clin Transl Neurol 2019;6(9):1877-81. Available from: https://doi.org/10.1002/acn3.50846.

[94] Akman HO, Dorado B, Lopez LC, Garcia-Cazorla A, Vila MR, Tanabe LM, et al. Thymidine kinase 2 (H126N) knockin mice show the essential role of balanced deoxynucleotide pools for mitochondrial DNA maintenance. Hum Mol Genet 2008;17(16):2433-40. Available from: https://doi.org/10.1093/hmg/ddn143.

[95] Bartesaghi S, Betts-Henderson J, Cain K, Dinsdale D, Zhou X, Karlsson A, et al. Loss of thymidine kinase 2 alters neuronal bioenergetics and leads to neurodegeneration. Hum Mol Genet 2010;19(9):1669-77. Available from: https://doi.org/10.1093/hmg/ddq043.

[96] Dominguez-Gonzalez C, Madruga-Garrido M, Mavillard F, Garone C, Aguirre-Rodriguez FJ, Donati MA, et al. Deoxynucleoside therapy for thymidine kinase 2-deficient myopathy. Ann Neurol 2019;86 (2):293-303. Available from: https://doi.org/10.1002/ana.25506.

[97] Blazquez-Bermejo C, Carreno-Gago L, Molina-Granada D, Aguirre J, Ramon J, Torres-Torronteras J, et al. Increased dNTP pools rescue mtDNA depletion in human POLG-deficient fibroblasts. FASEB J 2019;33(6):7168-79. Available from: https://doi.org/10.1096/fj.201801591R.

[98] Hirano M, Marti R, Casali C, Tadesse S, Uldrick T, Fine B, et al. Allogeneic stem cell transplantation corrects biochemical derangements in MNGIE. Neurology 2006;67(8):1458-60. Available from: https:// doi.org/10.1212/01.wnl.0000240853.97716.24.

[99] Halter J, Schupbach W, Casali C, Elhasid R, Fay K, Hammans S, et al. Allogeneic hematopoietic SCT as treatment option for patients with mitochondrial neurogastrointestinal encephalomyopathy (MNGIE): a consensus conference proposal for a standardized approach. Bone Marrow Transpl 2011;46(3):330-7. Available from: https://doi.org/10.1038/bmt.2010.100.

[100] Godfrin Y, Horand F, Franco R, Dufour E, Kosenko E, Bax BE, et al. International seminar on the red blood cells as vehicles for drugs. Expert Opin Biol Ther 2012;12(1):127-33. Available from: https://doi.org/10.1517/14712598.2012.631909.

[101] Levene M, Coleman DG, Kilpatrick HC, Fairbanks LD, Gangadharan B, Gasson C, et al. Preclinical toxicity evaluation of erythrocyte-encapsulated thymidine phosphorylase in BALB/c mice and beagle dogs: an enzyme-replacement therapy for mitochondrial neurogastrointestinal encephalomyopathy. Toxicol Sci 2013;131(1):311-24. Available from: https://doi.org/10.1093/toxsci/kfs278.

[102] Moran NF, Bain MD, Muqit MM, Bax BE. Carrier erythrocyte entrapped thymidine phosphorylase therapy for MNGIE. Neurology 2008;71(9):686-8. Available from: https://doi.org/10.1212/01. wnl.0000324602.97205.ab.

[103] Bax BE, Bain MD, Scarpelli M, Filosto M, Tonin P, Moran N. Clinical and biochemical improvements in a patient with MNGIE following enzyme replacement. Neurology 2013;81(14):1269-71. Available from: https://doi.org/10.1212/WNL.0b013e3182a6cb4b.

[104] Levene M, Bain MD, Moran NF, Nirmalananthan N, Poulton J, Scarpelli M, et al. Safety and efficacy of erythrocyte encapsulated thymidine phosphorylase in mitochondrial neurogastrointestinal encephalomyopathy. J Clin Med 2019;8(4). Available from: https://doi.org/10.3390/jcm8040457.

[105] Magnani M, Rossi L, D'Ascenzo M, Panzani I, Bigi L, Zanella A. Erythrocyte engineering for drug delivery and targeting. Biotechnol Appl Biochem 1998;28(1):1-6 Retrieved from: https://www.ncbi.nlm. nih.gov/pubmed/9693082.

[106] McKiernan P, Ball S, Santra S, Foster K, Fratter C, Poulton J, et al. Incidence of primary mitochondrial disease in children younger than 2 years presenting with acute liver failure. J Pediatr Gastroenterol Nutr 2016;63(6):592-7. Available from: https://doi.org/10.1097/MPG.0000000000001345.

[107] Boschetti E, D'Alessandro R, Bianco F, Carelli V, Cenacchi G, Pinna AD, et al. Liver as a source for thymidine phosphorylase replacement in mitochondrial neurogastrointestinal encephalomyopathy. PLoS One 2014;9(5):e96692. Available from: https://doi.org/10.1371/journal.pone.0096692.

[108] Hirano M, Emmanuele V, Quinzii CM. Emerging therapies for mitochondrial diseases. Essays Biochem 2018;62(3):467-81. Available from: https://doi.org/10.1042/EBC20170114.

[109] Mendell JR, Al-Zaidy S, Shell R, Arnold WD, Rodino-Klapac LR, Prior TW, et al. Single-dose genereplacement therapy for spinal muscular atrophy. N Engl J Med 2017;377(18):1713-22. Available from: https://doi.org/10.1056/NEJMoa1706198.

癌症中的线粒体 DNA 突变

mtDNA mutations in cancer

Giulia Girolimetti   Monica De Luise   Anna Maria Porcelli   Giuseppe Gasparre

Ivana Kurelac 著

杨亚男 译

一、癌症中线粒体 DNA 突变的情况

mtDNA 突变的研究在早前比较局限于线粒体疾病[1]，直到 20 世纪 90 年代末随着癌症代谢研究的兴起，人们才开始认识到 mtDNA 突变与癌症的关系。第一个关于体细胞 mtDNA 突变的报告发表于 1998 年，描述了 mtDNA 突变在结直肠癌细胞系中的发生[2]。如今，已有成千上万的癌症线粒体基因组被测序，几乎所有癌症类型都报告了频繁出现的 mtDNA 突变[3-6]。

一般来说，癌症组织中的 mtDNA 突变是体细胞性的，但低异质性生殖系 mtDNA 变异偶尔也被报道在癌症组织中积累[7]，而且不能排除生殖系事件可能比预测的更常见，因为 NGS 的出现揭示了正常和癌症组织中先前未知的低异质性变异的高频率[8]。mtDNA 发生突变的概率是核 DNA 的 17 倍，这是因为缺乏有效的 mtDNA 修复系统，并且靠近活性氧产生的主要位点[9-11]。此外，在癌症的背景下，比如化疗或辐射及微环境条件（如缺氧）等 mtDNA 诱变的其他机制也会被触发[12]。重要的是，最近来自大型队列的证据惊讶地发现，复制错误是癌症中 mtDNA 突变的最常见来源[6]。

近 60% 的癌症中发现了 mtDNA 突变，这一比例可能因癌症类型及其阶段而异[5, 6, 13]。例如，与血液系统癌症相比，结直肠癌的 mtDNA 变异频率更高（50%～60%）[5, 6]。大多数变异是在调节性 D-loop 区域发现的[4, 13]，而在 mtDNA 的其他部分，没有报道与癌症相关的突变积累的优先热点区域[13, 14]。从本质上讲，编码呼吸复合体 I 亚单位的基因更经常受到影响，但可能是由于它们在线粒体基因组中最具有代表性。

发生在编码区的癌症相关的 mtDNA 变异通常是非同义突变（据报道 60%～80%）[5, 6, 13]，这表明它们可能在癌细胞的代谢中起到修正作用。另外，高致病突变是从大多数癌症中纯化的，这意味着严重的线粒体损伤将不利于癌症的进展[6, 15]。需要注意的是，这些结论主要是基于大型 mtDNA 测序数据库的数据，并没有很多实验研究来证实这些体外数据。

事实上，在癌症进展的背景下，确定 mtDNA 突变的功能效应并不是一项简单的任务，首先是由于 mtDNA 遗传学的特殊属性，即多倍体和阈值效应，其次是由于肿瘤的异质性和不断变化的选择压力。基于现有的文献，关于 mtDNA 突变在癌症中的作用的认识主要有两个：①没有证据表明 mtDNA 突变是癌症起始的驱动因素，而更可能是肿瘤进展的调控因子；②作为一个整体类别，mtDNA 突变没有独特的影响，因为它们对癌细胞存活可能是中性的，有益的，也可能是不利的。例如，根据 mtDNA 突变的类型和突变负荷，它们对癌症进展的调节作用甚至可能是相反的[16, 17]。

当一个严重破坏性的 mtDNA 突变以低突变负荷存在时，可能对肿瘤进展有中性影响，而同一突变的高水平异质或同质可能阻碍线粒体呼吸和癌细胞增殖[16, 18]（图 17-1）。

在癌症遗传学中，导致癌症发生的功能丧失性突变通常定义为肿瘤抑制因子，而功能增益性突变定义为致癌因子。然而，mtDNA 基因可能隐藏着功能丧失性突变，当异质性时表现为致癌性或中性，而当同质性时则表现出抗癌性的作用[16, 18]。因此，癌症中的 mtDNA 基因不能被简单地定义为肿瘤抑制因子或致癌因子，因为根据所携带的突变类型，它们可能以双重方式发挥作用[18]。因此，最近出现了一个基于 mtDNA 突变在癌症中多方面作用的概念，将线粒体基因归类为"oncojanus"基因，这一定义现在也被用来描述其他几个与线粒体无关的癌症相关基因的双重作用[19]（图 17-2）。

由线粒体遗传病变引发的最终功能结果不仅取决于其突变类型和突变负荷，还取决于控制此类病变形成的肿瘤进展特定阶段的选择压力（见"实体肿瘤中线粒体 DNA 突变的功能影响"）（图 17-2）。例如，在需要降低氧耗量的情况下，降低电子传递链（electron transport chain，ETC）效率的 mtDNA 突变可能对缺氧和缺氧环境中的癌细胞有利。同样的病变如果在侵袭和浸润的早期转移阶段可能作用较小，此时大量能量对维持癌细胞运动至关重要。mtDNA 突变的这种背景依赖性作用并不总是明确的，主要原因是受到 Otto Warburg 在 20 世纪初观察结果的影响而产生的误解。Warburg 的实验表明，与正常组织相比，即使是在氧气存在的情况下，癌细胞的葡萄糖摄取率和乳酸生成率也会急剧增加[20, 21]。这是一个开创性的发现，至今仍然适用，在临床上被用来通过 PET 监测肿瘤的扩散，通过识别具有非典型高葡萄糖摄取的区域来诊断肿瘤转移[22]。因此，Warburg 假设，癌细胞更容易糖酵解的原因很可能是由于 OXPHOS 的功能缺陷[23]。因此，在 mtDNA 突变首次在癌症中被描述时，人们理

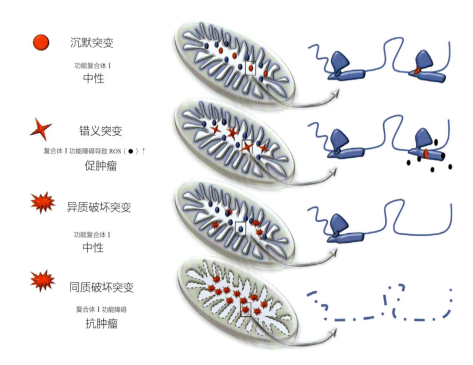

沉默突变

功能复合体 I
中性

错义突变

复合体 I 功能障碍导致 ROS（●）↑
促肿瘤

异质破坏突变

功能复合体 I
中性

同质破坏突变

复合体 I 功能障碍
抗肿瘤

▲ 图 17-1　呼吸链复合体 I mtDNA 突变对肿瘤进展的影响

根据突变类型和突变负荷，mtDNA 突变对肿瘤生长可能是中性、有益或不利的。蓝色 . 野生型 mtDNA；红色 . 突变型 mtDNA。虚线表示线粒体嵴的重塑，这是与复合体 I 分解相关的表型

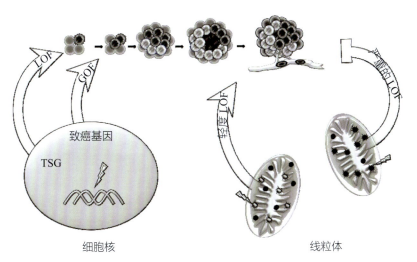

▲ 图 17-2　**Oncojanus 基因的定义**

细胞转化和肿瘤进展受影响肿瘤抑制因子（TSG）的功能丧失（LOF）突变和（或）影响致癌基因的功能增益（GOF）突变驱动的。mtDNA 基因通常被认为是已存在的恶性肿瘤修饰因子，但可能不被归类为以下两种标准定义中的任何一种，例如，轻度 LOF 突变（灰星）可能对肿瘤有利，而重度同质性 LOF 突变（黑星）对肿瘤不利。根据突变的类型和负荷，mtDNA 基因可能对癌症的发展表现出相反的影响，并被归类为 "oncojanus"

所当然地认为它们的作用一定是原致癌的，因为它们完美地解释了 Warburg 的假说。这其至导致了一种误解，认为 mtDNA 突变是与细胞转化启动相关的转化打击，这种想法缺乏具体证据[24]。事实上，到目前为止，还没有实验证明 mtDNA 病变的转化特性，这意味着它们不足以引发癌症，而主要是一些客体事件（passenger event）❶，在某些情况下可能作为肿瘤进展的相关影响因素[25]。因此，Warburg 的假说如今被重新审视，表明高糖酵解主要是由于致癌基因的信号转导，而不是线粒体损伤的结果（图 17-3）[26, 27]。此外，人们普遍认为，除了增加糖酵解，癌细胞还需要

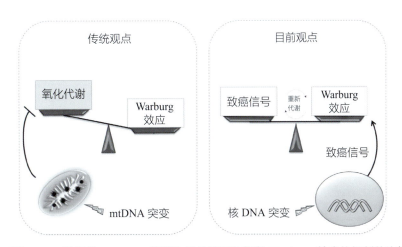

▲ 图 17-3　**最初的 Warburg 假说和目前接受的解释 Warburg 效应的机制的比较**

在传统观点中，癌细胞中较高的糖酵解通量（Warburg 效应）被归因于氧化代谢功能失调，这就是为什么在癌症中发现的 mtDNA 突变被保留为致癌原。目前的观点认为，糖酵解的增强主要是由于致癌基因和肿瘤抑制因子的核 DNA 基因突变引起的致癌信号，而不是 mtDNA 损伤的结果，因为糖酵解和氧化代谢在癌细胞中得到维持。灰色方块和白色方块分别表示不活跃和活跃过程

---

❶　译者注：该术语通常用于遗传学和癌症研究领域，指在基因突变过程中并不直接促进癌症发展的突变事件

功能性电子传递链[28-30]，这意味着严重致病性 mtDNA 突变不利于癌细胞的生存，这与从侵袭性癌症中纯化的 mtDNA 体外数据一致[6,13]。

二、实体肿瘤中线粒体 DNA 突变的功能影响

肿瘤的发展是一个进化过程，受选择压力和体细胞突变的驱动，当癌细胞遇到快速变化的环境条件[31]并获得癌症的特征[32]时，体细胞突变为癌细胞提供了可塑性和优势，进而导致基因的

波动以维持疾病的不同阶段[33]。在这种情况下，mtDNA 的高突变率可能在驱动肿瘤适应方面提供了重要的选择潜力。即使线粒体基因现在被认为是肿瘤进展的调节剂，而不是肿瘤发生的驱动力，但在肿瘤进展的特定阶段，具有特定表型效应的 mtDNA 突变的发生可能在癌细胞的可塑性中发挥关键作用[25,26]（表 17–1）。在此，将讨论已被报道的影响癌症进展的某些阶段的 mtDNA 突变的例子，特别关注癌细胞对高代谢要求、低氧应激和转移性挑战的适应性（图 17–4）。

表 17-1　影响肿瘤生长的 mtDNA 突变

突 变	基 因	Het/Hom 状态	AA 改变	对肿瘤生长的影响	参考文献
m.3243A > G	*MT-TL1*	Hom		2	[17]
m.3460G > A	*MT-ND1*	Hom	A52T	0	[17]
m.3460G > A	*MT-ND1*	NA	A52T	1	[195]
m.3571insC	*MT-ND1*	Het	L89fs	0	[18]
m.3571insC	*MT-ND1*	Hom	L89fs	2	[18]
m.4605A > G	*MT-ND2*	NA	K46E	1	[196]
m.4776G > A	*MT-ND2*	NA	A103T	1	[47]
m.4831G > A	*MT-ND2*	NA	G121D	1	[196]
m.6124T > C	*MT-COi*	Het	M74T	1	[191]
m.6930G > A	*MT-COi*	Het/Hom	G343X	0	[197]
m.6930G > A	*MT-COi*	Hom	G343X	1	[198, 199]
m.8344A > G	*MT-TK*	NA		NA	[200]
m.8363G > A	*MT-TK*	NA		2	[195]
m.8696T > C	*MT-ATP6*	NA	M57T	0	[120]
m.8993T > G	*MT-ATP6*	Hom	L156R	1	[201]
m.8993T > G	*MT-ATP6*	NA	L156R	1	[202]
m.8993T > G	*MT-ATP6*	Hom	L156R	1	[46]
m.9821insA	*MT-TR*	NA		1	[203]
m.10176G > A	*MT-ND3*	NA	G405	0	[120]
m.10398G > A	*MT-ND3*	NA	A114T	1	[59]
m.10970T > C	*MT-ND4*	NA	W71R	0	[120]
m.11778G > A	*MT-ND4*	NA	R340H	1	[195]
m.12084C > T	*MT-ND4*	NA	5442F	1	[64]

（续表）

突　变	基　因	Het/Hom 状态	AA 改变	对肿瘤生长的影响	参考文献
m.12308A > G	*MT-TL*	NA		1	[57]
m.12417insA	*MT-ND5*	Het	N27fs	1	[16]
m.12417insA	*MT-ND5*	Het	N27fs	1	[197]
m.12417insA	*MT-ND5*	Hom	N27fs	2	[16]
m.13289G > A	*MT-ND5*	NA	G318D	1	[204]
m.13513G > A	*MT-ND5*	NA	D393N	NA	[200]
m.13885insC	*MT-ND6*	Hom	L517fs	1	[52]
m.13966A > G	*MT-ND5*	NA	T544A	1	[64]
m.13997G > A	*MT-ND6*	Hom	D554G	2	[52]
m.14484T > C	*MT-ND6*	NA	M64V	1	[195]
m.14787−14790del	*MT-CYB*	Hom	I14−15del	1	[198, 199]
m.15642−15622del	*MT-CYB*	Het	L299fs	1	[205]

Het. 异质性；Hom. 同质性；AA. 氨基酸。对肿瘤生长的影响：0. 中性；1. 原致癌基因；2. 防止肿瘤发生；NA. 不可用

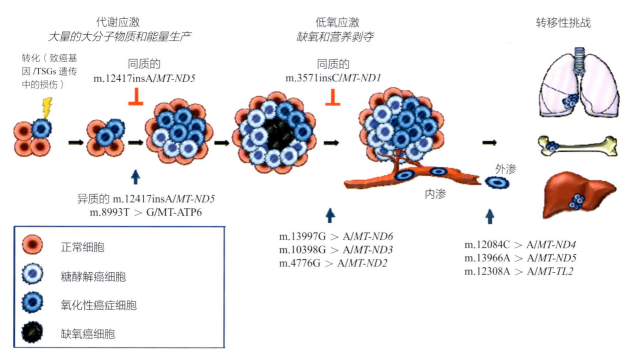

▲ 图 17-4　实体癌发展过程中 **mtDNA** 突变对癌细胞适应的影响

在初始转化之后，快速增殖的癌细胞面临着代谢压力，因为它们需要大量的大分子物质和能量生产。当快速的细胞增殖没有伴随着足够的促血管生成信号时，低氧应激就会出现，导致血管稀少，形成缺氧区和缺血区，随之而来的是营养物质的不可用，造成进一步的代谢应激。反过来，缺氧适应过程被激活，确保生存并最终导致固体块中的血管生成。转移的进展包括癌细胞的内渗和外渗，以及在远处组织的嵌套。在这些环境选择压力的背景下，根据肿瘤阶段，mtDNA 突变可能有不同的影响，促进（蓝箭）或抑制（红箭）肿瘤的进展。在此图中，已经证实了其作用的突变被代表了

（一）线粒体 DNA 突变和新陈代谢适应

为了维持快速增殖，癌细胞将其新陈代谢重新编程以提供大分子合成的反应，满足高能量和构建块的要求。例如，糖酵解被上调，为克雷布斯循环（柠檬酸循环）的添补反应提供能量，以保证生成子细胞所需的蛋白质、核苷酸和脂质合成（图 17–5）[34, 35]。此外，癌细胞往往对谷氨酰胺更"上瘾"，因为后者可以作为核苷酸合成和三羧酸（tricarboxylic acid，TCA）循环的添补反应的氮和碳供体[36]。此外，脂质代谢的变化在癌细胞中很常见，因为它们是新膜形成和通过 β–氧化产生能量所必需的[37, 38]。

除了由可用的营养物质类型和不利的微环境中的氧气量驱动外，代谢重编程取决于癌细胞进行某些代谢反应的能力。在这种情况下，考虑到 OXPHOS 的状态可能决定了糖酵解和三羧酸循环的速率及脂质代谢，毫不奇怪，mtDNA 突变已被证明会影响癌细胞的代谢适应，进而影响致瘤潜力。例如，跨线粒体细胞混合体（cybrid）的功能研究表明，携带 MT-ND5 异质突变 m.12417insA 的 143B 骨肉瘤细胞呈现出糖酵解代谢增加，从而支持肿瘤的发展[16]。相反，MT-CYB 中的一个框移突变被证明可以将脂肪酸的生产来源从葡萄糖转向谷氨酰胺，使癌细胞不能合成脂类，并在谷氨酰胺剥夺的情况下促进生长[39]。此外，造成严重 OXPHOS 损伤的 mtDNA 突变，如同源的 m.3571insC，在体外和特别是体内营养匮乏的条件下调查时，一般与致瘤潜能的降低有关[17, 18, 40, 41]（图 17–4）。重要的是，这种抗肿瘤作用不仅仅是由于 OXPHOS 功能障碍引起的能量不足或脂质不足，因为除了提供能量的能力外，OXPHOS 还能确保氧化还原的平衡和适当的细胞外氧敏感性从而保证充分的缺氧反应[28-30]。

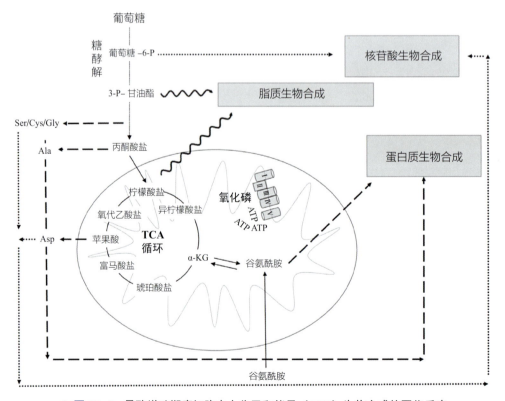

▲ 图 17–5 导致增殖期癌细胞中大分子和能量（ATP）生物合成的同化反应

细胞中的主要代谢轴包括糖酵解、三羧酸循环和 OXPHOS，它们可以利用葡萄糖作为碳源，谷氨酰胺作为碳和氮源，为核苷酸（点线）和脂质生物合成（波浪线）提供代谢中间体；为支持蛋白质合成的三羧酸循环的合成反应（虚线）

（二）线粒体 DNA 突变和缺氧压力

在肿瘤晚期，由于癌细胞的增殖速度增强，肿块的中心部分变得远离血管，导致缺氧（氧气<1%）和无氧（氧气为 0）区域（图 17-4）。缺氧是实体瘤必须面对和克服的主要选择压力之一，因为它意味着营养物质和氧气的短缺，而后者是通过 OXPHOS 产生能量所必需的。

适应缺氧的主要调节器是缺氧诱导因子 1（hypoxia induced factor 1，HIF-1）[42]，其活性取决于持续恒定表达的细胞质 HIF-1α，在无氧条件下，HIF-1α 通过脯氨酰羟化酶（prolyl hydroxylase，PHD）将蛋白质羟化的机制不断破坏，使其被标记为 Hippel-Lindau（VHL）介导的蛋白酶体降解。当氧张力低时，HIF-1α 不能被羟基化，并转移到细胞核，在那里它作为 HIF-1 异构体的一部分与 HIF-1 相互作用，以促进专门用于低氧适应的基因的转录[42, 43]。其中，HIF-1 转录 LDHA 将丙酮酸转化为乳酸并再生 NAD$^+$，以维持糖酵解途径；GLUT1 使葡萄糖在细胞内运输；PKM2 是氧化代谢的负调控因子，而 VEGFA 则促进血管生成[44, 45]。

通过影响 OXPHOS 功能，mtDNA 突变被证明可以对癌细胞的代谢产生调节作用，并影响缺氧适应（图 17-4）。传统上，人们直观地认为，mtDNA 突变通过减慢呼吸链反应和减少耗氧量，以支持癌细胞忍受细胞外缺氧，因为能量需求可能由升高的糖酵解提供。事实上，MT-ATP6 中的同质 m.8993 T＞G 突变被证实通过降低 OXPHOS 活性和耗氧率而具有选择性优势[46]。此外，MT-ND2 中的 m.4776 G＞A 突变通过增加活性氧的产生从而与 HIF-1 的激活有关[47]。事实上，活性氧被认为可通过 Akt 的激活触发 HIF1A 的转录[48]（图 17-4）。

即使细胞可以适应在低氧张力下生存，但缺氧也意味着营养物质的匮乏。因此需要建立血管以维持增殖，而缺乏功能性的 OXPHOS 可能会妨碍这一过程。已有研究表明，缺氧适应需要呼吸链的结构完整性[17]。特别是严重的 mtDNA 突变，如 MT-ND1 中的同质性 m.3571insC 突变，会阻止 HIF-1 信号的传递，此后复合体 I 的解体会诱发 NADH 和 α- 酮戊二酸（α-ketoglutarate，α-KG）的积累。后者增加了 PHD 与氧气结合的亲和力，导致 HIF-1α 即使在缺氧条件下也能降解。因此，复合物 I 的严重损伤阻止了缺氧适应，矛盾的是也阻止了 Warburg 效应的激活[30, 49]，最终减少了肿瘤的进展[17, 18, 49]。为了支持这一观点，尽管有 VHL 突变，但 MT-CO1 中影响呼吸链的复合体 Ⅳ 的同质性终止密码子获得型 m.6129 G＞A 突变，与 HIF-1 功能障碍有关[50]。

（三）线粒体 DNA 突变和转移性进展

转移进展是一个复杂的过程，只有最适合、可塑性最强的癌细胞，能够迅速适应不同的环境压力，才能在这种磨难中生存下来。转移阶段包括癌细胞入侵和内渗，在血液循环中生存、外渗和在远处组织中筑巢。显然，在这些阶段中的每一个阶段，潜在的转移性癌细胞周围的环境条件是相当不同的。例如，穿越基底膜和侵入需要高能量的供应以维持细胞的运动；在血液循环中生存需要适应高氧环境，这与原发性固体肿块中狭窄的缺氧环境完全不同。

根据其类型和突变负荷，mtDNA 突变被认为可以促进或阻止转移过程。导致轻度复合体 I 功能障碍的突变通常被认为是原发性的，因为它们可能诱发线粒体活性氧产生的增加，维持癌细胞的外渗[51, 52]（图 17-4）。事实上，只要活性氧没有达到细胞毒性的浓度，增加的活性氧水平就会支持转移性进展[53-56]。例如，Ishikawa 等描述的 MT-ND6 突变中的 m.13997 G＞A，被证明是通过提高活性氧的产生和促进 HIF-1 的激活来诱导转移性的[52]。另外，严重的 mtDNA 突变导致呼吸链复合体的分解和随后主要的活性氧产生点的缺乏，与转移潜力的降低有关[17, 18]。

mtDNA 突变也参与了通过活性氧独立机制促进转移的过程。例如，MT-TL2 中的 m.12308 A＞G 与 Akt 的过度磷酸化和 E-cadherin 的抑制有关，这是癌细胞上皮 – 间质转化（epithelial to mesenchymal transition，EMT）的关键步骤，是转移所必需的，尤其是在与脱离原发肿瘤有关的早期阶段[57, 58]。同样，携带 MT-ND3 的 m.10398 G＞A 突变的细胞群显示出通过激活 Akt 途径增加对细胞凋亡的抵抗力，而这是转移过程的必经之路[59, 60]。另外，由于循环肿瘤细胞的生存和转移龛的建立需要氧化代谢[61]，上皮 – 间质转化表型也被报道为依赖于线粒体功能[62]，所以高度的损害 OXPHOS 的致病性 mtDNA 突变与转移能力的降低有关[18]。

转移龛是指远离原发肿瘤的部位，这些部位通常被改造成有利于癌细胞浸润和转移定植的巢穴。这一过程被称为"龛的预处理"，与代谢变化有关，如正常组织的葡萄糖摄取减少，以增加龛内营养浓度[63]。在这种情况下，使癌细胞具有 Warburg 特征的 mtDNA 突变，可能是激活转移部位预处理所需机制的关键。有趣的是，一项关于乳腺癌细胞系的研究显示，mtDNA 突变能够促进一种高度糖酵解的新陈代谢，从而赋予肿瘤细胞更为侵袭性行为。特别是转移性和非转移性乳腺癌细胞系之间的比较显示，转移性乳腺癌细胞系中存在两个致病性错义 mtDNA 突变，即 MT-ND4 基因的 m.12084C＞T 突变和 MT-ND5 基因的 m.13966 A＞G 突变，这有助于降低复合体Ⅰ活性和增加乳酸产生，两者都是 Warburg 表型的特征[64]。

另外，面对远处组织的定植，癌细胞亚群的传播需要高能量消耗，这使癌细胞相互转换其能量状态的能力成为一个基本特征。因此，混合表型，即细胞同时使用糖酵解和 OXPHOS，这有助于增强肿瘤的代谢可塑性和增强转移潜力[65]，这意味着在这种情况下，严重的线粒体损伤也是不利的。与这一结论相一致的是，据报道，由于缺乏适当的 OXPHOS 活性，mtDNA 耗尽的细胞具有降低转移的能力[66]。

三、进展性实体瘤中严重致病线粒体 DNA 突变的命运

如上所述，大约 60% 的实体瘤都有 mtDNA 突变。目前的 Meta 分析暗示，随机漂移和宽松的净化选择是某些类型癌症中同义或轻度错义 mtDNA 突变积累的可能机制[6, 67–69]。偶尔也有报道积极的 mtDNA 选择的证据，如在肝细胞癌、结肠直肠癌和乳腺癌中发现的体细胞错义突变的情况[70, 71]。的确，一些 mtDNA 突变可能在肿瘤组织中被选择，因为它们在适应环境压力的情况下具有有益的作用。然而，目前大多数文献都认为致病性 mtDNA 突变是从实体癌中纯化出来的。特别是，严重影响电子传递链功能的破坏性 mtDNA 突变，通常被负向选择[6, 13, 15]。必须指出的是，这种突变可能在低的、亚功能的异质体水平上持续存在，因为在这种状态下，它们没有表现出表型效应[6, 13]（图 17–1）。因此，如果在微环境不断变化的某些阶段，由于放松了负选择而失去了净化选择，严重的突变可能在罕见的情况下成为同质性的[70, 72]。然而，实际上这种同质性的影响有可能成为恶性进展的不利因素。事实上，据报道，肾脏嗜铬细胞和甲状腺肿瘤积累了较多的非同义 mtDNA 变体，与其他肿瘤相比，其恶性程度通常较低[73, 74]，与嗜酸细胞瘤的例子类似（见"嗜酸细胞瘤的线粒体 DNA 突变：规则中的一个例外"）。在这里，我们描述了严重 mtDNA 突变纯化背后的生物学过程，解决了癌细胞在这种损害持续存在时所采取的补偿机制，并讨论了从高致病性 mtDNA 突变在癌细胞中积累的罕见例子中吸取的教训。

（一）癌症线粒体 DNA 突变的选择和纯化背后的分子机制

为了防止肿瘤中严重的 mtDNA 突变的积累，被选择的癌细胞采用了一些机制来维持低异质性水平或完全净化线粒体损伤。这些机制之一是通过 PGC-1α 协调的线粒体生物生成的增加来维持高 mtDNA 拷贝数。这是一个普遍、进化保守的机制，以保持低水平的突变 mtDNA 分子，并防止其破坏性的表型效应，并且也由癌细胞实施[75]。然而，癌症的发展可能涉及调节 mtDNA 拷贝数过程中的内源性和外源性扰动，

导致 mtDNA 突变丰度。例如，D-loop 区域内的 mtDNA 突变可能会导致 mtDNA 拷贝数的减少，而这可能有利于突变型和野生型 mtDNA 分子之间比例的增加。D-loop 容易积累突变与肝细胞癌中 mtDNA 含量的减少有关[76, 77]。此外，*MT-TL1* 中 m.3234 A>G 同源错义突变的丰度已被认为是细胞杂交模型中线粒体基因组耗竭的结果[78]。在少数情况下，mtDNA 突变的高突变负荷与 mtDNA 拷贝数的升高有关，但更多的是在良性肿瘤中报道，并被假设为抵消能量耗竭的一种补偿机制[79, 80]。因此，拷贝数的变化可能是一个原因，但也是体细胞 mtDNA 突变积累的结果，与肿瘤发生和肿瘤发展过程中遇到的代谢限制密切相关。

线粒体的生物生成被自噬性定向——线粒体降解——线粒体所抵消，这是一种质量控制机制，降解有缺陷的线粒体，以预先提供能量能力并维持细胞稳态[81]。尽管自噬的作用在癌症方面仍有争议，但有证据表明功能性的线粒体吞噬机制似乎是维持致瘤潜力所必需的。特别是在非小细胞肺癌的小鼠模型中，由于有缺陷的线粒体的

积累，有丝分裂的缺乏抑制了肿瘤的生长，将侵袭性腺癌转化为良性肿瘤[82]。

有丝分裂作为一个质量控制过程，在线粒体裂变后被激活，这不仅增加了细胞器的数量，而且使 mtDNA 分子分区，影响野生型与突变型分子的分布，从而影响突变的选择 / 净化。正如 *MT-TL1* 中携带不同水平 m.3243 A>G 突变的同基因诱导多能干细胞所证明的那样，线粒体膜电位下降的信号发生在线粒体中。膜电位下降是线粒体发生功能障碍的信号，刺激裂变和通过有丝分裂清除受损的线粒体[83, 84]。根据细胞的能量和代谢物需求，裂变与融合（线粒体合并）相平衡（图 17-6），维持低突变体负荷状态，防止致病性 mtDNA 突变的积累[85]。

另一个与癌症中线粒体损伤积累有关的机制是大面积 mtDNA 缺失的现象。一些研究将常见的 4977bp 缺失与癌症联系起来[86]。最有可能的是，由于线粒体的复制与核分裂脱钩，高增殖率可能诱发优先选择和扩增缺失的 mtDNA 分子，因为携带致病性大片段缺失的 mtDNA 大小减少，可能导致更快的复制速度，给细胞带来选择优

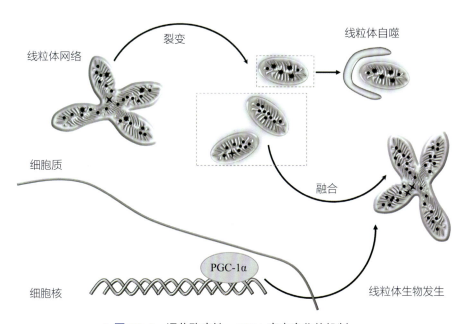

▲ 图 17-6　调节致病性 mtDNA 突变净化的机制

有丝分裂参与清除受损的线粒体，这是一个由细胞器分裂（裂变）引发的过程。健康线粒体的融合与受 PGC-1α 调控的线粒体生物生成一起，确保了维持低突变体负荷所需的高 mtDNA 拷贝数

势[86-88]。然而，值得注意的是，这种常见的缺失从未在同质性中发现，甚至在良性肿瘤中也没有发现，这强烈表明这种损伤对癌症是不利的。

（二）克服线粒体功能紊乱的补偿机制

实体瘤优先保留功能性线粒体的事实也很明显，研究报告中了癌细胞中选择的适应性过程来补偿现有的线粒体损伤。除了上一节讨论的线粒体生物生成和有丝分裂吞噬之间的平衡外，还有证据表明，癌细胞还采取了一些其他机制来平衡与 mtDNA 突变有关的线粒体损伤。

一个耐人寻味的发现是细胞间的 mtDNA 交换，即所谓的水平 mtDNA 转移，被认为是一种进化的生理机制，细胞和组织通过这种机制调节其 mtDNA 异质状态并恢复线粒体功能[89, 90]，在本书的其他部分进行了详细描述。事实上，整个细胞器的交换已被证明发生在肿瘤微环境的细胞和肿瘤细胞之间，以支持癌症的发展和（或）治疗抗性[91]。特别是，横向转移通常发生在肿瘤和常驻组织的间充质干细胞之间，以拯救具有耗尽或突变的 mtDNA 的癌细胞的线粒体功能[92, 93]。有趣的是，在分化程度较低的细胞中观察到更成功的细胞器交换[41]。该过程与有丝分裂活动相关，即需要吸收健康的线粒体以确保清除有缺陷的细胞器[41, 94]。然而，需要注意的是，在存在严重损伤的线粒体的情况下，转移可能会发生，但在携带致病性 mtDNA 突变的细胞中却不会发生，这就留下了一些有待进一步研究的问题[95]。

值得注意的是，除了从周围的基质中吸收 mtDNA 分子外，具有严重线粒体缺陷的癌细胞还与其他微环境介导的生存机制有关，例如那些由肿瘤相关的巨噬细胞介导的机制[96]。事实上，癌症代谢被认为是免疫肿瘤学的决定性因素之一[97]，最近线粒体的功能代谢被认为是黑色素瘤患者对免疫疗法适当反应的关键[98]，这表明 mtDNA 突变可能在这种情况下发挥了作用。

另一个在线粒体受损的情况下激活的补偿机制的例子是谷氨酰胺代谢的重构，这在确保癌细胞生存所需的代谢可塑性方面通常至关重要。为了促进线粒体内大分子生物合成的谷氨酰胺氧化，OXPHOS 功能在快速增殖的细胞中是必需的[99]。然而，如果影响 OXPHOS 的 mtDNA 突变在体细胞水平上固定下来，癌细胞可能会进行代谢适应，以补偿严重的线粒体功能障碍，确保肿瘤的生存。例如，在遭受线粒体损伤的癌细胞中，谷氨酰胺的还原性羧化或反向三羧酸循环被激活，以支持脂质的生物合成[39]。这是一个通过异柠檬酸脱氢酶 1 和 2（IDH1 和 IDH2，分别是细胞膜和线粒体的异构体）在非经典的反向反应中消耗 NADPH，使谷氨酰胺衍生的 α-KG 被还原，形成柠檬酸盐的过程[39]。然后，这个柠檬酸盐池中的大量柠檬酸盐被带入细胞膜，以产生用于脂肪酸合成的乙酰 CoA 和用于无细胞途径的草酰乙酸，以保证生产其余三羧酸循环代谢物和相关大分子前体（如天门冬氨酸）所需的四碳间介体。

（三）嗜酸细胞瘤的线粒体 DNA 突变：规则中的一个例外

嗜酸细胞瘤产生于内分泌和外分泌组织，属于上皮源性肿瘤，特点是细胞肿胀，细胞质大，充满缺陷的线粒体[100]。嗜酸细胞或"肿瘤细胞"在组织学上表现为小核和高度嗜酸性的颗粒状细胞质，通常通过苏木精和伊红染色显示。在透射电镜下，由于线粒体电位的丧失和线粒体嵴的异常，肿瘤细胞中的线粒体呈现低电子密度[101]。这些肿瘤最突出的形态特征是线粒体的异常增生，这很可能是能量危机引起的代偿作用的结果，可能是由线粒体 – 细胞核的逆行信号传导介导的[102-104]。

嗜酸细胞瘤是唯一高频率、高突变负荷的严重致病性突变的肿瘤，为致病性 mtDNA 突变在癌症中逃避净化选择提供了一个不寻常的例子[15]。特别是，它们往往在编码复合体 I 亚单位的基因中隐藏着高损伤性、框架转移或停止增益的 mtDNA 突变，甚至在同质性中也是如此，从而达到损伤呼吸性复合体 I 损伤而抑制 OXPHOS 的表型效应[13, 15]。这似乎与目前公认的观点相反，即癌细胞中严重的线粒体损伤会导致死亡。

然而，该观点只是表面现象，因为具有同质致病性 mtDNA 突变的肿瘤是良性的，如肾脏肿瘤的情况[105]。事实上，通过将严重的 mtDNA 损伤与惰性表型联系起来，嗜酸细胞瘤是引发功能研究的线索之一，证明了严重的 mtDNA 突变的抗肿瘤作用[16-18, 103]。特别是，在高度侵袭性的骨肉瘤模型中引入嗜酸细胞瘤特异性的 m.357einsC 突变，不仅引起明显的嗜酸细胞表型的发展，而且还大大降低了肿瘤基因的潜力[18]，其中一个原因是缺乏 HIF-1 的激活[49, 106]。

重要的是要认识到，即使癌细胞表型通常与低增殖指数有关，但应该区分以下定义：①嗜酸细胞瘤（oncocytoma）：良性病变；②嗜酸细胞瘤（oncocytic tumor）：任何具有线粒体过度增殖的肿瘤，也包括恶性病变（癌）。例如，在肾脏、腮腺和垂体方面的肿瘤通常被认为是良性肿瘤，而以线粒体增生为特征的甲状腺肿瘤可能表现出不同程度的侵略性[107]。这可能是由于这些肿瘤中发生的 mtDNA 突变的性质和程度不同。事实上，甲状腺肿瘤的体细胞 mtDNA 突变在大约 50% 的患者中发现。据报道，这些突变多为错义氨基酸替换，而非框架移位或停止增益突变，且多为异质性突变，尽管肿瘤的异质性使其难以精确评估异质性状态[105, 108, 109]。另外，肾嗜酸细胞瘤的体细胞 mtDNA 突变更多是严重的，而且几乎完全是同质的。同样，腮腺肿瘤性病变的 mtDNA 含量较高，与影响复合体 I 的严重mtDNA 突变有关[106, 109]。

迄今为止，大多数肿瘤被报道为散发性，携带体细胞 mtDNA 突变，突变程度不同。家族性病例偶有发生[110-112]，有时遗传破坏性 mtDNA 突变仅在嗜酸细胞瘤组织中转向同质化[7, 113]。嗜酸细胞瘤中 mtDNA 突变向同质化转变的机制尚不清楚。最有可能的假设是，由于肿瘤发展的某些阶段允许放松的负选择而导致的随机漂移[68]，或者有丝分裂机制的潜在损伤[114, 115]，最终可能导致受损线粒体积累的类似短路现象，阻止进一步发展为恶性。

四、癌症相关的线粒体 DNA 突变的临床潜力

目前，还没有可用的标准化的临床方案来利用癌症中 mtDNA 突变的信息。然而，由于它们在许多肿瘤中的频率很高，这些变异体有可能被用作癌症患者诊断和临床管理的标志物，这将在下文中讨论。

（一）线粒体 DNA 变异和癌症治疗

1. 化学疗法　mtDNA 突变在化疗抗性中具有双重作用。一方面，它们可能由于化疗药物的作用而产生，另一方面，它们已被证明在获得化疗抵抗本身中起作用[116, 117]。

例如，一项包括 20 名白血病患者的研究发现，与未接受治疗的患者相比，接受以氟达拉滨 / 烷化剂为基础的 6 个月化疗方案的病例中，带有氨基酸改变的异质变体的突变率较高[118]。由于体内分析的复杂性，无法确定突变数量的增加是化疗引起的 DNA 损伤的直接后果，还是由治疗产生的活性氧介导的，但两种情况都有可能在体内发生。考虑到未经治疗的患者往往有较低的异质体和同质体突变率，在治疗对象中观察到的高频率的异质体突变更有可能与化疗直接相关。

此外，同一研究报告称，与对治疗有反应的患者相比，无反应患者的突变率更高，这表明除了是化疗的结果外，mtDNA 突变可能在获得化疗抗性方面起作用。在这种情况下，mtDNA 突变的选择可能是由于其在克服化疗相关的选择压力方面的优势，例如，在线粒体电子传递链的功能改变导致活性氧增加。事实上，从正常肠上皮细胞产生的 Rho0 细胞，去除了 mtDNA，与它们的亲代相比，对顺铂的抗性增加了 4～5 倍，这意味着线粒体损伤可能导致化疗抗性[119]。同样，Singh 等报道，缺乏 mtDNA 的 Rho0 细胞对阿霉素和光化学疗法有抗性，而同源的野生型细胞系则很敏感[116]。此外，在胰腺癌中发现的携带mtDNA 突变的细胞株被证明比野生型对照组生长更慢，并对氟尿嘧啶和顺铂治疗产生抗性[120]。

所有这些结果表明，线粒体损伤可能参与了对癌症治疗药物的抗性获得[116]。然而，尽管有大量文献指出线粒体代谢的重编程与化疗反应之间存在关联，但这种关系的性质仍有争议，并不能在所有的癌症背景下通用。例如，癌细胞的氧化代谢与化疗抗性和化疗敏感性的增强都有关系[121-125]。考虑到各种肿瘤亚型、个体之间，甚至同一肿瘤内部对治疗反应的异质性，这并不令人惊讶。由于这种异质性，很难确定mtDNA突变在多大程度上可以起到改变化疗反应的作用。事实上，尽管mtDNA的突变是癌细胞中常见的事件，但很少有人知晓它们在化疗中的作用，这主要是由于缺乏功能性研究。当然，mtDNA变异可能参与代谢重编程，因为致病性突变可能通过线粒体功能失调激活线粒体至细胞核的信号，促进癌细胞生物能量谱的重构[123]。例如，代谢转换与MT-CO1 mtDNA突变，以及肺癌细胞对PI3K/mTOR抑制药的抗性获得有关[126]。

有趣的是，常用的顺铂在线粒体中积累导致mtDNA受损[127]，并诱导mtDNA中比核基因组中更广泛的加合物形成，导致新发突变（de novo）和线粒体功能的损害[128]。特别是，头颈部鳞状细胞癌细胞中顺铂加合物的形成在mtDNA中比核DNA高300～500倍[129]。此外，A549非小细胞肺癌细胞系暴露于顺铂后诱发的化疗抵抗与复合体Ⅰ基因MT-ND2的非同义突变的异质性转变有关[130]。正如作者所说，这种转变伴随着线粒体生物生成增加的补偿机制，可能是由顺铂耐药细胞中PGC-1α和PGC-1β的上调所介导的[130]。同样，在一项关于妇科癌症细胞系的研究中，顺铂被证明能诱导MT-ND5和MT-CO2的mtDNA突变[131]。这些顺铂诱导的严重的mtDNA突变导致线粒体呼吸功能下降，使细胞的攻击性降低，增殖能力下降，无法迁移和入侵。这可能代表了在化疗药物作用于增殖细胞（如紫杉醇，一种微管稳定剂）的情况下，癌细胞生存的选择性进展[132]。相反，一项关于小细胞肺癌细胞系的研究发现，H446和同源抗性细胞系的线粒体基因组没有差异，但在乳酸和活性氧生成方面有差异，这表明线粒体功能障碍参与了抗性表型的形成[133]。

在过去的10年中，偶尔有一些关于患者组织的报告，分析了化疗和mtDNA突变之间的关系。在一例化疗后残余浆液性卵巢癌患者，在化疗耐药组织中发现了MT-ND4基因中一个新的错义突变m.10875 T>C与肿瘤细胞表型相关。这种新型突变随机发生或由卡铂诱导，可能决定了一种能量缺陷，促进了对紫杉醇的抗性，直到达到复合体Ⅰ破坏的阈值，然后很可能造成低增殖的肿瘤细胞表型。矛盾的是，更静止、非侵入性的特征是抵抗卡铂和紫杉醇的一个优势，而卡铂和紫杉醇确实会影响活跃分裂的细胞[134]。

综上所述，上述所有的研究都指出了致病性mtDNA突变与化疗抗性之间的相关性。然而，有证据表明，就功能性OXPHOS而言，化疗抵抗与线粒体代谢的维持有关。在这种情况下，最近出现的线粒体水平转移领域有一个有趣的见解[135]，通过该领域，癌细胞从肿瘤微环境中的非转化细胞中获得mtDNA[93]，导致线粒体呼吸功能的增强或恢复[92, 95]，从凋亡细胞的死亡中得到拯救[136]和化疗抗性的发展[137]。特别是，据报道，这种转移发生在内皮细胞到乳腺癌和卵巢癌细胞之间，与阿霉素的耐药性有关，从周围正常组织向凋亡的嗜铬细胞瘤细胞转移，这些细胞在紫外线照射下能够存活，以及在免疫缺陷的小鼠异种移植模型中，线粒体从骨髓基质细胞到人类白血病起始细胞的交换提供了在化疗治疗下的生存优势[138]。此外，在乳腺癌中，来自细胞外囊泡的mtDNA的水平转换导致治疗诱导的癌症干细胞脱离休眠状态，并导致对依赖OXPHOS的激素治疗的抵抗[66]。因此，与大多数早期文献（将mtDNA突变与化疗抗性联系起来）相反，通过纳米管转移获得健康线粒体的癌细胞似乎对几种化疗药物显示出较低的敏感性，这与在癌症干细胞和原发性/获得性化疗抗性背景下描述的OXPHOS依赖性相一致[139-141]。目前还不清楚这些影响是仅仅由于获得的 mtDNA，还是由于从健康线粒体转移的整个呼吸蛋白。事实上，需要注意的是，一项研究表明，线粒体从人类间质细胞转移到人类骨肉瘤 143B 衍生的 Rho0 细胞是可能的，但如果受体细胞携带致病的 mtDNA 突变则不可能，这表明具有严重 mtDNA 突变的癌细胞吸收外来线粒体以恢复其表型的能力较弱[95]。这意味着，不是 mtDNA，而是细胞器本身负责代谢救援和化疗抗性的发展。

一般来说，需要进一步和更详细的临床研究来确定 mtDNA 突变在化疗中的预后作用，这很可能对所涉及的药物、肿瘤类型和突变具有特异性。尽管如此，考虑到体外和离体数据，可以设想化疗可能诱导 mtDNA 变异，进而影响对治疗的反应。特别是，可以假设以下情况：①由于化疗药物的作用（ROS 诱导的直接 DNA 损伤或次级效应），可能会产生突变，如果它提供了选择性优势，则在化疗期间会被选择；②在化疗期间可能会选择癌症细胞中最初存在的非常低的异质性突变。然而，正如线粒体转移实验所表明的那样，并不能排除线粒体损伤在某些情况下对抑制化疗的癌症细胞不利的可能。此外，mtDNA 突变可能导致 ROS 浓度过高，增强化疗药物本身产生 ROS 的作用，导致细胞抗氧化能力耗尽和细胞凋亡[142, 143]。与后一种假设一致，因为"多药耐药"（MDR）是一个依赖于 ATP 的过程，是由 ATP 结合盒（ATP-binding cassette，ABC）蛋白的过度表达驱动的，该蛋白将化疗药物从细胞中挤出，使其存活[144]，可以设想，影响细胞能量含量的 mtDNA 突变可能会使癌症细胞对化疗敏感。

2. 放射疗法　电离辐射（ionizing radiation，IR）是最常用的癌症治疗方案之一，会造成细胞损伤。据报道，线粒体参与了下游的辐照效应[145, 146]，但 mtDNA 突变的确切作用仍不清楚。例如，通过分析曾经接受过放射治疗的儿童白血病的妇女组织，没有证据放疗与较高的 mtDNA 突变率有关[147]。此外，据报道，骨肉瘤 Rho0 和亲代细胞系之间对辐射的敏感性没有差异[148]。相反，正如已经讨论过的化疗对 mtDNA 突变的影响，有迹象表明它们既可能由放疗引起，也可能影响其结果。特别是在接受放疗的癌症患者中观察到点突变和缺失的数量增加[149]，而在治疗后的头颈部癌症患者中报告了 mtDNA 含量下降[150]。一方面，线粒体功能障碍与 mtDNA 缺失细胞的辐射敏感性增加有关，因为与野生型对照组相比，它们在体内显示出受照射肿瘤的再生长延迟[151]。另一方面，胰腺癌 Rho0 细胞和成纤维细胞 Rho0 细胞被证明比亲代细胞系更具有抗辐射性[152]，这意味着线粒体损伤对辐射敏感性的影响可能是双重的，取决于不同的情况。

影响放射敏感性的一个重要因素是细胞内氧含量。同一肿瘤内的氧合水平从一个区域到另一个区域是高度可变的，并且可以随着时间的推移而改变。事实上，缺氧会大大降低电离辐射所造成的损伤的疗效，导致肿瘤反应降低，总生存率下降[153-155]。在放疗中，辐射的主要作用是产生活性氧，不可逆转地损伤肿瘤细胞 DNA，导致细胞凋亡和细胞死亡[154]。产生这种效应的原因是，氧作为细胞中最有电子的分子，与电离辐射产生的病变（DNA 中的自由基）反应极为迅速，使损伤永久化。在没有氧气的情况下，自由基损伤可以恢复到未受损伤的形式，使电离辐射在杀死缺氧细胞方面没有效果[156]。20 世纪 50 年代，Gray 等进行的实验表明，与无氧细胞相比，杀死缺氧细胞需要 3 倍的辐射剂量[153]，因此，由于正常组织对辐射的耐受性有限，一般不可能在临床实践中使用所需剂量。放射后，低氧化性肿瘤细胞可能持续存在，然后进行分裂，导致肿瘤持续存在，形成放疗抗性[157]。在这种情况下，致病的 mtDNA 突变，如导致复合体 I 破坏和耗氧量减少的突变[17, 158]，由于细胞内氧的供应量增加，可能使癌细胞对放疗的敏感性提高。总之，关于 mtDNA 突变如何影响癌细胞对放疗的反应，目前还没有明确的证据，因为线粒体功能障碍与获得抗性和对这种治疗的更大反应都有关系。因此 mtDNA 突变在放疗方面的临床应用仍然相当有限。

3. 基于线粒体功能状态的癌症治疗干预措施 从癌症化疗和放疗中的 mtDNA 突变分析中收集的信息，可能为开发辅助治疗策略提供线索。例如，通过抑制葡萄糖摄取来靶向糖酵解可能是一种潜在的策略，适用于 OXPHOS 功能障碍的肿瘤[159] 或具有破坏性 mtDNA 突变、迫使细胞依赖糖酵解的耐化疗癌症。在这种情况下，有几种阻断葡萄糖摄取的小分子可以利用，包括 fasentin、phloretin、STF-31 和 WZB117[160]。同样，谷氨酰胺代谢干预药物，如目前正在进行临床试验的谷氨酰胺酶（glutaminase，GLS）抑制药[36, 161, 162]，可能对有 mtDNA 损伤的癌症更有效。最后，在 mtDNA 突变与化疗敏感性或肿瘤生长减少相关的肿瘤类型中，靶向 OXPHOS 可能被设想为一种辅助策略，这表明在这种情况下线粒体损伤的易感性。研究最多的针对线粒体的抗癌药物是二甲双胍，一种用于减少糖代谢的 II 型糖尿病药物。它能抑制活性氧的产生和复合体 I 的活性[163, 164]，激活单磷酸腺苷活化蛋白激酶（adenosine monophosphate activated protein kinase，AMPK），导致 mTORC1 受到抑制，从而减少蛋白质合成和抑制细胞增殖[165]，并减少 HIF-1 信号传导[166]。

据报道，二甲双胍对 OXPHOS 的药理损害可提高放疗和化疗的疗效。这些研究与线粒体转移相关的实验相一致，表明 OXPHOS 功能促进抵抗性。同样，体外研究指出，二甲双胍与放疗的结合，可以增加癌细胞的放射敏感性[167-170]。许多研究指出，二甲双胍和传统化疗的组合是临床上的首选治疗方案，可以加速不同类型癌症的肿瘤消退[171]，如结直肠癌、肝癌、胃癌、卵巢癌、子宫内膜癌、胰腺癌、乳腺癌、前列腺癌、肺癌（回顾见文献 [172]）。然而，结果是多样的，取决于药物组合和癌症类型。此外，需要注意的是，大量的研究报告指出，二甲双胍的积极作用不是由于线粒体复合体 I 的抑制，而是由于与化疗药物结合的其他不良反应[172]。这一证据导致了目前正在进行的几项临床试验，这些试验尝试了解在标准化疗中加入二甲双胍是否能改善无进展生存期[172] 和总生存率。

除二甲双胍外，其他线粒体靶向药物，包括阿托伐醌、三氧化二砷、ME344 和非诺贝特，都显示可以增强放射治疗或化学治疗的效果[173]。因此，可以通过寻找标志物（如 mtDNA 突变）来确定癌症的代谢特征，并可以通过识别对 OXPHOS 抑制内在敏感的肿块来改善癌症患者的管理。

（二）癌症特异性线粒体 DNA 突变作为肿瘤进展的标志物

在同时检测到肿瘤病变的情况下，评估这些病变是独立产生的还是转移性传播的结果是最基本的，以确保正确的患者管理、预后和治疗方案选择[174]。

独立 / 同步病变需要实施旨在对比两种癌症类型的治疗方案，避免因毒性增加或相关药理相互作用而对整体结果产生负面影响[174]。在克隆 / 转移性肿块的情况下，癌症阶段比两个同步的肿瘤更晚，需要选择不同的治疗方法。由于原发灶和转移灶之间的肿瘤异质性，或由于模糊的组织学特征，同时检测到的肿瘤病变的相关部分仍然难以自信地分类[175, 176]。在这些情况下，建议应用分子技术。由于 mtDNA 突变发生在大约 60% 的实体癌中，它们可能对理解克隆性有参考价值。特别是，如果在同一患者的两个不同肿瘤中检测到随机的肿瘤特异性 mtDNA 突变，则认为这些肿块是克隆性的，因为同一患者的两个独立肿瘤极不可能获得相同的体细胞 mtDNA 基因型[175, 177]。因此，mtDNA 测序可作为一种工具，帮助临床医生区分克隆性（转移性）和同步性肿块（图 17-7）。

NGS 技术是确定肿瘤特异性和 mtDNA 突变的异质水平的方法之一。它可以提高以 mtDNA 突变作为克隆性标志物的精确度，因为它可以检测低水平的异质性。另外，还可以使用荧光 PCR、变 性 高 效 液 相 色 谱（denaturing high performance liquid chromatography，dHPLC）或锁定核酸等位基因的定量 PCR，可以检测到低至 2% 的异质体水平[113, 178]。

一些研究支持 mtDNA 在癌症诊断中积累突变的高倾向的作用。例如，利用 mtDNA 评估了一系列同步和同向转移患者的原发性口腔鳞状细胞癌和淋巴结转移之间的关系，可以评估不同肿瘤克隆之间的遗传关系[179]。同样，D-loop 区的检查被用来评估原发性口腔鳞状细胞癌和手术切除后重建的皮肤移植中出现的继发性肿瘤之间的克隆关系，发现第二个肿瘤是原发病变的复发，而不是第二个原发肿瘤[180]。此外，使用 mtDNA NGS 发现口腔鳞状细胞癌，复发和转移之间的共享突变表明克隆癌细胞的起源[177]。

mtDNA 筛查在同时检测妇科病变的情况下特别有用。一项关于同时发生的子宫内膜癌和卵巢癌的研究，使用优化的 Sanger 技术对整个 mtDNA 进行测序，发现子宫内膜癌和卵巢癌都有肿瘤特异性突变，排除了这两种肿瘤的独立性，表明一半的分析病例有克隆性[176]。mtDNA 测序也被应用于识别边缘性卵巢肿瘤和腹膜病变

的单克隆来源，以追踪克隆性扩散，有力地支持了植入物的来源可能是单克隆的、来自原发肿瘤的假设[181]。此外，在一个分化良好的子宫内膜癌腹股沟淋巴结病变的女性的单一特殊病例中，mtDNA 测序被用来对腹股沟淋巴结转移提供额外的诊断确认[182]。

必须承认，mtDNA 变体不一定能区分 2 个原发和转移性疾病，因为在转移过程中，癌细胞可能获得或失去 mtDNA 变异。在这种情况下，mtDNA 变异可能在最初的克隆扩展之后出现，同一个病例中，当体细胞突变只发生在 2 个肿瘤中的一个，就不可能排除两个病变的克隆来源[176]。因此，当多个肿瘤肿块中只有一个携带突变时，mtDNA 测序不能用于检测两个肿块的独立（非克隆）起源，但当两个肿瘤肿块中存在相同的 mtDNA 突变时，可以用于推断克隆性（图 17-7）。

为了确定两个病变的明确的克隆性来源，必须确保确定的 mtDNA 突变不是生殖系来源的。因此，对 mtDNA 突变负荷的精确量化和对低水平异质体的有效检测，不仅对肿瘤肿块，而且对非肿瘤匹配对照，如血液、邻近的正常组织或唾

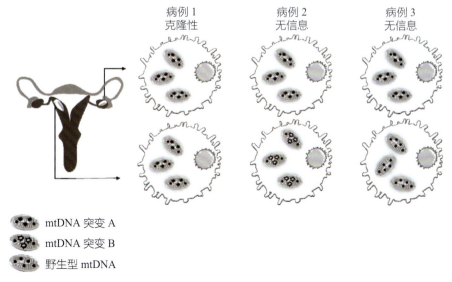

mtDNA 突变 A

mtDNA 突变 B

野生型 mtDNA

▲ 图 17-7　mtDNA 突变作为诊断卵巢癌和子宫内膜癌的克隆性标志物

当同一患者的两个肿瘤中检测到相同的私有 mtDNA 体细胞突变时，肿瘤被定义为克隆性（病例 1）。另外，如果 2 个肿块显示 2 种不同的 mtDNA 突变（病例 2）或仅在一个肿瘤中检测到 mtDNA 突变（病例 3），mtDNA 测序对推断诊断没有参考价值

液，都是至关重要的。在非肿瘤组织中不存在低水平的种系异质变体，证实它是肿瘤特异性的，如果该突变在两个肿瘤中都存在，可以推断出克隆关系。另外，如果在非肿瘤组织中发现低异质生殖系 mtDNA 突变，这种 mtDNA 突变就成为非信息性的（图 17-7）。

今天，人们认识到，治疗反应和癌症患者的生存率不仅取决于肿瘤类型，而且可能因许多仍未被确认的内部和外部因素而因人而异，从而导致个性化医疗的发展。因此，正确描述肿瘤中的分子特征是至关重要的。在这种情况下，有证据表明，mtDNA 分析可能有助于评估肿瘤的异质性，而这种异质性往往混淆了正确的患者管理。特别是基于多重 PCR 的超深度测序技术被用于整个 mtDNA 分析，以证明非小细胞肺癌的组织学异质性转移的单克隆来源[183]。尽管有不同的组织学亚型或混合组织学肿瘤，但在大多数情况下，原发肿瘤和多个病灶在个体患者的每个肿块中都有共同的 mtDNA 突变，表明是单细胞的后代和克隆关系[183]。

因此，通过定义单个肿瘤内细胞的克隆关系，或者在组织学不明确的转移性肿瘤的情况下，分析癌细胞中积累突变的线粒体倾向可能有助于理解肿瘤的异质性。

五、二代测序和生物信息学方法的启示

（一）以往的技术缺陷和错误发现

尽管肿瘤中 mtDNA 突变的频率很高，但癌症中的线粒体遗传学研究一直被核遗传学研究所掩盖。一些技术问题导致了肿瘤学界对线粒体基因组学的忽视，如：①异质体水平测量的准确性；②样本污染，这可能导致将单倍群相关变体错误地注释为癌症特异性[184]。③核线粒体序列的共同扩增，以及由此导致的将序列变化归于核或 mtDNA 的困难[185]；④缺乏正确注释致病变体的分析方法。事实上，在过去的研究中，由于缺乏良好的数据库和有效的工具来识

别非致病变体中具有重要功能的线粒体突变，导致单倍群的特定变化被描述为致病的 mtDNA 突变[184]，误将许多多态性归为癌症相关的 mtDNA 突变[186, 187]。

（二）肿瘤二代测序中线粒体 DNA 突变分析的方法学建议

临床医生和研究人员对人类线粒体基因数据的关注度越来越高。由于高通量测序技术的最新进展，以及包含大量序列和相关癌症患者元数据的公共数据库的建立，今天有了前所未有的大量遗传信息，为了解 mtDNA 变异在癌症中的作用提供了机会。

最近的研究分析了癌症患者的大型数据集，如癌症基因组图谱（The Cancer Genome Atlas，TCGA）或国际癌症基因组联盟（International Cancer Genome Consortium，ICGC），使人们可以获得大量、不断增加的来自肿瘤组织和细胞的线粒体基因组。大多数全外显子组捕获试剂盒都不包括 mtDNA 基因[188]。然而，由于这种 DNA 在人体细胞中的丰富性，可以从非目标序列中检索出一些片段。根据协议的类型，这些读数的数量往往可能足以用于线粒体变异体的检测，允许数据提取和分析[189]。事实上，这种不断增加的线粒体靶向和非靶向测序数据推动了生物信息学流程的发展，如今可用于准确注释大规模测序得出的 mtDNA 变体，定义其病理基因状态和异质性水平。

对癌症样本的适当分析包括：①区分变异体是种系还是体系；②检测变异体并确保它不是技术上的假阳性；③突变注释以排除其多态性状态；④使用优先级确定致病性状态与潜在功能的联系；⑤突变体负载评估（异质体部分）。

使用成对的肿瘤和正常组织样本对于区分体细胞和生殖细胞变异是至关重要的。此外，系统发育工具为多态性的识别提供了宝贵的支持[190]，而多年来为帮助全面了解线粒体相关疾病的发生和发展而开发的线粒体数据分析的在线资源，在与癌症相关的 mtDNA 突变注释方面也可能

是有用的。

NGS 技术和专门的生物信息学流程的发展，已经广泛改善了低水平异质性 mtDNA 变体的检测。尽管人们普遍认为它们只有在超过一定的阈值时才会产生病理作用，但低水平异质性突变的意义及其在癌症中可能的作用仍不清楚。这些可能代表了在某些情况下驱动 mtDNA 的遗传变异的倾向性。此外，根据计算模型，正向选择并不是一个达到低频异质突变的扩增和固定必要的过程，表明漂移是一种可能的机制[68, 191]。

（三）大数据对已知的癌症线粒体 DNA 突变的影响

根据对大型数据库的研究，有报道称 60% 的实体癌带有一个或多个 mtDNA 变异[6, 192]。在不同的癌症类型中，变异的数量是不均匀的，它们的患病率和丰度与致病性相一致；编码基因的严重突变（无义和框移）不太常见，而调节区的变异则更常见[24, 192]。很大一部分错义核苷酸的变化被证明是选择性中性的，并且经常随着时间的推移向同质化漂移。相反，损伤性变体经历了负选择并保持异质性[6]。出乎意料的是，据报道，体细胞替换主要是 C>T 和 T>C 的转换，并不遵循与氧化损伤相关的模式[24, 192]。相反，这种模式意味着癌症中的大多数 mtDNA 突变是由于复制错误引起的[6]。

然而，到目前为止，使用大数据集还不足以完全理解 mtDNA 突变在肿瘤形成和转移中的作用，但是它可以研究核与线粒体突变概况之间的相关性，以确定特定癌症类型中的相互作用[193]。

正如上文所讨论的，癌细胞的 mtDNA 变异可能参与了肿瘤发展过程中细胞代谢对压力环境的适应性。在这种情况下，整合不同的数据类型，如序列变异、基因表达和对表型的影响，被认为是探明 mtDNA 变异意义的最有前途的研究领域[194]。

研究展望

今天我们可以承认，线粒体基因组不再被忽视。新技术的发展和 Meta 数据分析方面的共同努力，使新出现的文献报道了关于癌症中 mtDNA 突变的新见解。此外，特定的功能研究指出了线粒体基因的双刃剑作用，不同的突变类型可能对肿瘤进展产生相反的作用，从而在肿瘤学中产生了一个新的定义——癌基因。然而，我们仍然远远没有理解线粒体生物学、癌症异质性及其十字路口背后的所有复杂性。需要进一步的功能研究来阐明癌症中 mtDNA 突变的许多上下文依赖性作用。在这里，我们阐述了一些令人兴奋的新方面，如水平线粒体转移和癌症免疫抑制与新陈代谢。这项研究和类似的研究有望很快使人们清楚地了解 mtDNA 突变在临床环境中的潜在用途，特别是在根据癌症代谢表型对患者进行分类的背景下。

参考文献

[1] Wallace DC. Mitochondrial diseases in man and mouse. Science 1999;283(5407):1482 8. Available from: https://doi.org/10.1126/science.283.5407.1482.

[2] Polyak K, Li Y, Zhu H, et al. Somatic mutations of the mitochondrial genome in human colorectal tumours. Nat Genet 1998;20(3):291-3. Available from: https://doi.org/10.1038/3108.

[3] Brandon M, Baldi P, Wallace DC. Mitochondrial mutations in cancer. Oncogene 2006;25(34):4647-62. Available from: https://doi.org/10.1038/sj.onc.1209607.

[4] Lu J, Sharma LK, Bai Y. Implications of mitochondrial DNA mutations and mitochondrial dysfunction in tumorigenesis. Cell Res 2009;19(7):802-15. Available from: https://doi.org/10.1038/cr.2009.69.

[5] Larman TC, DePalma SR, Hadjipanayis AG, et al. Spectrum of somatic mitochondrial mutations in five cancers. Proc Natl Acad Sci U S A 2012;109(35):14087-91. Available from: https://doi.org/10.1073/pnas.1211502109.

[6] Ju YS, Alexandrov LB, Gerstung M, et al. Origins and functional consequences of somatic mitochondrial DNA mutations in human cancer. Elife. 2014;3. Available from: https://doi.org/10.7554/

eLife.02935.

[7] Gasparre G, Iommarini L, Porcelli AM, et al. An inherited mitochondrial DNA disruptive mutation shifts to homoplasmy in oncocytic tumor cells. Hum Mutat 2009;30(3):391-6. Available from: https://doi.org/10.1002/humu.20870.

[8] He Y, Wu J, Dressman DC, et al. Heteroplasmic mitochondrial DNA mutations in normal and tumour cells. Nature 2010; 464 (7288):610-14. Available from: https://doi.org/10.1038/nature08802.

[9] Tuppen HAL, Blakely EL, Turnbull DM, Taylor RW. Mitochondrial DNA mutations and human disease. Biochim Biophys Acta 2010;1797(2):113-28. Available from: https://doi.org/10.1016/j.bbabio.2009.09.005.

[10] Chatterjee A, Mambo E, Sidransky D. Mitochondrial DNA mutations in human cancer. Oncogene 2006;25(34):4663-74. Available from: https://doi.org/10.1038/sj.onc.1209604.

[11] Boesch P, Weber-Lotfi F, Ibrahim N, et al. DNA repair in organelles: pathways, organization, regulation, relevance in disease and aging. Biochim Biophys Acta 2011; 1813(1): 186-200. Available from: https://doi.org/10.1016/j.bbamcr. 2010. 10. 002.

[12] Cline SD. Mitochondrial DNA damage and its consequences for mitochondrial gene expression. Biochim Biophys Acta 2012; 1819(9-10):979-91. Available from: https://doi.org/ 10.1016/j.bbagrm.2012.06.002.

[13] Iommarini L, Calvaruso MA, Kurelac I, Gasparre G, Porcelli AM. Complex I impairment in mitochondrial diseases and cancer: parallel roads leading to different outcomes. Int J Biochem Cell Biol 2013;45 (1):47-63. Available from: https://doi.org/10.1016/j.biocel.2012.05.016.

[14] Liu J, Wang L-D, Sun Y-B, et al. Deciphering the signature of selective constraints on cancerous mitochondrial genome. Mol Biol Evol 2012;29(4):1255-61. Available from: https://doi.org/10.1093/molbev/msr290.

[15] Pereira L, Soares P, Maximo V, Samuels DC. Somatic mitochondrial DNA mutations in cancer escape purifying selection and high pathogenicity mutations lead to the oncocytic phenotype: pathogenicity analysis of reported somatic mtDNA mutations in tumors. BMC Cancer 2012;12:53. Available from: https://doi.org/10.1186/1471-2407-12-53.

[16] Park JS, Sharma LK, Li H, et al. A heteroplasmic, not homoplasmic, mitochondrial DNA mutation promotes tumorigenesis via alteration in reactive oxygen species generation and apoptosis. Hum Mol Genet 2009;18(9):1578-89. Available from: https://doi.org/10.1093/hmg/ddp069.

[17] Iommarini L, Kurelac I, Capristo M, et al. Different mtDNA mutations modify tumor progression in dependence of the degree of respiratory complex I impairment. Hum Mol Genet 2014;23(6):1453-66. Available from: https://doi.org/10.1093/hmg/ddt533.

[18] Gasparre G, Kurelac I, Capristo M, et al. A mutation threshold distinguishes the antitumorigenic effects of the mitochondrial gene MTND1, an oncojanus function. Cancer Res 2011;71(19):6220-9. Available from: https://doi.org/10.1158/0008-5472.CAN-11-1042.

[19] Leone G, Abla H, Gasparre G, Porcelli AM, Iommarini L. The oncojanus paradigm of respiratory complex I. Genes (Basel) 2018;9(5). Available from: https://doi.org/10.3390/genes9050243.

[20] Warburg O, Posener K, Negelein E. über den Stoffwechsel der Tumoren. über den Stoffwechs der Tumoren 1924;319-44.

[21] Koppenol WH, Bounds PL, Dang CV. Otto Warburg's contributions to current concepts of cancer metabolism. Nat Rev Cancer 2011;11(5):325-37. Available from: https://doi.

org/10.1038/nrc3038.

[22] Rigo P, Paulus P, Kaschten BJ, et al. Oncological applications of positron emission tomography with fluorine-18 fluorodeoxyglucose. Eur J Nucl Med 1996;23(12):1641-74. Available from: https://doi.org/10.1007/bf01249629.

[23] Warburg O. On respiratory impairment in cancer cells. Science 1956;124(3215):269-70.

[24] Gammage PA, Frezza C. Mitochondrial DNA: the overlooked oncogenome? BMC Biol 2019;17(1):53. Available from: https://doi.org/10.1186/s12915-019-0668-y.

[25] Kurelac I, Vidone M, Girolimetti G, Calabrese C, Gasparre G. Mitochondrial mutations in cancer progression: causative, bystanders, or modifiers of tumorigenesis? In: Mazurek S, Shoshan M, editors. Tumor cell metabolism. Vienna: Springer Vienna; 2015. p. 199-231. Available from: http://dx.doi.org/10.1007/978-3-7091-1824-5_10.

[26] Ward PS, Thompson CB. Metabolic reprogramming: a cancer hallmark even Warburg did not anticipate. Cancer Cell 2012; 21(3):297-308. Available from: https://doi.org/10.1016/j.ccr.2012.02.014.

[27] Chen X, Qian Y, Wu S. The Warburg effect: evolving interpretations of an established concept. Free Radic Biol Med 2015;79:253-63. Available from: https://doi.org/10.1016/j.freeradbiomed. 2014.08.027.

[28] DeBerardinis RJ, Chandel NS. Fundamentals of cancer metabolism. Sci Adv 2016;2(5):e1600200. Available from: https://doi.org/10.1126/sciadv.1600200.

[29] Martínez-Reyes I, Diebold LP, Kong H, et al. TCA cycle and mitochondrial membrane potential are necessary for diverse biological functions. Mol Cell 2016;61(2):199-209. Available from: https://doi.org/10.1016/j.molcel.2015.12.002.

[30] Vatrinet R, Iommarini L, Kurelac I, De Luise M, Gasparre G, Porcelli AM. Targeting respiratory complex I to prevent the Warburg effect. Int J Biochem Cell Biol 2015;63:41-5. Available from: https://doi.org/10.1016/j.biocel.2015.01.017.

[31] Nowell PC. The clonal evolution of tumor cell populations. Science 1976;194(4260):23-8. Available from: https://doi.org/10.1126/science.959840.

[32] Fouad YA, Aanei C. Revisiting the hallmarks of cancer. Am J Cancer Res 2017;7(5):1016-36.

[33] [33] Smolková K, Plecitá-Hlavatá L, Bellance N, Benard G, Rossignol R, Ježek P. Waves of gene regulation suppress and then restore oxidative phosphorylation in cancer cells. Int J Biochem Cell Biol 2011;43 (7):950-68. Available from: https://doi.org/10.1016/j.biocel.2010.05.003.

[34] Lunt SY, Vander Heiden MG. Aerobic glycolysis: meeting the metabolic requirements of cell proliferation. Annu Rev Cell Dev Biol 2011;27:441-64. Available from: https://doi.org/10.1146/annurev-cellbio-092910-154237.

[35] Owen OE, Kalhan SC, Hanson RW. The key role of anaplerosis and cataplerosis for citric acid cycle function. J Biol Chem 2002;277(34):30409-12. Available from: https://doi.org/10.1074/jbc.R200006200.

[36] Hensley CT, Wasti AT, DeBerardinis RJ. Glutamine and cancer: cell biology, physiology, and clinical opportunities. J Clin Invest 2013;123(9):3678-84. Available from: https://doi.org/10.1172/JCI69600.

[37] Ogino S, Nosho K, Meyerhardt JA, et al. Cohort study of fatty acid synthase expression and patient survival in colon cancer. J Clin Oncol 2008;26(35):5713-20. Available from: https://doi.org/10.1200/JCO.2008.18.2675.

[38] Takahiro T, Shinichi K, Toshimitsu S. Expression of fatty acid synthase as a prognostic indicator in soft tissue sarcomas. Clin Cancer Res 2003;9(6):2204-12.

[39] Mullen AR, Wheaton WW, Jin ES, et al. Reductive carboxylation supports growth in tumour cells with defective mitochondria. Nature 2011;481(7381):385-8. Available from: https://doi.org/10.1038/nature10642.

[40] Cavalli LR, Varella-Garcia M, Liang BC. Diminished tumorigenic phenotype after depletion of mitochondrial DNA. Cell Growth Differ 1997;8(11):1189-98.

[41] Tan AS, Baty JW, Dong L-F, et al. Mitochondrial genome acquisition restores respiratory function and tumorigenic potential of cancer cells without mitochondrial DNA. Cell Metab 2015;21(1):81-94. Available from: https://doi.org/10.1016/ j.cmet.2014.12.003.

[42] Semenza GL. Oxygen-dependent regulation of mitochondrial respiration by hypoxia-inducible factor 1. Biochem J 2007; 405(1):1-9. Available from: https://doi.org/10.1042/BJ20070389.

[43] Ruas JL, Poellinger L. Hypoxia-dependent activation of HIF into a transcriptional regulator. Semin Cell Dev Biol 2005;16(4-5):514-22. Available from: https://doi.org/10.1016/j.semcdb.2005.04.001.

[44] Al Tameemi W, Dale TP, Al-Jumaily RMK, Forsyth NR. Hypoxia-modified cancer cell metabolism. Front Cell Dev Biol 2019;7:4. Available from: https://doi.org/10.3389/fcell.2019.00004.

[45] Luo W, Hu H, Chang R, et al. Pyruvate kinase M2 is a PHD3-stimulated coactivator for hypoxiainducible factor 1. Cell 2011;145(5):732-44. Available from: https://doi.org/10.1016/j.cell.2011. 03.054.

[46] Shidara Y, Yamagata K, Kanamori T, et al. Positive contribution of pathogenic mutations in the mitochondrial genome to the promotion of cancer by prevention from apoptosis. Cancer Res 2005;65 (5):1655-63. Available from: https://doi.org/10.1158/0008-5472.CAN-04-2012.

[47] Sun W, Zhou S, Chang SS, McFate T, Verma A, Califano JA. Mitochondrial mutations contribute to HIF1alpha accumulation via increased reactive oxygen species and up-regulated pyruvate dehydrogenease kinase 2 in head and neck squamous cell carcinoma. Clin Cancer Res 2009;15(2):476-84. Available from: https://doi.org/10.1158/1078-0432.CCR-08-0930.

[48] Pagé EL, Robitaille GA, Pouysségur J, Richard DE. Induction of hypoxia-inducible factor-1alpha by transcriptional and translational mechanisms. J Biol Chem 2002;277(50):48403-9. Available from: https://doi.org/10.1074/jbc.M209114200.

[49] Calabrese C, Iommarini L, Kurelac I, et al. Respiratory complex I is essential to induce a Warburg profile in mitochondria-defective tumor cells. Cancer Metab 2013;1(1):11. Available from: https://doi.org/10.1186/2049-3002-1-11.

[50] De Luise M, Guarnieri V, Ceccarelli C, D'Agruma L, Porcelli AM, Gasparre G. A nonsense mitochondrial DNA mutation associates with dysfunction of HIF1α in a Von Hippel-Lindau renal oncocytoma. Oxid Med Cell Longev 2019;2019:8069583. Available from: https://doi.org/10.1155/2019/8069583.

[51] Yuan Y, Wang W, Li H, et al. Nonsense and missense mutation of mitochondrial ND6 gene promotes cell migration and invasion in human lung adenocarcinoma. BMC Cancer 2015;15:346. Available from: https://doi.org/10.1186/s12885-015-1349-z.

[52] Ishikawa K, Takenaga K, Akimoto M, et al. ROS-generating mitochondrial DNA mutations can regulate tumor cell metastasis. Science 2008;320(5876):661-4. Available from: https://doi.org/10.1126/ science.1156906.

[53] Schafer ZT, Grassian AR, Song L, et al. Antioxidant and oncogene rescue of metabolic defects caused by loss of matrix attachment. Nature 2009;461(7260):109-13. Available from: https://doi.org/10.1038/nature08268.

[54] Jiang L, Shestov AA, Swain P, et al. Reductive carboxylation supports redox homeostasis during anchorage-independent growth. Nature 2016;532(7598):255-8. Available from: https://doi.org/10.1038/nature17393.

[55] Moloney JN, Cotter TG. ROS signalling in the biology of cancer. Semin Cell Dev Biol 2018;80:50-64. Available from: https://doi.org/10.1016/j.semcdb.2017.05.023.

[56] Sabharwal SS, Schumacker PT. Mitochondrial ROS in cancer: initiators, amplifiers or an Achilles' heel? Nat Rev Cancer 2014;14(11):709-21. Available from: https://doi.org/10.1038/nrc3803.

[57] Kulawiec M, Owens KM, Singh KK. Cancer cell mitochondria confer apoptosis resistance and promote metastasis. Cancer Biol Ther 2009;8(14):1378-85. Available from: https://doi.org/10.4161/cbt.8.14.8751.

[58] Qiao M, Sheng S, Pardee AB. Metastasis and AKT activation. Cell Cycle 2008;7(19):2991-6. Available from: https://doi.org/10.4161/cc.7.19.6784.

[59] Kulawiec M, Owens KM, Singh KK. mtDNA G10398A variant in African-American women with breast cancer provides resistance to apoptosis and promotes metastasis in mice. J Hum Genet 2009;54 (11):647-54. Available from: https://doi.org/10.1038/jhg.2009.89.

[60] Fischer ANM, Fuchs E, Mikula M, Huber H, Beug H, Mikulits W. PDGF essentially links TGF-beta signaling to nuclear beta-catenin accumulation in hepatocellular carcinoma progression. Oncogene 2007;26 (23):3395-405. Available from: https://doi.org/10.1038/sj.onc.1210121.

[61] Weber GF. Metabolism in cancer metastasis. Int J Cancer 2016;138(9):2061-6. Available from: https://doi.org/10.1002/ijc.29839.

[62] Aguilar E, Marin de Mas I, Zodda E, et al. Metabolic reprogramming and dependencies associated with epithelial cancer stem cells independent of the epithelial-mesenchymal transition program. Stem Cell 2016;34(5):1163-76. Available from: https://doi.org/10.1002/stem.2286.

[63] Fong MY, Zhou W, Liu L, et al. Breast-cancer-secreted miR-122 reprograms glucose metabolism in premetastatic niche to promote metastasis. Nat Cell Biol 2015;17(2):183-94. Available from: https://doi.org/ 10.1038/ncb3094.

[64] Imanishi H, Hattori K, Wada R, et al. Mitochondrial DNA mutations regulate metastasis of human breast cancer cells. PLoS One 2011;6(8):e23401. Available from: https://doi.org/10.1371/journal. pone.0023401.

[65] Yu L, Lu M, Jia D, et al. Modeling the genetic regulation of cancer metabolism: interplay between glycolysis and oxidative phosphorylation. Cancer Res 2017;77(7):1564-74. Available from: https://doi.org/ 10.1158/0008-5472.CAN-16-2074.

[66] Sansone P, Savini C, Kurelac I, et al. Packaging and transfer of mitochondrial DNA via exosomes regulate escape from dormancy in hormonal therapy-resistant breast cancer. Proc Natl Acad Sci U S A 2017;114(43):E9066-75. Available from: https://doi.org/10.1073/pnas.1704862114.

[67] Shpak M, Goldberg MM, Cowperthwaite MC. Rapid and convergent evolution in the glioblastoma multiforme genome. Genomics 2015;105(3):159-67. Available from: https://doi.org/10.1016/j.ygeno.2014. 12.010.

[68] Coller HA, Khrapko K, Bodyak ND, Nekhaeva E, Herrero-Jimenez P, Thilly WG. High frequency of homoplasmic mitochondrial DNA mutations in human tumors can be explained without selection. Nat Genet 2001;28(2):147-50. Available from: https://doi.org/10.1038/88859.

[69] Yu M. Somatic mitochondrial DNA mutations in human

cancers. Adv Clin Chem 2012;57:99-138.

[70] McMahon S, LaFramboise T. Mutational patterns in the breast cancer mitochondrial genome, with clinical correlates. Carcinogenesis 2014;35(5):1046-54. Available from: https://doi.org/10.1093/carcin/bgu012.

[71] Li X, Guo X, Li D, et al. Multi-regional sequencing reveals intratumor heterogeneity and positive selection of somatic mtDNA mutations in hepatocellular carcinoma and colorectal cancer. Int J Cancer 2018;143(5):1143-52. Available from: https://doi.org/10.1002/ijc.31395.

[72] Li D, Du X, Guo X, et al. Site-specific selection reveals selective constraints and functionality of tumor somatic mtDNA mutations. J Exp Clin Cancer Res 2017;36(1):168. Available from: https://doi.org/10.1186/s13046-017-0638-6.

[73] Grandhi S, Bosworth C, Maddox W, et al. Heteroplasmic shifts in tumor mitochondrial genomes reveal tissue-specific signals of relaxed and positive selection. Hum Mol Genet 2017;26(15):2912-22. Available from: https://doi.org/10.1093/hmg/ddx172.

[74] Volpe A, Novara G, Antonelli A, et al. Chromophobe renal cell carcinoma (RCC): oncological outcomes and prognostic factors in a large multicentre series. BJU Int 2012;110(1):76-83. Available from: https://doi.org/10.1111/j.1464-410X. 2011. 10690.x.

[75] Otten ABC, Smeets HJM. Evolutionary defined role of the mitochondrial DNA in fertility, disease and ageing. Hum Reprod Update 2015;21(5):671-89. Available from: https://doi.org/10.1093/humupd/dmv024.

[76] Mambo E, Gao X, Cohen Y, Guo Z, Talalay P, Sidransky D. Electrophile and oxidant damage of mitochondrial DNA leading to rapid evolution of homoplasmic mutations. Proc Natl Acad Sci U S A 2003;100(4):1838-43. Available from: https://doi.org/10.1073/pnas.0437910100.

[77] Lee H-C, Li S-H, Lin J-C, Wu C-C, Yeh D-C, Wei Y-H. Somatic mutations in the D-loop and decrease in the copy number of mitochondrial DNA in human hepatocellular carcinoma. Mutat Res 2004;547(1-2):71-8. Available from: https://doi.org/10.1016/j.mrfmmm.2003.12.011.

[78] Turner CJ, Granycome C, Hurst R, et al. Systematic segregation to mutant mitochondrial DNA and accompanying loss of mitochondrial DNA in human NT2 teratocarcinoma cybrids. Genetics 2005;170 (4):1879-85. Available from: https://doi.org/10.1534/genetics.105.043653.

[79] Ricketts CJ, De Cubas AA, Fan H, et al. The cancer genome atlas comprehensive molecular characterization of renal cell carcinoma. Cell Rep 2018;23(12):3698. Available from: https://doi.org/10.1016/j. celrep.2018.06.032.

[80] Reznik E, Miller ML, Şenbabaoğlu Y, et al. Mitochondrial DNA copy number variation across human cancers. Elife 2016;5. Available from: https://doi.org/10.7554/eLife.10769.

[81] Palikaras K, Tavernarakis N. Mitochondrial homeostasis: the interplay between mitophagy and mitochondrial biogenesis. Exp Gerontol 2014;56:182-8. Available from: https://doi.org/10.1016/j. exger.2014.01.021.

[82] Guo JY, Karsli-Uzunbas G, Mathew R, et al. Autophagy suppresses progression of K-ras-induced lung tumors to oncocytomas and maintains lipid homeostasis. Genes Dev 2013;27(13):1447-61. Available from: https://doi.org/10.1101/gad.219642.113.

[83] Twig G, Elorza A, Molina AJA, et al. Fission and selective fusion govern mitochondrial segregation and elimination by autophagy. EMBO J 2008;27(2):433-46. Available from: https://doi.org/10.1038/sj. emboj.7601963.

[84] Lin D-S, Huang Y-W, Ho C-S, et al. Oxidative insults and

mitochondrial DNA mutation promote enhanced autophagy and mitophagy compromising cell viability in pluripotent cell model of mitochondrial disease. Cells 2019;8(1). Available from: https://doi.org/10.3390/cells8010065.

[85] Gilkerson RW, De Vries RLA, Lebot P, et al. Mitochondrial autophagy in cells with mtDNA mutations results from synergistic loss of transmembrane potential and mTORC1 inhibition. Hum Mol Genet 2012;21(5):978-90. Available from: https://doi.org/10.1093/hmg/ddr529.

[86] Yusoff AAM, Abdullah WSW, Khair SZNM, Radzak SMA. A comprehensive overview of mitochondrial DNA 4977-bp deletion in cancer studies. Oncol Rev 2019;13(1):409. Available from: https://doi.org/ 10.4081/oncol.2019.409.

[87] Diaz F, Bayona-Bafaluy MP, Rana M, Mora M, Hao H, Moraes CT. Human mitochondrial DNA with large deletions repopulates organelles faster than full-length genomes under relaxed copy number control. Nucleic Acids Res 2002;30(21):4626-33. Available from: https://doi.org/10.1093/nar/gkf602.

[88] Clark KA, Howe DK, Gafner K, et al. Selfish little circles: transmission bias and evolution of large deletion-bearing mitochondrial DNA in Caenorhabditis briggsae nematodes. PLoS One 2012;7(7):e41433. Available from: https://doi.org/10.1371/journal.pone.0041433.

[89] Viale A, Corti D, Draetta GF. Tumors and mitochondrial respiration: a neglected connection. Cancer Res 2015; 75(18):3685-6. Available from: https://doi.org/10.1158/0008-5472. CAN-15-0491.

[90] Jayaprakash AD, Benson EK, Gone S, et al. Stable heteroplasmy at the single-cell level is facilitated by intercellular exchange of mtDNA. Nucleic Acids Res 2015;43(4):2177-87. Available from: https://doi.org/10.1093/nar/gkv052.

[91] Herst PM, Dawson RH, Berridge MV. Intercellular communication in tumor biology: a role for mitochondrial transfer. Front Oncol 2018;8:344. Available from: https://doi.org/10.3389/fonc.2018.00344.

[92] Spees JL, Olson SD, Whitney MJ, Prockop DJ. Mitochondrial transfer between cells can rescue aerobic respiration. Proc Natl Acad Sci U S A 2006;103(5):1283-8. Available from: https://doi.org/10.1073/pnas.0510511103.

[93] Dong L-F, Kovarova J, Bajzikova M, et al. Horizontal transfer of whole mitochondria restores tumorigenic potential in mitochondrial DNA-deficient cancer cells. Elife 2017;6. Available from: https://doi.org/ 10.7554/eLife.22187.

[94] Graef M, Nunnari J. Mitochondria regulate autophagy by conserved signalling pathways. EMBO J 2011;30(11):2101-14. Available from: https://doi.org/10.1038/emboj.2011.104.

[95] Cho YM, Kim JH, Kim M, et al. Mesenchymal stem cells transfer mitochondria to the cells with virtually no mitochondrial function but not with pathogenic mtDNA mutations. PLoS One 2012; 7(3):e32778. Available from: https://doi.org/10.1371/journal. pone.0032778.

[96] Kurelac I, Iommarini L, Vatrinet R, et al. Inducing cancer indolence by targeting mitochondrial complex I is potentiated by blocking macrophage-mediated adaptive responses. Nat Commun 2019;10(1):903. Available from: https://doi.org/10.1038/s41467-019-08839-1.

[97] Schulze A, Yuneva M. The big picture: exploring the metabolic cross-talk in cancer. Dis Model Mech 2018;11(8). Available from: https://doi.org/10.1242/dmm.036673.

[98] Harel M, Ortenberg R, Varanasi SK, et al. Proteomics of melanoma response to immunotherapy reveals mitochondrial dependence. Cell 2019;179(1):236. Available from: https://doi.org/10.1016/j. cell.2019.08.012 250.e18.

[99] DeBerardinis RJ, Cheng T. Q's next: the diverse functions of

glutamine in metabolism, cell biology and cancer. Oncogene 2010;29(3):313-24. Available from: https://doi.org/10.1038/onc.2009.358.

[100] De Luise M, Girolimetti G, Okere B, Porcelli AM, Kurelac I, Gasparre G. Molecular and metabolic features of oncocytomas: seeking the blueprints of indolent cancers. Biochim Biophys Acta Bioenerg 2017;1858(8):591-601. Available from: https://doi.org/10.1016/j.bbabio.2017.01.009.

[101] Eirin A, Lerman A, Lerman LO. The emerging role of mitochondrial targeting in kidney disease. Handb Exp Pharmacol 2017;240:229-50. Available from: https://doi.org/10.1007/164_2016_6.

[102] Müller-Höcker J, Schäfer S, Krebs S, et al. Oxyphil cell metaplasia in the parathyroids is characterized by somatic mitochondrial DNA mutations in NADH dehydrogenase genes and cytochrome c oxidase activity-impairing genes. Am J Pathol 2014;184(11):2922-35. Available from: https://doi.org/10.1016/j.ajpath.2014.07.015.

[103] Gasparre G, Romeo G, Rugolo M, Porcelli AM. Learning from oncocytic tumors: why choose inefficient mitochondria? Biochim Biophys Acta 2011;1807(6):633-42. Available from: https://doi.org/10.1016/j.bbabio.2010.08.006.

[104] Savagner F, Mirebeau D, Jacques C, et al. PGC-1-related coactivator and targets are upregulated in thyroid oncocytoma. Biochem Biophys Res Commun 2003;310(3):779-84. Available from: https://doi.org/10.1016/j.bbrc.2003.09.076.

[105] Gasparre G, Hervouet E, de Laplanche E, et al. Clonal expansion of mutated mitochondrial DNA is associated with tumor formation and complex I deficiency in the benign renal oncocytoma. Hum Mol Genet 2008;17(7):986-95. Available from: https://doi.org/10.1093/hmg/ddm371.

[106] Porcelli AM, Ghelli A, Ceccarelli C, et al. The genetic and metabolic signature of oncocytic transformation implicates HIF1alpha destabilization. Hum Mol Genet 2010;19(6):1019-32. Available from: https://doi.org/10.1093/hmg/ddp566.

[107] Tallini G. Oncocytic tumours. Virchows Arch 1998;433(1):5-12.

[108] Máximo V, Soares P, Lima J, Cameselle-Teijeiro J, Sobrinho-Simões M. Mitochondrial DNA somatic mutations (point mutations and large deletions) and mitochondrial DNA variants in human thyroid pathology: a study with emphasis on Hürthle cell tumors. Am J Pathol 2002;160(5):1857-65. Availablefrom: https://doi.org/10.1016/S0002-9440(10)61132-7.

[109] Zimmermann FA, Mayr JA, Feichtinger R, et al. Respiratory chain complex I is a mitochondrial tumor suppressor of oncocytic tumors. Front Biosci (Elite Ed) 2011;3:315-25.

[110] Canzian F, Amati P, Harach HR, et al. A gene predisposing to familial thyroid tumors with cell oxyphilia maps to chromosome 19p13.2. Am J Hum Genet 1998;63(6):1743-8. Available from: https://doi.org/10.1086/302164.

[111] Schonewille H, Haak HL, Kerkhofs H, Gerrits WB. The effect of anticoagulants on the size of platelets in blood smears in the course of time. Clin Lab Haematol 1991;13(1):67-74.

[112] Weirich G, Glenn G, Junker K, et al. Familial renal oncocytoma: clinicopathological study of 5 families. J Urol 1998; 160(2): 335-40.

[113] Kurelac I, Salfi NC, Ceccarelli C, et al. Human papillomavirus infection and pathogenic mitochondrial DNA mutation in bilateral multinodular oncocytic hyperplasia of the parotid. Pathology 2014;46 (3):250-3. Available from: https://doi.org/10.1097/PAT.0000000000000079.

[114] Guo JY, White E. Autophagy is required for mitochondrial function, lipid metabolism, growth, and fate of KRAS(G12D)-driven lung tumors. Autophagy 2013;9(10):1636-8. Available from: https://doi.org/10.4161/auto.26123.

[115] Lee J, Ham S, Lee MH, et al. Dysregulation of Parkin-mediated mitophagy in thyroid Hurthle cell tumors. Carcinogenesis 2015;36(11):1407-18. Available from: https://doi.org/10.1093/carcin/bgv122.

[116] Singh KK, Russell J, Sigala B, Zhang Y, Williams J, Keshav KF, et al. Mitochondrial DNA determines the cellular response to cancer therapeutic agents. Oncogene 1999;18(48):6641-6. Available from: https://doi.org/10.1038/sj.onc.1203056.

[117] van Gisbergen MW, Voets AM, Starmans MHW, et al. How do changes in the mtDNA and mitochondrial dysfunction influence cancer and cancer therapy? Challenges, opportunities and models. Mutat Res Rev Mutat Res 2015;764:16-30. Available from: https://doi.org/10.1016/j.mrrev.2015.01.001.

[118] Carew JS, Zhou Y, Albitar M, Carew JD, Keating MJ, Huang P, et al. Mitochondrial DNA mutations in primary leukemia cells after chemotherapy: clinical significance and therapeutic implications. Leukemia 2003;17(8):1437-47. Available from: https://doi.org/10.1038/sj.leu.2403043.

[119] Qian W, Nishikawa M, Haque AM, et al. Mitochondrial density determines the cellular sensitivity to cisplatin-induced cell death. Am J Physiol, Cell Physiol 2005;289(6):C1466-75. Available from: https://doi.org/10.1152/ajpcell.00265.2005.

[120] Mizutani S, Miyato Y, Shidara Y, et al. Mutations in the mitochondrial genome confer resistance of cancer cells to anticancer drugs. Cancer Sci 2009;100(9):1680-7. Available from: https://doi.org/10.1111/j.1349-7006.2009.01238.x.

[121] Gentric G, Kieffer Y, Mieulet V, et al. PML-regulated mitochondrial metabolism enhances chemosensitivity in human ovarian cancers. Cell Metab 2019;29(1):156-73. Available from: https://doi.org/10.1016/j.cmet.2018.09.002 e10.

[122] Farge T, Saland E, de Toni F, et al. Chemotherapy-resistant human acute myeloid leukemia cells are not enriched for leukemic stem cells but require oxidative metabolism. Cancer Discov 2017;7(7):716-35. Available from: https://doi.org/10.1158/2159-8290.CD-16-0441.

[123] Guerra F, Arbini AA, Moro L. Mitochondria and cancer chemoresistance. Biochim Biophys Acta Bioenerg 2017; 1858(8): 686-99. Available from: https://doi.org/10.1016/j.bbabio.2017.01.012.

[124] Bokil A, Sancho P. Mitochondrial determinants of chemoresistance. Cancer Drug Resistance 2019;2:634-46. Available from: https://doi.org/10.20517/cdr.2019.46.

[125] Cruz-Bermúdez A, Laza-Briviesca R, Vicente-Blanco RJ, et al. Cisplatin resistance involves a metabolic reprogramming through ROS and PGC-1α in NSCLC which can be overcome by OXPHOS inhibition. Free Radic Biol Med 2019;135:167-81. Available from: https://doi.org/10.1016/j.freeradbiomed.2019.03.009.

[126] Koh KX, Tan GH, Hui Low SH, et al. Acquired resistance to PI3K/mTOR inhibition is associated with mitochondrial DNA mutation and glycolysis. Oncotarget 2017;8(66):110133-44. Available from:https://doi.org/10.18632/oncotarget.22655.

[127] Garrido N, Pérez-Martos A, Faro M, et al. Cisplatin-mediated impairment of mitochondrial DNA metabolism inversely correlates with glutathione levels. Biochem J 2008;414(1):93-102. Available from: https://doi.org/10.1042/BJ20071615.

[128] Olivero OA, Semino C, Kassim A, Lopez-Larraza DM, Poirier MC. Preferential binding of cisplatin to mitochondrial DNA of Chinese hamster ovary cells. Mutat Res 1995;346(4):221-30. Available from: https://doi.org/10.1016/0165-7992(95) 90039-x.

[129] Yang Z, Schumaker LM, Egorin MJ, Zuhowski EG, Guo

Z, Cullen KJ. Cisplatin preferentially binds mitochondrial DNA and voltage-dependent anion channel protein in the mitochondrial membrane of head and neck squamous cell carcinoma: possible role in apoptosis. Clin Cancer Res 2006;12 (19):5817-25. Available from: https://doi.org/10.1158/1078-0432. CCR-06-1037.

[130] Yao Z, Jones AWE, Fassone E, et al. PGC-1β mediates adaptive chemoresistance associated with mitochondrial DNA mutations. Oncogene 2013;32(20):2592-600. Available from: https://doi.org/10.1038/ onc.2012.259.

[131] Catanzaro D, Gaude E, Orso G, et al. Inhibition of glucose-6-phosphate dehydrogenase sensitizes cisplatin-resistant cells to death. Oncotarget 2015;6(30). Available from: https://doi.org/10.18632/oncotarget.4945.

[132] Girolimetti G, Guerra F, Iommarini L, et al. Platinum-induced mitochondrial DNA mutations confer lower sensitivity to paclitaxel by impairing tubulin cytoskeletal organization. Hum Mol Genet 2017;26 (15):2961-74. Available from: https://doi.org/10.1093/hmg/ddx186.

[133] Ma L, Wang R, Duan H, Nan Y, Wang Q, Jin F. Mitochondrial dysfunction rather than mtDNA sequence mutation is responsible for the multi-drug resistance of small cell lung cancer. Oncol Rep 2015;34(6):3238-46. Available from: https://doi.org/10.3892/or.2015.4315.

[134] Guerra F, Perrone AM, Kurelac I, et al. Mitochondrial DNA mutation in serous ovarian cancer: implications for mitochondria-coded genes in chemoresistance. J Clin Oncol 2012;30(36):e373-8. Available from: https://doi.org/10.1200/JCO.2012.43.5933.

[135] Berridge MV, Dong L, Neuzil J. Mitochondrial DNA in tumor initiation, progression, and metastasis: role of horizontal mtDNA transfer. Cancer Res 2015;75(16):3203-8. Available from: https://doi.org/10.1158/0008-5472.CAN-15-0859.

[136] Wang X, Gerdes H-H. Transfer of mitochondria via tunneling nanotubes rescues apoptotic PC12 cells. Cell Death Differ 2015;22(7):1181-91. Available from: https://doi.org/10.1038/cdd.2014.211.

[137] Pasquier J, Guerrouahen BS, Al Thawadi H, et al. Preferential transfer of mitochondria from endothelial to cancer cells through tunneling nanotubes modulates chemoresistance. J Transl Med 2013;11:94. Available from: https://doi.org/10.1186/1479-5876-11-94.

[138] Moschoi R, Imbert V, Nebout M, et al. Protective mitochondrial transfer from bone marrow stromal cells to acute myeloid leukemic cells during chemotherapy. Blood 2016;128(2):253-64. Available from: https://doi.org/10.1182/blood-2015-07-655860.

[139] Sica V, Bravo-San Pedro JM, Stoll G, Kroemer G. Oxidative phosphorylation as a potential therapeutic target for cancer therapy. Int J Cancer 2019;146(1):10-17. Available from: https://doi.org/10.1002/ ijc.32616.

[140] Sancho P, Barneda D, Heeschen C. Hallmarks of cancer stem cell metabolism. Br J Cancer 2016;114 (12):1305-12. Available from: https://doi.org/10.1038/bjc.2016.152.

[141] Kuntz EM, Baquero P, Michie AM, et al. Targeting mitochondrial oxidative phosphorylation eradicates therapy-resistant chronic myeloid leukemia stem cells. Nat Med 2017;23(10):1234-40. Available from: https://doi.org/10.1038/nm.4399.

[142] Kong Q, Beel JA, Lillehei KO. A threshold concept for cancer therapy. Med Hypotheses 2000;55 (1):29-35. Available from: https://doi.org/10.1054/mehy.1999.0982.

[143] Zhou Y, Hileman EO, Plunkett W, Keating MJ, Huang P. Free radical stress in chronic lymphocytic leukemia cells and its role in cellular sensitivity to ROS-generating anticancer agents. Blood 2003;101 (10):4098-104. Available from: https://doi.org/10.1182/blood-2002-08-2512.

[144] Altenberg GA. Structure of multidrug-resistance proteins of the ATP-binding cassette (ABC) superfamily. Curr Med Chem Anticancer Agents 2004;4(1):53-62. Available from: https://doi.org/10.2174/ 1568011043482160.

[145] Ferrari D, Stepczynska A, Los M, Wesselborg S, Schulze-Osthoff K. Differential regulation and ATP requirement for caspase-8 and caspase-3 activation during CD95- and anticancer drug-induced apoptosis. J Exp Med 1998; 188(5): 979-84. Available from: https://doi.org/10.1084/jem.188.5.979.

[146] Kroemer G, Galluzzi L, Brenner C. Mitochondrial membrane permeabilization in cell death. Physiol Rev 2007;87(1):99-163. Available from: https://doi.org/10.1152/physrev.00013.2006.

[147] Guo Y, Cai Q, Samuels DC, et al. The use of next generation sequencing technology to study the effect of radiation therapy on mitochondrial DNA mutation. Mutat Res 2012; 744(2): 154-60. Available from: https://doi.org/10.1016/j.mrgentox.2012.02.006.

[148] Yamazaki H, Yoshida K, Yoshioka Y, et al. Impact of mitochondrial DNA on hypoxic radiation sensitivity in human fibroblast cells and osteosarcoma cell lines. Oncol Rep 2008;19(6):1545-9.

[149] Wardell TM, Ferguson E, Chinnery PF, et al. Changes in the human mitochondrial genome after treatment of malignant disease. Mutat Res 2003;525(1-2):19-27. Available from: https://doi.org/10.1016/s0027-5107(02)00313-5.

[150] Jiang W-W, Rosenbaum E, Mambo E, et al. Decreased mitochondrial DNA content in posttreatment salivary rinses from head and neck cancer patients. Clin Cancer Res 2006;12(5):1564-9. Available from: https://doi.org/ 10.1158/1078-0432.CCR-05-1471.

[151] Bol V, Bol A, Bouzin C, et al. Reprogramming of tumor metabolism by targeting mitochondria improves tumor response to irradiation. Acta Oncol 2015;54(2):266-74. Available from: https://doi.org/10.3109/0284186X. 2014.932006.

[152] Cloos CR, Daniels DH, Kalen A, et al. Mitochondrial DNA depletion induces radioresistance by suppressing G2 checkpoint activation in human pancreatic cancer cells. Radiat Res 2009;171(5):581-7. Available from: https://doi.org/10.1667/RR1395.1.

[153] Gray LH, Conger AD, Ebert M, Hornsey S, Scott OC. The concentration of oxygen dissolved in tissues at the time of irradiation as a factor in radiotherapy. Br J Radiol 1953; 26(312): 638-48. Available from: https://doi.org/ 10.1259/0007-1285-26-312-638.

[154] Rockwell S, Dobrucki IT, Kim EY, Marrison ST, Vu VT. Hypoxia and radiation therapy: past history, ongoing research, and future promise. Curr Mol Med 2009;9(4):442-58. Available from: https://doi.org/10.2174/156652409788167087.

[155] Crabtree HG, Cramer W. The action of radium on cancer cells. II. Some factors determining the susceptibility of cancer cells to radium. Proc R Soc B: Biol Sci 1933;113(782):238-50. Available from: https://doi.org/10.1098/rspb.1933.0044.

[156] Brown JM. The hypoxic cell: a target for selective cancer therapy—eighteenth Bruce F. Cain Memorial Award lecture. Cancer Res 1999;59(23):5863-70.

[157] Graham K, Unger E. Overcoming tumor hypoxia as a barrier to radiotherapy, chemotherapy and immunotherapy in cancer treatment. Int J Nanomed 2018;13:6049-58. Available from: https://doi.org/10.2147/IJN.S140462.

[158] Iommarini L, Porcelli AM, Gasparre G, Kurelac I. Non-canonical mechanisms regulating hypoxiainducible factor 1 alpha in cancer. Front Oncol 2017;7:286. Available from: https://doi.org/10.3389/fonc.2017.00286.

[159] Pelicano H, Martin DS, Xu R-H, Huang P. Glycolysis inhibition for anticancer treatment. Oncogene 2006; 25(34): 4633-46. Available from: https://doi.org/10.1038/sj.onc. 1209597.

[160] Akins NS, Nielson TC, Le HV. Inhibition of glycolysis and glutaminolysis: an emerging drug discovery approach to combat cancer. Curr Top Med Chem 2018;18(6):494-504. Available from: https://doi.org/10.2174/156802661866618052 3111351.

[161] Meric-Bernstam F, Lee RJ, Carthon BC, et al. CB-839, a glutaminase inhibitor, in combination with cabozantinib in patients with clear cell and papillary metastatic renal cell cancer (mRCC): results of a phase I study. J Clin Oncol 2019;37(7 Suppl.):549. Available from: https://doi.org/10.1200/JCO.2019.37.7_suppl.549-549.

[162] Katt WP, Cerione RA. Glutaminase regulation in cancer cells: a druggable chain of events. Drug Discovery Today 2014; 19(4):450-7. Available from: https://doi.org/10.1016/j.drudis. 2013. 10.008.

[163] Owen MR, Doran E, Halestrap AP. Evidence that metformin exerts its anti-diabetic effects through inhibition of complex 1 of the mitochondrial respiratory chain. Biochem J 2000;348(Pt 3):607-14.

[164] Hou X, Song J, Li X-N, et al. Metformin reduces intracellular reactive oxygen species levels by upregulating expression of the antioxidant thioredoxin via the AMPK-FOXO3 pathway. Biochem Biophys Res Commun 2010;396(2):199-205. Available from: https://doi.org/10.1016/j.bbrc.2010.04.017.

[165] Li B, Chauvin C, De Paulis D, et al. Inhibition of complex I regulates the mitochondrial permeability transition through a phosphate-sensitive inhibitory site masked by cyclophilin D. Biochim Biophys Acta 2012;1817(9):1628-34. Available from: https://doi.org/10.1016/j.bbabio.2012.05.011.

[166] Kurelac I, Umesh Ganesh N, Iorio M, Porcelli AM, Gasparre G. The multifaceted effects of metformin on tumor microenvironment. Semin Cell Dev Biol 2019;98:90-7. Available from: https://doi.org/10.1016/j.semcdb.2019.05.010.

[167] Sanli T, Storozhuk Y, Linher-Melville K, et al. Ionizing radiation regulates the expression of AMPactivated protein kinase (AMPK) in epithelial cancer cells: modulation of cellular signals regulating cell cycle and survival. Radiother Oncol 2012;102(3):459-65. Available from: https://doi.org/10.1016/j. radonc.2011.11.014.

[168] Muaddi H, Chowdhury S, Vellanki R, Zamiara P, Koritzinsky M. Contributions of AMPK and p53 dependent signaling to radiation response in the presence of metformin. Radiother Oncol 2013;108 (3):446-50. Available from: https://doi.org/10.1016/j.radonc.2013.06.014.

[169] Song CW, Lee H, Dings RPM, et al. Metformin kills and radiosensitizes cancer cells and preferentially kills cancer stem cells. Sci Rep 2012;2:362. Available from: https://doi.org/10.1038/srep00362.

[170] Storozhuk Y, Hopmans SN, Sanli T, et al. Metformin inhibits growth and enhances radiation response of non-small cell lung cancer (NSCLC) through ATM and AMPK. Br J Cancer 2013; 108(10):2021-32. Available from: https://doi.org/ 10.1038/ bjc. 2013.187.

[171] Iliopoulos D, Hirsch HA, Struhl K. Metformin decreases the dose of chemotherapy for prolonging tumor remission in mouse xenografts involving multiple cancer cell types. Cancer Res 2011;71(9):3196-201. Available from: https://doi. org/10.1158/0008-5472.CAN-10-3471.

[172] Zhang H-H, Guo X-L. Combinational strategies of metformin and chemotherapy in cancers. Cancer Chemother Pharmacol 2016;78(1):13-26. Available from: https://doi.org/10.1007/ s00280-016-3037-3.

[173] Ashton TM, McKenna WG, Kunz-Schughart LA, Higgins GS. Oxidative phosphorylation as an emerging target in cancer therapy. Clin Cancer Res 2018;24(11):2482-90. Available from: https://doi.org/10.1158/1078-0432.CCR-17-3070.

[174] Vogt A, Schmid S, Heinimann K, et al. Multiple primary tumours: challenges and approaches, a review. ESMO Open 2017;2(2):e000172. Available from: https://doi.org/10.1136/ esmoopen-2017-000172.

[175] Perrone AM, Girolimetti G, Procaccini M, et al. Potential for mitochondrial DNA sequencing in the differential diagnosis of gynaecological malignancies. Int J Mol Sci 2018;19(7). Available from: https://doi. org/10.3390/ijms19072048.

[176] Guerra F, Girolimetti G, Perrone AM, et al. Mitochondrial DNA genotyping efficiently reveals clonality of synchronous endometrial and ovarian cancers. Mod Pathol 2014;27(10):1412-20. Available from: https://doi.org/10.1038/ modpathol.2014.39.

[177] Kloss-Brandstätter A, Weissensteiner H, Erhart G, et al. Validation of next-generation sequencing of entire mitochondrial genomes and the diversity of mitochondrial DNA mutations in oral squamous cell carcinoma. PLoS One 2015;10(8):e0135643. Available from: https://doi.org/10.1371/ journal. pone.0135643.

[178] Kurelac I, Lang M, Zuntini R, et al. Searching for a needle in the haystack: comparing six methods to evaluate heteroplasmy in difficult sequence context. Biotechnol Adv 2012; 30(1):363-71. Available from: https://doi.org/10.1016/j.biotechadv. 2011.06.001.

[179] Morandi L, Tarsitano A, Gissi D, et al. Clonality analysis in primary oral squamous cell carcinoma and related lymph-node metastasis revealed by TP53 and mitochondrial DNA next generation sequencing analysis. J Craniomaxillofac Surg 2015;43(2):208-13. Available from: https://doi.org/10.1016/j. jcms. 2014.11.007.

[180] Foschini MP, Morandi L, Marchetti C, et al. Cancerization of cutaneous flap reconstruction for oral squamous cell carcinoma: report of three cases studied with the mtDNA D-loop sequence analysis. Histopathology 2011;58(3):361-7. Available from: https://doi.org/10.1111/j.1365-2559.2011.03754.x.

[181] Girolimetti G, De Iaco P, Procaccini M, et al. Mitochondrial DNA sequencing demonstrates clonality of peritoneal implants of borderline ovarian tumors. Mol Cancer 2017;16(1):47. Available from: https://doi.org/10.1186/s12943-017-0614-y.

[182] Perrone AM, Girolimetti G, Cima S, et al. Pathological and molecular diagnosis of bilateral inguinal lymph nodes metastases from low-grade endometrial adenocarcinoma: a case report with review of the literature. BMC Cancer 2018;18(1):7. Available from: https://doi.org/10.1186/s12885-017-3944-7.

[183] Amer W, Toth C, Vassella E, et al. Evolution analysis of heterogeneous non-small cell lung carcinoma by ultra-deep sequencing of the mitochondrial genome. Sci Rep 2017;7(1):11069. Available from: https://doi.org/10.1038/ s41598-017-11345-3.

[184] Salas A, Yao Y-G, Macaulay V, Vega A, Carracedo A, Bandelt H-J. A critical reassessment of the role of mitochondria in tumorigenesis. PLoS Med 2005;2(11):e296. Available from: https://doi.org/10.1371/journal.pmed.0020296.

[185] Schon EA, DiMauro S, Hirano M. Human mitochondrial

DNA: roles of inherited and somatic mutations. Nat Rev Genet 2012; 13(12):878-90. Available from: https://doi.org/10.1038/nrg3275.

[186] Máximo V, Sobrinho-Simões M. Hürthle cell tumours of the thyroid. A review with emphasis on mitochondrial abnormalities with clinical relevance. Virchows Arch 2000;437(2):107-15. Available from: https://doi.org/10.1007/s004280000219.

[187] Setiawan VW, Chu L-H, John EM, et al. Mitochondrial DNA G10398A variant is not associated with breast cancer in African-American women. Cancer Genet Cytogenet 2008;181(1):16-19. Available from: https://doi.org/10.1016/j.cancergencyto.2007.10.019.

[188] Falk MJ, Pierce EA, Consugar M, et al. Mitochondrial disease genetic diagnostics: optimized wholeexome analysis for all MitoCarta nuclear genes and the mitochondrial genome. Discov Med 2012;14 (79):389-99.

[189] Griffin HR, Pyle A, Blakely EL, et al. Accurate mitochondrial DNA sequencing using off-target reads provides a single test to identify pathogenic point mutations. Genet Med 2014;16(12):962-71. Available from: https://doi.org/10.1038/gim.2014.66.

[190] van Oven M, Kayser M. Updated comprehensive phylogenetic tree of global human mitochondrial DNA variation. Hum Mutat 2009;30(2):E386-94. Available from: https://doi.org/10.1002/humu.20921.

[191] Arnold RS, Sun Q, Sun CQ, et al. An inherited heteroplasmic mutation in mitochondrial gene COI in a patient with prostate cancer alters reactive oxygen, reactive nitrogen and proliferation. Biomed Res Int 2013;2013:239257. Available from: https://doi.org/10.1155/2013/239257.

[192] Stewart JB, Alaei-Mahabadi B, Sabarinathan R, et al. Simultaneous DNA and RNA mapping of somatic mitochondrial mutations across diverse human cancers. PLoS Genet 2015;11(6):e1005333. Available from: https://doi.org/10.1371/journal.pgen.1005333.

[193] Hopkins JF, Sabelnykova VY, Weischenfeldt J, et al. Mitochondrial mutations drive prostate cancer aggression. Nat Commun 2017;8(1):656. Available from: https://doi.org/10.1038/s41467-017-00377-y.

[194] Hertweck KL, Dasgupta S. The landscape of mtDNA modifications in cancer: a tale of two cities. Front Oncol 2017; 7: 262. Available from: https://doi.org/10.3389/fonc. 2017.00262.

[195] Cruz-Bermúdez A, Vallejo CG, Vicente-Blanco RJ, et al. Enhanced tumorigenicity by mitochondrial DNA mild mutations. Oncotarget 2015;6(15):13628-43. Available from: https://doi.org/10.18632/oncotarget.3698.

[196] Zhou S, Kachhap S, Sun W, et al. Frequency and phenotypic implications of mitochondrial DNA mutations in human squamous cell cancers of the head and neck. Proc Natl Acad Sci U S A 2007;104 (18):7540-5. Available from: https://doi.org/10.1073/pnas.0610818104.

[197] Sharma LK, Fang H, Liu J, Vartak R, Deng J, Bai Y. Mitochondrial respiratory complex I dysfunction promotes tumorigenesis through ROS alteration and AKT activation. Hum Mol Genet 2011;20 (23):4605-16. Available from: https://doi.org/10.1093/hmg/ddr395.

[198] D'Aurelio M, Gajewski CD, Lin MT, et al. Heterologous mitochondrial DNA recombination in human cells. Hum Mol Genet 2004;13(24):3171-9. Available from: https://doi.org/10.1093/hmg/ddh326.

[199] Kenny TC, Hart P, Ragazzi M, et al. Selected mitochondrial DNA landscapes activate the SIRT3 axis of the UPRmt to promote metastasis. Oncogene 2017;36(31):4393-404. Available from: https://doi.org/10.1038/onc.2017.52.

[200] Hashimoto M, Bacman SR, Peralta S, et al. MitoTALEN: a general approach to reduce mutant mtDNA loads and restore oxidative phosphorylation function in mitochondrial diseases. Mol Ther 2015;23 (10):1592-9. Available from: https://doi.org/10.1038/mt.2015.126.

[201] Petros JA, Baumann AK, Ruiz-Pesini E, et al. mtDNA mutations increase tumorigenicity in prostate cancer. Proc Natl Acad Sci U S A 2005;102(3):719-24. Available from: https://doi.org/10.1073/pnas.0408894102.

[202] Arnold RS, Sun CQ, Richards JC, et al. Mitochondrial DNA mutation stimulates prostate cancer growth in bone stromal environment. Prostate 2009;69(1):1-11. Available from: https://doi.org/10.1002/pros.20854.

[203] Jandova J, Shi M, Norman KG, Stricklin GP, Sligh JE. Somatic alterations in mitochondrial DNA produce changes in cell growth and metabolism supporting a tumorigenic phenotype. Biochim Biophys Acta 2012;1822(2):293-300. Available from: https://doi.org/10.1016/j.bbadis.2011.11.010.

[204] Dasgupta S, Soudry E, Mukhopadhyay N, et al. Mitochondrial DNA mutations in respiratory complex-I in never-smoker lung cancer patients contribute to lung cancer progression and associated with EGFR gene mutation. J Cell Physiol 2012;227(6):2451-60. Available from: https://doi.org/10.1002/jcp.22980.

[205] Dasgupta S, Hoque MO, Upadhyay S, Sidransky D. Mitochondrial cytochrome B gene mutation promotes tumor growth in bladder cancer. Cancer Res 2008;68(3):700-6. Available from: https://doi.org/10.1158/0008-5472.CAN-07-5532.

用于线粒体 DNA 编辑的靶向线粒体转录激活因子样效应核酸内切酶

MitoTALENs for mtDNA editing

Sandra R. Bacman　Carlos T. Moraes　著

杠忆南　译

mtDNA 在多数不同类型的细胞中一般存在数千个拷贝。大多数致病的突变型 mtDNA 以多样的比例与野生型 mtDNA 共存（称为 mtDNA 异质性）。致病的 mtDNA 突变包括点突变，可能是同质性的，也可能是异质性的，以及大片段重排[1, 2]。

消除突变线粒体基因组一直是我们实验室多年来的研究目标。我们开发了能够特异性靶向线粒体、对 mtDNA 突变位点特异作用的核酸内切酶（如 mitoTALEN），该技术能将突变的 mtDNA 的量降低到低于表型显示阈值的水平（图 18-1）。这样的转变可以消除疾病状态。由 mtDNA 缺失导致的表型阈值一般为 60%～70%，而由 mtDNA 点突变导致的表型阈值为 80%～90%[3, 4]。

对于绝大多数线粒体疾病患者，只有支持性疗法和对症疗法是可用的。目前，还没有方法能够治疗因生化或遗传缺陷导致的线粒体病。基因编辑是一个不断发展的领域，由于新工具和新技术出现，该领域在过去 15 年里迅速发展。因此，我们设想对 mtDNA 的基因编辑有望成为治疗线粒体疾病的一个非常有吸引力的工具。

我们首先使用线粒体靶向的特异性限制性内切酶来切割 mtDNA。由于来源于细菌的限制性内切酶的靶向序列选择有限，后来通过利用转录激活因子样效应核酸内切酶（transcription activator-like effector nucleases，TALEN）来识别 mtDNA 中的特异性致病突变，这极大地扩充了 mtDNA 编辑的选择和应用范围。本章将描述这些方法，以及使用 mitoTALEN 作为工具来转变 mtDNA 异质性的利弊。

一、利用特异性核酸内切酶靶向线粒体 DNA

基因疗法作为一种治疗线粒体疾病的手段，其方法包括使用经人为设计的系统工具来纠正或"编辑"导致疾病的异常基因。由于还没有技术可以直接修改 mtDNA 的碱基，我们依靠在异质性的线粒体群体中消除特定的单倍型这一策略来实现基因治疗。第一项改变 mtDNA 异质性的研究是使用了线粒体靶向限制性内切酶来切割并清除致病性 mtDNA，从而避免致病性表型。线粒体靶向限制性内切酶通过促进致病性 mtDNA 的双链断裂（DSB），从而导致其降解。

在 21 世纪初，我们实验室开发了在体外改变线粒体异质性的技术方法。以线粒体为靶向细胞器的限制性内切酶如我们所预测的那样可以切割突变 mtDNA 并改善 mtDNA 的异质性。PstI-RE 可以在异种线粒体杂合的小鼠或大鼠中有效区分两种 mtDNA（小鼠 mtDNA 含两个 PstI 位点而大鼠 mtDNA 则没有）[5]。mitoPstI 能在线

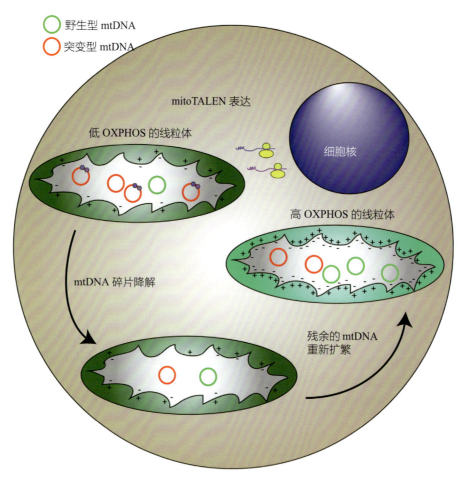

▲ 图 18-1　在线粒体异质性细胞中减少突变 mtDNA 的一般方法
靶向线粒体的特异性核酸酶，如 mitoTALEN 是由细胞核 – 细胞质所表达的。其中的线粒体定位信号指示单体转运到线粒体基质中，在那里它们特异性地结合并切割突变型 mtDNA。突变型 mtDNA 形成的 DNA 双链断裂可导致其自身降解。余下的野生型 mtDNA 可复制使得细胞恢复整体的 mtDNA 水平，并改善了异质性，从而提高了氧化磷酸化（OXPHOS）效能

粒体异质性的啮齿类动物细胞系中特异降解小鼠 mtDNA，从而增加大鼠 mtDNA 单倍型。这些实验首次从原理上证明了 mitoRE 可作为治疗由特定 mtDNA 突变所致疾病的可行工具[6]。这一概念很快被应用于一个致病性 mtDNA 点突变，即线粒体 ATP6 基因的 T＞G 颠换突变（位于 mtDNA m.8399 位），该突变在人 mtDNA 上产生了一个独有的 SmaI/XmaI 位点。该突变在异质性达到 60%～90% 上可导致 NARP[7]，以及在达到 90% 以上时[8] 导致 MILS[9, 10]。在向细胞转染靶向线粒体的 XmaI 后，即可观察到 m.8993T＞G 突变的消除[11]。

　　为了进一步证明这一方法，我们在含有两种

mtDNA 单 倍 型（NZB/BALB，BALB mtDNA 中有一个 ApaLI 位点而 NZB mtDNA 中没有）的异质小鼠模型中开发了 ApaLI-RE 诱导系统[12]（图 18-2）。MitoApaLI 能够有效地改变异质性，增加 NZB 单倍型[13]。我们也在对 NZB/BALB 异质小鼠的体内实验中，测试了使用病毒载体（腺病毒和 AAV1）在骨骼肌和大脑中改变异质性的适用性。右脑注射 rAd（mitoApaLI）或 rAAV1，或在骨骼肌处[13] 注射 rAd5[mitoApaLI] 后，NZB mtDNA 水平均显著升高。当使用靶向心肌病毒载体 AAV6 来递送 mitoApaLI 时，其诱导了心脏 mtDNA 异质性的显著变化，这一变化在注射后持续了 12 周，这表明单次注射可以诱导长期的

异质性转移[14]。对新生小鼠使用携带 mito*ApaL*I 的重组 AAV9 同样有效[15]。新生小鼠通过腹腔内或颞静脉注射[16]，单次注射 rAAV9（mito*ApaL*I）诱导了所有骨骼肌 mtDNA 异质性的变化。这些变化至少持续了 6 个月，与之前的研究报道一致，表明 AAV9 可在骨骼肌中实现强劲的转导[17, 18]。由于 mito*ApaL*I 只靶向小鼠 mtDNA 中的一个独特位点，我们使用 mito*Sca*I-RE 来扩展研究，该工具可识别 mtDNA 中的多个限制性位点（NZB mtDNA 中有 5 个，BALB mtDNA 中有 3 个）（图 18-2）。rAd5（mito*ApaL*I）经静脉注射或肌内注射后可分别在肝脏和骨骼肌中表达。我们观察到其对线粒体异质性的显著调节，且带有较少靶位点的单倍型（BALB mtDNA）被优先保留[19]。

由于限制性内切酶只能识别 mtDNA 中的很

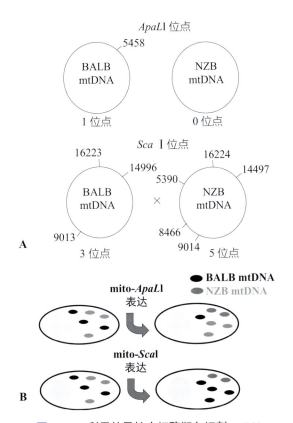

▲ 图 18-2　利用特异性内切酶靶向切割 mtDNA
A. mtDNA 异质性小鼠模型（NZB/BALB）同时携带两种单倍型 mtDNA 及 *ApaL*I 与 *Sca*I 限制性位点在 mtDNA 上的定位；B. mito*ApaL*I 或 mito*Sca*I 表达后，mtDNA 单倍型发生了转变，带有较少相应酶切位点的 mtDNA 比例增高

短的一段序列，难以保证靶向特异性，而新出现的基因编辑技术则能够识别较长的序列。因此，TALEN 和锌指核酸酶（zinc finger nuclease，ZFN）等 DNA 编辑平台拓宽了 mtDNA 的可靶向突变谱。

二、利用靶向线粒体转录激活因子样效应核酸内切酶靶向线粒体 DNA

转录激活因子样效应因子是在植物病原菌中发现的，特别是在黄单胞菌属中。转录激活因子样效应因子在植物细胞核中作为转录激活因子对宿主细胞重编程其表达谱。它们通过细菌Ⅲ型分泌系统注入植物细胞，并导入至细胞核，靶向于效应特异基因启动子[20]。转录激活因子样效应因子结合并激活下游基因的表达，这可能有助于细菌定植、症状发展或病原体传播[21]。转录激活因子样效应因子在构成上包含由串联重复子构成的可直接与 DNA 结合的中心结构域[22]、核定位信号（nuclear localization signal，NLS）和酸性转录激活结构域（activation domain，AD）[23]。转录激活因子样效应因子中的各个串联重复子一般由 34 个氨基酸组成。然而，含有 33 或 35 个氨基酸的变体也很常见，并且中心结构域的最后一个重复子只有 20 个氨基酸。大多数转录激活因子样效应因子有 13～28 个重复[24]。转录激活因子样效应因子利用位于各个重复子第 12 和 13 位的两个氨基酸，即重复可变双残基（repeat-variable di-residue，RVD）靶向 DNA[24]，以模块化方式识别 DNA。不同的 RVD 优先与不同的核苷酸结合，最常见的 4 种 RVD（HD、NG、NI 和 NN）（图 18-2A）可分别与 4 种核苷酸（C、T、A 和 G）特异结合。特异识别 DNA 的大小与具体序列信息由常规串联重复子加上最后的截断重复子的 RVD 决定[25, 26]。TALEN 是转录激活因子样效应因子与非特异性核酸内切酶（如 *Fok*I）的融合蛋白，*Fok*I 通过二聚化方式发挥功能[27]，在两个 TALE 结合位点之间的 12～19bp 的间隔序列中进行切割（图 18-2B）。Miller 和他的同事们设计开发了一种异源二聚化的 *Fok*I 来增加特异性[28]。TALEN 可以被设计成与几乎任何 DNA 序列特异结合[29]，用于创建位点特异性 DNA 双链断裂（图 18-3）[28, 30, 31]。

当 TALEN 被靶向到细胞核时，造成的 DNA 断裂可激活细胞自身的 DNA 修复途径，这可以在断裂位点处或其附近引发 DNA 序列变化[24]。

该 DNA 变化可通过两个高度保守的修复过程之一引发，即非同源末端连接和同源重组，前者通常导致小的 DNA 片段插入或缺失（insertions or deletion，INDEL），后者可产生基因大片段的插入或替换[32-34]。DNA 修复模板的序列可以根据需要来定制，以实现特定的点突变或添加特定的序列（此即为 DNA 编辑）。当 TALEN

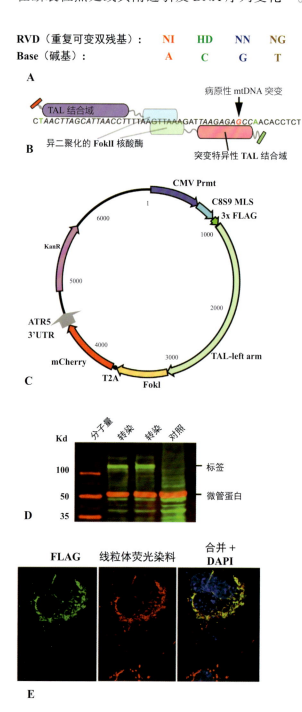

◀ 图 18-3　承载 mitoTALEN 单体的质粒的构建和表达

A. 在 TAL DNA 结合域内，不同的重复可变双残基（RVD）优先与特定的核苷酸结合。四种最常见的 RVD（NI、HD、NN 和 NG）可以分别优先与四种核苷酸（A、C、G 和 T）结合。B. TALEN 结构域与特定 mtDNA 序列的结合，以及异源二聚化的 *Fok*I 核酸酶的图示。值得注意的是，仅有一个单体特异性地与突变链结合，而另一个单体在突变型和野生型 mtDNA 上都能结合。C. 一个承载 mitoTALEN 质粒的基本结构，包含一个人类巨细胞病毒（CMV）启动子，位于 N' 端的线粒体定位信号（MLS）（在本例中源于 C8S9）；用于免疫检测的唯一标签（Flag）；一个 TAL DNA 结合结构域，一个必须异源二聚化发挥功能的 *Fok*I 核酸酶结构域；mitoTALEN 和荧光标记物（mCherry）之间的源于细小核糖核酸病毒的 2A 样序列（T2A'）；来自核基因（ATP5B）的 3'UTR 非翻译区和用于细菌耐药筛选的卡那霉素抗性基因。D. 在 Cos7 细胞经转染 24h 后，对带有 Flag 标记的 mitoTALEN 进行 Western blot 检测。E. 转染 24h 后，Cos7 细胞中 mitoTALEN 单体的线粒体定位。该单体带有一个 Flag 标签（绿色），与线粒体荧光染料 mitotracker（红色）共定位

靶向线粒体时，mtDNA 中产生的双链断裂[35] 将导致 mtDNA 降解从而丢失线性 mtDNA 分子[36, 37]。如果细胞内的 mtDNA 拷贝数减少，则由核编码的 DNA Poly 进行 mtDNA 复制将其水平恢复至正常[38]。mtDNA 缺乏双链断裂修复机制[39]，因此在断裂后不久，mtDNA 就会降解。因此，分析 mitoTALEN 表达后的 mtDNA 拷贝数对评价 mtDNA 水平恢复情况至关重要[40]。除 mitoTALEN 外，线粒体靶向限制性内切酶[19] 和 mitoZFN 也可在 mtDNA 中产生特异性双链断裂[41-43]。

三、靶向线粒体转录激活因子样效应核酸内切酶的结构

TALEN 的这种简单的代码式 DNA 识别关系及其模块化特性，使其成为构建定制设计的 DNA 核酸酶的理想技术平台[44, 45]（图 18-3A 和 B）。用于靶向 mtDNA 不同突变的 mitoTALEN 的基本结构如图 18-3C 所示[46]，包含：①一个特定的转录激活因子样 DNA 结合域[34]，该结构域由 10～16 个转录激活因子样串联重复子组成；②在 N′ 端有一个线粒体定位信号（mitochondrial localization signal，MLS），用来将蛋白质定位到线粒体；③一个用于免疫检测的独特蛋白标签 [通常是血凝素（HA）或（Flag）][47]（图 18-3D 和 E）；④用于流式分选的 eGFP 或 mCherry[48]；⑤来自 *ATP5B* 或 *SOD2* 的 3′UTR，通常被认为有助于将 mRNA 定位到与线粒体接触的核糖体[49]；⑥特定的启动子（普遍存在的或组织器官特定表达的），我们使用了人类巨细胞病毒（CMV）增强子 / 启动子[50]；⑦ mitoTALEN 和荧光标记物之间的一个源于细小核糖核酸病毒的 2A 样序列（T2A′），使得两者可通过同一个启动子表达后并分离成两个独立的蛋白[51]；⑧去除原始核定位信号；⑨利用异源二聚化的 *Fok*I 来减少同一识别序列的 mitoTALEN 单体间所形成的脱靶[31, 52, 53]。当靶向特定目标序列时，关于 mitoTALEN 设计的一些细节是相当重要的，例如在目标序列 5′ 段

方向需要有一个 T（称为 T0）。mitoTALEN 的 N 端具有一个类似于重复子的二级结构，尽管它并不包含可被识别的 RVD[1, 20, 22]。当设计不允许使用 T0 作为判别碱基时（例如，突变恰好生成一个新的"T"），那么获得有效的 mitoTALEN 可能有难度。此外，A＞G 转换式的突变也不容易区分，因为与 G 结合的传统 RVD 是"NN"，它并不能高特异型性地区分 A 和 G[22, 34]。然而，在这种情况下，在反义链中，突变形成了一个 C，它可以被"HD" RVD 更明确地识别。我们在许多 mitoTALEN 的设计构造中利用了 T0[46]，但对于 m.8344A＞G 突变，我们选择将突变的 G 放置在识别反义链的单体的 3 号位置，利用了"C3 增益"模型[54]。

四、靶向线粒体转录激活因子样效应核酸内切酶靶向线粒体杂交细胞中的突变线粒体 DNA

我们设计了针对人类细胞系中 mtDNA 的特定突变的 mitoTALEN。设计的插入片段被克隆到 pVax 骨架质粒上，该质粒用于哺乳动物瞬时表达。如上所述，每个 mtDNA 突变必须设计两个单体。表 18-1 显示了靶向 mtDNA 的不同 mitoTALEN。我们设计了针对 mtDNA "常见缺失"（m.8483_13459de14977）断点的 mitoTALEN（Δ5-mitoTALEN），大约 30% 的 mtDNA 缺失[55] 患者和正常衰老组织中也存在断点[46, 56]。研究所使用的杂交细胞系是在之前研究中鉴定过的（BH10.9）[57]，在本书其他章节中也有描述[58]。此外，mitoTALEN 可以去除 *MT-ND6* 上的 m.14459G＞A，这个突变会导致 LHON[59]。线粒体杂交细胞克隆株通过融合携带 *MT-ND6* 位点上 m.14459G＞A 异质错义突变患者的皮肤成纤维细胞和缺失 mtDNA 的骨肉瘤细胞系（143B/206）获得。mitoTALEN 也被测试用于去除与 MELAS/Leigh 综合征相关的 *ND5* m.13513G＞A 突变[54, 60, 61]。同样地，含有 *ND5* m.13513G＞A 突变的异质杂交细胞通过将 143B/206 与携带

表 18–1　靶向线粒体不同突变的 mitoTALEN

mitoTALEN	测试模型	递送方式	体外实验	体内实验	结　果	参考文献
"常见缺失"（m.8483_13459de14977）断点（Δ5）	骨肉瘤胞质杂合细胞 70%～80% 突变	转染	有	无	减少突变单倍型	[55, 46]
m.14459G > A MT-ND6 突变	骨肉瘤胞质杂合细胞 90%～95% 突变	转染	有	无	减少突变单倍型；复合体 I 活性恢复	[59, 46]
m.8344A > G tRNA^Lys 突变	骨肉瘤胞质杂合细胞 55%～60% 突变	转染	有	无	减少突变单倍型；OXPHOS 活性恢复	[3, 54]
m.13513G > A ND5 突变	骨肉瘤胞质杂合细胞 80%～85% 突变	转染	有	无	减少突变单倍型；复合体 I 活性恢复	[93, 54]
m.5024C > T tRNA^Ala 突变	小鼠胚胎成纤维细胞 60%～80% 突变	转染 / 肌内和系统性注射	有	有	减少突变单倍型；tRNA^Ala 功能恢复	[65, 64]
NZB mtDNA	NZB/BALB 卵母细胞（70%～80% BALB mtDNA）	转染 / 卵母细胞显微注射 RNA	有	有	减少 NZB 单倍型；防止生殖传递	[13, 71]
m.14459G > A LHOND	融合小鼠卵母细胞携带 80%～85% 的人类突变	卵母细胞显微注射 RNA	有	有	减少突变单倍型	[59, 71]
m.9176T > C NARP	融合小鼠卵母细胞携带 > 95% 的人类突变	卵母细胞显微注射 RNA	有	有	减少突变单倍型	[94, 71]
m.3243A > G MELAS	人类诱导多能干细胞系 > 80% 的突变	转染	有	无	减少突变单倍型；OXPHOS 活性恢复	[95, 69]
m.13513G > A MELAS	人类诱导多能干细胞系 60%～70% 的突变	转染	有	无	减少突变单倍型	[93, 68]

该点突变的患者来源的去核成纤维细胞融合而产生[54]。针对 MERRF 的 tRNA^Lys m.8344A>G 突变[3, 62]，我们设计了两个单体来切割突变区域，并在异质杂合细胞中进行了测试[54, 63]。

我们实验室还设计了 mitoTALEN 靶向切割带有 tRNA^Ala m.5024C>T 突变的小鼠 mtDNA。在这个案例中，tRNA^Ala 突变存在于一个线粒体异质的小鼠品系中，该异质小鼠是由 Max Plank 研究所的 Jim Stewart 和 Nils Larsson 实验室开发

的[64-66]。这些小鼠胚胎成纤维细胞通过转入人类乳头瘤病毒的 E6-E7 基因来永生化[67]。

我们设计并测试了 mitoTALEN 的表达和线粒体定位（图 18-2D 和 E）。在人和小鼠 mtDNA 异质突变的细胞中表达 mitoTALEN 后，我们能够如预期改变异质性比例，增加野生型 mtDNA 的负荷。在 mitoTALEN 靶向 MT-ND6 m.14459G>A 突变的研究中，经 mitoTALEN 转染携带高水平 m.14459G>A 突变的杂交细胞后，复合体

I 活性从降低恢复到正常水平[46]。此外，携带 tRNA^{Lys} m.8344A＞G 突变的细胞在经 mitoTALEN 处理后，其 OXPHOS 功能得到改善[54]。

五、靶向线粒体转录激活因子样效应核酸内切酶在携带 tRNA^{Ala} 突变的异质小鼠模型中的表现

我们使用一种携带 tRNA^{Ala} 致病性异质 m.5024C＞T 突变的小鼠模型，尝试改变其体内 mtDNA 的异质性。m.5024C＞T 突变与 tRNA^{Ala} 不稳定性和老年轻度心脏表型相关[65]。小鼠的该 tRNA^{Ala} 突变类似于人类 mtDNA^{Ala} 突变，后者与肌病和 OXPHOS 功能缺陷有关[66]。针对小鼠模型 m.5024C＞T 的 mitoTALEN 与前述针对携带同一 tRNA^{Ala} 突变的小鼠胚胎成纤维细胞所用 mitoTALEN 相同。MitoTALEN 的基本构件由两个相邻的单体组成，其中一个单体是特异识别 tRNA^{Ala} m.5024C＞T 突变的[64]，相应表达元件被克隆到 AAV2/9 骨架载体并产生病毒颗粒。在这项研究中，我们能够在肌内注射后特异性地提升野生型 mtDNA 的异质性比例。我们将每个单体以（1.0～1.5）×10^{12} AAV9 颗粒注射于 8～12 周龄小鼠右侧胫骨前肌，并对注射后 4、6、8、12 和 24 周的小鼠进行分析。异质性的转变持续了 24 周，tRNA^{Ala} 转录恢复到正常水平[64]。我们还向 16—17 日龄小鼠眼球后静脉注射各单体（1.0～1.5）×10^{12} 的 AAV9 颗粒从而进行系统表达。该小鼠在肌肉和心脏中都可观察到 mitoTALEN 的表达。突变的 mtDNA 载量在这些组织中降低[64]。

六、靶向线粒体转录激活因子样效应核酸内切酶和诱导多能干细胞

携带异质性 mtDNA 突变的诱导多能干细胞源自一名患者，该患者携带高比例的 m.13513G＞A 和 m.3243A＞G 突变，表现为 MELAS。该细胞系被用作证明人类 mtDNA 异质性转变的实验材料。通过转导 G13513A-mitoTALEN，MELAS-iPSC 中的 m.13513G＞A 异质性水平在短期内降

低[68]。研究报道靶向 m.3243A＞G 的 mitoTALEN 在相应诱导多能干细胞中可消除突变 mtDNA 并恢复细胞呼吸功能和能量产出[69]。我们实验室试图设计针对 m.3243A＞G 突变的 mitoTALEN，但我们没能成功减少突变 mtDNA 载量（Claudia Pereira，未发表的观察结果）。这些研究之间的差异原因尚不清楚，但有一种被称为 MTERF 的蛋白可结合到 3243 mtDNA 区域，可能具有空间位阻作用，阻止了 TALEN 结合[70]。

七、靶向线粒体转录激活因子样效应核酸内切酶的其他用途

（一）靶向线粒体转录激活因子样效应核酸内切酶在生殖传递中的作用

作为概念证明，mitoTALEN 被利用于在一个线粒体异质小鼠模型里减少其胚胎中特定 mtDNA 单倍型。同样也使用 mitoTALEN 靶向人类的 NARP m.9176T＞C 突变与 LHON m.14459G＞A 突变，这些人类的突变 mtDNA 数量在携带它们的胞质杂合小鼠卵母细胞中减少了[71]。

利用靶向线粒体转录激活因子样效应核酸内切酶研究线粒体 DNA 复制　MitoTALEN 靶向到参与形成"常见缺失"（m.8483_13459del4977）的 mtDNA 区域，结果表明其中一个位点对常见缺失的形成具有关键作用。这些结果提示了 mtDNA 所具备的一种独特的依赖复制的修复途径，它触发了 mtDNA 常见缺失的形成[72]。

（二）Mito-Tev-TAL 核酸酶

由于 mitoTALEN 依赖二聚化发挥功能的特性增加了系统的复杂度，因此研究人员以开发单体特异性 DNA 编辑酶为目标付诸努力。一种以 tRNA^{Lys} m.8344A＞G 突变为靶向目标的单体核酸酶 mito-Tev-TALE 经测试成功发挥作用[73]。该结构基于 GIY-YIG 归巢核酸酶 I-TevI，将 I-TevI 核酸酶和 TAL DNA 结构域结合组装成一个单体嵌合体[96, 97]。我们使用先前测试过的 mitoTALEN 来对抗 TAL DNA 结合域的 MERRF 突变[54]。这种新颖的设计提供了一种用于线粒体基因组编辑

的分子量更小的工具，因为只需要在病毒载体中克隆一个单体，其更适用于使用腺相关病毒作体内递送。

八、利用靶向线粒体转录激活因子样效应核酸内切酶进行基因治疗的利与弊

（一）特异性和线粒体 DNA 缺失

MitoTALEN 已被证实具有高度靶向特异性。这种特性可能由于其需要两个单体，靶位点的双链断裂是由 *Fok*I 的异源二聚化所介导的。我们并没有在针对 tRNA^{Ala} m.5024C＞T 突变设计的 AAV（mitoTALEN）注射后观测到脱靶现象[64]。在体内研究中也没有观察到 mtDNA 总量缺失，可能是由于 mtDNA 在降解后能快速复制恢复至原水平。但在经转染的细胞中可以观察到 mtDNA 水平的瞬时下降。当 mitoTALEN 被用来靶向具有高水平线粒体异质性的杂交细胞中的 *MT-ND6* m.14459G＞A 突变时，可以观察到 mtDNA 拷贝数短暂下降，但在 2 周后恢复。因此，有必要在使用 mitoTALEN 靶向 mtDNA 后仔细评估 mtDNA 拷贝数，以防止不良反应[40]。由于 mitoTALEN 在 mtDNA 上的靶向特异性很强，所以很少在线粒体中发现脱靶现象。然而，超深度 mtDNA 扩增子重测序可以用来探寻这些很罕见的情况。与核基因组相比，mtDNA 中由脱靶造成的罕见的双链断裂并不是个重要的问题，因为 mtDNA 是多拷贝的，而且被切割的 mtDNA 片段会被快速降解。

（二）细胞核中的脱靶序列

亚细胞定位研究表明，mitoTALEN 特异性定位于线粒体[46]。然而，当用内切酶靶向 mtDNA 时，其潜在的不良反应是会出现对核 DNA 中的脱靶序列做切割，这可能导致 DNA 的插入或删除。MitoTALEN 可被设计为包含异源二聚化的 *Fok*I 核酸酶，使得其成为具有高度特异性的基因编辑工具。虽然这可能使得 mitoTALEN 从全基因组的序列相似上这一点来看已具有足够的特异

性，使其在细胞核中没有类似的靶点，但对潜在的核 DNA 脱靶位点进行扩增子重测序可能会提供额外的信息[74]。

（三）新识别点设计简单

TALEN 的这种简单的代码式 DNA 识别关系及其模块化特性，使其成为构建定制设计的 DNA 核酸酶的理想技术平台[44, 45]，并可靶向几乎任何突变。

使用合适的 MTS 是 mitoTALEN 设计的关键所在。与信号肽一样，一旦对线粒体基质的定位完成，MTS 就会被切除[75]。MTS 的电荷、长度和结构对于其蛋白质转运至线粒体来说非常重要。我们发现，mitoTALEN 的一个单体使用杂合 Cox8Sub9 的 MTS（来自人类 Cox8 的 MTS 加上来自粗糙链孢霉菌 ATPase 亚基 9 的 MTS），另一个单体使用 SOD2 的 MTS 将非常有效[14, 64]。此外，针对不同组织选择合适的启动子对实现 mitoTALEN 的高表达具有重要意义。当需要在所有细胞类型中都可表达时，可以使用普遍表达的启动子，如人类延伸因子 1α– 亚基（elongation factor 1α-subunit，EF1α）、早期巨细胞病毒（cytomegaloviru，CMV）、鸡 β– 肌动蛋白（chicken β-actin，CBA）及其衍生物 CAG、β– 葡萄糖醛酸糖苷酶（β-glucuronidase，GUSB）或泛素 C 等启动子[76-78]。当靶向特定的组织时，可以通过组织特异性启动子实现受限表达。在骨骼肌中，肌酸激酶或结蛋白（1.7kbp）已被证明在骨骼肌中具有高度特异性表达，其在肝脏中几乎不表达[79]。由于线粒体疾病的性质，其通常会影响许多器官和组织，我们决定在研究中使用普遍表达的启动子[14, 64]。

（四）靶向线粒体转录激活因子样效应核酸内切酶基因大小

MitoTALEN 是大分子，且其表达盒必须被插入病毒载体中以产生体内递送用病毒。各种不同的载体和传递技术已被应用于基因治疗试验。尽管非病毒疗法越来越普遍（占试验的 16.5%），但病毒载体仍然是目前最流行和最有效的方法[80]。我们已经使用腺病毒将限制性内切酶转导到肝

脏[19]，并测试了不同血清型 AAV 的转导效率，如 AAV6 靶向心肌[14]，以及 AAV9 将限制性内切酶和 mitoTALEN 转导至骨骼肌和心肌[16, 64]。

重组 AAV 一般不整合到基因组中，通常以附加体形式存在，仅约 0.1% 整合到宿主细胞基因组中。AAV 基因组在细胞分裂过程中逐渐减少，导致转基因表达水平下降。因此，AAV 是转导慢分裂细胞的最佳选择[80]。在 AAV 骨架载体中其表达盒受 DNA 包装大小限制（4.1～4.9kbp）[81, 82]。MitoTALEN 较为庞大（每个单体超过 4kbp），所以每个单体需要被单独包装至一种 AAV 载体中。因此，需要两种病毒制剂才能达到预期的传染和编辑效果[64]。这可能是个缺点，因为每种制剂的最终病毒滴度将被稀释，其构成了对使用二聚核酸酶的限制。相较来说单体 DNA 编辑酶更具优势，因为其只需要一种病毒制剂[73]。

（五）靶向线粒体转录激活因子样效应核酸内切酶作为治疗方案的未来

迄今为止，尽管在单体酶的开发方面取得了进展[73]，但只有两种 DNA 识别平台被用于靶向线粒体：锌指核酸酶[41, 83, 84] 和 TALEN[25, 46, 54, 64]。有一篇报道使用了簇状规则间隔短回文重复及其相关蛋白 9（CRISPR/Cas9）[85] 用于靶向线粒体，该研究表明 Cas9 可以定位于线粒体，并利用 sgRNA 靶向编辑 mtDNA[86]。然而，这些结果尚未在其他实验室得到重复验证，将 RNA 导入线粒体的可行性仍存在争议[87-89]。可工程化的归巢核酸酶是自然界中发现的可以识别和切割长 DNA 序列的酶[90]。归巢核酸酶，以及通过嵌合 I-TevI/TAL 所形成的 mito-Tev-Tal[73] 的单体性质使它们很具吸引力，可作为编辑 mtDNA 的有效方法。如前所述，单体的特性和小体积可能为基因治疗带来巨大的优势[91]。

虽然目前还没有 mtDNA 基因编辑的完美系统，但利用 mitoTALEN 的相关研究从原理上证明了当这些编辑工具与不断增长的工程用病毒类型相结合时，将打开一条有希望的治疗异质 mtDNA 疾病的途径。事实上，单次注射就足以促使异质性的显著改变。AAV 的先天和后天免疫原性妨碍了有效的连续用药[92]。在我们的研究中，单次注射就足以改变异质性，且效果至少持续 24 周[64]。减少和保持异质性低于表型阈值是治疗异质性线粒体疾病的终极目标。

在临床中，突变 mtDNA 的完全消除是不必要的，因为突变负荷的适度降低可以通过单剂量 mitoTALEN 实现，足以产生长期的有益的临床效果。然而，当使用可引起 DNA 双链断裂的酶进行基因治疗时，mtDNA 拷贝数快速减少的风险以及可能的核 DNA 或 mtDNA 脱靶的不良反应，仍然是需要我们小心处理的问题。

研究展望

MitoTALEN 是一种高度特异性的基因编辑工具，其可以促使 mtDNA 发生双链断裂并以可被预测的方式改变线粒体异质性。它们的模块化结构使得其可被设计靶向 mtDNA 中的几乎任何突变。尽管它通过二聚化发挥功能的特性带来了高特异性和避免脱靶的优势，但 mitoTALEN 需要两种重组 AAV 病毒，虽然其依然可用于人类基因治疗，但成本较为高昂。其单体版本将会大大地促进基于 AAV 的递送。新的 AAV 病毒载体的开发将协同 mitoTALEN 的技术进步用于更有效地治疗线粒体疾病。单次治疗就可能长期改变异质性，使得其具有很强的临床应用价值。

参考文献

[1] Bacman SR, Williams SL, Pinto M, Moraes CT. The use of mitochondria-targeted endonucleases to manipulate mtDNA. Methods Enzymol 2014;547:373-97.

[2] Viscomi C, Bottani E, Zeviani M. Emerging concepts in the therapy of mitochondrial disease. Biochim Biophys Acta 2015; 1847 (6-7):544-57.

[3] Shoffner JM, Lott MT, Lezza AM, Seibel P, Ballinger SW, Wallace DC. Myoclonic epilepsy and raggedred fiber disease (MERRF) is associated with a mitochondrial DNA tRNA(Lys) mutation. Cell 1990;61 (6):931-7.

[4] Shoffner JM, Kaufman A, Koontz D, Krawiecki N, Smith E, Topp M, et al. Oxidative phosphorylation diseases and cerebellar ataxia. Clin Neurosci 1995;3(1):43-53.

[5] Dey R, Barrientos A, Moraes CT. Functional constraints of nuclear-mitochondrial DNA interactions in xenomitochondrial rodent cell lines. J Biol Chem 2000;275(40):31520-7.

[6] Srivastava S, Moraes CT. Manipulating mitochondrial DNA heteroplasmy by a mitochondrially targeted restriction endonuclease. Hum Mol Genet 2001;10(26):3093-9.

[7] Tsao CY, Mendell JR, Bartholomew D. High mitochondrial DNA T8993G mutation (< 90%) without typical features of Leigh's and NARP syndromes. J Child Neurol 2001;16(7):533-5.

[8] Holt IJ, Harding AE, Petty RK, Morgan-Hughes JA. A new mitochondrial disease associated with mitochondrial DNA heteroplasmy. Am J Hum Genet 1990;46(3):428-33.

[9] Tatuch Y, Pagon RA, Vlcek B, Roberts R, Korson M, Robinson BH. The 8993 mtDNA mutation: heteroplasmy and clinical presentation in three families. Eur J Hum Genet 1994;2(1):35-43.

[10] Tanaka M, Borgeld HJ, Zhang J, Muramatsu S, Gong JS, Yoneda M, et al. Gene therapy for mitochondrial disease by delivering restriction endonuclease SmaI into mitochondria. J Biomed Sci 2002;9(6 Pt 1):534-41.

[11] Alexeyev MF, Venediktova N, Pastukh V, Shokolenko I, Bonilla G, Wilson GL. Selective elimination of mutant mitochondrial genomes as therapeutic strategy for the treatment of NARP and MILS syndromes. Gene Ther 2008;15(7):516-23.

[12] Jenuth JP, Peterson AC, Shoubridge EA. Tissue-specific selection for different mtDNA genotypes in heteroplasmic mice. Nat Genet 1997;16(1):93-5.

[13] Bayona-Bafaluy MP, Blits B, Battersby BJ, Shoubridge EA, Moraes CT. Rapid directional shift of mitochondrial DNA heteroplasmy in animal tissues by a mitochondrially targeted restriction endonuclease. Proc Natl Acad Sci USA 2005; 102 (40): 14392-7.

[14] Bacman SR, Williams SL, Garcia S, Moraes CT. Organ-specific shifts in mtDNA heteroplasmy following systemic delivery of a mitochondria-targeted restriction endonuclease. Gene Ther 2010;17(6):713-20.

[15] Uusimaa J, Remes AM, Rantala H, Vainionpaa L, Herva R, Vuopala K, et al. Childhood encephalopathies and myopathies: a prospective study in a defined population to assess the frequency of mitochondrial disorders. Pediatrics 2000;105(3 Pt 1):598-603.

[16] Bacman SR, Williams SL, Duan D, Moraes CT. Manipulation of mtDNA heteroplasmy in all striated muscles of newborn mice by AAV9-mediated delivery of a mitochondria-targeted restriction endonuclease. Gene Ther 2012;19(11):1101-6.

[17] Inagaki K, Fuess S, Storm TA, Gibson GA, McTiernan CF, Kay MA, et al. Robust systemic transduction with AAV9 vectors in

mice: efficient global cardiac gene transfer superior to that of AAV8. Mol Ther 2006;14(1):45-53.

[18] Ghosh A, Yue Y, Long C, Bostick B, Duan D. Efficient whole-body transduction with trans-splicing adeno-associated viral vectors. Mol Ther 2007;15(6):1220.

[19] Bacman SR, Williams SL, Hernandez D, Moraes CT. Modulating mtDNA heteroplasmy by mitochondriatargeted restriction endonucleases in a 'differential multiple cleavage-site' model. Gene Ther 2007;14 (18):1309-18.

[20] Moscou MJ, Bogdanove AJ. A simple cipher governs DNA recognition by TAL effectors. Science 2009;326(5959):1501.

[21] Bogdanove AJ, Schornack S, Lahaye T. TAL effectors: finding plant genes for disease and defense. Curr Opin Plant Biol 2010; 13(4): 394-401.

[22] Boch J, Scholze H, Schornack S, Landgraf A, Hahn S, Kay S, et al. Breaking the code of DNA binding specificity of TAL-type III effectors. Science 2009;326(5959):1509-12.

[23] Schornack S, Meyer A, Romer P, Jordan T, Lahaye T. Gene-for-gene-mediated recognition of nucleartargeted AvrBs3-like bacterial effector proteins. J Plant Physiol 2006;163(3):256-72.

[24] Boch J, Bonas U. Xanthomonas AvrBs3 family-type III effectors: discovery and function. Annu Rev Phytopathol 2010; 48: 419-36.

[25] Bogdanove AJ, Voytas DF. TAL effectors: customizable proteins for DNA targeting. Science 2011;333 (6051):1843-6.

[26] Zhang F, Cong L, Lodato S, Kosuri S, Church GM, Arlotta P. Efficient construction of sequence-specific TAL effectors for modulating mammalian transcription. Nat Biotechnol 2011; 29(2): 149-53.

[27] Bitinaite J, Wah DA, Aggarwal AK, Schildkraut I. FokI dimerization is required for DNA cleavage. Proc Natl Acad Sci USA 1998;95(18):10570-5.

[28] Miller JC, Tan S, Qiao G, Barlow KA, Wang J, Xia DF, et al. A TALE nuclease architecture for efficient genome editing. Nat Biotechnol 2011;29(2):143-8.

[29] Boch J. TALEs of genome targeting. Nat Biotechnol 2011; 29(2): 135-6.

[30] Christian M, Cermak T, Doyle EL, Schmidt C, Zhang F, Hummel A, et al. Targeting DNA double-strand breaks with TAL effector nucleases. Genetics 2010;186(2):757-61.

[31] Li T, Huang S, Jiang WZ, Wright D, Spalding MH, Weeks DP, et al. TAL nucleases (TALNs): hybrid proteins composed of TAL effectors and FokI DNA-cleavage domain. Nucleic Acids Res 2011;39(1):359-72.

[32] West SC. Molecular views of recombination proteins and their control. Nat Rev Mol Cell Biol 2003;4 (6):435-45.

[33] Urnov FD, Rebar EJ, Holmes MC, Zhang HS, Gregory PD. Genome editing with engineered zinc finger nucleases. Nat Rev Genet 2010;11(9):636-46.

[34] Cermak T, Doyle EL, Christian M, Wang L, Zhang Y, Schmidt C, et al. Efficient design and assembly of custom TALEN and other TAL effector-based constructs for DNA targeting. Nucleic Acids Res 2011;39 (12):e82.

[35] Moretton A, Morel F, Macao B, Lachaume P, Ishak L, Lefebvre M, et al. Selective mitochondrial DNA degradation following double-strand breaks. PLoS One 2017;12(4):e0176795.

[36] Nissanka N, Bacman SR, Plastini MJ, Moraes CT. The mitochondrial DNA polymerase gamma degrades linear DNA fragments precluding the formation of deletions. Nat Commun

2018;9(1):2491.

[37] Peeva V, Blei D, Trombly G, Corsi S, Szukszto MJ, Rebelo-Guiomar P, et al. Linear mitochondrial DNA is rapidly degraded by components of the replication machinery. Nat Commun 2018; 9(1):1727.

[38] Copeland WC. The mitochondrial DNA polymerase in health and disease. Subcell Biochem 2010;50:211-22.

[39] Zinovkina LA. Mechanisms of mitochondrial DNA repair in mammals. Biochem (Mosc) 2018;83 (3):233-49.

[40] Rooney JP, Ryde IT, Sanders LH, Howlett EH, Colton MD, Germ KE, et al. PCR based determination of mitochondrial DNA copy number in multiple species. Methods Mol Biol 2015; 1241: 23-38.

[41] Gammage PA, Rorbach J, Vincent AI, Rebar EJ, Minczuk M. Mitochondrially targeted ZFNs for selective degradation of pathogenic mitochondrial genomes bearing large-scale deletions or point mutations. EMBO Mol Med 2014;6(4):458-66.

[42] Gammage PA, Viscomi C, Simard ML, Costa ASH, Gaude E, Powell CA, et al. Genome editing in mitochondria corrects a pathogenic mtDNA mutation in vivo. Nat Med 2018; 24(11): 1691-5.

[43] Minczuk M. Engineered zinc finger proteins for manipulation of the human mitochondrial genome. Methods Mol Biol 2010; 649: 257-70.

[44] Pan Y, Xiao L, Li AS, Zhang X, Sirois P, Zhang J, et al. Biological and biomedical applications of engineered nucleases. Mol Biotechnol 2013;55(1):54-62.

[45] Sung YH, Baek IJ, Kim DH, Jeon J, Lee J, Lee K, et al. Knockout mice created by TALEN-mediated gene targeting. Nat Biotechnol 2013;31(1):23-4.

[46] Bacman SR, Williams SL, Pinto M, Peralta S, Moraes CT. Specific elimination of mutant mitochondrial genomes in patient-derived cells by mitoTALENs. Nat Med 2013; 19(9): 1111-13.

[47] Terpe K. Overview of tag protein fusions: from molecular and biochemical fundamentals to commercial systems. Appl Microbiol Biotechnol 2003;60(5):523-33.

[48] Thorn K. Genetically encoded fluorescent tags. Mol Biol Cell 2017;28(7):848-57.

[49] Sylvestre J, Margeot A, Jacq C, Dujardin G, Corral-Debrinski M. The role of the 3′ untranslated region in mRNA sorting to the vicinity of mitochondria is conserved from yeast to human cells. Mol Biol Cell 2003;14(9):3848-56.

[50] Xia W, Bringmann P, McClary J, Jones PP, Manzana W, Zhu Y, et al. High levels of protein expression using different mammalian CMV promoters in several cell lines. Protein Expr Purif 2006;45 (1):115-24.

[51] Szymczak AL, Workman CJ, Wang Y, Vignali KM, Dilioglou S, Vanin EF, et al. Correction of multigene deficiency in vivo using a single 'self-cleaving' 2A peptide-based retroviral vector. Nat Biotechnol 2004;22(5):589-94.

[52] Doyon Y, Vo TD, Mendel MC, Greenberg SG, Wang J, Xia DF, et al. Enhancing zinc-finger-nuclease activity with improved obligate heterodimeric architectures. Nat Methods 2011;8(1):74-9.

[53] Miller JC, Holmes MC, Wang J, Guschin DY, Lee YL, Rupniewski I, et al. An improved zinc-finger nuclease architecture for highly specific genome editing. Nat Biotechnol 2007; 25(7):778-85.

[54] Hashimoto M, Bacman SR, Peralta S, Falk MJ, Chomyn A, Chan DC, et al. MitoTALEN: a general approach to reduce mutant mtDNA loads and restore oxidative phosphorylation function in mitochondrial diseases. Mol Ther 2015;23(10):1592-9.

[55] Schon EA, Rizzuto R, Moraes CT, Nakase H, Zeviani M, DiMauro S. A direct repeat is a hotspot for large-scale deletion of human mitochondrial DNA. Science 1989;244(4902):346-9.

[56] Corral-Debrinski M, Horton T, Lott MT, Shoffner JM, Beal MF, Wallace DC. Mitochondrial DNA deletions in human brain: regional variability and increase with advanced age. Nat Genet 1992; 2(4):324-9.

[57] Diaz F, Bayona-Bafaluy MP, Rana M, Mora M, Hao H, Moraes CT. Human mitochondrial DNA with large deletions repopulates organelles faster than full-length genomes under relaxed copy number control. Nucleic Acids Res 2002;30(21):4626-33.

[58] Bacman SR, Moraes CT. Transmitochondrial technology in animal cells. Methods Cell Biol 2007;80:503-24.

[59] Jun AS, Trounce IA, Brown MD, Shoffner JM, Wallace DC. Use of transmitochondrial cybrids to assign a complex I defect to the mitochondrial DNA-encoded NADH dehydrogenase subunit 6 gene mutation at nucleotide pair 14459 that causes Leber hereditary optic neuropathy and dystonia. Mol Cell Biol 1996;16 (3):771-7.

[60] Chol M, Lebon S, Benit P, Chretien D, de Lonlay P, Goldenberg A, et al. The mitochondrial DNA G13513A MELAS mutation in the NADH dehydrogenase 5 gene is a frequent cause of Leigh-like syndrome with isolated complex I deficiency. J Med Genet 2003;40(3):188-91.

[61] Shanske S, Coku J, Lu J, Ganesh J, Krishna S, Tanji K, et al. The G13513A mutation in the ND5 gene of mitochondrial DNA as a common cause of MELAS or Leigh syndrome: evidence from 12 cases. Arch Neurol 2008;65(3):368-72.

[62] Berkovic SF, Shoubridge EA, Andermann F, Andermann E, Carpenter S, Karpati G. Clinical spectrum of mitochondrial DNA mutation at base pair 8344. Lancet 1991;338(8764):457.

[63] Masucci JP, Schon EA, King MP. Point mutations in the mitochondrial tRNA(Lys) gene: implications for pathogenesis and mechanism. Mol Cell Biochem 1997;174(1-2):215-19.

[64] Bacman SR, Kauppila JHK, Pereira CV, Nissanka N, Miranda M, Pinto M, et al. MitoTALEN reduces mutant mtDNA load and restores tRNA(Ala) levels in a mouse model of heteroplasmic mtDNA mutation. Nat Med 2018;24(11):1696-700.

[65] Kauppila JHK, Baines HL, Bratic A, Simard ML, Freyer C, Mourier A, et al. A phenotype-driven approach to generate mouse models with pathogenic mtDNA mutations causing mitochondrial disease. Cell Rep 2016;16(11):2980-90.

[66] Lehmann D, Schubert K, Joshi PR, Hardy SA, Tuppen HA, Baty K, et al. Pathogenic mitochondrial mttRNA(Ala) variants are uniquely associated with isolated myopathy. Eur J Hum Genet 2015;23 (12):1735-8.

[67] Lochmuller H, Johns T, Shoubridge EA. Expression of the E6 and E7 genes of human papillomavirus (HPV16) extends the life span of human myoblasts. Exp Cell Res 1999;248(1):186-93.

[68] Yahata N, Matsumoto Y, Omi M, Yamamoto N, Hata R. TALEN-mediated shift of mitochondrial DNA heteroplasmy in MELAS-iPSCs with m.13513G > A mutation. Sci Rep 2017; 7(1): 15557.

[69] Yang Y, Wu H, Kang X, Liang Y, Lan T, Li T, et al. Targeted elimination of mutant mitochondrial DNA in MELAS-iPSCs by mitoTALENs. Protein Cell 2018;9(3):283-97.

[70] Rebelo AP, Williams SL, Moraes CT. In vivo methylation of mtDNA reveals the dynamics of protein-mtDNA interactions. Nucleic Acids Res 2009;37(20):6701-15.

[71] Reddy P, Ocampo A, Suzuki K, Luo J, Bacman SR, Williams SL, et al. Selective elimination of mitochondrial mutations in the germline by genome editing. Cell 2015;161(3):459-69.

[72] Phillips AF, Millet AR, Tigano M, Dubois SM, Crimmins H,

Babin L, et al. Single-molecule analysis of mtDNA replication uncovers the basis of the common deletion. Mol Cell 2017;65(3):527-38 e526.

[73] Pereira CV, Bacman SR, Arguello T, Zekonyte U, Williams SL, Edgell DR, et al. mitoTev-TALE: a monomeric DNA editing enzyme to reduce mutant mitochondrial DNA levels. EMBO Mol Med 2018;10(9).

[74] Gammage PA, Gaude E, Van Haute L, Rebelo-Guiomar P, Jackson CB, Rorbach J, et al. Near-complete elimination of mutant mtDNA by iterative or dynamic dose-controlled treatment with mtZFNs. Nucleic Acids Res 2016;44(16):7804-16.

[75] Brix J, Dietmeier K, Pfanner N. Differential recognition of preproteins by the purified cytosolic domains of the mitochondrial import receptors Tom20, Tom22, and Tom70. J Biol Chem 1997;272(33):20730-5.

[76] Husain T, Passini MA, Parente MK, Fraser NW, Wolfe JH. Long-term AAV vector gene and protein expression in mouse brain from a small pan-cellular promoter is similar to neural cell promoters. Gene Ther 2009;16(7):927-32.

[77] Qin JY, Zhang L, Clift KL, Hulur I, Xiang AP, Ren BZ, et al. Systematic comparison of constitutive promoters and the doxycycline-inducible promoter. PLoS One 2010;5(5):e10611.

[78] Norrman K, Fischer Y, Bonnamy B, Wolfhagen Sand F, Ravassard P, Semb H. Quantitative comparison of constitutive promoters in human ES cells. PLoS One 2010;5(8):e12413.

[79] Katwal AB, Konkalmatt PR, Piras BA, Hazarika S, Li SS, John Lye R, et al. Adeno-associated virus serotype 9 efficiently targets ischemic skeletal muscle following systemic delivery. Gene Ther 2013;20 (9):930-8.

[80] Lukashev AN, Zamyatnin AA. Viral vectors for gene therapy: current state and clinical perspectives. Biochem (Mosc) 2016; 81 (7):700-8.

[81] Dong JY, Fan PD, Frizzell RA. Quantitative analysis of the packaging capacity of recombinant adenoassociated virus. Hum Gene Ther 1996;7(17):2101-12.

[82] Kumar M, Keller B, Makalou N, Sutton RE. Systematic determination of the packaging limit of lentiviral vectors. Hum Gene Ther 2001;12(15):1893-905.

[83] Porteus MH, Carroll D. Gene targeting using zinc finger nucleases. Nat Biotechnol 2005;23(8):967-73.

[84] Gammage PA, Minczuk M. Enhanced manipulation of human mitochondrial DNA heteroplasmy in vitro using tunable mtZFN technology. Methods Mol Biol 2018;1867:43-56.

[85] Gaj T, Gersbach CA, Barbas CF. ZFN, TALEN, and CRISPR/Cas-based methods for genome engineering. Trends Biotechnol 2013; 31(7):397-405.

[86] Jo A, Ham S, Lee GH, Lee YI, Kim S, Lee YS, et al. Efficient mitochondrial genome editing by CRISPR/Cas9. Biomed Res Int 2015; 2015:305716.

[87] Gammage PA, Moraes CT, Minczuk M. Mitochondrial genome engineering: the revolution may not be CRISPR-ized. Trends Genet 2018;34(2):101-10.

[88] Loutre R, Heckel AM, Smirnova A, Entelis N, Tarassov I. Can mitochondrial DNA be CRISPRized: pro and contra. IUBMB Life 2018;70(12):1233-9.

[89] Fogleman S, Santana C, Bishop C, Miller A, Capco DG. CRISPR/Cas9 and mitochondrial gene replacement therapy: promising techniques and ethical considerations. Am J Stem Cell 2016;5(2):39-52.

[90] Boissel S, Jarjour J, Astrakhan A, Adey A, Gouble A, Duchateau P, et al. megaTALs: a rare-cleaving nuclease architecture for therapeutic genome engineering. Nucleic Acids Res 2014; 42(4): 2591-601.

[91] Silva G, Poirot L, Galetto R, Smith J, Montoya G, Duchateau P, et al. Meganucleases and other tools for targeted genome engineering: perspectives and challenges for gene therapy. Curr Gene Ther 2011;11 (1):11-27.

[92] Lotfinia M, Abdollahpour-Alitappeh M, Hatami B, Zali MR, Karimipoor M. Adeno-associated virus as a gene therapy vector: strategies to neutralize the neutralizing antibodies. Clin Exp Med 2019;19:289-98.

[93] Santorelli FM, Tanji K, Kulikova R, Shanske S, Vilarinho L, Hays AP, et al. Identification of a novel mutation in the mtDNA ND5 gene associated with MELAS. Biochem Biophys Res Commun 1997;238:326-8.

[94] Taylor RW, Turnbull DM. Mitochondrial DNA mutations in human disease. Nat Rev Genet 2005;6 (5):389-402.

[95] Goto Y, Nonaka I, Horai S. A mutation in the tRNA(Leu)(UUR) gene associated with the MELAS subgroup of mitochondrial encephalomyopathies. Nature 1990;348(6302):651-3.

[96] Kleinstiver BP, Wang L, Wolfs JM, Kolaczyk T, McDowell B, Wang X, et al. The I-TevI nuclease and linker domains contribute to the specificity of monomeric TALENs. G3 (Bethesda) 2014;4:1155-65.

[97] Beurdeley M, Bietz F, Li J, Thomas S, Stoddard T, Juillerat A, et al. Compact designer TALENs for efficient genome engineering. Nat Commun 2013; 4:1762.

靶向线粒体的锌指核酸酶
Mitochondrially targeted zinc finger nucleases

Pedro Pinheiro　Payam A. Gammage　Michal Minczuk　著

杠忆南　译

第19章

人类线粒体有自己的小而圆基因组（mtDNA），它编码氧化磷酸化机制的基本亚基。线粒体基因组的缺陷导致多种遗传性疾病，临床表现多样，从进行性肌无力到可致命的婴幼儿疾病。这个基因组在线粒体衰老理论中是重要的研究对象，该理论认为体细胞中 mtDNA 突变的逐渐积累导致线粒体功能下降，限制了哺乳动物的寿命。然而，这些 mtDNA 突变对衰老的影响仍存在争议。哺乳动物中损害线粒体功能的 mtDNA 突变也被认为与年龄相关疾病有关，如帕金森症和癌症。

基因编辑是修饰细胞核 DNA 的方法，但目前还不能用于哺乳动物 mtDNA，主要原因是难以将外源核酸传递到哺乳动物线粒体中，且在该细胞器中缺乏有效的同源 DNA 修复机制。线粒体基因修饰技术方法的缺失，严重阻碍了关于线粒体生物发生的基础研究，限制了 mtDNA 突变所致的疾病动物模型的建立。因此，目前编辑哺乳动物 mtDNA 的唯一选择是由位点特异性内切酶介导的在选定的 mtDNA 位点引入双链断裂。这一方法被用来减少突变 mtDNA 分子的负荷，同时保留野生型 mtDNA 分子。这些方法使用可靶向线粒体的限制性内切酶或不包含 RNA 成分的可编程核酸酶，即 TALEN 和锌指核酸酶。在本章，我们将讨论靶向线粒体锌指核酸酶（mitochondrially targeted zinc finger nuclease，

mtZFN）的开发和应用，以将该技术适用于人类的临床治疗。

一、锌指结构域及其与 DNA 的相互作用

Cys2His2 锌指结构域是一个相对较小的蛋白基序，约为 3kDa，常以重复串联的形式出现在蛋白质中，能够通过蛋白—核酸直接相互作用结合特定的 DNA 或 RNA 序列。锌指（zinc finger，ZF）是真核生物中最常见的 DNA 结合基序，是很多与健康和疾病具有重要功能相关性的蛋白质的组成部分[1]。

Cys2His2 锌指最早于 1985 年在对非洲爪蟾转录因子ⅢA（transcription factor ⅢA，TFⅢA）的研究中被发现。TFⅢA 蛋白结构由多个重复模块序列（30 个氨基酸组成一个序列）组成，锌可以稳定 TFⅢA 蛋白结构，而其他金属元素不能稳定 TFⅢA 蛋白结构。这个重复单元随后被命名为锌指结构域，因为它含有锌且能够抓住 DNA，类似于手指一般[2, 3]。更具体地说，一个锌指单元由大约 30 个氨基酸组成，由一个锌离子螯合稳定成一个紧凑的 αββ 折叠结构。锌离子的配位是由两个保守的半胱氨酸（在 β 链内）和两个组氨酸（在 α- 螺旋内）共同完成的[4-6]。

每个锌指都能识别一条 DNA 链上的 3 个连续碱基。两者的结合是通过 DNA 的大沟与锌指

中 α– 螺旋起始位的 1、3、6 位氨基酸之间特定的氢键相互作用所介导的[7]。此外，α– 螺旋中 2 号位置的氨基酸与另一条 DNA 链上的一个碱基进行了重要的二级相互作用，这与前述的 6 号位氨基酸的靶向识别是互补的[8, 9]。这种交叉链的相互作用增加了相邻锌指之间的链接，将它们转换成重叠阵列，并将二联锌指蛋白（zinc finger protein，ZFP）的识别位点从 6 个碱基扩展到 7 个碱基（图 19-1）。

二、锌指的设计

单个锌指的氨基酸构成与三联 DNA 碱基之间相对简单的一对一识别模式，以及每个基序独立作用的能力，使它们成为设计定制 DNA 结合蛋白的一个十分具有吸引力的平台。早期实验表明，可以通过合理组合具有不同 DNA 识别序列的锌指基序来改变其 DNA 靶标识别[10-13]。然而，该设想在实际应用中存在一些例外。因此，能够同时分析大数量锌指库的设计和筛选策略被开发采用，如噬菌体展示[14-19]。噬菌体展示基于噬菌体衣壳顶端蛋白结构域的表达[20, 21]。噬菌体展示之所以能够筛选感兴趣的文库，是通过其表达蛋白结合感兴趣的 DNA 靶标而亲和纯化达成的，然后用 PCR 方法从纯化后的噬菌体中扩增并鉴别出表达候选锌指的 DNA 序列。基于这种方法，一整套的锌指结构域已经被开发出来，可识别几乎所有 64 个可能的核苷酸三联体。这可以用于合理设计串联在一起的锌指阵列，能够通过匹配组合数个特定的锌指来识别小段 DNA。然而，相邻锌指的交叉链相互作用（见前文和图 19-1）

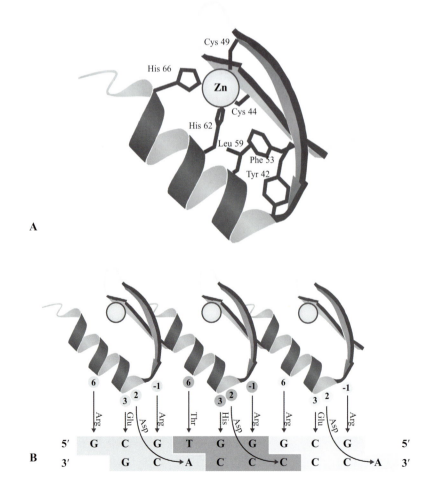

A

B

◀ 图 19-1　**Cys2His2 锌指结构及其与 DNA 的结合**

A. Cys2His2 锌指的缎带模型，包含一个 α– 螺旋和两个短的 β 链。由恒定的酪氨酸（Tyr）、苯丙氨酸（Phe）和亮氨酸（Leu）残基侧链形成疏水核心，其中单个 Zn^{2+} 离子由恒定的半胱氨酸（Cys）和组氨酸（His）残基协同结合[6]。B. Zif268 ZFP 结合相关 DNA 靶标的示意图。主要的结合是由 α– 螺旋残基 1、3 和 6 完成，交叉链相互作用由处于位置 2 的残基介导。ZFP 以 "反向" 的方式，从 C 端到 N 端结合 5′–3′ 方向的 DNA（改编自 Klug A. The discovery of zinc fingers and their applications in gene regulation and genome manip-ulation.Annu Rev Biochem 2010;79:213–31.）

可能会导致对预期靶标的结合亲和力的变化。因此，研究人员采用了几种新策略来生成噬菌体展示库，能够兼顾考虑侧翼锌指之间的相互作用[22-25]。其中一种方法是双组分文库法，由两个互补的子文库组成，其包含基于小鼠转录因子 Zif268 的 3- 锌指 DNA 结合域的变体。第一个子文库包含了全随机化 DNA 相互作用的锌指 -1，和与 DNA 作用的锌指 -2 的部分；而第二个子文库包含了全随机化 DNA 相互作用的锌指 -2 的剩余部分和锌指 -3。这样，选择成对的锌指（1+2 和 2+3），在体外重组，生成多样的 3- 锌指蛋白（1+2+3）[24, 25]。由此，该策略被用于建立一个大型的锌指蛋白库，可以识别大量各式 9bp 的 DNA 序列[26]。此外，随着自然存在的锌指及人工建立的锌指与它们对应的 DNA 结合信息的不断积累，我们就有可能建立一个通用的 "识别码"。基于该识别码创造的锌指阵列已被成功应用于多个物种[27-30]。

一个由三联锌指组成的阵列可识别一个 9bp 的序列，然而该序列在一个较大的基因组中可能随机出现数千次。因此，为了达到更高的结合特异性，需要构建更长的锌指阵列。例如，一个 6- 锌指蛋白可以识别 18bp 的序列，它可以在 680 亿 bp 的 DNA 范围内具备特异性（人类基因组大约包含 30 亿 bp）。然而，用传统的串联方法设计 6- 锌指蛋白可能会对整个作用复合物施加过度的干扰，导致亲和力下降。这是因为 DNA 的周期性与多联锌指蛋白的周期性并不完全匹配[3]。在两个锌指模块之间的经典 TGEKP 氨基酸链上额外添加 1 个甘氨酸或甘氨酸—丝氨酸—甘氨酸可使得这个链稍微长一些，从而具有灵活性[31]。通过连接 3 个 2- 锌指模块（3×2- 锌指）所生成的 6- 锌指蛋白，可以以皮摩尔级的亲和力结合靶标。另一种替代策略是组装 2 个 3- 锌指模块（2×3- 锌指）；3×2- 锌指结构对目标序列中的突变或插入具有更高的敏感性[3, 31, 32]。

三、嵌合锌指蛋白——锌指核酸酶的诞生

锌指蛋白具有高亲和力和高特异性，几乎可以识别任何指定的 DNA 序列，这使其成为一个可在医学研究中具有极强探索能力的创新平台。在早期的实验中，锌指蛋白被用来作为对 DNA 起结合作用酶的物理屏障（如对 RNA 聚合酶起抑制作用）[33]，或作为其他 DNA 结合蛋白的竞争者（如在启动子结合位点与转录因子竞争）[34, 35]。然而，在没有融合其他功能结构域的情况下，使用锌指蛋白做竞争的能力相对较弱。通过创建包含不同功能结构域的嵌合锌指蛋白，不仅可以提高它们的竞争效率，而且还打开了其他的应用方向[36]。锌指已经被应用于与转录激活或抑制域融合。例如，锌指蛋白融合到 Krüppel-associated box（KRAB）抑制域（KOX1），并靶向人类免疫缺陷病毒（human immunodeficiency virus，HIV）启动子，抑制病毒蛋白表达，减弱病毒的感染[37]。在另一项研究中，将锌指蛋白与 VP16 或 p65 转录激活域连接可靶向激活血管内皮生长因子（vascular endothelial growth factor，VEGF）-A 基因的表达，并诱导小鼠耳朵中新血管的生成[38, 39]。上述的嵌合锌指蛋白通过与一些相关蛋白共同作用来发挥其功能，同时研究人员也探索了通过使用直接作用于 DNA 的结构域、以位点特异性的方式来修饰 DNA 的可能性[36]。通过融合 CpG 特异性的 DNA 甲基转移酶，我们可以在特定的序列中实现胞嘧啶的甲基化。针对病毒启动子的 DNA 甲基化可有效减少病毒感染[40, 41]。

多年来，为建立一套可定制化靶向 DNA 序列的核酸内切酶，研究人员做过很多失败的尝试。锌指蛋白技术的一个重要突破正是锌指核酸酶的发明[42]。通过将锌指蛋白与 II 型内切酶 FokI（R.FokI）的非特异性 C 端切割结构域结合，得到的嵌合蛋白几乎可以靶向和切割任何感兴趣的 DNA 序列。值得注意的是，FokI 切割域与锌

指蛋白的融合没有影响其序列特异性，也没有显著改变其亲和力[43]。后来的研究表明，对靶标 DNA 的有效的双链断裂需要两个锌指核酸酶结合两个邻近的识别位点，以反向的尾对尾方式发挥作用[44]。这一特性进一步增加了对锌指核酸酶的靶点特异性的要求。

随着早期发现 DNA 的双链断裂可加强同源介导的双链 DNA 修复（homology-directed repair，HDR），人们对锌指核酸酶的兴趣大大加强[45, 46]。单基因病是由单个基因的有缺陷的等位基因的遗传所引起的，因此，使用锌指核酸酶和外源 DNA 模板供体，通过对突变等位基因的双链断裂触发 HDR 介导的基因修正，可以恢复基因的正常功能。由此，锌指核酸酶为核基因编辑开辟了一条新的途径，以期在未来纠正治疗一些单基因病。最早，研究人员利用锌指核酸酶介导的 HDR 基因修正，产生具有特定突变的黑腹果蝇品系，并在人类细胞中中断外源 GFP 基因[47, 48]。后来，在关于人内源基因修复的首次报道中，研究人员使用锌指核酸酶对可致 X 连锁重症联合免疫缺陷病（X-linked severe combined immune deficiency，SCID）的人 IL2Rγ 基因突变进行修正，在患者来源的 T 细胞中由锌指核酸酶介导 HDR，可实现单等位基因或双等位基因的修正[49]。

除了需要供体 DNA 模板来发挥功能的 HDR 以外，细胞还可以通过非同源末端连接修复 DNA 双链断裂。通过这种不完美的修复机制，细胞在不使用供体 DNA 模板的情况下修复双链断裂，通常会导致该处 DNA 序列的改变，从而产生因阅读框改变而导致无功能的等位基因型。因此，锌指核酸酶也可用于在细胞和生物体中实现精准的基因敲除。多年来，锌指核酸酶已经成为精准基因编辑的重要技术工具，广泛应用于各种生物，以创建基因敲除、基因添加和基因修正的物种[50]。

四、靶向线粒体锌指核酸酶修饰哺乳动物线粒体基因组

对细胞和生物体内线粒体基因组进行操作将有助于探索和解析 mtDNA 相关生物学过程，并有助于开发目前因 mtDNA 突变或重排引起的疾病治疗方法。然而，尽管研究人员进行了大量的努力，但迄今为止，对线粒体基因进行转化的方法都失败了[51]。由于线粒体内缺乏有效的 mtDNA 双链断裂修复机制[52]，并存在高效的线性 DNA 降解机制[53, 54]，以及外源 DNA 难以进入线粒体，因此很难应用与操纵核 DNA 相同的策略来操纵 mtDNA。

哺乳动物细胞拥有数百至数千个 mtDNA 拷贝，而致病的突变和重排通常与野生型 mtDNA 共存，这种情况被称为异质性。在疾病状态下，只有当 mtDNA 突变比例超过一定阈值时，才会出现病征。对于大多数 mtDNA 突变和重排的发病阈值而言，有缺陷的分子一般需占比 60% 以上[55]。

线粒体靶向锌指核酸酶，能够识别和选择性降解异质群体中的缺陷 mtDNA，成为通过直接纠正缺陷分子来缓解或治疗相关线粒体病的潜在选择。这一策略的成功是基于两个线粒体特有的生物过程：①通过对缺陷 mtDNA 引入双链断裂导致这些分子的快速降解，其中利用了 mtDNA 复制机制中的相关组分[53, 54]；② mtDNA 拷贝数会保持在一个和细胞类型相关的稳态水平。因此，用 mtZFN 选择性地切割突变 mtDNA 将导致这些分子的降解，并利用剩余的野生型 mtDNA 库刺激拷贝数的恢复，从而改变了异质比（图 19-3）。

（一）锌指蛋白定位

为了生成 mtZFN，需要准确地将功能性锌指蛋白定位到线粒体基质中。由于 mtDNA 仅编码整个线粒体蛋白组的一小部分，大多数核编码的线粒体蛋白都含有一个可切割的 N 端线粒体靶向序列（mitochondrial targeting sequence，MTS），这确保相关蛋白能够进入线粒体基质（图 19-3）。

然而，添加常规的 MTS 并不足以将锌指蛋白独占性地转运到线粒体，这可能是因为一直在细胞核内发挥作用的锌指已经进化出可定

位于细胞核的能力。克服这个问题的方法是在锌指蛋白的 C 端加入一个核转出信号（nuclear export signal，NES）[56]。因此，需要将 MTS 和核转出信号同时融入锌指蛋白，使其能够独占线粒体定位。排除细胞核定位是很重要的，这可以限制锌指蛋白在核 DNA 中可能造成的脱靶[35]（图 19-3）。

　　一旦进入线粒体基质，锌指蛋白必须正确折叠以结合 mtDNA。在早期的实验中，我们将 mtZFP 与 DNA 甲基化酶相融合，而不是与核酸酶相融合，从而能够直接检测序列特异性 DNA 修饰，在这种情况下就是 CpG 的甲基化。当在人类细胞中表达时，mtZFP– 甲基化酶可以以位点特异性的方式对 mtDNA 进行甲基化。最重要的是，它可以特异性区分仅含一个碱基差异的 mtDNA 序列，这一点与在细胞核中锌指蛋白的特异性相似[56]。这个研究第一次证明了 mtZFP 可用于特异性区分可导致不同线粒体遗传病的多种 mtDNA 点突变。

　　考虑到人类线粒体基因组的大小，第一代 mtZFN 的设计采用单体锌指核酸酶，其结构为一个锌指蛋白同时与两个 FokI 催化结构域相融合。当该单体突变型特异性（m.8993T＞G）锌指核酸酶靶向于含有约 85% 突变型 mtDNA 的异质性细胞线粒体时，可观察到 m.8993T＞G mtDNA 的选择性消除，其将导致野生型 mtDNA 增加 2 倍[57]。尽管这种单体 mtZFN 策略在靶向 mtDNA 点突变方面是成功的，但两个 FokI 结构域在同一单体中更易于二聚化从而导致脱靶的这一问题值得关注。此外，单体 mtZFN 结构不易于靶向发生了重组的 mtDNA，如 I 类 mtDNA 缺失[58]，这类缺失通常由 mtDNA 上两个同向重复序列之间的重组引起，重组后保留其中一个重复序列，使得缺失后的 mtDNA 无法与野生型 mtDNA 区分。

　　第二代 mtZFN 是基于两个锌指核酸酶单体的常规结构设计的，每个单体带有单一的 FokI 催化结构域，在两条互补 DNA 链上以尾对尾的方向进行结合。因此，在 DNA 中引入一个双链断裂需要两个 mtZFN 单体相互靠近才能使 FokI 二聚化（图 19-2）。通过将野生型 FokI 结构域改造为异源二聚化型的 FokI 结构域（ELD/KKR），特异性可以进一步提高[59]。这是因为只有当 1 个 FokI-ELD 与 1 个 FokI-KKR 发生异源二聚体化时，才能有效切割 DNA，而同源二聚化（ELD+ELD 或 KKR+KKR）则活性降低超过 40 倍[60]。对该结构的进一步修改包括将表位标签和 NES 从 C 端移到 N 端，以避免其可能对 FokI 结构域的干扰[59]（图 19-3）。

　　第二代 mtZFN 被用来靶向 4977bp 的大规模 mtDNA 缺失，即所谓的常见型缺失（common

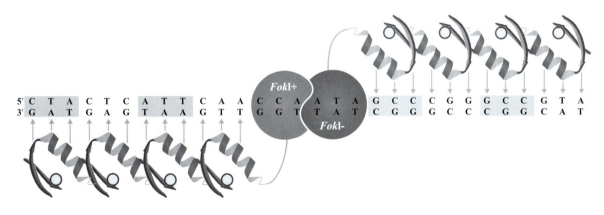

▲ 图 19-2　锌指核酸酶结构示意图

与 R.FokI 的 C 端结构域融合的锌指蛋白被引导到靶标 DNA 处相邻的靶点，两个锌指蛋白结合各自靶点后在间隔区内二聚化 FokI 结构域，并诱导 DNA 双链断裂。这里没有显示锌指蛋白的交叉链相互作用

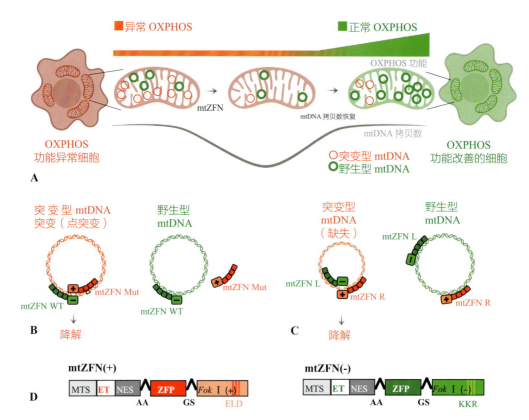

▲ 图 19-3　靶向线粒体的锌指核酸酶用于操纵 mtDNA 异质性

A. 利用 mtZFN 操纵 mtDNA 异质性的方法。mtZFN 在 mtDNA 发生突变而引起 OXPHOS 扰动的异质性细胞中，能够将突变型 mtDNA 分子（薄圆环所示）与野生型 mtDNA 分子（厚圆环所示）区分开来。对突变型 mtDNA 的切割将导致其降解，而野生型 mtDNA 不受影响。这会导致 mtDNA 总拷贝数减少。当 mtDNA 拷贝数恢复到初始水平时，细胞就会被剩余、主要是野生型 mtDNA 分子重新补充，克服发病阈值，恢复正常的 OXPHOS 功能。B. mtZFN 靶向 mtDNA 点突变。突变型特异性的 mtZFN 单体（mtZFN Mut）与突变位点结合，并与识别相反链上 mtDNA 的 mtZFN 单体（mtZFN WT）形成二聚体。FokI 结构域的二聚化导致 DNA 双链断裂，这种线性突变型 mtDNA 被迅速降解。由于突变型特异性的 mtZFN 单体不与野生型 mtDNA 结合，双链断裂不会被引入这一类分子，因此它不受影响。C. mtZFN 靶向大片段缺失型 mtDNA。mtZFN 单体（mtZFN L 和 mtZFN R）在缺失断点处二聚化并导致该 mtDNA 双链断裂，随后该 mtDNA 降解。mtZFN 单体在野生型 mtDNA 上不发生二聚化，因为它们的结合点相距太远。D. 强制性异源二聚化的 mtZFNs 结构示意图。MTS. 线粒体靶向序列；ET. 表位标签；NES. 核转出信号；AA. 双丙氨酸连接肽；ZFP. 锌指肽段；GS. 甘氨酸 - 丝氨酸连接肽；FokI（+）和 FokI（-）：经 ELD 和 KKR 修改后的 FokI 结构域 [改编自 Gammage PA, Van Haute L, Minczuk M. Engineered mtZFNs for Manipulation of Human Mitochondrial DNA Heteroplasmy. Methods Mol Biol 2016 (1351):145–62.]

deletion，CD ）[59]。这个缺失跨越了两个 13bp 同向重复的区域（核苷酸位置 8470—8482 和 13 447—13 459）。通过使用经典的尾对尾式 mtZFN 设计，可以同时靶向两个不同的 DNA 区域，它们只在缺失型 mtDNA 中相邻。这种情况下，野生型 mtDNA 就能得到保护，因为两个靶点将被几千个 bp 的序列分隔开，避免了 FokI 结构域的二聚化。以常见型缺失为靶点的 mtZFN 成功地识别并切割了常见型缺失分子，导致异质性向野生型 mtDNA 的大幅转移[59]。高水平的常见型缺失通常会导致所有 mtDNA 基因编码的蛋白水平降低，因为缺失区域有 mRNA 和 tRNA 的编码序列，这将导致细胞 OXPHOS 缺陷。通过使用 mtZFN 消除常见型缺失分子，细胞恢复了线粒体基因的正常表达和 OXPHOS 功能[59]。

第二代 mtZFN 在含较高水平的 m.8993T＞G 突变的细胞中也得到了测试。一次性的转染就可以将这些细胞中的突变型 mtDNA 选择性降解，使得野生型 mtDNA 增加 5 倍（超过第一代 mtZFN 所增加的 2 倍）[56, 59]。此外，单独使用各单体则检测不到任何影响，进一步证明了 mtZFN 靶向的特异性。因此，第二代 mtZFN 比第一代 mtZFN 更有效、更安全。此外，这种新的结构拓展了 mtZFN 在靶向点突变以外的应用，比如有效地用于靶向各类重组型 mtDNA。

当研究人员发现 mtZFN 受控表达的重要性时，该技术变得更加有效和安全。通常，第二代 mtZFN 可以产生 mtDNA 异质性的定向转移；然而，在过高的 mtZFN 表达水平下，也能观察到普遍的 mtDNA 缺失情况（野生型和突变型都受影响）。当使用 mtZFN 对 mtDNA 进行非特异性的作用时，也可以观察到这种 mtDNA 缺失现象，这进一步支持了严格控制 mtZFN 表达以提高靶向特异性的需要。使用 m.8993T＞G 异质性细胞进行的初步实验表明，将转染的细胞分为 mtZFN 的"低"表达和"高"表达的两个群体会发现不同的靶向结果。mtZFN"低"表达的细胞与"高"表达的细胞相比，具有更强的异质性转移效果。在"高"表达的细胞中，mtDNA 拷贝数减少较多，而在"低"表达的细胞中，mtDNA 拷贝数恢复率提高[61]。因此，经优化剂量的 mtZFN 可以通过限制对 mtDNA 的非特异性降解来改善异质性转移效果，从而减少有害影响。

为了对 mtZFN 的表达进行严格的控制，并提供宽动态范围的催化速率，我们将工程化的锤头状核酶（hammerhead ribozyme，HHR）整合到 mtZFN 的 mRNA 中。当置于真核生物 mRNA 的 poly（A）信号上游时，HHR 通过 RNA 的自催化作用大大降低了 mtZFN 蛋白的表达。我们使用了 3′K19 版本的工程化 HHR，该 HHR 额外包含一个响应四环素的 RNA 适配体。四环素的结合可使整条 RNA 结构僵化，抑制 HHR 的自催化。因此，添加四环素可抑制 HHR 作用，且该抑制呈剂量依赖性，可控制其整条 mRNA 编码的蛋白表达[62, 63]。实验证明，在编码 mtZFN 终止密码子和 poly（A）信号之间加入 HHR，成功地实现

了 mtZFN 表达的动态控制。采用这种表达修正策略的 mtZFN 在 m.8993T＞G 异质性细胞中测试了效果。同样地，较低剂量的 mtZFN 被证明有利于异质性转移而不怎么影响到 mtDNA 拷贝数，而较高剂量的 mtZFN 将产生不利的脱靶效应，异质性转移效果可以忽略不计[61]。因此，必须对 mtZFN 的表达进行严格的控制，以避免 mtDNA 无差别缺失的快速和破坏性的影响，这是取得任何正面的治疗效果的关键一步。

在 m.8993T＞G 细胞中由 mtZFN 引发异质性转变之后，细胞实现了线粒体呼吸功能的恢复。很多关键的线粒体代谢物的水平变得正常，这表明多种线粒体功能得以被挽救[61]。值得注意的是，几轮连续的 mtZFN 转染导致野生型 mtDNA 的异质性从 25% 转变为 90%[61, 64]。这表明，从理论上讲，mtZFN 的长期受控表达可以导致异质性向野生型 mtDNA 的完全转变。

（二）在活体中使用靶向线粒体锌指核酸酶

以上所述的体外实验已经凸显了 mtZFN 作为治疗平台的潜力。不仅是 mtZFN 被证明能够选择性降解突变体 mtDNA，从而促进异质性向野生型 mtDNA 分子的定向转移，更重要的是，这种异质性转移导致了细胞在生化层面和表型层面上被挽救。

对于大多数基因治疗而言，mtZFN 临床应用的下一步关键是体内递送和实际疗效的证明。目前基因治疗中转基因递送的金标准是使用重组腺相关病毒作为在体内递送载体。这些载体具有较低的免疫反应刺激和较低的基因组整合风险，并且已经被证明这些病毒基因组可以在实验动物的整个生命周期中持续存在于有丝分裂期后的或缓慢分裂的组织细胞中[65, 66]。

基于在细胞层面的实验中所取得的令人鼓舞的结果，我们在一种携带线粒体 tRNA^{Ala}（mt-tRNA^{Ala}）基因 m.5024C＞T 突变的小鼠模型中测试了 mtZFN 的作用。m.5024C＞T 的存在导致该 tRNA 稳态水平降低，线粒体内翻译出现问题。将 1 对第二代 mtZFN 分别包装到亲心性的

AAV9.45 病毒衣壳内，以不同剂量 [1×10^{12} 病毒基因组（viral genomes，vg）/ 每只小鼠（monse），低剂量组别；5×10^{12}vg/mouse，中剂量组别；1×10^{13}vg/mouse，高剂量组别] 全身给药。在注射后 65 天，mtZFN 处理的小鼠心脏组织中出现对 m.5024C＞T 突变型 mtDNA 的特异性清除，这种异质性转移的效果依赖于病毒剂量。最低剂量未造成显著的异质性转移，可能是由于对心脏转导不足所致。使用最高剂量，尽管心脏出现了明显变化的异质性转移，同时也显示一定程度的 mtDNA 拷贝数减少。更重要的是，中剂量组的 mtZFN 发生了明显的异质性转移，却并没有导致 mtDNA 拷贝数的减少，进一步支持了精确控制 mtZFN 表达以达到最佳治疗效果的重要性。值得注意的是，长时间表达 mtZFN 会持续导致异质转移活性的显著增加（来自于我们实验室未发表的数据）。这表明在体内长期表达 mtZFN 不仅是安全的，而且还能产生有益、可累积的效果。最后，我们通过对 tRNA^{Ala} 的稳态水平和几种线粒体代谢物的恢复评估得出，异质性转移在心脏组织中实现了对疾病表型在分子层面和生理层面的挽救[67]。运用 mtZFN 在细胞层面和个体层面特异性降解突变型 mtDNA，为 mtZFN 作为异质性线粒体病的治疗手段建立了基本概念。此外，mtZFN 与不同组织特异性腺相关病毒的结合将为线粒体病的治疗提供潜在的通用途径。

小结

迄今为止，操纵 mtDNA 的成功策略主要是在选择性地消除致病分子后，用健康的 mtDNA 拷贝重新填充细胞。早期的尝试是利用天然存在的细菌靶向线粒体限制性内切酶（restriction endonucleases targeted to mitochondria，mtRE）。这些酶已被证明在体外和体内都能非常有效地识别和特异性降解 mtDNA[68, 69]。然而，限制性内切酶（restriction endonuclease，RE）因其受限于识别序列，从根本上说并不适合对 DNA 识别位点

进行重编程，因此它们也不能适用于靶向各式突变型 mtDNA。设计 mtZFN 以结合几乎任何预定序列的能力克服了这种限制。此外，在优化的表达水平下，mtZFN 已被证明其对细胞异质性转移的能力与 RE 一样有效[61]。近期锌指核酸酶技术的进步，包括适当减弱了 DNA 裂解动力学的新型 FokI（如 Q481A）和通过去除非特异性 DNA 接触（Arg-5）来增强特异性的新型锌指，将进一步改善 mtZFN 的特异性，使得可在引入双链断裂到 mtDNA 造成异质性转移时检测不到任何脱靶[70]。

另一类成功应用于操纵 mtDNA 异质性的工程核酸酶是 mitoTALEN。它们的 DNA 识别代码比锌指蛋白要简单得多，这使得 mitoTALEN 在设计上不那么费力。mitoTALEN 的目标序列的起始位通常需要一个胸腺嘧啶（T），这个特性对靶向 N＞T（或 N＞A）突变是有利的。然而，这一特点在某种程度上也限制了位点的选择。另外，mitoTALEN 相对较大的尺寸可能成为使用腺相关病毒进行体内递送的一个问题，因为这些载体的包装尺寸有限，约为 4.7kbp，一般来说不可能将两个 mitoTALEN 单体包装到一个腺相关病毒体中。mtZFN 的尺寸相对较小，为在同一病毒基因组中包装两种单体提供了可能性，从而可以减少病毒剂量。不过，mitoTALEN 已经通过分别包装到两种腺相关病毒，并在较小程度上纠正了 mt-tRNA^{Ala} 小鼠模型中的 mtDNA 突变[71]。CRISPR/Cas9 技术在核基因编辑上产生了革命性的影响，使用单一短 RNA 引导 Cas9 到目标位点的简单性使这一工具被科学界广泛使用。然而，由于将引导 RNA 转运至线粒体这一点上还存在很多挑战[72]，以及该工具在 mtDNA 上可靶向的位点相对有限，CRISPR/Cas9 在线粒体基因编辑中的使用受到了较大的限制。

声明

我们感谢剑桥大学 MRC-MBU 线粒体遗传学研究组曾经和现在的成员，在开发 mtZFN 技

术的过程中进行的激励性的讨论和努力。感谢英国医学研究理事会（MC_UU_00015/4）、CRUK Beatson 研究所和 Champ 基金会对我们工作的支持。Pedro Pinheiro 得到了欧盟地平线 2020 ITN "线粒体基因表达的调控" REMIX-H2020-MSCA-ITN-2016 的支持。

研究展望

通过尝试使用不同的功能结构域，我们可以设想 mtZFP 的应用将得到进一步拓展。本章我们主要聚焦在描述 mtZFP 与 FokI 内切酶结构域的融合产物应用上。然而，其他一些功能结构域可能被用于靶向 mtDNA。简单举例，mtZFP 与 DNA 甲基化酶结构域的融合可以用于 mtDNA 的位点特异性甲基化。另一个例子是 mtZFP 与最近开发的碱基编辑结构域的融合，理论上允许直接操纵 mtDNA 中的单个碱基对。

虽然目前尚无针对线粒体疾病患者的根本治疗方法，但利用 mtZFN 转移线粒体疾病异质性的可能性具有很大的临床应用潜力。鉴于 mtZFN 在体内的特异性和有效性，其有望改善患者的临床症状和（或）延缓疾病进展。因此，随着线粒体遗传医学时代的到来，以及在人类临床试验中安全使用靶向核基因的 ZFN 的相关数据的不断积累[73-76]，这些将预示着 mtZFN 在线粒体病治疗上的良好前景。

参考文献

[1] Cassandri M, et al. Zinc-finger proteins in health and disease. Cell Death Discov 2017;3:17071.

[2] Miller J, McLachlan AD, Klug A. Repetitive zinc-binding domains in the protein transcription factor IIIA from Xenopus oocytes. EMBO J 1985;4(6):1609-14.

[3] Klug A. The discovery of zinc fingers and their applications in gene regulation and genome manipulation. Annu Rev Biochem 2010;79:213-31.

[4] Berg JM. Proposed structure for the zinc-binding domains from transcription factor IIIA and related proteins. Proc Natl Acad Sci U S A 1988;85(1):99-102.

[5] Lee MS, et al. Three-dimensional solution structure of a single zinc finger DNA-binding domain. Science (New York, NY) 1989; 245 (4918):635-7.

[6] Neuhaus D, et al. Solution structures of two zinc-finger domains from SWI5 obtained using twodimensional 1H nuclear magnetic resonance spectroscopy. A zinc-finger structure with a third strand of beta-sheet. J Mol Biol 1992;228(2):637 51.

[7] Pavletich NP, Pabo CO. Zinc finger DNA recognition: crystal structure of a Zif268-DNA complex at 2.1 A. Science (New York, NY) 1991;252(5007):809-17.

[8] Fairall L, et al. The crystal structure of a two zinc-finger peptide reveals an extension to the rules for zinc-finger/DNA recognition. Nature 1993;366(6454):483-7.

[9] Elrod-Erickson M, et al. Zif268 protein-DNA complex refined at 1.6 A: a model system for understanding zinc finger-DNA interactions. Structure (London, England: 1993) 1996; 4(10): 1171-80.

[10] Desjarlais JR, Berg JM. Toward rules relating zinc finger protein sequences and DNA binding site preferences. Proc Natl Acad Sci U S A 1992;89(16):7345-9.

[11] Thukral SK, Morrison ML, Young ET. Mutations in the zinc fingers of ADR1 that change the specificity of DNA binding and transactivation. Mol Cell Biol 1992;12(6):2784-92.

[12] Shi Y, Berg JM. A direct comparison of the properties of natural and designed zinc-finger proteins. Chem Biol 1995;2(2):83-9.

[13] Desjarlais JR, Berg JM. Use of a zinc-finger consensus sequence framework and specificity rules to design specific DNA binding proteins. Proc Natl Acad Sci U S A 1993;90(6):2256-60.

[14] Choo Y, Klug A. Toward a code for the interactions of zinc fingers with DNA: selection of randomized fingers displayed on phage. Proc Natl Acad Sci U S A 1994;91(23):11163-7.

[15] Choo Y, Klug A. Selection of DNA binding sites for zinc fingers using rationally randomized DNA reveals coded interactions. Proc Natl Acad Sci U S A 1994;91(23):11168-72.

[16] Jamieson AC, Kim SH, Wells JA. In vitro selection of zinc fingers with altered DNA-binding specificity. Biochemistry 1994; 33(19):5689-95.

[17] Jamieson AC, Wang H, Kim SH. A zinc finger directory for high-affinity DNA recognition. Proc Natl Acad Sci U S A 1996; 93 (23):12834-9.

[18] Rebar EJ, Pabo CO. Zinc finger phage: affinity selection of fingers with new DNA-binding specificities. Science (New York, NY) 1994;263(5147):671-3.

[19] Wu H, Yang WP, Barbas 3rd CF. Building zinc fingers by selection: toward a therapeutic application. Proc Natl Acad Sci

U S A 1995;92(2):344-8.

[20] Smith GP. Filamentous fusion phage: novel expression vectors that display cloned antigens on the virion surface. Science (New York, NY) 1985;228(4705):1315-17.

[21] McCafferty J, et al. Phage antibodies: filamentous phage displaying antibody variable domains. Nature 1990; 348(6301): 552-4.

[22] Segal DJ, Barbas 3rd CF. Design of novel sequence-specific DNA-binding proteins. Curr Opin Chem Biol 2000;4(1):34-9.

[23] Segal DJ, et al. Toward controlling gene expression at will: selection and design of zinc finger domains recognizing each of the 5′-GNN-3′ DNA target sequences. Proc Natl Acad Sci U S A 1999;96 (6):2758-63.

[24] Isalan M, Klug A, Choo Y. Comprehensive DNA recognition through concerted interactions from adjacent zinc fingers. Biochemistry 1998;37(35):12026-33.

[25] Isalan M, Klug A, Choo Y. A rapid, generally applicable method to engineer zinc fingers illustrated by targeting the HIV-1 promoter. Nat Biotechnol 2001;19(7):656-60.

[26] Jamieson AC, Miller JC, Pabo CO. Drug discovery with engineered zinc-finger proteins. Nat Rev Drug Discov 2003;2(5):361-8.

[27] Corbi N, et al. The artificial zinc finger coding gene 'Jazz' binds the utrophin promoter and activates transcription. Gene Therapy 2000;7(12):1076-83.

[28] Libri V, et al. The artificial zinc finger protein 'Blues' binds the enhancer of the fibroblast growth factor 4 and represses transcription. FEBS Lett 2004;560(1-3):75-80.

[29] Sera T. Inhibition of virus DNA replication by artificial zinc finger proteins. J Virol 2005;79(4):2614-19.

[30] Sera T, Uranga C. Rational design of artificial zinc-finger proteins using a nondegenerate recognition code table. Biochemistry 2002;41(22):7074-81.

[31] Kim JS, Pabo CO. Getting a handhold on DNA: design of poly-zinc finger proteins with femtomolar dissociation constants. Proc Natl Acad Sci U S A 1998;95(6):2812-17.

[32] Moore M, Klug A, Choo Y. Improved DNA binding specificity from polyzinc finger peptides by using strings of two-finger units. Proc Natl Acad Sci U S A 2001;98(4):1437-41.

[33] Choo Y, Sanchez-Garcia I, Klug A. In vivo repression by a site-specific DNA-binding protein designed against an oncogenic sequence. Nature 1994;372(6507):642-5.

[34] Bartsevich VV, Juliano RL. Regulation of the MDR1 gene by transcriptional repressors selected using peptide combinatorial libraries. Mol Pharmacol 2000;58(1):1-10.

[35] Papworth M, et al. Inhibition of herpes simplex virus 1 gene expression by designer zinc-finger transcription factors. Proc Natl Acad Sci U S A 2003;100(4):1621-6.

[36] Papworth M, Kolasinska P, Minczuk M. Designer zinc-finger proteins and their applications. Gene 2006;366(1):27-38.

[37] Reynolds L, et al. Repression of the HIV-1 5′ LTR promoter and inhibition of HIV-1 replication by using engineered zinc-finger transcription factors. Proc Natl Acad Sci U S A 2003; 100 (4): 1615-20.

[38] Liu PQ, et al. Regulation of an endogenous locus using a panel of designed zinc finger proteins targeted to accessible chromatin regions. Activation of vascular endothelial growth factor A. J Biol Chem 2001;276(14):11323-34.

[39] Rebar EJ, et al. Induction of angiogenesis in a mouse model using engineered transcription factors. Nat Med 2002; 8(12): 1427-32.

[40] Xu GL, Bestor TH. Cytosine methylation targeted to pre-determined sequences. Nat Genet 1997;17 (4):376-8.

[41] Li F, et al. Chimeric DNA methyltransferases target DNA methylation to specific DNA sequences and repress expression of target genes. Nucleic Acids Res 2007;35(1):100-12.

[42] Kim YG, Cha J, Chandrasegaran S. Hybrid restriction enzymes: zinc finger fusions to Fok I cleavage domain. Proc Natl Acad Sci U S A 1996;93(3):1156-60.

[43] Smith J, Berg JM, Chandrasegaran S. A detailed study of the substrate specificity of a chimeric restriction enzyme. Nucleic Acids Res 1999;27(2):674-81.

[44] Smith J, et al. Requirements for double-strand cleavage by chimeric restriction enzymes with zinc finger DNA-recognition domains. Nucleic Acids Res 2000;28(17):3361-9.

[45] Jasin M. Genetic manipulation of genomes with rare-cutting endonucleases. Trends Genet: TIG 1996;12 (6):224-8.

[46] Rouet P, Smih F, Jasin M. Introduction of double-strand breaks into the genome of mouse cells by expression of a rare-cutting endonuclease. Mol Cell Biol 1994;14(12):8096-106.

[47] Bibikova M, et al. Enhancing gene targeting with designed zinc finger nucleases. Science (New York, NY) 2003;300(5620):764.

[48] Porteus MH, Baltimore D. Chimeric nucleases stimulate gene targeting in human cells. Science (New York, NY) 2003; 300 (5620): 763.

[49] Urnov FD, et al. Highly efficient endogenous human gene correction using designed zinc-finger nucleases. Nature 2005; 435 (7042):646-51.

[50] Gaj T, Gersbach CA, Barbas 3rd CF. ZFN, TALEN, and CRISPR/Cas-based methods for genome engineering. Trends Biotechnol 2013;31(7):397-405.

[51] Patananan AN, et al. Modifying the mitochondrial genome. Cell Metab 2016;23(5):785-96.

[52] Alexeyev M, et al. The maintenance of mitochondrial DNA integrity—critical analysis and update. Cold Spring Harb Perspect Biol 2013;5(5):a012641.

[53] Nissanka N, et al. The mitochondrial DNA polymerase gamma degrades linear DNA fragments precluding the formation of deletions. Nat Commun 2018;9(1):2491.

[54] Peeva V, et al. Linear mitochondrial DNA is rapidly degraded by components of the replication machinery. Nat Commun 2018;9(1):1727.

[55] Gorman GS, et al. Mitochondrial diseases. Nat Rev Dis Prim 2016;2:16080.

[56] Minczuk M, et al. Sequence-specific modification of mitochondrial DNA using a chimeric zinc finger methylase. Proc Natl Acad Sci U S A 2006;103(52):19689-94.

[57] Minczuk M, et al. Development of a single-chain, quasi-dimeric zinc-finger nuclease for the selective degradation of mutated human mitochondrial DNA. Nucleic Acids Res 2008; 36 (12): 3926-38.

[58] Nissanka N, Minczuk M, Moraes CT. Mechanisms of mitochondrial DNA deletion formation. Trends Genet: TIG 2019; 35(3):235-44.

[59] Gammage PA, et al. Mitochondrially targeted ZFNs for selective degradation of pathogenic mitochondrial genomes bearing large-scale deletions or point mutations. EMBO Mol Med 2014;6(4):458-66.

[60] Miller JC, et al. An improved zinc-finger nuclease architecture for highly specific genome editing. Nat Biotechnol 2007; 25(7): 778-85.

[61] Gammage PA, et al. Near-complete elimination of mutant mtDNA by iterative or dynamic dosecontrolled treatment with mtZFNs. Nucleic Acids Res 2016;44(16):7804-16.

[62] Berens C, Suess B. Riboswitch engineering—making the all-important second and third steps. Curr Opin Biotechnol 2015; 31: 10-15.

[63] Beilstein K, et al. Conditional control of mammalian gene

expression by tetracycline-dependent hammerhead ribozymes. ACS Synth Biol 2015;4(5):526-34.

[64] Gaude E, et al. NADH shuttling couples cytosolic reductive carboxylation of glutamine with glycolysis in cells with mitochondrial dysfunction. Mol Cell 2018;69(4):581-93 e7.

[65] Mingozzi F, High KA. Therapeutic in vivo gene transfer for genetic disease using AAV: progress and challenges. Nat Rev Genet 2011;12(5):341-55.

[66] Wang D, Tai PWL, Gao G. Adeno-associated virus vector as a platform for gene therapy delivery. Nat Rev Drug Discov 2019; 18(5): 358-78.

[67] Gammage PA, et al. Genome editing in mitochondria corrects a pathogenic mtDNA mutation in vivo. Nat Med 2018; 24(11): 1691-5.

[68] Srivastava S, Moraes CT. Manipulating mitochondrial DNA heteroplasmy by a mitochondrially targeted restriction endonuclease. Hum Mol Genet 2001;10(26):3093-9.

[69] Tanaka M, et al. Gene therapy for mitochondrial disease by delivering restriction endonuclease SmaI into mitochondria. J Biomed Sci 2002;9(6 Pt 1):534-41.

[70] Miller JC, et al. Enhancing gene editing specificity by attenuating DNA cleavage kinetics. Nat Biotechnol 2019; 37(8):

945-52.

[71] Bacman SR, et al. MitoTALEN reduces mutant mtDNA load and restores tRNA(Ala) levels in a mouse model of heteroplasmic mtDNA mutation. Nat Med 2018;24(11):1696-700.

[72] Gammage PA, Moraes CT, Minczuk M. Mitochondrial genome engineering: the revolution may not be CRISPR-ized. Trends Genet: TIG 2018;34(2):101-10.

[73] *Ascending dose study of genome editing by the zinc finger nuclease (ZFN) therapeutic SB-913 in subjects with MPS II.* Available from: https://clinicaltrials.gov/show/NCT03041324.

[74] *Ascending dose study of genome editing by the zinc finger nuclease (ZFN) therapeutic SB-318 in subjects with MPS I.* Available from: https://clinicaltrials.gov/show/NCT02702115.

[75] Laoharawee K, et al. Dose-dependent prevention of metabolic and neurologic disease in murine MPS II by ZFN-mediated in vivo genome editing. Mol Therapy: J Am Soc Gene Therapy 2018;26(4):1127-36.

[76] Ou L, et al. ZFN-mediated in vivo genome editing corrects murine Hurler syndrome. Mol Therapy: J Am Soc Gene Therapy 2019; 27(1):178-87.

第 20 章

哺乳动物细胞间线粒体运动：新出现的生理现象

Mitochondrial movement between mammalian cells: an emerging physiological phenomenon

Michael V. Berridge　Patries M. Herst　Carole Grasso　著

梁春梅　沈凌超　译

在细菌和古生物领域，遗传物质在单个细胞之间的水平转移是很常见的。真核生物的生命起源于共同的古细菌祖先和一个变形杆菌之间的一个或几个内共生事件[1, 2]，这使得新的有氧呼吸有机体在日益富氧的环境中相对于厌氧单细胞有机体具有强大的竞争优势[3]。虽然真菌和古细菌构成了当今生物量的绝大部分，但得益于其新获得的利用氧气的方式来进行各种生物能量活动的能力，真核细胞已经在微生物世界中找到了共生生存的方式。事实上，人体中就含有与体细胞一样多的微生物，它们主要存在与我们的结肠与皮肤中[4]。近年来，这种关于我们的细胞起源，以及我们与微生物的关系等问题对我们的自我认知提出挑战，并彻底改变了我们对自己在生物圈中定位的理解。在此前的认知里，大多数高等真核生物细胞中的基因和遗传物质被认为是限制在细胞内的。然而，过去 20 年，这一观点受到了细胞间 mtDNA 水平转移的挑战，并在系统发育、细胞培养和生理学等许多场合得到证实。考虑到核基因的水平转移从未得到明确的证明，母系遗传的线粒体及其 mtDNA 可以在哺乳动物细胞之间转移的发现是出乎意料的。因此，哺乳动物体内细胞间的基因转移似乎仅限于 mtDNA。本章将回顾哺乳动物 mtDNA 水平转移的文献，并陈述这一过程赋予受体细胞和整个生物体潜在的翻译优势。

一、线粒体与线粒体 DNA 的细胞间转移的研究进展

哺乳动物细胞间线粒体转移领域起源于 mtDNA 缺乏的酵母细胞发育研究[5-7]，以及 Clark 和 Shay[8] 在 1982 年进行的从小鼠乳腺细胞转移分离的耐氯霉素线粒体转移进入对氯霉素敏感的小鼠肾上腺皮质肿瘤细胞研究。在共培养实验中，这种转移是通过内吞作用发生的。氯霉素耐药性是由 16S rRNA 的 mtDNA 基因（CAP^R）突变引起的，抗生素耐药性的转移以罗丹明 123 的积累和受体细胞特异的抑制药标志的线粒体转移为特征[8]。King 和 Attardi[9] 没有依赖于共培养系统中的内吞作用，而是将分离的人成纤维细胞的氯霉素抗性线粒体注射到对抗生素敏感的人 143B 骨肉瘤细胞的细胞质中。在显微注射前用低剂量溴化乙啶处理 143B 细胞 3～4 天，使 mtDNA 含量降低。通过抗生素耐药性、CAP^R 突变和受体特异性抑制物图谱来鉴定转化子[9]。在随后的研究中，King 和 Attardi[10] 通过长期使用低剂量溴化乙啶培养，完全耗尽了 143B 细胞的 mtDNA（ρ^0 细胞），显微注射从 HeLa 细胞中分

离的抗氯霉素线粒体后恢复呼吸。尿苷和丙酮酸的抗生素耐药性，以及生长要求被用作呼吸缺陷的选择性标志物[11]。在 King 和 Attardi 实验之后的 15 年，Rustom 及其同事证明细胞器通过"隧道纳米管"或 TNT 在人类细胞之间转移[12]。2 年后，Spees 等证实线粒体和 mtDNA 从人间充质干细胞（mesenchymal stem cell，MSC）或成纤维细胞转移到 A549ρ⁰ 人肺腺癌细胞，导致呼吸恢复[13]。我们的研究组[14-19]和其他研究组[20-22]对共同培养的人类细胞之间和啮齿动物细胞之间的线粒体转移进行了综述。在大多数报道中，间充质干细胞、基质细胞、内皮细胞或成纤维细胞是线粒体的供体，缺乏 mtDNA 或 mtDNA 受损的肿瘤细胞是线粒体的受体。相似细胞之间的线粒体转移也已得到证实[23]。线粒体靶向荧光染料经常被用来证明线粒体细胞间的转移，但这些方法的局限性并不总是被考虑[16]。例如，这些研究中有许多都存在染料渗漏，缺乏 mtDNA 的基因分析、呼吸恢复和其他细胞功能的恢复的研究。当然，一些研究已经使用表达线粒体靶向荧光蛋白的细胞和共聚焦显微镜方法来显示转移的线粒体的内化。此外，一些共培养研究评估了呼吸功能并使用了更严格的遗传方法，允许验证供体线粒体再繁殖[13, 24-28]。最近关于线粒体在共培养和异种移植研究中细胞间转移的报道已经证实了早期的结果，并证明了在正常细胞之间、疾病模型和在病理条件下广泛存在的细胞间线粒体转移。下文将进一步探讨通过移植健康线粒体来补充或替换呼吸障碍线粒体的想法及实用性。

二、线粒体转移的翻译优势

线粒体功能障碍是神经肌肉和神经退行性线粒体疾病的核心[29-31]，线粒体呼吸能力的丧失也与创伤性脑脊髓损伤、卒中[32-35]、缺血性心脏病[36]，以及糖尿病[37]、心血管疾病[38, 39]、癌症[40-45]、胃肠道疾病[46]、皮肤病[47]和衰老[48, 49]等全球性疾病有关。大多数线粒体疾病的根本原因是核 DNA 或 mtDNA 突变或表观遗传学改

变。线粒体呼吸功能的丧失也可以通过 mtDNA 或线粒体电子传递和 OXPHOS 系统的任何组成部分或线粒体蛋白质合成机制的损伤而发生。例如心、肝、肾或脑等器官的动脉供应严重受损时发生的缺血再灌注损伤。线粒体功能恢复的能力将对所有线粒体疾病患者的预后有非常重要的影响。该领域的大多数研究都集中在影响线粒体特定功能的干预措施上，例如，在缺血性心脏病的情况下使用温和的解偶联剂、增加抗氧化药、替代线粒体能量底物、抗炎药、钙通道抑制药和缺血预处理[32, 50-53]。然而，这些疗法的单独或联合使用，要么尚未应用于临床，要么收效甚微。对抗线粒体缺陷更全面的方法是替换受损的线粒体。图 20-1 总结了呼吸缺陷对健康细胞和癌细胞的影响，以及替换呼吸缺陷线粒体的有益和有害影响。下文综述了涉及细胞间线粒体转移的体外方法和动物研究，以改善涉及线粒体功能障碍的各种疾病状况。

（一）细胞间线粒体转移

有关高等动物细胞间线粒体转移首次报道是对一种 6000 年前的犬类传播性肿瘤的 mtDNA 进行了系统发育分析。在对来自 15 只狗的 37 个肿瘤进行分析后，有人提出定期转移宿主动物的线粒体或 mtDNA 可以挽救累积有害 mtDNA 突变的肿瘤细胞[54, 55]。Lei 和 Spradling 也表明原始生殖细胞会提供包括线粒体在内的细胞器，以促进成熟小鼠卵母细胞的分化[56]。现在许多研究表明线粒体在细胞间转移，主要是在体外转移到呼吸缺陷的肿瘤细胞，如表 20-1 所示。其中涉及呼吸的恢复，尿苷营养缺乏症的丧失，在某些情况下，增加或恢复了致癌潜力。

1. 线粒体转移到肿瘤细胞　早期研究表明，将线粒体从人间充质干细胞转移到 143Bρ⁰ 骨肉瘤细胞后，在没有尿苷的情况下恢复了它们的生长能力[25]。在 143Bρ⁰ 细胞异种移植后，也观察到了能够形成小肿瘤的低水平线粒体转移[88]。随后，Moschoi 等证明了原代和培养的人急性髓细胞白血病（acute myeloid leukemia，AML）原始

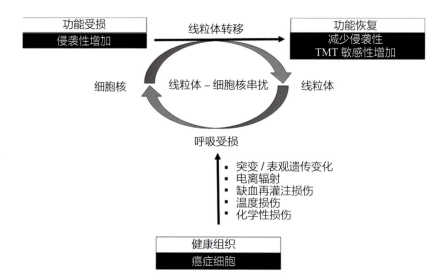

▲ 图 20-1　线粒体呼吸可因遗传 / 表观遗传变化或任何损害 mtDNA 或呼吸链组成部分的损伤而受到损害

线粒体核串扰将通过 mtDNA 修复、线粒体生物合成、构建高效线粒体网络、去除受损的呼吸亚单位等，来补偿线粒体 ATP 产生的减少。呼吸缺陷会对癌细胞和正常健康细胞产生不同的影响。大多数癌细胞能够从线粒体代谢转变为糖酵解代谢，这会导致增殖减少并伴有侵袭性增加。线粒体转移到呼吸受损的癌细胞将增加它们的呼吸能力和增殖率，并能使它们侵袭性更小，对放射治疗和某些形式的化疗（TMT）更敏感。没有 mtDNA 的癌细胞（ρ⁰ 细胞）在没有尿苷的培养液中或小鼠体内无法增殖，因为它们不能产生核酸的嘧啶前体。对于这些细胞，线粒体转移可以恢复呼吸和致瘤性。对于健康的细胞来说，呼吸功能不会总是危及生命，几乎没有细胞能够在糖酵解中长期存活。转移健康的线粒体将恢复呼吸、代谢率和生存能力

表 20-1　体外和体内线粒体转移示例

供体细胞	受体细胞	线粒体转移结果	参考文献
体外线粒体转移			
骨髓间充质干细胞、成纤维细胞（h）	A549ρ⁰ 肺腺癌细胞（h）	线粒体再繁殖与呼吸恢复	[13]
骨髓间充质干细胞（rat）	肺内皮细胞（rat）	供体细胞凋亡与毛细血管变性	[57]
脂肪来源的间充质干细胞（h）	心肌细胞（m）	向类似祖细胞的状态重编程	[58]
骨髓间充质干细胞（m）	肺上皮细胞（m 和 h）	细胞应激降低	[59]
诱导多能干细胞和骨髓间充质干细胞（h）	支气管上皮细胞（h）	香烟烟雾伤后 ATP 产生恢复	[26]
骨髓间充质干细胞（h）	143Bρ⁰ 骨肉瘤细胞（h）	线粒体功能恢复	[25]
期待来源间充质干细胞（h）	143Bρ⁰ 骨肉瘤细胞（h）	线粒体功能恢复	[27]
骨髓间充质干细胞（h）	神经元，星形胶质细胞（rat）	未知	[60]
骨髓间充质干细胞（rat）	心肌母细胞（rat）	提高对缺血 / 再灌注损伤的抵抗力	[61]
脐带来源间充质干细胞（h）	T 细胞（h）	系统性红斑狼疮患者自噬功能下调	[62]
诱导多能干细胞、间充质干细胞（h）	角膜上皮细胞（r）	减少氧化应激导致线粒体损伤	[63]
骨髓基质细胞（m）	急性髓系白血病细胞（h）	化疗后的生存优势	[64]
骨髓间充质干细胞（h）	皮肤成纤维细胞（h）	遗传性线粒体疾病中裂变形态学的挽救	[65]

（续表）

供体细胞	受体细胞	线粒体转移结果	参考文献
骨髓基质细胞（h）	急性髓系白血病母细胞（h）	线粒体呼吸增加	[66]
骨髓间充质干细胞（h）	星形胶质细胞（rat）	缺血性损伤后 ATP 产生恢复	[67]
诱导多能干细胞间充质干细胞（h）	心肌细胞（m、h）	蒽环类药物致损伤后 ATP 产生恢复	[68]
诱导多能干细胞间充质干细胞（h）	支气管上皮细胞（h）	缺氧损伤后细胞凋亡水平降低	[69]
骨髓基质细胞（h）	多发性骨髓瘤（h）	CD38 抑制线粒体转移	[70]
骨髓间充质干细胞（rat）	运动神经元（rat）	缺氧缺糖后生物能谱的改善	[71]
骨髓间充质干细胞（h）	辅助性 T 细胞 17（h）	获得抗炎表型	[72]
内皮祖细胞（m）	脐静脉内皮细胞（h）	阿霉素相关神经病生物能谱的改善	[73]
内皮细胞（h）	乳腺癌细胞（h）	抗药性降低	[74]
心脏成纤维细胞（rat）	心肌细胞（rat）	减轻缺氧诱导的细胞凋亡	[75]
心肌细胞（rat）	心脏成纤维细胞（rat）	供受体细胞间钙信号的传递	[76]
神经元（rat）	骨髓间充质干细胞（h）	未知	[60]
神经元细胞（h）	星形胶质细胞（h）	线粒体膜电位升高	[28]
星形胶质细胞（h）	神经元（rat）	减轻预处理高压氧治疗后炎性细胞死亡	[77]
血管平滑肌细胞（h）	骨髓间充质干细胞（h）	受调控的细胞增殖	[78]
生殖系囊肿细胞（m）	生殖细胞（m）	哺乳动物卵母细胞分化中的作用	[56]
T 细胞急性淋巴细胞白血病（h）	骨髓间充质干细胞（h）	引起化疗耐药的活性氧水平降低	[79]

体内线粒体转移

基质细胞（c）	可传播性肿瘤细胞（c）	细胞功能的恢复	[80]
骨髓基质细胞（m）	肺泡上皮细胞（m）	ATP 含量升高与急性肺损伤的保护作用	[81]
骨髓间充质干细胞（h）	支气管上皮细胞（m）	呼吸道损伤后细胞死亡的减少	[59]
骨髓间充质干细胞（h）	肺泡巨噬细胞（h）	急性呼吸损伤模型的吞噬功能增强	[82]
诱导多能干细胞和骨髓间充质干细胞（h）	支气管上皮细胞（h）	减弱香烟烟雾引起的损伤	[26]
骨髓间充质干细胞（h）	神经元（rat）	卒中后恢复功能提高	[60]
骨髓间充质干细胞（h）	肺泡巨噬细胞（h）	增强吞噬作用，改善生物能量学	[82]
诱导多能干细胞 – 间充质干细胞（h）	角膜上皮细胞（r）	防止氧化应激诱导的线粒体损伤	[63]
骨髓间充质干细胞（h）	肝细胞（m）	在低炎症模型中氧化磷酸化的增强	[65]
骨髓基质细胞（m）	急性髓细胞白血病细胞（h）	化疗后的生存优势	[64]
骨髓基质细胞（m）	B16p^0 黑色素瘤细胞（m）	线粒体功能的恢复	[83]

（续表）

供体细胞	受体细胞	线粒体转移结果	参考文献
骨髓基质细胞（m）	急性髓细胞白血病细胞（h）	急性髓系白血病疾病进展	[66]
诱导多能干细胞 – 间充质干细胞（h）	支气管上皮细胞（m）	减轻哮喘炎症	[69]
骨髓间充质干细胞（rat）	肾近端小管上皮细胞（m）	糖尿病肾病的结构和功能细胞修复	[84]
诱导多能干细胞 – 间充质干细胞（h）	心肌细胞（m）	蒽环类药物所致心肌病的恢复	[68]
骨髓基质细胞（m）	多发性骨髓瘤（h）	CD38 抑制线粒体转移并提高存活率的证据	[70]
视神经头部视网膜神经节（m）	星形胶质细胞（m）	线粒体降解	[85]
胶质瘤细胞（h）	胶质瘤细胞（h）	网络通信	[86]
基质细胞（m）	4T1ρ^0 乳腺癌、B16 ρ^0 黑色素瘤（m）	线粒体功能的重建和恢复	[87]
基质细胞（m）	143Bρ^0 骨肉瘤（h）	线粒体功能的重建与恢复	[88]

细胞来源：h. 人类；m. 小鼠；rat. 大鼠；r. 兔；c. 犬类

细胞从人和小鼠骨髓来源的间充质干细胞中获得了功能线粒体。线粒体转移提高了小鼠异种移植模型中 AML 细胞的存活率，并在阿糖胞苷化疗后得到了增强[64]。在这项研究中，线粒体转移需要细胞间的接触和内吞作用。在另一项类似的研究中，Marlein 等的结果显示线粒体从骨髓间充质干细胞向原代 AML 细胞的转移。这种转移依赖于 NADPH 氧化酶 2（NADPH oxidase 2，NOX2），能被活性氧增强并被 NOX2 抑制药二苯基碘化铵[66]所抑制。最近，同一研究小组发现，线粒体转移促进了多发性骨髓瘤（multiple myeloma，MM）细胞在共培养，以及在免疫受损小鼠的异种移植中的生物能量可塑性[70]。转移是通过 TNT 实现的，并依赖于 CD38，CD38 是一种多方面的细胞表面酶，可以代谢 NAD$^+$，介导细胞外核苷酸和细胞内钙稳态，并在白细胞穿透过程中发挥作用[89]。CD38 抗体达雷妥尤（daratumumab）在最近对重度预处理和难治性多发性骨髓瘤患者的 II 期试验中表现出一些疗效[90]。在胰腺导管癌模型中也发现线粒体异常，细胞表现出异常碎裂的线粒体[91]。有趣的是，在这个临床前模型中，使用遗传方法来逆转线粒体碎裂可以抑制肿瘤生长，并通过诱导线粒体自噬来提高存活率。

对人脑星形细胞肿瘤和生长在免疫低下小鼠中的胶质母细胞瘤的活体共聚焦成像，显示了被称为 TNT（图 20-2）的长膜管状突起，以及连接多细胞合胞体的肿瘤微管[86, 92]。这些微管网络的形成涉及正常的神经发育机制，包括生长相关蛋白 GAP43。微管可以通过 GAP43 的缝隙连接转移钙、线粒体甚至细胞核。微管网络保护相连的肿瘤细胞免受放射治疗和化疗的影响，并促进肿瘤的侵袭和进展。以这些网络为靶点可能为打破这些高度侵袭性脑瘤的治疗提供新的机会[93]。

我们的团队在 2008 年开始研究线粒体转移，在 10 年的时间里，我们已经培养或获得了十几个用于表征质膜电子传递[94]的人和小鼠 ρ^0 细胞系。所有 ρ^0 细胞的生长培养基中都需要尿苷，因为二氢乳清酸脱氢酶（dihydroorotate dehydrogenase，DHODH）的活性需要呼吸作用来维持。DHODH 对从头合成嘧啶至关重要，没有呼吸作用，细胞不能产生细胞分裂所需的核

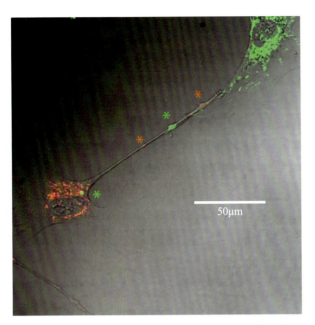

▲ 图 20-2　2 个人星形胶质细胞之间带有线粒体的隧道纳米管（TNT）示例

用 MitoTracker 红或 MitoTracker 绿染色的人 SVG 星形胶质细胞共培养 24h，活细胞在荧光共聚焦显微镜下成像。TNT 位于具有红色线粒体的星形细胞和具有绿色线粒体的星形细胞之间。*.红色和绿色线粒体在 TNT 内移动

酸[10, 95]。丙酮酸补充药也被用于 ρ^0 细胞来促进细胞生长。我们研究重点是确定 ρ^0 细胞是否完全依赖于糖酵解产生 ATP 和补充尿苷是否能够促进肿瘤的生长，因为当时认为癌症干细胞是高度糖酵解的。我们发现，B16ρ^0 转移性黑色素瘤细胞注射到同基因 C57BL/6 小鼠体内，4T1ρ^0 乳腺癌细胞注射到 Balb/cJ 小鼠体内或皮下，都能形成肿瘤，但需要经过 2~3 周的长时间滞后才能形成[96]。细胞系来源于皮下肿瘤和肺转移，以及来自循环肿瘤细胞（图 20-3A）。我们最初认为，肿瘤的发展是因为它们已经适应了在没有 mtDNA 的情况下在体内生长。然而，令我们惊讶的是，我们发现所有衍生细胞系都含有宿主 mtDNA，这表现在两种都存在线粒体编码的细胞色素 b 和小鼠 mtDNA 多态性肿瘤模型中[87]。带有宿主 mtDNA 的肿瘤细胞株的特征是呼吸部分或完全恢复，移植后表型和基因稳定。纯粹的糖酵解 ρ^0 肿瘤作为一种极端的肿瘤模型，因为其

完全不能进行线粒体呼吸，故从未被设计用以反映实际的生理情况。然而，一些抗癌药物会耗尽 mtDNA，并将细胞推向糖酵解代谢。因此，ρ^0 肿瘤模型确实与这一领域相关，线粒体转移成为治疗耐药性的潜在机制[97, 98]。此外，伴随着 ATP 生成受损，这些模型还提供了有关肿瘤细胞生长和转移的潜力的信息。

在随后的实验中，解决了 mtDNA 是否通过完整的线粒体转移到缺乏 mtDNA 的肿瘤细胞中的问题。将携带线粒体编码的红色荧光蛋白的 C57BL/6N^{su9DsRed2} 小鼠皮下注射稳定转染了核蓝色荧光蛋白的 B16ρ^0 细胞。11 天后，从肿瘤前病变中纯化出双标记细胞，并在培养扩增后，在 C57BL/6 小鼠中形成肿瘤[83]（图 20-3B）。为了确定 4T1ρ^0 细胞摄取线粒体的时间，我们从注射后不同时间的肿瘤细胞中建立了细胞系，并使用数字液滴聚合酶链式反应显示，早在细胞接种后 5 天就存在宿主小鼠 mtDNA 的多态性[60]。为了确定肿瘤的形成是否依赖于线粒体 ATP 的产生，我们删除了 ATP 合成酶活性所必需的 Atp5b 基因。令人惊讶的是，这些细胞系维持了 ATP 水平并能保持肿瘤的生长，这表明线粒体 ATP 在该模型中不是肿瘤形成所必需的。相反，没有 Dhodh 基因的 4T1 细胞不能形成肿瘤（图 20-3C）。对于 B16 细胞也得到了类似的结果，这表明在这两个完全不同的肿瘤模型中，具有不同发育来源、不同基因驱动因素和肿瘤抑制状态，以及不同小鼠品系背景的共同生物能量边界[60]。

2. 线粒体向正常细胞转移　许多研究表明，将健康的线粒体转移到呼吸缺陷的星形胶质细胞或神经细胞上是有可能的。在神经元中，线粒体 GTP 酶 -1（mitochondrial GTPase-1，Miro1）促进线粒体向神经元突起的远端转移[99]。Miro1 过表达增强了人骨髓间充质干细胞通过 TNT，向缺氧缺糖大鼠星形胶质细胞和神经嗜铬细胞瘤 PC12ρ^0 细胞的线粒体转移，这是一种脑缺血的细胞模型[67]。注射过表达 Miro1 的骨髓间充质干细胞也可改善脑动脉闭塞后的神经功能[67]。Li

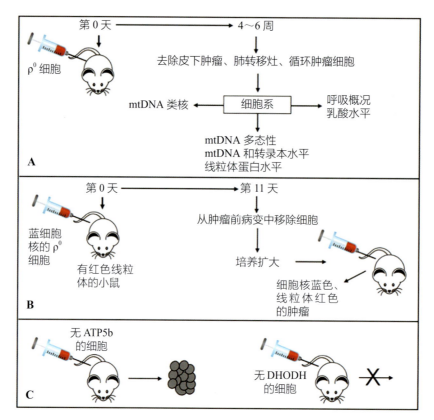

▲ 图 20-3　体内线粒体转移实验的示意图

A. 从皮下肿瘤、肺转移瘤和循环中的肿瘤细胞中生成细胞系；B. 通过线粒体转移产生具有蓝色细胞核和红色线粒体的肿瘤细胞；
C. 观察不含 *ATP5b* 的肿瘤细胞和不含 DHODH 的肿瘤细胞在小鼠皮下注射时的结果

等的另一项研究报道了通过缝隙连接将线粒体从大鼠骨髓间充质干细胞转移到缺氧缺糖的脊髓神经元，并逆转了神经元的凋亡[71]。在 TNF-α 或脂多糖暴露之前对大鼠神经元进行预防性高压氧治疗，被证明可以逆转炎症反应，并通过介导线粒体转移来提高神经细胞存活率[77]。线粒体在人星形胶质细胞之间，以及从人多能干细胞来源的神经细胞转移到星形胶质细胞，这一过程可由 CD38/cADP– 核糖、Miro1 和 Miro2 促进。相反，Alexander 病相关 *GFAP* 突变的神经细胞显示星形胶质细胞线粒体转移受损[28]。这些结果与以前的开创性研究类似，在先前的开创性研究中，来自视神经头和大脑其他部位的受损或耗尽的线粒体被包装成外泌体，由周围的星形胶质细胞在一个被称为"传递吞噬"或跨细胞线粒体降解的过程中回收[100]。以前，人们认为神经元线粒体的维

持是通过轴突运输到细胞体和从细胞体通过溶酶体途径发生自噬[101]。在大脑和中枢神经系统的其他区域也发现了类似的降解线粒体积累，这表明涉及细胞间线粒体转移的局部过程可能有助于线粒体的维持（另请参见图 20-2）。

研究发现，从骨髓间充质干细胞到肺上皮细胞系的线粒体转移涉及细胞质桥或 TNT，在鱼藤酮或 TNF-α 处理后这种转移增加，并且与连接蛋白 43[81] 和 Miro1[59] 有关。此外，在小鼠急性肺损伤或过敏性气道炎症模型中，连接蛋白 43 和 Miro1 参与了骨髓间充质干细胞经鼻腔或气管内注入支气管上皮细胞的线粒体转移。连接蛋白 43 被证明参与线粒体从人诱导多能干细胞和间充质干细胞到支气管上皮细胞系 BEAS-2B 的转移，使这些细胞免于凋亡[69]。作者还发现，在哮喘炎症模型中，连接蛋白 43 参与了线粒体从诱导多

能干细胞和间充质干细胞到肺上皮细胞的转移。转移与辅助性 T 细胞因子 2 的产生减少有关，这表明了一种针对哮喘炎症的潜在治疗策略。关于 T 细胞，Luz-Crawford 等[72] 报道了在共培养 4h 内从人骨髓间充质干细胞到原代 Th17 细胞的线粒体转移。细胞间的接触损害了 IL-17 的产生和向调节性 T 细胞的转化。值得注意的是，当使用来自类风湿关节炎患者的滑膜间充质干细胞时，线粒体的转移会受到损害。

Konari 等[84] 最近的一份报道结果表明，在体外将线粒体从 BM-MSC 转移到肾近端小管上皮细胞可逆转细胞凋亡并恢复功能，肾被膜下注射线粒体可以改善细胞形态，逆转了基底膜和刷缘结构完整性的丢失。这些结果证实并扩展了早期关于从人胎儿骨髓间充质干细胞向原代大鼠肾小管细胞线粒体转移的报道[102]。几项体外研究进一步表明，线粒体可以通过 TNT 从人骨髓间充质干细胞[76, 103, 104] 或心肌成纤维细胞[75] 转移到受损的心肌细胞，从而使其免于凋亡。

对于 MELAS 患者（以特定亮氨酸 tRNA 突变为特征的线粒体脑肌病的一个亚组），Wharton's jelly 来源间充质干细胞恢复了鱼藤酮应激成纤维细胞的正常线粒体功能，并将突变负荷恢复到无法检测的水平[105]。这种间充质干细胞先前已被证明可以将线粒体转移到 143Bρ^0 细胞，从而恢复有氧呼吸[27]。Newell 等[65] 表明，人骨髓间充质干细胞改变了线粒体疾病患者皮肤成纤维细胞的线粒体动力学，增强了呼吸功能。线粒体转移对 mtDNA 损伤的线粒体病患者具有良好的治疗潜力。

3. 线粒体捐献疗法预防子代线粒体疾病　正常的受精过程包括精母细胞核与卵母细胞内的卵母核融合，留下卵细胞质成为 mtDNA 的唯一来源。来自精子尾部的父系线粒体都会被卵母细胞通过异体线粒体自噬广泛消除[106]。这意味着 mtDNA 和相关的线粒体疾病完全通过母系遗传。最近的一篇综述[107] 表明，已经开发了几种技术来绕过线粒体疾病母系遗传这个问题（图 20-4）。这些技术都需要额外的具有健康线粒体 DNA 的女性捐赠者，这可能会导致胚胎含有

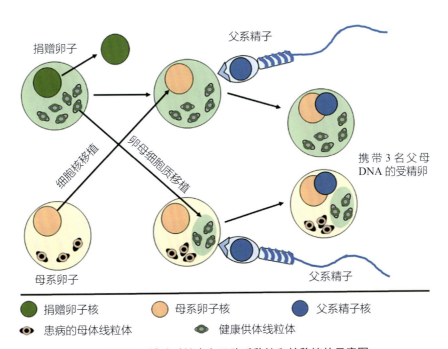

▲ 图 20-4　辅助受精中卵子胞质移植和核移植的示意图

在卵细胞质转移中，一部分供体卵子的细胞质被转移到亲本卵子中。在核移植中，亲本卵子的核被转移到去核的供体卵子中。受精后，在这两种情况下，受精卵都将拥有来自 3 名父母的遗传物质

来自 3 个不同亲生父母的遗传物质的伦理问题：来自母亲和父亲的核 DNA，以及来自供体卵子的 mtDNA[32, 107-110]。部分或全部卵浆移植是指将一小部分或全部细胞质，包括 mRNA、蛋白质、线粒体、其他细胞器和细胞成分，注入线粒体受损的卵子的过程[108]。Muggleton-Harris 小组于 1982 年首次成功地完成了小鼠的卵浆移植[111]。随后，Cohen 小组于 1997 年进行了卵浆移植并成功妊娠[112]。核移植涉及从线粒体健康的捐赠者卵子中移除细胞核及其遗传物质[109]。母亲卵子中的细胞核被取出并移植到捐赠者卵子中，产生一个含有捐赠者线粒体和细胞质，以及母亲细胞核的卵子。然后，卵子与父亲的精子受精，并再次发育成具有 3 个不同遗传物质的胚胎。线粒体捐赠疗法是体外受精的改良版，2015 年初在英国以严格的条件获得合法化，并于 2016 年 12 月由英国人类受精和胚胎学管理局（Human Fertilisation and Embryology Authority，HFEA）批准[109, 113]。这意味着生殖中心现在可以申请允许使用线粒体捐赠技术来预防严重的 mtDNA 疾病，每个患者的申请都会根据具体情况进行考虑。同样，自 2016 年以来，美国法律允许进行线粒体替代技术的限制性临床试验[109, 113]。

（二）分离的线粒体转移

Caicedo 等设计了一种线粒体转移的人工系统，他们将其命名为 "MitoCeption"，通过分离、计数少量线粒体，并 4℃ 下 1500g 离心 15min 后将其转移到受体细胞[114, 115]。他们模拟了少量线粒体转移的自然过程，并详细研究了转移对受体细胞的影响，这与线粒体移植的过程形成了鲜明对比，后者是将大量分离的线粒体直接注入心脏和大脑的缺血部分。MitoCeption 是研究哪种细胞类型能够产生 "最佳" 线粒体进行转移或移植的理想平台，以及一旦分离，它们如何得到最好的保存[115]。Wu 等采取了一种不同的方法，他们开发了一种光热纳米刀片，用于将线粒体直接有效地转移到哺乳动物细胞的细胞质中[116]。由于这项技术非常精确的性质，纳米刀片能够移除突变

的 mtDNA 并用健康的 mtDNA 取而代之，使其拥有成为线粒体基因治疗新途径的潜力。例如作为体外受精的一部分，使用 MitoCeption 和光热纳米刀片，再加上以前使用的直接将线粒体显微注射到细胞内的技术，可以恢复个别呼吸缺陷受体细胞的线粒体功能。此外，当涉及心肌等细胞或卒中或神经退行性疾病等器官部分的缺血再灌注损伤时，需要采取更全面的方法。线粒体移植是分离数十亿个自体线粒体，并将其直接注射到因缺血再灌注损伤等受损的器官中的过程。在治疗心力衰竭和卒中时，这种方法可能会带来更直接的益处。下文将回顾使用线粒体移植来改善缺血性心脏病、神经退行性疾病、缺血性卒中，以及行为障碍的动物和人类研究。表 20-2 总结了到目前为止一些具有代表性的研究成果。

1. 缺血性心脏病 动脉供应受损会导致线粒体 ATP 水平下降，是心肌缺血的主要原因，并且这种下降在血液供应恢复后能持续长达 3h。低 ATP 水平会降低心肌细胞活力，最终导致心力衰竭[53, 135-137]。哈佛医学院的 McCully 小组和其他人已经将线粒体移植用于心脏保护，从兔子[120]、猪[125]、大鼠和小鼠[127] 的动物研究拓展到 5 名儿科患者[129]。该小组最近的一篇综述描述了这一研究的进展[36]。在动物研究中，McCully 和他的同事通过用圈索结扎左前降支 30min 来产生暂时性缺血，导致 25%～30% 的心室缺血和细胞活力丧失，以及 25% 的收缩力丧失。该程序模拟了由急性冠状动脉梗阻引起的人类急性心肌梗死事件[118]。从同一动物的骨骼肌中获得有活力的线粒体，在离心和过滤后，将线粒体重新注入心脏的缺血部分[118]，这一过程需要 20～30min，产生的线粒体膜电位和氧耗参数均正常。注射后 10min，心肌细胞间质内可见线粒体。1h 后，约 40% 的免疫荧光染色的线粒体出现在心肌细胞内。接受线粒体注射的心脏在注射 28 天后心脏功能正常，而对照组的心脏表现出持续的心肌功能障碍。

在另一项实验中，Cowan 等[131] 将自体线粒

表 20–2　体外和体内线粒体移植实例

供体细胞	受体细胞	线粒体转移的结果	参考文献
线粒体体外移植			
乳腺细胞（m）	肾上腺皮质肿瘤细胞（m）	抗生素耐药性	[8]
成纤维细胞（h）	骨肉瘤和纤维肉瘤（h）	部分耗竭后内源性 mtDNA 的替换	[9]
肾成纤维细胞（仓鼠）	坐骨神经（大鼠）	预防轴突变性	[117]
宫颈癌细胞（h）	143Bρ⁰ 骨肉瘤细胞	细胞线粒体再生	[10]
胸大肌细胞（大鼠） 宫颈癌细胞（h）	心肌细胞（r）	ATP 生成增加和对缺血再灌注损伤的保护作用	[118]
肝癌细胞（h）	神经母细胞瘤（h）	ATP 产量增加	[119]
内皮祖细胞（h）	脑内皮细胞（h）	缺氧缺糖后的支持能量学	[120]
骨髓间充质干细胞（h）	乳腺癌细胞（h）	氧化磷酸化增强，细胞增殖和侵袭增加	[114]
脐带来源的间充质干细胞（h）	脐带来源的间充质干细胞（h）	细胞代谢功能增强	[121]
骨髓间充质干细胞（大鼠）	肾近端小管上皮细胞（大鼠）	糖尿病肾病的结构和功能细胞修复	[84]
骨髓间充质干细胞（h）	辅助性 T 细胞 17（h）	减少 IL-17 的产生	[72]
骨肉瘤（h）	嗜铬细胞瘤（大鼠）	抵抗神经毒素诱导的氧化应激和细胞凋亡	[122]
骨肉瘤（h）	骨肉瘤 MELAS A3243G 突变（h）	提高线粒体功能和细胞活力	[123]
骨肉瘤（h）	乳腺癌（h）	细胞凋亡、减少氧化应激、提高化疗敏感度	[98]
星形胶质细胞（h）	胶质瘤细胞（h）	无血清无糖培养后的有氧呼吸恢复	[97]
初级神经元（大鼠）	海马神经元（大鼠）	促进受损细胞再生，恢复膜电位	[124]
体内线粒体移植			
骨肉瘤（h） 嗜铬细胞瘤（大鼠）	神经元（大鼠）	线粒体功能恢复，减轻帕金森病神经毒性	[122]
胸大肌细胞（r） 宫颈癌细胞（h）	心肌细胞（r）	缺血再灌注损伤的心脏保护	[118]
胸大肌细胞（p）	心肌细胞（p）	心肌缺血 / 再灌注损伤的恢复	[125]
胸大肌细胞（大鼠）	神经元（大鼠）	减少氧化应激，细胞凋亡增加，星形胶质细胞增生减弱，神经再生	[126]
骨骼肌细胞（m）	心肌细胞（m）	缺血性损伤后的恢复	[123]
腓肠肌细胞（m）	心肌细胞（m）	移植心脏冷缺血时间延长	[127]
嗜铬细胞瘤 比目鱼肌细胞（大鼠）	脊髓神经元（大鼠）	维持正常的生物能量学，但不能长期保护神经元	[128]
腹直肌细胞（h）	心肌细胞（h）	缺血再灌注损伤后心室功能的改善	[129]
肾成纤维细胞（仓鼠）	神经元（大鼠）	缺血应激的神经保护作用	[130]

（续表）

供体细胞	受体细胞	线粒体转移的结果	参考文献
肾成纤维细胞（仓鼠）	坐骨神经（大鼠）	预防挤压伤引起的轴突变性	[117]
心脏成纤维细胞（h）	心肌细胞（r）	缺血再灌注损伤的心脏保护作用	[131]
心肌细胞（r）	心肌细胞（r）	增强的缺血后功能恢复和细胞活力	[120]
骨髓间充质干细胞（h）	肺泡巨噬细胞（m）	增强吞噬作用，改善生物能量学	[132]
骨髓间充质干细胞（大鼠）	神经元（大鼠）	脊髓损伤后运动功能的改善	[71]
星形胶质细胞（m）	皮质神经元（m）	局灶性脑缺血后放大的细胞存活信号	[133]
星形胶质细胞（h）	胶质瘤细胞（h）	抑制胶质瘤生长，增强辐射敏感性	[97]
海马细胞（m）	星形胶质细胞 小胶质细胞（m）	改善脂多糖诱导的抑郁样行为	[134]
肝癌细胞（h）	各种组织（m）	预防帕金森病模型中细胞凋亡和坏死	[119]

细胞来源：h. 人类；m. 小鼠；r. 兔；p. 猪

体直接注射到兔冠状动脉。10min 后，约 25% 的 $^{18}F-$ 罗丹明 6G 标记的线粒体出现在心肌细胞[131]。直接注射和动脉供血注射均有良好的心肌保护作用。线粒体移植可显著缩小心肌梗死面积，促进缺血后功能恢复，改善心肌收缩性，提高 ATP 水平，增加心肌保护性细胞因子，减少细胞凋亡，促进心肌细胞重塑、再生和分布。线粒体移植不会对心律产生影响，实验期间没有出现纤颤、传导系统缺陷、心室肥大、瓣膜功能不全、纤维化、心包积液等征象。此外，自体线粒体注射也不会产生炎症和免疫反应[118, 131]。

Pacak 等[138] 使用了内化过程的特定性抑制药，当通过直接注射给药时，通过肌动蛋白介导的内吞作用停止线粒体的摄取，细胞松弛素 D 发挥调控作用。由于线粒体缺乏细胞黏附相关蛋白，动脉注射后线粒体快速外渗到心肌的过程也更加复杂。

到目前为止，McCully 小组只发表了一项研究来评估线粒体移植对人类心脏保护的影响。Emani 及其同事[129] 报道了 5 名儿童患者（年龄 4 日龄至 2 岁）心脏手术后因各种心脏疾病而出现严重心肌缺血再灌注损伤的病例，他们从患者腹直肌中分离出线粒体，每名患者都接受了 10 次的线粒体注射，每次约有 10^7 个线粒体被直接注射到心脏的受累部位。术后 4~6 天，所有患者的心功能均有明显改善且没有心律失常、心肌内血肿或瘢痕形成等并发症。

Moskowitzova 等[127] 使用线粒体移植来解决心脏移植中遇到的一个常见问题。心脏通常需要在供体和受体之间运输相当长的距离，在此期间它们被保存在冷缺血条件下。但如果心脏在 4℃下保存超过 4h，移植的成功率就会迅速降低。在这项研究中，作者将线粒体注射到冠状动脉中，并在取出供体心脏后在 4℃下保存 29h 后再移植到受体小鼠体内。24h 后对植入的心脏功能进行评估，结果表明，与没有接受额外线粒体注射的心脏相比，接受线粒体注射的心脏明显具有更高的心跳评分，以及更低的坏死和炎症水平。

2. 神经退行性疾病与缺血性卒中 最近的综述详细介绍了线粒体功能障碍在帕金森病、阿尔茨海默病、亨廷顿病和多发性硬化症等神经退行性疾病，以及卒中、创伤性脑损伤和脊髓损伤等缺血性损伤中的作用[33, 34, 130]。线粒体的分裂和碎裂，以及受损线粒体的积累和突触的丢失，都会导致阿尔茨海默病和帕金森病及缺血性脑疾病的认知障碍。在缺血性卒中和创伤性脑脊髓损伤中，线粒体分裂是一把双刃剑。如果分裂导致线粒体功能障碍，这将增加梗死的面积，并导致更糟糕的结果。然而，较小的线粒体可以更容易地被动员起来，促进受损神经元区域的再生，从而改善预后。

与心脏保护领域相比，以神经保护为目的的中枢神经系统线粒体移植是一个较新的领域，迄今为止动物研究相对较少。几位作者已经报道，通过移植含有线粒体的微泡可以改善缺血性脑损伤的预后。Hayakawa 等 [139-141] 在小鼠缺血性卒中后 3 天，将星形胶质细胞微泡中免疫荧光染色的线粒体注射到梗死灶周围皮质。含有线粒体的微泡在 24h 内被神经元摄取，注射后的神经元显示出更强的存活信号和更少的梗死部位。星形胶质细胞释放含有线粒体的胞外微囊是由钙依赖的 CD38 和环状 ADP– 核糖信号介导的。然而，与受损神经元相关的线粒体是否能在胞内发挥相关功能仍然存在争议，因为大多数对呼吸的影响相对较小，而且没有证明其再繁殖能力 [15]。

zhang 等 [126] 在暂时阻断大脑中动脉（middle cerebral artery，MCAO）诱导的缺血性卒中模型再灌注期间输注从自体骨骼肌分离的线粒体。脑室注射导致线粒体在大脑皮层内广泛分布，缩小缺血半暗带的大小，改善神经和行为缺陷。Huang 等 [130] 研究发现，通过局部脑内和动脉内注射外源性仓鼠线粒体可以减少缺血性卒中后的脑损伤，并恢复大鼠的运动功能。虽然线粒体移植在动物模型中对缺血性脑损伤有明显的改善，但对于缺血性脊髓损伤却并非如此。Gollihue 等 [128] 将荧光蛋白标记的 PC12 来源的线粒体注射到大鼠脊髓 L_1/L_2 缺血区，24～48h 后在几种细胞中可见外源性线粒体，但在神经元中未见外源性线粒体且额外的线粒体没有提供长期的功能性神经保护。注射 7 天后，外源性线粒体极少，主要分布在巨噬细胞和周细胞内。5 周后线粒体注射组的运动评分与对照组没有显著区别。

关于神经退行性疾病，一些研究表明线粒体移植似乎对帕金森病的动物模型有益。Chang 等 [122] 将细胞穿透肽（Pep-1）结合的线粒体注射到 6-OHDA 诱导的帕金森病大鼠大脑，在 12 周内成功观察到外源线粒体。3 个月后，线粒体移植挽救了大鼠的呼吸，提高了多巴胺能神经元的存活率，恢复了线粒体的功能，改善了大鼠的运动能力。Shi 等 [119] 的研究结果表明，小鼠尾静脉注射的线粒体在注射 2h 后存在于脑、心、肝、肾和肌肉中。在 1– 甲基 –4– 苯基 –1，2，3，6– 四氢吡啶（MPTP）诱导的帕金森病小鼠模型中，额外的线粒体有助于行为正常化，并阻止帕金森病的进展。

3. 行为障碍　最近还提出了线粒体功能障碍在双相情感障碍、精神分裂症、抑郁症、自闭症和慢性疲劳综合征等神经免疫和神经精神疾病的病因学中的潜在作用。尽管这些情绪障碍没有表现出一致的症状和病理生理学过程，但它们都以慢性氧化应激和慢性全身炎症为特征。这些慢性病与神经元中的线粒体功能障碍密切相关，并持续存在和加剧，巨噬细胞和小胶质细胞参与了促炎环境的形成 [142]。Wang 等 [134] 的一项研究表明，从小鼠海马体中分离出的线粒体在静脉内注射到脂多糖致郁的小鼠中可减轻抑郁症状。脂多糖会导致小鼠出现抑郁症，其症状类似于人类的重度抑郁症。线粒体移植的改善作用与抗抑郁药氯胺酮和氟西汀的改善作用相同。小鼠在悬尾试验、强迫游泳试验、蔗糖偏好试验和旷野时间焦虑行为试验中表现较好。线粒体移植还恢复了神经发生功能不足，并降低了由脂多糖引起的神经炎症水平。Robicsek 等研究了异种线粒体对多发性精神分裂症大鼠模型线粒体膜电位、ATP 水平、氧耗和行为的影响，在该模型中，向妊娠的 Wistar 大鼠注射 poly-I:C [143]。青春期子代的大脑皮质注射了从健康大鼠脑中分离出来的经 JC-1 染色线粒体。在青春期，大鼠是无症状的，非典型抗精神病药物可以防止成年 poly-I:C 后代出现大脑和行为异常。注射健康的线粒体可防止成年期的选择性注意力缺陷，并且注意力广度能力、大脑呼吸活动和耗氧量得到持久改善。值得注意的是，注射健康线粒体的健康青春期大鼠表现出线粒体膜电位增加和体内平衡破坏[143]。

4. 癌症治疗的敏感性 Sun 等[97] 在小鼠的侧腹植入 U87 多形性胶质母细胞瘤异种移植物，在建立显著的低氧水平后，将人类星形胶质细胞中分离出来的特异免疫荧光染色线粒体直接注射到肿瘤中。结果显示，线粒体的增加使肿瘤对辐射更加敏感，并恢复了辐射有效所需的呼吸和氧气水平。外源线粒体的呼吸、分裂和增殖水平均正常。Chang 等[98] 将从健康个体中分离出的线粒体和从 MERRF 患者中分离出的功能失调线粒体输送至 MCF-7 乳腺癌细胞。结果显示只有健康的线粒体会降低 MCF-7 的活力，诱导细胞凋亡，并增加对阿霉素和紫杉醇化疗的敏感性。线粒体移植对非致瘤的 MCF-10A 细胞无影响。

三、线粒体转移机制

对于线粒体转移的机制，最初的研究基于共培养条件下的内吞作用[8] 或显微注射到受体细胞的细胞质中进行[9]。内吞作用也被证明是 MitoCeption 和线粒体移植背后的转移机制，MitoCeption 是将少量分离的线粒体离心到受体细胞上，线粒体移植是将大量线粒体注入心脏[36] 或大脑[33] 的缺血部分。另一种备受关注的线粒体转移方法是通过 TNT 转移，由 Rustom 等最先提出[12]，许多其他作者进行了跟进报道[13, 24, 59, 67, 70, 75, 89, 104, 144-146]。在一些研究中，线粒体通过连接蛋白 -43 介导的缝隙连接的运动也被描述为线粒体转移[69, 81] 和在微泡中分离线粒体使用的一种机制[81, 140, 147, 148]。几位作者也描述了 CD38[69, 70, 89] 和 Mirol[59, 67, 104] 在促进线粒体转移中的作用。我们小组观察到，细胞融合也用于从骨来源的间充质干细胞和周细胞到星形胶质细胞、胶质瘤细胞、乳腺癌和黑色素瘤细胞的线粒体转移。图 20-5 总结了目前已知的线粒体转移

的不同机制。

四、线粒体 - 核串扰——线粒体转移的潜在后果

经过 20 亿年的进化，祖先蛋白细菌基因组已经减少到一个非常小、只有 16 569 对核苷酸环状线粒体基因组。mtDNA 只编码呼吸系统的 85 种多肽中的 13 个 tRNA、22 个 tRNA 及 12S rRNA 和 16S rRNA[149, 150]。呼吸复合体 I～V 的其余多肽，以及参与 mtDNA 维持、复制、转录和翻译的所有蛋白质都是由核 DNA 所编码。线粒体和核编码的呼吸亚基的化学计量和排列，对于有效的线粒体电子传递和维持线粒体膜电位和氧化磷酸化必不可少。除了在能量代谢中的关键作用，线粒体也是许多途径汇聚的生物合成枢纽，包括非必需氨基酸、核苷酸、卟啉、血红素、谷胱甘肽、脂肪酸和胆固醇[151]。快速有效地对能量和营养需求的变化做出反应的能力是所有细胞都需要的，由许多复杂的反馈环路编排，通常被称为顺行和逆行信号通路、线粒体到细胞核的串扰或 "线粒体 - 核串扰"[17]。线粒体通过一系列作为丝裂应激信号的能量相关代谢物不断更新细胞核的生物能量状态，包括活性氧水平升高，ATP/AMP 比值和 NAD+/NADH 比值降低及胞质 Ca2+ 水平升高。细胞核通过激活一个或几个应激反应信号通路来对这些信号做出反应，以维持细胞内环境的稳定。核反应途径包括氧化磷酸化和糖酵解之间的转换、线粒体修复、分裂 / 融合、生物发生 / 自噬、去折叠蛋白反应，以及整合的应激反应[17, 152-154]（图 20-1 和 20-6）。

线粒体 - 核串扰确保线粒体网络满足细胞的能量需求，如果需求减少，则通过分裂和自噬进行快速调整；如果需求增加，则通过生物发生和融合进入全面的分支网络[154, 155]。如果细胞由于突变和表观遗传学变化或某种形式的损伤，而无法产生所需的线粒体呼吸，以及足够的膜电位和氧化磷酸化，细胞功能将受到损害，细胞活力可能受到威胁。癌细胞在这一点上比正常细胞更有

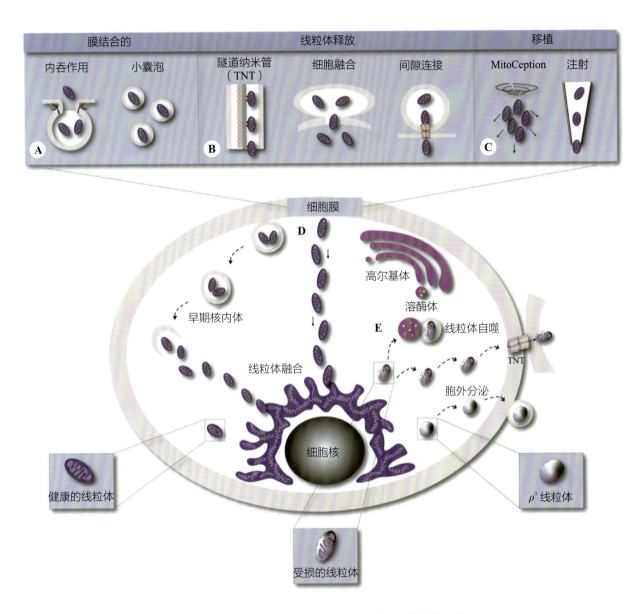

▲ 图 20-5 线粒体转移和清除功能障碍线粒体的方法

A. 描绘了膜相关线粒体通过内吞作用和微泡与细胞膜融合进入细胞并释放到细胞质的生理途径；B. 线粒体通过在供体细胞和受体细胞之间形成的隧道纳米管；细胞 - 细胞膜融合；连接蛋白 43 缝隙连接进入细胞，促进细胞对细胞的附着；C. 线粒体移植到细胞的人工方法，利用 MitoCeption 或直接注入细胞；D. 膜结合的线粒体通过内吞进入细胞，然后从早期内涵体释放到细胞质。最终运输到发生融合的线粒体网络；E. 功能障碍的线粒体或 mtDNA 耗尽的细胞（ρ⁰ 细胞）通过溶酶体降解进行线粒体自噬和循环，或通过 TNT 传递给邻近细胞，或者通过微泡的胞吐作用清除

优势，因为它们能够迅速在 OXPHOS 和糖酵解之间进行转换以满足能量需求[19]。许多肿瘤能够从快速生长、基于 OXPHOS 的低侵袭性表型，转变为高度糖酵解、生长缓慢但侵袭性更强的表型[156-158]。正常的体细胞没有这种程度的灵活性。尽管肌肉细胞在某种程度上可以依靠乳酸发

酵，但这一过程并不能在缺氧条件下完全代偿。当机体产生缺血或呼吸亚单位的损害时，线粒体呼吸将会失效，并不再维持 OXPHOS 的线粒体膜电位，产生大量的超氧化物。对于正常组织来说，严重的线粒体功能障碍不能被线粒体串扰逆转，从而导致器官功能受损，甚至最终导致器官

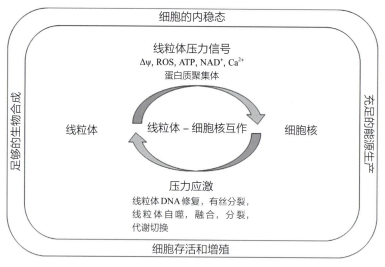

▲ 图 20-6　线粒体 - 核串扰简图

细胞核和线粒体之间的持续通信对于满足细胞内环境稳定所需的能量和生物合成需求至关重要，确保细胞的生存和增殖以应对微环境的变化。线粒体核通信是一种双向通信系统，也称为逆行和反转录信号。线粒体通过大量能量代谢物（线粒体应激信号）不断更新细胞核的生物能状态，如线粒体内膜上的膜电位、活性氧种类和浓度、ATP/AMP 比例、NAD^+/NADH 比例、细胞质中的 Ca^{2+} 浓度，线粒体基质中存在蛋白质聚集体等。细胞核通过激活适当的应激反应途径对这些信号做出反应，包括 mtDNA 修复、增加线粒体数量及网络复杂性，并将能量产生从线粒体呼吸转换为糖酵解

衰竭。

如前几节所述，线粒体转移会直接干扰线粒体 - 核串扰。功能失调的内源性线粒体和来自不同细胞类型的功能齐全的外源性线粒体，可能会给细胞带来了另一种形式的压力。短期内，外源性线粒体会使活性氧、ATP、NAD^+ 和 Ca^{2+} 水平正常化，功能失调的线粒体将通过线粒体自噬被清除。然而，长期补充外源性线粒体可能会干扰线粒体其他方面的功能，包括原始细胞核和剩余的外源线粒体之间潜在的"不匹配"生物合成途径。最近对大鼠精神分裂症的 poly-I:C 模型中的研究表明，将健康的线粒体注射到青春期大鼠的健康大脑中会产生不利影响[143]。一些动物模型表明，在大鼠活动能力改善的情况下，线粒体移植的生物能量效益在事件发生后至少 3 个月内仍可测量到[122]。这些结果表明，线粒体 - 核串扰在正常细胞中也具有可塑性，并能够容纳混合物中的外源线粒体，最终使细胞受益。

小结

毫无疑问，线粒体在细胞间的转移是一个自然发生的生理过程，涉及膜纳米管连接、微囊泡、内吞作用、细胞直接接触、部分或完全细胞质融合，以及其他一些未知的机制。在大多数情况下，这一过程用于恢复呼吸不足的受体细胞的能量供应。功能失调的线粒体也可以通过胞吐作用或直接接触邻近的健康细胞进行自噬而脱落。无论是作为游离细胞器，还是在外体、微泡或凋亡体中，在血液循环和脑脊液中都已经检测出线粒体和线粒体碎片，这表明我们进化过程中某种生物学行为可能已被保留并适应身体的各种生理需要。

声明

作者得到了新西兰健康研究理事会、Marsden 基金会、新西兰癌症协会、马拉汉医学研究所和惠灵顿奥塔哥大学的基金支持。感谢 Remy Schneider 提供图 20-2。

研究展望

细胞间线粒体转移和健康分离线粒体的移植是新研究领域，旨在探索创伤和组织损伤后，以及癌症等疾病和抗癌治疗后替换受损线粒体的益处。线粒体转移到体外具有再增殖能力的细胞有可能在临床上应用于解决线粒体损伤，以及为自体线粒体基因治疗提供新途径。通过这些方式，线粒体移植已朝着改善危及生命的心脏和大脑缺血再灌注损伤，以及涉及进行性线粒体功能障碍的神经退行性、行为和神经肌肉疾病迈出了一步。鉴于线粒体遗传学和生物学的复杂性，以及可用于线粒体基因操作的工具非常有限，利用细胞间线粒体转移和线粒体移植来获得健康益处将具有挑战性。线粒体生物能量学和细胞动力学在健康和许多疾病中的关键重要性表明，这些新的努力领域将是未来几年的沃土，有可能带来巨大的健康益处。

参考文献：

[1] Margulis L. Origin of eukaryotic cells. New Haven, CT: Yale University Press; 1970.

[2] Martijn J, Vosseberg J, Guy L, Offre P, Ettema T. Deep mitochondrial origin outside the sampled alphaproteobacteria. Nature 2018;557 101-5.

[3] Lane N. The costs of breathing. Science 2011;334(6053) 184-5.

[4] Sender R, Fuchs S, Milo R. Revised estimates for the number of human and bacteria cells in the body. PLoS Biol 2016;14(8):1-14.

[5] Borst P, Grivell LA. The mitochondrial genome of yeasts. Cell [Internet] 1978;15(3) 705-23.

[6] Goldring ES, Grossman LI, Krupnick D, Cryer DR, Marmur J. The petite mutation in yeast. Loss of mitochondrial deoxyribonucleic acid during induction of petites with ethidium bromide. J Mol Biol 1970;52(2) 323-35.

[7] Nagley P, Linnane AW. Mutants of yeast. Biochem Biophys Res Commun 1970;39(5):989-96.

[8] Clark MA, Shay JW. Mitochondrial transformation of mammalian cells. Nature 1982;295(5850) 605-7.

[9] King M, Attardi G. Injection of mitochondria into human cells leads to rapid replacement of the endogenous mitochondrial DNA. Cell 1988;52:811-19.

[10] King MP, Attardi G. Human cells lacking mtDNA: repopulation with exogenous mitochondria by complementation. Science 1989;246(4929):500-3.

[11] Gregoire M, Morais R, Quilliam MA, Gravel D. On auxotrophy for pyrimidines of respiration-deficient chick embryo cells. Eur J Biochem 1984;142(1):49-55.

[12] Rustom A, Saffrich R, Markovic I, Walther P, Gerdes H-H. Nanotubular highways for intercellular organelle transport. Science 2004;303(5660) 1007-10.

[13] Spees J, Olson S, Whitney M, Prockop D. Mitochondrial transfer between cells can rescue aerobic respiration. Proc Natl Acad Sci U S A 2006;103(5) 1283-8.

[14] Berridge M, Grasso C, Neuzil J. Mitochondrial genome transfer to tumour cells breaks the rules and establishes a new precedent in cancer biology. Mol Cell Oncol 2015;5(5):e1023929.

[15] Berridge MV, Schneider RT, McConnell MJ. Mitochondrial transfer from astrocytes to neurons following ischemic insult: guilt by association? Cell Metab 2016;24(3) 376-8.

[16] Berridge M, Herst P, Rowe M, Schneider R, McConnell M. Mitochondrial transfer between cells: methodological constraints in cell culture and animal models. Anal Biochem 2018; 552: 75-80.

[17] Herst P, Rowe M, Carson G, Berridge M. Functional mitochondria in health and disease. Front Endocrinol (Lausanne) 2017;8:e296.

[18] Herst P, Dawson R, Berridge M. Intercellular communication in tumor biology: a role for mitochondrial transfer. Front Oncol 2018; 8: e344.

[19] Herst PM, Grasso C, Berridge MV. Metabolic reprogramming of mitochondrial respiration in metastatic cancer. Cancer Metastasis Rev 2018;37(4) 643-53.

[20] Torralba D, Baixauli F, Sánchez-Madrid F. Mitochondria know no boundaries: mechanisms and functions of intercellular mitochondrial transfer. Front Cell Dev Biol 2016;4:1-11.

[21] Rodriguez A, Nakhle J, Griessinger E, Vignais M. Intercellular mitochondria trafficking highlighting the dual role of mesenchymal stem cells as both sensors and rescuers of tissue injury. Cell Cycle 2018;17(6):712-21.

[22] Griessinger E, Moschoi R, Biondani G, Peyron J. Mitochondrial transfer in the leukemia microenvironment. Trends Cancer 2017;3(12):828-39.

[23] Berridge MV, McConnell MJ, Grasso C, Bajzikova M, Kovarova J, Neuzil J. Horizontal transfer of mitochondria between mammalian cells: beyond co-culture approaches. Curr Opin Genet Dev [Internet] 2016;38:75-82.

[24] Spees J, Lee R, Gregory C. Mechanisms of mesenchymal stem/stromal cell function. Stem Cell Res Ther 2016;7(1):125.

[25] Cho Y, Kim J, Kim M, Park S, Koh S, Ahn H, et al. Mesenchymal stem cells transfer mitochondria to the cells with virtually no mitochondrial function but not with pathogenic mtDNA mutations. PLoS One 2012;7(3):0-7.

[26] Li X, Zhang Y, Yeung S, Liang Y, Liang X, Ding Y, et al. Mitochondrial transfer of induced pluripotent stem cell-derived mesenchymal stem cells to airway epithelial cells attenuates cigarette smoke-induced damage. Am J Respir Cell Mol Biol 2014; 51(3):455-65.

[27] Lin H, Liou C, Chen S, Hsu T, Chuang J, Wang P, et

al. Mitochondrial transfer from Wharton's jellyderived mesenchymal stem cells to mitochondria-defective cells recaptures impaired mitochondrial function. Mitochondrion 2015; 22:31-44.

[28] Gao L, Zhang Z, Lu J, Pei G. Mitochondria are dynamically transferring between human neural cells and Alexander disease-associated GFAP mutations impair the astrocytic transfer. Front Cell Neurosci [Internet] 2019;13(July):1-16.

[29] Swerdlow RH. The neurodegenerative mitochondriopathies. J Alzheimers Dis 2009;17(4):737-51.

[30] Hroudová J, Singh N, Fišar Z. Mitochondrial dysfunctions in neurodegenerative diseases: relevance to Alzheimer's disease. Biomed Res Int 2014;2014.

[31] Finsterer J. Cognitive dysfunction in mitochondrial disorders. Acta Neurol Scand 2012;126(1):1-11.

[32] Gollihue JL, Rabchevsky AG. Prospects for therapeutic mitochondrial transplantation. Mitochondrion 2017;35(859):70-9.

[33] Chang CY, Liang MZ, Chen L. Current progress of mitochondrial transplantation that promotes neuronal regeneration. Transl Neurodegener 2019;8(1):1-12.

[34] Gollihue JL, Patel SP, Rabchevsky AG. Mitochondrial transplantation strategies as potential therapeutics for central nervous system trauma. Neural Regen Res 2018;13(2):194-7.

[35] Roushandeh AM, Kuwahara Y, Roudkenar MH. Mitochondrial transplantation as a potential and novel master key for treatment of various incurable diseases. Cytotechnology [Internet] 2019; 71(2): 647-63.

[36] McCully JD, Cowan DB, Emani SM, del Nido PJ. Mitochondrial transplantation: from animal models to clinical use in humans. Mitochondrion 2017;34:127-34.

[37] Li R, Guan M-X. Human mitochondrial leucyl-tRNA synthetase corrects mitochondrial dysfunctions due to the tRNALeu(UUR) A3243G mutation, associated with mitochondrial encephalomyopathy, lactic acidosis, and stroke-like symptoms and diabetes. Mol Cell Biol 2010;30(9):2147-54.

[38] Ylikallio E, Suomalainen A. Mechanisms of mitochondrial diseases. Ann Med 2012;44(1):41-59.

[39] Finsterer J, Zarrouk-Mahjoub S. Mitochondrial vasculopathy. World J Cardiol 2016;8(5):333-9.

[40] Wallace D. Mitochondrial DNA in aging and disease. Nature 2016;535(7613):498-500.

[41] Coppotelli G, Ross J. Mitochondria in ageing and diseases: the super trouper of the cell. Int J Mol Sci 2016;17(5):711 (1-5).

[42] van Gisbergen MW, Voets AM, Starmans MHW, de Coo IFM, Yadak R, Hoffmann RF, et al. How do changes in the mtDNA and mitochondrial dysfunction influence cancer and cancer therapy? Challenges, opportunities and models. Mutat Res Rev Mutat Res 2015;764:16-30.

[43] Tuppen H, Blakely E, Turnbull D, Taylor R. Mitochondrial DNA mutations and human disease. Biochim Biophys Acta 2010; 1797(2):113-28.

[44] Vyas S, Zaganjor E, Haigis M. Mitochondria and cancer. Cell 2016;166:555-66.

[45] Zong WX, Rabinowitz JD, White E. Mitochondria and cancer. Mol Cell 2016;61(5):667-76.

[46] Finsterer J, Frank M. Gastrointestinal manifestations of mitochondrial disorders: a systematic review. Ther Adv Gastroenterol 2017;10(1):142-54.

[47] Feichtinger RG, Sperl W, Bauer JW, Kofler B. Mitochondrial dysfunction: a neglected component of skin diseases. Exp Dermatol 2014;23(9):607-14.

[48] Larsson NG. Somatic mitochondrial DNA mutations in mammalian aging. Annu Rev Biochem 2010;79:683-706.

[49] Taylor SD, Ericson NG, Burton JN, Prolla TA, Silber JR, Shendure J, et al. Targeted enrichment and high-resolution digital profiling of mitochondrial DNA deletions in human brain. Aging Cell 2014;13 (1):29-38.

[50] Chen Q, Moghaddas S, Hoppel CL, Lesnefsky EJ. Ischemic defects in the electron transport chain increase the production of reactive oxygen species from isolated rat heart mitochondria. Am J Physiol Cell Physiol 2008;294(2) C460-6.

[51] Orenes-Piñero E, Valdés M, Lip G, Marín F. A comprehensive insight of novel antioxidant therapies for atrial fibrillation management. Drug Metab Rev 2015;47(3):388-400.

[52] Hausenloy DJ, Barrabes JA, Bøtker HE, Davidson SM, Di Lisa F, Downey J, et al. Ischaemic conditioning and targeting reperfusion injury: a 30 year voyage of discovery. Basic Res Cardiol 2016;111(6).

[53] Fillmore N, Lopaschuk GD. Targeting mitochondrial oxidative metabolism as an approach to treat heart failure. Biochim Biophys Acta Mol Cell Res [Internet] 2013;1833(4) 857-65.

[54] Rebbeck CA, Thomas R, Breen M, Leroi AM, Burt A. Origins and evolution of a transmissible cancer. Evolution (N Y) 2009;63(9) 2340-9.

[55] Ganguly B, Das U, Das AK. Canine transmissible venereal tumour: a review. Vet Comp Oncol 2016;14 (1):1-12.

[56] Lei L, Spradling A. Mouse oocytes differentiate through organelle enrichment from sister cyst germ cells. Res Rep 2016;352(6281) 95-9.

[57] Otsu K, Das S, Houser SD, Quadri SK, Bhattacharya S, Bhattacharya J. Concentration-dependent inhibition of angiogenesis by mesenchymal stem cells. Blood 2009; 113(18): 4197-205.

[58] Acquistapace A, Bru T, Lesault P, Figeac F, Coudert A, O le C, et al. Human mesenchymal stem cells reprogram adult cardiomyocytes toward a progenitor-like state through partial cell fusion and mitochondria transfer. Stem Cell 2011;29(5) 812-24.

[59] Ahmad T, Mukherjee S, Pattnaik B, Kumar M, Singh S, Rehman R, et al. Miro1 regulates intercellular mitochondrial transport & enhances mesenchymal stem cell rescue efficacy. EMBO J 2014;33(9):994-1010.

[60] Babenko V, Silachev D, Zorova L, Pevzner I, Khutornenko A, Plotnikov E, et al. Improving the poststroke therapeutic potency of mesenchymal multipotent stromal cells by cocultivation with cortical neurons: the role of crosstalk between cells. Stem Cell Transl Med 2015;4(9):1011-20.

[61] Han J, Kim B, Shin JY, Ryu S, Noh M, Woo J, et al. Iron oxide nanoparticle-mediated development of cellular gap junction crosstalk to improve mesenchymal stem cells' therapeutic efficacy for myocardial infarction. ACS Nano 2015;9(3):2805-19.

[62] Chen J, Wang Q, Feng X. Umbilical cord-derived mesenchymal stem cells suppress autophagy of T cells in patients with systemic lupus erythematosus via transfer of mitochondria. Stem Cell Int 2016;2016:4062789.

[63] Jiang D, Gao F, Zhang Y, Wong D, Li Q, Tse H, et al. Mitochondrial transfer of mesenchymal stem cells effectively protects corneal epithelial cells from mitochondrial damage. Cell Death Dis 2016;7(11):e2467.

[64] Moschoi R, Imbert V, Nebout M, Chiche J, Mary D, Prebet T, et al. Protective mitochondrial transfer from bone marrow stromal cells to acute myeloid leukemic cells during chemotherapy. Blood 2016;128:253-64.

[65] Newell C, Sabouny R, Hittel DS, Shutt TE, Khan A, Klein MS, et al. Mesenchymal stem cells shift mitochondrial dynamics and enhance oxidative phosphorylation in recipient cells. Front

Physiol 2018;9:1-16.

[66] Marlein C, Zaitseva L, Piddock R, Robinson S, Edwards D, Shafat M, et al. NADPH oxidase-2 derived superoxide drives mitochondrial transfer from bone marrow stromal cells to leukemic blasts. Blood 2017;130(14):1649-60.

[67] Babenko VA, Silachev DN, Popkov VA, Zorova LD, Pevzner IB, Plotnikov EY, et al. Miro1 enhances mitochondria transfer from multipotent mesenchymal stem cells (MMSC) to neural cells and improves the efficacy of cell recovery. Molecules 2018; 23(3):1-14.

[68] Zhang Y, Yu Z, Jiang D, Liang X, Liao S, Zhang Z, et al. iPSC-MSCs with high intrinsic MIRO1 and sensitivity to TNF-α yield efficacious mitochondrial transfer to rescue anthracycline-induced cardiomyopathy. Stem Cell Rep [Internet] 2016; 7(4): 749-63.

[69] Yao Y, Fan XL, Jiang D, Zhang Y, Li X, Xu ZB, et al. Connexin 43-mediated mitochondrial transfer of iPSC-MSCs alleviates asthma inflammation. Stem Cell Rep [Internet] 2018; 11(5): 1120-35.

[70] Marlein CR, Piddock RE, Mistry JJ, Zaitseva L, Hellmich C, Horton RH, et al. CD38-driven mitochondrial trafficking promotes bioenergetic plasticity in multiple myeloma. Cancer Res 2019;79(9):2285-97.

[71] Li H, Wang C, He T, Zhao T, Chen YY, Shen YL, et al. Mitochondrial transfer from bone marrow mesenchymal stem cells to motor neurons in spinal cord injury rats via gap junction. Theranostics 2019;9 (7):2017-35.

[72] Luz-Crawford P, Hernandez J, Djouad F, Luque-Campos N, Caicedo A, Carre`re-Kremer S, et al. Mesenchymal stem cell repression of Th17 cells is triggered by mitochondrial transfer. Stem Cell Res Ther [Internet] 2019;10(1):232.

[73] Yasuda K, Park HC, Ratliff B, Addabbo F, Hatzopoulos AK, Chander P, et al. Adriamycin nephropathy: a failure of endothelial progenitor cell-induced repair. Am J Pathol [Internet] 2010;176(4):1685-95. Available from: < https://doi.org/10.2353/ajpath.2010.091071 > .

[74] Pasquier J, Guerrouahen BS, Al Thawadi H, Ghiabi P, Maleki M, Abu-Kaoud N, et al. Preferential transfer of mitochondria from endothelial to cancer cells through tunneling nanotubes modulates chemoresistance. J Transl Med 2013;11(1):94.

[75] Shen J, Zhang JH, Xiao H, Wu JM, He KM, Lv ZZ, et al. Mitochondria are transported along microtubules in membrane nanotubes to rescue distressed cardiomyocytes from apoptosis article. Cell Death Dis [Internet] 2018;9(2).

[76] He K, Shi X, Zhang X, Dang S, Ma X, Liu F, et al. Long-distance intercellular connectivity between cardiomyocytes and cardiofibroblasts mediated by membrane nanotubes. Cardiovasc Res 2011;92(1):39-47.

[77] Lippert T, Borlongan CV. Prophylactic treatment of hyperbaric oxygen treatment mitigates inflammatory response via mitochondria transfer. CNS Neurosci Ther 2019;25(8):815-23.

[78] Vallabhaneni K, Haller H, Dumler I. Vascular smooth muscle cells initiate proliferation of mesenchymal stem cells by mitochondrial transfer via tunneling nanotubes. Stem Cell Dev 2012; 21(17):3104-13.

[79] Wang J, Liu X, Qiu Y, Shi Y, Cai J, Wang B, et al. Cell adhesion-mediated mitochondria transfer contributes to mesenchymal stem cell-induced chemoresistance on T cell acute lymphoblastic leukemia cells. J Hematol Oncol 2018;11(1):11.

[80] Rebbeck C, Leroi A, Burt A. Mitochondrial capture by a transmissible cancer. Science 2011;331 (6015):303. Available from: https://doi.org/10.101126/science1197696.

[81] Islam M, Das S, Emin MT, Wei M, Sun L, Westphalen K, et al. Mitochondrial transfer from bonemarrow-derived stromal cells to pulmonary alveoli protects against acute lung injury. Nat Med 2012;18 (5):759-65.

[82] Jackson MV, Morrison TJ, Doherty DF, McAuley DF, Matthay MA, Kissenpfennig A, et al. Mitochondrial transfer via tunneling nanotubes (TNT) is an important mechanism by which mesenchymal stem cells enhance macrophage phagocytosis in the in vitro and in vivo models of ARDS. Stem Cell 2016;2210-23.

[83] Dong L, Kovarova J, Bajzikova M, Bezawork-Geleta A, Svec D, Endaya B, et al. Horizontal transfer of whole mitochondria restores tumorigenic potential in mitochondrial DNA-deficient cancer cells. Elife 2017;6:e22187.

[84] Konari N, Nagaishi K, Kikuchi S, Fujimiya M. Mitochondria transfer from mesenchymal stem cells structurally and functionally repairs renal proximal tubular epithelial cells in diabetic nephropathy in vivo. Sci Rep [Internet] 2019; 9(1):1-14. Available from: < https://doi.org/10.1038/s41598-019-40163-y > .

[85] Davis C, Kim K-Y, Bushong E, Mills E, Boassa D, Shih T, et al. Transcellular degradation of axonal mitochondria. Proc Natl Acad Sci U S A 2014;111(26):9633-8.

[86] Osswald M, Jung E, Sahm F, Solecki G, Venkataramani V, Blaes J, et al. Brain tumour cells interconnect to a functional and resistant network. Nature 2015;528(7580):93-8.

[87] Tan A, Baty J, Dong L, Bezawork-Geleta A, Endaya B, Goodwin J, et al. Mitochondrial genome acquisition restores respiratory function and tumorigenic potential of cancer cells without mitochondrial DNA. Cell Metab 2015;21(1):81-94.

[88] Lee St. WTY, John JC. Mitochondrial DNA as an initiator of tumorigenesis. Cell Death Dis 2016;7 (3):3-4.

[89] Hogan KA, Chini CCS, Chini EN. The multi-faceted ecto-enzyme CD38: roles in immunomodulation, cancer, aging, and metabolic diseases. Front Immunol 2019;10:1-12.

[90] Lonial S, Weiss BM, Usmani SZ, Singhal S, Chari A, Bahlis NJ, et al. Daratumumab monotherapy in patients with treatment-refractory multiple myeloma (SIRIUS): an open-label, randomised, phase 2 trial. Lancet 2016;387(10027):1551-60.

[91] Yu M, Nguyen ND, Huang Y, Lin D, Fujimoto TN, Molkentine JM, et al. Mitochondrial fusion exploits a therapeutic vulnerability of pancreatic cancer. JCI Insight 2019;.

[92] Weil S, Osswald M, Solecki G, Grosch J, Jung E, Lemke D, et al. Tumor microtubes convey resistance to surgical lesions and chemotherapy in gliomas. Neuro Oncol 2017;19(10):1316-26.

[93] Osswald M, Solecki G, Wick W, Winkler F. A malignant cellular network in gliomas: potential clinical implications. Neuro Oncol 2016; 18(4):479-85.

[94] Herst P, Berridge M. Plasma membrane electron transport: a new target for cancer drug development. Curr Mol Med 2006; 6: 895-904.

[95] Bajzikova M, Kovarova J, Coelho AR, Boukalova S, Oh S, Rohlenova K, et al. Reactivation of dihydroorotate dehydrogenase-driven pyrimidine biosynthesis restores tumor growth of respiration-deficient cancer cells. Cell Metab 2019; 29: 399-416.

[96] Berridge MV, Tan AS. Effects of mitochondrial gene deletion on tumorigenicity of metastatic melanoma: reassessing the Warburg effect. Rejuvenation Res 2010;13(2-3):139-41.

[97] Sun C, Liu X, Wang B, Wang Z, Liu Y, Di C, et al. Endocytosis-mediated mitochondrial transplantation: transferring normal human astrocytic mitochondria into glioma cells rescues aerobic respiration and enhances radiosensitivity. Theranostics 2019; 9(12): 3595-607.

[98] Chang JC, Chang HS, Wu YC, Cheng WL, Lin TT, Chang HJ, et al. Mitochondrial transplantation regulates antitumour

activity, chemoresistance and mitochondrial dynamics in breast cancer. J Exp Clin Cancer Res 2019;38(1):1-16.

[99] MacAskill AF, Brickley K, Stephenson FA, Kittler JT. GTPase dependent recruitment of Grif-1 by Miro1 regulates mitochondrial trafficking in hippocampal neurons. Mol Cell Neurosci 2009;40 (3):301-12.

[100] Davis CHO, Marsh-Armstrong N. Discovery and implications of transcellular mitophagy. Autophagy 2014;10(12):2383-4.

[101] Misgeld T, Schwarz TL. Mitostasis in neurons: maintaining mitochondria in an extended cellular architecture. Neuron [Internet] 2017;96(3):651-66.

[102] Plotnikov EY, Khryapenkova TG, Galkina SI, Sukhikh GT, Zorov DB. Cytoplasm and organelle transfer between mesenchymal multipotent stromal cells and renal tubular cells in co-culture. Exp Cell Res 2010;316(15):2447-55.

[103] Cselenyák A, Pankotai E, Horváth E, Kiss L, Lacza Z, Dayer M, et al. Mesenchymal stem cells rescue cardiomyoblasts from cell death in an in vitro ischemia model via direct cell-to-cell connections. BMC Cell Biol 2010;11(1):29.

[104] Zhang Y, Yu Z, Jiang D, Liang X, Liao S, Zhang Z, et al. iPSC-MSCs with high intrinsic MIRO1 and sensitivity to TNF-a yield efficacious mitochondrial transfer to rescue anthracycline-induced cardiomyopathy. Stem Cell Rep 2016; 7(4): 749-63.

[105] Lin TK, Chen S Der, Chuang YC, Lan MY, Chuang JH, Wang PW, et al. Mitochondrial transfer of Wharton's jelly mesenchymal stem cells eliminates mutation burden and rescues mitochondrial bioenergetics in rotenone-stressed MELAS fibroblasts. Oxid Med Cell Longev 2019; 2019: 9537504.

[106] Hajjar C, Sampuda KM, Boyd L. Dual roles for ubiquitination in the processing of sperm organelles after fertilization. BMC Dev Biol [Internet] 2014;14(1):1-11. Available from: BMC Developmental Biology.

[107] Cozzolino M, Marin D, Sisti G. New frontiers in IVF: mtDNA and autologous germline mitochondrial energy transfer. Reprod Biol Endocrinol 2019;17(1):1-11.

[108] Darbandi S, Darbandi M, Khorram Khorshid HR, Sadeghi MR, Agarwal A, Sengupta P, et al. Ooplasmic transfer in human oocytes: efficacy and concerns in assisted reproduction. Reprod Biol Endocrinol 2017;15(1):1-11.

[109] Craven L, Tang MX, Gorman GS, De Sutter P, Heindryckx B. Novel reproductive technologies to prevent mitochondrial disease. Hum Reprod Update 2017;23(5):501-19.

[110] Bredenoord AL, Pennings G, De Wert G. Ooplasmic and nuclear transfer to prevent mitochondrial DNA disorders: conceptual and normative issues. Hum Reprod Update 2008; 14(6): 669-78.

[111] Muggleton-Harris A, Whittingham D, Wilson L. Cytoplasmic control of preimplantation development in vitro in the mouse. Nature 1982;299(5882):321-2.

[112] Cohen J, Scott R, Schimmel T, Levron J, Willadsen S. Birth of infant after transfer of anucleate donor oocyte cytoplasm into recipient eggs. Lancet 1997;350(9072):186-7.

[113] Ishii T, Hibino Y. Mitochondrial manipulation in fertility clinics: regulation and responsibility. Reprod Biomed Soc Online [Internet] 2018;5:93-109.

[114] Caicedo A, Fritz V, Brondello J-M, Ayala M, Dennemont I, Abdellaoui N, et al. MitoCeption as a new tool to assess the effects of mesenchymal stem/stromal cell mitochondria on cancer cell metabolism and function. Sci Rep 2015;5(1):9073.

[115] Caicedo A, Aponte P, Cabrera F, Hidalgo C, Khoury M. Artificial mitochondria transfer: current challenges, advances, and future applications. Stem Cell Int 2017;2017.

[116] Wu TH, Sagullo E, Case D, Zheng X, Li Y, Hong JS, et al.

Mitochondrial transfer by photothermal nanoblade restores metabolite profile in mammalian cells. Cell Metab [Internet] 2016;23 (5):921-9.

[117] Kuo C, Su H, Chang T, Chiang C, Sheu M, Cheng F, et al. Prevention of axonal degeneration by perineurium injection of mitochondria in a sciatic nerve crush injury model. Neurosurgery 2017;80 (3):475-88.

[118] Masuzawa A, Black KM, Pacak CA, Ericsson M, Barnett RJ, Drumm C, et al. Transplantation of autologously derived mitochondria protects the heart from ischemia-reperfusion injury. Am J Physiol Circ Physiol [Internet] 2013;304(7):H966-82.

[119] Shi X, Zhao M, Fu C, Fu A. Intravenous administration of mitochondria for treating experimental Parkinson's disease. Mitochondrion 2017;34:91-100.

[120] McCully JD, Cowan DB, Pacak CA, Toumpoulis IK, Dayalan H, Levitsky S. Injection of isolated mitochondria during early reperfusion for cardioprotection. Am J Physiol Circ Physiol 2009;296(1): H94-105.

[121] Kim MJ, Hwang JW, Yun CK, Lee Y, Choi YS. Delivery of exogenous mitochondria via centrifugation enhances cellular metabolic function. Sci Rep 2018;8(1):1-13.

[122] Chang J, Wu S, Liu K, Chen Y, Chuang C, Cheng F, et al. Allogeneic/xenogeneic transplantation of peptide-labeled mitochondria in Parkinson's disease: restoration of mitochondria functions and attenuation of 6-hydroxydopamine-induced neurotoxicity. Transl Res 2016;170:40-56.e3.

[123] Chang JC, Hoel F, Liu KH, Wei YH, Cheng FC, Kuo SJ, et al. Peptide-mediated delivery of donor mitochondria improves mitochondrial function and cell viability in human cybrid cells with the MELAS A3243G mutation. Sci Rep 2017;7(1):1-15.

[124] Chien L, Liang MZ, Chang CY, Wang C, Chen L. Mitochondrial therapy promotes regeneration of injured hippocampal neurons. Biochim Biophys Acta Mol Basis Dis [Internet] 2018;1864 (9):3001-12.

[125] Kaza AK, Wamala I, Friehs I, Kuebler JD, Rathod RH, Berra I, et al. Myocardial rescue with autologous mitochondrial transplantation in a porcine model of ischemia/reperfusion. J Thorac Cardiovasc Surg [Internet] 2017;153(4):934-43.

[126] Zhang Z, Ma Z, Yan C, Pu K, Wu M, Bai J, et al. Muscle-derived autologous mitochondrial transplantation: a novel strategy for treating cerebral ischemic injury. Behav Brain Res [Internet] 2019;356:322-31.

[127] Moskowitzova K, Shin B, Liu K, Ramirez-Barbieri G, Guariento A, Blitzer D, et al. Mitochondrial transplantation prolongs cold ischemia time in murine heart transplantation. J Hear Lung Transpl [Internet] 2019;38(1):92-9.

[128] Gollihue JL, Patel SP, Eldahan KC, Cox DH, Donahue RR, Taylor BK, et al. Effects of mitochondrial transplantation on bioenergetics, cellular incorporation, and functional recovery after spinal cord injury. J Neurotrauma 2018;35(15):1800-18.

[129] Emani SM, Piekarski BL, Harrild D, del Nido PJ, McCully JD. Autologous mitochondrial transplantation for dysfunction after ischemia-reperfusion injury. J Thorac Cardiovasc Surg 2017;154(1):286-9.

[130] Huang P-J, Kuo C-C, Lee H-C, Shen C-I, Cheng F-C, Wu S-F, et al. Transferring xenogenic mitochondria provides neural protection against ischemic stress in ischemic rat brains. Cell Transpl 2016;25 (5):913-27.

[131] Cowan DB, Yao R, Akurathi V, Snay ER, Thedsanamoorthy JK, Zurakowski D, et al. Intracoronary delivery of mitochondria to the ischemic heart for cardioprotection. PLoS One 2016;11(8):1-19

[132] Jackson M, Morrison T, Doherty DF, McAuley D, Matthay M,

Kissenpfennig A, et al. Mitochondrial transfer via tunneling nanotubes (TNT) is an important mechanism by which mesenchymal stem cells enhance macrophage phagocytosis in the in vitro and in vivo models of ARDS. Stem Cell 2016; 2014: 2210-23.

[133] Hayakawa K, Esposito E, Wang X, Terasaki Y, Liu Y, Xing C, et al. Transfer of mitochondria from astrocytes to neurons after stroke neurons can release damaged mitochondria and transfer them to astrocytes for disposal and recycling. Nat Publ Gr 2016; 535(7613):551-5.

[134] Wang Y, Ni J, Gao C, Xie L, Zhai L, Cui G, et al. Mitochondrial transplantation attenuates lipopolysaccharide-induced depression-like behaviors. Prog Neuro-psychopharmacol Biol Psychiatry 2019; 93:240-9.

[135] Kurian G, Berenshtein E, Kakhlon O, Cheviona M. Energy status determines the distinct biochemical and physiological behavior of interfibrillar and sub-sarcolemmal mitochondria. Biochem Biophys Res Commun 2012;428(3):376-82.

[136] Lesnefsky E, Hoppel C. Ischemia reperfusion injury in the aged heart: role of mitochondria. Arch Biochem Biophys 2003; 420 (2): 287-97.

[137] Lesnefsky EJ, Chen Q, Tandle B, Hoppel CL. Mitochondrial dysfunction and myocardial ischemia-reperfusion: implications for novel therapies. Annu Rev Pharmacol Toxicol 2017;57:535-65.

[138] Pacak CA, Preble JM, Kondo H, Seibel P, Levitsky S, del Nido PJ, et al. Actin-dependent mitochondrial internalization in cardiomyocytes: evidence for rescue of mitochondrial function. Biol Open 2015;4 (5):622-6.

[139] Hayakawa K, Bruzzese M, Chou SHY, Ning MM, Ji X, Lo EH. Extracellular mitochondria for therapy and diagnosis in acute central nervous system injury. JAMA Neurol 2018;75(1):119-22.

[140] Hayakawa K, Esposito E, Wang X, Terasaki Y, Liu Y, Xing C, et al. Transfer of mitochondria from astrocytes to neurons after stroke. Nature 2017;535(7613):551-5.

[141] Hayakawa K, Chan SJ, Mandeville ET, Park JH, Bruzzese M, Montaner J, et al. Protective effects of endothelial progenitor cell-derived extracellular mitochondria in brain endothelium. Stem Cell 2018;36 (9):1404-10.

[142] Morris G, Berk M. The many roads to mitochondrial dysfunction in neuroimmune and neuropsychiatric disorders. BMC Med 2015;13(1):1-24.

[143] Robicsek O, Ene HM, Karry R, Ytzhaki O, Asor E, McPhie D, et al. Isolated mitochondria transfer improves neuronal differentiation of schizophrenia-derived induced pluripotent stem cells and rescues deficits in a rat model of the disorder. Schizophr Bull 2018;44(2):432-42.

[144] Gurke S, Barroso JFV, Gerdes HH. The art of cellular communication: tunneling nanotubes bridge the divide. Histochem Cell Biol 2008;129(5):539-50.

[145] Wang Y, Cui J, Sun X, Zhang Y. Tunneling-nanotube development in astrocytes depends on p53 activation. Cell Death Differ 2011;18(4):732-42.

[146] Zhang Y. Tunneling-nanotube: a new way of cell-cell communication. Commun Integr Biol 2011;4 (3):324-5.

[147] Phinney D, Di Giuseppe M, Njah J, Sala E, Shiva S, St Croix C, et al. Mesenchymal stem cells use extracellular vesicles to outsource mitophagy and shuttle microRNAs. Nat Commun 2015; 6:8472.

[148] Falchi AM, Sogos V, Saba F, Piras M, Congiu T, Piludu M. Astrocytes shed large membrane vesicles that contain mitochondria, lipid droplets and ATP. Histochem Cell Biol 2013;139(2):221-31.

[149] Taanman J-W. The mitochondrial genome: structure, transcription, translation and replication. Biochim Biophys Acta Bioenerg 1999;1410:103-23.

[150] Anderson S, Bankier AT, Barrell BG, Bruijn MH, de Coulson AR, Drouin J, et al. Sequence and organization of the human mitochondrial genome. Nature 1981;290:457-65.

[151] Ahn C, Metallo C. Mitochondria as biosynthetic factories for cancer proliferation. Cancer Metab 2015;3 (1):1-10.

[152] Arnould T, Michel S, Renard P. Mitochondria retrograde signaling and the UPR mt: where are we in mammals? Int J Mol Sci 2015;16(8):18224-51.

[153] Cagin U, Enriquez J. The complex crosstalk between mitochondria and the nucleus: what goes in between? Int J Biochem Cell Biol 2015;63:10-15.

[154] Ploumi C, Daskalaki I, Tavernarakis N. Mitochondrial biogenesis and clearance: a balancing act. FEBS J 2017; 284 (2): 183-95.

[155] Carelli V, Maresca A, Caporali L, Trifunov S, Zanna C, Rugolo M. Mitochondria: biogenesis and mitophagy balance in segregation and clonal expansion of mitochondrial DNA mutations. Int J Biochem Cell Biol 2015;63:21-4.

[156] Danhier P, Bański P, Payen V, Grasso D, Ippolito L, Sonveaux P, et al. Cancer metabolism in space and time: beyond the Warburg effect. Biochim Biophys Acta Bioenerg 2017; 1858 (8): 556-72.

[157] Deberardinis R, Chandel N. Fundamentals of cancer metabolism. Oncology 2016;2(5):e1600200.

[158] Vander HMG, Deberardinis RJ. Understanding the intersections between metabolism and cancer biology. Cell 2017; 168(4):657-69.

相 关 图 书 推 荐

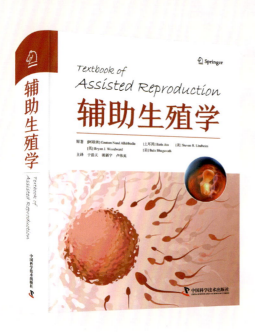

原著　[阿联酋] Gautam Nand Allahbadia 等

主译　于浩天　郭新宇　卢伟英

定价　498.00 元

本书引进自 Springer 出版社，由阿联酋、土耳其、美国及英国等国家生殖医学专家共同编写，是一部教科书级别的生殖医学著作。全书共九篇 91 章，从评估、促排卵和卵子获取、特殊情况下的医学辅助生殖、改善医学辅助生殖的结果、第三方辅助生殖、生育力保存、咨询、基因检测、体外受精实验等方面进行了系统阐述，旨在帮助读者深入了解生殖学和相关治疗方案，以及如何让低生育力与不孕不育症患者取得最佳成本效益及最好的结果。

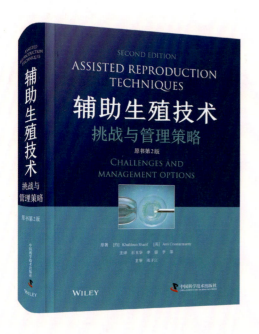

原著　[约] Khaldoun Sharif 等

主译　石玉华　李　蓉　李　萍

定价　398.00 元

本书引进自 WILEY 出版集团，由 Khaldoun Sharif 和 Arri Coomarasamy 两位教授联合众多该领域的医学专家共同打造。本书为全新第 2 版，作者结合前沿进展，全面更新迭代书中内容，并增补了大量新内容，主要阐述了在辅助生殖技术诊疗过程中有争议的、有挑战性的热点话题，涵盖了辅助生殖技术治疗前各种疾病的评估及治疗、男性不育原因的分析、临床和实验室过程中可能出现的难题、辅助生殖技术的培训和组建等内容。全书共九篇 114 章。著者从临床实际应用出发，精选大量医患共同关心的话题，系统分析理论依据，提出切实可行的治疗方案，启发读者研精致思。